AF844676

Schnellaufende Verbrennungsmotoren

Von

Harry R. Ricardo
B.A. A.M.I.C.E. M.I.A.E. F.R.S.

Zweite, verbesserte Auflage
übersetzt und bearbeitet von
Dr. A. Werner und **Dipl.-Ing. P. Friedmann**

Mit 347 Textabbildungen

Berlin
Verlag von Julius Springer
1932

ISBN 978-3-642-50471-6 ISBN 978-3-642-50780-9 (eBook)
DOI 10.1007/978-3-642-50780-9

Alle Rechte vorbehalten.

Softcover reprint of the hardcover 2nd edition 1932

Vorwort zur zweiten deutschen Auflage.

Ricardo ist heute der beste Kenner der schnellaufenden Verbrennungsmaschine. Seine Theorien über alle wärmetechnischen und mechanischen Vorgänge in dieser Maschine sind so grundlegend und zum Teil so ganz neuartig, daß auch der eingeweihte Ingenieur auf fast jeder Seite vor neue Erkenntnisse gestellt wird. Daher haben die Bearbeiter geglaubt, auch die zweite Auflage seines Werkes den deutschen Ingenieuren in einer ihrem Bildungsgang angepaßten Bearbeitung zugänglich machen zu müssen. Ricardo besitzt die Fähigkeit, jeden, auch den kleinsten Vorgang in der Maschine in die Einzelteile zu zergliedern und wissenschaftlich zu erklären, und er hat auch die Gabe, seine Gedanken einfach und folgerichtig wiederzugeben. Dabei ist er nicht nur Theoretiker, sondern auch Praktiker im besten Sinne des Wortes. Er begnügt sich nie mit der Aufstellung einer Theorie oder mit der Erklärung eines Vorganges; in langjährigen Versuchen hat er jeden seiner Gedankengänge an Versuchsmaschinen überprüft und darin bestätigt gefunden, seine Konstruktionen in die Praxis umgesetzt und darin Erfolge erzielt. So bringt sein Buch nicht nur für den Theoretiker eine Fülle von Bereicherung seines Wissens, sondern auch der Praxis und der Industrie großen Vorteil; vielen, die das Werk gründlich studieren, wird es eine wertvolle Hilfe zur Vermeidung überflüssiger Fehler sein.

In den fünf Jahren, die seit dem Erscheinen der ersten Auflage vergangen sind, hat Ricardo seine Forschungen intensiv fortgesetzt und viele neue, den Motorenbau grundlegend beeinflussende Erkenntnisse gefunden. Alle diese neuen Erkenntnisse hat er in der zweiten Auflage seines Werkes durch Umarbeitung der bisherigen und Hinzufügung neuer Abschnitte niedergelegt.

Der rote Faden, der sich durch Ricardos Werk von Anfang bis zu Ende zieht, der in jedem Kapitel von neuem hervortritt, ist der Gedanke der Wirtschaftlichkeit im Verbrauch von Energie. Die übermäßig schnelle Ausbeutung der auf der Erde vorhandenen Brennstoffvorräte zwingt zur Sparsamkeit und verlangt gebieterisch, an jedem einzelnen Konstruktionsteil höchsten Wirkungsgrad zu erstreben; denn die vorhandenen Brennstoffvorräte müssen so lange reichen, bis neue, noch recht weit liegende Hilfsquellen gefunden sind. Die Frage der Brennstoffe, die Möglichkeit, ihre chemischen Bestandteile zu höchster Verbrennungsenergie umzuwandeln, nehmen deshalb auch den ersten und umfangreichsten Teil des ganzen Buches ein. An einer eigens dazu gebauten Versuchsmaschine mit veränderlicher Verdichtung hat Ricardo alle vorhandenen Brennstoffarten geprüft und auf ihre Eignung für den Betrieb von schnellaufenden Verbrennungsmaschinen hin miteinander verglichen. Die Neigung zur Detonation, einem bisher ungeklärten Vorgang, ist danach das wichtigste Merkmal für die Beurteilung eines Brennstoffes. Er widerlegt die bisherige Anschauung, daß die Kühlung den maßgebenden Einfluß auf den Wirkungsgrad eines Verbrennungsraumes hat. Nur die Lage der Zündkerzen und die Wirbelung haben Einfluß. Seine Versuche geben ihm recht und beweisen, wie man mit einfachen Mitteln eine Verbrennungskammer entwerfen kann, die hohen Wirkungsgrad der Verbrennung ergibt.

Im zweiten Teil des Buches zeigt Ricardo die Übertragung seiner Theorien auf die praktische Ausführung. Seine Betrachtungen über den Entwurf der Maschine, die sich mit den Baustoffen für Zylinder und Kurbelgehäuse, vor allem auch für die Kurbelwellen und das Triebwerk befassen, sind rein praktisch gehalten und von großer Erfahrung getragen. Seine Anleitung für den Entwurf der Steuerungen, für die Beurteilung des Einflusses der Öffnungs- und Schließzeiten, für die Berücksichtigung der bewegten Massen usw. werden in ihrer Einfachheit auch dem deutschen Konstrukteur neue Einsicht ermöglichen. Bei den Kolben behandelt Ricardo vor allem die Reibungsverluste, die sie hervorrufen. Er beweist durch Überlegung und durch Versuche an einer besonders für diesen Zweck gebauten Maschine, wie außerordentlich wichtig die Ausführung des Kolbens und die Temperatur des Kühlwassers für die Verminderung der Reibungsverluste im Zylinder sind. Seine Versuche mit Kreuzkopfkolben, einer in Deutschland für schnellaufende Maschinen wohl unbekannten Bauform, gehören vielleicht zu den interessantesten Seiten des ganzen Werkes.

Im dritten Teil behandelt Ricardo die Verwendung der schnellaufenden Verbrennungsmaschine für verschiedene Zwecke; bei den Maschinen für Straßenfahrzeuge geht er auf die Notwendigkeit der Berücksichtigung des Wagenwiderstandes, der Steigfähigkeit und der Schaltung und ihren Einfluß auf die Bauart der Maschine ein, während er die Rennmotoren nur als Spitzenleistungen wirtschaftlich arbeitender Maschinen anerkennt.

Im Kapitel über Flugmotoren werden die Erfahrungen des Krieges und der Nachkriegszeit und eine Fülle erprobter Bauarten dargestellt und die bekannten Möglichkeiten der Erhaltung der Leistung in großen Höhen geistvoller, aber schärfster Kritik unterzogen. Ein weiteres Kapitel bilden Sonderausführungen von Maschinen für Tanks und die Erfahrungen der englischen Heeresverwaltung mit solchen Maschinen.

Als Abschluß des Buches ist ein umfassendes Kapitel über schnelllaufende Dieselmotoren neu hinzugekommen. Genau wie in den Kapiteln über Vergasermotoren versteht es Ricardo, die Vorgänge im Verbrennungsraum logisch zu zerlegen und seine Theorien durch Einzelversuche zu bestätigen. Vergleichsbetrachtungen über die Vorgänge im Verbrennungsraum von Diesel- und Vergasermotoren gestatten, Rückschlüsse auf die zweckmäßigste Bauart von Verbrennungsräumen für Dieselmotoren und Brennstoffpumpen zu ziehen.

Die deutsche Bearbeitung lehnt sich sorgfältig an den englischen Text an, doch wird in wichtigen Fällen auf parallellaufende deutsche Forschungen hingewiesen. In Forschungsgebieten, in denen die besondere Lage in Deutschland von Ricardo unberücksichtigt gelassen wurde, wie in der Frage der Verwendung von Spiritusgemischen als Kraftstoff und von Benzol als Klopfschutzmittel u. a., wurden ergänzende Hinweise eingefügt.

Die Bearbeiter sind besonders erfreut, daß die Verlagsbuchhandlung es ihnen ermöglicht hat, dieses nach ihrer Überzeugung heute besonders zeitgemäße und dem vorwärtsstrebenden deutschen Ingenieur unentbehrliche Werk in guter Ausstattung herauszubringen. Sie sind überzeugt, daß der Inhalt des Buches jedem Konstrukteur von schnellaufenden Verbrennungsmaschinen Freude, Befriedigung und Bereicherung seiner Kenntnisse bringen wird.

Berlin, im Oktober 1931.

A. Werner, P. Friedmann.

Vorwort zur zweiten englischen Auflage.

Der vorliegende Band ist eine durchgesehene und etwas erweiterte Neuauflage des Bandes II des Werkes „The Internal-Combustion Engine“, das 1923 veröffentlicht wurde.

In den sieben Jahren, die seitdem vergangen sind, war der Fortschritt bedeutend; allerdings hat er sich zum größten Teil in der Weise ausgewirkt, daß vorhandene, hergebrachte Bauarten verbessert und noch weiter eingeführt wurden, und der einzige neue Fortschritt, der in diesem Zeitabschnitt aufgetaucht ist, ist die Verwirklichung des schnelllaufenden Dieselmotors.

Da der Fortschritt in großem Umfang den Richtlinien gefolgt ist, die schon in der ersten Auflage angedeutet waren, und da auch schon in dieser hauptsächlich die allgemeinen Konstruktionsregeln und nicht bestimmte Konstruktionen behandelt worden waren, waren nur wenige wirkliche Änderungen gegenüber der ersten Auflage notwendig. Die vorliegende Neuauflage enthält eher Zusätze als Veränderungen; insbesondere hat ein neuer Abschnitt Aufnahme gefunden, der sich mit dem schnellaufenden Dieselmotor befaßt.

Harry R. Ricardo.

Inhaltsverzeichnis.

Einleitung.

Bis zum Beginn des Weltkrieges befaßten sich die Wissenschaftler in England, die sich der Entwicklung der Verbrennungsmotoren gewidmet hatten, mit Forschungen und Versuchen an verhältnismäßig schweren, langsamlaufenden ortfesten Maschinen, einer Maschinenart, die, wie man heute erkennt, nur beschränkte Aussichten hat, weil sie für wirklich große Leistungen kaum mit der neuzeitlichen Dampfturbine in Wettbewerb treten kann, während im Bereich geringerer Leistungen ihr Arbeitsfeld täglich durch die fortschreitende Ausbreitung der Elektrizität eingeengt wird.

Kurze Zeit nach dem Beginn der Feindseligkeiten konnte man aber erkennen, daß der leichte fahrbare Schnelläufer-Verbrennungsmotor in der Anwendung für Landverkehr, Luftfahrt und später für Tanks dazu bestimmt war, eine sehr wichtige, wenn nicht gar entscheidende Rolle bei der Führung des Krieges zu spielen. Man bemühte sich daher damals, alle wissenschaftlich Begabten, die verfügbar waren, für die weitere Entwicklung der schnellaufenden Verbrennungsmaschine einzusetzen. Unabhängige Wissenschaftler und Forscher und staatliche Institute, wie das Royal Aircraft Etablishment und das National Physical Laboratory wurden ersucht, ihr Augenmerk auf dieses Gebiet zu richten. Ihren Arbeiten wurde freigebig jede Erleichterung gewährt; man forderte sie auf, mit den Fabrikanten zusammenzuarbeiten, alle einschlägigen mechanischen und thermodynamischen Fragen sorgfältig theoretisch zu bearbeiten und Vorschläge zu machen, wie und nach welcher Richtung hin der Gesamtwirkungsgrad der leichten Kraftmaschinen erhalten und verbessert werden könne.

Ein Feldzug intensiver Forschungen war die Folge dieses plötzlichen Eindringens wissenschaftlicher Arbeitskräfte in dieses Gebiet; er hat im Verein mit den geradezu unerschöpflichen Geldmitteln für Versuchsarbeiten schließlich zum Bau von leichten Schnelläufermotoren geführt, die außer einer vor wenigen Jahren noch ganz unglaublich hohen Leistung im Verhältnis zu Größe und Gewicht, einen Wirkungsgrad ergeben, der demjenigen größter langsamlaufender Maschinen gleichkommt. Dabei hat man, was vielleicht noch wichtiger ist, die wesentlichen mechanischen und thermodynamischen Grundlagen, von denen die Ergebnisse einer derartigen Maschine abhängen, so vollständig und genau aufgeklärt, daß man heute das Betriebsergebnis einer gegebenen Maschine schon auf Grund der Konstruktionsentwürfe genau voraussagen oder, umgekehrt, eine Verbrennungsmaschine dieser Art mit derselben Zuverlässigkeit wie eine Dampfmaschine für eine bestimmte Leistung oder einen bestimmten Wirkungsgrad bauen kann.

Daß die Verbrennungsmaschine ihr Zukunftsgebiet in der Form des leichten beweglichen schnellaufenden Fahrzeugmotors gefunden hat, beweist heute der Umstand, daß, während in den Jahren unmittelbar vor dem Kriege in England jährlich leichte und schwere Maschinen in etwa der gleichen Gesamtleistung in PS gebaut wurden, heute die Gesamtleistung der jährlich gebauten Schnelläufermotoren zehnmal so groß und ihre Anzahl sogar fast zwanzigmal so groß ist, wie die aller anderen Arten von Verbrennungsmaschinen zusammengenommen.

Heute kennt man die Möglichkeiten und die Grenzen der Anwendbarkeit schnellaufender Verbrennungsmotoren weit besser als vor dem Kriege. Ihre Stelle ist vor allem beim Antrieb aller Arten von Fahrzeugen, wo ihr geringes Gewicht und ihr niedriger Brennstoffverbrauch so überaus wertvoll sind. Nach der Ansicht des Verfassers ist es dagegen außerordentlich zweifelhaft, ob diese Maschine jemals mehr als in der heutigen recht unsicheren Weise in das Gebiet der ortfesten Antriebe eindringen wird, wo ihr weder das geringe Eigengewicht noch der günstige Brennstoffverbrauch viel Hilfe im Kampf mit anderen Kraftmaschinen gewähren.

In einer unglaublich kurzen Zeitspanne hat dagegen die Verbrennungsmaschine den praktisch unbestrittenen Vorrang vor allen anderen Arten im Straßentransport errungen und hierdurch den vordem bereits im Absterben begriffenen Verkehr auf der Straße neu belebt und beinahe umgewälzt. Wenige Jahre haben dieser Maschine genügt, um uns die Möglichkeiten eines regelmäßigen Luftverkehrs zu eröffnen und ihn zu einem wichtigen Machtfaktor, auf alle Fälle im Kriege, zu machen, und diese Maschine wird ihren Bereich sicherlich auch auf das Eisenbahnwesen erstrecken, zunächst zweifellos in Gegenden, wo weite, mit Brennstoff und Wasser schlecht versorgte Strecken zu befahren sind. Auch auf dem Gebiete der Kleinschiffahrt beginnt die schnellaufende Verbrennungsmaschine bereits die Dampfmaschine zu verdrängen und sich allmählich auch bei größeren Wasserfahrzeugen einzuführen. Hier wird allerdings der Fortschritt wahrscheinlich nur langsam eintreten; denn die Dampfturbine hat gerade als Schiffsmaschine besondere Vorteile, weil sie hier immer das zur Verfügung hat, worauf ihr guter Wirkungsgrad hauptsächlich beruht, nämlich kaltes Wasser in beliebiger Menge. Auch beansprucht das große Dampfschiff, als einziges von allen Beförderungsmitteln, Maschinenanlagen von sehr hoher Leistung, wofür sich der Dampfbetrieb vorläufig seine Überlegenheit noch bewahrt hat.

Mit wenigen Ausnahmen werden alle leichten Fahrzeugmotoren mit leichtflüchtigen flüssigen Brennstoffen betrieben.

Bisher gibt es in ausreichenden Mengen nur zwei Brennstoffe dieser Art: Benzin — eine allgemeine Bezeichnung für jedes tiefsiedende Destillat aus Rohpetroleum — und Benzol — ein Destillat aus Steinkohlenteer, das aus Benzol und einem geringen Anteil von Toluol besteht.

Die Vorräte an diesen beiden Brennstoffen und insbesondere an Benzol werden in kurzer Zeit der Nachfrage nicht mehr genügen, so daß man schon in nicht mehr ferner Zukunft mit einer kritischen Lage in der Versorgung rechnen muß. Die Zivilisation hängt aber heute so eng mit der Verwendung von Verbrennungsmaschinen für jede Art von Straßenbeförderung und für viele andere Zwecke zusammen, daß es unbedingt notwendig ist, noch andere Brennstoffe für den Betrieb von leichten Fahrzeugmaschinen ausfindig zu machen. Glücklicherweise steht ein derartiger Brennstoff in der Form von Spiritus in Aussicht. Spiritus ist ein Erzeugnis der Pflanzenwelt, sein Verbrauch bedeutet daher keine Abnahme der Weltvorräte, und man könnte ihn, auf alle Fälle in tropischen Ländern, schließlich in so großen Mengen erzeugen, daß man damit den Bedarf der ganzen Welt, wenigstens nach dem Maßstab des heutigen Verbrauchs, decken könnte.

Mit der Verwendung eines Brennstoffes, der aus der Pflanzenwelt gewonnen wird, nutzen wir sozusagen die Sonnenwärme, die uns von Tag zu Tag neu zuströmt, zur Erzeugung motorischer Kraft aus; mit der Verwendung mineralischer Brennstoffe zehren wir dagegen an einem Vermächtnis, und zwar einem begrenzten Vermächtnis an Wärme, das sich in vielen Tausenden von Jahren angehäuft hat. In dem einen Fall leben wir also sozusagen vom Einkommen, im anderen Fall verschwenden wir das Kapital.

Die Fahrzeug-Verbrennungsmaschine ist heute kein Gegenstand des Luxus mehr; sie ist heute eins der wichtigsten Erfordernisse der Zivilisation in Zeiten des Friedens und das allerwichtigste in Zeiten des Krieges. Die Sicherung des Brennstoffes für diese Maschine ist daher als Angelegenheit von nationaler Bedeutung anzusehen. Daß Spiritus ein vorzüglicher Brennstoff für diese Zwecke ist, ist allgemein durchaus bekannt; ebenso ist kaum daran zu zweifeln, daß davon in den tropischen Ländern des Britischen Reiches ausreichende Mengen erzeugt werden könnten; und dennoch geschieht bisher nichts oder fast nichts, um diese Erzeugung zu fördern. Nach den bisherigen Erfahrungen zu urteilen, dürfte auch kaum ein ernsthafter Schritt in dieser Hinsicht getan werden, bevor eine ernstliche Krise eingetreten sein wird; und diese Krise dürfte schwer und von Dauer sein, da man für die Schaffung der notwendigen Organisation und Anlagen für die Erzeugung von Spiritus in diesem Maßstabe mindestens zehn Jahre braucht.

Nach der Ansicht des Verfassers ist aber nicht anzunehmen, daß eine Krise in der Brennstoffversorgung die weitere Entwicklung der Verbrennungsmaschine aufhalten wird, einfach deshalb, weil sie schon Lebensbedürfnis geworden ist. Aber eine solche Krise wird wahrscheinlich die Wirkung haben, daß die Transporte und damit die allgemeine Lebenshaltung verteuert werden. Außerdem wird sie aber allerdings auch die Konstrukteure solcher Maschinen zwingen, der Erzielung hoher Wirkungsgrade und Brennstoffersparnisse mehr Aufmerksamkeit zu schenken, und dies kann nur begrüßt werden.

I. Leichtflüchtige flüssige Brennstoffe für Verbrennungsmaschinen.

Die leichtflüchtigen flüssigen Brennstoffe, die heute in großen Mengen zur Verfügung stehen oder in der nächsten Zukunft nutzbar werden können, sind Benzin, Benzol, Petroleum und Spiritus.

Benzin ist bekanntlich ein Erzeugnis der Destillation von Rohpetroleum. Es besteht aus einer ungleichartigen Mischung von allen solchen Kohlenwasserstoffanteilen des Erdöls, die zwischen 60° C und etwa 250° C sieden.

Diese Kohlenwasserstoffe gehören folgenden drei verschiedenen Reihen an:

	Chem. Formel
Paraffine	C_nH_{2n+2}
Naphthene	C_nH_{2n}
Aromatische Kohlenwasserstoffe	C_nH_{2n-6}

Außer diesen drei wichtigsten Gruppen von Kohlenwasserstoffen sind auch in geringeren Mengen Stoffe aus der Olefinreihe vorhanden; allerdings ist der Anteil dieser Kohlenwasserstoffe in „natürlichen" Benzinen im Gegensatz zu „gekrackten" Benzinen gewöhnlich so klein, daß man ihn überhaupt als bedeutungslos ansehen kann.

Der Paraffinreihe gehören folgende im Benzin vorkommende Kohlenwasserstoffe an:

Paraffinartige Kohlenwasserstoffe des Benzins.

Brennstoff	Formel	Siedepunkt ° C	Spez. Gewicht bei 15° C
Hexan	C_6H_{14}	69	0,663
Heptan	C_7H_{16}	98,4	0,691
Octan	C_8H_{18}	125,5	0,709
Nonan	C_9H_{20}	150	0,723
Decan	$C_{10}H_{22}$	173	0,735
Undecan	$C_{11}H_{24}$	195	0,746

Der Naphthenreihe:

Naphthenartige Kohlenwasserstoffe des Benzins.

Brennstoff	Formel	Siedepunkt ° C	Spez. Gewicht bei 15° C
Cyclohexan	C_6H_{12}	81	0,780
Hexahydrotoluol	C_7H_{14}	100	0,770
Hexahydroxylol	C_8H_{16}	119	0,756

Und der aromatischen oder Benzolreihe:

Benzol-Kohlenwasserstoffe des Benzins.

Brennstoff	Formel	Siedepunkt °C	Spez. Gewicht bei 15° C
Benzol	C_6H_6	80	0,884
Toluol	C_7H_8	110	0,870
Xylol	C_8H_{10}	140	0,862

Obgleich in den meisten Arten von Handelsbenzin Kohlenwasserstoffe der Paraffinreihe vorherrschen, ist dies doch nicht immer der Fall, und es ist eher eine Ausnahme als die Regel, wenn der Anteil an paraffinartigen Kohlenwasserstoffen an der Gesamtmenge des Benzins 60 vH überschreitet. Im allgemeinen überwiegen paraffinartige Kohlenwasserstoffe hauptsächlich in den westlichen Ölfeldern, Naphthene im nahen Osten und aromatische Kohlenwasserstoffe im ferneren Osten. Diese Einteilung ist natürlich nur ganz roh, denn es gibt auch viele Ausnahmen.

Die folgende Zahlentafel enthält die Ergebnisse der Analyse von sieben kennzeichnenden Benzinarten, die aus weit verschiedenen Erdteilen stammen, und beweist, wie verschieden die Zusammensetzung sein kann. Geringe Mengen von anders zusammengesetzten Bestandteilen, wie Thiophen usw., die das Verhalten des Brennstoffes nicht merklich beeinflussen, sind hierbei vernachlässigt.

Analysen von Benzinsorten.

Benzinmuster	Annähernde Zusammensetzung nach Gewichtsteilen			Spez. Gewicht
	Paraffine vH	Naphthene vH	aromatische Kohlenwasserstoffe vH	
A	26,0	35,0	39,0	0,782
B	62,0	23,0	15,0	0,723
C	61,0	30,5	8,5	0,727
D	38,0	47,0	15,0	0,760
E	68,0	20,0	12,0	0,719
F	80,0	15,2	4,8	0,704
H	10,0	85,0	5,0	0,767
Mittelwert	49,3	36,5	14,2	0,740

Aus Vorstehendem geht deutlich hervor, daß das spezifische Gewicht eines Brennstoffes als Maßstab für seine Zusammensetzung oder Verdampfbarkeit keinerlei Bedeutung hat. Wenn Benzin, wie oft irrtümlich angenommen wird, ausschließlich aus paraffinähnlichen Kohlenwasserstoffen bestände, dann könnte das spezifische Gewicht ein Maßstab für seine Verdampfbarkeit sein, da bei den Kohlenwasserstoffen der Paraffinreihe spezifisches Gewicht, Molekulargewicht und Siedepunkt gleichzeitig steigen. Schon das Vorhandensein einer noch so geringen Menge von aromatischen Kohlenwasserstoffen, deren spezifisches Gewicht zwischen 0,865 und etwa 0,885 liegt, macht aber jeden Rückschluß aus dem spezifischen Gewicht gegenstandslos. Als ein kennzeichnendes Beispiel hierfür sei erwähnt, daß das Benzinmuster B der obigen Zahlentafel mit dem spezifischen Gewicht 0,723 ein ganz niedrig siedendes Fliegerbenzin ist, das für den Ozeanflug hergestellt wurde, bei weitem das leichtflüchtigste von allen. Trotzdem hat es durchaus nicht das geringste spezifische Gewicht. Die besten Brennstoffe, d. h. diejenigen, womit die höchste Leistung und der beste Wirkungsgrad erzielt wurden, waren die Muster A, D und H; diese sind die spezifisch schwersten von allen, sind aber reich an aromatischen Kohlenwasserstoffen oder Naphthenen oder an beiden. Das schlechteste Benzinmuster war fraglos das Muster E mit einem spezifischen Gewicht von 0,719.

Von den drei Hauptbestandteilen des Benzins sind, wie noch weiter unten gezeigt wird, die aromatischen Kohlenwasserstoffe für gute Brennstoffe in jeder Beziehung am meisten erwünscht; dann folgen die Naphthene, während das Vorhandensein von Kohlenwasserstoffen der Paraffinreihe unvorteilhaft ist. Je geringer ihr Anteil ist, desto besser ist es.

Die Erscheinungen der „Detonation" werden weiter unten noch genauer erörtert werden; trotzdem sei schon an dieser Stelle bemerkt, daß die Neigung zur Detonation bei weitem die wichtigste Rolle bei der Beurteilung der Güte eines Brennstoffes spielt. Diese Eigenschaft hängt in erster Linie von der chemischen Zusammensetzung des Brennstoffes ab. Kohlenwasserstoffe der Paraffinreihe sind von diesem Gesichtspunkt aus die schlechtesten, und sie werden um so minderwertiger, je höher ihr Molekulargewicht und ihr spezifisches Gewicht steigt. Beispielsweise ist Hexan viel besser als Heptan usw. Naphthene sind in bezug auf ihr Verhalten bei der Detonation bereits viel günstiger, die aromatischen Kohlenwasserstoffe aber die günstigsten.

Handelsbenzol ist ein Destillat des Steinkohlenteers, das hauptsächlich aus reinem Benzol C_6H_6, einer geringen Menge von Toluol und einer Spur von Xylol besteht. Alle drei Bestandteile sind aromatische Kohlenwasserstoffe. Das spezifische Gewicht von Handelsbenzol liegt je nach dem Gehalt an Toluol zwischen 0,875 und 0,882. Dieser Brennstoff hat gegenüber Benzin viele Vorteile; aber man muß mit weit höheren Verdichtungsverhältnissen der Maschine arbeiten, wenn man diese Vorteile voll ausnutzen will.

Die nutzbaren Kohlenwasserstoffe der Alkoholgruppe sind Methyl-, Äthyl- und Butylalkohol. Das sind allerdings keine wahren Kohlenwasserstoffe mehr, sondern sie enthalten Sauerstoff im Molekül. Infolge dieses Umstandes und wegen ihrer höheren inneren Verdampfungswärme verhalten sie sich als Brennstoffe etwas anders als die wahren Kohlenwasserstoffe. In bezug auf die Neigung zur Detonation sind sie sogar noch günstiger als die aromatischen Kohlenwasserstoffe, obgleich namentlich Methlyalkohol bei hoher Verdichtung zu unerwarteten Selbstzündungen neigt. Aber wegen der hohen inneren Verdampfungswärme und der niedrigen Flammentemperatur vollzieht sich der ganze Kreisprozeß bei Spiritusbetrieb bei niedrigerer Temperatur, während der volumetrische Wirkungsgrad einer solchen Maschine weit höher als bei Benzin- oder Benzolbetrieb ist, weil die Ansaugtemperatur wegen der hohen inneren Verdampfungswärme niedriger ist. Die Folge der niedrigen Verbrennungstemperatur ist, daß eine solche Maschine hohen thermischen Wirkungsgrad hat, während der Einfluß des höheren volumetrischen Wirkungsgrades den Einfluß der geringeren inneren Energie des Gemisches weitaus überwiegt. Daher ist die bei Spiritusbetrieb erreichbare Höchstleistung der Maschine beträchtlich höher, dagegen der Wärmeabfluß an die Zylinderwände geringer als bei Benzin- oder Benzolbetrieb.

Folgende Eigenschaften bestimmen den Wert eines Brennstoffes für eine Verbrennungsmaschine:

I. Die Neigung zur Detonation.
II. Die Verdampfungswärme.
III. Die Verdampfbarkeit.
IV. Der Heizwert.
V. Der Heizwert des Gemisches.

Alle leichtflüchtigen flüssigen Brennstoffe haben, wenn sie verdampft und in dem der vollständigen Verbrennung entsprechenden Verhältnis mit Luft gemischt sind, innerhalb sehr enger Grenzen den gleichen Gemischheizwert, d. h. sie ergeben die gleiche Wärmemenge bei Verbrennung der Raumeinheit des Gemisches unter normalen Verhältnissen. Sie liefern also auch alle die gleiche Leistung und den gleichen thermischen Wirkungsgrad, wenn man sie unter gleichen Arbeitsbedingungen verwendet. Nur durch Veränderung des Verdichtungsverhältnisses oder durch Veränderung des Grades der Verdampfung im Vergaser oder Ansaugrohr kann daher eine Änderung der Leistung oder des Wirkungsgrades bedingt werden.

Die Neigung von Brennstoffen zur Detonation. Die Erscheinungen der „Detonation“, ohne Rücksicht auf ihre Beziehungen zur Natur der Brennstoffe, werden später behandelt werden. Im Augenblick genügt es, festzustellen, daß die obere Grenze des Verdichtungsverhältnisses und damit der Leistung sowie des Wirkungsgrades durch die Umstände bestimmt wird, die Detonation und Frühzündung beeinflussen.

Bei allen benzinähnlichen Brennstoffen, die aus Petroleum gewonnen werden, geht die Detonation der Frühzündung voraus, die im Verfolg der Detonation auftritt. Bei anderen Brennstoffen dagegen, wie Äther, Schwefelkohlenstoff (bei niedrigem Verdichtungsverhältnis), auch reinen aromatischen Kohlenwasserstoffen und bei Spiritus (bei hohem Verdichtungsverhältnis) kann Frühzündung auch eintreten, ohne daß Detonation vorhergeht.

Von den Bestandteilen des Benzins verhalten sich die Paraffine in bezug auf die Detonation am ungünstigsten, die aromatischen Kohlenwasserstoffe am günstigsten. Es ist auch festgestellt worden, daß alle Mischungen dieser Bestandteile den gewöhnlichen Gesetzen der Proportionalität folgen, und daß eine praktisch geradlinige Beziehung zwischen dem Mischungsverhältnis zweier oder mehrerer Kohlenwasserstoffe und dem Verdichtungsverhältnis besteht, bei welchem die Detonation einsetzt.

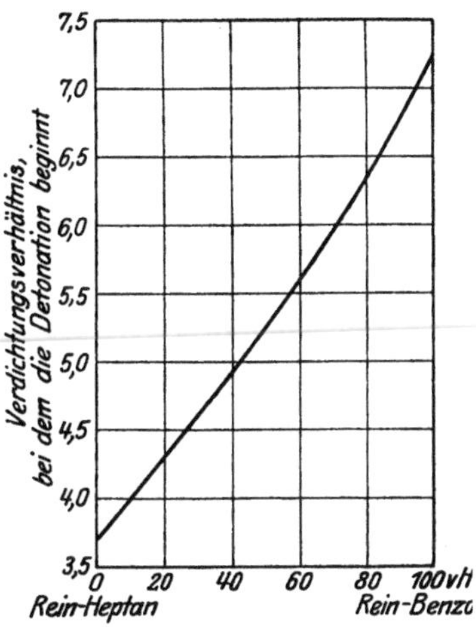

Abb. 1. Grenzen des Verdichtungsverhältnisses für Heptan-Benzol-Gemische.

In Abb. 1 ist diese Beziehung zwischen dem Verdichtungsverhältnis, bei dem Detonation eintritt, und verschiedenen Mischungsverhältnissen von reinem Heptan und Benzol dargestellt. Wegen des Einflusses der Form des Brennraumes im Zylinder und anderer Umstände, die weiter unten erörtert werden, lassen sich einfache Beziehungen zwischen dem Brennstoff und dem höchsten Verdichtungsverhältnis, bei dem man ihn in irgendeiner Art von Verbrennungsmaschinen verwenden kann, nicht festlegen; aber man kann doch auf Grund der heutigen Erkenntnis Vergleichswerte angeben, obgleich es einige Schwierigkeiten bereitet, Stoffe auszuwählen, deren Verhalten man als Maßstab verwenden könnte. Bei den Versuchen, die die Firma des Verfassers im Auftrage der Asiatic Petroleum Co. angestellt hat, diente eine Benzinsorte, die hauptsächlich Paraffine enthielt und der man alle aromatischen Kohlenwasserstoffe durch Schwefelsäurebehandlung entzogen hatte, als das untere Ende des Maßstabes, dessen oberes Ende reines Toluol war. Die Neigung verschiedener Brennstoffe zur Detonation konnte man dann in Einheiten ihres „Toluolwertes“ ausdrücken, d. h. durch den Anteil an Toluol, den man dem als unteres Ende des Maßstabes gewählten, von aromatischen Bestandteilen freien Benzin beimischen mußte, damit es die gleiche Neigung zur Detonation wie der zu prüfende Brennstoff erlangte. Spätere Forschung zeigte allerdings, daß das von aromatischen Bestandteilen freie Benzin, das etwa 35 vH Naphthene und leichtere Kohlenwasserstoffe der Paraffinreihe enthielt, sich in bezug auf die Neigung zur Detonation bei weitem noch nicht am ungünstigsten verhielt, daß vielmehr tatsächlich viele Sorten von Handelsbenzin noch bedeutend ungünstiger waren und somit das untere Ende des Maßstabes noch tiefer lag. Auch wurde gefunden, daß Toluol das Auftreten der Detonation nicht so wirksam wie Äthylalkohol verhindert. Aber da die Bezeichnung „Toluolwert" in weiten Kreisen gebräuchlich geworden ist, dürfte es besser sein, sie beizubehalten.

Zahlentafel 1 enthält die Toluolwerte und die höchsten brauchbaren Verdichtungsverhältnisse für verschiedene Brennstoffe. Als höchstes brauchbares Verdichtungsverhältnis kann man dasjenige bezeichnen, bei welchem eine Maschine mit besonders gutem Wirkungsgrad, die für die Untersuchung des Verhaltens der Brennstoffe benutzt wurde, bei normaler Vergaserheizung und 1500 Uml./min, bei beliebig reichem Gemisch und beliebiger Einstellung des Zündzeitpunktes noch ohne Detonation betrieben werden konnte.

Der Toluolwert ist also lediglich ein Vergleichswert. Das bedeutet, daß sein absoluter Wert nur für eine ganz bestimmte Maschinenart gilt, die unter ganz bestimmten Bedingungen betrieben wird. Trotzdem ist diese Größe als Vergleichswert für jede Art von Maschinen und für jede Art von Betriebsbedingungen — wie später gezeigt werden wird — anwendbar.

Bei dieser Gelegenheit muß der allgemeinen Annahme widersprochen werden, die Brenngeschwindigkeit des Brennstoffes, die allerdings einer der Einflüsse ist, von denen die Detonation abhängt, bilde eine Grenze für die Drehzahl, mit der ein Motor laufen kann. Die normale Brenngeschwindigkeit eines in Ruhe befindlichen Brennstoff-Luftgemisches (wohl zu unterscheiden von der Geschwindigkeit, womit die Detonation fortschreitet) ist so gering, daß sie für den Vorgang in jeder Verbrennungsmaschine praktisch keine Bedeutung hat; dieser hängt vielmehr ausschließlich von der Durchwirbelung oder von der zwangsläufigen Ausbreitung der Flamme über die ganze Masse des arbeitenden Gemisches ab. Hieraus folgt aber, daß die gewöhnliche Brenngeschwindigkeit eines beliebigen Brennstoffes praktisch auf die Geschwindigkeit, womit die Maschine arbeiten kann, keinen Einfluß ausübt. Brennstoffe mit geringer Brenngeschwindigkeit, wie Äthylalkohol, arbeiten daher, wie die Erfahrung beweist, in einer schnellaufenden Maschine mit geringem Verdichtungsverhältnis mit genau so gutem Wirkungsgrad wie Hexan oder Benzin, wobei auch Wirkungsgrad und Leistung über den ganzen Drehzahlbereich im Verhältnis durchaus gleichartig verlaufen. Da ein Brennstoff mit geringer Brenngeschwindigkeit im allgemeinen weniger

Zahlentafel 1. Toluolwerte verschiedener Brennstoffe.

Brennstoff	Höchstes brauchbares Verdichtungsverhältnis des Motors mit veränderlicher Verdichtung $\frac{V_h + V_c}{V_c}$	Toluolwert für Toluol = 100 vH, für von aromatischen Bestandteilen freies Benzin = 0 vH
Von aromatischen Bestandteilen freies Benzin	4,85	0
Benzin A	6,0	38,0
„ B	5,7	28,0
„ C	5,25	13,5
„ D	5,35	16,5
„ E	4,7	— 5,0
„ F	5,05	6,5
„ G	4,55	—10,0
„ H	5,9	35,0
„ I	4,3	—20,0
Schwere Brennstoffe		
Schwere aromatische Kohlenwasserstoffe	6,5	55,0
Petroleum	4,2	—22,0
Paraffinreihe		
Pentan (Normal)	5,85	33,0
Hexan (80 vH rein)	5,1	8,0
Heptan (97 vH rein)	3,75	—37,0
Benzolreihe		
Benzol (rein)	6,9 †	67,0
Toluol (99 vH rein)	>7,0	100,0
Xylol (91 vH rein)	>7,0	85,0
Naphthenreihe		
Cyclohexan (93 vH rein)	5,9 †	35,0
Hexahydrotoluol (80 vH)	5,8	31,5
Hexahydroxylol (60 vH)	4,9	1,5
Olefine		
Gekracktes Benzin (53 vH ungesättigt)	5,55	23,5
Alkoholgruppe usw.		
Äthylalkohol (98 vH)	>7,5	>88,0
„ (95 Vol. vH)	>7,5	>88,0
Methylalkohol (Holznaphtha)	5,2 †	—
Methylalkohol-Benzin-Mischungen	6,5 †	—
Butylalkohol (Hand.)	7,3	80,0
Äther (50 vH mit Benzin gem.)	3,9	(—32,0)
Schwefelkohlenstoff (50 vH)	5,15 †	(9,0)

† bedeutet, daß Frühzündung bereits vor hörbarer Detonation einsetzt.

zur Detonation neigt, so ist er viel erwünschter als ein Brennstoff, der schneller verbrennt.

Nur wenn man mit außergewöhnlich armen und daher langsam brennenden Gemischen arbeitet, oder wenn die normale Durchwirbelung der Ladung im Zylinder unzulässig gering ist, wird der Einfluß eines von Natur aus langsam brennenden Brennstoffes überhaupt fühlbar. Und selbst diesem Einfluß kann man durch geringes Vorverstellen des Zündzeitpunktes immer begegnen. Unter normalen Betriebsbedingungen ist daher kein Unterschied zwischen einem in der Regel langsam in einem schnell brennenden leicht flüchtigen flüssigen Brennstoff in bezug auf die Drehzahl des Motors zu bemerken.

Verdampfungswärme. Der Einfluß der Verdampfungswärme eines Brennstoffes spielt eine sehr wichtige Rolle, wird aber zumeist nicht beachtet. Die Verdampfungswärme und die mittlere Verdampfbarkeit des Brennstoffes bestimmen nämlich die Dichte des Gemisches, das in den Zylinder eintritt. Es leuchtet ein, daß das Gewicht der Zylinderfüllung in einem gegebenen Fall umgekehrt proportional ist der absoluten Temperatur des Gemisches in dem Augenblick, in dem das Einlaßventil schließt. Versuche haben klar ergeben, daß, ausgenommen Spiritus und die anderen Brennstoffe der Alkoholgruppe, alle Brennstoffe, die unter etwa 200° C sieden, durch ihre Berührung mit den heißen Zylinderwänden und durch Vermischung mit den heißen Rückständen der früheren Verbrennung im Zylinder bereits vor Beginn des Verdichtungshubes vollständig verdampft sind. Ausgenommen hiervon ist nur ein kleiner Anteil des Brennstoffes, der noch in großen Tropfen in den Zylinder gelangt und infolgedessen nicht nur der Verdampfung, sondern zum größten Teil auch der Verbrennung entgeht. Dieser Anteil ist jedoch unbedeutend und hat jedenfalls keinen Einfluß auf die erzielte Leistung.

Die absolute Temperatur beim Beginn des Verdichtungshubes ist abhängig

a) von der Menge der von außen zugeführten Wärme,

b) von der Verdampfungswärme.

Sie ist dagegen in weitem Maße unabhängig von der Temperatur, womit das Gemisch in den Zylinder einströmt. Tatsächlich wird also die absolute Temperatur am Ende des Ansaughubes und damit das Gewicht der Ladung, die der Zylinder aufnimmt, nur von der Menge und der Verdampfungswärme des Brennstoffes und von der Wärmemenge bestimmt, die dem Brennstoff außerhalb des Zylinders zugeführt wird.

Beispielsweise ergeben ein sehr leicht verdampfbarer Brennstoff, der in den Zylinder mit 5° C einströmt, und ein anderer Brennstoff mit niedriger Dampfspannung, der mit 25° C einströmt, gleiche absolute Temperaturen beim Beginn der Verdichtung, wenn die Verdampfungswärme der beiden Brennstoffe gleich ist und beide gleich stark vorgewärmt werden. Beim ersten Brennstoff findet die Verdampfung zum größten Teil außerhalb des Zylinders statt, wobei die durch Vorwärmung zugeführte Wärme für die Verdampfung verbraucht wird. Im zweiten Fall verdampft der Brennstoff außerhalb des Zylinders wenig oder gar nicht, und die Vorwärmung dient somit in der Hauptsache dazu, die Temperatur der Luft und des noch flüssigen Brennstoffes zu erhöhen.

In beiden Fällen vollenden die Berührung mit den Zylinderwänden und die Beimischung der heißen Auspuffreste die Verdampfung im Zylinder, so daß in beiden Fällen gleiche Endtemperaturen erreicht werden. Daher sind auch die Gewichte der frischen Ladung, die der absoluten Temperatur am Ende des Saughubes umgekehrt proportional sind, und die Leistungen der Maschine unter sonst gleichen Verhältnissen in beiden Fällen gleich. Aus den vorstehenden Erwägungen ergibt sich, daß bei gegebenem Maß von Vorwärmung (sofern sie nicht übertrieben wird) der volumetrische Wirkungsgrad und damit die erzielte Leistung zunimmt, wenn die Verdampfungswärme des Brennstoffes höher wird. Einige Berechnungen, die dies noch näher erklären, finden sich weiter unten S. 63.

Das Ergebnis dieser Betrachtungen kann folgendermaßen zusammengefaßt werden:

1. Die Leistung einer Verbrennungsmaschine ist umgekehrt proportional der absoluten Temperatur, die das Brennstoffgemisch am Ende des Saughubes hat, da diese Temperatur das Gewicht der Ladung und daher den volumetrischen Wirkungsgrad bestimmt.

2. Unter sonst gleichen Bedingungen hängt die Temperatur am Ende des Saughubes einerseits von der durch äußere Vorwärmung zugeführten Wärmemenge und andererseits von der Verdampfungswärme des Brennstoffes ab. Sie ist dagegen fast unabhängig von der Temperatur, womit das frische Gemisch in den Zylinder eintritt, und von der Verdampfbarkeit des Brennstoffes.

Abgesehen von den Brennstoffen der Alkoholgruppe, sind die Unterschiede in der Verdampfungswärme bei allen Brennstoffen nicht sehr groß und ohne wesentlichen Einfluß. Es ist aber beachtenswert, daß Gemische mit niedrigerem Heizwert im allgemeinen Brennstoffen mit etwas höherer Verdampfungswärme entsprechen; von solchen Gemischen nimmt daher der Zylinder ein etwas größeres Gewicht auf, was in den meisten Fällen genügt, um den Verlust an Leistung wegen des niedrigeren Heizwertes auszugleichen. Daher ist die wirkliche Leistung in allen Fällen ungefähr gleich.

Besonders ist dies bei Benzol nachzuweisen, wie später gezeigt werden wird und wie auch Zahlentafel 2 zeigt. Die Wärme, die bei der Verbrennung von 1 m^3 Gemisch aus Benzol und Luft (bei normalem

Zahlentafel 2. Verdampfungswärme und Gemischheizwert.

Brennstoff	Verdampfungswärme kcal/kg	Bei der Verbrennung freiwerdende Gesamtenergie (15°C 760 mm Q.-S.) mkg/m³	Leistungsänderung infolge höherer Gemischdichte Octan = 100
Paraffinreihe			
Hexan	86,6	408000	100,2
Heptan	73,8	411000	100,1
Octan	71,1	411500	100,0
Nonan	—	412000	—
Decan	60,0	412300	99,4
Benzolreihe			
Benzol	95,5	401500	100,1
Toluol	84,0	405000	100,0
Xylol	80,6	407500	100,6
Naphthenreihe			
Cyclohexan	86,6	406000	100,0
Hexahydrotoluol	76,6	408000	99,8
Hexahydroxylol	73,8	409000	99,8

Druck und normaler Temperatur) frei wird, ist merklich niedriger als die von Kohlenwasserstoffen, die in den Benzinsorten überwiegen. Andererseits ist aber die Verdampfungswärme von Benzol beträchtlich höher; im Endergebnis erreicht man somit unter sonst ähnlichen Bedingungen bei Betrieb mit Benzol oder mit Benzin bis auf Unterschiede von 0,5 vH die gleiche Leistung.

Zahlentafel 3 enthält die Werte der Verdampfungswärme einer Anzahl von Kohlenwasserstoffen und einiger anderer in den früheren Tafeln angeführten Brennstoffe, ferner die Gewichtsverhältnisse von Luft und Brennstoff in den Gemischen und den Temperaturabfall des Gemisches infolge der Verdampfung des flüssigen Brennstoffes. Die Werte sind für vollständige Verbrennung, aber ohne Luftüberschuß berechnet.

Da Spiritus eine viel höhere Verdampfungswärme und für die vollkommene Verbrennung einen viel geringeren Luftbedarf hat, so spielt hier die Verdampfungswärme eine überragende Rolle. Die erzielbare Leistung ist daher im Vergleich zu anderen Brennstoffen viel höher, obgleich der Gemischheizwert niedriger als bei Benzin oder Benzol ist. Hierzu kommt ein weiteres Merkmal, das bei sonst keinem anderen Brennstoff vorhanden ist, nämlich, daß bei Spiritus die Leistung bei überreichem Gemisch ganz beträchtlich zunimmt, weil dann mehr Brennstoff verdampft, infolgedessen die Gemischtemperatur niedriger ist und der Gewinn am Gewicht der Ladung die Verluste infolge der höheren spezifischen Wärme der verbrannten Gase mehr als ausgleicht.

Zahlentafel 3. Verdampfungswärme und Temperaturabfall des Gemisches.

Brennstoff	Verdampfungswärme kcal/kg	Mischungsverhältnis von Luft zu Brennstoff bei vollständiger Verbrennung (nach Gewicht)	Temperaturabfall des Gemisches infolge Verdampfung des flüssigen Brennstoffes °C
Paraffinreihe			
Hexan	86,6	15,2	21,0
Heptan	73,8	15,1	18,0
Octan	71,1	15,05	16,2
Nonan	—	15,0	—
Decan	60,0	15,0	11,2
Benzolreihe			
Benzol	95,5	13,2	26,0
Toluol	84,0	13,4	22,5
Xylol	80,6	13,6	21,5
Naphthenreihe			
Cyclohexan	86,6	14,7	21,5
Hexahydrotoluol	76,6	14,7	19,0
Hexahydroxylol	73,8	14,7	18,0
Olefinreihe			
Heptylen	∾92,8	14,7	23,0
Decylen	—	14,7	—
Alkoholgruppe			
Äthylalkohol	220,5	8,95	82,7
Methylalkohol	284,0	6,44	140,0
Verschiedenes			
Äther	87,8	11,14	27,5
Schwefelkohlenstoff	85,0	9,35	31,0
Azetylen	Gas	13,2	—
Kohlenoxyd	Gas	2,45	—
Wasserstoff	Gas	34,3	—

Die letzte Spalte ist unter der Annahme errechnet, daß die spezifische Wärme des Brennstoffdampfes für alle Brennstoffe 0,278 kcal/kg °C beträgt.

In Abb. 2 sind die volumetrischen Wirkungsgrade aufgetragen, die an der Brennstoff-Versuchsmaschine des Verfassers bei Betrieb mit Benzin und mit Äthylalkohol unter sonst genau gleichen Bedingungen in bezug auf Temperatur usw. und bei dem Verdichtungsverhältnis 5:1 gemessen wurden. Für beide Brennstoffe wurden die Messungen bei Mischungsverhältnissen von 20 vH Luftüberschuß bis zu 25 vH Brennstoffüberschuß durchgeführt.

Bei Brennstoffen, die sehr schwer verdampfen, wie Petroleum, Butylalkohol usw., kann man den Vorteil der höheren Verdampfungswärme nicht ausnutzen, weil man dabei übermäßig große Wärmemengen vor dem Eintritt in den Zylinder zuführen müßte, um Kondensation in der Ansaugleitung zu vermeiden. Nur aus diesem Grunde erzielt man bei einem gegebenen Verdichtungsgrad bei Betrieb mit Petroleum in Wirklichkeit um etwa 15 vH weniger Leistung als beim Betrieb mit Benzin oder anderen leichtflüchtigen Kohlenwasserstoffen.

Verdampfbarkeit. Die mittlere Verdampfbarkeit eines Brennstoffes ist deshalb wichtig, weil von ihr abhängt, wieviel Wärme man im Wege der Vorwärmung zuführen muß, um ausreichend gleichmäßige Verteilung des Gemisches zu erreichen. Der Grad der Vorwärmung bestimmt auf der anderen Seite wieder die Möglichkeit, aus höherer Verdampfungswärme des flüssigen Brennstoffes Vorteil zu ziehen.

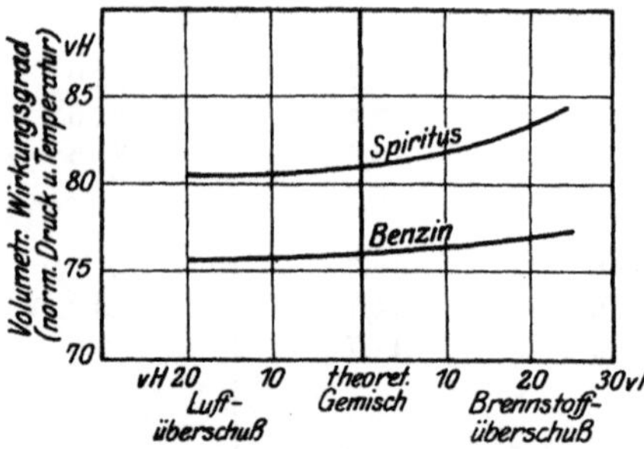

Abb. 2. Volumetrische Wirkungsgrade bei Benzin- und bei Spiritusbetrieb. Verdichtungsverhältnis 5 : 1.

Bei Einzylindermotoren spielt die Verdampfbarkeit des Brennstoffes innerhalb weiter Grenzen noch eine geringe Rolle, weil die der Abkühlung ausgesetzte Oberfläche der Ansaugleitung nur verhältnismäßig klein ist. Aber in dem Maße, wie die Anzahl der Zylinder zunimmt und die Länge und Oberfläche der Ansaugleitung größer wird, nimmt auch die Bedeutung der Verdampfbarkeit zu. Ein Vergleichsmaß für die Verdampfbarkeit der verschiedenen Brennstoffe (allerdings nicht mehr als eine grobe Annäherung) kann man erhalten, indem man das Steigen oder Fallen der Temperatur in der Ansaugleitung einer Maschine mißt, wenn die Gewichte von Brennstoff und Luft, die hindurchströmen, bekannt sind und die dem Vergaser zugeführte Wärme genau gemessen werden kann.

Zahlentafel 4 liefert einen gewissen Anhalt für die Beurteilung der Verdampfbarkeit der verschiedenen Brennstoffe. Alle Brennstoffe wurden unter genau gleichen Bedingungen in bezug auf Drehzahl, Temperatur, Vorwärmung usw. geprüft. Die in der Saugleitung gemessenen und in Zahlentafel 4 zusammengestellten Temperaturen wurden in allen Fällen bei dem Mischungsverhältnis aufgenommen, das vollständige Verbrennung ergab. Die letzte Spalte der Zahlentafel enthält den berechneten Temperaturabfall unter der Annahme, daß der Brennstoff ohne Zufuhr von Wärme vollständig verdampft worden wäre, ehe er in den Zylinder gelangte.

Zahlentafel 4. Beurteilung der Verdampfbarkeit von Brennstoffen.

Brennstoff	Zunahme oder Abnahme der Temperatur in der Saugleitung (ungefähr ein Maßstab für die mittlere Verdampfbarkeit). Zugeführte Wärmemenge 16,37 kcal/min °C	Berechneter Temperaturabfall der Luft-Brennstoff-Mischung infolge der Verdampfungswärme °C
Von aromatischen Bestandteilen freies Benzin	+ 10	18
Benzin A	+ 11	20
„ B	+ 3	19
„ C	+ 7	18,5
„ D	+ 11	18,35
„ E	+ 10,5	18,2
„ F	+ 5,28	18,2
„ G	+ 18	—
„ H	+ 12	20
„ I	+ 14	—
Schwere Brennstoffe		
Schwere aromatische Kohlenwasserstoffe	+ 28	19,3
Petroleum	+ 31,1	14,5
Paraffinreihe		
Pentan (Normal)	—	21
Hexan (80 vH rein)	0	21
Heptan (97 vH rein)	+ 5,56	18
Benzolreihe		
Benzol (rein)	— 7,28	26
Toluol (99 vH rein)	+ 8	22,5
Xylol (91 vH rein)	+ 18	21,5
Naphthenreihe		
Cyclohexan (93 vH rein)	— 3	21,5
Hexahydrotoluol (80 vH)	+ 3	19
Hexahydroxylol (60 vH)	+ 13,5	18
Olefine		
Gekracktes Benzin (53 vH ungesättigt)	+ 10,55	20,8
Alkoholgruppe usw.		
Äthylalkohol (98 vH)	+ 1,5	85
„ (95 Vol.vH)	— 2	97,7
Methylalkohol (Holznaphtha)	— 8,5	140
Methylalkohol-Benzin-Mischung	— 1	110
Butylalkohol (Hand.)	+ 10	—
Äther (50 vH mit Benzin gem.)	+ 1	22
Schwefelkohlenstoff (50 vH)	— 7	27

Der Endpunkt der Verdampfung. Der Endpunkt der Verdampfung eines Brennstoffes soll stets so tief wie irgend möglich liegen, weil sich die bei höheren Temperaturen verdampfenden Brennstoffbestandteile leicht an den Zylinderwänden niederschlagen und daher in das Kurbelgehäuse abfließen, wo sie das Öl verschlechtern.

Im allgemeinen braucht man jedoch keine ernsthaften Störungen aus diesem Grunde zu befürchten, solange der Endpunkt der Verdampfung unter etwa 200° C liegt; denn wenn auch hierbei an den Zylinderwänden Brennstoff kondensiert, so verdampft er wieder im Kurbelgehäuse. Aber bei Petroleum und anderen hochsiedenden Brennstoffen bedeutet die Kondensation an den Zylinderwänden und im Kurbelgehäuse eine der größten Schwierigkeiten, mit denen die Konstrukteure von Motoren für solche Brennstoffe rechnen müssen.

Verhalten beim Anlassen. Die Geschwindigkeit, mit der eine Maschine mit einem gegebenen Brennstoff aus dem kalten Zustand anspringt, hängt von dem Anteil des Brennstoffes an niedrigsiedenden Bestandteilen ab.

Bei fast allen Sorten von Handelsbenzin wird die volle Dampfspannung bei gewöhnlicher Lufttemperatur nur dann erreicht, wenn mindestens 3 vH des Gefäßes mit Flüssigkeit gefüllt sind. Eine wirkliche Maschine muß aber mit mindestens dem 30. Teil dieser Menge anspringen können, und auch dann wäre das Gemisch mindestens 9mal so reich an Brennstoff wie bei normalem Lauf. Infolgedessen muß man, außer bei Brennstoffen mit besonders hoher Dampfspannung, beispielsweise durch Überschwemmen des Vergasers oder durch Verwendung einer besonderen Anlaßdüse usw., wie beim Zenith-Vergaser, oder durch andere Mittel, beim Anlassen immer für sehr starken Brennstoffüberfluß sorgen.

Heizwert. Die Wärme, die durch die Verbrennung von Brennstoff in Luft frei wird, bestimmt man gewöhnlich dadurch, daß man den Brennstoff in irgendeiner Art von Kalorimeter verbrennt. Der so gefundene Heizwert enthält auch die Verdampfungswärme des entstandenen Wassers, weil man jede Art von Kalorimeter notwendigerweise unter den Verdampfpunkt von Wasser abkühlen muß. Da es jedoch ausgeschlossen ist, auch in der Verbrennungsmaschine die Verdampfungswärme des Wassers auszunutzen, so zieht man von der gesamten freigewordenen Wärme den durch die Kondensation des Wassers gewonnenen Anteil ab. Den so gefundenen Wert nennt man unteren Heizwert des Brennstoffes, und diesen legt man im allgemeinen der Berechnung des thermischen Wirkungsgrades einer Maschine zugrunde.

Für Maschinen, die leichtflüchtige Brennstoffe verwenden, ist dieses Verfahren nicht ganz genau, weil beim Verbrennen in der Bombe oder in einem anderen Kalorimeter ein Teil der Verbrennungswärme für das

Verdampfen des noch unverbrannten flüssigen Brennstoffes verbraucht und daher nicht in die Verbrennungsgase aufgenommen wird. Im Motor dagegen ist die gesamte Flüssigkeit verdampft, bevor die Verbrennung beginnt, und die zum Verdampfen des Brennstoffes notwendige Wärme steht als Abwärme des Kreisprozesses oder bereits in der Luft vorhandene Wärme zur Verfügung. In jedem Falle wird diese Wärme aus einer anderen Quelle als der nutzbaren Verbrennungswärme des Brennstoffes geliefert. Wenn es daher als richtig angesehen wird, die Verdampfungswärme des Wassers von der im Kalorimeter gemessenen gesamten Verbrennungswärme abzuziehen, weil sie nicht ausgenutzt werden kann, so ist es nur gleichfalls recht und billig, die Verdampfungswärme des flüssigen Brennstoffes selbst dem im Kalorimeter gemessenen Heizwert zuzuzählen, weil ein entsprechender Anteil der gesamten Verbrennungswärme in jeder Verbrennungsmaschine ausgenutzt wird, bei welcher der Brennstoff schon vor Beginn der Verbrennung verdampft, d. h. in jeder, außer der Dieselmaschine. Genau genommen, müßte man die innere Verdampfungswärme hinzufügen, die für konstantes Volumen gilt; diese ist um den Wärmewert der Arbeit, die beim Verdampfen der Flüssigkeit im Freien zum Verdrängen der Luft aufgewendet werden muß, kleiner als die Verdampfungswärme bei konstantem Druck.

In Zahlentafel 5 sind die Heizwerte verschiedener Brennstoffe in kcal/kg und kcal/l zusammengestellt. In den ersten beiden Spalten sind die allgemein gebräuchlichen unteren Heizwerte und in den beiden weiteren Spalten die durch Einschluß der Verdampfungswärme des flüssigen Brennstoffes berichtigten Werte eingetragen. Diese berichtigten Werte sind in dem vorliegenden Buch allen Berechnungen des thermischen Wirkungsgrades zugrunde gelegt.

Es kann nicht genug betont werden, daß der Heizwert eines leichtflüchtigen flüssigen Brennstoffes in keinerlei Beziehungen zu der mit diesem Brennstoff erzielbaren Leistung steht. Bei gasförmigen Brennstoffen, deren Heizwerte sehr niedrig sind, beruht das scheinbare Vorhandensein einer solchen Gesetzmäßigkeit hauptsächlich darauf, daß die Gase beträchtliche Anteile an nicht brennbaren Verdünnungsgasen, wie Stickstoff oder Kohlensäure, enthalten, welche die erzielbare Leistung tatsächlich verringern, weil sie einen Teil des verfügbaren Sauerstoffes verdrängen. Bei leichtflüchtigen flüssigen Brennstoffen dagegen enthält der Dampf überhaupt keinerlei verdünnende Beimengungen, die erzielbare Leistung ist daher von dem Heizwert gänzlich unabhängig.

Der Heizwert ist andererseits unmittelbar ein Maß für die Brennstoffmenge, die für eine gegebene Arbeit benötigt wird. Je geringer der Heizwert, desto mehr Brennstoff braucht man für dieselbe Arbeit.

Zahlentafel 5. Heizwerte von flüssigen Brennstoffen.

Brennstoff	Unterer Heizwert (nach Abzug der Verdampfungswärme des Wassers)		Berichtigter unterer Heizwert (einschließlich der inneren Verdampfungswärme des Brennstoffes bei konstantem Volumen		Verdampfungswärme des Brennstoffes (bei konstantem atmosphärischem Druck) kcal/kg
	kcal/kg	kcal/l	kcal/kg	kcal/l	
Von aromatischen Bestandteilen freies Benzin . .	10600	7600	10660	7645	73,9
Benzin A	10250	8010	10310	8060	78,9
„ B	10490	7575	10560	7630	77,8
„ C	10550	7670	10610	7715	75,0
„ D	10410	7910	10490	7960	73,3
„ E	10530	7570	10600	7610	73,3
„ F	10610	7470	10700	7520	74,4
„ G	—	—	—	—	—
„ H	10430	8000	10500	8050	80,6
„ I	—	—	—	—	—
Schwere Brennstoffe					
Schwere aromatische Kohlenwasserstoffe	∼ 9950	∼8800	10010	8850	75 5
Petroleum	∼10550	∼8570	10610	8610	60,0
Paraffinreihe					
Pentan (normal)	10880	6790	10960	6830	85,5
Hexan (80 vH rein) . . .	10700	7315	10760	7370	86,7
Heptan (97 vH rein) . . .	10720	7365	10790	7450	73,9
Benzolreihe					
Benzol (rein)	9630	8480	9700	8570	95,5
Toluol (99 vH rein) . . .	9750	8460	9820	8520	83,9
Xylol (91 vH rein)	9890	8515	9960	8575	80,6
Naphthenreihe					
Cyclohexan (93 vH rein) .	10430	8200	10510	8270	86,7
Hexahydrotoluol (80 vH) .	10405	8110	10490	8170	76,7
Hexahydroxylol (60 vH) .	∼10410	∼7750	10490	7800	73,9
Olefine					
Gekracktes Benzin (53 vH unges.)	∼10210	∼7730	10300	7780	∼ 83,3
Alkoholgruppe usw.					
Äthylalkohol (98 vH) . . .	6375	5080	6560	5240	205,5
„ (95 Vol.vH) .	6000	4880	6190	5100	245,5
Methylalkohol (Holznophtha)	5340	4430	5570	4620	∼277,5
Methyl lkohol-Benzin-Minchung	5670	4640	5880	4820	∼250,0
Butylalkohol (Hand.) . .	—	—	—	—	—
Äther (50 vH mit Benzin gemischt)	∼ 9280	∼6730	9350	6800	∼ 81,1
Schwefelkohlenstoff (50 vH)	5890	5850	5960	5910	81,1

Der Gemischheizwert. Die Leistung einer Maschine hängt dagegen von dem Heizwert des Brennstoff-Luftgemisches in der Zusammensetzung ab, bei der vollständige Verbrennung erzielt wird. Es ergibt sich aber, daß alle Kohlenwasserstoff-Brennstoffe innerhalb sehr enger Grenzen den gleichen Gemischheizwert haben, wenn man ihn auf die normale Raumeinheit des theoretisch richtigen Gemisches bezieht. Und wenn man auch noch die Vergrößerung oder Verkleinerung des spezifischen Volumens nach der Verbrennung mit berücksichtigt, so werden die Unterschiede in den Gemischheizwerten noch geringer.

Die folgende Zahlentafel 6 enthält in

Sp. 1: Die berichtigten Heizwerte verschiedener Benzine und anderer Brennstoffe.

Sp. 2: Das Verhältnis von Luftgewicht zu Brennstoffgewicht in dem vollständig verbrennenden Gemisch.

Sp. 3: Die Änderung des spezifischen Volumens bei der Verbrennung.

Sp. 4: Die bei vollständiger Verbrennung von 1 Normalliter Gemisch freiwerdende Energie in Meterkilogramm, d. h. die gesamte verfügbare innere Energie des Gemisches.

Den Heizwert des „richtigen“ Gemisches bezeichnet man gewöhnlich als die gesamte „innere Energie“ des Kraftmittels. Diese Bezeichnung soll auch weiterhin beibehalten werden, um diesen Begriff vom Heizwert des Brennstoffes zu unterscheiden, der auf die erzielbare Leistung keinen Einfluß hat.

Der thermische Wirkungsgrad bei Betrieb mit verschiedenen Brennstoffen. Unter der Voraussetzung, daß der Brennstoff genügend leicht verdampfbar ist, erreicht man bei gegebenem Verdichtungsverhältnis mit allen Kohlenwasserstoff-Brennstoffen ohne Rücksicht auf ihre chemische Zusammensetzung oder andere Ursachen annähernd gleiche thermodynamische Wirkungsgrade. Nur bei den Brennstoffen der Alkoholgruppe sind die thermischen Wirkungsgrade etwas höher, zum Teil wegen ihrer höheren Verdampfungswärme, zum Teil deshalb, weil wegen der niedrigeren Verbrennungstemperatur die mittlere und die höchste Temperatur des Kreisprozesses niedriger und daher die Verluste etwas kleiner sind. Der Bereich der Zündfähigkeit bei brennstoffarmen Gemischen, der die Verbrennungstemperatur und damit auch den Wirkungsgrad beeinflußt, ist zufällig bei allen bis jetzt geprüften leichtflüchtigen Brennstoffen fast genau gleich, mit Ausnahme von Äther; in allen Fällen hat sich der beste thermische Wirkungsgrad bei einem um 15 vH Brennstoff zu armen Gemisch ergeben.

Beim Versuch, noch schwächere Gemische zu verwenden, wird die Verbrennung zu langsam und unvollständig, so daß der Wirkungsgrad entsprechend verschlechtert wird. Rein theoretisch müßte allerdings der Wirkungsgrad in dem Maße steigen, als das Gemisch ärmer wird,

Zahlentafel 6. Gemischheizwerte verschiedener Brennstoffe.

Brennstoff	1. Unterer Heizwert (einschließlich der inneren Verdampfungswärme des Brennstoffes bei konstantem Volumen) kcal/kg	kcal/l	2. Verhältnis von Luftgewicht zu Brennstoffgewicht für vollständige Verbrennung	3. Spez. Volumen nach der Verbrennung: spez. Volumen vor der Verbrennung	4. Gesamte durch die Verbrennung freigewordene Energie bei Normaltemperatur und Normaldruck und vollständiger Verbrennung mkg/l
Von aromatischen Bestandteilen freies Benzin. . .	10660	7645	15,05	1,053	409
Benzin A	10310	8060	14,3	1,038	406
„ B	10560	7630	14,7	1,049	408,5
„ C	10610	7715	14,8	1,052	410
„ D	10490	7960	14,6	1,047	408
„ E	10600	7610	14,9	1,051	409,5
„ F	10700	7520	15,0	1,053	410,2
„ G	—	—	—	—	—
„ H	10500	8050	14,7	1,048	407,5
„ I	—	—	—	—	—
Schwere Brennstoffe					
Schwere aromatische Kohlenwasserstoffe	10010	8850	13,8	1,04	409,7
Petroleum	10610	8610	15,0	1,06	414
Paraffinreihe					
Pentan (normal)	10960	6830	15,25	1,051	411
Hexan (80 vH rein) . . .	10760	7370	15,2	1,051	408
Heptan (97 vH rein) . . .	10790	7450	15,1	1,056	410,7
Benzolreihe					
Benzol (rein)	9700	8570	13,2	1,013	401,5
Toluol (99 vH rein) . . .	9820	8520	13,4	1,023	405
Xylol (91 vH rein). . . .	9960	8575	13,6	1,03	406
Naphthenreihe					
Cyclohexan (93 vH rein) .	10510	8270	14,7	1,044	406,1
Hexahydrotoluol (80 vH) .	10490	8170	14,7	1,047	406,5
Hexahydroxylol (60 vH) .	10490	7800	14,8	1,054	410,5
Olefine					
Gekracktes Benzin (53 vH unges.)	10300	7780	∽14,8	1,054	418
Alkoholgruppe usw.					
Äthylalkohol (98,5 vH) . .	6560	5240	8,9	1,065	400
„ (95 Vol.vH) .	6190	5100	8,4	1,065	395,8
Methylakohol (Holznaphtha)	5570	4620	6,5	∽1,06	∽406,5
Methylalkohol-Benzin-Mischung	5880	4820	∽8,0	1,064	412,5
Butylalkohol (Hand.) . .	—	—	—	—	—
Äther (50 vH mit Benzin gem.)	9350	6800	13,0	1,06	415
Schwefelkohlenstoff (50vH)	5960	5910	10,8	0,98	334,5

und geradlinig bis zu dem Punkte zunehmen, wo der Wirkungsgrad bei unendlich armem Gemisch den Wirkungsgrad des Arbeitsprozesses von reiner Luft erreicht. In Wirklichkeit ist der Bereich, in dem man das Gemisch bei gleichzeitig zunehmendem Wirkungsgrad schwächen kann, in gewissem geringen Grade, und zwar bei einer Einzylindermaschine, von der Anordnung der Zündkerze und der Intensität des Zündfunkens abhängig; bei Mehrzylindermaschinen hängt dieser Bereich in viel höherem Maße von der Gleichförmigkeit der Gemischverteilung ab. In beiden Fällen ist aber der Bereich jedenfalls eng begrenzt.

Es ist vielleicht eigenartig, daß die besten thermischen Wirkungsgrade, die man beim Betrieb mit zwei so verschiedenen Brennstoffen wie Hexan C_6H_{14} und Benzol C_6H_6 erreichen kann, gleich hoch sind. Das erklärt sich dadurch, daß für CO_2 zwar die Dissoziation bei hohen Temperaturen groß, aber die Zunahme an spezifischer Wärme gering ist, während umgekehrt für H_2O die Dissoziation klein, aber die Zunahme der spezifischen Wärme groß ist. Merkwürdigerweise gleichen sich diese beiden Wirkungen fast genau aus, so daß die Summe der Verluste aus beiden Ursachen praktisch gleich bleibt.

Die folgende Zahlentafel 7 enthält in

Sp. 1: Die unteren Heizwerte der Brennstoffe, berichtigt mit Bezug auf den Einfluß der inneren Verdampfungswärme.

Sp. 2: Den geringsten Brennstoffverbrauch in g/PS_ih und l/PS_ih beim Verdichtungsverhältnis 5:1.

Sp. 3: Die entsprechenden thermischen Wirkungsgrade.

Die Werte zeigen die besten erreichbaren thermischen Wirkungsgrade beim Betrieb mit diesen Brennstoffen beim gleichen Verdichtungsverhältnis. Allerdings ist schon weiter oben angegeben, daß das höchste Verdichtungsverhältnis, das man bei einem gegebenen Brennstoff anwenden kann, durch die Neigung dieses Brennstoffes zur Detonation bestimmt wird, und daß diese Neigung sehr verschieden ist.

Zahlentafel 8 enthält den Brennstoffverbrauch in g/PS_ih und l/PS_ih für den Fall, daß jeder Brennstoff beim höchsten für diesen Brennstoff zulässigen Verdichtungsverhältnis in der Maschine verbrannt wird. Die Übersichten zeigen, daß bei Petroleum und einer oder zwei anderen nicht sehr leicht verdampfenden Brennstoffsorten der im Betrieb gemessene thermische Wirkungsgrad beträchtlich niedriger als der unter den günstigsten Verhältnissen erreichbare ist, weil sich ein wesentlicher Teil des Brennstoffes flüssig an den Wänden der Ansaugleitung und des Zylinders niederschlägt und dadurch der Verbrennung entzieht. Diesen Verlust hätte man durch stärkere Vorwärmung vermindern können, wenn die Versuche nicht zum Zweck des Vergleiches bei genau gleicher Wärmezufuhr zum Vergaser ausgeführt worden wären.

Zahlentafel 7.
Erreichbare Wirkungsgrade beim Verdichtungsverhältnis 5:1.

Brennstoff	1. Unterer Heizwert (einschließlich der inneren Verdampfungswärme des Brennstoffes bei konstantem Volumen)		2. Kleinster Brennstoffverbrauch beim Verdichtungsverhältnis 5:1		3. Thermischer Wirkungsgrad beim Verdichtungsverhältnis 5:1
	kcal/kg	kcal/l	$g/PS_i h$	$l/PS_i h$	vH
Von aromatischen Bestandteilen freies Benzin	10660	7645	185,5[1]	0,258[1]	31,9[1]
Benzin A	10310	8060	193,2	0,247	31,7
„ B	10560	7630	189,1	0,262	31,7
„ C	10610	7715	188,2	0,259	31,6
„ D	10490	7960	188,7	0,249	31,9
„ E	10600	7610	188,2[1]	0,263[1]	31,7[1]
„ F	10700	7520	185,1	0,264	31,9
„ G	—	—	190,3	0,254	—
„ H	10500	8050	190,0	0,248	31,7
„ I	—	—	187,0	0,257	—
Schwere Brennstoffe					
Schwere aromatische Kohlenwasserstoffe	10010	8850	228,1	0,258	27,6
Petroleum	10610	8610	229,3[1]	0,288[1]	25,4[1]
Paraffinreihe					
Pentan (normal)	10960	6830	—	—	—
Hexan (80 vH rein)	10760	7370	183,9	0,269	32,0
Heptan (97 vH rein)	10790	7450	183,4[1]	0,267[1]	31,9[1]
Benzolreihe					
Benzol (rein)	9700	8570	205,0	0,232	31,8
Toluol (99 vH rein)	9820	8520	203,5	0,234	31,7
Xylol (91 vH rein)	9960	8575	202,0	0,235	31,4
Naphthenreihe					
Cyclohexan (93 vH rein)	10510	8270	187,8	0,239	31,9
Hexahydrotoluol (80 vH)	10490	8170	190,0	0,241	31,7
Hexahydroxylol (60 vH)	10490	7800	189,6[1]	0,255[1]	31,8[1]
Olefine					
Gekracktes Benzin (53 vH unges.)	10300	7780	192,0	0,254	32,0
Alkoholgruppe usw.					
Äthylalkohol (98,5 vH)	6560	5240	296,7	0,372	32,4
„ (95 Vol.vH)	6190	5100	315,0	0,387	32,5
Methylakohol (Holznaphtha)	5570	4620	347,3	0,420	32,7
Methylakohol-Benzin-Mischung	5880	4820	331,0	0,403	32,5
Butylalkohol (Hand.)	—	—	253,0	0,308	—
Äther (50 vH mit Benzin gem.)	9350	6800	—	—	—
Schwefelkohlenstoff (50 vH)	5960	5910	—	—	—

[1] bedeutet, daß die Werte nur berechnet sind, da die so bezeichneten Brennstoffe nicht bei einem Verdichtungsverhältnis von 5:1 ohne Detonation geprüft werden konnten. Die Werte sind nur eingesetzt, um Wirkungsgrad und Leistung bei Betrieb mit diesen Brennstoffen im Vergleich zu anderen Brennstoffen bei gleichem Verdichtungsverhältnis zu zeigen.

Zahlentafel 8. Brennstoffverbrauch beim höchsten zulässigen Verdichtungsverhältnis.

Brennstoff	Brennstoffverbrauch	
	g/PS_ih	l/PS_ih
Von aromatischen Bestandteilen freies Benzin	188,9	0,264
Benzin A	176	0,225
„ B	176	0,243
„ C	183,5	0,252
„ D	182,1	0,240
„ E	194,6	0,271
„ F	184,5	0,263
„ G	201	0,268
„ H	174	0,227
„ I	204,5	0,282
Schwere Brennstoffe		
Schwere aromatische Kohlenwasserstoffe	200	0,226
Petroleum	260	0,319
Paraffinreihe		
Pentan (normal)	—	—
Hexan (80 vH rein)	181,1	0,265
Heptan (97 vH rein)	219,5	0,318
Benzolreihe		
Benzol (rein)	175,4	0,199
Toluol (99 vH rein)	172,3	0,198
Xylol (91 vH rein)	170,5	0,198
Naphthenreihe		
Cyclohexan (93 vH rein)	172,3	0,219
Hexahydrotoluol (80 vH)	176,2	0,226
Hexahydroxylol (60 vH)	192,0	0,258
Olefine		
Gekracktes Benzin (53 vH unges.)	181,1	0,240
Alkoholgruppe usw.		
Äthylalkohol (98,5 vH)	238	0,298
„ (95 Vol.vH)	253	0,310
Methylalkohol (Holz-Naphtha)	324,6	0,392
Methylalkohol-Benzin-Mischung	279,5	0,341
Butylalkohol (Hand.)	211,3	0,257
Äther (50 vH mit Benzin gem.)	—	—
Schwefelkohlenstoff (50 vH)	—	—

Durch stärkere Vorwärmung kann ein etwas höherer thermischer Wirkungsgrad erzielt werden, aber gleichzeitig nimmt die erzielbare Leistung ab, während sich die Neigung zur Detonation erhöht.

Die Höchstleistung. Die höchste Leistung, die eine Maschine bei Betrieb mit irgendeinem Brennstoff abgibt, hängt von der inneren Energie des Gemisches und von der Verdampfungswärme des flüssigen Brennstoffes ab.

Die innere Energie ist bei den verschiedenen Brennstoffen wenig, die Verdampfungswärme dagegen bei verschiedenen Brennstoffen stark verschieden. Bei den wahren Kohlenwasserstoffen gleichen sich aber im allgemeinen die Einflüsse der Unterschiede in der inneren Energie und in der Verdampfungswärme beinahe genau aus, so daß sie schließlich alle die gleiche Höchstleistung ergeben. Beispielsweise ist die gesamte innere Energie des Gemisches von Benzol um etwa 1,5 vH geringer als die des Gemisches von Hexan; andererseits ist jedoch die Verdampfungswärme von Benzol beträchtlich größer als die von Hexan, so daß ein größeres Gewicht an Benzolgemisch im Zylinder verbleibt und bei gleicher Temperatur und unter sonst gleichen Bedingungen sowie bei gleichem Verdichtungsverhältnis beide Brennstoffe auf weniger als 0,5 vH genau die gleiche Leistung ergeben. Bei Spiritus ist die Verdampfungswärme so viel größer und damit die Ladung im Zylinder so viel dichter, daß die Leistung trotz der erheblich geringeren inneren Energie des Gemisches um etwa 5 vH größer als bei anderen Brennstoffen wird.

Zahlentafel 9 enthält für die betrachteten Brennstoffe in

Sp. 1: Die gesamte innere Energie des Gemisches bei vollständiger Verbrennung.

Sp. 2: Die Verdampfungswärme der flüssigen Brennstoffe.

Sp. 3: Den gemessenen mittleren indizierten Kolbendruck (erzielbare Leistung) beim Verdichtungsverhältnis 5:1.

Sp. 4: Den gemessenen mittleren indizierten Kolbendruck beim höchstzulässigen Verdichtungsverhältnis.

Brennstoffe für Luftfahrzeuge. Für alle wirtschaftlichen Zwecke, außer für die Luftfahrt, wird Brennstoff nach der Menge und nicht nach dem Gewicht geliefert; als Heizwert kommt daher derjenige der Raumeinheit und nicht derjenige der Gewichtseinheit in Betracht. Dagegen ist bei Luftfahrzeugen das Gewicht des Brennstoffes wichtiger als sein Raumbedarf. Unter sonst gleichen Umständen ist daher hier der Brennstoff mit dem höchsten Heizwert der Gewichtseinheit immer im Vorteil. Von diesem Standpunkt aus allein wären die Brennstoffe der Paraffinreihe scheinbar die günstigsten. Leider kann man diese Brennstoffe wegen ihrer Neigung zur Detonation nicht bei hohem Verdichtungsverhältnis, also nicht in einer Maschine mit hohem Wirkungsgrad verwenden. Könnte man das Verdichtungsverhältnis dem Brennstoff anpassen, so könnte man die weiteste Flugstrecke mit demjenigen Brennstoff zurücklegen, bei welchem das Produkt aus dem thermischen Wirkungsgrad und dem Heizwert den höchsten Wert erreicht, und es

Zahlentafel 9. Höchstleistungen.

Brennstoff	Gesamte, bei vollkommener Verbrennung des Gemisches freiwerdende Energie mkg/l	Verdampfungswärme des flüss. Brennstoffes (bei konstantem atmosphärischem Druck) kcal/kg	Mittlerer indiz. Kolbendruck beim Verdichtungsverhältnis 5:1. Wärmezufuhr 16,5 kcal/min at	Mittlerer indiz. Kolbendruck beim höchsten zulässig. Verdichtungsverhältnis. Wärmezufuhr 16.5 kcal/min at
Von aromatischen Bestandteilen freies Benzin	409	73,9	9,24[1]	9,22
Benzin A	406	78,9	9,23	9,925
„ B	408,5	77,8	9,25	9,675
„ C	410	75,0	9,22	9,42
„ D	408	73,3	9,23	9,49
„ E	409,5	73,3	9,22[1]	9,05
„ F	410,2	74,4	9,27	9,34
„ G	—	—	9,25[1]	8,96
„ H	407,5	80,6	9,22	9,82
„ I	—	—	9,26[1]	8,80
Schwere Brennstoffe				
Schwere aromatische Kohlenwasserstoffe	409,7	75,5	9,225	10,01
Petroleum	414	60,0	9,20	8,65
Paraffinreihe				
Pentan (normal)	411	85,5	9,24	9,78
Hexan (80 vH rein)	408	86,7	9,31	9,37
Heptan (97 vH rein)	410,7	73,9	9,23[1]	8,4
Benzolreihe				
Benzol (rein)	401,5	95,5	9,265	10,3
Toluol (99 vH rein)	405	83,9	9,25	10,33
Xylol (91 vH rein)	406	80,6	9,25	10,32
Naphthenreihe				
Cyclohexan (93 vH rein)	406,1	86,7	9,24	9,78
Hexahydrotoluol (80 vH)	406,5	76,7	9,22	9,7
Hexahydroxylol (60 vH)	410,5	73,9	9,27[1]	9,22
Olefine				
Gekracktes Benzin (53 vH unges.)	418	∾ 83,3	9,265	9,57
Alkoholgruppe usw.				
Äthylalkohol (98,5 vH)	400	205,5	9,70	11,0
„ (95 Vol.vH)	395,8	245,5	9,99	11,33
Methylalkoh.(Holznaphtha)	∾406,5	∾277,5	10,18	10,31
Methylalkoh.-Benz.-Misch.	412,5	∾250,0	10,16	10,925
Butylalkohol (Hand.)	—	—	9,71	10,96
Äther (50vH mit Benz.gem.)	415	∾ 81,1	9,57[1]	8,8
Schwefelkohlenstoff (50vH)	334,5	81,1	8,76	8,85

[1] bedeutet, daß die Werte nur berechnet sind, da die so bezeichneten Brennstoffe beim Verdichtungsverhältnis von 5:1 nicht ohne Detonation geprüft werden konnten. Die Werte wurden eingesetzt, um den Wirkungsgrad der Brennstoffe und ihre Leistung im Vergleich zu anderen Brennstoffen bei gleichem Verdichtungsverhältnis zu zeigen.

ist bemerkenswert, daß von allen untersuchten Brennstoffen folgende die höchsten Produkte ergaben:

	Thermischer Wirkungsgrad vH	Heizwert kcal/kg	Produkt
1. Xylol	0,373	9960	3720
2. Cyclohexan	0,349	10510	3670
3. Benzin (Sorte „B")	0,341	10560	3600

Obgleich Xylol in dieser Reihe an erster Stelle steht, ist es als Brennstoff wegen seiner hohen Verdampftemperatur und seiner geringen Verdampfbarkeit nicht geeignet. Um es wirtschaftlich verwenden zu können, müßte man ein so hohes Verdichtungsverhältnis anwenden (nämlich über 6,75:1), daß die Maschine wegen der dabei auftretenden Höchstdrücke übermäßig schwer würde. Cyclohexan, einer der leichteren Brennstoffe der Naphthenreihe, würde in jeder Beziehung die besten Ergebnisse liefern, aber es ist in größeren Mengen nicht erhältlich. Der nächste in der Reihe, das Benzin, Sorte B, ist ein sehr leichter, schnell verdampfbarer Brennstoff, der von der Asiatic Petroleum Co. eigens für den Transozeanflug hergestellt und auch dafür benutzt wurde.

Für Luftfahrzeugmotoren ist ein sehr leicht verdampfbarer Brennstoff besonders erwünscht, weil sich dabei das Gemisch besser verteilen und die notwendige Vorwärmung auf ein Mindestmaß verringern läßt, so daß man die Verdampfungswärme in dem weitesten Ausmaß für die Steigerung der Leistung ausnutzen kann.

Bei den heutigen (1928) Luftfahrzeugmotoren, deren Verdichtungsverhältnis im Mittel 5,4:1 beträgt, soll der Toluolwert des Brennstoffes mindestens + 20 betragen, d. h. er soll nicht weniger als etwa 25 vH aromatische Kohlenwasserstoffe oder einen gleichwertigen Anteil an Naphthenen enthalten, damit Detonation vermieden und der Motor in den Stand versetzt wird, auch auf dem Erdboden mit voller Leistung zu laufen, wie das beim Abflug mit schwerer Last dringend notwendig ist. Da jedoch die Detonation wesentlich vom Druck abhängt, so verschwindet die Neigung zur Detonation, wenn einmal das Flugzeug eine gewisse Höhe erreicht hat und die Luft dünner wird, so daß man dann auch einen Brennstoff mit geringerem Toluolwert verwenden kann. Vom theoretischen Standpunkt wäre es daher erwünscht, auf oder nahe an dem Erdboden mit Brennstoffen von hohem Toluolwert zu arbeiten und auf fast reines Paraffinbenzin umzuschalten, sobald man genügend hoch gestiegen ist.

Durch Verwendung von Spiritus, von Brennstoffen mit hoher Verdampfungswärme oder von Brennstoffen, deren Verdampfungswärme durch aufgelöstes Wasser erhöht worden ist, kann man sehr wesentliche Vorteile erreichen, weil, wie früher nachgewiesen, durch die hohe Verdampfungswärme die erzielbare Leistung beträchtlich gesteigert wird. Das wäre eine besonders wichtige Erwägung für den Abflug von schwerbeladenen Flugzeugen.

Zusammenfassung. Die Ergebnisse einer längeren Untersuchung der verschiedenen leichtflüchtigen flüssigen Brennstoffe, die im Auftrage der Asiatic Petroleum Co. durchgeführt wurde, können folgendermaßen zusammengefaßt werden:

1. Die Neigung zur Detonation ist das hervorstechendste Merkmal eines Brennstoffes, wenn man seinen Wert als Betriebsstoff einer Verbrennungsmaschine mit Verbrennung bei konstantem Volumen beurteilen will. Im Vergleich hiermit sind fast alle anderen Rücksichten von geringerer Bedeutung.

2. Daß, wie man heute allgemein annimmt, die Neigung zur Detonation in weitem Maße von der normalen Brenngeschwindigkeit eines Brennstoffes abhängt und um so geringer ist, je geringer die Brenngeschwindigkeit ist, scheint wenig zweifelhaft zu sein.

3. Geringe Brenngeschwindigkeit ist scheinbar in allen Fällen vorteilhaft. Bisher hat sich kein Brennstoff gefunden, dessen Brenngeschwindigkeit so gering war, daß es damit nicht möglich gewesen wäre, ebenso hohe Wirkungsgrade zu erreichen wie mit den schnellsten bisher geprüften Schnelläufermotoren.

4. Brennstoffe, die hohe Verdichtungsverhältnisse vertragen, arbeiten bei niedrigem Verdichtungsverhältnis mit ebenso gutem Wirkungsgrad wie Brennstoffe, deren normale Brenngeschwindigkeit hoch ist, vorausgesetzt, daß im Verbrennungsraum ausreichende Wirbelung stattfindet.

5. Abgesehen von den Beschränkungen, die durch die Neigung zur Detonation hervorgerufen werden, erreicht man mit allen verdampfbaren flüssigen Brennstoffen, mit Ausnahme derjenigen der Alkoholgruppe, bei gleichem Verdichtungsverhältnis auf weniger als 2 vH genau die gleiche Leistung. Unterschiede innerhalb dieser Grenzen beruhen eher auf Schwankungen der Verdampfungswärme als auf anderen Ursachen.

6. Die hohe Verdampfungswärme und der niedrige Siedepunkt von Spiritus und gewissen anderen Brennstoffen bedingen, daß bei Betrieb mit diesen Brennstoffen das Gewicht der Ladung bei jedem Arbeitsvorgang höher und infolgedessen auch die Leistung höher ist.

7. Der Wirkungsgrad der Verbrennung ist bei allen leichtflüchtigen Brennstoffen, außer Spiritus usw., bei gleichem Verdichtungsverhältnis praktisch gleich und unabhängig von der Brenngeschwindigkeit, vorausgesetzt, daß die Verdichtung niedrig genug ist, um unter allen Um-

Zahlentafel 10. Eigenschaften der im Auftrag der

Brennstoff	A. Spezifisches Gewicht bei 15° C	B. Siedebereich: Destillation nach Engler 60° vH	80° vH	100° vH	120° vH	140° vH	160° vH	180° vH	Endpunkt °C	C. Angenäherte Zusammensetzung der Brennstoffe nach Gewicht: Paraffine vH	Aromat. Kohlenwasserstoffe vH	Naphthene vH
Von aromatischen Bestandteilen freies Benzin	0,718	1,0	16,0	49,0	72,0	85,0	93,0	—	—	63,0	1,7	35,0
Benzin A	0,782	—	—	15,0	54,0	83,0	96,0	—	164,0	26,0	39,0	35,0
„ B	0,723	4,0	37,3	79,0	99,0	—	—	—	126,0	62,0	14,9	23,0
„ C	0,727	—	11,5	47,0	79,0	92,0	98,5	—	160,0	61,0	8,5	30,5
„ D	0,760	—	—	13,0	66,0	89,0	97,5	—	166,0	38,0	14,6	47,0
„ E	0,719	2,0	14,5	43,0	71,0	86,0	96,0	—	170,0	68,0	11,3	20,0
„ F	0,704	1,0	27,0	65,0	86,5	94,5	—	—	153,0	80,0	4,3	15,2
„ G	0,750	—	7,0	24,0	47,0	67,0	81,5	91,0	210,0	—	7,5	—
„ H	0,767	—	—	7,0	55,0	83,0	94,0	—	176,0	10,0	4,8	85,0
„ I	0,727	—	5,0	25,0	50,0	74,0	93,0	—	187,0	—	7,8	—
Schwere Brennstoffe		160° vH	180° vH	200° vH	220° vH	240° vH	260° vH	280° vH				
Schwere aromatische Kohlenwasserstoffe	0,885	8,0	30,0	50,0	65,0	77,0	90,0	—	275,0	—	71,5	—
Petroleum	0,813	—	22,0	36,0	50,0	63,0	76,0	86,0	300,0	—	—	—
Paraffinreihe		Siedebereich °C										
Pentan (normal)	0,624	36,3								∼100,0	—	—
Hexan (80 vH rein)	0,685	40,0 bis 88,0 (der größte Teil bei 68,0)								77,0	2,7	∼20,0
Heptan (97 vH rein)	0,691	98,0								—	<0,5	—
Benzolreihe												
Benzol (rein)	0,884	80,0								unbedeut.	98,0	unbedeut.
Toluol (99 vH rein)	0,870	∼110,0								unbedeut.	99,0	unbedeut.
Xylol (91 vH rein)	0,862	84,0 bis 143 (der größte Teil bei 140,0)								—	91,0	—
Naphthenreihe												
Cyclohexan (93 vH rein)	0,786	80,8 bis 81,0								—	4,6	93,0
Hexahydrotoluol (80 vH)	0,780	95,5 bis 101,2								—	10,0	78,0
Hexahydroxylol (60 vH)	0,744	103,0 bis 123,0								—	—	60,0
Olefine										Olefine:		
Gekracktes Benzin (53 vH unges.)	0,757	55,0 bis 175,0								53,0	10,0	—
Alkoholgruppe usw.										Wasser:		
Äthylalkohol (98 vH)	0,798	78,0 bis 100,0								1,5	—	—
„ (95 Vol. vH)	0,815	78,0 bis 100,0								7,0	—	—
Methylalkohol (Holznaphtha)	0,829	66,0 +								—	—	—
Methylalkohol-Benzin-Mischung	0,821	—								∼7,0	—	—
Butylalkohol (Hand.)	0,823	117,0 +								—	—	—
Äther (50 vH mit Benzin gemischt)	0,727	35,0 +								∼2,5	—	50,0 Benzin
Schwefelkohlenstoff (50 vH)	0,994	46,0 +								—	—	50,0 Benzin

ständen Detonation zu verhindern. Bei Spiritus wird der Wirkungsgrad durch die niedrigere Entflammungstemperatur etwas gesteigert.

Asiatic Petroleum Co. geprüften Brennstoffe.

D.	E.	F.		G.		H.	I.	J.	K.	L.	M.
Dampfspannung bei 0° C	Viscosität bei 20° C	Unterer Heizwert (abzüglich der Verdampfungswärme des Wassers)		Unterer Heizwert (einschl. der inneren Verdampfungswärme des Brennstoffes bei konstantem Volumen)		Verbrennungswärme des Gemisches bei Normaltemperatur u. -druck und vollst. Verbrennung	Spez. Volumen nach der Verbrennung : spez. Volumen vor der Verbrennung	Gesamte durch die Verbrennung freiwerdende Energie bei Normaltemperatur und -druck und vollständiger Verbrennung	Mischungsverhältnis von Luft zu Brennstoff für vollständ. Verbrennung nach Gewicht	Innere Verdampfungswärme des Brennstoffes (bei konstantem atmosphärischen Druck)	Berechneter Temperaturabfall des Luft-Brennstoffgemisches infolge der inneren Verdampfungswärme
mm Q.-S.	C.G.S.-Einheiten	kcal/kg	kcal/l	kcal/kg	kcal/l	mkg/l		mkg/l		kcal/kg	°C
—	0,004	10600	7600	10660	7645	389,0	1,053	409	15,05	73,9	18
28,0	0,005	10250	8010	10310	8060	392,0	1,038	406	14,3	78,9	20
86,0	0,005	10490	7575	10560	7630	389,4	1,049	408,5	14,7	77,8	19
54,0	0,005	10550	7670	10610	7715	389,2	1,052	410	14,8	75,0	18,5
18,0	0,005	10410	7910	10490	7960	389,3	1,047	408	14,6	73,3	18,35
70,0	0,005	10530	7570	10600	7610	389,25	1,051	409,5	14,9	73,3	18,2
68,0	0,004	10610	7470	10700	7520	389,05	1,053	410,2	15,0	74,4	18,2
44,0	0,005	—	—	—	—	—	—	—	—	—	—
17,0	0,006	10430	8000	10500	8050	389,05	1,048	407,5	14,7	80,6	20
—	0,005	—	—	—	—	—	—	—	—	—	—
—	0,007	~ 9950	~8800	10010	8850	394,0	1,04	409,7	13,8	75,5	19,3
—	0,010	~10550	~8570	10610	8610	389,22	1,06	414	15,0	60,0	14,5
183,0	0,0025	10880	6790	10960	6830	391,0	1,051	411	15,25	85,5	21
45,0]	0,003	10700	7315	10760	7370	388,2	1,051	408	15,2	86,7	21
11,5	0,004	10720	7365	10790	7450	388,8	1,056	410,7	15,1	73,9	18
26,0	0,006	9630	8480	9700	8570	396,0	1,013	401,5	13,2	95,5	26
9,0	0,006	9750	8460	9820	8520	396,0	1,023	405	13,4	83,9	22,5
—	0,006	9890	8515	9960	8575	394,5	1,03	406	13,6	80,6	21,5
27,5	0,006	10430	8200	10510	8270	389,0	1,044	406,1	14,7	86,7	21,5
—	—	10405	8110	10490	8170	388,6	1,047	406,5	14,7	76,7	19
—	—	~10410	~7750	10490	7800	389,05	1,054	410,5	14,8	73,9	18
—	—	~10210	~7730	10300	7780	396,6	1,054	418	~14,8	~ 83,3	20,8
12,0	0,012	6375	5080	6560	5240	375,5	1,065	400	8,9	205,5	85
—	—	6000	4880	6190	5100	371,0	1,065	395,8	8,4	245,5	97,7
26,0	0,006	5340	4430	5570	4620	~384,0	~1,06	~406,5	6,5	~277,5	140
—	0,010	5670	4640	5880	4820	371,0	1,064	412,5	~ 8,0	~250,0	110
—	0,030	—	—	—	—	—	—	—	—	—	—
—	—	~9280	~6730	9350	6800	392	1,06	415	13,0	~ 81,1	22
—	—	5890	5850	5960	5910	339	0,98	334,5	10,8	81,1	27

8. Der nutzbare Bereich des Mischungsverhältnisses ist für alle Zwecke bei allen leichtflüchtigen flüssigen Brennstoffen gleich.

Zahlentafel 11. Versuchsergebnisse am Mot

Brennstoff	A. Höchst. zuläss. Verdichtungsverhältnis im Motor mit veränderl. Verdichtung	B. Enddruck der Verdichtung beim höchsten zulässigen Verdichtungsverhältnis (berechnet) at	C. Endtemperatur der Verdichtung beim höchsten zulässigen Verdichtungsverhältnis (berechnet) °C	D. Toluolwert. Toluol=100 vH. Von aromatischen Bestandteilen, freies Benzin=0 vH	E. Mindestverbrauch beim Verdichtungsverhältnis 5 : 1 g/PS$_i$h	E. l/PS$_i$h	F. Mindestverbrauch bei höchsten zuläs Verdichtungs verhältnis g/PS$_i$h	F. l/PS
Von aromatischen Bestandteilen freies Benzin	4,85	7,425	392	0	185,5[2]	0,258[2]	188,9	0,26
Benzin A	6,0	10,45	430	38,0	193,2	0,247	176	0,22
„ B	5,7	9,39	422	28,0	189,1	0,262	176	0,24
„ C	5,25	8,3	407	13,5	188,2	0,259	183,5	0,25
„ D	5,35	8,45	410	16,5	188,7	0,249	182,1	0,24
„ E	4,7	7,07	387	— 5,0	188,2[2]	0,263[2]	194,6	0,27
„ F	5,05	7,84	400	6,5	185,1	0,264	184,5	0,26
„ G	4,55	6,75	381	—10,0	190,3	0,254	201	0,26
„ H	5,9	9,88	428	35,0	190,0	0,248	174	0,22
„ I	4,3	6,26	373	—20,0	187,0	0,257	204,5	0,28
Schwere Brennstoffe								
Schwere aromatische Kohlenwasserstoffe	6,5	11,46	438	55,0	228,1	0,258	200	0,22
Petroleum	4,2	6,05	369	—22,0	229,3[2]	0,288[2]	260	0,31
Paraffinreihe								
Pentan (normal)	5,85	9,75	427	33,0	—	—	—	—
Hexan (80 vH rein)	5,1	7,98	401	8,0	183,9	0,269	181,1	0,26
Heptan (97 vH rein)	3,75	5,07	353	—37,0	183,4[2]	0,267[2]	219,5	0,31
Benzolreihe								
Benzol (rein)	6,9[1]	12,59	450	67,0	205,0	0,232	175,4	0,19
Toluol (99 vH rein)	>7,0	>12,86	>452	100,0	203,5	0,234	172,3	0,19
Xylol (91 vH rein)	>7,0	>12,86	>452	85,0	202,0	0,235	170,5	0,19
Naphthenreihe								
Cyclohexan (93 vH rein)	5,9[1]	9,88	428	35,0	187,8	0,239	172,3	0,21
Hexahydrotoluol (80 vH)	5,8	9,6	426	31,5	190,0	0,241	176,2	0,22
Hexahydroxylol (60 vH)	4,9	7,53	394	1,5	189,6[2]	0,255[2]	192,0	0,25
Olefine								
Gekracktes Benzin (53 vH unges.)	5,55	9,01	417	23,5	192,0	0,254	181,1	0,24
Alkoholgruppe usw.								
Äthylalkohol (98 vH)	>7,5	>14,35	>424	>88,0	296,7	0,372	238	0,29
„ (95 Vol.vH)	>7,5	>14,35	>420	>88,0	315,0	0,387	253	0,31
Methylakohol (Holznaphtha)	5,2[1]	8,2	342[2]	—	347,3	0,420	324,6	0,39
Methylalkohol-Benzin-Mischung	6,5[1]	>11,46	382[2]	—	331,0	0,403	279,5	0,34
Butylalkohol (Hand.)	7,3	13,7	—	80,0	253,0	0,308	211,3	0,25
Äther (50 vH mit Benzin gemischt)	3,9	5,42	350	(—32,0)	—	—	—	—
Schwefelkohlenstoff (50 vH)	5,15	8,09	390	(9,0)	—	—	—	—

[1] Bedeutet Vorzündung ohne vorher hörbare Detonation. [2] Bedeutet, daß die Werte nur berech werden konnten. Die Werte sind nur eingesetzt, um den Wirkungsgrad der Brennstoffe und ihre Leistung

mit veränderlicher Verdichtung.

G.	H.	I.	J.	K.	L.	M.		N.	
Thermischer Wirkungsgrad beim Verdichtungsverhältnis 5:1	Thermischer Wirkungsgrad bei höchsten zuläss. Verdichtungsverhältnis	Höchster mittlerer indizierter Druck beim Verdichtungsverhältnis 5:1. Wärmezufuhr 16,5 kcal/min	Höchster mittlerer indizierter Druck beim höchsten zulässigen Verdichtungsverhältnis. Wärmezufuhr 16,5 kcal/min	Höchster mittlerer indizierter Druck beim höchsten zulässigen Verdichtungsverhältnis ohne Vorwärmung	Zunahme od. Abnahme d. Temperatur im Saugrohr. (Maßstab f. die mittl. Verdampfbarkeit.) Zugeführte Wärme 16,5 kcal/min	Thermischer Wirkungsgrad im Vergleich zum Betrieb mit reinem Toluol		Mittlerer indizierter Druck im Vergleich zum Betrieb mit reinem Toluol	
						Beim gleichen Verdichtungsverhältnis	Beim höchst. zul. Verdichtungsverhält.	Beim gleichen Verdichtungsverhältnis	Beim höchst. zul. Verdichtungsverhält.
vH	vH	at	at	at	°C	vH	vH	vH	vH
31,9[2]	31,4	9,24[2]	9,22	9,73	+ 10	∾ 100,0	83,7	∾ 100,0	88,4
31,7	34,9	9,23	9,925	10,45	+ 11	∾ 100,0	93,0	∾ 100,0	95,3
31,7	34,1	9,25	9,675	10,37	+ 3	∾ 100,0	91,0	∾ 100,0	93,5
31,6	32,5	9,22	9,42	10,02	+ 7	∾ 100,0	86,7	∾ 100,0	91,0
31,9	33,1	9,23	9,49	10,05	+ 11	∾ 100,0	88,3	∾ 100,0	91,7
31,7[2]	30,7	9,22[2]	9,05	9,62	+ 10,5	∾ 100,0	81,8	∾ 100,0	87,5
31,9	32,1	9,27	9,34	9,89	+ 5,28	∾ 100,0	85,6	∾ 100,0	90,2
—	—	9,25[2]	8,96	9,53	+ 18	—	—	∾ 100,0	86,6
31,7	34,6	9,22	9,82	10,4	+ 12	∾ 100,0	92,2	∾ 100,0	94,8
—	—	9,26[2]	8,80	9,32	+ 14	—	—	∾ 100,0	85,0
27,6	31,5	9,225	10,01	—	+ 28	86,0	84,0	∾ 100,0	96,9
25,4[2]	22,9	9,20[2]	8,65	—	+ 31,1	80,0	61,2	99—100	83,6
—	—	9,24	9,78	—	—	—	—	∾ 100,0	94,5
32,0	32,4	9,31	9,37	9,93	0	∾ 100,0	86,4	∾ 100,0	90,5
31,9[2]	26,7	9,23[2]	8,4 bei 3,8:1	8,83	+ 5,56	∾ 100,0	71,2	∾ 100,0	80,5
31,8	37,2	9,265	10,3	10,97	— 7,28	∾ 100,0	99,2	∾ 100,0	99,7
31,7	37,5	9,25	10,33 bei 7,0:1	10,99	+ 8	∾ 100,0	100,0	∾ 100,0	100,0
31,4	37,3	9,25	10,32 bei 7,0:1	10,98	+ 18	∾ 100,0	99,5	∾ 100,0	99,9
31,9	34,9	9,24	9,78	10,41	— 3	∾ 100,0	93,0	∾ 100,0	94,6
31,7	34,3	9,22	9,7	10,31	+ 3	∾ 100,0	91,5	∾ 100,0	93,9
31,8[2]	31,5	9,27[2]	9,22	9,73	+ 13,5	∾ 100,0	84,0	∾ 100,0	88,4
32,0	33,9	9,265	9,57	10,22	+ 10,55	∾ 100,0	90,4	100,0	92,5
32,4	40,4	9,70	11,0 bei 7,5:1	11,64	+ 1,5	102,0	107,9	105,0	106,4
32,5	40,5	9,99	11,33 bei 7,5:1	11,96	— 2	102,5	108,1	108,0	109,8
32,7	35,1	10,18	10,31	10,82	— 8,5	103,0	93,5	110,0	99,7
32,5	38,5	10,16	10,925	11,6	— 1	102,5	102,7	110,0	105,8
—	—	9,71	10,96	11,57	+ 10	—	—	105,0	106,0
—	—	9,57[2]	8,8	9,33	+ 1	—	—	103,5	85,0
—	—	8,76	8,85	9,59	— 7	—	—	94,7	85,5

ind, da die so bezeichneten Brennstoffe bei einem Verdichtungsverhältnis von 5 : 1 nicht ohne Detonation geprüft
'ergleich zu anderen Brennstoffen bei gleichem Verdichtungsverhältnis zu zeigen.

9. Die unvermeidlichen Verluste durch Dissoziation und Änderung der spezifischen Wärme bei hohen Temperaturen sind für alle Fälle im wesentlichen gleich groß.

10. Alle Versuchsergebnisse deuten darauf hin, daß das Verhalten jeder Mischung von Kohlenwasserstoffen in bezug auf Detonation, also auch in bezug auf Leistung und Wirkungsgrad, dem Mittelwert des Verhaltens ihrer Einzelbestandteile in der gleichen Hinsicht entspricht. Das Verhalten irgendeines zusammengesetzten Brennstoffes, wie Benzin, kann man daher vorausbestimmen, wenn Art und Mischungsverhältnis seiner Bestandteile bekannt sind; umgekehrt kann man also auch innerhalb der gegebenen Grenzen einen Brennstoff mit vorher bestimmtem Verhalten zusammensetzen.

11. Das höchste zulässige Verdichtungsverhältnis und damit die höchste erzielbare Leistung hängt bei jeder Art von Benzin von dem Verhältnis der Anteile an aromatischen Kohlenwasserstoffen, Naphthenen und Paraffinen ab. Je geringer der Gehalt an Paraffinen ist, desto besser ist der Brennstoff in jeder Beziehung.

12. Die Beurteilung eines Brennstoffes auf Grund des spezifischen Gewichtes ist vollkommen irreführend; denn enthält der Brennstoff Naphthene oder aromatische Kohlenwasserstoffe in etwas größerer Menge — wie dies häufig der Fall ist —, dann ist ein hohes spezifisches Gewicht sogar ein wesentlicher Vorteil.

13. Da die Anlaßdüsen der Vergaser gewöhnlich sehr reiches Gemisch ergeben und da dieses Gemisch dann durch Überfluten des Vergasers noch stärker angereichert wird, so kommt man beim Anlassen scheinbar mit einem verhältnismäßig geringen Anteil an sehr leichtflüchtigen Bestandteilen des Brennstoffes aus.

Zahlentafeln 10 und 11 enthalten eine Übersicht über die Gesamtergebnisse aller obenerwähnten Versuche. Der Großzügigkeit und dem Interesse der Asiatic Petroleum Co. für die Allgemeinheit verdankt der Verfasser die Erlaubnis, diese Ergebnisse rückhaltlos veröffentlichen zu dürfen.

Die Versuchsmaschine. Die Einzelheiten der Einzylinder-Versuchsmaschine und ihrer Nebeneinrichtungen für die Versuche dürften einiger Beachtung wert sein. Abb. 3 bis 6 sind Schnitte und Ansichten des Motors mit veränderlicher Verdichtung, der für die vorstehend erwähnten Versuche benutzt wurde. Beim Entwurf dieser Maschine wurden folgende Gesichtspunkte beachtet:

1. Wegen der großen Dauer und wegen der ausgedehnten Art der Versuche waren nicht allein Dauerhaftigkeit und Zuverlässigkeit der Maschine in erster Reihe wichtig, sondern es wurde auch keine Mühe gespart, um hohe Widerstandsfähigkeit der Maschine gegenüber mechanischen Beanspruchungen zu erreichen.

2. Jedes zu damaliger Zeit (im Jahre 1919) bekannte Mittel wurde angewandt, um den thermischen Wirkungsgrad und die Leistung zu steigern und die thermischen und Reibungsverluste auf ihr Mindestmaß zu vermindern sowie dieses Mindestmaß unter allen Betriebsbedingungen einzuhalten.

3. Die Maschine war so entworfen, daß sie, wenn es verlangt wurde, mit höherer Kolbengeschwindigkeit als andere zur damaligen Zeit bekannte Maschinen laufen konnte.

4. Die Maschine ist mit einer Einrichtung versehen, die gestattet, das Verdichtungsverhältnis zwischen 3,7:1 und 8:1 zu verändern, während die Maschine mit Volleistung arbeitet, ohne daß hierdurch bestehende Temperatur-, Reibungs-, mechanische oder andere Verhältnisse der Maschine gestört werden.

5. Der Verbrennungsraum der Maschine ist so ausgebildet, daß er sich in der Form und im Verhältnis von Oberfläche zu Inhalt so wenig wie möglich ändert, wenn das Verdichtungsverhältnis der Maschine geändert wird. Aus diesem Grunde hat die Maschine ein sehr großes Hubverhältnis.

6. Durch besondere Hilfsmittel ist dafür gesorgt, daß die Maschine gegenüber Temperaturänderungen des Schmiermittels möglichst unempfindlich ist. Zu diesem Zwecke werden an allen Stellen, wo es angeht, Kugellager verwendet, deren Reibung sich bei Unterschieden der Öltemperatur nur wenig ändert; das Wasser bleibt ferner im Zylindermantel dauernd fast in Ruhe und erreicht daher schnell eine von der Temperatur des zulaufenden Wassers unabhängige, konstante Temperatur. Infolgedessen nimmt auch die Kolbenreibung, deren Höhe von der Temperatur des Öls an den Zylinderwänden abhängt, nach Betrieb von wenigen Minuten ihren niedrigsten Wert an und bleibt dann unveränderlich.

Daß bei solchen Versuchen die Form des Verbrennungsraumes bei jeder Höhe des Verdichtungsverhältnisses möglichst erhalten bleibt, ist außerordentlich wichtig; daher haben z. B. Versuche, bei denen verschiedene Kolben, nämlich mit konvexen und mit konkaven Böden verwendet wurden, um das Verdichtungsverhältnis zu ändern, ganz irreführende Ergebnisse geliefert. Eine Reihe von Versuchen mit verschiedenen Verdichtungsverhältnissen, die offenbar äußerst sorgfältig durchgeführt worden waren, hat sich bei der Nachprüfung als vollkommen wertlos ergeben, weil bei dem niedrigen und bei dem hohen Verdichtungsverhältnis der Verbrennungsraum gänzlich verschiedenen Charakter und Wirkungsgrad hatte. Während somit die Versuche ein bestimmtes günstigstes Verdichtungsverhältnis ergaben, über das hinaus Verluste an Leistung und Wirkungsgrad der Maschine eintreten sollten, zeigte die sorgfältige Nachprüfung der Ergebnisse, daß an-

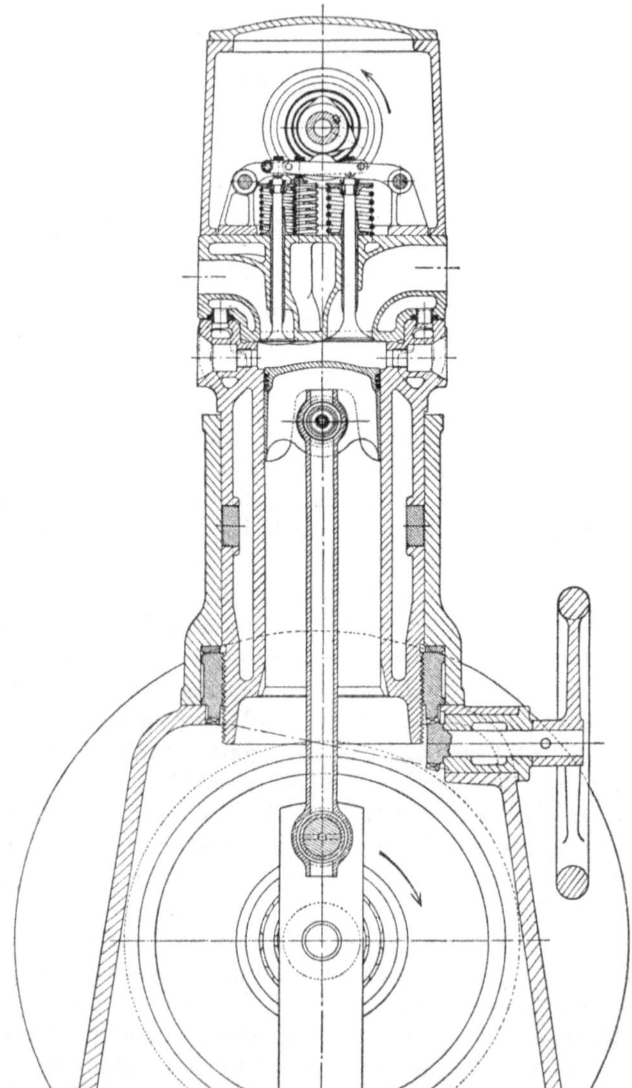

Abb. 3. Maschine mit veränderlicher Verdichtung.

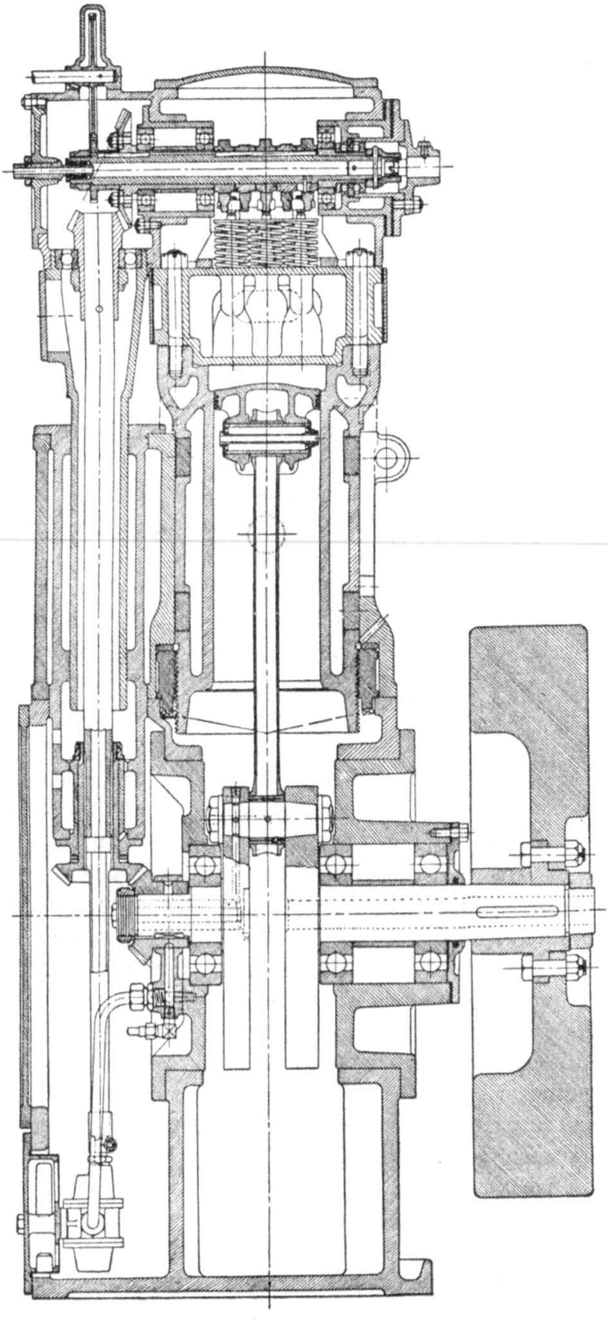

Abb. 4. Maschine mit veränderlicher Verdichtung.

nähernd bei dem sog. günstigsten Verdichtungsverhältnis nur der Wirkungsgrad des Verbrennungsraumes seinen Höchstwert hatte, und daß dieser bei höheren Verdichtungen schnell abnahm und in der Tat ganz außergewöhnlich schlecht wurde.

Bei der Maschine mit veränderlicher Verdichtung, die für diese Versuche entworfen wurde, erfährt der Wirkungsgrad des Verbrennungsraumes zwischen niedrigstem und höchstem Verdichtungsverhältnis nur sehr geringe Veränderungen. Infolgedessen verbessert sich der Wirkungsgrad mit zunehmendem Verdichtungsverhältnis vollkommen stetig über den gesamten Bereich der Veränderung. Aus Abb. 3 und 4 ist ersichtlich, daß das Verdichtungsverhältnis geändert wird, indem man den ganzen Zylinder zusammen mit Vergaser, Nockenwelle und Ventilantrieb, Abb. 5, hebt oder senkt. Auf diese Weise kann man die gewünschte Änderung des Verdichtungsverhältnisses in jeder beliebigen Größe innerhalb weniger Sekunden ausführen, ohne daß sich dabei die Temperaturverhältnisse oder irgendwelche Einstellungen verändern.

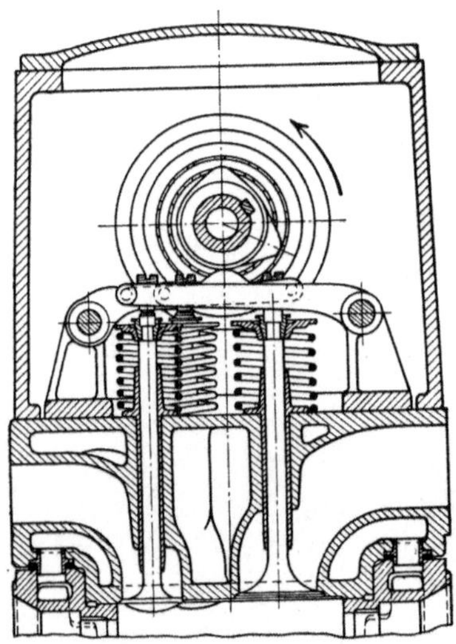

Abb. 5. Maschine mit veränderlicher Verdichtung. Ventilantrieb.

Zum Messen und Anzeigen des gerade benutzten Verdichtungsverhältnisses ist ein Mikrometer vorhanden, das in Abb. 6 zu sehen ist. Das Mikrometer betätigt elektrische Kontakte, die eine Signallampe zum Aufleuchten bringen, sobald das gewünschte Verdichtungsverhältnis erreicht ist. Man kann daher zunächst die Mikrometerschraube in Ruhe auf das gewünschte Verdichtungsverhältnis einstellen, ehe man irgendeine andere Veränderung an der Maschine vornimmt, und merkt am Aufleuchten der Lampe sofort, wann das richtige Verhältnis erreicht ist.

Für die Zündung sind vier Zündkerzen in gleichen Abständen rund um den Umfang des Verbrennungsraumes angeordnet, die mit je einer Remy-Hochspannungsspule verbunden sind. Im Niederspannungsstromkreis für alle Zündspulen läuft ein einfacher Remy-Unterbrecher, der unmittelbar von einem Ende der Nockenwelle angetrieben wird. Diese Anordnung wurde aus folgenden Gründen der Magnetzündung vorgezogen:

1. Sie sichert genau gleichzeitigen Durchgang von Strom durch alle vier Zündkerzen.

2. Sie sichert genau gleiche Stromstärke bei allen Einstellungen des Zündzeitpunktes.

Praktisch hat man dann festgestellt, daß auch schon zwei Zündkerzen, die an den Seiten des Verdichtungsraumes einander gegenüberstehen,

Abb. 6. Maschine mit veränderlicher Verdichtung. Ansicht des Mikrometers zum Anzeigen des Verdichtungsverhältnisses.

ebenso gute Ergebnisse wie die vier Zündkerzen lieferten; daher wurden die Versuche nur mit zwei Zündkerzen durchgeführt.

Damit Leistung und Reibungsverluste genau gemessen werden können, ist die Maschine unmittelbar mit einer elektrischen Pendeldynamo gekuppelt. Der eine Arm des Dynamometers ist mit einem Gewicht von rd. 18 kg belastet, etwas mehr, als dem Höchstdrehmoment der Maschine entspricht. An einer schwachen Federwaage mit offener Einteilung kann man dann ablesen, um wieviel sich das von dem Gewicht erzeugte Drehmoment von dem tatsächlich entwickelten Drehmoment der Maschine unterscheidet. Diese Anordnung gestattet überaus genaue Messungen, da schon sehr geringe Schwankungen im Drehmoment große Ausschläge an der Federwaage ergeben. Das mittlere Drehmoment entspricht etwa 16 kg am Dynamometerarm, so daß der Unterschied mit einem Blick auf weniger als 0,05 kg genau abgelesen werden kann. Dabei zeigt das Dynamometer so ruhig an, daß der Zeiger der Federwaage um nicht mehr als $\pm$ 0,05 kg ausschlägt oder schwankt. Im allgemeinen können also die Drehmomentmessungen als auf 0,3 vH genau angesehen werden. Die Genauigkeit der Mittelwerte aus mehreren Messungen ist natürlich noch beträchtlich höher. Die Belastung des elektrischen Dynamometers kann man durch Verändern der Felderregung regeln. Hierfür sind im Stromkreis der Feldwicklung zwei Rheostaten angeordnet, von denen der eine für Grobregelung in Stufen, der andere, eine ununterbrochene Widerstandsspule mit gleichmäßig veränderlichem Widerstand, für das Feineinstellen benutzt wird.

Die Brennstoff-Meßeinrichtung, Abb. 7, besteht aus zwei Behältern; jeder davon umfaßt zwei Kammern mit kegelig zulaufenden Enden, die miteinander durch enge Hälse verbunden sind. Die obere Kammer hat genau 0,5679 l, die untere $^1/_4$ davon als Inhalt. An jedem Behälter ist ferner ein Meßrohr aus Glas angebracht. Da die Flüssigkeit mit sehr großer Geschwindigkeit sinkt, wenn sich der Spiegel gerade in der engen Verbindungsstelle bewegt, so kann man das Vorbeilaufen des Flüssigkeitsspiegels an den Markierungen des Meßglases außerordentlich genau mit der Uhr beobachten. Von einem Ende der Nockenwelle wird außerdem über eine magnetische Kupplung ein Umdrehungszähler angetrieben. Dieser Umdrehungszähler wird in dem Augenblick eingerückt, wenn der Brennstoffspiegel an der oberen Marke des Standglases vorbeigeht, und er wird ausgerückt, wobei sich gleichzeitig eine Bremse an die Zählerwelle anlegt, wenn der Brennstoffspiegel die untere Marke im Standglas passiert. Auf diese Weise kann man ganz selbsttätig die wirkliche Zahl der Maschinenumdrehungen während des Verbrauchs einer bestimmten Brennstoffmenge aufnehmen.

Als Vergaser dient ein normaler Claudel-Hobson-Flugmotorenvergaser; dieser ist aber mit einem fein einstellbaren Nadelventil in der Brennstoffdüse versehen, so daß man das Mischungsverhältnis in engen Grenzen verändern kann. Ein elektrischer Vorwärmer im Luftsaugrohr des Vergasers gestattet, die beim Vorwärmen der Ansaugluft zugeführte Wärmemenge an elektrischen Meßgeräten der Schalttafel genau abzulesen. An einer geschützten Stelle des Zylinders ist ferner ein in den

Einlaßkanal des Einlaßventils hineinreichendes Thermometer angebracht, an dem man die Temperatur des brennbaren Gemisches während seines Eintrittes in den Zylinder ziemlich genau messen kann. Aus der bekannten, beim Vorwärmen zugeführten Wärmemenge und aus dem gemessenen Temperaturunterschied der Luft vor und hinter dem Vergaser erhält man ferner mindestens einen Vergleichswert für die mittlere Verdampfbarkeit des benutzten Brennstoffes. Auch die Temperaturmessungen im Einlaßkanal haben allerdings nur Vergleichswert. Da sich die Temperatur der Thermometertasche ändert, wenn sich flüssiger Brennstoff darauf niederschlägt, so verhält sich das Thermometer wie ein Thermometer mit feuchter Kugel, und selbst die Vergleichswerte, die es liefert, sind nicht verläßlich, wenn es sich um Brennstoffe mit großen Unterschieden der Verdampfungswärme handelt.

Abb. 7. Brennstoff-Meßeinrichtung.

Die Gesamtanordnung der Versuchsanlage ist in Abb. 8 dargestellt. Auch ein kleiner, geteilter Gasbehälter ist vorhanden, aus dem man der Maschine Luft zuführen kann, wenn sie mit flüssigem Brennstoff betrieben wird. Beim Sinken der Gasglocke dieses Behälters wird über elektrische Kontakte ein magnetischer Zähler auf dem Tisch des Versuchsleiters in

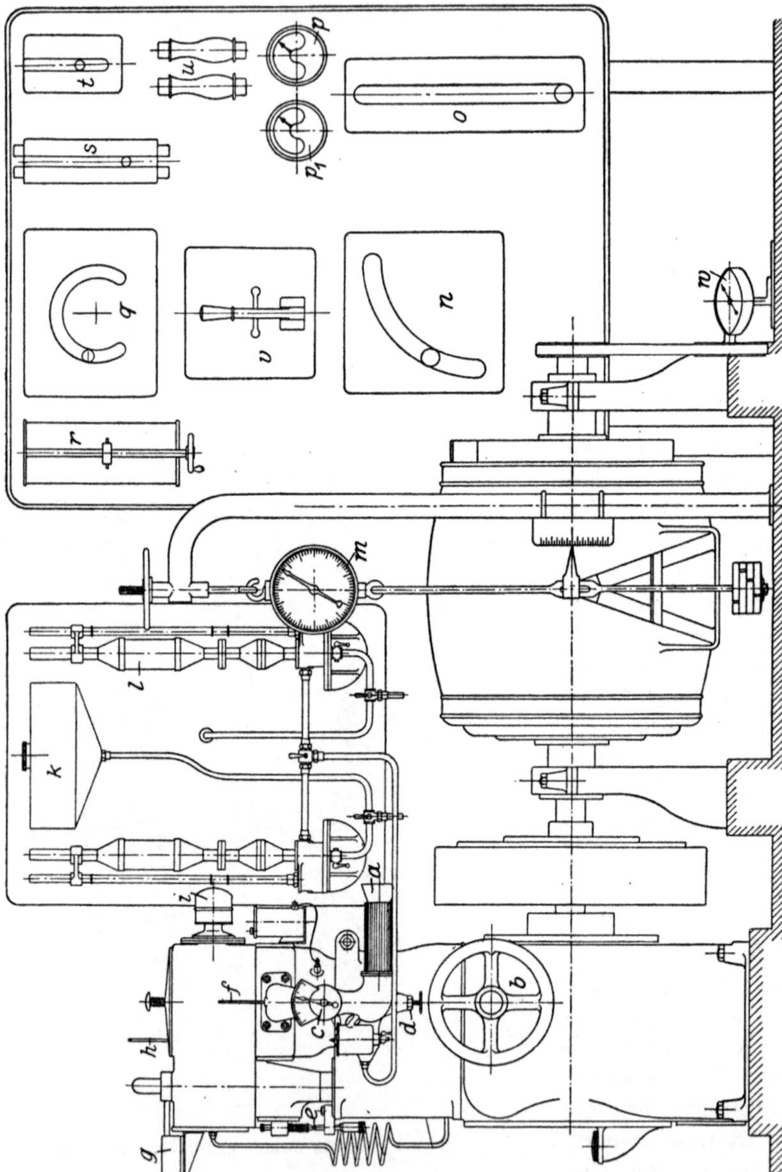

Abb. 8. Gesamtanordnung der Versuchsanlage.

- *a* Elektrischer Luftvorwärmer
- *b* Handrad zur Veränderung des Verdichtungsverhältnisses
- *c* Drossel
- *d* Einstellbare Düse
- *e* Mikrometerablesung
- *f* Einlaßthermometer für Gemischtemperatur
- *g* Magnetisch angetriebener Umdrehungszähler
- *h* Wasserauslaßthermometer
- *i* Zündpunktstellung
- *k* Brennstoffbehälter
- *l* Brennstoffmeßanlage
- *m* Waage
- *n* Anlasser
- *o* Umschalter
- *p* Amperemeter
- *q* Feldregelung (grob)
- *r* „ (fein)
- *s* Wärmeregler
- *t* Dynamometer-Feldschalter
- *u* Sicherungen
- *v* Dynamometer-Hauptschalter
- *w* Tachometer

Tätigkeit gesetzt. Dieser Zähler ist mit dem Umdrehungszähler der Maschine elektrisch gekuppelt, so daß man den Luftverbrauch für eine Umdrehung der Maschine mit großer Genauigkeit messen kann.

II. Die Detonation.

Der Vorgang der Detonation besteht anscheinend darin, daß im Zylinder eine Explosionswelle erregt wird. Der Vorgang tritt ein, wenn die Geschwindigkeit der Entflammung des zuerst entzündeten Teils der Gemischladung so groß ist, daß dieser Teil der Ladung infolge seiner Expansion den noch nicht entflammten Teil der Ladung über ein bestimmtes Maß hinaus vor sich her verdichtet. Wenn die Temperatursteigerung, die die Verdichtung des unverbrannten Gemisches durch den brennenden Teil der Ladung hervorruft, den Grad übersteigt, bei dem die Ladung ihre Wärme noch mit einer gewissen Sicherheit durch Leitung, Berührung usw. abgeben kann, dann entzündet sich der Rest der Ladung von selbst plötzlich und fast gleichzeitig in seiner ganzen Masse, so daß eine Explosionswelle entsteht, die hammerartig gegen die Zylinderwände schlägt und, rückkehrend, den zuerst entzündeten Teil der Ladung noch höher verdichtet. Dadurch steigt die Temperatur dieses Teiles noch weiter und damit auch die Temperatur etwaiger isolierter oder teilweise isolierter Teile in der Nähe, so daß hierdurch schließlich Selbstentzündung auftritt. Hiernach scheint es ziemlich sicher, daß die Detonation vor allen Dingen von der Brenngeschwindigkeit des zuerst entzündeten Teiles der Ladung abhängt, und man hätte daher zu entdecken, wovon in Wirklichkeit diese Geschwindigkeit abhängt.

Die Art der Brennstoffe und die Detonation. Der Einfluß des Wesens des Brennstoffes auf die Detonation ist bereits im Kapitel I berührt worden. Ganz allgemein scheint aus den praktischen Versuchen an Maschinen und aus den Forschungen von Tizard hervorzugehen, daß zwei Merkmale das Auftreten von Detonation bestimmen:

1. Die Selbstentzündungstemperatur des Gemisches Brennstoff-Luft.
2. Die Zunahme der Brenngeschwindigkeit beim Überschreiten der Zündtemperatur.

Beide Merkmale, die wahre Selbstzündungstemperatur, wenn man einen solchen Ausdruck überhaupt brauchen kann, und die Zunahme der Brenngeschwindigkeit, hängen anscheinend in erster Linie von der chemischen Zusammensetzung des Brennstoffes ab.

Es wurde oben auch die Selbstzündungstemperatur des Gemisches Brennstoff-Luft genannt. Genau genommen gibt es aber keine Selbstzündungstemperatur eines Gemisches aus Brennstoff und Luft; denn jedes Gemisch von Brennstoff und Luft kann sich in einer gewissen

Zeit bei fast jeder Temperatur chemisch verbinden. Bei Kohlenwasserstoff-Brennstoffen erhöht sich die Geschwindigkeit, mit der sich diese Vereinigung vollzieht, auf ungefähr das Dreifache, wenn die Temperatur um 3 vH steigt. Praktisch ist also der Bereich der Temperaturen, in dem die Brenngeschwindigkeit eine brauchbare Höhe behält, nur gering.

In diesem Zusammenhang ist das besonders eigenartige Verhalten von Schwefelkohlenstoff erwähnenswert. Dieser Brennstoff hat eine außerordentlich niedrige Selbstzündungstemperatur, so daß man, wenn man ihn ganz rein im Motor verwenden will, bereits bei einem Verdichtungsverhältnis von 3,6:1 mit Frühzündungen rechnen muß. In Mischung mit Benzin wirkt dagegen Schwefelkohlenstoff ziemlich stark der Neigung zur Detonation entgegen, so daß man höhere Verdichtungsverhältnisse als bei Betrieb mit Benzin allein erreichen kann. Die Versuche haben ergeben, daß gerade bei Schwefelkohlenstoff die Brenngeschwindigkeit mit der Temperatur in viel geringerem Maß als bei Kohlenwasserstoffen steigt, daß sie sich erst bei 7 vH Steigerung der Temperatur verdreifacht, und nicht schon bei 3 vH, wie bei allen Kohlenwasserstoffen.

Abgesehen von Änderungen in der Zusammensetzung der Brennstoffe sind auch verschiedene konstruktive Merkmale zu berücksichtigen, die einen starken Einfluß auf die Detonation ausüben. Das wichtigste von ihnen erscheint der wahre Abstand der Zündstelle von der entferntesten Ecke des Verbrennungsraumes zu sein. Aber die Neigung zur Detonation hängt natürlich von diesem Abstand nicht allein ab, sondern sie wird außerdem durch die Stärke der Wirbelung der Gase in dieser entfernten Ecke und durch die Temperatur der angrenzenden Oberflächen beeinflußt. Denn diese beiden Einflüsse bestimmen, wie leicht die dort eingeschlossenen Gase die Wärme fortleiten können, die durch die örtliche Verdichtung vor der vorwärtsschreitenden Entflammung erzeugt wird. Die Neigung zur Detonation ist daher am größten, wenn die Ecke, die von der Zündkerze am weitesten entfernt ist, verhältnismäßig ruhendes Gas enthält oder durch irgendwelche heiße Oberflächen, wie z. B. den Teller des Auspuffventils begrenzt wird.

Da die wahre Länge des Flammenweges den hauptsächlich bestimmenden Einfluß zu haben scheint, so folgt, daß bei gleichartiger Konstruktion das Verdichtungsverhältnis bei einem bestimmten Brennstoff um so höher getrieben werden kann, je kleiner der Durchmesser des Zylinders ist. Von diesem Gesichtspunkt aus betrachtet, würde also der Wirkungsgrad eines Benzinmotors wachsen, wenn man kleinere Zylinder verwendet. Im Gegensatz hierzu wachsen jedoch sowohl die Wärmeabgabe an die Zylinderwände als auch der Verlust durch den Anteil an kalt gewordenen und unverbrannt bleibenden Teilen der Ladung, je kleiner die Zylinder sind.

Der Einfluß auf Wirkungsgrad und Leistung des Motors. Das Ergebnis dieser gegensätzlichen Einflüsse ist, daß der thermische Wirkungsgrad eines Benzinmotors innerhalb weiter Grenzen von der Größe seiner Abmessungen fast unabhängig ist. Die spezifische Leistung eines kleineren Motors ist nur deshalb größer als die eines großen Motors, weil sich der Kreisprozeß in gleicher Zeit öfter abspielen kann. Die Ursache hierfür ist aber lediglich mechanisch, da die Beanspruchung der hin- und hergehenden Teile durch die Massenkräfte die Grenze bestimmt.

Ein kleiner Motor ist für höhere Drehzahlen besser geeignet. Allerdings sind seine Reibungsverluste im allgemeinen größer als die eines großen Motors von der gleichen Leistung bei geringerer Drehzahl. Dieser Unterschied in der Reibung ist jedoch verhältnismäßig sehr gering, so daß zwar die Bremsleistung eines kleinen Zylinders (auf die Einheit des Hubraumes bezogen) viel größer ist als die eines großen, der nutzbare thermische Wirkungsgrad jedoch — wenn überhaupt — nur wenig hinter dem des großen Motors zurückbleibt.

Der Einfluß von Zylindergröße und Konstruktion. Als Beispiel für die großen Unterschiede im Verdichtungsverhältnis, das man bei verschiedenen Maschinen mit dem gleichen Brennstoff anwenden kann, seien die nachfolgenden Vergleichsversuche an zwei Motoren mit veränderlicher Verdichtung, beide mit hohem Wirkungsgrad, geschildert.

Die eine Maschine, E 35, hat einen Zylinder von 114,3 mm Dmr. und 203,2 mm Hub mit fünf hängenden Ventilen (zwei Einlaß- und drei Auspuffventile), wie S. 34 u. f. beschrieben. Die Zündungen erfolgen durch zwei Funken in genau gleichen Zeitpunkten an einander diametral gegenüberliegenden Seiten des Verbrennungsraumes. Der Abstand zwischen den beiden Zündkerzen beträgt genau 127 mm. Mit einem bestimmten Brennstoff und bei Verwendung des Mischungsverhältnisses und der Zündeinstellung für die höchste Leistung wurde als höchstes nutzbares Verdichtungsverhältnis (d. h. höchste nutzbare Verdichtung vor Beginn der Detonation) 5,3:1 festgestellt. Dieses Verhältnis entspricht einem Wirkungsgrad des Luftkreisprozesses von 48,5 vH.

Die zweite Maschine, E 5, die in Abb. 9 bis 11 dargestellt ist, hat einen Zylinder von 69,5 mm Dmr. und 82,5 mm Hub und Steuerung durch einen Einzelschieber. Die Zündung erfolgt durch eine einzige Kerze, die in der Mitte des leicht kegelig gestalteten Verbrennungsraumes angeordnet ist. Der größte Abstand zwischen der Zündstelle und der am weitesten entfernten Stelle des Verbrennungsraumes beträgt 43,2 mm. Bei diesem Motor wurde mit dem gleichen Brennstoff und unter den gleichen Bedingungen in bezug auf Mischungsverhältnis und Zündzeitpunkt wie beim Motor E 35 als höchstes brauchbares

Verdichtungsverhältnis, begrenzt durch den Beginn der Detonation, 6,8:1 festgestellt. Dieses Verhältnis entspricht einem Wirkungsgrad des Luftkreisprozesses von 53,5 vH. Der Unterschied zwischen diesen beiden Maschinen infolge der vereinigten Einflüsse von Konstruktion und Abmessungen beträgt also nicht weniger als 1,5 Einheiten im Verdichtungsverhältnis, entsprechend einer Erhöhung des thermischen

Abb. 9. Ansicht des Versuchsmotors E 5 auf dem Prüfstand.

Wirkungsgrades um 10 vH. Dieser Unterschied zugunsten der Maschine E 5 ist hier in erster Linie folgenden Einflüssen zuzuschreiben:

a) dem kleineren Zylinder und infolgedessen kürzeren Weg, den die Flamme zurückzulegen hat;

b) dem Fehlen der heißen Auspuff-Ventilteller.

Eine andere Maschine, deren Bauart ein anderes Extrem darstellt, ein Ventilmotor mit T-förmigem Verbrennungsraum von 111,12 mm Dmr. und 152,4 mm Hub, bei dem die Zündkerze gerade über dem

Einlaßventil — also ganz auf einer Seite — angeordnet war, ergab mit dem gleichen Brennstoff schon bei dem Verdichtungsverhältnis 3,7:1 starke Detonation.

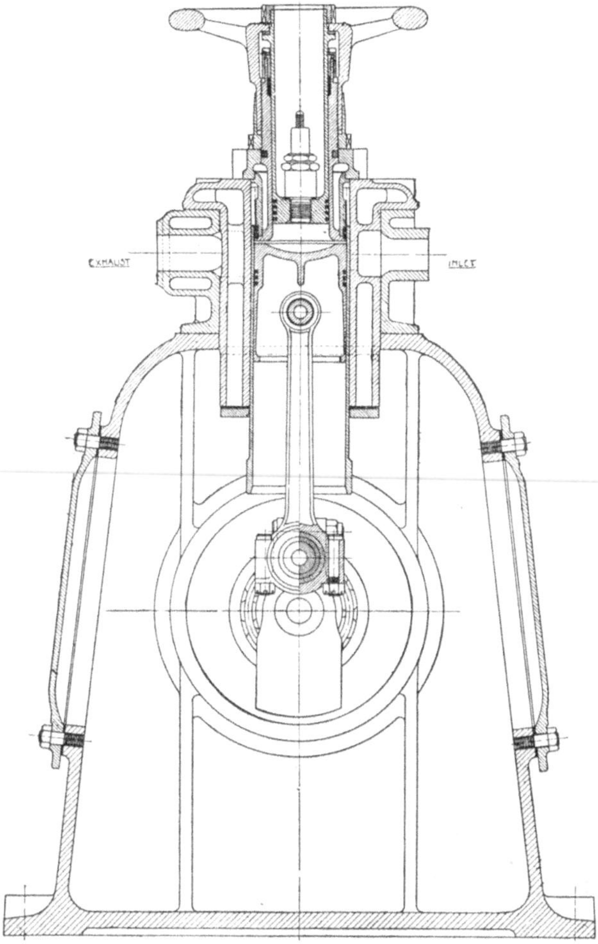

Abb. 10. Querschnitt durch den Versuchsmotor E 5 mit Einschiebersteuerung.

Als Beweis für den Einfluß der Zylindergröße — unabhängig von Unterschieden der allgemeinen Bauart — seien die Ergebnisse von Versuchen mit vier Einzylinder-Einschieber-Versuchsmotoren angeführt. Die Zylinder dieser Motoren hatten 69,85, 88,9, 139,7 und 215,9 mm Dmr. Alle haben ungefähr das gleiche Verhältnis von Hub zu Bohrung und die gleiche Gestalt des Verbrennungsraumes, nämlich eines Kegels mit der Zündkerze im Scheitel. Sie sind in jeder Beziehung so ähnlich gebaut, wie dies über einen so weiten Bereich der Größen überhaupt möglich ist. In allen Fällen waren auch die größten Wege der Flamme verhältnismäßig gleich, nämlich um ungefähr 25 vH größer als der Halbmesser des Zylinders.

Das größte nutzbare Verdichtungsverhältnis an der Grenze der Detonation wurde bei jeder dieser Maschinen ganz genau beobachtet

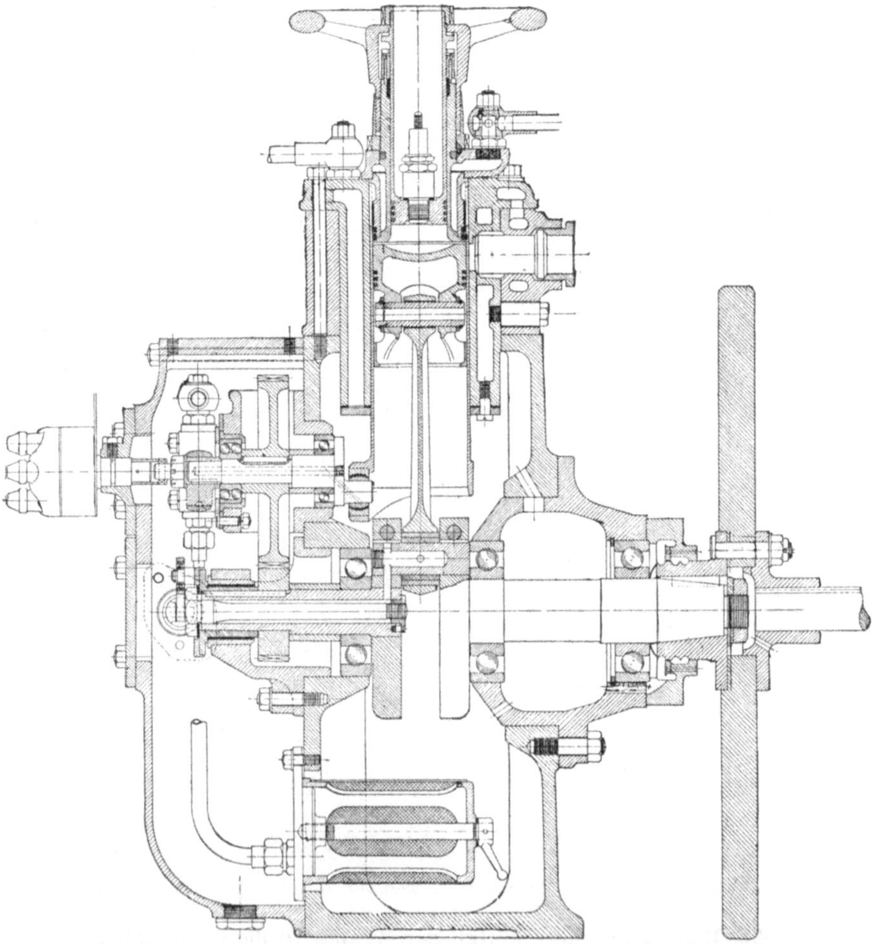

Abb. 11. Längsschnitt durch den Versuchsmotor E 5 mit Einschiebersteuerung.

und bei dem gleichen Brennstoff (20 vH Benzol mit 80 vH Benzin gemischt) in folgender Höhe festgestellt:

Zylinderdurchmesser in mm	69,85	88,9	139,7	215,9
Höchstes nutzbares Verdichtungsverhältnis	7,9:1	7,5:1	6,2:1	5,4:1

In jedem Fall wurde der Motor so eingeregelt, daß er das höchste Drehmoment abgab; die Temperaturverhältnisse, die Gemischstärke und alle anderen wichtigen Einflüsse wurden soweit wie irgend möglich bei allen Motoren gleich eingestellt.

Wenn man diese Werte in Abhängigkeit von den Zylinderdurchmessern aufträgt, so liegen sie auf einer ziemlich flachen Kurve, mit Ausnahme des Wertes für den Zylinder von 139,7 mm Dmr., dessen höchstes nutzbares Verdichtungsverhältnis verhältnismäßig etwas niedrig liegt. Die Ursache dieses Unterschiedes ist wahrscheinlich in der Stärke oder der Art der Wirbelung der Ladung vor der Entflammung zu suchen.

Der Einfluß des Brennstoffes. Trotz dieser großen Unterschiede zwischen den Motoren, die teils durch die Unterschiede in der Konstruktion, teils durch die Unterschiede in den Abmessungen bedingt werden, verhalten sich verschiedene Brennstoffe untereinander in bezug auf die Neigung zur Detonation in den verschiedenen Motoren fast gleich. In Abb. 12 sind die höchsten nutzbaren Verdichtungsverhältnisse für die beiden Versuchsmaschinen E 35 und E 5 bei Betrieb mit verschiedenen Brennstoffen dargestellt. Diese Brennstoffe waren verschiedene Gemische von reinem n-Heptan und reinem Toluol.

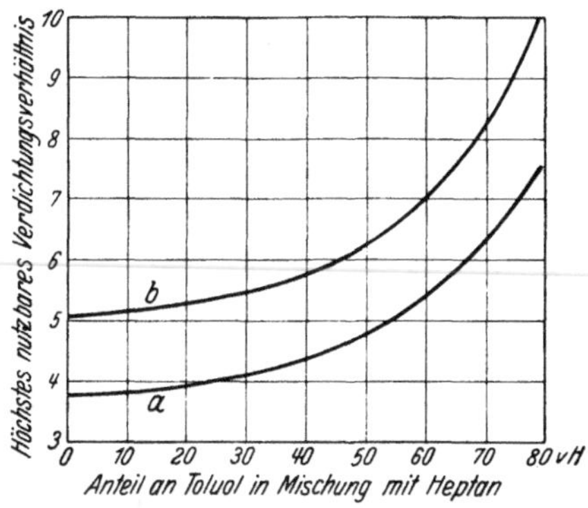

Abb. 12. Höchste nutzbare Verdichtungsverhältnisse bei Betrieb mit verschiedenen Mischungen von n-Heptan und Toluol. *a* Versuchsmotor E 35. *b* Versuchsmotor E 5.

Die beiden Linien beweisen, daß, trotzdem die Konstruktion der Maschine von hohem Einfluß auf die Neigung zur Detonation ist, sie doch auf das Verhältnis der höchsten nutzbaren Verdichtungsverhältnisse, die man bei Betrieb mit verschiedenen Brennstoffen erreichen kann, wenig oder gar keinen Einfluß ausübt.

Der Einfluß der Lage der Entflammungsstelle. Um den Einfluß der Zündkerzenlage auf die Detonation ganz allgemein zu zeigen, sei auf die folgenden, sehr sorgfältig durchgeführten Versuchsreihen hingewiesen. Für diese Versuche wurde die Maschine E 35 mit veränderlicher Verdichtung verwendet. Diese Maschine hat vier radial angeordnete Zündkerzenaugen, und es ist durch besondere Mittel dafür gesorgt, daß je zwei beliebige Zündkerzen genau gleichzeitig zünden. Die Lage der Kerzen zueinander und zu den Ventilen ist in Abb. 13 schematisch dargestellt. Folgende Versuchsbedingungen wurden über den gesamten Bereich der Beobachtungen gleich erhalten:

Drehzahl 1500 U/min,
Gemischstärke 15 vH Brennstoffüberschuß (bei Volleistung),
Wassertemperatur 50 ° C,
der Ansaugleitung zugeführte Heizleistung 1350 W,
Brennstoff Texasbenzin.

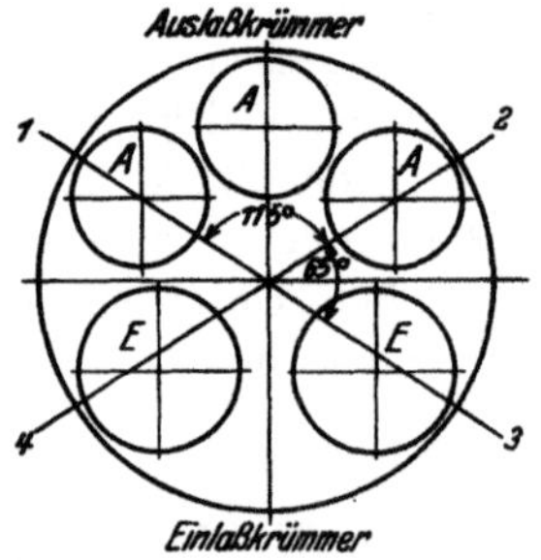

Abb. 13. Schematische Darstellung der Lage der Zündkerzen und der Ventile beim Versuchsmotor E 35. *A* Auspuffventil. *E* Einlaßventil.

Die Auswertung dieser in Zahlentafel 12 zusammengestellten Versuchsergebnisse zeigt deutlich, daß die erforderliche Vorzündung und das höchste nutzbare Verdichtungsverhältnis in hohem Maße von der Länge des Flammenweges abhängen, d. h. von der Entfernung zwischen der Zündkerze und der am weitesten entfernten Stelle, die von der Flamme erreicht wird. Die Lage der jeweils wirksamen Zündkerzen gegenüber den verschiedenen Ventilen übt außerdem einen untergeordneten Einfluß aus.

Zahlentafel 12. Einfluß der Zündkerzenlage auf Zündzeitpunkt, Verdichtungsverhältnis und Leistung.

Zündkerzenlage		Vorzündung zur Erzielung des größten Drehmoments Grad Kurbelwinkel	Höchstes nutzbares Verdichtungsverhältnis	Nutzbarer mittlerer Kolbendruck at
Zwei Zündkerzen	1 und 3	30	5,3	9,7
	2 „ 4	30	5,25	9,61
	3 „ 4	34	4,98	9,46
	1 „ 2	32	4,9	9,41
	1 „ 4	32	4,8	9,30
	2 „ 3	32	4,84	9,35
Nur eine Zündkerze	1	39	4,95	9,39
	2	39	4,9	9,36
	3	40	4,84	9,35
	4	42	4,85	9,35

Einfluß von Mischungsverhältnis und Zündzeitpunkt. Der Einfluß des Mischungsverhältnisses der Ladung auf das höchste nutzbare Verdichtungsverhältnis und die Leistung zeigt für einen Einzylindermotor, bei dem das Ergebnis nicht durch Unterschiede der Gemischverteilung getrübt wird, Abb. 14. Abb. 15 zeigt den Einfluß des Mischungsverhältnisses auf den Zündzeitpunkt in der Form der Vorzündung, die zum Erzielen der Höchstleistung erforderlich ist. Bei diesem Versuch war das Verdichtungsverhältnis auf 5:1 fest eingestellt, also unterhalb der Grenze, bei der das Auftreten von Detonation stören konnte. In Abb. 16

werden schließlich die erforderliche Vorzündung und die erzielte Leistung als Funktionen des Verdichtungsverhältnisses bei im übrigen möglichst gleichbleibenden Betriebsbedingungen gezeigt.

Die in diesen drei Schaubildern dargestellten Ergebnisse wurden an der Versuchsmaschine E 35 mit hängenden Ventilen und veränderlichem Verdichtungsverhältnis erzielt.

Metallische Klopfschutzmittel. Erst vor wenigen Jahren wurde bekannt, daß gewisse Metalle die Fähigkeit haben, die Detonation in ganz bemerkenswerter Weise zu unterdrücken, wenn man sie in geeignetem Zustand einführt. Zum ersten Male wurde diese Fähigkeit im Jahre 1922 von Midgley an Bleitetraäthyl entdeckt. Die Wirksamkeit dieses Klopfschutzmittels geht am besten daraus hervor, daß bereits ein Molekül Bleitetraäthyl in 50000 Molekülen Gemisch von Brennstoff und Luft genügt, um das höchste nutzbare Verdichtungsverhältnis um eine Einheit zu erhöhen.

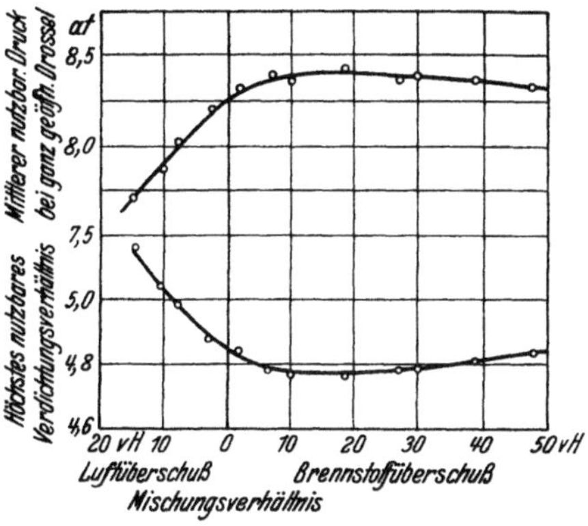

Abb. 14. Einfluß des Mischungsverhältnisses auf Verdichtungsverhältnis und Leistung. (Der mittlere nutzbare Kolbendruck wurde durch Verändern des Mischungsverhältnisses und des Verdichtungsverhältnisses bestimmt.)

Es ist nicht beabsichtigt, die vielen phantastischen Theorien eingehend zu erörtern, die zur Erklärung der Wirkung metallischer Klopfschutzmittel vorgeschlagen wurden. Immerhin müssen die bewunderswert begründete Erklärung von Callendar und die von Egerton vorgeschlagene Theorie erwähnt werden.

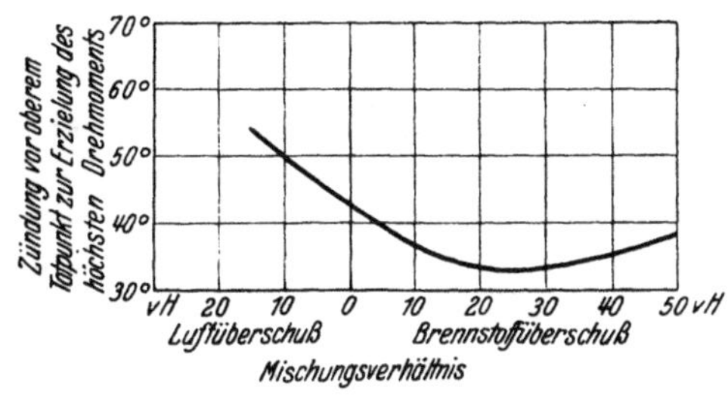

Abb. 15. Einfluß des Mischungsverhältnisses auf das Maß der Vorzündung. Verdichtungsverhältnis 5:1, Versuchsmotor E 35.

Die Theorie von Callendar nimmt — kurz ausgedrückt — an, daß die unstabilen Peroxyde, die sich als Zwischenstufe bei der Verbrennung von Kohlenwasserstoffen bilden, die eigentlich tätigen Erzeuger der Detonation sind. Die Gegenwart gewisser, leicht oxydierbarer Metalle in fein verteiltem Zustande schafft für den Sauerstoff noch eine andere und ihn stärker anziehende Oxydationsmöglichkeit und verhindert auf diese Weise die Bildung von Peroxyden, die bei unvollständiger Verbrennung entstehen.

Nach der Theorie von Callendar ist der Ablauf der Vorgänge kurz folgender:

Das metallische Beimischungsmittel, das leicht flüchtig und in Benzin lösbar ist, gelangt in dampfförmigem Zustand zusammen mit dem Brennstoff und der Luft in den Zylinder. Bei dem Druck und der Temperatur, die im Zylinder während des ersten Teils der Verdichtung herrschen, zersetzt sich die unstabile Metallverbindung, indem sie das Metall in ganz fein verteiltem und hochaktivem Zustande freigibt. Man nimmt ferner an, daß mindestens ein Teil des Brennstoffs während der Verdichtung noch flüssig, aber ganz fein verteilt ist und daß jedes Tröpfchen einen Oxydationskern bildet. In diesem Zustand, in dem organische Oxyde oder Peroxyde entstehen, tritt wahrscheinlich die Wirkung des Metalls ein, indem es die Bildung solcher Verbindungen einschränkt. Hierbei wird vermutet, daß derartige organische Peroxyde, auch wenn sie in sehr kleinen Mengen vorhanden sind, infolge ihrer Unstabilität die Geschwindigkeit der folgenden Verbrennung stark erhöhen und daher die Neigung zur Detonation begünstigen, die hiervon abhängt. Diese Theorie würde also erklären, warum schon eine so geringe Metallmenge genügt, um die Detonation zu unterdrücken. Darüber hinaus wird diese Theorie noch dazu dienen, andere Unterschiede im Verhalten von Brennstoffen mit verschiedenen physikalischen Eigenschaften zu erklären, auch wenn diesen Brennstoffen keine Klopfschutzmittel zugesetzt werden.

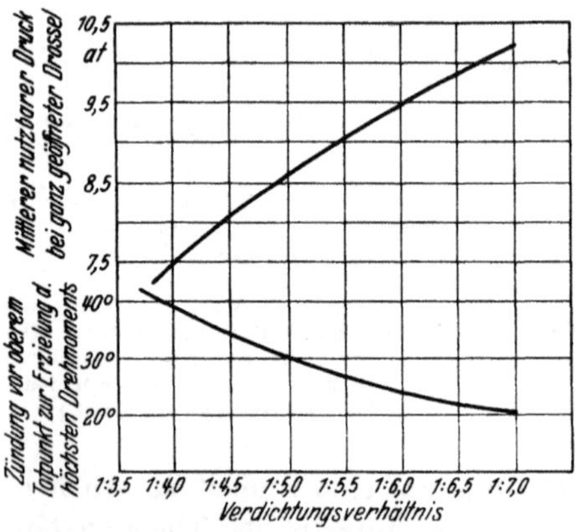

Abb. 16. Vorzündung und nutzbares Drehmoment bei vollgeöffneter Drossel als Funktionen des Verdichtungsverhältnisses. (Mischungsverhältnis gleichbleibend für Höchstleistung eingestellt, Verdichtungsverhältnis geändert.)

Noch später hat Egerton eine Erklärung vorgeschlagen, nach der die Wirkung der Klopfschutzmittel etwas anderes ist. Er kam zu seiner Feststellung dadurch, daß er fand, daß Kalium die Detonation in einem Motor ganz ähnlich unterdrückt wie Blei. Da Kalium überaus schnell oxydiert, so muß man annehmen, daß dieses Metall bereits oxydiert sein müßte, bevor es Zeit gehabt hat, den Brennstoff zu erreichen. Bei einem Versuch an der Maschine mit veränderlicher Verdichtung des Verfassers, Bleidämpfe in einem elektrischen Lichtbogen zu erzeugen und zusammen mit Luft und Brennstoff in den Zylinder zu leiten, wurde eine Verminderung der Detonation festgestellt. Bei Verwendung von Thallium war die Wirkung noch größer. Die Wirkung auf die Detonation war bei beiden Metallen gleich ausgesprochen, ob der Lichtbogen das Metall in einem mit Luft oder in einem mit Stickstoff gefüllten Raum verdampfte. Da Thallium und wahrscheinlich genau so Bleidampf unter derartigen Verhältnissen in Luft immer sofort oxydieren würden, so kann kein Zweifel bestehen, daß diese Metalle auch in Form von Oxyden dazu geeignet sind, Detonation zu verhindern, wenn sie sich in einem ausreichend fein verteilten Zustand befinden. Es wurde fernerhin beobachtet, daß diejenigen Metalle, die als Klopfschutzmittel wirken, die Fähigkeit haben, zwei Arten von Oxyden zu bilden, und daß die Entstehungstemperaturen dieser Oxydarten innerhalb des Bereiches der Temperaturen liegen, die in einem Motor während des Verdichtungshubes auftreten.

Nach der Vorstellung von Egerton setzt der Vorgang der Verbrennung die Entstehung einer Kette von Zwischenprodukten voraus. Die Wirkung des aktiven Metalloxydes besteht dann seiner Anschauung nach darin, daß es diese Kette von chemischen Vorgängen beeinflußt. Um die Wirksamkeit bei so schwacher Konzentration zu erklären, nimmt Egerton an, daß das höhere Oxyd des Metalls in niedrigeres Oxyd umgewandelt und hierbei das organische Zwischenprodukt, das sonst Anlaß zur Detonation geben würde, oxydiert wird. Unmittelbar darauf begegnet das jetzt niedrigere Metalloxyd einem Sauerstoffmolekül, das es wieder in seine höhere Form zurückverwandelt. Auf diese Weise würde das Molekül mit ungeheurer Häufigkeit regeneriert und daher in der Lage sein, immer wieder von neuem wirksam zu sein.

Man hat ferner beobachtet, daß die Wirkung einer bestimmten Konzentration des Bleitetraäthyls von der chemischen Zusammensetzung des Kohlenwasserstoff-Brennstoffs abhängt. Im allgemeinen ist die klopfhindernde Wirkung dieses Stoffes in einem Brennstoff, der von vornherein ein höheres Verdichtungsverhältnis verträgt, größer als in einem Brennstoff, der ohne Zusatz von Klopfschutzmitteln bei niedrigerem Verdichtungsverhältnis detoniert.

Der Einfluß des Brennstoffs auf die Wirkung eines Klopfschutzmittels. In Abb. 17 sind die Ergebnisse einer Anzahl von Versuchen mit drei in ihrer Zusammensetzung sehr verschiedenen Benzinsorten aufgetragen, wobei je 1,1 cm^3 „Äthyl-Brennstoffzusatz“ (ein Mittel, von dem $^7/_{12}$ in Raumteilen aus Bleitetraäthyl bestehen) mit 1 l des Brennstoffs gemischt wurde. Aus der Abbildung ist zu erkennen, daß das höchste nutzbare Verdichtungsverhältnis durch diesen Zusatz bei einer sehr guten Benzinsorte um 0,93, bei einer mittelguten um 0,62 und bei einer schlechten Sorte nur um 0,38 Einheiten gesteigert wurde.

Der Einfluß der Konzentration auf die Wirkung eines Klopfschutzmittels. In Abb. 18 ist die Steigerung des höchsten nutzbaren Verdichtungsverhältnisses durch „Äthyl-Brennstoffzusatz“ in steigenden Konzentrationen dargestellt. Wie man sieht, wird die Kurve des Diagramms mit wachsender Größe des Zusatzes nach und nach flacher.

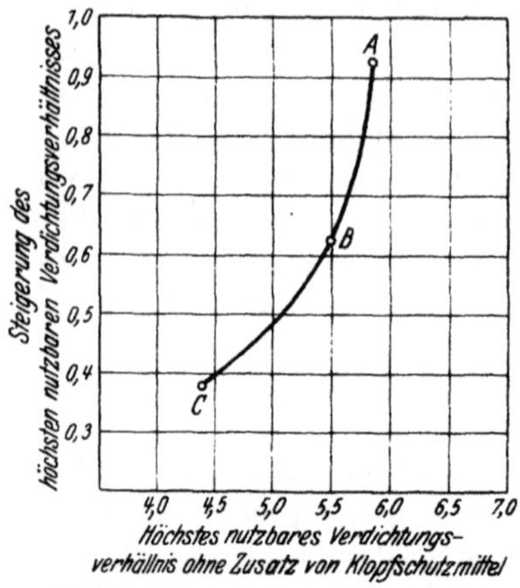

Abb. 17. Steigerung des höchsten nutzbaren Verdichtungsverhältnisses bei Zusatz von 1,1 cm^3 je Liter bei drei Benzinsorten: *A* Sehr gutes Benzin (Klopfgrenze 5,9). *B* Mittelgutes Benzin (Klopfgrenze 5,5). *C* Schlechtes Benzin (Klopfgrenze 4,4).

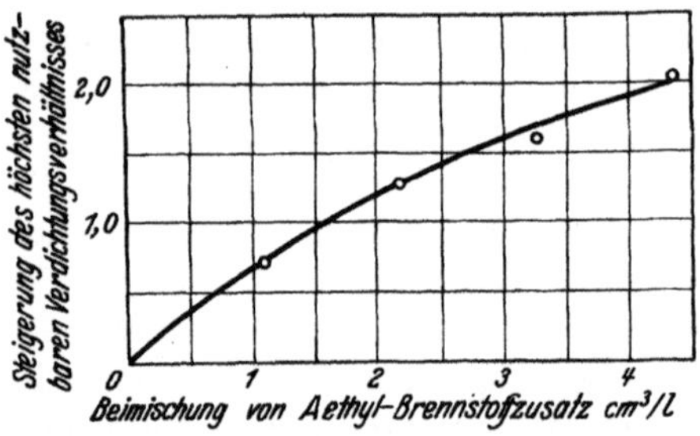

Abb. 18. Einfluß steigender Beimischungen von Äthyl-Brennstoffzusatz auf das nutzbare Verdichtungsverhältnis. Abnehmende Wirkung des Klopfschutzmittels bei steigender Konzentration.

Immerhin läßt der Verlauf der Kurve bis zu einer Beimischung von 4,5 cm^3 zu 1 l Brennstoff (bei dieser Konzentration konnte das Verdichtungsverhältnis um 2 Einheiten gesteigert werden, ohne daß De-

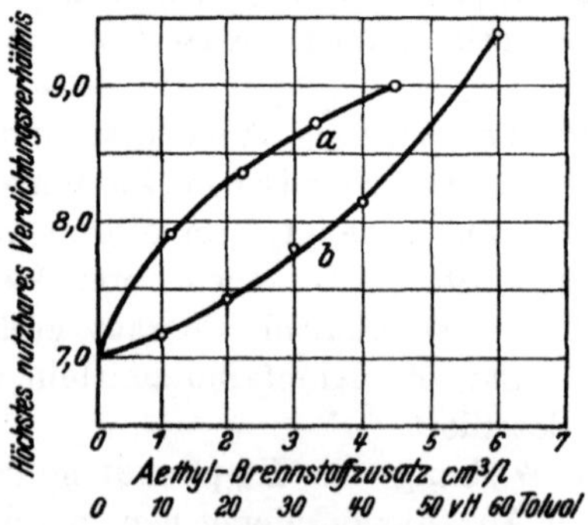

Abb. 19.

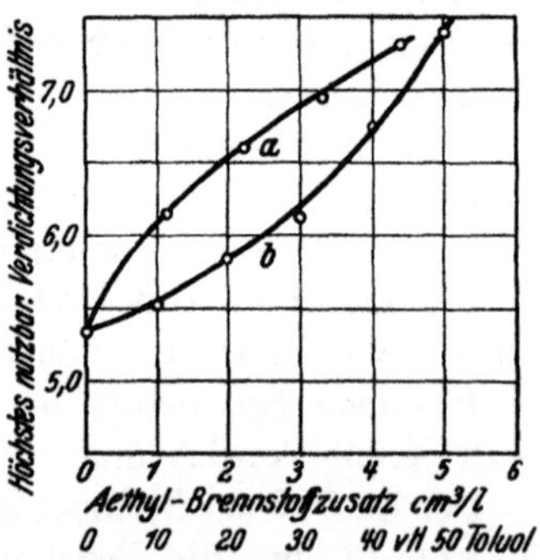

Abb. 20.

Abb. 19 und 20. Einfluß steigender Zusätze von Klopfschutzmitteln zu gutem Texasbenzin auf das nutzbare Verdichtungsverhältnis. Abb. 19. Ergebnisse des Motors mit Schiebersteuerung E 5. Abb. 20. Ergebnisse des Motors mit Ventilsteuerung E 35. *a* Äthyl-Brennstoffzusatz. *b* Toluol-Zusatz.

tonation eintrat, entsprechend einer Verbesserung des Motorwirkungsgrades um 13 vH) keinerlei Schluß darauf zu, daß noch stärkere Beimischung das höchste nutzbare Verdichtungsverhältnis nicht noch weiter gesteigert hätte. Die Linien in Abb. 19 und 20 sind insofern von

Interesse, als sie für zwei ganz verschiedenen Bauarten von Motoren (Abb. 19 für den kleinen Schiebermotor E 5 und Abb. 20 für den großen Ventilmotor E 35) zeigen, daß bei zunehmender Größe des Zusatzes die Wirksamkeit eines metallischen Klopfschutzmittels allmählich kleiner, dagegen die Wirksamkeit von reinem Toluol immer stärker wird.

Der Einfluß der Motorkonstruktion auf die Wirksamkeit eines Klopfschutzmittels. Aus Abb. 19 und 20 sind die Linien in Abb. 21 errechnet worden. Sie zeigen die Wirksamkeit von Äthyl-Brennstoffzusatz; als Maßstab wurde der Zusatz an Toluol gewählt, der notwendig wäre, um die gleiche Steigerung des höchsten nutzbaren Verdichtungsverhältnisses wie bei Zusatz von „Äthyl" zu erreichen. Da die Linien für die beiden Versuchsmaschinen E 35 und E 5 den gleichen Maßstab haben, so geht aus Abb. 21 der Einfluß der Bauart und der Abmessungen des Motors auf die Wirksamkeit des Klopfschutzmittels hervor. Wenn man berücksichtigt, daß die beiden Motoren so verschieden wie nur möglich gebaut sind, so ist die Feststellung interessant, daß die beiden Linien einen fast genau parallelen Verlauf zeigen und daß der Unterschied in der Wirksamkeit des Klopfmittels an keiner Stelle des Diagramms sehr groß ist.

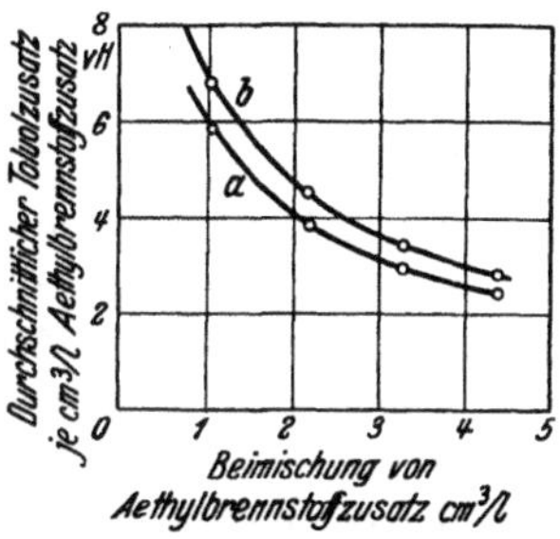

Abb. 21. Toluolzusätze zur Erzielung der gleichen klopfhindernden Wirkung wie bei dem entsprechenden Zusatz von Bleitetraäthyl. *a* Versuchsmotor E 35. *b* Versuchsmotor E 5.

Die Zweckmäßigkeit von Klopfschutzmitteln. Wegen der Rückstände in Form von Bleiverbindungen und wegen des nachteiligen Einflusses dieser Niederschläge auf den Motor im allgemeinen und besonders auf die Zündkerzenisolierung kann man Bleitetraäthyl nur in sehr geringen Konzentrationen verwenden. Bei Fahrzeugmotoren hat sich als oberste Grenze, bei der die Beimischung von Äthyl-Brennstoffzusatz noch ungefährlich ist, bereits 0,772 cm³/l ergeben. Aus Abb. 17 ist zu entnehmen, daß in dieser Konzentration dieses Klopfschutzmittel das höchste nutzbare Verdichtungsverhältnis eines schlechten Benzins nur um etwa 0,3 Einheiten erhöht. Bei gutem Benzin ist die Erhöhung größer, aber andererseits entsprechend weniger notwendig.

Zusammenfassend kann man über die Zweckmäßigkeit metallischer Klopfschutzmittel beim heutigen Stande der Entwicklung folgendes sagen:

a) Bei Fahrzeugmotoren sind wegen der durch die Rückstandbildung gezogenen Grenzen die Vorteile des Zusatzes in bezug auf Leistung und Wirkungsgrad nur verhältnismäßig gering. Viel größer sind jedenfalls die Aussichten, den Wirkungsgrad dadurch zu verbessern, daß man der Konstruktion des Motors erhöhte Aufmerksamkeit schenkt. Vielleicht bieten auch schon die Verbesserungen der Krackverfahren fast ebenso viele Aussichten zu Fortschritten.

b) Bei Motoren, die auf verhältnismäßig kurze Zeiten auf sehr hohe Leistung beansprucht werden, wie in Rennwagen oder Flugzeugen, ist die Verwendung von metallischen Klopfschutzmitteln außerordentlich wertvoll.

Bemerkung der deutschen Bearbeiter:

Benzol als Klopfschutzmittel.

Allgemeines. Unter den von Natur aus klopffesten Kraftstoffen kommt dem Benzol die größte Bedeutung zu. Auch Alkohol ist sehr klopffest, aber infolge seiner großen Verdampfungswärme nur in beschränkten Mengen als Zusatzmittel brauchbar. Benzol ist dagegen so klopffest, daß es nicht nur in unvermischtem Zustand, sondern vorwiegend als Klopfschutzzusatz in jeder Menge verwendbar ist. Die Klopffestigkeit des Benzols beruht zum größten Teil auf der Feuerfestigkeit seiner aromatischen Moleküle (Zündpunkt rund 560°), zum kleinen Teil auf der höheren Verdampfungswärme gegenüber Benzin. Das übliche Motorenbenzol des Benzol-Verbandes enthält außer Reinbenzol noch einen kleineren Anteil an Homologen, vorwiegend Toluol und Xylol. Diese sind etwas klopffester als Reinbenzol. Nach Versuchen des Benzol-Verbandes entsprechen im Gemisch mit Benzin 40 vH B.V.-Benzol 42 vH Reinbenzol oder 35 vH Toluol oder 31 vH Xylol, alles in Raumteilen gemessen.

Einfluß der Kraftstoffart auf die Klopfschutzwirkung. Im Gegensatz zu metallischen Klopfschutzmitteln, welche den Chemismus der Verbrennung beeinflussen, wirkt Benzol im wesentlichen als Verdünnungsmittel für den klopfenden Kraftstoff. Der Klopfschutz tritt bei allen Kraftstoffen ein, die geringere Klopfneigung als das Benzol haben. Die durch den Benzolzusatz ermöglichte Steigerung der Verdichtung ist um so größer, je stärker ein Kraftstoff zum Klopfen neigt. Bei einem BMW-Lastwagenmotor von 120 mm Zyl.-Dmr. wurde z. B. durch einen Benzolzusatz von 10 vH zu einem wenig klopffesten Benzin eine Steigerung der Verdichtung von 4,40 : 1 auf 4,66 : 1 = 0,26 Einheiten, durch Zusatz der gleichen Benzolmenge zu einem sehr klopffesten Benzin nur eine Steigerung von 4,72 : 1 auf 4,88 : 1 = 0,16 Einheiten ermöglicht. Die Mischungsregel von Ricardo hat sich bei Benzolgemischen in vielen, jedoch nicht in allen Fällen als anwendbar erwiesen. Nach ihr ergeben beispielsweise gleiche Benzolzusätze zu gleich klopffesten Kraftstoffen den gleichen Zuwachs an Klopffestigkeit.

Einfluß der Menge auf die Klopfschutzwirkung. Gemäß der Wirkung des Benzols als Verdünnungsmittel tritt mit zunehmender Größe des Zusatzes keine Sättigung ein wie bei den chemischen Klopfschutzmitteln; vielmehr nimmt die Klopfschutzwirkung mit der Zusatzmenge sogar in steigendem Maße zu. Abb. 21a zeigt diese Wirkung für drei Benzinsorten A, B und F in dem schon erwähnten BMW-Motor. Die Kurven weichen auch bei hohem Benzolgehalt von stetiger Linienführung nicht ab und entsprechen im übrigen genau der Mischregel von Ricardo, d. h. den theoretischen Kurven, die sich nach Feststellen der Klopffestigkeit der Brennstoffe A, B und F, ausgedrückt durch den erforderlichen Benzolgehalt, unter Anwendung der Regel für steigende Benzolzusätze ergeben.

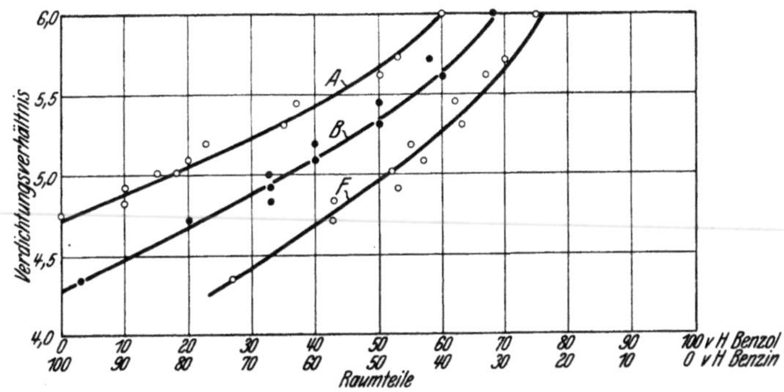

Abb. 21a. Klopffestigkeit verschiedener Benzinsorten in Mischung mit Benzol. 60PS-BMW-Motor, Vierzylinder 120×180. Vergasereinstellung 100/115/22. Betrieb bei Vollast bei 800 U/min. Kurven nach Mischregel von Ricardo.

Die Mischregel ist somit für die Vorausberechnung der Klopffestigkeit von Benzolgemischen sehr wertvoll. Man kann z. B. aus der Gleichung

100 vH A-Benzin gleich klopffest wie 59/41 vH F-Benzin/Benzol (Abb. 21a)

die Klopffestigkeit einer Mischung von 80/20 vH A-Benzin/Benzol, ausgedrückt in F-Benzin/Benzol wie folgt berechnen:

100 vH A-Benzin + 25 vH Benzol gleich klopffest wie 59 vH F-Benzin + 66 vH Benzol,

oder 80/20 vH A-Benzin/Benzol gleich klopffest wie 47/53 vH F-Benzin/Benzol.

Leider versagt die Mischregel besonders bei Gemischen mit mehreren Bestandteilen und solchen, die metallische Klopfschutzmittel enthalten.

Seiner gleichmäßigen Wirkung als Klopfschutzmittel halber wird Benzol neben Iso-Oktan in erster Linie als Vergleichskraftstoff für Klopfwertbestimmungen benutzt. Es hat gegenüber Iso-Oktan den

Vorteil stärkerer Klopfschutzwirkung im Bereich hoher Zusatzmengen. Ein weiterer Unterschied von Benzol gegenüber den chemischen Klopfschutzmitteln ist, daß infolge des hohen Literheizwerts des Benzols, auch wenn keine Düsenveränderungen vorgenommen werden, das Kraftstoffgemisch energiereicher wird.

Einfluß der Motorkonstruktion auf den Klopfschutz. Die Ansprüche des Motors an die Klopffestigkeit des Benzols ergeben sich in gleicher Weise wie bei anderen Klopfschutzmitteln im wesentlichen aus dem Verdichtungsgrad, der Länge der Zündwege, den Strömungsverhältnissen, der Temperatur und dem Druck des Ge-

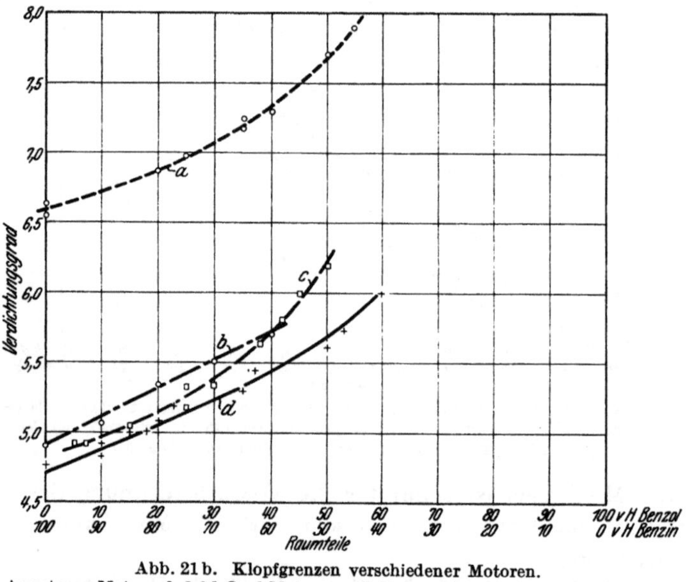

Abb. 21 b. Klopfgrenzen verschiedener Motoren.
a Armstrong-Motor. *b* 2,6 l-Opel-Motor, *c* 2 l-Simson-Motor, *d* 50 PS-BMW-Motor.

misches sowie den Kühlverhältnissen des Verbrennungsraumes. Für Benzol hat man bei luftgekühlten Motoren eine etwas größere Empfindlichkeit gegen höhere Temperatur als bei den metallischen Klopfschutzmitteln festgestellt. Infolgedessen weichen die verschiedenen Motorkonstruktionen in ihren Ansprüchen an die Klopffestigkeit des Kraftstoffs ziemlich stark voneinander ab. Im allgemeinen verlangen langsamlaufende und großräumige Lastwagenmotoren, vor allem veraltete Motoren mit L- oder T-Köpfen, luftgekühlte oder heißgehende Maschinen größeren Benzolzusatz, dagegen schnellaufende, vielzylindrige Personenwagenmotoren, Motoren mit neuzeitlichen L-Köpfen, wassergekühlte und kaltgehende Motoren kleinere Benzolzusätze.

Abb. 21b veranschaulicht für vier Motorenarten bei verschiedenen Verdichtungsgraden die nötigen Benzolzusätze für das gleiche Benzin. Sie zeigt, daß die Unterschiede außerordentlich groß sein können. Die Klopfgrenze des gleichen Kraftstoffs schwankt bei diesen Motoren zwischen den Verdichtungsverhältnissen 4,7 : 1 und 6,6 : 1. Durch entsprechenden Benzolzusatz lassen sich alle Ansprüche befriedigen, die ein Motor an die Klopffestigkeit des Brennstoffs stellen kann. Die Klopffestigkeit des unvermischten Benzols kann man bei den heutigen Konstruktionen praktisch noch nicht voll ausnutzen. In dem BMW-Motor konnte bei Betrieb mit reinem Benzol und einem Verdichtungsverhältnis von 11,2 : 1 bei Vollast mit 800 U/min völlige Klopffreiheit erreicht werden. Handelsübliche Benzin/Benzol-Gemische von rund 50 vH Benzol und 50 vH Benzin (nach Gewicht) ermöglichen erfahrungsgemäß bei Lastwagenmotoren Verdichtungsverhältnisse von 5,5 : 1 bis 6,0 : 1 bei Personenwagenmotoren solche von 6,0 : 1 bis 7,8 : 1.

(Für die Ausarbeitung dieses Beitrages sind die Bearbeiter Herrn Dr.-Ing. O. Enoch sowie der wissenschaftlich-technischen Abteilung des Benzol-Verbandes, Bochum, zu Dank verpflichtet.)

Grenzen der Zündfähigkeit. Solange in ihnen kein freier Wasserstoff vorhanden ist, unterscheiden sich die verschiedenen leichtflüchtigen flüssigen Brennstoffe mit Bezug auf die Grenzen der Zündfähigkeit nur wenig; diese Grenzen sind allerdings im Vergleich mit Leuchtgas oder anderen gasförmigen Brennstoffen sehr eng. Selbstverständlich kommt, soweit es sich um den Wirkungsgrad handelt, nur der Bereich der Zündfähigkeit nach der Seite der brennstoffarmen Gemische in Betracht. Die Zündfähigkeit der brennstoffreichen Gemische, d. h. der Punkt, bei dem das Gemisch wegen Überreichtum an Brennstoff nicht mehr zündet, hat verhältnismäßig geringes praktisches Interesse.

Schon weiter oben wurde darauf hingewiesen, daß die Grenzen der Zündfähigkeit der armen Gemische von allergrößter Wichtigkeit sind; denn solange hierbei der Brennstoff vollkommen verbrennt, ist die Verbrennungstemperatur um so niedriger, und damit der Wirkungsgrad um so höher, je ärmer an Brennstoff das Gemisch ist. Bliebe die Verbrennung vollkommen, so würde die Verbrennungstemperatur ziemlich genau proportional der Stärke des Gemisches abnehmen. Leider wird die Verbrennung bereits unvollkommen und schleppend, wenn das Gemisch um ungefähr 15 vH weniger Brennstoff enthält, als der vollständigen Verbrennung entspricht. Zwischen 12 und 18 vH Brennstoffmangel des Gemisches gleichen sich der Verlust durch unvollkommene und verschleppte Verbrennung und der Gewinn wegen der niedrigeren Verbrennungstemperatur gerade noch ungefähr aus.

Über 18 vH Brennstoffmangel hinaus beginnt dagegen der nutzbare Wirkungsgrad schnell zu sinken. Die Brenngeschwindigkeit wird so gering, daß sich die Verbrennung über den ganzen Auspuffhub hinzieht und infolgedessen die frische Ladung beim Eintritt in den Zylinder entzündet, was das bekannte Rückschlagen der Flamme in die Saugleitung hervorruft. Dieses Zurückschlagen kann man jedoch in begrenztem Maße durch Vorverlegen des Zündzeitpunktes vermeiden und so den Bereich der Verwendbarkeit brennstoffarmer Gemische etwas erweitern. Um aber ein Gemisch mit nur 20 vH Brennstoffmangel mit guter Wirkung verbrennen zu können, müßte man bereits so übermäßige Vorzündung anwenden, daß man sie praktisch fast nicht mehr ausführen könnte.

In Abb. 22 ist der kennzeichnende Zusammenhang zwischen thermischem Wirkungsgrad, mittlerem Kolbendruck und Mischungsver-

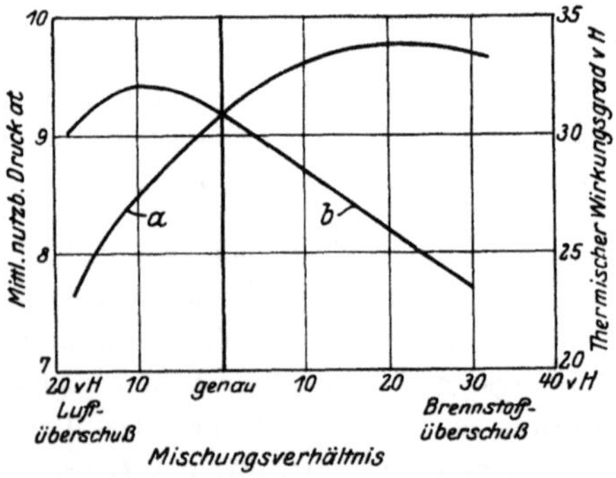

Abb. 22. Mittlerer nutzbarer Kolbendruck und thermischer Wirkungsgrad bei verschiedenen Mischungsverhältnissen und fest eingestelltem Zündzeitpunkt. Brennstoff: Benzin.
a Mittlerer nutzbarer Kolbendruck.
b Thermischer Wirkungsgrad.

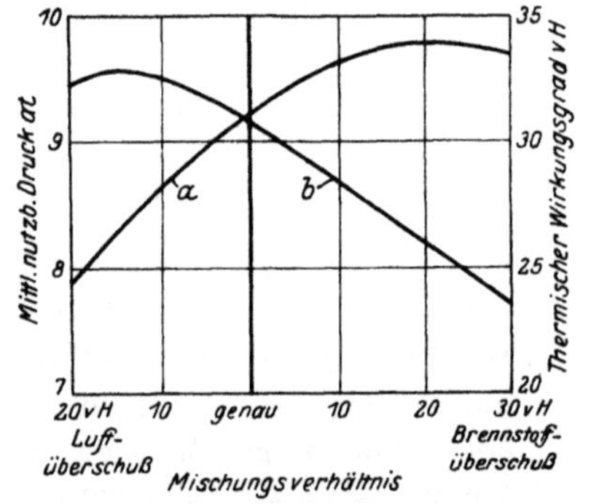

Abb. 23. Mittlerer nutzbarer Kolbendruck und thermischer Wirkungsgrad bei verschiedenen Mischungsverhältnissen und günstigster Einstellung des Zündzeitpunktes. Brennstoff: Benzin.
a Mittlerer nutzbarer Kolbendruck.
b Thermischer Wirkungsgrad.

hältnis bei unveränderlicher Einstellung des Zündzeitpunktes dargestellt. Das Mischungsverhältnis ist hierbei durch den Brennstoff- oder den Luftüberschuß gegenüber dem theoretischen Mischungsverhältnis gekennzeichnet. In Abb. 23 ist eine ähnliche Abhängigkeit dargestellt, doch wurde hier die Zündung zwischen 10 und 20 vH Brennstoffmangel des Gemisches jedesmal auf den günstigsten Zeitpunkt eingestellt und bis um ungefähr 30° vorverlegt. In beiden Fällen wurden der mittlere Kolbendruck und der thermische Wirkungsgrad auf Grund von unmittelbaren Messungen und als Mittelwerte aus einer großen Zahl von Versuchen mit verschiedenen Brennstoffen ermittelt. Das Mischungsverhältnis, das vollständige Verbrennung, d. h. ohne Brennstoff- oder Luftüberschuß ergibt (theoretisches Mischungsverhältnis), ist durch die starken Ordinaten gekennzeichnet. Rechts davon ist das Gemisch an Brennstoff, links davon ist es an Luft zu reich.

Abb. 24 zeigt die Ergebnisse ähnlicher Versuche mit Spiritus als Brennstoff; hier ist zu beachten, daß der mittlere Kolbendruck, der auch bei Betrieb mit Benzin mit zunehmendem Gehalt des Gemisches an Brennstoff zunimmt, bei Betrieb mit Spiritus auch über 20 vH Brennstoffüberschuß des Gemisches hinaus gesteigert werden kann. Daß der mittlere Kolbendruck mit dem Brennstoffüberschuß im Gemisch zunimmt, kommt durch das Zusammenwirken einer Reihe von Einflüssen zustande. Einerseits erhöhen sich unter dem Einfluß der Verdampfungswärme des Brennstoffes das spezifische Volumen des Gemisches und der volumetrische Wirkungsgrad des Motors, die beide darauf hinwirken, die Leistung bei steigendem Brennstoffgehalt des Gemisches zu steigern. Anderseits nimmt jedoch die spezifische Wärme der Verbrennungsrückstände in dem Maße zu, als der Brennstoff nicht vollständig verbrannt wird, was im entgegengesetzten Sinne wirkt. Bei Benzin und Benzol nimmt nun der mittlere Kolbendruck mit wachsendem Brennstoffüberschuß des Gemisches nur wenig zu, weil die Verdampfungswärme des Brennstoffes gering ist und sich die übrigen Einflüsse mehr oder weniger ausgleichen. Benzol hat allerdings eine höhere Verdampfungswärme als Benzin, und man kann davon auch besser Gebrauch machen, weil der Brennstoff gleichartig zusammengesetzt ist; aber auf der anderen Seite bleibt bei Benzol die Zunahme an spezifischem Volumen des Gemisches hinter derjenigen von Benzin zurück, so daß der Unterschied im Gesamtergebnis klein bleibt. Spiritus hat jedoch eine viel höhere Verdampfungswärme, und außerdem nimmt das spezifische Volumen des Gemisches mit wachsendem Brennstoffgehalt in höherem Maße zu; daher steigt der mittlere Kolbendruck bei reicherem Gemisch bis zu einer viel höheren Grenze als bei einem der anderen Brennstoffe.

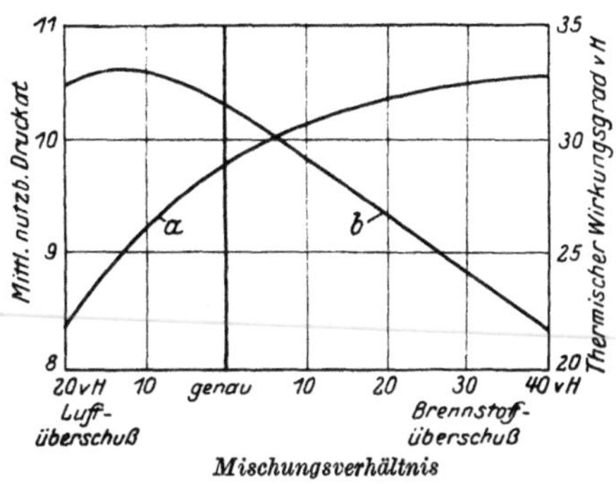

Abb. 24. Mittlerer nutzbarer Kolbendruck und thermischer Wirkungsgrad bei verschiedenen Mischungsverhältnissen und günstigster Einstellung des Zündzeitpunktes. Brennstoff: Spiritus.
a Mittlerer nutzbarer Kolbendruck.
b Thermischer Wirkungsgrad.

Die Grenzen der Zündfähigkeit des Gemisches nach der brennstoffarmen Seite hin sind bei allen drei Brennstoffen im wesentlichen gleich, ebenso wie bei allen bekannten leichtflüchtigen flüssigen Brennstoffen.

Aus den Abb. 22 bis 24 ist zu entnehmen, daß der thermische Wirkungsgrad bei 10 bis 18 vH Luftüberschuß des Gemisches seine höchsten Werte erreicht; sobald der Luftüberschuß 20 vH erreicht, wird der Verbrennungsvorgang bereits so schleppend, daß der Gang der Maschine ungleichmäßig wird und leicht Fehlzündungen sowie Rückschläge der Zündung durch das Einlaßventil auftreten können. Die mitgeteilten Ergebnisse beruhen alle auf Versuchen an Einzylindermaschinen. Bei einer Mehrzylindermaschine ist es selbst bei bestem Entwurf der Gemisch-Verteilanlage praktisch unmöglich, die Gemischzusammensetzung in allen Zylindern auf mehr als etwa 10 bis 20 vH genau gleichmäßig zu erhalten. Liefert also z. B. der Vergaser im Mittel ein Gemisch mit 15 vH Luftüberschuß, so muß man hiernach stets damit rechnen, daß ein oder mehrere Zylinder Gemisch von 20 bis 25 vH Luftüberschuß erhalten und daß daher Fehlzündungen oder Rückschläge in dem Vergaser auftreten.

Wegen dieser unvermeidlichen Ungleichmäßigkeiten in der Gemischverteilung darf man in der Praxis selbst bei den besten Maschinen 10 vH Luftüberschuß des Gemisches hinter dem Vergaser nicht überschreiten. Bei solcher Einstellung des Vergasers erhalten dann einige Zylinder das genau theoretisch richtige Gemisch für vollständige Verbrennung, andere dagegen Gemisch mit bis zu 20 vH Luftüberschuß, und der günstigste erreichbare Wirkungsgrad ist daher um etwa 1,5 vH niedriger als der bei einer Einzylindermaschine erreichbare.

Aus Rücksicht auf die Zylinder, die zu armes Gemisch erhalten, und um Rückzündungen aus diesen Zylindern zu vermeiden, muß man somit einen oder mehrere andere Zylinder mit reicherem Gemisch arbeiten lassen, als dem günstigsten Brennstoffverbrauch entsprechen würde; der thermische Wirkungsgrad einer Mehrzylindermaschine ist aus diesem Grunde immer niedriger als der einer Einzylindermaschine, und je mehr Zylinder aus einer Gemischquelle gespeist werden, um so niedriger ist vergleichsweise dieser Wirkungsgrad.

Zusammengefaßt:

1. Der nutzbare Bereich der Mischungsverhältnisse nach der Seite der armen Gemische hin ist bei allen leichtflüchtigen Kohlenwasserstoffbrennstoffen sehr eng begrenzt, weit enger jedenfalls als bei den meisten gasförmigen Brennstoffen.

2. Wegen dieses engen Bereichs der Mischungsverhältnisse und wegen der unvermeidlichen Ungleichmäßigkeiten in der Verteilung des Gemisches kann man Mehrzylindermaschinen nicht mit Gemisch von der wirtschaftlich günstigsten Zusammensetzung versorgen. Ihr spezifischer Brennstoffverbrauch ist daher immer etwas höher als der eines Einzelzylindermotors. Um wieviel der Verbrauch höher ist, hängt von der Anzahl der Zylinder ab, die aus einem Vergaser gespeist werden, und selbstverständlich auch von der Güte der Verteilanlage für das Gemisch.

3. Alle Brennstoffe ergeben bei Betrieb mit überreichem Gemisch etwas höhere Leistungen als beim Betrieb mit dem theoretisch richtigen Gemisch, das vollständige Verbrennung ermöglicht. Bei Spiritusbetrieb ist dieser Gewinn an Leistung sehr erheblich und erreicht bei sehr reichen Gemischen fast 10 vH.

4. Einzylindermaschinen, die mit Benzin oder Benzol laufen, erreichen ihre höchste Wirtschaftlichkeit etwa bei 92 bis 94 vH der Vollleistung; Mehrzylindermaschinen erreichen aus den oben angegebenen Gründen bei Betrieb mit den gleichen Brennstoffen nur eine etwas niedrigere Wirtschaftlichkeit; sie erreichen sie aber bei etwa 96 bis 97 vH der Volleistung.

Die Temperaturen des Kreisprozesses. Aus den bisher bekanntgewordenen Versuchswerten und Angaben kann man mit ziemlich hoher Genauigkeit die Temperaturänderungen während des Kreisprozesses einer Verbrennungsmaschine bei Betrieb mit flüssigen Kohlenwasserstoffbrennstoffen ableiten.

Die erste Temperatur, die bestimmt werden muß, ist die Temperatur am Ende des Saughubes, weil von ihr alle anderen Temperaturen des Kreisprozesses abhängen. Diese Temperatur ist auch unmittelbar wichtig, weil sie den volumetrischen Wirkungsgrad der Maschine bestimmt.

Die Temperatur am Ende des Saughubes hängt von der Temperatur am Ende der Auspuffperiode ab, da sich die frische Ladung mit den Auspuffrückständen im Verdichtungsraum vermischt. Man berechnet sie daher genau nur durch ein Näherungsverfahren, wobei man die Temperatur der Auspuffrückstände annimmt und auf Grund dieser Annahme die Temperaturen des Kreisprozesses bestimmt. Dann ändert man die Annahme über die Temperatur der Auspuffrückstände solange, bis sie mit den berechneten Temperaturen des gesamten Kreisprozesses im Einklang steht. Glücklicherweise sind schon sehr bedeutende Änderungen der Temperatur der Auspuffrückstände notwendig, um die Temperatur bei Beginn des Saughubes merklich zu ändern, so daß sich die angenommene und die errechnete Temperatur nicht allzu genau zu decken brauchen.

Da ein bestimmtes Beispiel immer anschaulicher wirkt, sei ein Zylinder mit einem Hubraum von 1310,9 cm³ bei 2000 U/min betrachtet. Bei einem Verdichtungsverhältnis von 5:1 beträgt dann der Gesamtinhalt des Zylinders 1638,6 cm³. Ferner seien folgende Betriebsbedingungen angenommen:

Mittlere Temperatur des Kühlwassermantels	60° C
Von außen der Ladung für je einen Kreisprozeß der Maschine zugeführte Wärmemenge (durch Vergaserheizung (usw.) .	0,0126 kcal
Druck im Zylinder am Ende des Saughubes	0,985 at abs
Druck im Zylinder am Ende des Auspuffhubes	1,034 at abs
Mittlere Temperatur der Außenluft.	15,56° C

Diese Annahmen entsprechen ungefähr mittleren praktischen Verhältnissen. Der Brennstoff sei ein mittleres Benzin von erster Güte, das z. B. 50 vH Paraffine, 35 vH Naphthene und 15 vH aromatische Kohlenwasserstoffe enthalte. Äthylalkohol und Benzol sollen besonders betrachtet werden. Die hier maßgebenden Eigenschaften dieser Brennstoffe sind:

	Brennstoffe		
	Benzin	Benzol	Äthylalkohol
Spezifisches Gewicht	0,740	0,884	0,798
Unterer Heizwert in kcal/kg	10550	9700	6575
Verdampfungswärme in kcal/kg . .	75,1	95,7	220,4
Verdampfpunkt in ° C	71 bis 205	80	77,8
Änderung des spezifischen Volumens bei der Verbrennung des theoretisch richtigen Gemisches vH	+ 5,0	+ 1,3	+ 6,5
Theoretisch richtiges Mischungsverhältnis für vollständige Verbrennung (nach Gewicht)	14,3:1	13,2:1	8,95:1
Bei der Verbrennung freiwerdende Energie ohne Berücksichtigung der Änderung des spez. Volumens. mkg/l	390	396	384

Man betrachte zuerst die Verhältnisse beim Betrieb mit Benzin: Bei Beginn des Saughubes enthält der Zylinder 327,7 cm³ heiße Auspuffreste von atmosphärischem Druck, deren Temperatur, wie später gezeigt werden soll, ungefähr 1166,6° abs beträgt. Um den Wärmeinhalt dieser Gase mit demjenigen der frischen Ladung zu vergleichen, rechnet man zweckmäßig das Volumen dieser Gase auf normale Bedingungen von Druck und Temperatur um. Das Volumen der Auspuffreste beträgt dann

$$327{,}7 \cdot \frac{273}{1166{,}6} = 76{,}7 \text{ cm}^3.$$

Die eintretende Ladung besteht aus Luft von rd. 15,56° C und einer geringen Menge von Brennstoff, der ganz oder teilweise verdampft ist. Für die vollständige Verbrennung beträgt das Verhältnis der Gewichte von Luft und Brennstoff bei Betrieb mit Benzin 14,3:1. Die Verdampfungswärme von 1 kg Benzin beträgt 75,1 kcal. Diese Wärme müssen 14,3 kg Luft abgeben, deren spezifische Wärme bei konstantem Druck 0,237 beträgt. Die Abkühlung der Luft infolge der Verdampfung des Brennstoffs beträgt daher

$$\frac{75{,}1}{14{,}3 \cdot 0{,}237} = 22{,}2° \text{ C}.$$

Für die hier in Betracht kommende Luftmenge beträgt die Wärmeabgabe bei der Abkühlung um 1° C 0,000304 kcal, so daß die Verdampfung des Brennstoffs 22,2 · 0,000304 = 0,00675 kcal beansprucht. Von den Zylinderwänden, deren Temperatur etwa 60° C beträgt, und von den noch heißeren Oberflächen der Ventile und des Kolbens nimmt die Ladung ungefähr 0,00763 kcal/l oder im vorliegenden Fall 0,01008 kcal für jeden Kreisprozeß der Maschine auf. Der Reingewinn der unverbrannten Ladung an fühlbarer Wärme beträgt also

$$0{,}01008 + 0{,}0126 - 0{,}00675 = 0{,}0159 \text{ kcal},$$

bezogen auf einen Kreisprozeß, wodurch die Temperatur des Gemisches unter der Annahme, daß der Brennstoff vollständig verdampft, ungefähr um 52,5° auf rd. 68° C erhöht wird. Wenn die äußere Vorwärmung die Verdampfung des Brennstoffs nicht beendet, so geschieht dies sicher durch die Mischung mit den heißen Verbrennungsrückständen, außer wenn die Zerstäubung des Brennstoffs im Vergaser sehr unzulänglich ist. Hieraus folgt, daß die Temperatur am Ende des Saughubes, unabhängig davon, in welchem Zeitpunkte die Verdampfungswärme verbraucht wird, immer gleich bleibt, sofern nur die Verdampfung des Brennstoffs beendet ist, bevor die Verdichtung beginnt.

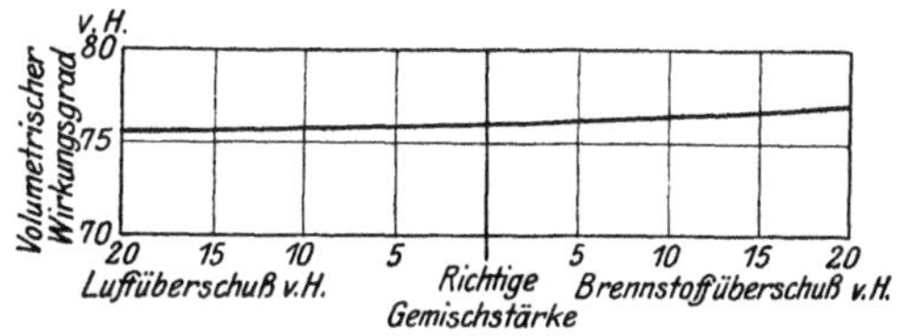

Abb. 25. Beobachtete volumetrische Wirkungsgrade (reduziert auf Norm.-Druck und Norm.-Temp.) bei verschiedenen Mischungsverhältnissen. Verdichtungsverhältnis 5,0:1, äußere Wärmezufuhr 0,0126 kcal für einen Kreisprozeß. Brennstoff: Benzin. Kolbengeschwindigkeit 10,16 m/s.

Der Zylinder enthält nun 1310,9 cm³ frische Ladung mit der Temperatur von 68,4° C oder 341,4° abs und mit dem Druck von 0,985 at abs. Auf normale Verhältnisse von Temperatur und Druck reduziert, ergibt dies:

$$1310{,}9 \cdot \frac{0{,}985}{1{,}033} \cdot \frac{273}{341{,}4} = 1000 \text{ cm}^3.$$

Der volumetrische Wirkungsgrad des Zylinders beträgt dann $\frac{1000}{1310{,}9} = 76{,}2$ vH, was z. B. mit den bei der erwähnten Versuchseinzylindermaschine bei 10,16 m/s Kolbengeschwindigkeit und ähnlichen Temperaturbedingungen gefundenen Werten des volumetrischen Wirkungsgrades gut übereinstimmt, s. Abb. 25.

Da als Volumen der Verbrennungsrückstände, reduziert auf normalen Druck und normale Temperatur, weiter oben 76,8 cm³ festgestellt worden sind, so beträgt das Volumen des gesamten Gemisches aus den Verbrennungsrückständen und der frischen Ladung bei normalem Druck und normaler Temperatur

$$1000 + 76{,}8 = 1076{,}8 \text{ cm}^3.$$

Diese Gasmenge erfüllt einen Raum von 1638,6 cm³ bei einem Druck von 0,985 at abs. Ihre Temperatur beträgt daher:

$$\frac{1638{,}6 \cdot 0{,}985}{1{,}033 \cdot 1076{,}8} \cdot 273 = 398{,}5^\circ \text{ abs oder } 125{,}5^\circ \text{ C}.$$

Diesen Wert kann man im vorliegenden Falle auf etwa $\pm 5^\circ$ C genau als die Temperatur am Ende des Saughubes ansehen. Die wichtigsten Fehlerquellen dieser Berechnung sind:

1. Die Temperatur der Auspuffgase. Da jedoch ihre Masse entsprechend kleiner wird, wenn ihre Temperatur steigt, so hat selbst ein großer Fehler in der Annahme dieser Temperatur nur wenig Einfluß auf die Temperatur am Ende des Saughubes.

2. Die aus den Zylinderwänden usw. aufgenommene Wärmemenge. Dies ist tatsächlich ein etwas zweifelhafter Wert; er beruht aber auf Versuchen an der erwähnten Einzylindermaschine bei verschiedenen Temperaturen des Kühlwassers. Mittels eines elektrischen Widerstandes im Ansaugrohr wurden dabei bestimmte Wärmemengen solange zugeführt, bis der volumetrische Wirkungsgrad und daher auch die Temperatur am Ende des Saughubes jedesmal dieselbe Größe erreichte. Durch Vergleich der bei verschiedenen Manteltemperaturen von außen zugeführten Wärmemengen war es möglich, die Wärmemengen zu schätzen, die im ganzen aus den Zylinderwänden und anderen heißen Flächen aufgenommen wurden.

3. In den meisten Fällen ist die Wärmenge, die der Ladung vor ihrem Eintritt in den Zylinder zugeführt wird, sehr unbestimmt, da sie im praktischen Betrieb entweder vom Auspuff oder vom Kühlwasser geliefert wird. Bei Versuchen empfiehlt es sich deswegen, elektrische Vorwärmung zu verwenden, so daß die Wärmemenge leicht und genau gemessen werden kann.

Bei Betrieb mit Benzol statt mit Benzin findet man, daß die Temperatur am Ende des Saughubes infolge der höheren Verdampfungswärme und der größeren Brennstoffmenge, die das theoretisch richtige Gemisch mit Luft enthält, niedriger ist, nämlich etwa 112° C beträgt. Der volumetrische Wirkungsgrad ist entsprechend höher, etwa 78,5 vH. Die Temperatur der Auspuffgase kann hierbei, wie bei Benzin, mit 1166,6° abs angenommen werden.

Im dritten Fall, bei Betrieb mit Äthylalkohol, haben die außerordentlich hohe Verdampfungswärme und der große Anteil an Brennstoff im theoretisch richtigen Gemisch eine noch stärkere Abkühlung zur Folge, so daß unter den gleichen Voraussetzungen die Temperatur am Ende des Saughubes selbst nach Vermischung der frischen Ladung mit den Auspuffrückständen nur 19,5° C beträgt; der entsprechende volumetrische Wirkungsgrad erreicht daher den Wert von 104,3 vH.

Bei diesen Temperaturen würde aber der Brennstoff in der kurzen Zeit, die zur Verfügung steht, bis zum Ende des Saughubes nicht vollständig verdampft sein, so daß die ganze Art der Berechnung in diesem Falle nicht anwendbar ist. Der Versuch hat auch gezeigt, daß die niedrigste Temperatur, bei der die Verdampfung von Spiritus bis zum Beginn der Verdichtung vollständig beendet werden kann, etwa in der Gegend von 65° C liegt. Es empfiehlt sich also, den Fall zu betrachten, bei dem durch ausreichende Vorwärmung diese Temperatur erreicht wird. Der volumetrische Wirkungsgrad beträgt dann 90 vH, und 37 vH des Brennstoffs müssen durch die von außen zugeführte Wärme verdampft werden; also müssen $0{,}37 \cdot 0{,}036 = 0{,}0133$ kcal für jeden Kreisprozeß zugeführt werden.

In Wirklichkeit findet man, daß der volumetrische Wirkungsgrad bei Betrieb mit Spiritus noch beträchtlich niedriger als 90 vH ist, nämlich 82 bis 83 vH, gegenüber 76 vH bei Betrieb mit Benzin. Das bedeutet, daß unter den üblichen Arbeitsbedingungen nur ein verhältnismäßig kleiner Teil des Alkohols tatsächlich bis zum Ende des Saughubes verdampft wird. Das ist auch hauptsächlich der Grund, warum die weitgehende Zerstäubung, die den Wärmeübergang von der Luft auf die Brennstoffteilchen beschleunigt, bei Betrieb mit Spiritus so besonders erwünscht ist.

Die Ergebnisse dieser Betrachtung kann man folgendermaßen zusammenfassen:

Unter den oben angeführten Voraussetzungen, die man, ausgenommen vielleicht für den Spiritusbetrieb, als mittlere Bedingungen der Praxis ansehen kann, betragen die Temperatur am Ende des Saughubes und der volumetrische Wirkungsgrad:

Brennstoff	Temperatur am Ende des Saughubes °C	Volumetrischer Wirkungsgrad vH
Benzin	125,5	76,2
Benzol	112	78,5
Spiritus	65	90,0

Bei einem Gemisch mit 20 vH Brennstoffmangel betragen diese Werte:

Brennstoff	Temperatur am Ende des Saughubes °C	Volumetrischer Wirkungsgrad vH
Benzin	128,4	75,5
Benzol	116,6	77,6
Spiritus	65	89,6

Bei Betrieb mit Spiritus müssen dem theoretisch richtigen Gemisch noch 0,0133 kcal und bei armem Gemisch noch 0,0073 kcal für jeden Kreisprozeß von außen zugeführt werden, wenn man vollständige Verdampfung erreichen will. Zu beachten ist, daß die oben angegebenen volumetrischen Wirkungsgrade das Volumen von Luft und von Brennstoffdampf und nicht das Volumen der Luft allein berücksichtigen.

Verdichtungstemperatur. Während des Verdichtungshubes werden Brennstoff und Luft fast adiabatisch auf ein Fünftel ihres anfänglichen Volumens zusammengedrückt. Beim Beginn der Verdichtung liegt die Temperatur des Gemisches, wenn man Betrieb mit Benzin oder Benzol voraussetzt, etwas unter der mittleren Oberflächentemperatur des Zylinders, so daß das Gemisch zuerst Wärme aufnimmt, aber im späteren Teil des Hubes wieder Wärme abgibt. Für diese Brennstoffe kann als mittlerer Exponent der Verdichtungslinie bei einer Maschine, die mit 2000 U/min läuft, etwa 1,35 angenommen werden. Bei Betrieb mit Spiritus sind die Verhältnisse nicht ganz ebenso, denn:

1. Die Temperatur am Ende des Saughubes ist bedeutend niedriger als die Temperatur der Zylinderwände, so daß das Gemisch schon im ersten Teil des Verdichtungshubes erheblich erwärmt wird.

2. Da der Spiritus einen erheblichen Teil der ganzen Ladung bildet (11 vH nach dem Gewicht), so verringert er den mittleren Exponenten der Verdichtungslinie des Gemisches, da der Exponent $\varkappa$ der Adiabate von Spiritusdampf nur 1,13 gegenüber 1,4 für Luft beträgt.

3. Ein beträchtlicher Teil des Brennstoffs befindet sich zudem am Ende des Saughubes noch in flüssigem Zustand, wenn während des Ansaugens keine Wärme von außen zugeführt wird, und ein Teil der Verdichtungswärme wird daher verbraucht, um diesen flüssig gebliebenen Brennstoff zu verdampfen. Wir wollen aber diesen Einfluß vorläufig unberücksichtigt lassen und annehmen, daß man für das theoretisch richtige Spiritusgemisch mit $\varkappa = 1{,}33$ rechnen kann.

Die absolute Temperatur am Ende des Verdichtungshubes kann man bei Betrieb mit Benzin oder Benzol dadurch finden, daß man die absolute Temperatur am Ende des Saughubes mit $5^{(1{,}35-1)} = 1{,}755$ multipliziert. Dies ergibt als Endtemperatur der Verdichtung:

für Benzin:	theoretisch richtiges Gemisch	699° abs
	20 vH Brennstoffmangel	704° abs
für Benzol:	theoretisch richtiges Gemisch	675° abs
	20 vH Brennstoffmangel	683° abs

In allen diesen Fällen beträgt der Enddruck der Verdichtung

$$0{,}985 \cdot 5^{1{,}35} = 8{,}66 \text{ at abs}$$

oder 7,66 at Überdruck.

Bei Betrieb mit Spiritus sind die Temperaturen am Ende des Saughubes bei theoretisch richtigem und bei Gemisch mit Brennstoffmangel gleich, so daß auch die Endtemperatur der Verdichtung ohne Rücksicht auf die Verdampfungswärme des noch flüssig vorhandenen Brennstoffs für beide Fälle

$$338 \cdot 5^{(1,33-1)} = 575^\circ \text{ abs}$$

beträgt.

Bei theoretisch richtigem Gemisch fehlen noch, wie oben gezeigt, 0,0133 kcal für jeden Kreisprozeß, um den am Ende des Saughubes noch flüssigen Teil des Brennstoffs zu verdampfen. Das ruft einen Temperaturabfall von 37,2° C hervor, so daß die tatsächliche Endtemperatur der Verdichtung nur 537,8° abs oder 264,8° C beträgt. Bei Gemisch mit 20 vH Brennstoffmangel fehlen nur 0,0073 kcal für jeden Kreisprozeß, so daß die Entdemperatur der Verdichtung dann auf 554° abs oder 281° C steigt.

Der unberichtigte Enddruck der Verdichtung beträgt $0,985 \cdot 5^{1,33} = 8,375$ at abs. Die Abkühlung infolge der Verdampfung des Brennstoffs vermindert diesen Wert auf 7,81 at abs für das theoretisch richtige Gemisch und auf 8,06 at abs für das Gemisch mit 20 vH Brennstoffmangel.

Verbrennungstemperaturen. Da die Verbrennung bei konstantem Volumen stattfindet, so dient die gesamte chemische Energie, die im Gemisch aufgespeichert ist, abzüglich der Verluste an die Wände der Verbrennungskammer, dazu, die innere Energie der Ladung zu steigern. Es ist aber sehr wohl bekannt, daß der naheliegende Weg, die Temperaturzunahme bei der Verbrennung zu berechnen, indem man die anfallende Wärmemenge durch die spezifische Wärme des Gemisches bei gewöhnlicher Temperatur dividiert, Werte ergibt, die viel zu hoch, praktisch sogar doppelt so hoch wie die in Wirklichkeit erreichten sind. Diese Unstimmigkeit beruht auf folgenden drei Einflüssen:

1. Die spezifische Wärme der Gase, aus denen sich das Gemisch zusammensetzt, nimmt mit steigender Temperatur zu.

2. Bei hohen Temperaturen dissoziieren die bei der Verbrennung entstehenden Verbindungen, CO_2 und Wasser, unter Aufnahme von Wärme in Kohlenoxyd und Sauerstoff sowie in Wasserstoff und Sauerstoff nach den Formeln

$$2\,CO_2 \rightleftarrows 2\,CO + O_2,$$

$$2\,H_2O \rightleftarrows 2\,H_2 + O_2.$$

3. Durch Strahlung und Leitung geht Wärme an die Wände des Verbrennungsraumes verloren.

Die spezifische Wärme der Gase, aus denen sich die Ladung zusammensetzt, und der Umfang der Dissoziation bei irgendeiner Temperatur wurden durch unmittelbaren Versuch bestimmt. Die Verluste an den Kühlmantel können dagegen nur aus Versuchen an der wirklichen Maschine geschätzt werden. Die Energiemenge, welche die Gase bei der Verbrennung in der Form von fühlbarer Wärme aufnehmen, kann man leicht berechnen, da die spezifische Wärme eines Gases bei konstantem Volumen durch Änderung des Druckes oder Vermischung mit anderen Gasen unbeeinflußt bleibt. Leider wird jedoch der Umfang der Dissoziation von CO_2 und Wasser von Druckänderungen beeinflußt, und in Fällen wie dem vorliegenden, wo zwei verschiedene Arten von Spaltungen das gleiche Ergebnis (nämlich Sauerstoff) liefern, spielt auch das Verhältnis, in dem diese Gase vorhanden sind, eine Rolle. Das macht die Berechnung der tatsächlich aufgenommenen Energie etwas verwickelt und außerordentlich mühselig. Tizard und Pye haben diese Berechnung aber sehr erschöpfend durchgeführt, so daß hier die Ergebnisse mitgeteilt werden können. Am bequemsten kann man diese Ergebnisse darstellen, indem man die gesamte innere Energie des Gemisches bei irgendeiner Temperatur in Abhängigkeit von der Temperatur aufträgt. Da die Größe der inneren Energie in jeder Stufe des Prozesses leicht gefunden werden kann, so lassen sich die entsprechenden Temperaturen gleich ablesen.

Auf Grund der Arbeiten von Tizard und Pye[1], die sich auf den Versuchsergebnissen von Pier und Bjerrum[2] aufbauen, ist das Diagramm Abb. 26 entworfen; dieses enthält zugleich eine von J. F. Alcock[3] entwickelte Konstruktion, wonach man auf zeichnerischem Wege die Temperaturen am Anfang und am Ende des Expansionshubes mit ausreichender Genauigkeit bestimmen kann. Wegen des bereits erwähnten Einflusses von Druck und Zusammensetzung der Ladung auf den Grad der Dissoziation muß man beim Entwurf eines derartigen Diagramms, wenn es für einen angemessen weiten Bereich von Betriebsbedingungen Geltung haben soll, bis zu einem gewissen Grade Kompromisse schließen und mit Mittelwerten rechnen.

Beispielsweise bezieht sich die in Abb. 26 gezeichnete Energielinie, streng genommen, nur auf ein vollständig verbrennendes Benzol-Luftgemisch bei einem Verdichtungsverhältnis von 5:1. Immerhin ist die Wirkung, die eine Änderung des Verdichtungsverhältnisses hervorruft, innerhalb der Grenzen, die für die Verbrennung bei konstantem Volumen in Betracht kommen, zu vernachlässigen; das gleiche gilt für den Ersatz von Benzol durch irgendeinen anderen Brennstoff aus Kohlenwasserstoffen. Bei Brennstoffen, wie Spiritus oder Äther, wird allerdings der Fehler wegen der Unterschiede in der spezifischen Wärme der Verbrennungsgase beträchtlich. Genau genommen kann man das Diagramm auch nicht für Gemische anwenden, die ärmer oder reicher als das theoretisch richtige Gemisch sind, obgleich auch hier wieder

[1] Automobile Engineer, Februar und März 1921.
[2] Z. f. physikal. Chemie 1912.
[3] Mitarbeiter des Verfassers.

die Fehler innerhalb der brauchbaren Grenzen des Mischungsverhältnisses und bei homogenem Gemisch nur sehr gering sind.

Die innere Energie ist in Abb. 26 in mkg/l, reduziert auf den Normalzustand (Ordinaten), über den Temperaturen (Abszissen) aufgetragen, wobei die Linie OA mit und die Linie OA_1 ohne Berücksichtigung des Wärmeverbrauchs bei der Dissoziation von CO_2 und H_2O gilt. Der

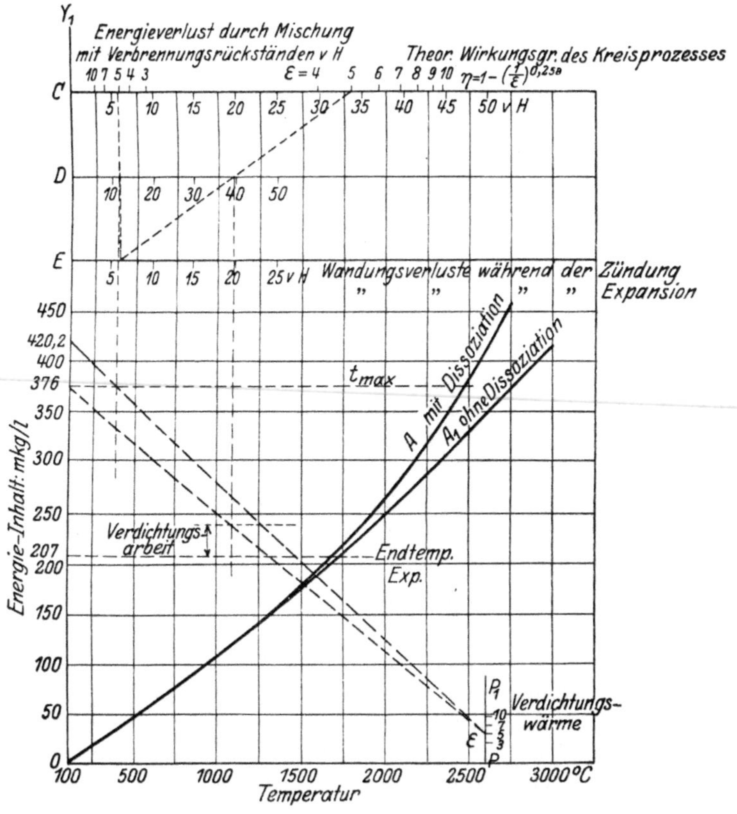

Abb. 26. Energiediagramm des Kraftmittels von Verbrennungsmaschinen für Betrieb mit leicht verdampfbaren Brennstoffen.

Unterschied zwischen den beiden Linien stellt somit die durch Spaltung gebundene chemische Energie dar. Die Energie 0 ist bei 100° C angenommen, da dies als mittlere Temperatur bei Beginn der Verdichtung gelten kann. Die Abweichungen von diesem Wert sind verhältnismäßig klein und üben nur wenig Einfluß auf die Verbrennungs- und Auspufftemperaturen aus. Die weiter unten für den Gebrauch der Schaulinie gegebene Anweisung sei durch ein Zahlenbeispiel ergänzt, das für folgende Werte durchgeführt ist. (Die entsprechenden Konstruktionslinien sind gestrichelt eingezeichnet.)

Verdichtungsverhältnis	5:1
Energieinhalt	390 mkg/l
Wärmeverlust während der Verbrennung	6 vH[1]
Wärmeverlust während der Expansion	6 vH[1]

Drei Umstände beeinflussen in einem wirklichen Motor die Temperatur, die bei der Verbrennung eines Gemisches von gegebenem Energieinhalt erreicht wird:

1. Die Erwärmung des Gemisches durch die Verdichtung.
2. Die Kühlverluste durch die Wände des Verbrennungsraumes während der Verbrennung.
3. Die Verdünnung des Gemisches durch Vermengung mit Verbrennungsrückständen.

Der Einfluß unter 1. wird im Diagramm dadurch berücksichtigt, daß man die Verdichtungswärme je nach dem Verdichtungsgrad abzieht. Sie ist auf der Achse $P—P_1$ unten im Schaubild für die verschiedenen Verdichtungsverhältnisse ε dargestellt. Der wahre Energieinhalt erscheint dann über der Verdichtungswärme auf der Ordinatenachse OY_1, die als Ausgangslinie für 100° C angenommen ist. Im vorliegenden Beispiel sind die angegebenen 390 mkg/l Energieinhalt des Gemisches über den 30,2 mkg/l Verdichtungsenergie aufgetragen, so daß als Gesamtenergie 420,2 mkg/l erreicht werden; von dieser sind aber die Verluste zu 2. und 3. abzuziehen.

Auf der waagerechten Teilung C ist der wirkliche Energieverlust infolge der Verdünnung des Gemisches durch Auspuffrückstände in vH unter der Annahme aufgetragen, daß die Temperatur dieser Gase 1166° abs beträgt. Die Einteilung E ergibt in vH die Kühlverluste während der Verbrennung. Diesen Verlust trägt man in der Größe auf, die sich auf Grund von vorhergehenden Versuchen für die gewählte Bauart des Verbrennungsraumes als wahrscheinlich ergibt, nämlich für das vorliegende Beispiel mit 6 vH. Verbindet man diese beiden Punkte der Teilungen C und E, so erhält man im Schnittpunkt mit der Teilung D die Summe dieser beiden Verlustarten, also im vorliegenden Beispiel 11,5 vH.

Um diesen Wert in das Schaubild zu übertragen, fällt man eine Senkrechte von dem erhaltenen Schnittpunkt aus. Durch eine zweite Gerade verbindet man den Punkt auf der Ordinatenachse OY_1, welcher dem gesamten Energieinhalt des Gemisches entspricht (420,2 mkg/l), mit dem Verdichtungspunkt (5) auf der Achse PP_1, die in der gleichen Höhe wie 100 vH der Teilung D gezogen wird. Die Waagerechte durch den Schnittpunkt dieser beiden Geraden schneidet auf der Ordinatenachse OY_1 die noch für die Expansion übrigbleibende Energie (376 mkg/l) und auf der Energietemperaturkurve die wirkliche Entzündungstemperatur $t_{max} = 2475°$ C ab.

[1] Die tatsächliche Höhe dieser Verluste wird weiter unten untersucht werden.

Der Temperaturabfall während des Expansionshubes hängt von der nach außen abgegebenen Arbeit und von dem Wärmeverlust an die Wände ab. Die nutzbare theoretische Leistung ist in vH vom Wärmeinhalt des Gemisches mit Hilfe der Formel $\eta = 1 - \left(\frac{1}{\varepsilon}\right)^{0{,}258}$ rechts auf dem Maßstab C dargestellt, wobei der Mittelwert des Exponenten der Expansion 0,258 alle Wärmeverluste durch Dissoziation und ähnliche Erscheinungen, jedoch nicht die Wandverluste während der Expansion berücksichtigt. Die Wandverluste während der Expansion sind auf der Teilung E aufgetragen. Verbindet man also wieder die beiden entsprechenden Punkte der Teilungen $C(5)$ rechts und $E(6)$, so erhält man wie vorher die Summe der Werte auf der Teilung D. Ein Lot aus diesem Punkte bringt man nun zum Schnitt mit der Linie, die den Punkt 376 auf der Ordinatenachse OY_1 mit dem Punkt 5 auf der Achse PP_1 verbindet. Da die Gesamtarbeit während der Expansion die Summe aus der nutzbaren und der Verdichtungsarbeit ist, die im angeführten Beispiel 30,2 mkg/l beträgt, so trägt man diese von dem eben erhaltenen Schnittpunkt abwärts auf, um den Energieinhalt der Gase am Ende des Expansionshubes, im vorliegenden Falle 207 mkg/l, zu erhalten. Die entsprechende Endtemperatur der Expansion wird mit 1675° C wieder aus der Energiekurve abgelesen.

Bei dem wirklichen Beispiel, das den Versuchen an der erwähnten Maschine mit veränderlicher Verdichtung entnommen wurde, beträgt die höchste Verbrennungstemperatur auf Grund des Diagramms in Abb. 26 bei theoretisch richtigem Gemisch von 390 mkg/l Energieinhalt und bei dem Verdichtungsverhältnis von 5:1 unter Berücksichtigung der hinzukommenden Verdichtungswärme und der Verluste durch Wandabkühlung während der Verbrennung sowie infolge der Verdünnung des Gemisches durch Auspuffrückstände 2475° C, entsprechend einem Energieinhalt von 376 mkg/l bei normalem Druck und normaler Temperatur. Beim Verdichtungsverhältnis von 5:1 beträgt der thermische Wirkungsgrad, bezogen auf die gemessene indizierte Arbeit, 31 vH. Hiervon entfallen 5 vH auf die Änderung des spezifischen Volumens des Gemisches infolge der Verbrennung, so daß die Wärmeabgabe während der Expansion

$$390 \cdot 0{,}31 \cdot \frac{100}{105} = 115{,}1 \text{ mkg/l}$$

beträgt. Hierzu kommen 30,2 mkg/l Verdichtungsarbeit, die während der Expansion zurückgewonnen werden, sowie 6 vH von 390 = 23,7 mkg/l Wandverluste während der Expansion; damit wird die Gesamtwärmeabgabe während der Expansion 169 mkg/l, so daß als Energieinhalt der Gase am Ende der Expansion 207 mkg/l verbleiben; dies stimmt mit dem unter gleichen Bedingungen im Schaubild gefundenen Wert überein. Die entsprechende Endtemperatur beträgt 1675° C.

Es sei bemerkt, daß der Wärmeverlust während der Expansion, obgleich er die Endtemperatur der Expansion unmittelbar beeinflußt, nur einen geringen Einfluß auf den wirklichen Wirkungsgrad ausübt. Bei der Konstruktion des Diagramms ist dies aber vernachlässigt, da die Wärme zum großen Teil erst im späteren Verlauf des Hubes abgegeben wird, wo ihr Wert geringer ist. Ein weiterer unwesentlicher Fehler des Diagramms, der im Interesse der Einfachheit in den Kauf genommen wurde, besteht darin, daß als Wandverlust während der Expansion ein Teil der während der Verbrennung nutzbar gewordenen Wärme in Abzug gebracht wird, während dieser Verlust eigentlich als ein Teil der gesamten im Brennstoff verfügbaren Wärme berechnet werden müßte. Der Fehler, der hierdurch entsteht, ist aber nur sehr gering; er beträgt im vorliegenden Beispiel

$$23{,}7 \cdot \frac{390-376}{376} = 9{,}3 \text{ mkg/l},$$

kann also vernachlässigt werden.

Am Ende des Expansionshubes beträgt die Temperatur der Gase etwa 1675° C oder 1948° abs, wie oben angegeben, und ihr Druck 4,925 at abs. Sobald sich das Auspuffventil öffnet, entspannen sich die Gase schnell bis auf den Druck der Außenluft, wobei ihre Temperatur im Verhältnis von $\left(\frac{1{,}033}{4{,}925}\right)^{\frac{k-1}{k}}$, $k \backsim 1{,}30$, abnimmt. Die Temperatur der Gase sinkt hierbei auf 1360° abs und infolge der Wärmeverluste während des Auspuffhubes noch weiter bis auf rd. 1166° abs. Eine ähnliche Rechnung ergibt für den Betrieb mit Äthylalkoholgemisch als Temperatur der Auspuffrückstände 1082° abs.

Kennt man die Temperatur an irgendeiner Stelle des Kreisprozesses, so kann man den entsprechenden Druck natürlich leicht ermitteln. In dem oben besprochenen Beispiel für Betrieb mit Benzin beträgt der Druck am Ende der Verdichtung 8,65 at abs und die Temperatur 698° abs. Da die Temperatur nach der Verbrennung 2480° C oder 2753° abs und das Verhältnis der spezifischen Volumina vor und nach der Verbrennung 1,05 beträgt, so beträgt der Druck bei Beginn der Expansion

$$8{,}65 \cdot 1{,}05 \cdot \frac{2753}{698} = 35{,}75 \text{ at abs} \quad \text{oder} \quad 34{,}75 \text{ at Überdruck.}$$

Am Ende des Expansionshubes hat sich das Volumen auf das Fünffache vergrößert und die Temperatur auf 1948° abs erniedrigt. Der Druck beträgt daher:

$$\frac{8{,}65}{5} \cdot 1{,}05 \cdot \frac{1948}{698} = 5{,}075 \text{ at abs} \quad \text{oder} \quad 4{,}075 \text{ at Überdruck.}$$

Der Verbrennungsdruck, den man auf diese Weise berechnet, ist etwas höher, als er in Wirklichkeit erreicht wird, weil die Brenngeschwindigkeit des Gemisches nur eine begrenzte Größe hat. Das rundet die Spitze des Arbeitsdiagramms etwas ab; auf den thermischen Wirkungsgrad hat das aber keinen wesentlichen Einfluß.

Bei Betrieb mit Benzol betragen die Temperaturen am Anfang und am Ende der Expansion 2470 und 1670° C, die entsprechenden Drücke 35,48 und 5,05 at abs oder 34,48 und 4,05 at.

Auf Grund der vorstehenden Überlegungen kann man somit ein Indikatordiagramm entwerfen, das die Drücke und Temperaturen des Kreisprozesses unter normalen Arbeitsbedingungen beispielsweise für einen kleinen, aber wirtschaftlich arbeitenden Einzylindermotor von den festgesetzten Abmessungen bei einer Geschwindigkeit von 2000 U/min angibt. Der Einfluß der Zylindergröße auf die Leistung soll weiter unten behandelt werden; er spielt jedoch, wie man sehen wird, keine sehr wichtige Rolle, ebensowenig in angemessenen Grenzen die Drehzahl, vorausgesetzt, daß sie genügend hoch ist, d. h. 1000 U/min oder mehr beträgt. Unter 1000 U/min beginnen nämlich bei den betrachteten Zylinderabmessungen die Wärmeverluste an die Zylinderwände fühlbar zu werden und die Leistung merklich zu beeinflussen.

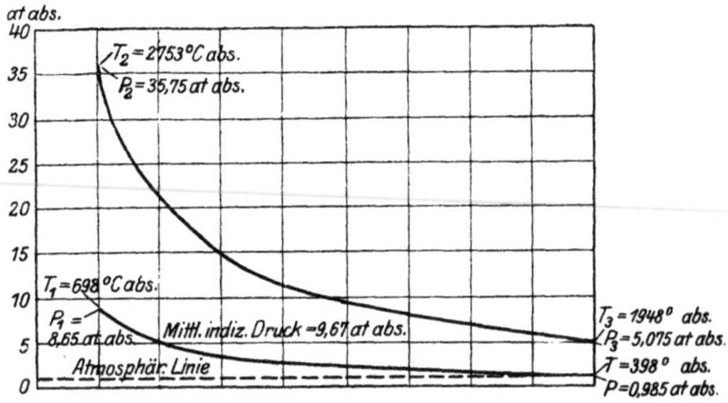

Abb. 27. Indikatordiagramm für theoretisch richtiges Benzingemisch beim Verdichtungsverhältnis 5:1.

Das in Abb. 27 wiedergegebene Indikatordiagramm gilt daher genau nur unter den oben angeführten Bedingungen, ändert sich aber innerhalb weiter Unterschiede der Zylindergröße oder Drehzahl nur wenig, solange der Verbrennungsraum seine wirtschaftliche Form behält und genügende Wirbelung darin vorhanden ist, um die Verbrennung schnell über die ganze Masse des Gemisches auszubreiten.

Hat man den thermischen Wirkungsgrad, den volumetrischen Wirkungsgrad und die gesamte innere Energie des Brennstoff-Luftgemisches bestimmt, so kann man auch den mittleren nutzbaren Kolbendruck und damit die Nutzleistung der Maschine berechnen, indem man den thermischen Wirkungsgrad, die gesamte innere Energie (in mkg/l · 0,1) und den volumetrischen Wirkungsgrad miteinander multipliziert.

In dem behandelten Beispiel mit dem theoretisch richtigen, d. h. vollständig verbrennenden Gemisch ohne Brennstoff- oder Luftüberschuß beträgt der thermische Wirkungsgrad 31 vH. Bei einem Gemisch mit 20 vH Brennstoffmangel sollte dieser Wirkungsgrad wegen der niedrigeren Verbrennungstemperatur beträchtlich höher sein, aber in Wirklichkeit wird dies zum Teil durch die viel geringere Brenngeschwindigkeit ausgeglichen, so daß der Wirkungsgrad nur auf etwa 32,5 vH steigt.

Die bei der Verbrennung von 1 l Benzin-Luftgemisch von Normalverhältnissen freiwerdende Energie ist oben mit 390 mkg angegeben worden. Sobald man jedoch den Wert eines Brennstoffes vom Standpunkt der erzielbaren Leistung betrachtet, muß man diese Verbrennungsenergie mit der Änderung des spezifischen Volumens multiplizieren; wenn nämlich die Verbrennungsgase bei der gleichen Temperatur ein größeres Volumen einnehmen, so ist auch ihr Druck höher, auch wenn sich die Temperatur nicht ändert. Dieser Einfluß ist bei der Bestimmung der höchsten und der Enddrücke berücksichtigt, und er gilt auch insofern für den mittleren nutzbaren Kolbendruck, als dieser höher oder niedriger ist, je nachdem das spezifische Volumen infolge der Verbrennung größer oder kleiner wird. Hierin zeigt Benzin einen merklichen Vorteil gegenüber Benzol und Spiritus einen Vorteil gegenüber diesen beiden Brennstoffen.

Es empfiehlt sich, als „gesamte innere Wärme des Gemisches" zum Unterschiede von dem durch die Verbrennung freiwerdenden Heizwert des Gemisches den Wärmewert zu bezeichnen, welcher auch schon die Änderung des spezifischen Volumens berücksichtigt, also das Produkt aus der durch die Verbrennung freigewordenen Wärme und dem spezifischen Volumen des theoretisch richtigen Gemisches. Für die drei erwähnten Brennstoffe berechnet sich daher:

Brennstoff	Veränderung des spezifischen Volumens vH	Bei d. Verbrennung freiwerdende Energie bei norm. Druck u. norm. Temperatur mkg/l	Gesamte innere Energie bei norm. Druck und norm. Temperatur mkg/l
Benzin	+ 5,0	390	409,5
Benzol	+ 1,3	396	401,5
Spiritus	+ 6,5	376	400

Bei Betrieb mit Benzin und theoretisch richtigem Gemisch beträgt in dem gewählten Beispiel der thermische Wirkungsgrad 31 vH, die innere Energie des Gemisches 409,5 mkg/l und der volumetrische Wirkungsgrad 76,2 vH. Der mittlere indizierte Kolbendruck ist daher

$$0{,}31 \cdot (409{,}5 \cdot 0{,}1) \cdot 0{,}762 = 9{,}66 \text{ at.}$$

Bei Betrieb mit Benzol ergibt die gleiche Rechnung:

$$0{,}31 \cdot (401{,}5 \cdot 0{,}1) \cdot 0{,}785 = 9{,}69 \text{ at.}$$

Der mittlere indizierte Kolbendruck ist also unter allen Umständen bei Benzol genau so hoch wie bei Benzin, da sich die niedrigere innere Energie fast genau gegen den höheren volumetrischen Wirkungsgrad ausgleicht.

Bei Betrieb mit Spiritus ergibt die gleiche Rechnung als mittleren indizierten Kolbendruck 11,12 at. Dieser Wert setzt jedoch voraus, daß der volumetrische Wirkungsgrad 90 vH beträgt, was in Wirklichkeit aus den bereits angeführten Gründen nicht erreicht wird. Nimmt man als volumetrischen Wirkungsgrad 82,5 vH an, was etwa mit Versuchserfahrungen unter ähnlichen Bedingungen übereinstimmt, so erhält man als mittleren indizierten Kolbendruck $11{,}12 \cdot \frac{0{,}825}{0{,}9} = 10{,}2$ at. Dieser Wert stimmt mit den Versuchsergebnissen gut überein.

Bei Gemischen mit 20 vH Brennstoffmangel wird die gesamte innere Energie entsprechend geringer, anderseits steigt jedoch der thermische Wirkungsgrad wegen der niedrigeren Verbrennungstemperatur. Auch der volumetrische Wirkungsgrad ist nur ganz wenig geringer, weil der Einfluß der Verdampfungswärme auf diesen Wirkungsgrad bei solchem Gemisch kleiner ist. Dementsprechend ergeben sich für Gemische mit Brennstoffmangel folgende Werte:

Brennstoff	Mittlerer indiz. Kolbendruck		Gemessener mittl. nutzbarer Kolbendruck bei theor. richtigem Gemisch at
	theor. richtiges Gemisch at	20 vH Brennstoffmangel at	
Benzin	9,67	8,3	9,57
Benzol	9,7	8,32	9,57
Spiritus	10,2	8,725	10,1

Wird nun das theoretisch richtige Gemisch durch Hinzufügen von Brennstoff auf 20 vH Brennstoffüberschuß angereichert, so erhöht sich die gesamte innere Energie gegenüber dem theoretisch richtigen Gemisch sehr wenig, weil das spezifische Volumen bei Vorhandensein von Brennstoffüberschuß bei der Verbrennung stärker wächst, obgleich eigentlich die bei Verbrennung einer Raumeinheit des Gemisches freiwerdende Wärme nicht zunimmt. Ebenso steigt auch der volumetrische Wirkungsgrad etwas infolge der größeren Verdampfungswärme und schließlich auch der thermische Wirkungsgrad, bezogen auf den vollständig verbrannten Anteil des Brennstoffs, weil die Verbrennungstemperatur niedriger ist. Das Gesamtergebnis aller dieser Einflüsse ist, daß bei allen Brennstoffen außer bei Benzol der mittlere indizierte Kolbendruck um etwa 4,5 vH höher als bei theoretisch richtigem

Gemisch ausfällt. Bei Benzol aber beträgt der Gewinn an Leistung wegen der geringen Änderung des spezifischen Volumens infolge der Verbrennung bei Betrieb mit 20 vH Brennstoffüberschuß nur etwa 3 vH. Über 20 vH Brennstoffüberschuß hinaus ist weder bei Benzin- noch bei Benzolbetrieb ein Gewinn an Leistung erreichbar, weil die Brenngeschwindigkeit abnimmt. Bei Spiritusbetrieb dagegen steigt die Leistung noch ein wenig weiter, weil die Verdampfungswärme hoch ist und sich das spezifische Volumen bei der Verbrennung bedeutend vergrößert.

Die indizierten Leistungen, die man mit dem beschriebenen Zylinder erreichen kann, sind daher folgende:

Brennstoff	Indizierte Leistung		
	20 vH Brennstoffmangel PS	theoret. richtiges Gemisch PS	20 vH Brennstoffüberschuß PS
Benzin	15,5	18,07	18,86
Benzol	15,55	18,11	18,71
Spiritus	16,3	19,05	19,89

Bemerkung der deutschen Bearbeiter:

Spiritusgemische.

Ricardos Versuche und theoretische Betrachtungen beziehen sich lediglich auf die drei Grundbrennstoffe: Benzin, Benzol und Spiritus. Für englische Verhältnisse mögen die Untersuchungen auch den praktischen Bedürfnissen genügen, da dort fast ausschließlich Benzine als Brennstoff für Kraftfahrzeugmotoren und metallische Zusatzmittel zur Erzielung höherer Klopffestigkeit verwandt werden.

In Kontinentaleuropa und besonders in Deutschland hat der Mangel eigener Erdölquellen schon vor dem Kriege die Aufmerksamkeit stärker auf die heimischen Brennstoffe Benzol und Spiritus und, da auch diese nicht in ausreichender Menge zur Verfügung stehen, auf Mischungen zwischen Benzin und Benzol und Benzin und Spiritus oder zwischen allen dreien gelenkt.

Der Vorteil, daß beide heimischen Brennstoffe die Wirkung von Klopfschutzmitteln haben, wurde erst verhältnismäßig spät erkannt und wissenschaftlich durchforscht. Der Einfluß von Benzolzusatz wurde bereits in der Anmerkung der Bearbeiter auf Seite 56 im Vergleich zu metallischen Klopfschutzmitteln dargestellt.

Die Erkenntnis, daß Spiritus als Kraftstoffzusatz brauchbar ist, geht in Deutschland auf das Jahr 1906 zurück, doch konnten erst während des Krieges praktische Ergebnisse erzielt werden. Der Mangel an Benzin zwang damals zu umfangreicherer Verwendung heimischer Brennstoffe. Die mit Benzol und Tetralin hergestellten Spiritusgemische konnten jedoch nicht befriedigen.

Nach dem Kriege scheiterten umfangreichere Versuche an dem wechselvollen Verhalten der Spiritus-Monopolverwaltung, die je nach der augenblicklichen Wirtschaftslage der Landwirtschaft Spiritus zurückhielt oder plötzlich in großen Mengen zur Verfügung stellte. Auf dieser Grundlage sah die Privatwirtschaft keine Möglichkeit, sich in größerem Umfang auf die Verwendung von Spiritus einzustellen.

Die Mischungen, welche die Monopolverwaltung während dieser Zeit in den Handel brachte, hatten Zusätze von 3 bis 5 vH Äther, auf das Gewicht bezogen, da man erkannte, daß Äther die Löslichkeit von Spiritus in Benzin verbesserte. Als gute Mischungen wurden angesehen: 63,5 bis 65 vH Spiritus von 95 vH; 33,5 bis 30 vH Benzin oder Benzol und 3 bis 5 vH Äther, alles auf das Gewicht bezogen. Die starke Geruchbelästigung infolge der Ätherbeimischung verhinderte jedoch, daß diese Gemische sich einführten. Man ging dann zur Herstellung von Gemischen aus allen drei Grundbrennstoffen über und gab dem Gemisch den Namen Monopolin.

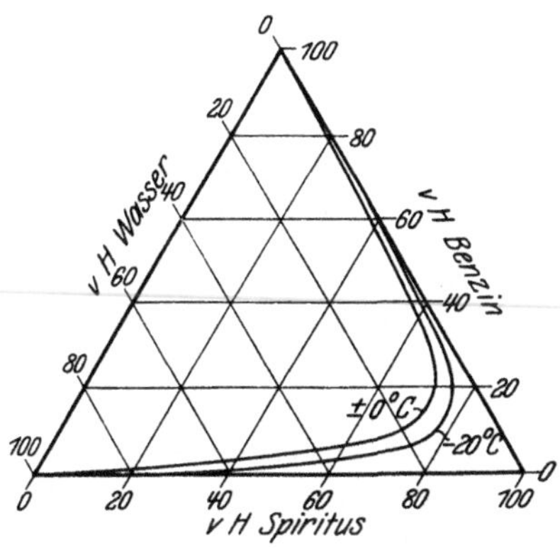

Abb. 27a. Gibbssches Dreieck für die Entmischung von Benzin-Spiritusgemisch bei Anwesenheit von Wasser.

Das erste Monopolin bestand, auf Gewichtsteile bezogen, aus 50 vH Spiritus (95 vH), 30 vH Benzin und 20 vH Benzol. Später verringerte man die Anteile an Spiritus und Benzol und bildete das Gemisch aus 40 bis 45 vH Spiritus (95 vH), 40 bis 45 vH Benzin und 20 bis 10 vH Benzol.

Erst im Jahre 1926 wurde der eigentliche Mangel aller dieser Gemische festgestellt. Er lag in dem Wassergehalt des Spiritus. Maßgebend für die weiteren Arbeiten und die Entwicklung der heutigen Spirituskraftstoffe wurden die Untersuchungen im Laboratorium der von der Monopolverwaltung in Gemeinschaft mit der Privatwirtschaft gegründeten Reichs-Kraftspritgesellschaft und die Arbeiten von Prof. Hubendick in Stockholm.

Von beiden wurde festgestellt, daß infolge der Anwesenheit von Wasser eine Entmischung des Kraftstoffs eintritt, sobald der Spiritusanteil unter eine bestimmte Grenze sinkt. Bei Verwendung von Spiritus von 95 vH Alkoholgehalt war es daher nicht möglich, Monopolin und Benzin abwechselnd zu tanken, da durch die Verdünnung infolge von Benzinresten im Tank sofort eine Entmischung eintrat. Prof. Hubendick hat diese Verhältnisse genau untersucht und als Ergebnis ein sogenanntes Gibbssches Dreieck erhalten, das in Abb. 27a dargestellt ist. In diesem Bild bedeutet die Fläche rechts bzw. unter der Kurve „klare Lösung", während links bzw. über der Kurve Entmischung eintritt.

Nach Schaffung technischer Anlagen zur Herstellung von sogenanntem wasserfreiem Spiritus mit 99,7 vH Alkoholgehalt konnten die heutigen Monopolin-Brennstoffe hergestellt werden, die 65 bis 75 vH Benzin und 35 bis 25 vH Spiritus enthalten. Dieser Brennstoff entmischt sich nicht, kann ohne Umstellung in jedem für Benzin eingeregelten Motor gefahren werden, hat höhere Klopffestigkeit als Benzin und erzielt außerdem sparsameren Verbrauch, sauberere Verbrennung und elastischeren Motorgang.

III. Die Wärmeverteilung in einer schnellaufenden Viertakt-Verbrennungsmaschine.

Es ist gebräuchlich, die Wärmeverteilung in einer Verbrennungsmaschine durch die Angabe der Anteile der Brennstoffwärme zu kennzeichnen, welche in indizierte Leistung umgewandelt, auf die Zylinderwände übergeleitet oder schließlich mit dem Auspuff abgeführt werden. Den letzterwähnten Anteil erhält man, indem man vom Heizwert des verbrauchten Brennstoffs die beiden ersterwähnten Wärmeanteile abzieht. Dieser Anteil schließt im allgemeinen auch die Verluste durch Strahlung ein.

Die beschriebene Art der Wärmeverteilung ist natürlich nur solange zulässig, als man sich darüber klar bleibt, daß sie nicht mehr als einen bequemen Weg darstellt, die Wärmeverteilung in der Maschine zu messen und auszudrücken; und sie ist auch tatsächlich der einzige Weg, wonach man die Wärmeverteilung unmittelbar messen kann. Vielfach scheint man jedoch anzunehmen, daß sich die Wärme des Brennstoffs in der Maschine auch wirklich in dieser Weise verteilt, und aus dieser Annahme ergeben sich oft Irrtümer.

Den Anteil an der Gesamtwärme des Brennstoffs, der in indizierte Leistung umgewandelt wird, kann man leicht und vollkommen genau aus der bekannten, der Maschine zugeführten Wärmemenge und der von der Maschine entwickelten Leistung bestimmen. Auch die an die Zylinderwände abgeleitete und vom Kühlwasser mitgeführte Wärme kann man ziemlich genau ermitteln; man muß sich aber vergegenwärtigen, daß in dieser Wärmemenge folgende Anteile enthalten sind:

1. Die Wärme, die während des Vorganges der Verbrennung durch Strahlung, Leitung und Berührung abgegeben wird;

2. die Wärme, die während des Expansionshubes abgegeben wird;
3. die Wärme, die während des Auspuffhubes abgegeben wird.

Es ist geboten, jede einzelne dieser Wärmequellen getrennt von den anderen zu untersuchen.

Der Wärmeverlust während der Verbrennung. Die Dauer des Verbrennungsvorganges ist im Gegensatz zu der der Expansion verhältnismäßig gering; aber während dieser Zeit herrscht im Verbrennungsraum eine sehr hohe Temperatur, die bei den meisten leichtflüchtigen flüssigen Brennstoffen, wie Benzin, Benzol usw., zwischen 2300 und 2500° C beträgt. Dazu kommt, daß sich während dieses Vorganges die Gase innerhalb des Verbrennungsraums in einem Zustand heftiger Bewegung befinden, so daß sie ihre Wärme sehr leicht durch Berührung usw. mit den Wänden abgeben.

Könnte man nun den Wärmeverlust an die Zylinderwandungen während dieses Zeitabschnittes durch irgendwelche Mittel unterdrücken, so könnte man die so gesparte Wärme mit dem gleichen Wirkungsgrad in indizierte Leistung umwandeln, den die Expansion, für sich allein betrachtet, d. h. also ohne Rücksicht auf die negative Arbeit während des Verdichtungshubes, hat, und der bei einem Verdichtungsverhältnis von 5:1 ungefähr 40 vH beträgt. Die übrigen 60 vH der so gewonnenen Wärme würden aber auf jeden Fall nach der Expansion im Auspuff verlorengehen.

Der Wärmeverlust während der Expansion. Die Wärmeverluste während der Expansion können je nach dem Zeitpunkt der Expansion, in dem sie eintreten, ungünstig oder nicht ungünstig sein. Treten diese Wärmeverluste bei Beginn des Expansionshubes ein, so sind die beinahe genau so ungünstig, wie wenn Wärme während des Verbrennungsvorganges verlorengeht, da man diese Wärme, wenn ihr Verlust unterblieben wäre, beinahe mit dem vollen Expansionsgrad hätte ausnutzen können. Andererseits ist die Wärme, die im letzten Teil der Expansion verloren geht, von sehr geringer Bedeutung; denn selbst wenn dieser Verlust verhindert würde, könnte diese Wärmemenge während des Restes der Expansion doch nur wenig nützliche Arbeit leisten, sondern würde in jedem Falle beinahe vollständig in den Auspuff gehen.

Auf den ersten Blick scheint es, als ob die höheren Temperaturen und Drücke, die bei Beginn der Expansion herrschen, zur Folge haben müßten, daß auch die Verluste im ersten Teil der Expansion höher würden; demgegenüber muß man sich aber vergegenwärtigen, daß in dem Maß, als die Expansion fortschreitet und der Kolben niedergeht, ein immer größerer Teil der kalten Innenfläche des Zylinders für die Berührung mit den Gasen freigelegt wird. Auch nimmt die Temperatur während des Expansionshubes unter dem Einfluß der Dissoziation und darauffolgenden Wiedervereinigung der Dissoziationsprodukte durchaus nicht so schnell ab, wie es vielleicht scheinen könnte; denn die Endtemperatur der Expansion beträgt selbst bei einem Verdichtungsverhältnis von 5:1 immer noch reichlich mehr als 1650° C.

Aus vorstehenden Betrachtungen geht hervor, daß es zwar üblich, aber ganz bestimmt ungenau und irreführend ist, die Verluste während der Verbrennung und während der Expansion zusammenzulegen, so als ob ihr Einfluß während des entsprechenden Vorganges der gleiche wäre; denn im Gegensatz zu der während der Verbrennung verlorengehenden Wärme könnten von der Wärme, die im Mittel während der Expansion verlorengeht, vielleicht nur etwa 20 vH in nutzbare Arbeit umgesetzt werden, während die übrigen 80 vH im Auspuff verlorengehen würden.

Die Wärmeverluste während des Auspuffhubes. Obgleich während des Auspuffhubes die Temperatur der Gase viel niedriger ist, wird doch während dieses Zeitabschnittes die Wärme mit großer Geschwindigkeit an das Kühlwasser abgegeben; denn abgesehen von dem normalen Wärmeübergang an die Zylinderwände strömen die heißen Gase mit äußerst hoher Geschwindigkeit am Auspuffventil vorbei und durch ein kurzes Stück der Auspuffleitung, das immer noch innerhalb des Kühlwassermantels des Zylinders liegt und durch das umlaufende Wasser gekühlt wird. Von der gesamten Wärmemenge, die das Kühlwasser abführt, wird infolgedessen mindestens die Hälfte und oft mehr als die Hälfte vom Kühlwasser während des Auspuffhubes aufgenommen.

Der gesamte Wärmeverlust der Gase während des Auspuffhubes, der größte Teil der Wärmeverluste während der Expansion und ungefähr 60 vH der Wärme, die während der Verbrennung abgeleitet wird, wären also eigentlich als Auspuffverluste zu buchen. Dazu kommt noch, daß ein wesentlicher Teil der Wärme, die das Kühlwasser ableitet, durch die Reibung des Kolbens an den Zylinderwänden erzeugt wird.

Es ist lehrreich, an einem bestimmten Beispiel so genau, wie es irgend möglich ist, den wahren Gewinn im Wirkungsgrad festzustellen, den man erzielen würde, wenn man den gesamten Wärmeverlust an die Zylinderwände vermeiden könnte. Als guter Durchschnitt sei eine gut konstruierte und wirtschaftlich arbeitende Maschine mit einem Verdichtungsverhältnis von 5:1 betrachtet, bei der

32 vH der Brennstoffwärme in nutzbare Arbeit am Kolben umgewandelt,
28 vH der Brennstoffwärme durch das Kühlwasser abgeleitet und
40 vH der Brennstoffwärme als Restverlust auf die Rechnung der Auspuff- und anderen Verluste gesetzt werden.

Von der gesamten Wärme, die durch das Kühlwasser abgeführt wird (28 vH), stammen etwa 6 vH von den Verlusten an die Zylinderwand während des Verbrennungsvorganges, etwa 7 vH werden während der Expansion und die restlichen 15 vH während des Auspuffhubes aufgenommen. Ungefähr 40 vH von den während der Verbrennung abgegebenen 6 vH, also 2,4 vH der gesamten Brennstoffwärme, könnten bei Vermeidung dieses Verlustes als nutzbare Arbeit erscheinen; von den 7 vH, die während der Expansion verlorengehen, könnten bei Vermeidung dieses Verlustes etwa 20 vH, also 1,4 vH der gesamten Brennstoffwärme, nutzbar werden; die 15 vH der Brennstoffwärme, die während des Auspuffhubes verlorengehen, sind jedoch endgültig verloren. Obgleich somit insgesamt 28 vH der gesamten Brennstoffwärme vom Kühlwasser abgeführt werden, könnte man bei Vermeidung aller Wandverluste doch nur 3,8 vH unmittelbar in Arbeit am Kolben umsetzen. Der Wirkungsgrad der Maschine würde dabei von 32 vH auf 35,8 vH steigen, der Gewinn also kaum 12 vH betragen. Aber auch dieser Gewinn würde nicht vollständig erreicht werden; wenn nämlich die Wärmeverluste an die Zylinderwandungen unterbleiben, ergeben sich notwendigerweise entsprechend höhere Temperaturen der arbeitenden Gase mit dem Ergebnis, daß die Verluste infolge der Steigerung der spezifischen Wärme und der stärkeren Dissoziation der Verbrennungsprodukte bei den höheren Temperaturen bedeutend zunehmen; der wirkliche Gewinn am Wirkungsgrad aus der Beseitigung aller Wandverluste wäre daher sehr klein, vielleicht nur von 32 vH auf 34,5 oder 35 vH.

Diese Rechnung zeigt klar, eine wie kleine Rolle die Wärmeverluste an die Zylinderwandungen in einer Verbrennungsmaschine spielen und wie irreführend es wirken kann, wenn man die Höhe dieser Verluste nach der vom Kühlwasser abgeführten Wärmemenge beurteilen will. Als erste Annäherung kann man annehmen, daß nur wenig mehr als 10 vH der im Kühlwasser abgeführten Wärme unmittelbar in nutzbare Arbeit umgewandelt werden könnten, wenn keine Wandverluste auftreten würden.

In den Zahlentafeln 13 bis 15 ist die Wärmeverteilung der in Abb. 3 und 4 weiter oben dargestellten Versuchsmaschine von 114,2 mm Zyl.-Dmr. und 203 mm Hub mit veränderlicher Verdichtung auf Grund von Versuchen unter mehreren verschiedenen Betriebsbedingungen angegeben. Die entsprechenden Messungen wurden alle unter Umständen ausgeführt, die sehr hohe Genauigkeit verbürgen.

Zahlentafel 13. Gruppe A. Wärmeverteilung bei verschiedenen Drehzahlen und voll geöffneter Drossel. Das Gemisch hatte in allen Fällen annähernd 10 vH Brennstoffmangel, die Temperatur des Kühlwassers wurde gleichmäßig auf 60° C erhalten, die Wärmezufuhr zum Vergaser betrug 0,011 kcal für jede Umdrehung. Von den drei Versuchsreihen dieser Gruppe wurde die eine mit Äthylalkohol (95 vH), die andere mit Benzin (Sorte A), beide mit dem Verdichtungsverhältnis von 3,8:1, die dritte mit Äthylalkohol (95 vH) bei einem Verdichtungsverhältnis von 7:1 durchgeführt.

Zahlentafel 13. Gruppe A.

Brennstoff: Äthylalkohol (95 vH).
Verdichtungsverhältnis: 3,8:1.

U/min	975	1300	1500	1700
Kolbengeschwindigkeit . . . m/s	6,61	8,81	10,16	11,5
In indizierte Leistung umgesetzte Wärme . . vH	26,9	27,0	26,9	27,0
Durch Kühlwasser abgeführte Wärme . . . „	25,1	24,7	24,4	24,2
Durch Auspuff, Strahlung usw. . . . „	48,0	48,3	48,7	48,8
Summe	100,0	100,0	100,0	100,0

Brennstoff: Benzin (Sorte A).
Verdichtungsverhältnis: 3,8:1.

U/min	975	—	1500	1700
Kolbengeschwindigkeit . . . m/s	6,61	—	10,16	11,5
In indizierte Leistung umgesetzte Wärme . . vH	25,9	—	26,1	26,1
Durch Kühlwasser abgeführte Wärme . . . „	30,4	—	28,0	27,0
Durch Auspuff, Strahlung usw. . . . „	43,7	—	45,9	46,9
Summe	100,0	—	100,0	100,0

Brennstoff: Äthylalkohol (95 vH).
Verdichtungsverhältnis: 7:1.

U/min	975	1300	1500	—
Kolbengeschwindigkeit . . . m/s	6,61	8,81	10,16	—
In indizierte Leistung umgesetzte Wärme . . vH	37,6	38,1	38,3	—
Durch Kühlwasser abgeführte Wärme . . . „	25,4	24,3	23,9	—
Durch Auspuff, Strahlung usw. . . . „	37,0	37,6	37,8	—
Summe	100,0	100,0	100,0	—

Man erkennt aus den Ergebnissen folgendes:

1. Der thermische Wirkungsgrad ist bei Betrieb mit Alkohol wegen der niedrigen mittleren Temperatur des Kreisprozesses beim gleichen Verdichtungsverhältnis wesentlich höher als bei Betrieb mit Benzin.

2. Aus dem gleichen Grunde wird verhältnismäßig weniger Wärme vom Kühlwasser abgeführt.

3. Der thermische Wirkungsgrad wird innerhalb weiter Grenzen durch Änderungen der Drehzahl der Maschine nur wenig beeinflußt.

4. Der Anteil an Wärme, den das Kühlwasser abführt, nimmt etwas ab, wenn die Drehzahl erhöht wird.

Die Versuchsergebnisse, die in Zahlentafel 14, Gruppe B, zusammengestellt sind, wurden unter folgenden Bedingungen beobachtet: Der Motor lief mit gleichbleibender Drehzahl von 1500 U/min, entsprechend einer mittleren Kolbengeschwindigkeit von 10,16 m/s, und die Leistung wurde durch Drosseln verändert; das Gemisch hatte durchgehend etwa 10 vH Brennstoffmangel, die Zufuhr von Wärme im Vergaser betrug gleichmäßig 0,011 kcal für jede Umdrehung bei Vollast und wurde bei geringerer Leistung proportional verringert. Die Kühlwassertemperatur wurde gleichmäßig auf 60° C erhalten.

Zahlentafel 14. Gruppe B.

Brennstoff: Äthylalkohol (95 vH).
Verdichtungsverhältnis: 5,45:1.
Drehzahl: 1500 U/min.

Belastung . . . . vH	100	80	60	40
In indizierte Leistung umgesetzte Wärme . . vH	34,8	35,0	35,0	34,8
Durch Kühlwasser abgeführte Wärme . . . „	24,1	26,0	29,2	33,0
Durch Auspuff, Strahlung usw. . . . . „	41,1	39,0	35,8	32,2
Summe	100,0	100,0	100,0	100,0

Brennstoff: Benzin (Sorte A).
Verdichtungsverhältnis: 5,45:1.
Drehzahl: 1500 U/min.

Belastung . . . . vH	100	80	60	40
In indizierte Leistung umgesetzte Wärme . . vH	33,5	34,0	34,1	33,5
Durch Kühlwasser abgeführte Wärme . . . „	26,5	28,2	31,8	35,5
Durch Auspuff, Strahlung usw. . . . . „	40,0	37,8	34,1	31,0
Summe	100,0	100,0	100,0	100,0

Aus diesen Versuchen erkennt man:

1. Wenn der Zündzeitpunkt, wie es auch in diesen Fällen geschehen ist, mit abnehmender Belastung der Maschine vorgerückt und infolgedessen der Anteil an Auspuffrückständen im Zylinder verhältnismäßig vermehrt wird, so bleibt der thermische Wirkungsgrad der Maschine in weiten Grenzen der Belastung praktisch unveränderlich.

2. Mit abnehmender Belastung der Maschine geht ein immer größerer Anteil der Auspuffwärme in das Kühlwasser über.

Zahlentafel 15.

Brennstoff: Wasserstoff.
Verdichtungsverhältnis: 5,45:1.
Drehzahl: 1500 U/min.
Gemisch bei Vollast: 10 vH Brennstoffmangel.

Belastung . . . . vH	100	80	60	40
In indizierte Leistung umgesetzte Wärme . . vH	33,3	35,6	38,2	40,0
Durch Kühlwasser abgeführte Wärme . . . „	23,6	24,9	25,3	28,6
Durch Auspuff, Strahlung usw. . . . . „	43,1	39,5	36,5	31,4
Summe	100,0	100,0	100,0	100,0

Zuletzt wurde noch eine Versuchsreihe bei Betrieb mit Wasserstoff durchgeführt, Zahlentafel 15. Nur mit diesem Brennstoff ist es möglich, die Leistung in weiten Grenzen lediglich durch Änderung der Brennstoffmenge, d. h. durch qualitative Gemischregelung, zu verändern, ohne daß man künstliche Verdünnung des Gemisches zu Hilfe zu nehmen braucht. Die Versuche sind besonders beachtenswert, weil sie wohl die einzigen bis jetzt sind, bei denen die Leistung nur durch Änderung des mittleren Brennstoffgehalts des Gemisches geregelt wurde.

Aus den Ergebnissen dieser Versuche erkennt man:

1. Der thermische Wirkungsgrad nimmt wegen der niedrigeren, mittleren Temperatur des Kreisprozesses schnell zu, wenn die Belastung verringert wird.

2. Der vom Kühlwasser aufgenommene Wärmeanteil erhöht sich etwas, wenn man die Belastung verringert, aber durchaus nicht in dem Maße wie bei den vorher mitgeteilten Versuchen, wo mit quantitativer Regelung des Gemisches gearbeitet wurde.

Sehr lehrreich dürfte es sein, die Ergebnisse, die bei Betrieb mit Wasserstoff erhalten wurden, mit den Ergebnissen der früheren Versuchsgruppen zu vergleichen. Bei allen diesen Versuchen wurde die Leistung dadurch verändert, daß man das in einem Kreisprozeß verarbeitete Gewicht an brennbarem Gemisch änderte, während die Temperatur praktisch konstant blieb. Bei den Versuchen mit Wasserstoff blieb dagegen das Gewicht der Ladung gleich, während sich die Temperatur änderte. Wie erwartet werden konnte, ändert sich auch der Wirkungsgrad mit den Temperaturen, d. h. er wird höher, wenn die mittlere Temperatur des Prozesses abnimmt. Nebenher zeigen die Ergebnisse der Versuche in Gruppe B auch, eine wie geringe Rolle die unmittelbar durch die Zylinderwände verlorengehende Wärme im praktischen Betrieb spielt; denn obgleich dieser Wärmeverlust verhältnismäßig wesentlich steigt, wenn bei gleichbleibender Temperatur das Gewicht der Ladung verringert wird, bleibt der thermische Wirkungsgrad doch unverändert. Der geringe Einfluß, den selbst sehr wesentliche Änderungen in den Wärmeverlusten auf den thermischen Wirkungsgrad ausüben, liefert ein Bild dafür, wie gering diese Verlustquelle an und für sich sein muß. Daß im wirklichen Betrieb der thermische Wirkungsgrad durch solche Verluste nicht verschlechtert wird, kommt vielleicht daher, daß bei geringerem Gewicht der Ladung der Anteil an Verbrennungsrückständen in der Ladung höher wird, so daß die Temperatur der Verbrennung etwas niedriger wird; diese ganz geringe Abnahme der Verbrennungstemperatur hat wieder gerade soviel Gewinn an Wirkungsgrad zur Folge, daß die Zunahme an Wärmeverlust durch die Zylinderwände gerade ausgeglichen wird.

Aus den vorstehenden Beobachtungen und Versuchen kann man folgende Schlüsse ziehen:

1. Der unmittelbare Verlust an Wärme durch die Wandungen der Zylinder hat einen verhältnismäßig untergeordneten Anteil an der Wirkungsweise einer Verbrennungsmaschine. Selbst wenn man diese Verluste in ihrem vollen Umfang unterdrücken könnte, würden die Gewinne an Leistung und Wirkungsgrad nur der Umsetzung eines Mehrbetrages von 2,5 bis 3 vH der Brennstoffwärme in Nutzarbeit entsprechen.

2. Von der vom Kühlwasser abgeführten Wärme könnte bei Fortfall der Wandverluste nur ein kleiner Teil in nutzbare Arbeit umgesetzt werden; bei weitem der größte Teil dieser Wärme würde im Auspuff wieder erscheinen.

3. Bei Betrieb mit voll geöffneter Drossel ist der Wärmefluß in das Kühlwasser nahezu proportional der Drehzahl der Maschine, d. h. das Verhältnis zwischen diesen beiden Größen bleibt fast konstant.

4. Wird die Leistung durch Drosseln verringert, so geht ein viel größerer Anteil der Wärme aus den Auspuffgasen in das Kühlwasser, ehe sie in die Auspuffleitung gelangen.

Man hat oft behauptet, der verhältnismäßig schlechte Wirkungsgrad eines Verbrennungsraumes mit großem Verhältnis von Oberfläche zu Rauminhalt sei eine Folge der erhöhten Wärmeverluste. Aus den eben angeführten Schlußfolgerungen geht jedoch hervor, daß diese Verluste keinen großen Einfluß haben können. Die wahrscheinlichste Ursache dieses verhältnismäßig schlechten Wirkungsgrades ist dagegen, wie weiter unten gezeigt werden wird, daß ein erheblicher Teil der Ladung aus Mangel an genügender Wirbelung in derartigen Verbrennungsräumen an den Wänden hängenbleibt und sich so stark abkühlt, daß er entweder überhaupt nicht zur Verbrennung gelangt, oder erst so spät während des Expansionshubes, daß er nur wenig Wert hat.

Obgleich zuerst von Sir Dugald Clerk bereits vor mehr als 30 Jahren entwickelt, ist die Verwendung von Überladung als Mittel zur Erhöhung der Leistung schnellaufender Motoren auf dem Erdboden erst seit kurzer Zeit in den Vordergrund getreten. Daß man sie nicht schon früher anwandte, mag an dem Umstand liegen, daß man erst seit ganz wenig Jahren schnellaufende Verbrennungsmaschinen herzustellen gelernt hat, die vermöge ihres Wirkungsgrades und ihrer Sicherheit gegen Detonationen überhaupt imstande waren, mit so starkem Wärmefluß zu arbeiten, wie durch die Überladung bedingt wird.

Die schnellaufenden Verbrennungsmaschinen, die man vor zehn Jahren baute, konnten kaum dem Wärmefluß bei normaler atmosphärischer Ladedichte standhalten und wurden daher häufig mit oder ohne Absicht an den Ventilen, am Vergaser oder an beiden Stellen gedrosselt. In dem Maß, wie sich der Wirkungsgrad besserte und demzufolge der Anteil an schädlichen Wärmeverlusten verkleinerte, steigerte man auch das Ansaugvermögen der Maschinen. Heutzutage haben wir den Wärmeverlust bereits so weit verringert, daß wir es uns erlauben können, die normale atmosphärische Ladedichte zu steigern, mit anderen Worten, den Zylinder zu überladen. Man darf trotzdem nicht etwa annehmen, daß nun auch jede mangelhaft entworfene Maschine das Überladen aushält, bloß weil es eine gut und modern entworfene Maschine tut. Im Gegenteil, der Anbau einer Überladevorrichtung an einen Motor mit schlechtem Wirkungsgrad führt nur zu einem Mißerfolg.

Um den Einfluß der Überladung auf die Wärmeverteilung und die Detonation festzustellen, wurde im Laboratorium des Verfassers eine besondere Maschine E 25 für Überladungsversuche bis zu sehr hohem Druck, nämlich bis zu einem Anfangsdruck der Ladung von 4 at abs entworfen und gebaut. Für diese Aufgabe wurde ein Motor mit Einschiebersteuerung gewählt, da man hierbei gleichzeitig zwei Schwierigkeiten vermeiden konnte, nämlich die Aufnahme des hohen Ladedruckes an den Einlaßventilen und das Ausbrennen der Auspuffventile. Die in Rede stehende Maschine hat eine Bohrung von 114,3 mm, einen Hub von 139,7 mm und ein unveränderliches Verdichtungsverhältnis von 4,3 : 1. Sie ist so entworfen, daß sie Höchstdrücke von 1000 at (die gelegentlich sogar überschritten wurden) im Zylinder mit Sicherheit aushält und mit der Nenndrehzahl von 1500 bis 1800 U/min läuft.

Mit Rücksicht auf die zu übertragenden sehr hohen Drücke sind die Teile des Triebwerks natürlich sehr schwer. Der mechanische Wirkungsgrad ist daher etwas niedrig, er beträgt nämlich ungefähr 75 vH bei 1500 U/min und atmosphärischem Ladedruck. Erhöht man den Ladedruck, so werden die absoluten Reibungsverluste nur ganz wenig größer, so daß der mechanische Wirkungsgrad dann schnell ansteigt.

Die Ansaugluft wird von einem großen Kolbenkompressor mit jedem gewünschten Druck geliefert, und eine Gruppe von Zwischenkühlern ist so angeordnet, daß die Temperatur der Ansaugluft zwischen 25 und 80° C auf jeder gewünschten Höhe erhalten werden kann. Da der Kompressor für das Überladen getrennt angetrieben wird und im Verhältnis zum Versuchsmotor einen großen Überschuß an Leistung hat, so ist bei den in Zahlentafel 16 enthaltenen Ergebnissen weder sein Leistungsverbrauch in Rechnung gezogen, noch die Energie berücksichtigt, die die Überladeluft während des normalen Saughubes an den Kolben der Verbrennungsmaschine abgibt.

Da die Messung der zusätzlichen Ladeluft große Schwierigkeiten bereitete, konnte das Verhältnis von Luft zu Brennstoff nicht mit ausreichender Genauigkeit festgestellt werden, um eine Wärmebilanz, bezogen auf die gesamte im Brennstoff enthaltene Wärme, wie bei den vorstehenden Versuchen an der Maschine mit veränderlicher Verdichtung aufstellen zu können. Die Bilanz wurde daher mit Bezug auf die Bremsleistung der Maschine aufgestellt. Die Werte sind infolgedessen mit den früheren nicht direkt vergleichbar, aber stellen die Wirkung des Überladens auf die Wärmeverteilung trotzdem ganz genau dar.

Zahlentafel 16.

Drehzahl 1500 U/min. Verdichtungsverhältnis 4,3:1.

Druck der Ladeluft at abs	Temperatur der Ladeluft °C	Bremsleistung PS	Mittlerer nutzbarer Kolbendruck at	Wärmeübergang an das Kühlwasser PS	Verhältnis des Kühlwasserverlustes zur Bremsleistung vH
1,0	30,5	14,9	6,54	13,6	91,5
1,52	32,2	28,2	12,3	19,88	70,3
2,02	32,2	40,6	17,7	25,45	62,8
2,50	33,3	52,2	22,8	31,1	59,6
3,11	34,4	65,0	28,4	37,5	57,7
3,49	35,5	73,8	32,1	41,2	56,0
3,62	38,9	76,7	33,4	42,5	55,3

In Abb. 28 ist die Zunahme des mittleren nutzbaren Kolbendrucks (ohne Rücksicht auf die vom Kompressor verbrauchte Leistung), des Wärmeübergangs in das Kühlwasser, des Höchstdrucks im Zylinder und des Ausströmdrucks der Auspuffgase bei Steigerung des Ladedrucks von 1 auf 3,5 at abs dargestellt. In Abb. 29 ist eine Reihe von Indikatordiagrammen bei verschiedenen Anfangsdrücken übereinander gezeichnet.

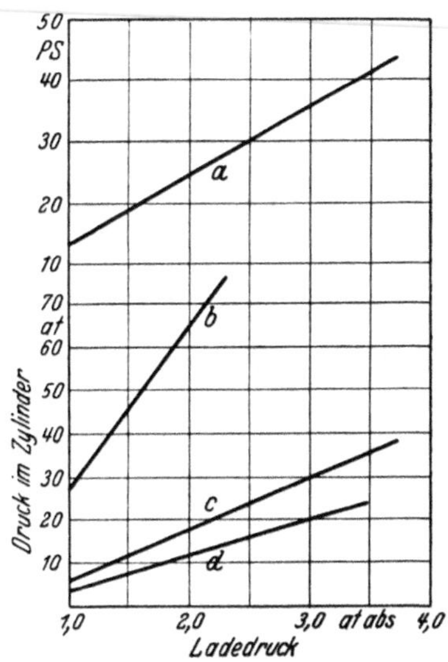

Abb. 28. Ergebnisse der Versuchsmaschine bei Ladedrücken von 1 bis 3,5 at abs.
a Wärmeübergang an das Kühlwasser (PS).
b Höchstdruck im Zylinder (at).
c mittlerer nutzbarer Kolbendruck (at).
d Ausströmdruck der Auspuffgase (at).

Außerdem wurden Untersuchungen über den Einfluß der Überladung auf die Neigung zur Detonation durchgeführt. Da die Maschine kein veränderliches Verdichtungsverhältnis hat, war es nötig, durch Mischen von Normalbenzin mit verschiedenen Mengen von Benzol Brennstoffe mit verschieden hohem Klopfwiderstand herzustellen. Beginnend mit reinem Benzin, wurde der Anfangsdruck ganz allmählich erhöht bis zu der Grenze, an der Detonation auftrat. Der jeweils benutzte Brennstoff wurde dann in der Versuchsmaschine mit veränderlicher Verdichtung geprüft und sein höchstes nutzbares Verdichtungsverhältnis festgestellt. Dann wurde der Versuch mit einem Benzin-

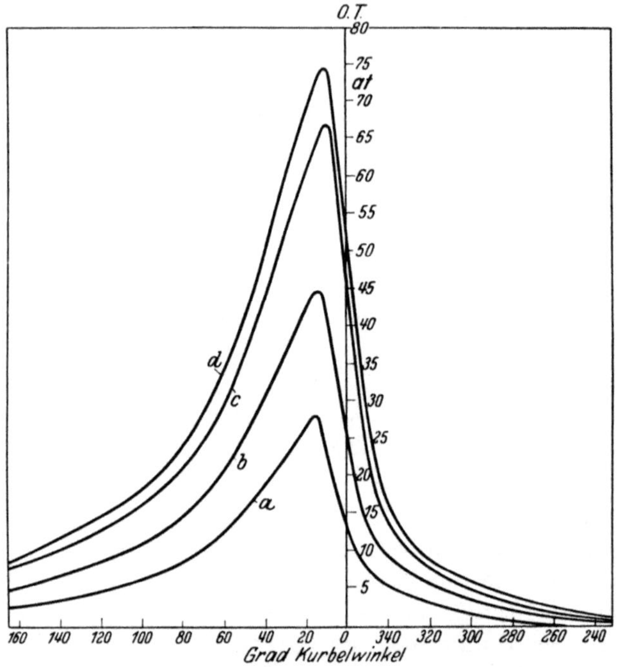

Abb. 29. Indikatordiagramm bei verschiedenen Anfangsdrücken. *a* 1 at abs. *b* 1,5 at abs. *c* 2 at abs. *d* 2,25 at abs.

Benzolgemisch angestellt und der Anfangsdruck weiter erhöht bis wieder Detonation eintrat. Dieser Vorgang wurde dann Schritt für Schritt sowohl mit kalter (25 bis 30° C) als auch mit warmer Luft (75 bis 85° C) fortgesetzt, und bei jedem Brennstoff wurde die Nachmessung des höchsten nutzbaren Verdichtungsverhältnisses an der Maschine mit veränderlicher Verdichtung wiederholt. Die Ergebnisse dieser Versuche sind in Abb. 30 zusammengestellt. Man erkennt, daß die Neigung zur Detonation mehr oder weniger mit steigendem Anfangsdruck durch die empirische

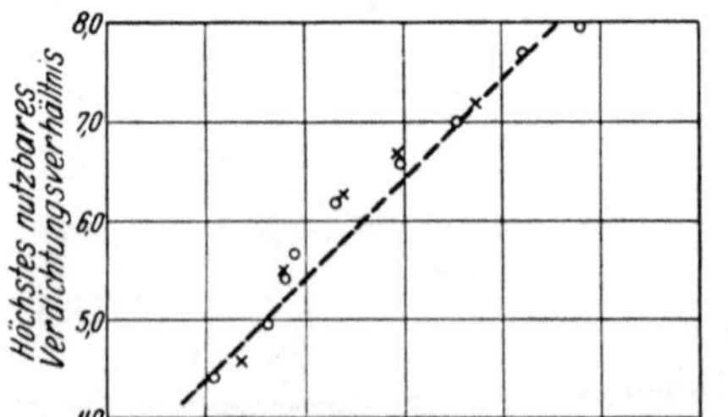

Abb. 30. Einfluß des Anfangsdrucks auf das höchste nutzbare Verdichtungsverhältnis. Die Werte sind gewonnen durch Steigern des Anfangsdrucks der Versuchsmaschine E 25 bei Betrieb mit Brennstoffen mit steigendem Benzolgehalt, deren höchstes nutzbares Verdichtungsverhältnis mittels der Versuchsmaschine E 35 mit veränderlichem Verdichtungsverhältnis gemessen wurde.

Formel dargestellt werden kann: $\left(\frac{\varepsilon_1}{\varepsilon_2}\right) = \left(\frac{p_1}{p_2}\right)^{0,73}$, worin ε das höchste nutzbare Verdichtungsverhältnis und p der Anfangsdruck ist.

Der Zündzeitpunkt. Der bei den verschiedenen Anfangsdrücken erforderliche Zündzeitpunkt ist, wenn das Mischungsverhältnis für die Erzielung der Höchstleistung eingestellt ist, folgender:

Anfangsdruck at abs	1,0	1,5	2,0	2,5	3,33	3,66
Zündzeitpunkt in Graden Kurbelwinkel vor dem oberen Todpunkt	40	40	38	36	33	31

Da die benutzte Maschine gegen geringe Zündzeitpunktverstellungen nicht sehr empfindlich ist, sind diese Werte natürlich nur angenähert. Das Hauptergebnis dieser ganzen Untersuchungen ist in Abb. 31 zusammengestellt. Sie zeigt das Ansteigen aller Werte, wenn der Anfangsdruck über den normalen atmosphärischen Druck hinaus zunimmt.

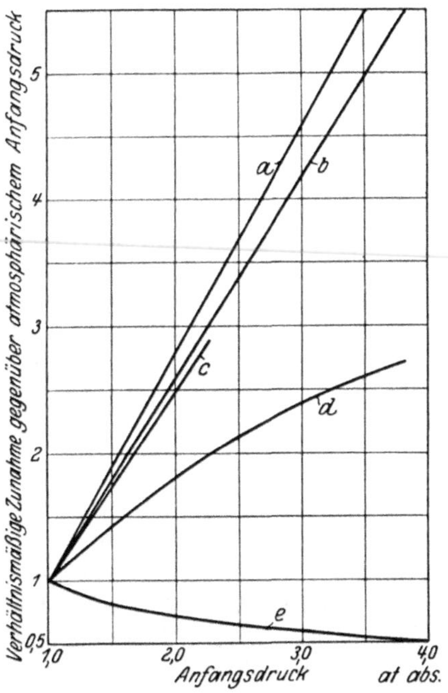

Abb. 31. Einfluß der Erhöhung des Anfangsdrucks *a*) auf den Ausströmdruck der Auspuffgase, *b*) auf den mittleren nutzbaren Kolbendruck, *c*) auf den Höchstdruck im Zylinder, *d*) auf den Kühlwasserverlust, *e*) auf das Verhältnis der im Kühlwasser abgeleiteten zu der in Nutzleistung umgewandelten Wärme.

Der Einfluß der Temperatur im Kühlwassermantel. Man beobachtet oft, daß Maschinen höhere Leistung ergeben und wirtschaftlicher arbeiten, wenn die Kühlwassertemperatur hoch ist. Gewöhnlich führt man dies, aber ganz zu Unrecht, darauf zurück, daß die Verluste durch Wärmeübergang auf die Zylinderwände bei höherer Temperatur des Kühlwassers geringer sind. Die Erscheinung beruht aber eher darauf, daß die angesaugte Luft und die Ansaugleitung im allgemeinen durch das umlaufende Kühlwasser vorgewärmt werden; ist also der Inhalt des Zylindermantels kalt, so ist es auch die Ansaugleitung mit dem Ergebnis, daß ein erheblicher Teil des Brennstoffs kondensiert, die Gemischverteilung schlecht wird und Leistung sowie Wirkungsgrad entsprechend beeinträchtigt werden. Es kommt noch hinzu, daß die Kolbenreibung von der Viskosität des Öles an den Zylinderwänden und diese wieder von der Temperatur der Wände abhängt.

Bei Maschinen, bei denen die Temperatur der ganzen Ansauganlage unabhängig von der Zylindertemperatur geregelt wird, ist der Einfluß der Kühlwassertemperatur auf die Leistung, wenn ein solcher überhaupt auftritt, bedeutend weniger bemerkbar. Er hängt dann von den Beziehungen zwischen folgenden drei Einflüssen ab:

1. der Änderung der Wärmeabgabe an das Kühlwasser mit der Temperatur der Zylinder,
2. der Änderung des volumetrischen Wirkungsgrades mit der Temperatur der Zylinder,
3. der Änderung der Kolbenreibung mit der Temperatur der Zylinder.

1. Wärmeverluste an die Zylindermäntel. Weiter oben wurde bereits nachgewiesen, daß, wenn es möglich wäre, diese Wärmeverluste während der Verbrennung und der Expansion vollkommen zu unterdrücken, die indizierte Leistung doch nur um weniger als 10 vH gesteigert werden könnte, wenn man die bei den dann auftretenden höheren Temperaturen gesteigerten Verluste durch Dissoziation usw. mit in Rücksicht zieht. Als mittlere Temperatur während der Vorgänge der Verbrennung und der Expansion kann man etwa 2100 °C und als Temperatur an der Innenwand des Zylinders sogar bei siedendem Kühlwasser im Zylindermantel höchstens ungefähr 150 ° C annehmen, so daß der Temperaturunterschied zwischen Zylinderinhalt und Zylinderwand im Mittel etwa 1950 ° C beträgt. Sinkt die Temperatur des Kühlwassers um 60 °, d. h. von Siedetemperatur bis auf 40 ° C, so steigt der Temperaturunterschied zwischen Zylinderinhalt und Zylinderwand doch nur auf 2010 ° C, d. h. um wenig mehr als 4 vH. Nimmt man somit an, daß der Wärmeverlust dem Temperaturunterschied proportional ist, was annähernd zutrifft, so ändern sich der Wirkungsgrad und die indizierte Leistung wegen des größeren Wärmeverlustes bei kalten Kühlwassermänteln nur um 4 vH von 10 vH, d. h. etwa 0,4 vH. Bei sehr schlecht entworfenem Verbrennungsraum könnte es sein, daß dieser Einfluß vielleicht 1 vH erreichen würde, in jedem gewöhnlichen Fall ist er aber nur unwesentlich.

2. Volumetrischer Wirkungsgrad. Der Einfluß einer Änderung der Kühlwassertemperatur auf den volumetrischen Wirkungsgrad ist wesentlich stärker und entgegengesetzt gerichtet. Nimmt man an, die mittlere Temperatur an der Innenfläche des Zylinders betrage stets um etwa 50 ° C mehr als die des Kühlwassers, so erwärmt sich an einer heißen Zylinderwand von 150 ° C das einströmende Gemisch bei der Berührung mit dem Einlaßventil und den Zylinderwänden auf etwa 45,5 ° C, während es bei kaltem Wasser nur etwa 30,5 ° C erreicht. Versuche, über die an anderer Stelle berichtet ist, haben gezeigt, daß die Erwärmung des Gemisches während des Einströmens bei einem Zylinder von üblicher Bauart nur etwa ein Sechstel von der Erwärmung

der Zylinderwände beträgt. Die mittlere Temperatur des Gemisches nach dem Eintritt in den Zylinder kann man mit ungefähr 390° abs annehmen. Das Gewicht der vom Zylinder aufgenommenen Ladung und damit seine erreichbare Leistung sind proportional dieser absoluten Temperatur; sinkt also diese Temperatur um 15° C, so vermehrt sich das Gewicht der Ladung, die bei einem Arbeitsprozeß in den Zylinder aufgenommen wird, im Verhältnis von $\frac{390}{375}$, d. h. um rd. 3,75 vH. Während also bei Übergang vom Betrieb mit kochendem zum Betrieb mit kaltem Kühlwasser von 22° C auf der einen Seite Leistung und Wirkungsgrad infolge höherer Verluste von Wärme an die Zylinderwandungen um 0,4 bis 1,0 vH abnehmen können, erhöht sich dabei auf der anderen Seite das Gewicht der vom Zylinder aufgenommenen Ladung an Gemisch um etwa 3,75 vH. Der Reingewinn an indizierter Leistung beträgt also etwa 2,75 bis 3,25 vH.

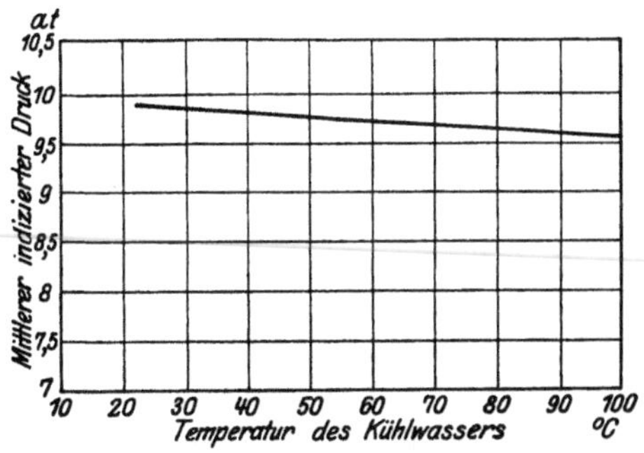

Abb. 32. Änderung des mittleren indizierten Kolbendruckes mit der Kühlwassertemperatur.

Jede Verminderung der Kühlwassertemperatur ergibt also erhebliche Zunahme an Leistung im Zylinder, soweit es sich um die indizierte Leistung handelt. Abb. 32 stellt die Mittelwerte einer größeren Anzahl von wirklichen Versuchen dar. Die beobachteten Werte stimmen, wie man daraus entnehmen kann, mit den eben angestellten Überlegungen gut überein.

3. Kolbenreibung. Die dritte Wirkung einer Änderung der Kühlwassertemperatur, nämlich die Änderung der Kolbenreibung, spielt eine sehr wichtige Rolle. Weiter unten wird noch dargelegt werden, daß die Kolbenreibung in sehr hohem Grade von der Viskosität des Schmieröles und daher auch von der Wandtemperatur des Zylinders abhängt. Je kälter die Zylinderwände, desto höher die Viskosität des daran haftenden Öles und daher desto größer auch die Reibung. Bei Kolben mit großen Laufflächen und großen Massendrücken kann der Unterschied in der Reibung zwischen heißem und kaltem Kühlwassermantel sogar bis zu 8 vH der indizierten Leistung der Maschine betragen. Der Gewinn an indizierter Leistung durch Betrieb der Maschine mit kaltem Kühlwasser könnte in einem solchen Falle durch die vermehrte Reibung nicht nur ganz aufgezehrt, sondern das reine Ergebnis der Änderung der Kühlwassertemperatur könnte noch ein Verlust von etwa 5 vH der Bremsleistung sein.

Andererseits kann sich der Unterschied in der Reibung bei sehr leichtem Kolben mit möglichst kleiner Auflagefläche bis auf 3 vH vermindern. Die Bremsleistung der Maschine ist in diesem Falle von der Temperatur des Kühlwassers unabhängig. Neuere Versuche an drei Einzylindermaschinen von ungefähr gleicher Größe, deren Vergaser und Ansaugleitungen aus besonderen Wärmequellen unabhängig vom Kühlwasser geheizt wurden, haben dies bestätigt. Eine dieser Maschinen hatte einen Gußeisentauchkolben von der hergebrachten Bauart, die zweite einen sehr leichten Aluminiumkolben mit schuhähnlich ausgeschnittenem Mantel, die dritte hatte einen Kolben mit besonderer Kreuzkopfführung, wobei die Kolbenreibung an den Wänden des Zylinders praktisch vernachlässigt werden kann. Die Versuchsergebnisse waren folgende:

	Bremsleistungen in PS bei 1200 U/min			
	Motornummer	Kühlwassertemperatur 100 °C	Kühlwassertemperatur 26,7 °C	Unterschied der Leistungen vH
1. Gußeisenkolben	B 8	27	25,7	— 5
2. Aluminiumschuhformkolben	E 35	28,3	28,3	0
3. Kreuzkopfkolben	T S 1	29,4	30,0	+ 2

Die Motoren, die für den Antrieb von Tanks gebraucht wurden, waren mit Kreuzkopfkolben und unabhängig geheizter Sauganlage versehen; bei solchen Maschinen war stets die Bremsleistung bei kaltem Kühlwassermantel (d. h. etwa 26,7° C) um 1,5 bis 2 vH höher als bei heißem Kühlwasser (etwa 80 bis 110° C). Dieser Unterschied in der Leistung war im Betrieb ganz beträchtlich, und die Tankführer sprachen oft ihr Erstaunen darüber aus, daß ihre Maschinen anscheinend bei kalten Zylindern viel „lebendiger" waren.

Abgesehen von der Rücksicht auf die Vergasertemperatur kann also die Leistung einer Maschine bei Erhöhung der Temperatur des Kühlwassers steigen oder sinken, je nachdem wie sich die Kolbenreibung dabei verhält. Ist die Kolbenreibung groß, so nimmt die Leistung bei höherer Temperatur des Kühlwassers zu, ist die Reibung klein, so nimmt die Leistung nicht zu. Die Änderung der Wärmeverluste beträgt selbst in den äußersten Grenzfällen der Betriebsbedingungen so wenig, daß man sie vernachlässigen kann. Der volumetrische Wirkungsgrad steigt dagegen bei abnehmender Temperatur des Kühlwassers verhältnismäßig stark; aber diese Verbesserung genügt zumeist nicht, um die Zunahme an Kolbenreibung auszugleichen, woraus sich der so häufig beobachtete Verlust an Leistung bei kaltem Kühlwasser erklärt.

In der Mehrzahl der Fälle hängt jedoch die Temperatur des Vergasers und der Saugleitung von der Temperatur des Kühlwassers ab.

Bei Betrieb mit schwerer verdampfbaren Brennstoffen können Änderungen in der Temperatur dieser Teile eine höchst wichtige Rolle erlangen, insbesondere wenn die Verteilung grundsätzlich mangelhaft oder das Gemisch etwas zu arm an Brennstoff ist.

Gasgeschwindigkeit und mittlerer indizierter Kolbendruck. Durch Untersuchung einer sehr großen Anzahl von Beobachtungen und Versuchsergebnissen hat der Verfasser festgestellt, daß der beste Mittelweg, den man einschlagen kann, um allen einander widersprechenden Bedingungen wie

1. Erzielung eines möglichst hohen volumetrischen Wirkungsgrades,
2. Erzielung des notwendigen Maßes von Wirbelung,
3. möglichst weitgehender Verminderung des Pumpverlustes

zu genügen, der ist, die mittlere Gasgeschwindigkeit im Ventilspalt mit etwa 40 m/s zu bemessen. Rücksichten auf die Bedingungen unter 1 und 3 machen es natürlich erwünscht, diese Gasgeschwindigkeit so niedrig wie möglich zu erhalten, während die Rücksicht auf die Bedingung unter 2 hohe Gasgeschwindigkeiten fordert. Die Gasgeschwindigkeit wird gewöhnlich so berechnet, daß man annimmt,

a) das Ventil sei während des ganzen Hubes voll geöffnet,

b) die Maschine arbeite mit der mittleren und nicht mit wechselnder Kolbengeschwindigkeit.

Es ist nun reichlich klargestellt, daß man bei Ventilen, die sich unmittelbar nach dem Hauptteil des Verbrennungsraumes hin öffnen, etwas höhere Gasgeschwindigkeiten anwenden kann, ohne daß dies den volumetrischen Wirkungsgrad beeinträchtigt. Andererseits wieder läßt sich in einem derartigen von einspringenden Ecken und Taschen freien Verbrennungsraum die notwendige Wirbelung viel besser erreichen, so daß auch schon geringere Gasgeschwindigkeit genügt. Mit anderen Worten: Wirkungsgrad und mittlerer Druck werden von der Gasgeschwindigkeit weniger beeinflußt, wenn sich die Ventile unmittelbar nach dem Verbrennungsraum hin öffnen. In der Praxis werden die Abmessungen der Ventile und die von ihnen freigegebenen Querschnitte in hohem Maße durch rein mechanische Grenzen bestimmt. Bei Ventilen, die unmittelbar im Zylinderkopf eingebaut sind, darf, wie die praktische Erfahrung gelehrt hat, der freie Querschnitt des Ventils nur so groß bemessen werden, wie er im allgemeinen ohne Störung der Symmetrie und Geschlossenheit des Verbrennungsraumes untergebracht werden kann. Es scheint daher eher vorteilhaft, die Gasgeschwindigkeit bis auf 50 m/s zu erhöhen, als den Verbrennungsraum zu verzerren, um größere Ventile unterzubringen.

Das Diagramm der Ventileröffnungen ist natürlich sehr wichtig; in Ermangelung genauer Angaben hierüber muß angenommen werden, daß der Verlauf der Ventilbewegungen der für die Bauart der Maschine und der Ansaugleitung bestgeeignete ist. Auf diesem Gebiete stehen heute sehr viel mehr Angaben zur Verfügung, die sich auf eine große Zahl untersuchter Maschinen stützen. Da ferner alle diese Maschinen nach gleichen Gesichtspunkten entworfen waren, also die gleichen Ventileröffnungsdiagramme hatten, und alle mit so hoher Drehzahl liefen, daß keine wesentlichen Unterschiede in den Wärmeverlusten auftreten konnten, so lassen sich ihre Ergebnisse unmittelbar miteinander vergleichen und die daraus gezogenen Schlüsse als durchaus zuverlässig ansehen.

Die Ergebnisse einiger dieser Versuche sind in Abb. 33 zusammengestellt. Man erkennt, daß die Beziehungen zwischen mittlerem nutzbarem Kolbendruck, Wirkungsgrad und Gasgeschwindigkeit in allen Fällen genau gleich sind, obgleich der mittlere Druck und der Brennstoffverbrauch sehr wesentliche Unterschiede aufweisen, da sie vom Verdichtungsverhältnis und vom Wirkungsgrad des Verbrennungsraumes beeinflußt werden.

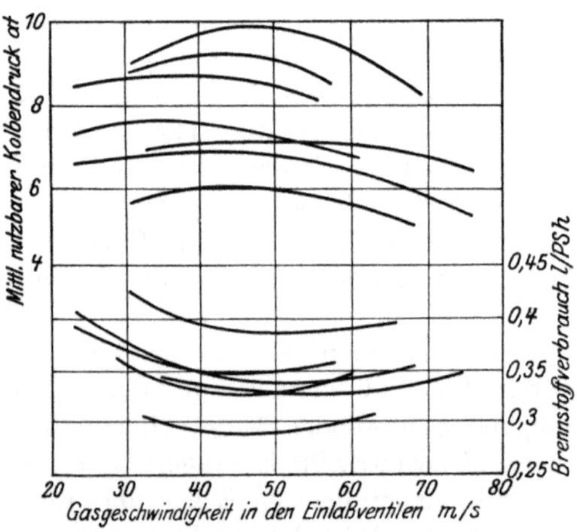

Abb. 33. Beziehungen zwischen mittlerem nutzbaren Kolbendruck, Brennstoffverbrauch und Gasgeschwindigkeit.

Eine weitere Versuchsreihe wurde an der oben beschriebenen, besonderen Einzylinderversuchsmaschine E 35, s. Abb. 3 und 4, durchgeführt; diese Maschine hat zwei Einlaß- und drei Auslaßventile und eine Vorrichtung, die gestattet, irgendeines der Ventile außer Tätigkeit zu setzen. Die Ergebnisse des Betriebs mit verschiedenen Verbindungen der Ventile sind in Abb. 34 und der Zahlentafel 17 wiedergegeben.

Aus den Ergebnissen dieser Versuchsreihe können viele nützliche Schlüsse gezogen werden, um so mehr, als

1. die Versuchsbedingungen außerordentlich genaue Messungen ermöglichten,

2. die Größe der Ventilquerschnitte und daher die Gasgeschwindigkeiten geändert werden konnten, ohne irgendeine andere Betriebsbedingung zu stören.

Die gesamte Erfahrung deutet darauf hin, daß die Geschwindigkeit in den Auspuffventilen um etwa 50 vH höher als in den Einlaßventilen sein darf, ohne daß hierdurch wesentlicher Widerstand oder Verluste hervorgerufen werden. Obgleich das gleiche Gewicht an Gasen durch die Einlaß- und die Auslaßventile in fast der gleichen Zeit strömen muß, sind doch die Bedingungen, unter denen diese Durchgänge stattfinden, sehr verschieden. In erster Linie ist, während sich die Auspuffventile öffnen, der Überdruck im Zylinder verhältnismäßig hoch; er beträgt dann im allgemeinen 3,5 bis 5 at. Die plötzliche Freigabe der Gase bei diesem hohen Druck ergibt eine sehr hohe Geschwindigkeit in der Auspuffleitung, und die kinetische Energie der Gase in der Auspuffleitung hilft viel dazu, den Rest der Auspuffgase aus dem Zylinder zu entfernen. Wenn somit nicht etwa der Schalldämpfer einen unzulässig hohen Widerstand bietet, kann der Kraftaufwand für das Austreiben der Auspuffgase aus dem Zylinder fast vernachlässigt und innerhalb gewisser Grenzen von der Gasgeschwindigkeit als fast unabhängig angesehen werden.

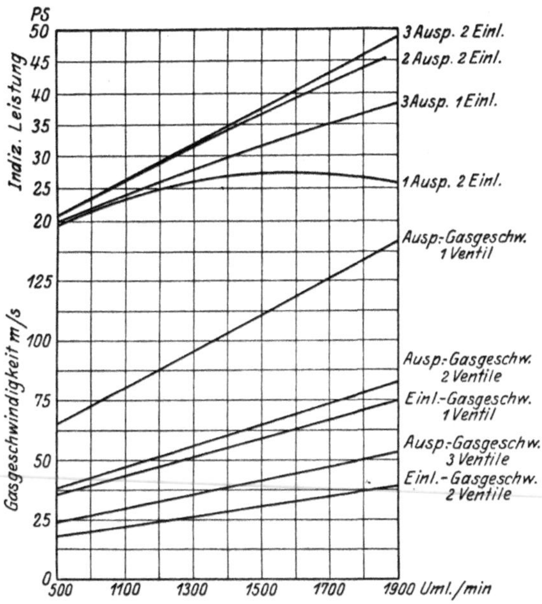

Abb. 34. Gasgeschwindigkeit und Leistung bei verschiedener Anzahl von Ventilen.

Zahlentafel 17. Versuche mit Ausschaltung von einem oder mehreren Ventilen (vgl. Abb. 34).

Drehzahl	Reihe 1			Reihe 2			Reihe 3			Reihe 4		
	2 Einlaß u. 3 Auspuff			2 Einlaß u. 2 Auspuff			2 Einlaß u. 1 Auspuff			1 Einlaß u. 3 Auspuff		
	Gasgeschwindigkeit		Indiz. Leistung	Gasgeschwindigkeit		Indiz. Leistung	Gasgeschwindigkeit		Indiz. Leistung	Gasgeschwindigkeit		Indiz. Leistung
U/min	Einlaß m/s	Auspuff m/s	PS	Einlaß m/s	Auspuff m/s	PS	Einlaß m/s	Auspuff m/s	PS	Einlaß m/s	Auspuff m/s	PS
900	20,14	26,38	20,18	20,14	41,75	20,28	20,14	71,6	19,06	40,25	26,38	19,36
1100	24,66	32,3	24,83	24,66	51,15	24,9	24,66	87,4	23,22	49,3	32,3	23,3
1300	29,1	38,08	29,8	29,1	60,3	29,8	29,1	103,3	26,37	58,2	38,08	27,38
1500	33,8	44,0	34,96	33,8	69,4	34,9	33,8	119,0	27,08	67,6	44,0	31,1
1700	38,0	49,7	40,35	38,0	78,9	39,8	38,0	135,0	26,76	76,0	49,7	34,25
1900	42,5	55,75	45,7	42,5	88,3	44,9	42,5	151,0	25,53	85,0	55,75	36,5

Während sich im Einlaßventil schon Gasgeschwindigkeiten über 45 bis 50 m/s deutlich als Drosselung, verbunden mit schnellem Anwachsen der Pumpverluste, bemerkbar machen, ist beim Auspuff kein meßbarer Widerstand erkennbar, in jedem Falle nicht, bevor die Gasgeschwindigkeit über 73 m/s steigt.

Ein Grund hierfür ist, daß wegen des hohen Drucks bei der Freigabe des Auspuffs der größte Teil der Auspuffgase ausströmt, solange der Kolben noch mehr oder weniger still steht. Man muß ferner berücksichtigen, daß ein Gegendruck von beispielsweise 0,07 at beim Auspuffhub den mittleren nutzbaren Kolbendruck nur um das gleiche Maß vermindert, während bei einem Gegendruck von 0,07 at am Ende des Saughubes der mittlere Druck um 0,07, d. h. um 7 vH abnimmt, was einen viel größeren Verlust bedeutet.

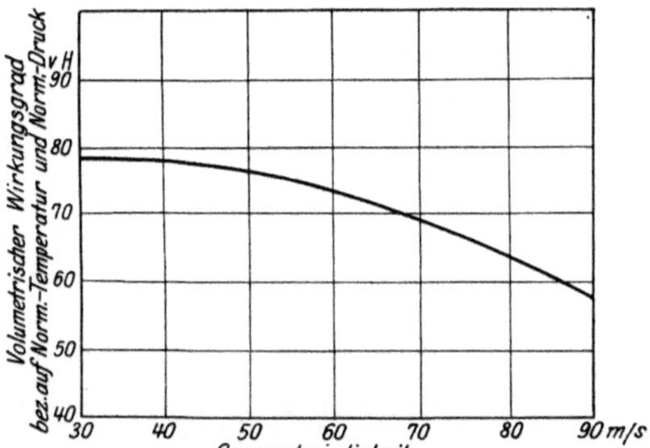

Abb. 35. Volumetrischer Wirkungsgrad und Gasgeschwindigkeit im Einlaßventil.

Auf Grund der zuverlässigeren Angaben, die jetzt verfügbar sind, kann man eine Linie entwerfen, die das Verhalten des volumetrischen Wirkungsgrades bei verschiedenen Gasgeschwindigkeiten im Einlaßventil mit ausreichender Genauigkeit angibt. Wie bereits weiter oben dargelegt wurde, wird aber der volumetrische Wirkungsgrad in sehr weitem Maß auch von der Verdampfung des Brennstoffes im Innern des Zylinders und von dem Grade der Vorwärmung des Gemisches vor seinem Eintritt in den Zylinder beeinflußt. Die Linie in Abb. 35 zeigt mit großer Annäherung die Beziehung zwischen dem volumetrischen Wirkungsgrad und der Gasgeschwindigkeit im Einlaßventil für einen wirtschaftlichen Benzinmotor von neuzeitlicher Bauart bei der üblichen Einstellung der Ventilöffnungszeiten. Für Betrieb mit Benzol sind die Werte dieser Linie um etwa 2,5 vH und für Betrieb mit Spiritus um etwa 8 vH zu niedrig, vorausgesetzt allerdings, daß bei jedem der Brennstoffe mit dem gleichen Maße von Vorwärmung gearbeitet wird. Die Linie gilt ferner unter der Voraussetzung, daß Ansaugleitung und Vergaser keinen ungewöhnlich hohen Widerstand bieten und nicht mehr als vier Zylinder aus einem Vergaser gespeist werden.

Zusammenfassend bestätigen die Untersuchungen die Ansicht, daß als günstigste Gasgeschwindigkeit in den Einlaßventilen je nach ihrer

Lage im Verbrennungsraum 40 bis 50 m/s gelten können; in den Auspuffventilen kann jedoch die Gasgeschwindigkeit ohne irgendwie schädliche Wirkung bis um 50 vH größer sein.

Einfluß der Zylindergröße auf Leistung und Wirkungsgrad. Bei gleichem Verdichtungsverhältnis werden indizierte Leistung und Wirkungsgrad einer Maschine durch zwei Einflüsse bestimmt:

1. durch die unvollständige Verbrennung der Gasschicht, die an den Wänden des Verbrennungsraumes haftet,

2. durch die unmittelbaren Wärmeverluste an die Wände des Verbrennungsraumes.

Beide Einflüsse hängen natürlich von der Beziehung zwischen Oberfläche und Inhalt des Verbrennungsraumes ab, aber der erste auch von der Dicke der Gasschicht an den Wänden, die sich wiederum mit der Stärke der Wirbelung oder der Spülwirkung ändert. Beide Verlustquellen erlangen ein Mindestmaß, wenn der Verbrennungsraum von möglichst geschlossener und symmetrischer Gestalt ist; denn dann wird nicht nur das Verhältnis von Oberfläche zu Inhalt am kleinsten, sondern auch die Spülung infolge der Wirbelung am wirksamsten.

Nimmt man bei mehreren Motoren Verbrennungsräume von ähnlicher Gestalt an, so wird das Verhältnis zwischen Oberfläche und Inhalt selbstverständlich kleiner, wenn der Durchmesser des Zylinders zunimmt, da sich unter sonst gleichbleibenden Verhältnissen die Oberfläche im Quadrat, der Inhalt mit der dritten Potenz ändert. Es folgt hieraus, daß unter ähnlichen Bedingungen Leistung und Wirkungsgrad einer Maschine, bezogen auf die Raumeinheit des Zylinderinhalts, mit wachsenden Abmessungen des Zylinders zunehmen werden. Um wieviel die Leistung genau steigt, muß davon abhängen, welcher Anteil der Gesamtverluste auf diese Verluste entfällt; d. h. der Gewinn an Leistung und Wirkungsgrad bei Vergrößerung der Zylinder hängt in hohem Maße vom Entwurf des Verbrennungsraumes ab. Ist der Verbrennungsraum in allen Fällen von möglichst geschlossener und symmetrischer Gestalt, so hat der Gewinn durch Vergrößerung der Abmessungen seinen kleinsten Wert.

Diese Verhältnisse gelten natürlich nur für Motoren mit gleichem Verdichtungsverhältnis. Denn wenn man den Einfluß der Zylindergröße auf die Detonation mit in Rechnung zieht, so wird man finden, daß man das Verdichtungsverhältnis im kleineren Zylinder immer so weit erhöhen kann, daß die größeren Wärmeverluste usw. wieder ausgeglichen werden. Bei geeignetem Verdichtungsverhältnis ist somit die Leistungsausbeute — d. h. der mittlere Druck und der Wirkungsgrad — praktisch unabhängig von den Zylinderabmessungen.

IV. Der Einfluß der Gestalt des Verbrennungsraumes.

Von allen baulichen Merkmalen, die Leistung und Wirkungsgrad einer Verbrennungsmaschine beherrschen, ist die Gestalt des Verbrennungsraumes das weitaus wichtigste. Von ihm hängt nicht nur der Wirkungsgrad der Verbrennung des Brennstoffs und damit die Leistung und der Wirkungsgrad der Maschine ab, sondern die Gestalt des Verbrennungsraumes bestimmt auch in sehr hohem Maße die Neigung zur Detonation. Die Detonation aber begrenzt das zulässige Verdichtungsverhältnis und setzt damit dem erreichbaren Wirkungsgrad eine neue Grenze.

Der Ausdruck „Wirkungsgrad", für den nie eine genaue Begriffsbestimmung aufgestellt worden ist, ist in den letzten Jahren viel mißbraucht worden. Man hat sich heute völlig daran gewöhnt, den Wirkungsgrad einer Maschine schon dann als gut zu bezeichnen, wenn sie rein mechanisch imstande ist, sehr hohe Drehzahlen zu erreichen. Dies ist jedoch ein ganz offenbarer Mißbrauch des Begriffes. Und während man ihn so oft mißbraucht, übersieht man noch öfter die wahre Bedeutung des „Wirkungsgrades".

Man hört oft die Meinung, daß der Wirkungsgrad eines Motors keine große praktische Bedeutung habe, da Brennstoff billig und Luft noch billiger sei. Vom Standpunkt der Brennstoffkosten aus gesehen ist diese Anschauung oft richtig. Aber es kann nicht nachdrücklich genug darauf hingewiesen werden, daß der Wirkungsgrad, abgesehen davon, daß er die erzielbare Leistung und den Verbrauch an Brennstoff bestimmt, auch einen Maßstab für die Zuverlässigkeit und Dauerhaftigkeit der Maschine darstellt. Man muß immer daran denken, daß die Zuverlässigkeit eines Motors tatsächlich nicht so sehr davon abhängt, einen wie großen Teil der verbrauchten Brennstoffwärme er in nutzbare Arbeit umwandelt, sondern viel eher davon, ein wie großer Teil dieser Wärme in Nutzarbeit nicht umgewandelt wird und daher Störungen hervorrufen kann. 90 vH aller Krankheiten, unter denen Verbrennungsmaschinen zu leiden haben, lassen sich sicher unmittelbar oder mittelbar auf übermäßige Wärmebelastung zurückführen; unmittelbar in Gestalt von Brüchen an Zylindern und Ventilsitzen, gefressenen oder verbrannten Kolben und ausgebrannten Ventilen, ferner von Kohlenansätzen oder verklebten Kolbenringen usw.; mittelbar in der Form von verkohltem oder verunreinigtem Schmieröl, das zu Verstopfungen der Ölwege und dann zu Lagerbeschädigungen führt. Alle diese Störungsquellen, gleichviel ob sie nun zu vollständigem Versagen oder nur zur Verminderung der Leistung eines Motors führen, sind übermäßiger Wärmebelastung zuzuschreiben; und wenn man sich immer wieder vor Augen hält, daß diese Zerstörungen durch die

Wärme hervorgerufen werden, die als nicht nutzbar abgeleitet werden muß, so erkennt man, wie wichtig es vor allem anderen ist, den Teil der Brennstoffwärme herabzusetzen, der im Motor nicht nutzbar gemacht werden kann. Der einzige mögliche Weg, diese Verlustwärme oder Abwärme zu vermindern, ist aber, daß man einen größeren Anteil der Gesamtwärme in nutzbare Arbeit umwandelt.

Betrachten wir zwei Motoren mit bestimmtem, genau gleichem Hubraum; bei der gleichen Drehzahl werden beide genau das gleiche Luftgewicht verbrauchen. Gleichviel ob diese Luft mit Brennstoff gesättigt oder übersättigt ist, wird in beiden Motoren die gleiche Wärmemenge frei; es sei angenommen, diese Wärmemenge entspreche einer Leistung von 100 PS. Hat nun der eine Motor einen thermischen Wirkungsgrad von 30 vH und der andere einen von 20 vH, so folgt, daß der erste Motor nicht allein 30 PS, der andere dagegen nur 20 PS leistet, sondern außerdem, daß die Wärmemenge, die abgeleitet werden muß und Störungen hervorrufen kann, beim ersten Motor nur 70 vH, beim anderen jedoch 80 vH der Gesamtwärme beträgt. Man kann also in Wirklichkeit mit der gleichen Maschine um 50 vH mehr Leistung und dies sogar bei geringerer Wärmebelastung erzielen.

Angenommen, wir lassen beide Motoren so laufen, daß sie die gleiche Leistung, z. B. 20 PS, abgeben. Um diese Leistung zu erzielen, brauchen wir in dem Motor mit dem höheren Wirkungsgrad aus Brennstoff nur so viel Wärme zu erzeugen, wie 66,6 PS entspricht. Von dieser Wärme gibt der Motor 20 PS als nutzbare Leistung ab, während 46,6 PS abgeführt werden. Bei dem Motor mit dem niedrigeren Wirkungsgrad muß dagegen, wie schon erwähnt, zur Erzielung von 20 PS nutzbarer Leistung eine Wärmemenge erzeugt werden, die 100 PS entspricht, so daß die Wärme von 80 PS verfügbar bleibt, um Störungen infolge von Wärmebelastungen hervorzurufen. Hieraus ersieht man also, daß die Wärmeableitung aus dem Motor fast auf die Hälfte verringert wird, wenn der Wirkungsgrad von 20 auf 30 vH steigt; der Motor mit dem höheren Wirkungsgrad wird daher bei gleicher Leistung wahrscheinlich zehnmal solange ohne Störungen oder Abnahme der Leistung laufen. Es ist also zur Erzielung von Zuverlässigkeit und gleichbleibender hoher Leistung dringend nötig, einen hohen Wirkungsgrad des Motors anzustreben.

Beim Entwurf des Verbrennungsraumes sind folgende Gesichtspunkte besonders wichtig:

1. Die Wirbelung der Gase, die während ihres Eintritts in den Zylinder erzeugt wird, soll erhalten bleiben,

2. die Lage der Zündkerze,

3. Ecken, in denen die Gase zur Ruhe kommen könnten, sind zu vermeiden,

4. freier und ungehemmter Eintritt der Gase in den Verbrennungsraum nach ihrem Durchgang durch das Einlaßventil.

Durchwirbelung. Die Aufrechterhaltung des turbulenten Zustandes in der Ladung bis zum Augenblick der Zündung ist von allen Anforderungen an die Gestalt des Verbrennungsraumes vielleicht die wichtigste, weil von dem Grad dieser Wirbelbewegung die Geschwindigkeit abhängt, mit der die Verbrennung stattfindet. Befände sich das brennbare Gemisch im Augenblick der Zündung vollständig in Ruhe, so würde sich die erste Flamme, die durch den Übergang des Funkens an den Elektroden der Kerze erzeugt wird, so langsam ausbreiten, daß selbst in einer verhältnismäßig langsam laufenden Maschine bis zum Öffnen des Auspuffventils kaum die Hälfte der Ladung verbrannt wäre. Was immer für Brennstoff verwendet wird (vielleicht ausgenommen Wasserstoff), in allen Fällen ist Durchwirbelung oder mechanische Bewegung der Gase fast ausschließlich das Mittel, um die kleine und schwächliche Flamme der ersten Entzündung schnell über das gesamte brennbare Gemisch im Zylinder zu verbreiten. Das wird um so wichtiger, je stärker man die Dichte der Ladung durch das Drosseln vermindert; denn mit abnehmender Dichte der Ladung wächst der Anteil an Verbrennungsrückständen, und da diese die Ladung verdünnen, so setzen sie die Verbrennungstemperatur herab und erschweren und verzögern den Vorgang der Entflammung. Man ist daher vollständig auf mechanische Bewegung oder Durchwirbelung der Gase angewiesen, wenn man den Vorgang der Verbrennung beschleunigen und die Entflammung schnell über das gesamte brennbare Gemisch verbreiten will.

Außer bei der Aufgabe, die Verbrennung zu beschleunigen, spielt jedoch die Wirbelbewegung im Verbrennungsraum noch eine andere sehr wichtige Rolle. In dem Zylinder einer Verbrennungsmaschine gibt es immer eine Schicht des brennbaren Gemisches, die mehr oder weniger fest an den kalten Zylinderwänden haftet. Diese Gasschicht kann infolge ihrer engen Berührung mit kalten Oberflächen ihre Wärme so schnell abgeben, daß sie überhaupt nicht vollständig verbrennt. Die Wirbelbewegung der Gase erfüllt nun die Aufgabe, diese Schicht von den Wänden abzustreifen und über den ganzen Verbrennungsraum zu verteilen. Es unterliegt kaum einem Zweifel, daß die wirksame Dicke dieser Schicht und ihr Einfluß auf Leistung und Wirkungsgrad einer Maschine in hohem Maße von der Stärke der Durchwirbelung der Ladung im Verbrennungsraum abhängt.

Die Wirbelbewegung der Gase selbst hat, soweit vom Verfasser bisher festgestellt werden konnte, keinen sehr großen Einfluß auf die Neigung des brennbaren Gemisches zur Detonation. Befindet sich das Gemisch vollständig in Ruhe und entzündet man es von irgendeiner

Stelle aus, so schreitet die Flamme von dieser Stelle zunächst sehr langsam, aber mit gleichmäßig zunehmender Geschwindigkeit fort, bis sie zum Schluß eine so hohe Geschwindigkeit erreicht, daß der noch nicht verbrannte Teil der Ladung infolge der rasch herankommenden Flamme verdichtet wird und durch diese Verdichtung sowie auch durch Strahlung und Leitung von den Zylinderwänden mehr Wärme zugeführt erhält, als er an die gekühlten Zylinderwände ableiten kann, so daß seine Temperatur schließlich über die der Selbstentzündung steigt. Dann entzündet sich der unverbrannte Rest der Ladung von selbst und fast augenblicklich in seiner vollen Ausdehnung, wodurch eine Explosions- oder Detonationswelle erzeugt wird. Befindet sich dagegen das brennbare Gemisch in dem Augenblicke, wo die Zündung einsetzt, nicht in Ruhe, sondern in heftiger Wirbelung, so wird der ganze Vorgang der Verbrennung stark beschleunigt, aber auch wirklich der ganze Vorgang und nicht nur irgendein Teil davon, mit dem Ergebnis, daß sich die einzelnen Vorgänge genau gleich wiederholen, aber in einem ganz anderen Maßstab, was die Geschwindigkeit anbelangt.

Man nimmt allgemein an, daß ein Verbrennungsraum, dessen Oberfläche im Verhältnis zum Rauminhalt groß ist, seinen schlechten Wirkungsgrad den unmittelbaren Wärmeverlusten an die Zylinderwände verdankt. Weiter oben wurde jedoch schon nachgewiesen, daß dieser unmittelbare Übergang von Wärme bei der Wirkungsweise der Maschine nur eine verhältnismäßig untergeordnete Rolle spielt. Weit wahrscheinlicher ist aber, daß der schlechte Wirkungsgrad eines Verbrennungsraumes von solcher Gestalt darauf beruht, daß die Gasschicht, die an den Wänden des Verbrennungsraumes haftet und so der Verbrennung entgeht, nicht nur eine beträchtlich größere Oberfläche, sondern außerdem eine größere Dicke hat, weil in einem derartigen Raume die Bewegung der Gase stärkeren Widerstand findet und daher die Spülwirkung der Wirbelbewegung geringer ist. Obgleich man nicht beweisen kann, daß sich die Sache so verhält, sprechen doch eine große Menge von Beobachtungen und mutmaßlichen Beweisen zugunsten einer solchen Annahme, nicht zuletzt die Tatsache, daß bei irgendeinem Verbrennungsraum von gegebener Bauart verstärkte Wirbelung, beispielsweise durch Erhöhen der Geschwindigkeit beim Durchgang durch die Einlaßventile, oft den Wirkungsgrad verbessert, ohne daß sich der Übergang von Wärme in das Kühlwasser in irgendeiner Hinsicht verändert. Dies ist zwar an sich auch noch kein abschließender Beweis, aber in Verbindung mit anderen mittelbaren Beweisen doch von ziemlichem Gewicht.

Die Stellung der Zündkerze. Die Anordnung der Zündkerze im Verbrennungsraum ist sehr wichtig, denn von ihr hängen ab:

1. Die Neigung zur Detonation,

2. die Zeit, die bis zur vollständigen Verbrennung der Ladung verstreicht.

Der Einfluß der Zündkerzenstellung auf die Detonation wurde bereits in Abschnitt II besprochen und braucht hier nicht wiederholt zu werden.

Neben der Rücksicht auf die Detonation hängt bei gleichem Grade der Durchwirbelung des Gemisches die Zeit, die die Flamme braucht, um sich über das gesamte brennbare Gemisch zu verbreiten, von der Größe des Abstandes zwischen der Zündstelle und der äußersten Stelle des Verbrennungsraumes ab. Dies ist sehr wichtig, insbesondere bei geringen Belastungen, weil unter sonst gleichen Umständen die Brenngeschwindigkeit von der Flammentemperatur abhängt und diese wiederum durch den Anteil der Ladung an Verbrennungsrückständen beeinflußt wird. Verringert man also die Leistung durch Drosseln, so vergrößert man den Anteil der Ladung an unbrennbaren Gasen. Daher sinkt die Flammentemperatur und mit ihr die Brenngeschwindigkeit. Man könnte allerdings einwenden, daß die Höhe der Brenngeschwindigkeit in gewissen Grenzen nur wenig Bedeutung hat, weil man den Zündzeitpunkt immer entsprechend vorrücken kann, wenn die Brenngeschwindigkeit kleiner wird. Dies trifft jedoch, selbst bei Vollast, nicht ganz zu; denn wenn man die Dauer des Verbrennungsvorganges übermäßig verlängert, so kann der unmittelbare Wärmeabfluß an die Zylinderwände während dieser wichtigsten Arbeitsstufe bedenkliche Größe annehmen. Wo sich übrigens die Belastungen schnell ändern, wie bei jeder Art von Motorfahrzeugen, wird es beinahe unmöglich, den Zündzeitpunkt immer so einzustellen, daß er sich den Bedingungen voll anpaßt.

Wird die Zündkerze in der Achse des Verbrennungsraumes angeordnet, so reicht man mit einer geringeren Vorzündung bei allen Verhältnissen mit Bezug auf Drehzahl oder Belastung aus; die Maschine ergibt dann jederzeit mit festem Zündzeitpunkt hohen Wirkungsgrad. Wird dagegen die Zündkerze so angeordnet, daß die Flamme einen weiten Weg im Brennraum zurücklegen muß, so braucht man nicht nur beträchtliche Vorzündung bei Vollast, sondern die Maschine wird auch überhaupt mit Bezug auf den Zündzeitpunkt viel empfindlicher, und sie arbeitet bei geringer Belastung nur dann wirtschaftlich, wenn man den Zündzeitpunkt noch früher einstellt.

Die Zeit, die bis zur vollständigen Verbrennung der Ladung verstreicht, und die Neigung zur Detonation hängen bei gleich guter Durchwirbelung der Ladung von dem wirklichen, nicht vom verhältnismäßigen Abstand zwischen der Zündkerze und der am weitesten entfernten Stelle des Verbrennungsraumes ab. Die Dauer der Verbrennung und die Neigung zur Detonation werden daher in einem Zylinder von

200 mm Dmr., dessen Zündkerze in der Achse angebracht ist, fast genau so groß sein wie in einem Zylinder von 100 mm Dmr., bei dem die Kerze auf einer Seite angeordnet ist. Oder bei gleicher Kerzenanordnung sind die Neigung zur Detonation und die Dauer der Verbrennung im großen Zylinder größer. Diese Erkenntnis könnte gegen die Verwendung von großen Zylindern sprechen, wäre nicht der Umstand vorhanden, daß man in größeren Zylindern die Wirbelung leichter aufrechterhalten kann, so daß sich darin die Gase in schnellerer Bewegung befinden und sich daher die Verbrennung verhältnismäßig schneller ausbreitet. Daher ist der Wirkungsgrad großer Zylinder nicht schlechter, obgleich die Neigung zur Detonation notwendigerweise im größeren Zylinder größer bleibt.

Die drei wichtigsten Ziele des richtigen Entwurfs eines Verbrennungsraumes sind also:

1. Die Ventile müssen sich unmittelbar nach dem Verbrennungsraum hin öffnen derart, daß die Gase nach ihrem Eintritt nicht um Ecken herumzuströmen brauchen und dabei ihre Anfangsgeschwindigkeit verlieren.

2. Die Zündkerze muß in der Achse des Verbrennungsraumes angeordnet werden können.

3. Es dürfen keine Ausnehmungen für Ventile oder für andere Zwecke vorhanden sein, in denen die Gase zur Ruhe kommen könnten.

Auf den ersten Blick könnte es hiernach scheinen, daß die genaue Kugelform dem Ideal des richtigen Verbrennungsraumes entsprechen würde; aber obwohl diese Form mit Bezug auf das Verhältnis von Oberfläche zu Rauminhalt sowie mit Bezug auf die günstige Durchwirbelung ausgezeichnet wäre, könnte sie das Ideal des richtigen Verbrennungsraumes doch nur dann sein, wenn man die Zündstelle in ihrem Mittelpunkt anordnen könnte, was offenbar unmöglich ist. Da man vielmehr die Zündstelle irgendwo an oder nahe an der Oberfläche anordnen muß, so würde der Weg, den die Flamme bis zur vollständigen Entzündung der Ladung zurückzulegen hätte, einen vollen Durchmesser der Kugel betragen. Hierdurch würde sich die Neigung zur Detonation erhöhen und man müßte mit niedrigerem Verdichtungsverhältnis arbeiten, also eine Einbuße an Leistung und Wirkungsgrad in den Kauf nehmen.

Die beste praktische Annäherung an die ideale Gestalt des Verdichtungsraumes ist vielleicht die in Abb. 36 und 37 dargestellte. Diese Bauart des Verbrennungsraumes mag aus thermodynamischen Gründen fast ideal sein, vom Standpunkt der mechanischen Konstruktion ist sie aber nicht besonders bequem; denn sie setzt voraus, daß die im Zylinderkopf hängenden Ventile von zwei Nockenwellen betätigt werden, da die Anordnung der Zündkerzen in der Achse des Zylinders eine gemeinsame Nockenwelle, die über den Zylindermitten gelagert ist, ausschließt. Für Schiebermotoren eignet sich dagegen diese Bauart besonders gut, und in diesem Merkmal ist nach der Ansicht des Verfassers einer der stärksten Gründe für die Verwendung der Schiebersteuerung zu erblicken. Für Motoren, die sehr hohe spezifische Leistung und hohen Wirkungsgrad ergeben müssen, wie z. B. Flugmotoren, benutzt man sehr häufig ähnlich gestaltete Verbrennungsräume, wobei aber die Zündkerze an der Seite angeordnet wird. In der Tat sind so gestaltete Zylinder bei Flugmotoren praktisch allgemein gebräuchlich geworden. Die seitliche Lage der Zündkerze hat allerdings die Folge, daß man die Vorzündung verhältnismäßig größer bemessen muß und daß die Neigung zur Detonation zunimmt. Man muß daher mit etwas

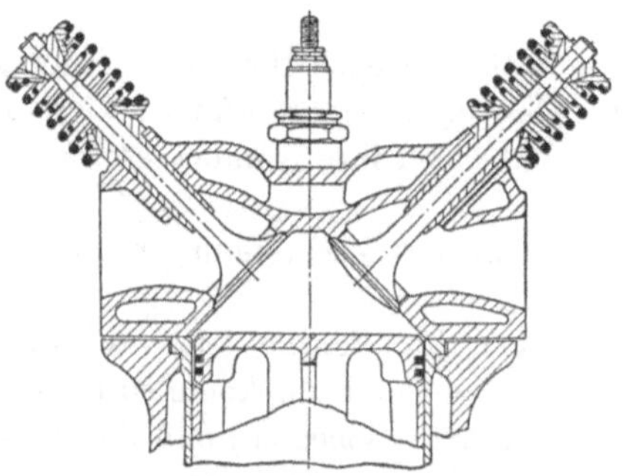

Abb. 36.

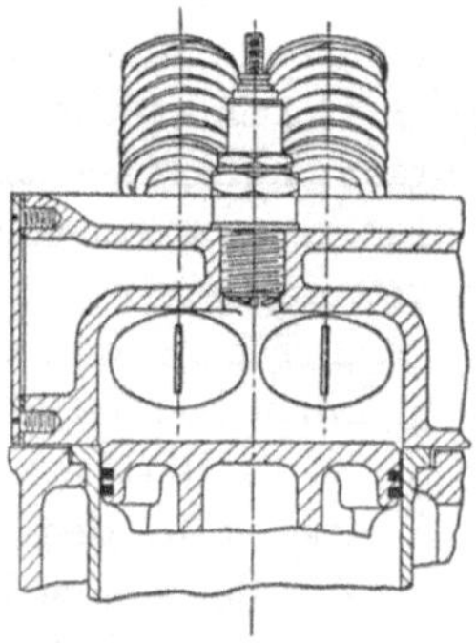

Abb. 37.

Abb. 36 und 37. Verdichtungsraum eines kleinen Rennmotors.

niedrigeren Verdichtungsverhältnissen arbeiten und sich infolgedessen mit einer Einbuße an Leistung und Wirkungsgrad abfinden. Indem man an den Seiten des Verbrennungsraumes zwei einander gegenüberliegende Zündkerzen anordnet, kann man allerdings diesem Mangel zu einem großen Teil begegnen, weil dann der Weg, den die Flamme von der Zündstelle bis zur vollständigen Entzündung der Ladung zurückzulegen hat, beinahe auf die Hälfte vermindert wird. Bei Flugmotoren, die aus Rücksicht auf die Zuverlässigkeit mit Doppelzündung versehen werden müssen, ist diese Bauart fast allgemein gebräuchlich geworden.

Die in Abb. 38 und 39 wiedergegebene Bauart des Verbrennungsraumes, wobei zwei waagerecht geführte Ventile einander gegenüber in einer schmalen zylindrischen Verbrennungskammer angeordnet sind, ist mit Bezug auf Neigung zu Detonation und Wirkungsgrad der Verbrennung eine der besten, die möglich ist, wenn man den Abstand zwischen Kolben und Zylinderboden im oberen Totpunkt so klein macht, wie aus Rücksicht auf die mechanische Betriebssicherheit überhaupt zulässig ist, und solange die Maschine mit verhältnismäßig geringer Kolbengeschwindigkeit läuft und daher keine großen Ventilquerschnitte braucht. Die Bauart eignet sich daher insbesondere für kurzhubige Maschinen; aber, obgleich solche Maschinen ausgezeichnete

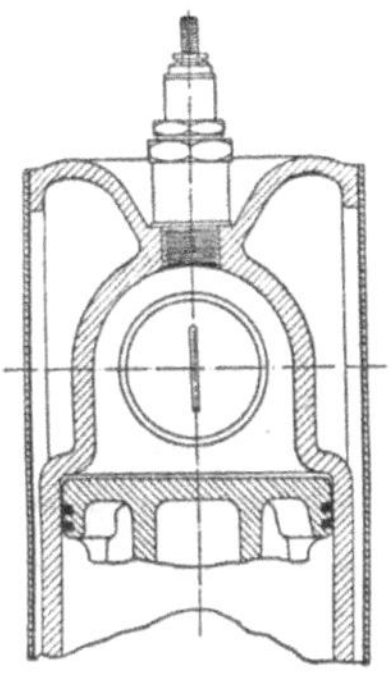

Abb. 38.

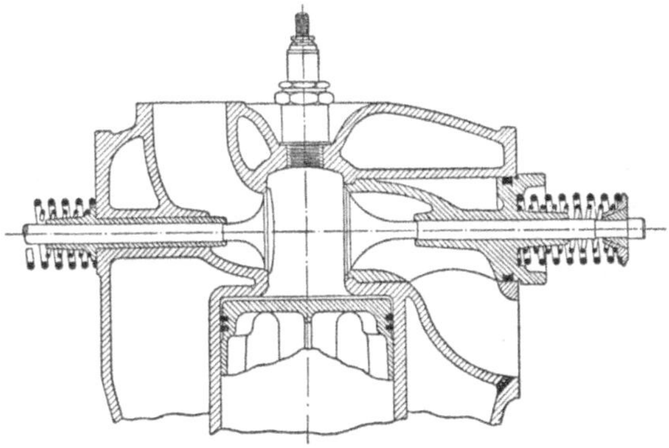

Abb. 39.

Abb. 38 und 39. Verbrennungsraum mit waagerecht einander gegenüberliegenden Ventilen.

Leistungen und Wirkungsgrade ergeben, ist die Bauart leider für stehende Maschinen wegen der Schwierigkeiten des Ventilantriebes und der Anlage der Leitungen sehr unbequem.

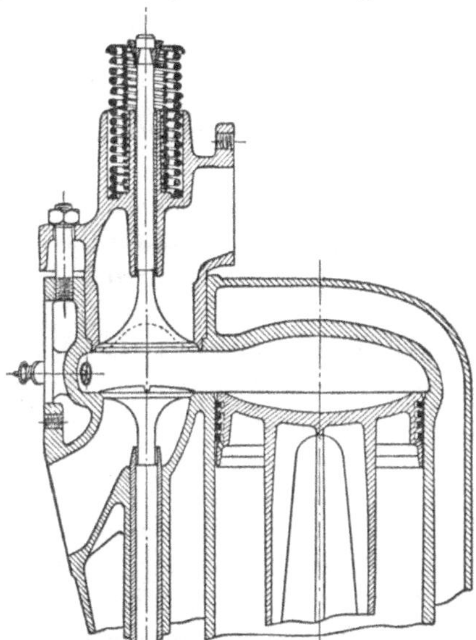

Abb. 40.

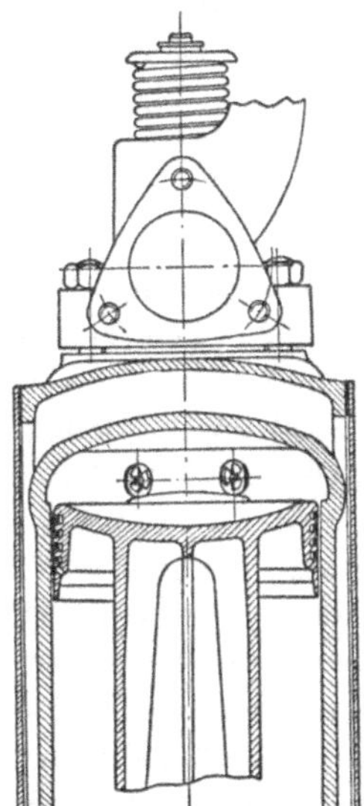

Abb. 41.

Abb. 40 und 41. Einlaßventil über dem seitlichen Auspuffventil.

Die Bauart nach Abb. 40 und 41, bei der das Einlaßventil in einer seitlichen Erweiterung des Verbrennungsraumes senkrecht über dem

Auspuffventil angeordnet ist und Zylinderboden sowie Kolbenboden ihre hohle Seite dem Verbrennungsraum zuwenden, ist in bezug auf die Aufrechterhaltung der Wirbelung überraschend günstig, obgleich die Ventile in einem Ausbau des Verbrennungsraumes liegen. Hinsichtlich der Neigung zur Detonation ist die Bauart jedoch sehr ungünstig, wie man schon nach dem langen Weg der Flamme erwarten konnte, und sie läßt daher auch nur ein niedriges Verdichtungsverhältnis zu. Ordnet man die Zündkerze bei einer Maschine mit solchem Verbrennungsraum an der Ventilausnehmung an, so neigt sie stark zur Detonation. Versetzt man jedoch die Zündkerze nach der entgegengesetzten Seite des Zylinderkopfes, so ergibt dies die mit Rücksicht auf die Neigung zu Detonationen denkbar ungünstigste Anordnung, wie in der Tat zu erwarten war. Diese Bauart des Verbrennungsraumes bedingt also niedriges Verdichtungsverhältnis, ergibt aber im Hinblick auf dieses Verdichtungsverhältnis verhältnismäßig hohe Leistung und guten Wirkungsgrad.

Vor etwa 10 Jahren hat sich der Verfasser als Ergebnis reichlicher Versuchsarbeiten vor und während des Krieges eine Form des Zylinderkopfes für Motoren mit seitlich stehenden Ventilen durch Patent schützen lassen. Ein Beispiel dieses Kopfes ist in Abb. 42 dargestellt. Diese Bauart ist unter der Bezeichnung „Zylinderkopf mit guter Wirbelung" bekannt geworden und ist jetzt weit verbreitet. Die wichtigsten Ziele, die diese Bauart verfolgt, sind:

1. Die Erzeugung zusätzlicher Wirbelung während des Verdichtungshubes zum Zwecke

a) der Erhöhung der Brenngeschwindigkeit. Hierdurch wird sowohl das nutzbare Expansionsverhältnis größer, als auch gleichzeitig der Motor unempfindlicher gegenüber der Einstellung des Zündzeitpunktes;

b) der möglichst weitgehenden Hinwegspülung der Gasschicht, die gewöhnlich an den kühlen Wänden des Verbrennungsraumes festhaftet. Diese Gasschicht wird sonst so stark abgekühlt, daß sie entweder überhaupt nicht oder erst so spät während des Expansionshubes vollständig verbrennt, daß sie nur wenig Wert mehr hat;

c) der Verringerung der Neigung zur Detonation dadurch, daß der unverbrannte Teil der Ladung in kräftiger Bewegung erhalten wird. Hierdurch kann er leichter die Wärme abgeben, die bei seiner Verdichtung durch die vorwärtsschreitende Flammenfront erzeugt wird, und gleichzeitig diese Flammenfront aufteilen.

2. Die Verringerung des längsten Weges der Flamme von der Zündkerze bis zur entferntesten Stelle des Verbrennungsraumes dadurch, daß der Teil des Verbrennungsraumes, welcher oberhalb der abgewandten Seite des Kolbens liegt, für die Entstehung von Detonation unwirksam

wird. Dies wurde dadurch erreicht, daß der Kolben und der Zylinderkopf möglichst dicht aneinander geführt wurden; die Gasschicht zwischen

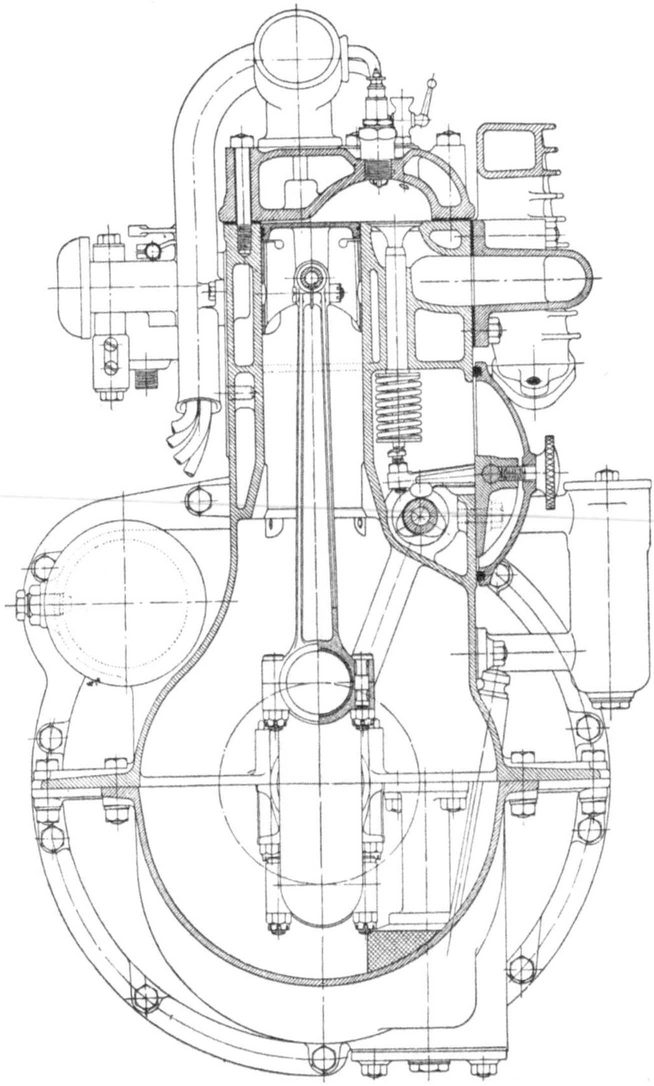

Abb. 42. Maschine mit seitlichen Ventilen nach **Ricardo**.

den verhältnismäßig kühlen Wänden dieser beiden Teile wird daher so stark abgekühlt, daß hier keine Detonation auftreten kann.

3. Die Erzielung eines möglichst kurzen Flammenweges dadurch, daß die Zündkerze in einer Mittelstellung angeordnet ist.

4. Die möglichst weitgehende Verminderung des Verhältnisses von Oberfläche zu Inhalt des Verbrennungsraumes. Dadurch wird der Wärmeverlust während der Verbrennung verringert, obgleich er bei dieser Bauart an sich schon verhältnismäßig klein ist.

Diese Merkmale waren die Ziele des Entwurfes zur Zeit seiner ersten Ausführung. Der Erfolg war, daß man auf diesem Wege mit einem Motor mit seitlich stehenden Ventilen mindestens ebenso hohe Leistung und Wirtschaftlichkeit erzielen konnte, wie früher nur mit einem Motor der gleichen Größe mit hängenden Ventilen. Darüber hinaus wurde als Vorteil eine geringere Neigung zur Detonation sowie eine geringere Empfindlichkeit gegenüber der Einstellung des Zündzeitpunktes festgestellt.

Abb. 43. Gesamtansicht des neuen Versuchsmotors zur Prüfung des Einflusses der Wirbelung.

Während der letzten Jahre haben der Verfasser und seine Mitarbeiter mehrere Versuchsreihen durchgeführt, die mit den Wirkungen von Wirbelung und Detonation zusammenhängen. Die hierfür besonders entworfene Versuchseinrichtung umfaßt folgende Maschinen:

1. Einen besonderen Eintaktmotor mit veränderlicher Verdichtung, dessen Kolben einen schnellen Verdichtungshub macht und dann im oberen Totpunkt sofort aufgefangen und verriegelt wird. Die Ladung kann im Verdichtungsraum entweder auf gewöhnlichem Wege mittels einer Zündkerze oder allein durch Selbstzündung entflammt werden. Ein kleines Flügelrad ist im Innern des Verbrennungsraumes angebracht, damit man jeden gewünschten Grad von Wirbelung erzielen kann (vgl. Abb. 43 und 44).

2. Einen besonderen Versuchsmotor mit seitlich stehenden Ventilen, Abb. 45 und 46; dieser Motor ist mit sehr empfindlichen Einrichtungen zum Messen des Verbrennungsdrucks bei jedem Kurbelwinkel und mit einer Reihe von Quarzfenstern ausgestattet, die mittels eines Stroboskops gesteuert werden und durch die man die Geschwindigkeit der Flammenausbreitung von der Zündkerze bis zur entferntesten Stelle des Verbrennungsraumes beobachten kann. Der Motor hat leicht abnehmbare Zylinderköpfe, von denen mehr als achtzig verschiedene Arten und Formen untersucht und auf Leistung und Wirkungsgrad, Druckanstieg, Zündkerzenstellung, Geschwindigkeit des Flammenfortschritts, Neigung zur Detonation und alle einschlägigen wichtigeren Fragen hin geprüft wurden.

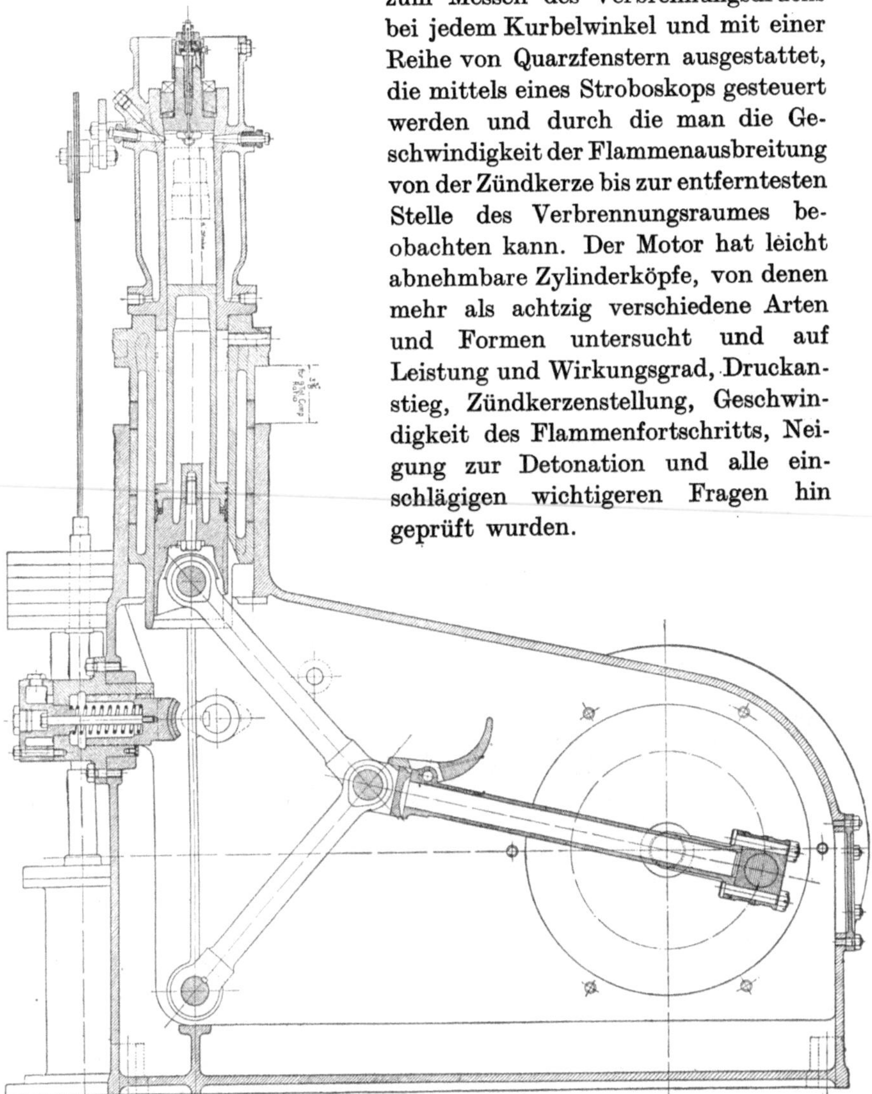

Abb. 44. Längsschnitt des Eintaktmotors mit feststellbarem Kolben.

3. Einen Motor mit veränderlicher Verdichtung, an dem auch verschiedene Stellungen der Ventile und der Zündkerzen untersucht werden können.

4. Einen Motor mit Schiebersteuerung, bei dem Richtung und Grad der Luftwirbelung mit Hilfe unmittelbar außerhalb der Einlaßöffnungen angeordneter Führungsflächen geregelt und von einer innerhalb des Verbrennungsraumes angebrachten Art von Anemometer aufgezeichnet werden können.

Abb. 45. Ansicht des neuen Versuchsmotors mit seitlich stehenden Ventilen. Der Motor ist mit empfindlichen Einrichtungen zum Messen des Verbrennungsdrucks bei jedem Kurbelwinkel und mit stroboskopisch gesteuerten Quarzfenstern zum Beobachten des Flammenfortschritts ausgestattet.

5. Eine weitere beträchtliche Zahl von Versuchsmaschinen, die ursprünglich zwar für andere Untersuchungen gebaut wurden, sich aber für derartige Untersuchungen auch eignen. Bei allen Versuchen wurde ein elektrischer Farnboro-Indikator von Dobbie McInnes verwendet, um den Druckverlauf im Zylinder und besonders die Geschwindigkeit des Druckanstiegs während des Fortschritts der Verbrennung zu beobachten und aufzuzeichnen.

Derartige Untersuchungen beanspruchen natürlich mehrere Jahre und sind außerordentlich ermüdend; denn man muß offenbar mit der allergrößten Sorgfalt darauf achten, daß die gewonnenen Ergebnisse, besonders in bezug auf alle Begleitumstände, wie Mischungsverhältnis, Luft-, Wasser- und Öltemperaturen usw., auch wirklich miteinander vergleichbar bleiben. Außerdem muß natürlich die Versuchseinrichtung so entworfen und gebaut sein, daß vom mechanischen Standpunkt ein möglichst hoher Grad von Gleichmäßigkeit der Betriebsverhältnisse gesichert ist.

Die durchgeführten Versuche haben im allgemeinen die weiter oben mitgeteilten Schlußfolgerungen bestätigt. Sie machen es jedoch nunmehr möglich, die verschiedenen Einzeleinflüsse voneinander zu trennen und für sich zu bewerten. Kurz zusammengestellt haben in neuerer Zeit durchgeführte Versuche folgendes ergeben:

1. Die Geschwindigkeit der Verbrennung hängt in erster Linie von der Stärke der Wirbelung ab und läßt sich ausdrücken durch die Größe des Druckanstieges auf ein Grad Kurbelwinkel, vgl. Abb. 47.

2. Die Geschwindigkeit der Verbrennung hängt in zweiter Linie vom Verdichtungsverhältnis ab. Je höher die Verdichtung, desto größer ist die Geschwindigkeit der Verbrennung und desto weniger Wirbelung ist erforderlich. Dies geht aus Abb. 48 deutlich hervor. Die Linien stellen Indikatordiagramme dar, die an der im Abschnitt I beschriebenen Versuchsmaschine E 35 mit veränderlicher Verdichtung bei Verdichtungsverhältnissen von 4,0 bis 6,0:1, aber bei genau gleicher Stärke der Wirbelung aufgenommen wurden.

Abb. 46. Ansicht des neuen Versuchsmotors mit seitlich stehenden Ventilen.

3. Bei irgendeinem Verdichtungsverhältnis erreicht man die besten Werte für Leistung und Wirkungsgrad bei Volllast, wenn die Geschwindigkeit des Druckanstiegs ungefähr 2,1 at für 1° Kurbelwinkel beträgt. Bei geringer Belastung ist jedoch etwas stärkere Wirbelung erwünscht. Abb. 49 zeigt die Beziehung zwischen Leistung und Geschwindigkeit des Druckanstiegs. In dem Bereich von 1,75 bis 2,5 at Drucksteigerung für 1° Kurbelwinkel verläuft, wie ersichtlich ist, die Linie ziemlich flach. Unter 1,75 at Geschwindigkeit des Druckanstiegs wird der Verlust infolge verzögerter und unvollständiger Verbrennung ansehnlich. Dieser Verlust ist auch praktisch sehr bedeutungsvoll; denn verzögerte Verbrennung bedeutet starke Verkokung, Neigung zu

Verbrennungen oder Anfressungen an Auspuffventilen, starke Empfindlichkeit gegenüber der Einstellung des Zündzeitpunktes und Neigung zum Zurückschlagen der Flamme in den Vergaser, wenn man das Gemisch so brennstoffarm macht, daß man die untere Grenze des Brennstoffverbrauchs überhaupt erreicht. Oberhalb 2,5 at Drucksteigerung für 1° Kurbelwinkel überschreitet der Wärmeverlust infolge der verstärkten Konvektion den Gewinn, den man durch die schnellere Verbrennung erzielt, und die Leistung beginnt auch da wieder abzufallen. Ebenso verstärken sich in diesem Bereich infolge des schnelleren Druckanstiegs die elastischen Durchbiegungen der Kurbelwelle, das Kolbenschlagen usw., so daß der Gang der Maschine sehr hart, geräuschvoll und rauh wird.

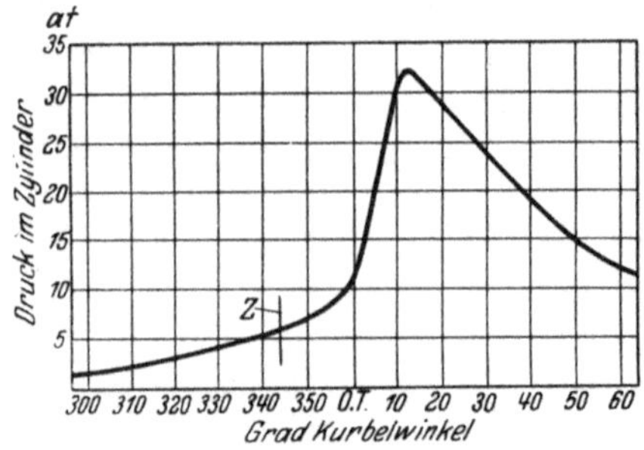

Abb. 47. Geschwindigkeit des Druckanstiegs im Zylinder während der Verbrennung. Höchstdruck 32,75 at. Geschwindigkeit des Druckanstiegs 2,42 at für 1° Kurbelwinkel, Vorzündung 16,5° vor ob. Totpunkt.

4. In dem sog. Zylinderkopf mit guter Wirbelung wird die Wirbelung der Ladung in nahezu gleichem Maß hervorgerufen durch

a) Geschwindigkeit beim Einströmen durch den Ventilspalt,

b) die Geschwindigkeit in der Drosselstelle zwischen Zylinder und Verbrennungsraum während der Verdichtung.

Die Wirbelung wird ferner dadurch verstärkt, daß der letzte Rest der verbrannten Gase aus dem engen Spalt zwischen Kolbenboden und Zylinderdecke gerade kurz vor der Zündung herausgetrieben wird.

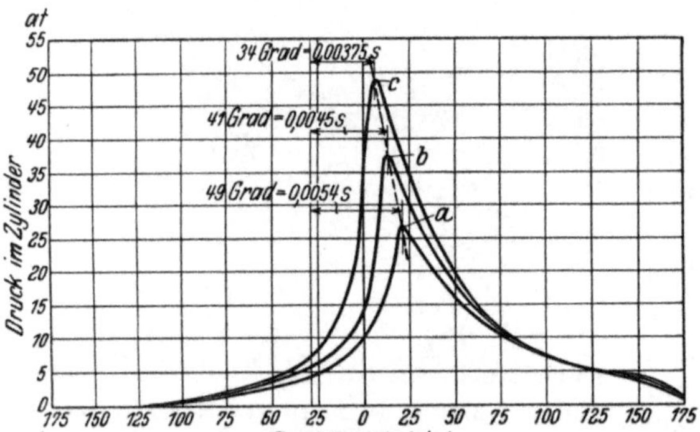

Abb. 48. Verlauf der Drücke während der Verbrennung in der Versuchsmaschine E 35 bei steigendem Verdichtungsverhältnis, aber genau gleich starker Wirbelung.

a Verdichtungsverhältnis 4,0:1, mittl. indiz. Kolbendruck 8,44 at
b „ 5,0:1, „ „ „ 9,57 „
c „ 6,0:1, „ „ „ 10,26 „
Zündung 29,4° vor ob. Totpunkt.

Während der Versuche, über die hier berichtet wird, wurde jedes dieser Merkmale Schritt für Schritt verändert und hinsichtlich seines Einflusses bewertet.

5. Obgleich die Einflüsse unter a) und b) die Stärke der Wirbelung in fast gleichem Maße verändern können, ist es doch in der Regel aus anderen untergeordneten Gründen nicht erwünscht, den einen Einfluß auf Kosten des anderen übermäßig zu verstärken. Das bedeutet: es hat wegen der Schädigung des volumetrischen Wirkungsgrades keinen Zweck, das Einlaßventil sehr klein und die Drosselstelle zwischen Zylinder und Verbrennungsraum groß zu bemessen, also nur eine hohe Einströmgeschwindigkeit für das Erzeugen der Wirbelung auszunutzen; es hat aber auf der anderen Seite auch keinen Zweck, einen sehr großen Einströmquerschnitt zu verwenden und sich in bezug auf das Entstehen der Wirbelung auf eine sehr starke Drosselung des Durchgangs zwischen Kolben und Verbrennungsraum zu verlassen. Beide Mittel führen eben allein oder in übertriebener Weise angewendet dazu, das Saugvermögen des Motors zu beeinträchtigen.

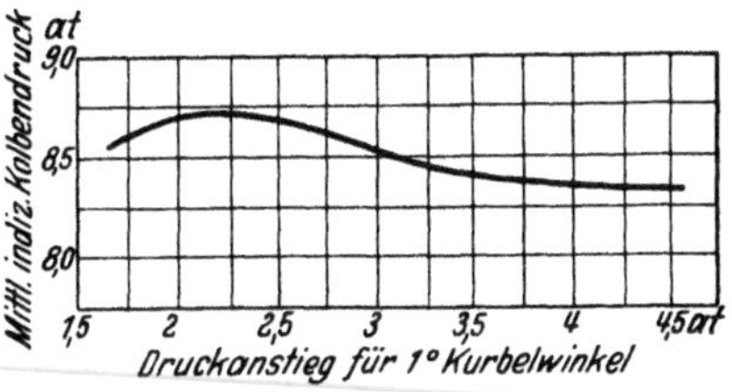

Abb. 49. Beziehung zwischen mittlerem indiziertem Kolbendruck und Geschwindigkeit des Druckanstiegs im Zylinder.

6. Jeder der genannten drei Einflüsse verstärkt die Wirbelung mit steigender Drehzahl, so daß die Beziehung zwischen Druckanstieg und Kurbelwinkel über den gesamten Drehzahlbereich der Maschine im wesentlichen gleiche Größe behält. Wenn also beim Entwurf die Größe des Ventils und die Abmessungen der Verbrennungskammer so bemessen werden, daß der Druckanstieg bei vollgeöffnetem Vergaser 2,1 at für 1° Kurbelwinkel beträgt, so bleibt dieses Maß auch bei jeder anderen Drehzahl des Motors unverändert. Die in Abb. 50 bis 52 dargestellten Indikatordiagramme, die an einem Lastwagenmotor mit Ricardo-Zylinderkopf aufgenommen sind, bestätigen diese Tatsache besonders gut.

7. Der beste Ort für die Zündkerze ist in allen Fällen die Nähe der Mitte des „wirksamen" Verbrennungsraumes, nicht genau in der Mitte, sondern ein wenig seitlich davon in der Richtung des Auspuffventiltellers, da in dieser Gegend notwendigerweise die heißeste Stelle des Zylinders liegt und aus diesem Grunde die Flamme den kürzesten Weg haben soll. Immerhin ist nur ein geringes Abweichen von der genauen Mittelstellung wünschenswert; denn wenn man die Zündkerze zu weit in Richtung des Auspuffventils verlegt, wird die Länge des Flammweges nach der anderen Richtung wieder zu groß.

Die Ergebnisse von Versuchen an einem Ricardo-Zylinderkopf, die angestellt wurden, um den Einfluß verschiedener Zündkerzenstellungen, vgl. Abb. 53, zu prüfen, sind in Zahlentafel 18 (Seite 117) zusammengestellt.

Zündkerzenstellung 1 ergibt hiernach höchste Leistung und besten Wirkungsgrad, verbunden mit geringster Neigung zu Detonation. Obgleich die Zündkerze sich in Stellung 2 unmittelbar über dem Auspuffventil, also in der Nähe einer heißen Stelle befindet, ist die Neigung des Motors zur Detonation doch größer als bei der mehr zur Mitte des Brennraums hin verschobenen Stellung 1. Der Grund hierfür ist die größere Länge des Flammenweges. Bei der Stellung 4 der Zündkerze ist diese Wirkung noch stärker.

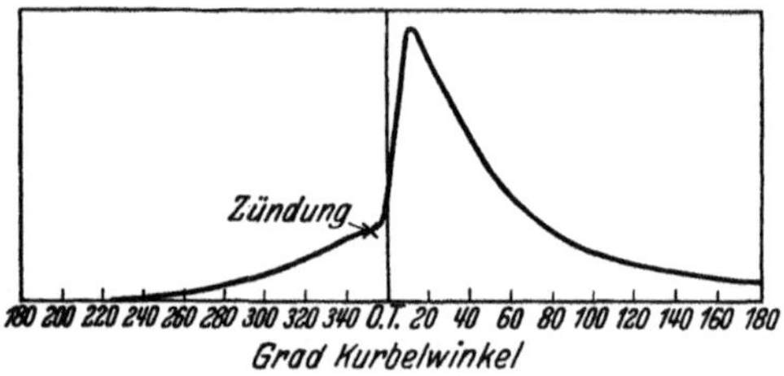

Abb. 50. Zündung 10° vor Totpunkt, Drehzahl 800 U/min. Höchster Zylinderdruck 30,8 at. Beginnende Detonation. Mittl. indiz. Kolbendruck 8,6 at. Geschwindigkeit des Druckanstiegs 2.28 at für 1° Kurbelwinkel.

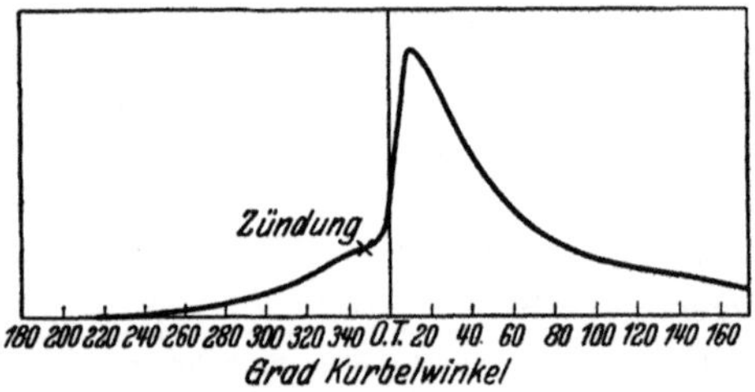

Abb. 51. Zündung 13° vor Totpunkt, Drehzahl 1200 U/min. Höchster Zylinderdruck 31,1 at. Keine Detonation. Mittl. indiz. Kolbendruck 8,83 at. Geschwindigkeit des Druckanstiegs 2,28 at für 1° Kurbelwinkel.

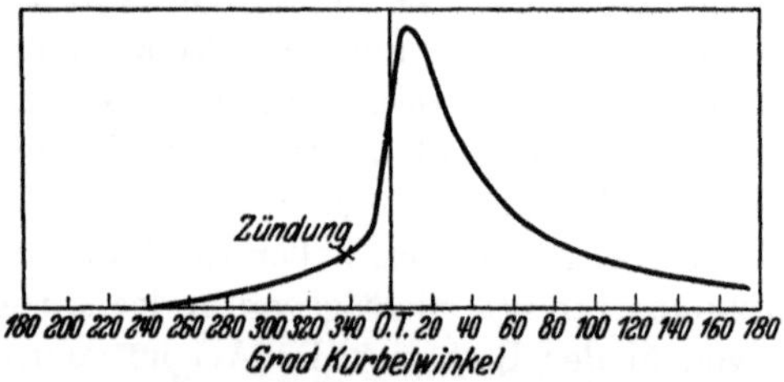

Abb. 52. Zündung 21° vor Totpunkt, Drehzahl 1800 U/min. Höchster Zylinderdruck 31,1 at. Keine Detonation. Mittl. indiz. Kolbendruck 9,00 at Geschwindigkeit des Druckanstiegs 2,23 at für 1° Kurbelwinkel.

Abb. 50 bis 52. Indikatordiagramme, aufgenommen an einem Lastwagenmotor mit Ricardo-Zylinderkopf bei Vollast und Höchstleistungs-Mischungsverhältnis.

8. Die Neigung zur Detonation wird durch die Höhe des Spaltes, der im oberen Totpunkt zwischen Kolbenboden und Zylinderdecke im unwirksamen Teil des Verbrennungsraumes noch frei bleibt, hauptsächlich und in maßgebender Weise bestimmt. An dieser Stelle kann die Detonation, wie die Beobachtungen durch die Quarzfenster bewiesen haben, auftreten, sobald eine ganz bestimmte Mindestgröße des Spaltes überschritten wird. Abb. 54 zeigt die Beziehung zwischen der Spalthöhe und der Neigung zur Detonation auf Grund der Versuche. Aus ihr geht hervor, daß eine Verringerung der Spalthöhe von 3,8 mm auf 2,54 mm bereits eine Erhöhung des Verdichtungsverhältnisses von 5,75 auf 6,6:1, d. h. um nicht weniger als 0,85 Einheiten, gestattet.

9. Der Einfluß der Wirbelung allein, getrennt von viel wichtigeren Größen, z. B. der Länge der Flammenwege, auf die Neigung zur

Detonation ist erheblich, aber nicht entscheidend. Es ist bei jeder praktisch verwendbaren Maschine außerordentlich schwierig, die Stärke der Wirbelung zu verändern, ohne daß sich zugleich auch andere wichtige Bedingungen ändern. Hierdurch kann das Ergebnis verwischt werden, soweit es sich um die Beurteilung des Einflusses der Änderung

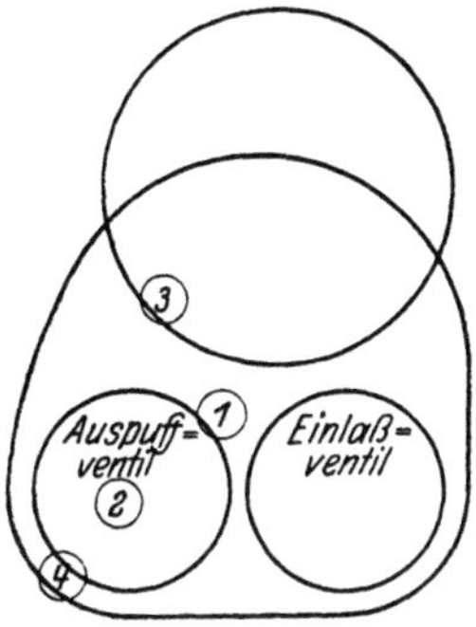

Abb. 53. Verschiedene Stellungen der Zündkerze bei Versuchen an einem Motor mit Ricardo-Zylinderkopf. 1. übliche Stellung, 2. Stellung über dem Auspuffventil.

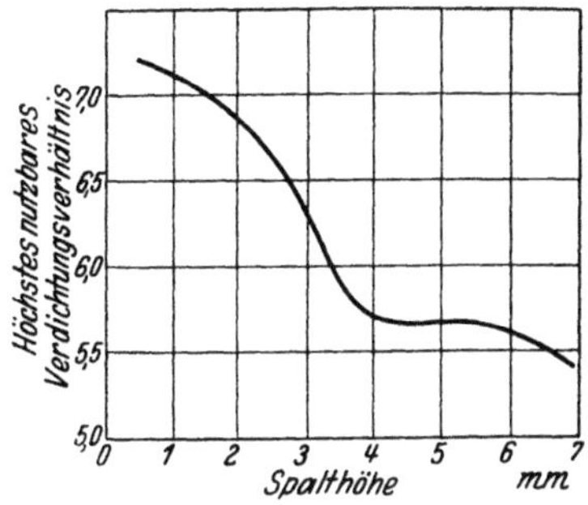

Abb. 54. Einfluß der Spalthöhe zwischen Kolbenboden und Zylinderdecke auf das zulässige Verdichtungsverhältnis.

auf die Detonation handelt. Für diesen Teil der Versuche erwies sich der weiter oben erwähnte Eintaktmotor mit und ohne künstliche Wirbelerzeugung als am besten geeignet. Bei diesem Motor kann man das Verdichtungsverhältnis in weiten Grenzen ändern und gleichzeitig

Zahlentafel 18.

Stellung der Zündkerze vgl. Abb. 53	Leistung bei vollgeöffneter Drossel, umgerechnet auf das Verdichtungsverhältnis 5 : 1		Zündung vor oberem Totpunkt	Höchstes nutzbares Verdichtungsverhältnis bei Shell-Benzin 1
	mittlerer nutzbarer Kolbendruck at	Brennstoffverbrauch l/PSeh	° Kurbelwinkel	
1	7,87	0,3145	17,6	5,87 : 1
2	7,71	0,323	19,8	5,65 : 1
3	7,77	0,323	23,0	5,3 : 1
4	7,70	0,324	22,0	5,45 : 1

die Wirbelung durch die Geschwindigkeit des Flügelrades vollkommen genau beherrschen. Hierbei wurde festgestellt, daß man das Verdichtungsverhältnis bei gleichem Brennstoff, gleichem Mischungsverhältnis und gleicher Temperatur mit schneller laufendem Flügelrad stetig erhöhen konnte. Ebenso zeigte eine Reihe von Versuchen an dem Versuchsmotor nach Abb. 45 und 46 mit seitlich stehenden Ventilen, bei denen lediglich die Drosselstelle an der Verbindung des eigentlichen Verbrennungsraumes mit dem Zylinder verändert wurde, daß das höchste nutzbare Verdichtungsverhältnis steigt, wenn man durch Verkleinern des Durchgangsquerschnittes an dieser Stelle die Wirbelung und hierdurch das Maß des Druckanstiegs erhöht. So ergab eine Reihe von Versuchen mit einer großen Zahl von Zylinderköpfen, alle auf dem gleichen Zylinder mit der gleichen Spalthöhe zwischen Kolbenboden und Zylinderdecke, aber mit verschieden großen Durchgangsquerschnitten an der Drosselstelle zwischen Zylinder und eigentlichem Verbrennungsraum, die in Zahlentafel 19 zusammengestellten Werte:

Zahlentafel 19.

Grad der Wirbelung, ausgedrückt durch die Geschwindigkeit des Druckanstieges in at für 1° Kurbelwinkel	1,76	2,11	2,46	2,81	3,17	3,52	3,87	4,22
Höchstes nutzbares Verdichtungsverhältnis (Shell-Benzin 1)	5,35	5,55	5,80	6,10	6,55	6,85	7,05	7,15

Diese Ergebnisse können in jeder Hinsicht als streng vergleichbar angesehen werden, mit der Einschränkung allerdings, daß mit der Verkleinerung des Durchgangsquerschnittes an der Drosselstelle auch die Länge des Flammenweges verändert wird, wenn auch nur in sehr geringem Maße. Man kann aus den Werten ersehen, daß stärkere Wirbelung das zulässige Verdichtungsverhältnis erhöht, daß aber der Einfluß der Wirbelung auf die Detonation innerhalb der Grenzen, die bei den praktischen Motorbauarten in Betracht kommen, nämlich zwischen 1,75 und 2,5 at Drucksteigerung für 1° Kurbelwinkel, nicht erheblich ist.

In ähnlicher Art wurde durch Veränderung dieser Bedingung allein festgestellt, welchen Einfluß die Dicke der Gasschicht zwischen Kolbenboden und Zylinderdicke auf die Neigung zur Detonation hat. Es konnte hierüber eine Versuchsreihe ohne Störung durch irgendeinen anderen wesentlichen Einfluß durchgeführt werden; allerdings wurde durch das Verkleinern des Spaltes die Wirbelung insofern etwas verstärkt, als das in diesem Teil des Zylinders eingeschlossene Gemisch am Ende des Verdichtungshubes mit höherer Geschwindigkeit ausgestoßen wird. Die Ergebnisse der Beobachtungen an fünf Zylinderköpfen mit verschieden hohen Spalten und gleichen, ziemlich starke Wirbelung ergebenden Durchgangsquerschnitten der Drosselstelle zwischen Zylinder und Verbrennungsraum sind in Zahlentafel 20 zusammengestellt.

Zwischen den Zylinderköpfen B und C betrug bei einer Spaltveränderung von 2,18 auf 3,73 mm Höhe der Abfall des zulässigen Verdichtungsverhältnisses mehr als 1,0, obgleich sich die Geschwindigkeit des Druckanstiegs für 1° Kurbelwinkel bei diesen beiden Versuchen um weniger als 0,211 at änderte. Dieser große Unterschied im zulässigen Verdichtungsverhältnis ist dadurch zu erklären, daß eine Spalthöhe von 3,73 mm bereits für das Auftreten von Detonation in der so gebildeten flachen Tasche ausreicht. Das heißt mit anderen Worten, daß der über dem Kolben gelegene Teil des Verbrennungsraumes bei dieser Spaltgröße in bezug auf die Detonation bereits „wirksam“ wurde. Diese Tatsache haben Beobachtungen durch die Quarzfenster mittels des Stroboskops bestätigt. Man konnte sehen, daß die

Zahlentafel 20.

Zylinderkopf	A	B	C	D	E
Kleinster Abstand zwischen Kolbenboden und Zylinderdecke . . . . mm	0,538	2,18	3,73	5,33	6,81
Höchstes nutzbares Verdichtungsverhältnis (Shell-Benzin 1)	6,9	6,8	5,67	5,48	5,37

Flamme im höheren Spalt mit voller Geschwindigkeit fortschreitet, während sich ihre Geschwindigkeit bei kleinerer Spalthöhe nach dem Eintritt ganz erheblich verzögert. Die wirksame Länge des Flammenweges hat sich also beim Übergang von Zylinderkopf B zu Zylinderkopf C um 63,5 mm, entsprechend der Länge des Spaltes zwischen Kolbenboden und Zylinderdecke, vergrößert.

Der Einfluß der Größe des Einlaßventils auf die Wirbelung war demjenigen des Durchgangsquerschnitts der Drosselstelle zwischen Zylinder und Verbrennungsraum fast genau gleichartig. Wird also der Durchgangquerschnitt des Einlaßventils verdoppelt, so sinkt die Geschwindigkeit des Druckanstiegs auf ungefähr die Hälfte, und umgekehrt. Hieraus geht hervor, daß die Wirbelung in fast gleichem Maße durch Drosseln im Einlaßventil wie an der Durchgangsstelle zwischen Zylinder und Verbrennungsraum verstärkt werden kann.

Eine Reihe von Versuchen wurde vor einigen Jahren durchgeführt, um ganz allgemein den Einfluß der Gestaltung des Zylinderkopfes zu bestimmen. Bei gleichbleibender Spalthöhe über dem Kolben und gleichbleibendem Durchgangsquerschnitt der Drosselstelle zwischen Zylinder und Verbrennungsraum wurden verschiedene Umrisse des Verbrennungsraums, angefangen vom flachen, rechteckigen Querschnitt bis zu dem mit abgerundeten Seiten und stromlinienförmiger Decke, geprüft. Der Einfluß auf die Leistung, selbst zwischen diesen beiden Extremen, war vernachlässigbar klein. Die Unterschiede in Leistung, Brennstoffverbrauch, Detonation und allen anderen wichtigen Werten betrugen nach den Messungen weniger als 1 vH.

Die Mängel des Ricardo-Kopfes. Die hauptsächlichen Mängel des üblichen Ricardo-Kopfes sind:

1. Obgleich starke Wirbelung den Höchstdruck im Zylinder nicht in wesentlichem Ausmaß erhöht, so hat doch das überaus plötzliche Entstehen und schnelle Steigen des Drucks nach Eintritt der Zündung ein Durchfedern der Teile des Triebwerks, insbesondere der Kurbelwelle, zur Folge und erzeugt hierdurch Schwingungen mit hoher Schwingungszahl, die ein unbestimmtes brummendes Geräusch hervorbringen. Man bezeichnet diese beiden Erscheinungen gewöhnlich zusammen als „rauhen Gang“ des Motors. Diese Rauheit bestimmt und begrenzt in der Praxis das Maß von Wirbelung, das man anwenden kann. Umgekehrt könnte man das Maß an Wirbelung, das man anwenden darf, ohne daß der Gang des Motors zu rauh wird, als einen Maßstab für die Steifigkeit und Festigkeit eines Motors, besonders mit Bezug auf die Kurbelwelle, ansehen. Ein wirklich gut gebauter Motor mit ausreichend unterstützter Kurbelwelle wird bis zu einem Druckanstieg von 2,1 at für 1° Kurbelwinkel vollkommen ruhig laufen; aber nur ein besonders starr gebauter Motor wird auch einen Druckanstieg von 2,5 at für 1° Kurbelwinkel aushalten, ohne daß sein Gang rauh wird.

Eine Untersuchung des Problems der Rauheit des Ganges spielte daher im Rahmen der allgemeinen Versuchsarbeit eine wichtige Rolle. Hierbei wurde festgestellt, daß die Rauheit des Ganges nicht eine Folge der absoluten Größe der Geschwindigkeit des Druckanstiegs, sondern eher die Folge der Plötzlichkeit der Druckerzeugung im Zylinder ist, und daß man sehr schnellen Druckanstieg ohne jede Spur von rauhem Gang anwenden kann, wenn man nur den Druck zu Anfang allmählich steigert. Ähnlich ist es z. B. bei den Steuernocken von Ventilantrieben; da kann man selbst sehr hohe Ventilbeschleunigungen völlig geräuschlos beherrschen, wenn nur der Anstieg der Nockenkurve zum Überbrücken des Stößelspiels und des sonstigen toten Ganges ganz allmählich verläuft.

Um nun zu Anfang einen allmählichen Druckanstieg zu erzielen und um hierdurch das Durchfedern und etwaigen toten Gang weich aufzunehmen, suchte man nach geeigneten Mitteln, die gestatten, zunächst einen kleinen Teil der Gesamtladung abzutrennen und in mehr oder weniger ruhendem Zustande zu verbrennen, während die Hauptmasse der Ladung im üblichen Zustande der Wirbelung erhalten wurde. Indem man diesen ruhenden Teil der Ladung zuerst entflammte, erreichte man zunächst eine ganz allmähliche Steigerung der Geschwindigkeit des Druckanstiegs, auf die in dem Augenblick, wenn die Flamme den Hauptteil der Ladung erreicht, eine sehr schnelle Verbrennung folgt.

In dieser Weise wurde durch Abtrennen und Beruhigen von 15 vH der Gesamtladung ermöglicht, bei der Verbrennung der übrigen 85 vH der Ladung die Geschwindigkeit des Druckanstiegs sogar bis auf 3,5 at für 1° Kurbelwinkel zu steigern, ohne daß eine Rauheit des Ganges bemerkbar war. Jedenfalls lief der Motor merklich weniger rauh als mit einem gewöhnlichen Ricardokopf bei nur 2,1 at Druckanstieg für 1° Kurbelwinkel. Die beiden in Abb. 55 übereinander gezeichneten Indikatordiagramme veranschaulichen die Betriebsbedingungen der beiden Motoren. In dem einen Fall wurde die ganze Ladung mit einem Druckanstieg von etwa 3,5 at für 1° Kurbelwinkel verbrannt, und in dem anderen Fall verbrannten etwa 15 vH langsam und dann der Rest mit etwa 3,5 at Drucksteigerung für 1° Kurbelwinkel. Im ersten Fall war der Gang der Maschine unerträglich rauh, während er im zweiten Fall ziemlich weich war.

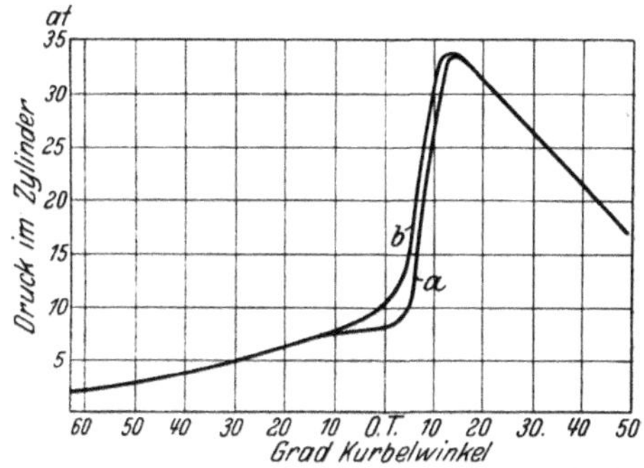

Abb. 55. Druckanstieg im Zylinder *a* bei Verbrennung der ganzen Ladung mit einem Druckanstieg von rd. 3,5 at für 1° Kurbelwinkel (Motorgang unerträglich rauh), *b* bei langsamer Verbrennnung von 15 vH der Ladung und darauffolgender Verbrennung des Restes der Ladung mit rd. 3,5 at Druckanstieg für 1° Kurbelwinkel (Motorgang ziemlich weich).

Die in den Abb. 56 und 57 dargestellte, vor kurzem dem Verfasser patentierte und als Zylinderkopf mit „Stoßdämpfung" bekannt gewordene Konstruktion zeigt die praktische Anwendung dieses Arbeitsverfahrens. Bei diesem Zylinderkopf ist eine niedrige Tasche mit flachem Dach vorhanden, in deren Mitte die Zündkerze angeordnet ist. Den Übergang von dieser Tasche zum Hauptverbrennungsraum bildet eine breite, aber niedrige Öffnung, die sich ungefähr um den halben Umfang des Verbrennungsraumes herumzieht und eine scharf begrenzte rechtwinklige Öffnung zum Zylinder hin aufweist. Diese Tasche kann an beliebiger Stelle des Verbrennungsraumes angebracht werden, doch legt man sie vorteilhafterweise über das Einlaß- oder das Auspuffventil. Das Fassungsvermögen der Tasche kann man ganz nach Wunsch bemessen, je nach dem Grad der Weichheit im Druckanstieg, den man erzielen will. Als bester Mittelweg ergibt sich in der Praxis, daß der Inhalt der Tasche zwischen 10 und 25 vH vom Gesamtinhalt des Verbrennungsraumes

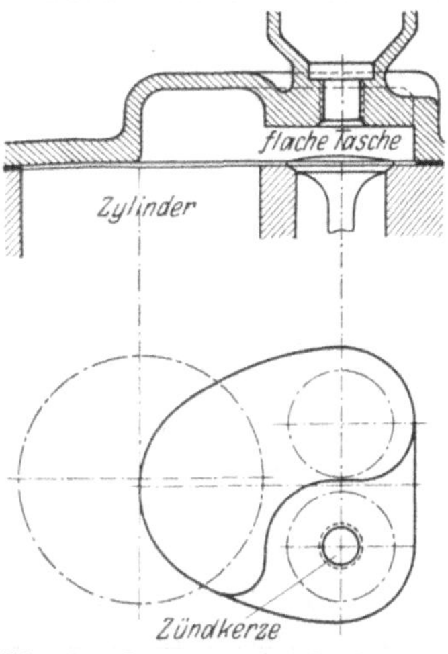

Abb. 56 und 57. Zylinderkopf mit „Stoßdämpfung" nach Ricardo.

beträgt. Der Gemischstrom, der während der Verdichtung in die Tasche getrieben wird, stößt sich an den plötzlichen und scharfkantigen Übergängen und löst sich in kleine örtliche Wirbel auf, die in einem so beengten Raume bald abklingen.

Bei der Entflammung verbrennt der Gemischanteil in der Tasche zunächst langsam, aber mit steigender Geschwindigkeit, bis die Flamme den offenen Übergang zum Hauptbrennraum erreicht. An dieser Stelle wird die fortschreitende Flammenwand infolge der plötzlichen Querschnittvergrößerung zerrissen, und die Flammenteile verbreiten sich schnell über den Hauptteil des Verbrennungsraums. Beobachtungen mittels des Stroboskops und Messungen des Druckanstiegs an einem Versuchszylinderkopf, bei dem der Inhalt der Tasche etwa 15 vH des Gesamtinhalts des Verbrennungsraums betrug, zeigten, daß die Zeit vom wirklichen Überspringen des Zündfunkens an der Kerze bis zu dem Augenblick, in dem die Flamme den Übergang von der Tasche zum Hauptbrennraum erreichte, bis zu 30° Kurbelwinkel entsprach, wenn die Tasche über dem Einlaßventil angeordnet war. Demgegenüber beanspruchte die volle Entflammung des Hauptteils der Ladung bis zu dem Augenblick, in dem der Höchstdruck im Zylinder erreicht wurde, nur 12° Kurbelwinkel. Mit anderen Worten beanspruchte das Verbrennen von 15 vH der Ladung 30° Kurbelwinkel, das Verbrennen der übrigen 85 vH der Ladung nur 12°. Wurde die Tasche über dem Auspuffventil angeordnet, so verlief die Verbrennung in der Tasche infolge der höheren Temperatur des Gemisches und seiner Umgebung um etwa 4° Kurbelwinkel schneller. Die Ergebnisse dieser beiden Versuche sind in Abb. 58 dargestellt.

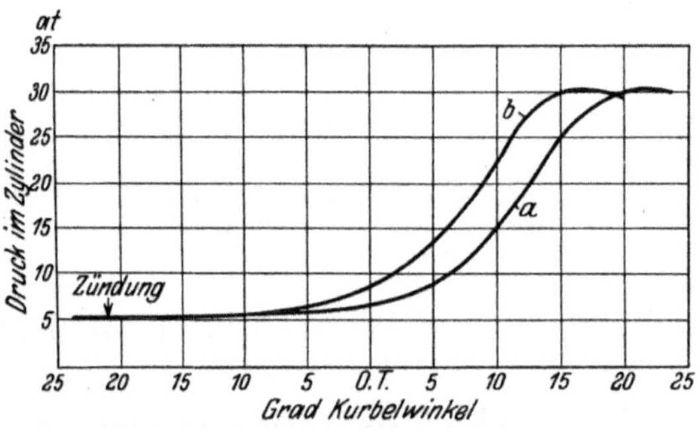

Abb. 58. Verlauf der Brenngeschwindigkeiten bei Zylinderköpfen mit „Stoßdämpfung". Inhalt der Tasche 15 vH des Gesamtinhalts des Verbrennungsraumes.
a Tasche über dem Einlaßventil, b Tasche über dem Auspuffventil.

Obgleich die Kerze nicht mehr in der Mitte des Verbrennungsraums liegt, ist doch der Zylinderkopf mit „Stoßdämpfung" vom Standpunkt der Detonation ein wenig günstiger als der gewöhnliche Ricardo-Kopf, da die für das Auftreten von Detonation maßgebende Länge des Flammenweges nur wenig größer ist als der Abstand zwischen dem offenen Ende der Tasche und der am weitesten entfernten Stelle des Verbrennungsraums.

An dem Zylinderkopf mit „Stoßdämpfung" wurde ferner festgestellt, daß das Vorverbrennen eines Teils der Ladung und das plötzliche Heraustreten der Flamme mit breiter Front zum Erzeugen einer zusätzlichen Wirbelung im Hauptteil des Verbrennungsraumes beitragen, und zwar in so hohem Maße, daß man durch Hinzufügen einer solchen flachen Tasche zu einem Ricardo-Zylinderkopf, der einen Druckanstieg von 2,46 at für 1° Kurbelwinkel hatte, ohne irgendeine andere maßgebende Größe zu ändern, einen Druckanstieg von 3,17 at für 1° Kurbelwinkel erreichte. Das besagt in der Wirkung, daß man die Drosselstelle zwischen Verbrennungsraum und Zylinder bei einem Zylinderkopf mit „Stoßdämpfung" beträchtlich größer bemessen kann, ohne an Wirbelung und Druckanstieg für 1° Kurbelwinkel gegenüber einem üblichen Ricardo-Zylinderkopf Einbußen befürchten zu müssen. Die Einschnürung an dieser Stelle ist dann weniger erforderlich.

Bei den üblichen Motoren mit seitlich stehenden oder mit hängenden Ventilen sind die Ventile in einer einzigen Reihe in Längsrichtung des Motors angeordnet. Infolgedessen ist der insgesamt verfügbare Querschnitt der Einlaßventile oder, mit anderen Worten, das Ansaugvermögen des Motors durch seine Länge oder vielmehr durch die Länge des Zylinderblocks begrenzt.

Praktisch bestimmen die Abmessungen der Kurbelwelle und ihrer Lager den Mindestabstand der Zylinderachsen und damit die Länge des Zylinderblocks. Bei gegebener Zylindergröße wird der insgesamt verfügbare Querschnitt der Einlaßventile unter der Voraussetzung, daß die Ventile in einer Reihe angeordnet und die kleinsten zulässigen Zylinderabstände verwendet werden, so groß, daß die Leistung des Motors bei einer Kolbengeschwindigkeit von 15 m/s ihren Höchstwert erreicht. Diese Begrenzung der Motorleistung durch den Querschnitt der Einlaßventile gilt in gleicher Weise, ob die Ventile seitlich stehen oder im Zylinderkopf hängen, sofern sie in einer Reihe hintereinander angeordnet sind.

Will man also Spitzenleistungen bei Kolbengeschwindigkeiten von wesentlich mehr als 15 m/s erreichen, so muß man die Einlaßventile in zwei Reihen anordnen. Bei Rennmotoren ist es daher jetzt durchaus üblich geworden, zwei gegeneinander geneigte Reihen von hängenden Ventilen anzuwenden und jede Reihe mittels einer besonderen obenliegenden Nockenwelle zu steuern. Hierdurch gewinnt man die Möglichkeit, die Zündkerze in der Mitte zwischen den beiden Nockenwellen anzubringen und erhält so wahrscheinlich eine Form des Zylinderkopfes, die bei Ventilsteuerung den besten Wirkungsgrad ergibt. Allerdings kann man gegen diese Bauart einwenden, daß sie den Motor verwickelt, kostspielig und schlecht zugänglich macht. Daher wird sie außer für ausgesprochene Rennzwecke selten benutzt.

Der Entwurf eines sog. „Hochleistungskopfes“ verfolgte nun das Ziel, den obigen Bedingungen nach Möglichkeit zu entsprechen, aber ohne Anwendung einer obenliegenden Nockenwelle und in einer Bauart, die verhältnismäßig billig und leicht zugänglich war.

Daß ein Motor mit zwei obenliegenden Steuerwellen so hohe Drehzahlen bei steigender Leistung und hohen Wirkungsgrad erreicht, verdankt er

1. dem großen Saugvermögen infolge der Anordnung von Einlaß- und Auspuffventilen in getrennten Reihen, die die für das Unterbringen der Ventile verfügbare Länge verdoppeln;

2. der zentralen Stellung der Zündkerze;

3. der sehr kleinen Länge des Flammweges infolge der zentralen Stellung der Zündkerze und dem Fehlen von Ecken und Taschen, in denen das Gemisch eingeschlossen werden und dadurch detonieren könnte. Infolgedessen ist Betrieb mit hohem Verdichtungsverhältnis möglich;

4. dem geringen Gewicht der bewegten Massen zwischen den Steuerdaumen und den eigentlichen Ventiltellern. Infolgedessen kann man hohe Beschleunigungen und ein sehr wirksames Ventilöffnungsdiagramm anwenden.

Bei einem „Hochleistungskopf“ werden diese Bedingungen möglichst angenähert auf folgende Weise erreicht:

1. Zwei Ventilreihen erhält man dadurch, daß man das Einlaßventil hängend anordnet und mittels Stoßstange und Kipphebel betätigt. Das Auspuffventil bleibt dagegen in der gewöhnlichen Anordnung wie bei Motoren mit seitlich stehenden Ventilen. In dieser Anordnung ist allerdings nicht die geringste Neuheit enthalten.

2. Die Zündkerze wird in der Achse des Zylinders angeordnet oder annähernd in der Mitte des wirksamen Verbrennungsraums.

3. Das hängende Einlaßventil befindet sich in dem flachen „unwirksamen“ Teil des Verbrennungsraums. Die eigentliche Verbrennungskammer ist gegenüber dem Einlaßventil seitlich versetzt wie bei einem gewöhnlichen Ricardo-Kopf und erstreckt sich lediglich über das Auspuffventil und einen kleinen Teil der Kolbenfläche. Die Verbrennungskammer ist also im Grundriß ähnlich wie beim gewöhnlichen Ricardo-Kopf, aber beträchtlich stärker zusammengedrängt als bei diesem, da sie sich nur über ein Ventil erstreckt; die Länge des Flammweges ist infolgedessen nicht größer als bei einem Motor mit zwei Reihen von hängenden Ventilen und zwei Steuerwellen. Die ganze Verbrennungskammer ist in der Tat sehr ähnlich der des Rennmotorzylinders ausgebildet mit dem Unterschied, daß sie, wie Abb. 60 im Gegensatz zu Abb. 59 zeigt, gegenüber dem Kolben seitlich versetzt ist. Die Bedingungen für das Entstehen von Wirbelung sind praktisch

denen gleich, die bei einem gewöhnlichen Ricardo-Kopf vorliegen; natürlich kann man auch eine „stoßdämpfende" Tasche vorsehen, wenn es gewünscht wird. Das Neue und wesentliche Merkmal dieser Zylinderkopfform ist allerdings die Anordnung des Einlaßventils vollständig außerhalb des wirksamen Teils der Verbrennungskammer.

4. Da sich das Einlaßventil außerhalb der Verbrennungskammer und unmittelbar in den Zylinder öffnet, so summieren sich die Strömungswiderstände im Einlaßventil und in der Einschnürung zwischen Zylinder und Verbrennungsraum natürlich nicht mehr; es ist daher auch nicht mehr notwendig, diese Einschnürung, d. h. in diesem Fall die Stärke der Wirbelung, aus Rücksicht auf ihre etwaigen Drosselverluste zu beschränken. Da somit die Stärke der Wirbelung auch nicht mehr von der Einströmgeschwindigkeit im Einlaßventil abhängt, so kann man dieses fast unbegrenzt groß bemessen, zumal es außer-

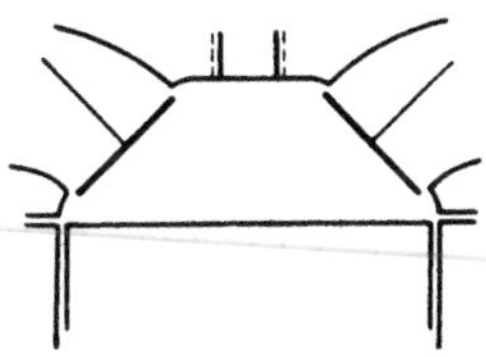

Abb. 59. Zylinderkopf eines üblichen Rennmotors. Die beiden Ventile liegen am Verbrennungsraum.

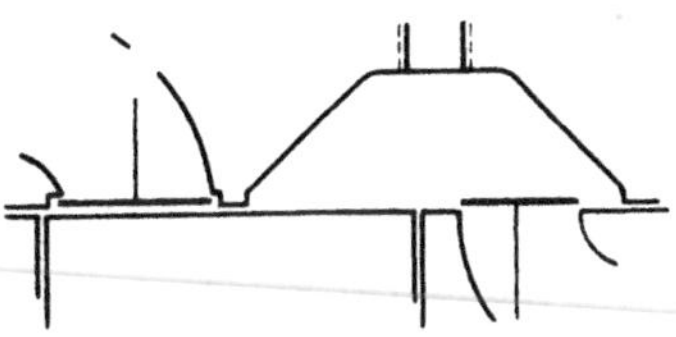

Abb. 60. Hochleistungszylinderkopf nach Ricardo. Das Einlaßventil liegt nicht am eigentlichen Verbrennungsraum.

halb der Verbrennungskammer liegt und daher weder deren Oberfläche noch die Länge des Flammenweges vergrößert.

5. Beim Auspuffventil ist die Masse, die zwischen Steuerdaumen und Ventilteller eingeschaltet ist, wenig oder überhaupt nicht größer als beim hängenden Ventil. Beim Einlaßventil ist diese Masse allerdings beträchtlich größer; aber das Einlaßventil kann man im Gegensatz zum Auspuffventil mit jedem beliebigen Maß von Voranheben ausstatten, währenddessen es noch geschlossen bleibt, so daß man immer ein sehr wirksames Ventilerhebungsdiagramm bei verhältnismäßig geringer Beschleunigung erreichen und daher sehr hohe Motordrehzahlen zulassen kann. Das Einlaßventil öffnet sich auch nicht gegen einen hohen Druck im Zylinder; man kann daher seine Steuerteile beträchtlich leichter bemessen, als wenn das Auspuffventil hängend angeordnet würde. Da das hängende Ventil auch das kühlere ist, so braucht man auch kein großes Spiel für den Ausgleich von Wärmeausdehnungen.

Einige auf dieser Grundlage gebaute Zylinderköpfe wurden an dem Versuchsmotor mit seitlich stehenden Ventilen geprüft. Bei gleichem Verdichtungsverhältnis und gleicher Motordrehzahl ergaben sie um etwa 7 vH mehr Leistung und um 5 vH niedrigeren Brennstoffverbrauch als der beste der üblichen Ricardo-Zylinderköpfe. Bei Verwendung eines Drosselquerschnitts zwischen Zylinder und Verbrennungsraum, der bei einem üblichen Ricardo-Zylinderkopf einen Druckanstieg von 2,81 at für 1° Kurbelwinkel ergab, verminderte sich der Druckanstieg durch Anwendung des Hochleistungskopfes auf 2,04 at für 1° Kurbelwinkel. Dies beweist, daß die Beseitigung des Einlaßventils aus dem Bereich der Verbrennungskammer die Stärke der Wirbelung vermindert hat. Mit dieser Zylinderkopfbauart wurden bei Betrieb mit gewöhnlichem Benzin mittlere nutzbare Kolbendrücke bis zu 8,58 at bei Drehzahlen von reichlich über 4000 U/min erzielt und aufrechterhalten.

Der Hochleistungskopf wurde und wird bei mehreren sehr schnell laufenden Motoren des europäischen Festlandes angewandt und hat hierbei ungefähr die gleichen Erfolge ermöglicht wie die übliche Bauart für Rennmotoren mit zwei obenliegenden Steuerwellen. Infolge ihres hohen Wirkungsgrades und ihrer sicheren Bauart ist diese Anordnung, die außerdem sehr reichlichen Wasserumlauf an den Auspuffventilsitzen und an den Ventilspindeln gestattet, für den Betrieb mit Überladung besonders gut geeignet; dies um so mehr, als die kurze Länge des Flammenweges selbst bei Betrieb mit Überladung ein ziemlich hohes Verdichtungsverhältnis zuläßt.

Bestimmung des Wirkungsgrades des Verbrennungsraumes. Weiter oben ist gezeigt worden, daß der Wirkungsgrad des Verbrennungsraumes die wichtigste von allen Größen darstellt, welche Leistung und thermischen Wirkungsgrad einer Maschine bestimmen. Leider ist es aber in den meisten Fällen sehr schwer, auch nur verhältnismäßig die Wirkungsgrade zweier verschiedener Bauarten von Verbrennungsräumen zu ermitteln, in dem Falle von Mehrzylindermotoren deshalb, weil hier die Unregelmäßigkeiten in der Gemischverteilung eine so große Rolle spielen, daß die Beurteilung des Wirkungsgrades des Verbrennungsraumes auf Grund des Brennstoffverbrauches für die Pferdekraftstunde sehr wenig Wert hat. Man findet sehr häufig, daß der Brennstoffverbrauch für 1 PSh bei zwei Maschinen gleich ist, obgleich vielleicht die eine einen viel günstiger gestalteten Verbrennungsraum hat und daher eine viel höhere Leistung als die andere entwickelt. Zunächst könnte es scheinen, die Bauarten der beiden Maschinen seien gleichwertig, während in Wirklichkeit die eine viel besser entworfen ist, aber der praktische Wert ihres günstigen inneren Wirkungsgrades ist durch größere Unregelmäßigkeiten in der Gemischverteilung zunichte gemacht worden. Wäre es möglich, die ganze Gemischverteilanlage von einer Maschine auf die andere zu übertragen, so würde man sofort eine merkliche Änderung des Wirkungsgrades beobachten; allein das ist in der

Praxis, wenn überhaupt, nur selten möglich, weil bei den meisten vorhandenen Mehrzylindermotoren ein erheblicher Teil der Ansaugleitung einen Bestandteil des Zylindergußstückes bildet.

Das praktisch geeignetste Verfahren, das der Verfasser bisher gefunden hat, um den wahren Wirkungsgrad einer Mehrzylindermaschine ohne Rücksicht auf alle Unregelmäßigkeiten in der Verteilung des Gemisches, auf Fehler in der Vergasung usw. zu ermitteln, beruht darauf, daß bei jedem beliebigen Kohlenwasserstoffbrennstoff oder bei Spiritus die mit Hilfe eines gegebenen Gewichtes von Verbrennungsluft durch Verbrennung frei werdende Wärmeenergie fast genau gleich bleibt, mit wie großem Brennstoffüberschuß immer man auch arbeiten mag, vorausgesetzt, daß stets Brennstoff im Überschuß vorhanden ist. Solange also, mit anderen Worten, das Gemisch überreich an Brennstoff ist, bleibt der thermische Wirkungsgrad, bezogen auf den auch wirklich verbrannten Anteil des Brennstoffes, innerhalb weiter Grenzen des Mischungsverhältnisses auf der Seite des Brennstoffüberschusses der gleiche, mit dem Erfolg, daß über den ganzen Bereich von 5 bis zu 35 vH Brennstoffüberschuß die auf eine Gewichtseinheit von Mischluft frei werdende Verbrennungswärme innerhalb außergewöhnlich enger Grenzen konstant bleibt.

Mißt man daher statt des Brennstoffverbrauches den Verbrauch an Verbrennungsluft und bezieht man den thermischen Wirkungsgrad überhaupt auf den Verbrauch an Luft für 1 PSh, so bietet dies ein Mittel, um den wirklichen thermischen Wirkungsgrad einer Verbrennungsmaschine ohne Rücksicht auf irgendwelche Verluste infolge von Unregelmäßigkeiten in der Gemischverteilung, fehlerhafte Vergasung, Kondensation von Brennstoffdämpfen usw., zu bestimmen. Ist der auf der Luftmessung beruhende thermische Wirkungsgrad einer Maschine niedrig, so weiß man sofort, daß der Entwurf des Verbrennungsraumes Fehler enthält und daß hiergegen keine Einstellung am Vergaser und keine Änderung der Saugleitung helfen kann.

Andererseits geschieht es häufig genug, daß eine scheinbar gut entworfene und scheinbar auch mit einem Verbrennungsraum von günstiger Gestalt versehene Maschine beim Versuch einen sehr hohen Brennstoffverbrauch aufweist. Dann kann man durch Messung des Luftverbrauchs sofort nachprüfen, ob der Fehler in der Bauart der Maschine oder in der Gemischverteilung liegt. Sind zuverlässige Hilfsmittel für die Messung des Luftverbrauches vorhanden, so braucht man nur den Vergaser so einzustellen, daß er überreiches Gemisch liefert, d. h. in der Praxis den Vergaser auf Höchstleistung einzustellen (bei Betrieb mit Benzin etwa 15 bis 20 vH Brennstoffüberschuß) und den Luftverbrauch abzulesen. Das einzige, was notwendig ist, besteht darin, daß man sich vergewissert, daß auch der mit dem ärmsten

Gemisch belieferte Zylinder immer noch mit wenigstens 5 vH Brennstoffüberschuß arbeitet. Da von hier ab ein großer Bereich der Mischungsverhältnisse zur Verfügung steht, nämlich bis zu etwa 40 vH Brennstoffüberschuß, bevor die Geschwindigkeit der Verbrennung ähnlich wie bei Brennstoffmangel des Gemisches wieder abnimmt, so macht es keine Schwierigkeiten, diese Voraussetzung zu erfüllen.

Der auf diese Weise gefundene thermische Wirkungsgrad ist immer etwas höher als der aus dem gemessenen Brennstoffverbrauch berechnete, auch wenn die Maschine mit dem wirtschaftlichsten Mischungsverhältnis arbeitet. Dies ist selbst bei Einzylindermaschinen der Fall, bei denen die Verluste infolge der Gemischverteilung beinahe ganz ausgeschaltet werden können. Der Unterschied beruht auf:

1. der stärkeren Zunahme des spezifischen Volumens beim Betrieb mit Brennstoffüberschuß im Gemisch,

2. dem geringen Verlust infolge der Kondensation von flüssigem Brennstoff an den Zylinderwänden, der sich der Verbrennung entzieht und schließlich am Kolben vorbei in das Kurbelgehäuse gelangt,

3. dem geringen Verlust infolge der Kondensation von flüssigem Brennstoff an den Wandungen der Ansaugleitung. Dieser Brennstoff gelangt in irgendeinem Zeitabschnitt des Kreisprozesses flüssig und schluckweise in den Zylinder und wird nicht vollständig verdampft,

4. dem geringen Verlust an flüssigem oder verdampftem Brennstoff, der durch das Zurückschwingen der Gassäule oder durch das Zurückfließen flüssiger Brennstoffteile in die Saugleitung entsteht, wenn sich das Einlaßventil plötzlich schließt.

Sobald der Luftverbrauch bekannt ist, läßt sich der thermische Wirkungsgrad irgendeines Motors nach der Formel

$$\eta = \frac{\text{Indizierte Leistung (PS)}}{\text{Luftverbrauch (kg/h)}} \cdot C$$

berechnen; darin ist C eine Konstante, die der bei Verbrauch von 1 kg Luft für die Verbrennung des Brennstoffs frei werdenden Wärme gleich ist. Für alle Benzinsorten kann diese Konstante mit 87,6 eingesetzt werden.

In der folgenden Zahlentafel 21 sind die berichtigten unteren Heizwerte, die Mischungsverhältnisse für die vollständige Verbrennung, ausgedrückt in Gewichtsanteilen von Luft und Brennstoff, die durch die Verbrennung in 1 kg Luft freiwerdenden Wärmemengen und die Werte der Konstanten C in der obigen Formel für den Wirkungsgrad für eine kennzeichnende Auswahl von Brennstoffen zusammengestellt. Aus dieser Übersicht geht hervor, daß über den gesamten Bereich der verfügbaren Brennstoffe die durch die Verbrennung in 1 kg Luft freiwerdende Wärme ziemlich genau gleich bleibt.

Zahlentafel 21. Konstante C für verschiedene Brennstoffe.

Brennstoff	Berichtigter unterer Heizwert kcal/kg	Theoretisches Mischungsverhältnis Luft : Brennstoff nach Gewichtsanteilen	Durch Verbrennung in 1 kg Luft freiwerdende Wärme kcal/kg	Konstante C
Benzin, Sorte 1 . . .	10680	15,05	708	88
„ „ 2 . . .	10580	14,7	720	87,2
„ „ 3 . . .	10620	14,8	719	87,4
„ „ 4 . . .	10500	14,6	720	87,2
„ „ 5 . . .	10600	14,9	712,5	88
„ „ 6 . . .	10700	15,0	714	87,8
„ „ 7 . . .	10510	14,7	716	78,6
Petroleum	10610	15,0	708	88
Hexan	10770	15,2	708	88
Heptan	10800	15,1	714	87,6
Benzol.	9700	13,2	733	86
Toluol	9810	13,4	730	86,25
Cyclohexan	10520	14,7	717	87,6
Heptylen	10740	14,7	733	86
Äther	9350	13,0	720	87,2
Äthylalkohol, 99 vH .	6640	8,95	741	84,9
„ 95 vH .	6180	8,4	739	85,1

Die Werte in der 4. Spalte der Zahlentafel sind unter der Annahme vollständiger Verbrennung berechnet, der auch die Werte für die Konstante C entsprechen. Soweit es sich aber um Gemische mit Überschuß an Brennstoff handelt, ändert sich diese Konstante innerhalb weiter Grenzen der Mischungsverhältnisse bei allen Brennstoffen in

Zahlentafel 22. Versuche an der Maschine E 5 mit veränderlichem Verdichtungsverhältnis.

Brennstoff: Benzin Sorte 4. Verdichtungsverhältnis 5:1.

Versuch am 5. VII. 1921.

Mischungsverhältnis	Luftverbrauch kg/h	Mittlerer indiz. Kolbendruck at	Indiz. Leistung PS	Spez. Luftverbrauch kg/PS_ih	Indiz. thermischer Wirkungsgrad vH
Theoretisch richtig . . .	88,8	9,27	32,5	2,74	32,1
5 vH Brennstoffüberschuß	89,2	9,49	33,2	2,68	32,8
10 „ „	89,4	9,6	33,6	2,66	33,1
15 „ „	89,6	9,66	33,8	2,65	33,2
20 „ „	89,9	9,7	33,9	2,655	33,15
25 „ „	90,2	9,7	33,9	2,665	33,05
30 „ „	90,5	9,66	33,8	2,67	32,85
35 „ „	90,7	9,6	33,6	2,695	32,7

Höchster thermischer Wirkungsgrad, aus dem Brennstoffverbrauch berechnet, 32,1 vH bei 16 vH Brennstoffmangel.

Wirklichkeit nur sehr wenig. Sie ist bei allen leicht flüchtigen flüssigen Brennstoffen anscheinend fast genau gleich groß, so daß etwa mögliche Fehler in der Berechnung infolge von Unterschieden im Mischungsverhältnis auf alle Fälle außerordentlich klein bleiben müssen.

Die Zahlentafeln 22 bis 24 enthalten kennzeichnende Ergebnisse von Versuchen an der weiter oben beschriebenen Maschine E 5 mit Einschiebersteuerung und veränderlichem Verdichtungsgrad bei Betrieb mit Benzin und Spiritus (fast reinem und 95 vH-Spiritus) über einen

Zahlentafel 23. Versuch an der Maschine E 5 mit veränderlichem Verdichtungsverhältnis.

Brennstoff: Äthylalkohol 99 vH. Verdichtungsverhältnis 5:1.

Versuch am 27. VIII. 1921.

Mischungsverhältnis	Luftverbrauch kg/h	Mittlerer indiz. Kolbendruck at	Indiz. Leistung PS	Spez. Luftverbrauch kg/PS_ih	Indiz. thermischer Wirkungsgrad vH
Theoretisch richtig . . .	90,3	9,81	34,7	2,60	32,9
5 vH Brennstoffüberschuß	90,5	10,04	35,1	2,58	33,3
10 „ „	90,7	10,15	35,5	2,555	33,65
15 „ „	91,2	10,22	35,75	2,545	33,7
20 „ „	91,7	10,3	36,0	2,54	33,75
25 „ „	92,2	10,32	36,1	2,545	33,7
30 „ „	92,6	10,35	36,2	2,555	33,65
35 „ „	93,1	10,37	36,3	2,56	33,6

Höchster thermischer Wirkungsgrad, aus dem Brennstoffverbrauch berechnet, 33,0 vH bei 15 vH Brennstoffmangel.

Zahlentafel 24. Versuch an der Maschine E 5 mit veränderlichem Verdichtungsverhältnis.

Brennstoff: Äthylalkohol 95 vH. Verdichtungsverhältnis 5:1.

Versuch am 16. VIII. 1921.

Mischungsverhältnis	Luftverbrauch kg/h	Mittlerer indiz. Kolbendruck at	Indiz. Leistung PS	Spez. Luftverbrauch kg/PS_ih	Indiz. thermischer Wirkungsgrad vH
Theoretisch richtig . . .	92,2	10,19	35,6	2,585	33,1
5 vH Brennstoffüberschuß	92,4	10,3	36,0	2,555	33,6
10 „ „	92,6	10,4	36,3	2,55	33,65
15 „ „	93,1	10,46	36,5	2,545	33,7
20 „ „	93,5	10,5	36,65	2,545	33,7
25 „ „	94,0	10,54	36,75	2,545	33,7
30 „ „	94,4	10,56	36,8	2,55	33,65
35 „ „	94,8	10,58	36,85	2,565	33,4

Höchster thermischer Wirkungsgrad, aus dem Brennstoffverbrauch berechnet, 32,9 vH bei 15 vH Brennstoffmangel.

weiten Bereich von Mischungsverhältnissen vom theoretisch richtigen bis zu 35 vH Brennstoffüberschuß. Am Fuß einer jeden Zahlentafel ist zum Vergleich der Höchstwert des thermischen Wirkungsgrades angegeben, der aus dem Brennstoffverbrauch beim wirtschaftlichsten Mischungsverhältnis berechnet ist.

In Zahlentafel 25 sind die Ergebnisse von Luftverbrauchmessungen bei Verdichtungsverhältnissen zwischen 4,0:1 und 7,0:1 zusammengestellt. Als Brennstoff diente in diesem Fall Benzol. Auch hier stimmen die thermischen Wirkungsgrade, die aus dem Luftverbrauch bei Betrieb mit Brennstoffüberschuß und aus dem Brennstoffverbrauch beim wirtschaftlichsten Mischungsverhältnis berechnet worden sind, im ganzen gut miteinander überein.

Zahlentafel 25.

Versuche mit verschiedenen Verdichtungsverhältnissen.

Brennstoff: Benzol. Mischungsverhältnis etwa 20 vH Brennstoffüberschuß.

Versuch am 16. X. 1921.

Verdichtungsverhältnis	Luftverbrauch kg/h	Mittlerer indiz. Kolbendruck at	Indiz. Leistung PS	Spez. Luftverbrauch kg/PS_ih	Indiz. thermischer Wirkungsgrad aus Luftmessung vH	Indiz. thermischer Wirkungsgrad aus Brennstoffmessung (15 vH Brennstoffmangel) vH
4:1	93,1	8,79	30,8	2,99	28,8	27,7
5:1	88,5	9,6	33,6	2,635	32,8	32,0
6:1	85,8	10,19	35,7	2,40	35,9	35,0
7:1	83,9	10,69	37,3	2,25	38,3	37,3

Ähnliche Versuche an einem Sechszylinder-Flugmotor mit einem Verdichtungsverhältnis von 4,7:1 ergaben einen spezifischen Luftverbrauch von 2,86 kg/PS_ih im gesamten Bereich der Mischungsverhältnisse von 10 bis 25 vH Brennstoffüberschuß bei Betrieb mit normalem Fliegerbenzin. Der aus dem Luftverbrauch berechnete thermische Wirkungsgrad berechnet sich in diesem Fall mit 31 vH und ist sehr beträchtlich größer als der aus dem Brennstoffverbrauch berechnete, der beim wirtschaftlichsten Mischungsverhältnis nur 28,2 vH betrug. Der Unterschied stellt in diesem Falle den Verlust durch Unregelmäßigkeiten in der Verteilung des Gemisches usw. dar. Ein Vergleich dieser Ergebnisse mit den weiter oben mitgeteilten Ergebnissen der Versuche an der Maschine mit veränderlichem Verdichtungsverhältnis ist um so lehrreicher, als bei beiden Maschinen die Gestalt der Verbrennungskammer fast identisch ist, die Zylinderinhalte ebenfalls fast gleich sind und die Ladung in beiden Fällen durch Zündkerzen gezündet wird, die im Verbrennungsraum in gegenüberliegenden Seitenwänden angebracht sind. Daß der Flugzeugmotor auf Grund der Luftverbrauchsmessung keinen so hohen thermischen Wirkungsgrad wie die Versuchsmaschine beim gleichen Verdichtungsgrad ergeben hat, nämlich nur 31 vH gegenüber 31,7 vH, kann man vielleicht auf folgende Weise erklären:

1. Der Flugmotor war zwar mit zwei Zündkerzen versehen, aber diese wurden aus zwei Zündmagneten mit Strom versorgt und zündeten daher nicht so genau synchron.

2. Der Flugmotor hatte einen verhältnismäßig kürzeren Hub, so daß der Verbrennungsraum flacher und daher etwas weniger wirtschaftlich war.

3. Der mechanische Betriebszustand des Flugmotors war wahrscheinlich nicht so gut, z. B. waren vielleicht seine Verluste durch Undichtheit höher.

Der Unterschied im Brennstoffverbrauch war jedoch wesentlich höher; denn der höchste auf Grund des Brennstoffverbrauches berechnete thermische Wirkungsgrad bei einem Verdichtungsverhältnis von 4,7:1 betrug bei der Einzylinderversuchsmaschine 30,9 vH gegen nur 28,2 vH beim Sechszylinder-Flugmotor. Unter Berücksichtigung der Unterschiede in den Wirkungsgraden der Verbrennungsräume betragen daher die Verluste durch Unregelmäßigkeiten in der Verteilung des Gemisches, durch unverbrannten Brennstoff usw. beim Flugmotor etwa 10 vH, während sie bei der Einzylindermaschine nur etwa 2,5 vH betragen. Die mittleren indizierten Kolbendrücke waren bei beiden Maschinen genau gleich hoch, nämlich 9,35 at; aber Messungen des volumetrischen Wirkungsgrades zeigten, daß dieser bei der Versuchsmaschine bei dem betreffenden Verdichtungsverhältnis 76,2 vH, bei dem Flugmotor 78 vH betrug. Dieser Unterschied gleicht den Einfluß des schlechteren Wirkungsgrades des Verbrennungsraumes beim Flugmotor sehr angenähert wieder aus.

Andererseits ergaben Versuche, die an einer Vierzylindermaschine für Lastkraftwagen mit dem Verdichtungsverhältnis von 4,24:1 ausgeführt wurden, einen spezifischen Luftverbrauch von 3,46 kg/PS_ih, entsprechend 25,6 vH thermischem Wirkungsgrad, gegenüber einem spezifischen Luftverbrauch von 2,94 kg/PS_ih, entsprechend 30,4 vH thermischem Wirkungsgrad, des Motors mit veränderlichem Verdichtungsverhältnis beim gleichen Verdichtungsverhältnis. Hieraus kann man den Schluß ziehen, daß bei der Lastkraftwagenmaschine der Wirkungsgrad des Verbrennungsraumes nur 85 vH vom Wirkungsgrad des Verbrennungsraumes der Versuchsmaschine beim gleichen Verdichtungsverhältnis betragen hat. Bei dieser besonderen Lastkraftwagenmaschine hatte der Entwurf des Zylinderkopfes insofern einen großen Fehler, als die Ventile in vertieften flachen Ausnehmungen lagen und die Zündkerzen unmittelbar über den Einlaßventilen angeordnet waren. Der thermische Wirkungsgrad auf Grund des Brennstoffverbrauches beim wirtschaftlichsten Mischungsverhältnis betrug immerhin noch etwa 23,8 vH, was beweist, daß die Verteilung des Gemisches — wenn man diesen Ausdruck gebrauchen darf — mit dem hohen Wirkungsgrad von 93 vH erfolgte. Mit anderen Worten: bei dieser Maschine machte, soweit der Brennstoffwirkungsgrad in Betracht kommt, die ganz ungewöhnlich wirksame Verteilung des Gemisches bis zu einem gewissen Grade das wieder gut, was der schlechte Entwurf der Zylinder verdorben hatte, aber die schlechte Bauart der Zylinder zeigte sich an der geringen Höchstleistung, die die Maschine lieferte, da der mittlere indizierte Kolbendruck nur 6,53 at erreichte, gegenüber 9,07 at bei der Maschine mit veränderlichem Verdichtungsverhältnis unter genau gleichen Umständen. Wären die volumetrischen Wirkungsgrade in beiden Fällen gleich gewesen, so hätte der mittlere nutzbare Kolbendruck $\frac{85}{100} \cdot 9{,}07 \sim 7{,}7$ at betragen; daß er jedoch nur 6,53 at erreichte, lag wieder an der fehlerhaften Bauart der Zylinder, da der freie Eintritt des Gemisches in den Zylinder nach Durchgang durch das Einlaßventil durch die die Ventilkammern umschließenden Wände behindert wurde. Ebenso zeigte die Luftmessung, daß der volumetrische Wirkungsgrad der Versuchsmaschine bei diesem Verdichtungsverhältnis und bei gleicher Temperatur 77 vH, der volumetrische Wirkungsgrad der Vierzylindermaschine jedoch nur 66 vH betrug. Der höchste mittlere Kolbendruck konnte unter diesen Umständen nur $\frac{66}{77} \cdot 7{,}7 = 6{,}6$ at betragen, was mit dem bei den Versuchen tatsächlich gemessenen (6,53 at) ziemlich gut übereinstimmt. Die beschriebene Maschine ist ein kennzeichnendes Beispiel für einen von Grund aus mangelhaft entworfenen Motor, bei dem nur dadurch ein verhältnismäßig guter Wirkungsgrad erreicht wird, daß die Gemischverteilanlage außergewöhnlich günstig arbeitet.

Wo keine Hilfsmittel zur Messung des Luftverbrauches vorhanden sind, kann man den Wirkungsgrad verschiedener Bauarten von Verbrennungsräumen ungefähr schätzen, indem man die erreichbaren mittleren Kolbendrücke vergleicht; allerdings setzt dies wiederum voraus, daß die volumetrischen Wirkungsgrade der verglichenen Maschinen gleich hoch sind.

Eine derartige Annahme läßt sich allerdings nicht immer rechtfertigen; aber man kann zum mindesten annehmen, daß bei zwei ziemlich ähnlichen Bauarten von Maschinen die Unterschiede in den volumetrischen Wirkungsgraden trotz des obigen etwas außergewöhnlichen Beispiels bedeutend geringer sein und auf die Bestimmung der Wirkungsgrade der Verbrennungsräume verschieden gebauter Zylinder weniger Einfluß ausüben dürften als Unterschiede im Mischungsverhältnis zwischen den verschiedenen Zylindern eines und desselben Motors. Wo Hilfsmittel zum Messen des Luftverbrauches vorhanden sind, kann man den Wirkungsgrad jeder beliebigen Bauart von Verbrennungsräumen sehr schnell bestimmen.

Eine Maschine, die die Luft wirtschaftlich verbraucht, ist auch eine wirtschaftliche Maschine; damit sie auch im Brennstoffverbrauch sparsam ist, hat man sich nur noch um die Fragen der Vergasung und der Gemischverteilung zu bekümmern. Ist hingegen der Luftverbrauch hoch, dann kann auch noch so feine Einstellung am Vergaser oder noch so gute Bauart der Gemischverteilung zu keinem guten Wirkungsgrade führen.

V. Schmierung und Lagerabnutzung.

Drei Gesichtspunkte müssen beim Entwurf eines beliebigen Lagers berücksichtigt werden: erstens die Fähigkeit des Lagers, die notwendige Belastung innerhalb des verfügbaren Raumes mit ausreichender Sicherheit gegen Versagen aufzunehmen, zweitens die Schnelligkeit der Abnutzung der tragenden Oberflächen und endlich der Verlust an Kraft durch die Reibung. An dieser Stelle sollen nur die Lager betrachtet werden, während die Kolbenreibung in einem späteren Abschnitt behandelt werden wird.

Die Lager werden im allgemeinen als glatte oder sog. Gleitlager gebaut. Kugel- oder Rollenlager, deren Wirkungsweise grundsätzlich anders ist, sollen hier nicht eingeschlossen werden.

Wo sich zwei Flächen, die scheinbar einander berühren, relativ gegeneinander bewegen, hat man drei mögliche Fälle zu betrachten:

1. Die trockene Reibung: Die Flächen berühren einander wirklich ohne jegliches Schmiermittel. In diesem Falle ist die Reibung sehr groß und man kann die Flächen nur geringen Kräften und Geschwindigkeiten aussetzen, wenn sie nicht fressen sollen. Dieser Fall kommt bei richtig arbeitenden Lagern niemals vor, braucht also nicht weiter behandelt zu werden.

2. Die „ölige" Reibung: Sie liegt vor, wenn die Flächen, obgleich sie sich tatsächlich berühren, durch irgendein Mittel geschmiert werden, das ihre gegenseitige Adhäsion verringert. Das Schmiermittel scheint in derartigen Fällen dadurch zu wirken, daß es irgendeinen chemischen Einfluß auf die metallischen Oberflächen ausübt.

3. Die „viskose" Reibung: Hierbei werden die Oberflächen durch eine Schicht des Schmiermittels vollständig voneinander getrennt. Das ist offenbar die bei weitem wünschenswerteste Art der Schmierung, die man glücklicherweise bei einem gut entworfenen und ausreichend geschmierten Lager leicht erreichen kann. Man kann die viskose Reibung als den Normalzustand eines Lagers ansehen.

In einem Wellenlager wird die nötige Ölschicht zwischen den belasteten Oberflächen durch eine Art Keilwirkung aufrechterhalten, die dadurch zustande kommt, daß sich die Welle in ihrem Lager exzentrisch einstellt. In Abb. 61 ist dieser Vorgang dargestellt; das Öl wird durch die Drehung der Welle W aus dem weiten Raum A in den engen Raum B mitgeschleppt und preßt dadurch die Oberflächen auseinander. Unter dieser Annahme kann man die Reibungsverluste und die Dicke der Ölschicht bei beliebigen gegebenen Betriebsbedingungen theoretisch berechnen. Die so gefundenen Werte haben sich als mit der Praxis gut übereinstimmend erwiesen. Diese beiden Größen: die Dicke der Ölschicht und die Reibung hängen bei einem beliebigen gegebenen Lager lediglich von der Belastung, der Geschwindigkeit und der Viskosität des Schmiermittels ab.

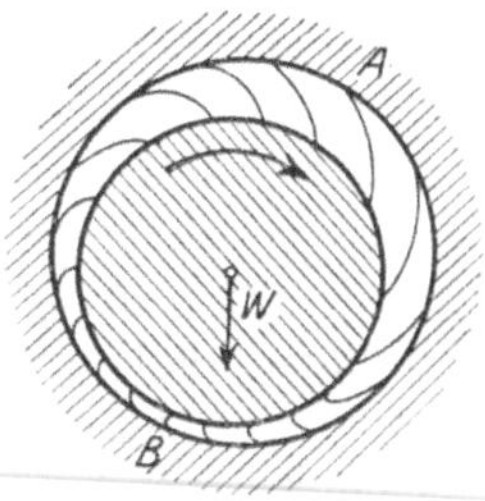

Abb. 61. Keilwirkung in einem Wellenlager.

Roh ausgedrückt ist der Einfluß dieser Größen folgender: Erhöht man die Belastung, so wächst selbstverständlich auch die Reibung, wenn auch nicht annähernd in gerader Proportion, und gleichzeitig wird die Ölschicht dünner. Steigt die Geschwindigkeit, so nimmt sowohl die Reibung, als auch die Dicke der Ölschicht zu, ebenso auch, wenn die Viskosität des Schmiermittels höher wird. Dagegen wird bei Zunahme der Belastung oder der Geschwindigkeit infolge der höheren Kraftverluste das Öl wärmer, und dies verringert die Viskosität des Öls.

Dieser Umstand gleicht bei einer Zunahme der Belastung bis zu einem gewissen Grade die Erhöhung der Reibung wieder aus; dabei vermindert sich auch die Stärke der Ölschicht noch weiter, während bei einer Zunahme der Geschwindigkeit die theoretisch eintretende Zunahme in der Dicke der Ölschicht tatsächlich in eine Abnahme umgekehrt wird. Infolgedessen ist bei Steigen der Belastung und der Geschwindigkeit ein Bestreben vorhanden, die Dicke der Ölschicht zu verringern.

Selbstverständlich gibt es, da keine Fläche vollkommen eben ist, eine untere Grenze für die Dicke der Ölschicht, bei der die höchsten Stellen der beiden Oberflächen über die Ölschicht hinweg miteinander in Berührung kommen.

An diesen Stellen hat die Ölschicht keine merklichen Abmessungen mehr, und es treten dann die Gesetze der „öligen“ Reibung in Kraft. Die Reibungskraft ist unter diesen Umständen an solchen Stellen beträchtlich höher als bei viskoser Reibung und unterliegt auch ganz anderen Gesetzen. Von größtem Einfluß auf den Vorgang ist anscheinend die sog. „Öligkeit“, eine Eigenschaft, die wahrscheinlich chemischer

Natur ist und auf Verminderung der Reibung zwischen zwei einander berührenden Flächen hinwirkt. Diese Eigenschaft ist von Viskosität ganz verschieden; denn ganz dünne Öle, wie Samen- oder Rüböl, können sie in höherem Maß aufweisen als dickflüssigere Stoffe wie Sirup, bei dem sie überhaupt nicht vorhanden zu sein scheint. Leider gibt es hierüber nur sehr wenige und vielfach widersprechende Angaben. Aber soviel steht wohl fest, daß tierische oder pflanzliche Öle, wie Samen-, Rüb- oder Rizinusöle, beträchtlich „öliger" als Kohlenwasserstoff-Mineralöle sind, während viskose „klebrige" Stoffe diese Eigenschaft überhaupt nicht haben.

Offenbar wird, wenn das Schmiermittel nur wenig „Öligkeit" hat, die Reibung an den erhöhten Stellen außerordentlich groß. Die hierdurch entstehende Wärme verringert die Dicke der Ölschicht noch weiter, und alle Verhältnisse im Kreislauf verschlechtern sich so, daß schließlich das Lager frißt. Dies ist nur dann nicht der Fall, wenn der Schmelzpunkt des Lagermetalls so niedrig ist, daß es örtlich schmelzen kann — wie beim Weißmetall —, ohne das Schmiermittel zu verdampfen. Bei einem „öligen" Schmiermittel dagegen wächst die Reibung an den erhöhten Stellen weniger, und die Gefahr des Fressens ist entsprechend geringer.

Der Einfluß der „Öligkeit" ist daher nur dort wichtig, wo sich infolge übermäßig hoher Belastung, ungeeignet angeordneter Oberflächen oder infolge unzureichender Ölzufuhr keine zusammenhängende Ölschicht erhalten kann. Sie hat unter normalen Verhältnissen anscheinend keinen Einfluß auf die Reibung, obgleich sie in einem beliebigen gegebenen Fall ermöglichen kann, ein dünneres Öl mit entsprechend geringerem Reibungswiderstand zu verwenden, indem man sich als Reserve für den Fall der außergewöhnlichen Bedingungen lieber auf die Öligkeit als auf übergroße Viskosität der Schmiermittel verläßt.

Unter normalen Betriebsbedingungen setzt die Aufrechterhaltung einer ausreichenden Ölschicht wirksame Vorkehrungen für die Ableitung der durch Reibung erzeugten Wärme und für stetige Auffüllung des Öles in den Lagern voraus.

Die Wärme wird bis zu einem gewissen Grade durch das Öl selbst abgeleitet, das die wirkliche Ölschicht bildet, zum größten Teil jedoch durch Leitung von den tragenden Oberflächen oder durch das überschüssige Öl übertragen, das durch oder über das Lager fließt, ohne wirklich an der Bildung der die Belastung tragenden Ölschicht teilzunehmen. Die Vorteile der Schmierung unter Druck beruhen hauptsächlich auf der Kühlwirkung durch das überschüssige Öl.

Die Zufuhr des Öls zum Lager wird in hohem Maß durch die von den wechselnden Belastungen verursachte „Pumpwirkung" erleichtert. Ein gegebenes Lager kann daher bei wechselnder Belastung beträchtlich höher als bei dauernd gleich gerichteter Belastung beansprucht werden. Ein Lager mit schmaler Tragfläche verliert ferner einen viel größeren Teil des Öls durch seitlichen Austritt als ein breites Lager und ist daher bei „natürlicher" Schmierung entsprechend weniger wirksam, während es bei Ölzufuhr unter Druck eine höhere Belastung auf 1 cm^2 der Projektion seiner Oberfläche aufnimmt, weil man durch das kürzere Lager eine größere Ölmenge hindurchtreiben und es daher auch besser kühlen kann.

Notwendig ist auch, daß die tragenden Flächen des Lagers so gestaltet werden, daß die Keilwirkung, die die Ölschicht an den hoch belasteten Stellen des Lagers aufrecht erhält, auch wirklich eintreten kann; denn der Druck, der zur Aufnahme der Belastung erforderlich ist, ist viel höher, als ihn irgendeine Schmierung unter Druck erzeugen kann.

Glücklicherweise eignen sich Lauflager von Natur aus dazu, solche Keilwirkung des Schmiermittels hervorzurufen, wie bereits oben beschrieben worden ist, aber bei Drucklagern muß man, wie in dem Michell-Lager, besondere Maßnahmen hierfür treffen. Soweit schnelllaufende Verbrennungsmaschinen in Betracht kommen, kann man allerdings in allen praktischen Fällen die auftretenden Schubbelastungen auf die bequemste Weise in Kugeldrucklagern aufnehmen.

Sobald die Belastung so hoch ist, daß sich selbst eine molekulare Ölschicht nicht mehr halten kann, kommen die Flächen in unmittelbare metallische Berührung miteinander; sobald also die Ölschicht so dünn wird, daß sich die beiden Flächen bis in den Bereich der molekularen Anziehung nähern, steigt mit einem Mal die Temperatur so übermäßig hoch, daß ein örtliches Verschmelzen der beiden Oberflächen eintritt. In einzelnen Fällen kann ein solches örtliches Verschmelzen insofern, als dadurch irgendeine erhöhte Stelle in der Lauffläche des Lagers beseitigt wird, dazu beitragen, daß die Belastung an dieser Stelle verringert und so die Bildung der Ölschicht wieder ermöglicht wird. Wenn dies aber nicht geschieht und die Ölschicht nicht augenblicklich wiederhergestellt wird, so breitet sich die Verschmelzung der Oberflächen so weit aus, daß entweder das Lager festfrißt oder das Lagermetall ins Schmelzen kommt und ausläuft. Sind beide Lagerflächen hart und haben sie annähernd die gleiche Schmelztemperatur, so ist die beschriebene Oberflächenverschmelzung im allgemeinen mit einem teilweisen Verschweißen verbunden, und die beiden Flächen haften dann unlösbar aneinander fest.

Ist das Material der einen Fläche verhältnismäßig weich und bei niedriger Temperatur schmelzbar, wie im Falle von Weißmetall, so schmilzt allein dieses Lager entweder teilweise oder ganz. In dem früheren Fall kann, wie bereits erwähnt wurde, das örtliche Verschmelzen der Laufflächen das Vorhandensein einer erhöhten Stelle zur Ursache haben, und das Abschmelzen dieser erhöhten Stelle kann schnell die Ursache der Störung beseitigen und ermöglichen, daß die Ölschicht sofort wiederhergestellt und die weitere Ausbreitung der Schmelzstelle verhindert wird. Ein solcher Vorgang ist aber nur möglich, weil die Schmelztemperatur von Weißmetall beträchtlich unter der Siedetemperatur des Schmiermittels liegt. Örtliches Schmelzen kommt bei Lagern mit Weißmetallfutter sehr oft vor, besonders wenn sie neu und nicht übermäßig gut eingepaßt sind, und ist oft ganz harmlos.

Die Wärmeentwicklung bei örtlicher Unterbrechung der Ölschicht ist ganz überraschend hoch. Es ist nichts Ungewöhnliches, daß die Oberflächen zweier im Einsatz gehärteter Stahlteile verschmelzen und trotzdem in einer Entfernung von weniger als 12 mm von dieser Stelle die frühere Oberflächenhärte noch vorhanden ist. Das entspricht einem Temperaturabfall von etwa 1400° auf 12 mm Abstand.

Bei Lagern mit sehr hohen Belastungen und geringen Gleitgeschwindigkeiten liegt der Fall etwas anders, da die Zeit als wichtiger Umstand eintritt. Da bei geringer Geschwindigkeit die Keilwirkung, die bestrebt ist, die Ölschicht aufrechtzuerhalten, nur sehr langsam zustande kommt, so erlangt die Pumpwirkung, die bei wechselnder Belastung auftritt, eine entsprechend größere Bedeutung. Man hat zwar reichliche Beweise dafür, daß selbst Bronzelagerschalen durch schwere Belastungen und unter ungünstigen Umständen zerdrückt werden können, ohne daß die Ölschicht eine Unterbrechung erfährt. Aber solange die Möglichkeiten vorhanden sind, das verbrauchte Öl zu ersetzen, und solange die Gleitgeschwindigkeit in den Grenzen bleibt, daß das Produkt aus Lagerbelastung und Geschwindigkeit einen bestimmten Wert nicht überschreitet, d. h. solange die Lagerreibung die Wärme nicht schneller erzeugt, als sie durch das nachfließende kühle Öl und die sonstige Wärmeübertragung durch Leitung beseitigt werden kann, solange wird ein Wellenlager wegen zu hoher Belastung nicht versagen. Versagen von schwer belasteten, langsam laufenden Lagern kann man beinahe immer entweder einer Unterbrechung in der Ölzuführung oder häufiger Verbiegungen oder Verdrehungen eines Lagerteiles zuschreiben, die zu übermäßig hohen örtlichen Drücken und zu Überhitzungen führen. Die einzigen Lager der schnellaufenden Verbrennungsmaschinen, die hohe Belastung bei geringer Gleitgeschwindigkeit auszuhalten haben, sind die Lager der Kolbenbolzen. Die Erfahrung hat aber gezeigt, daß diese Lager Belastungen bis zu 422 kg/cm^2 ohne Schmierung unter Druck durchaus sicher vertragen können und sich dabei auch nicht wahrnehmbar abnutzen, wenn man den Kolbenbolzen so unterstützt, daß infolge der Biegungsbeanspruchungen seine Form nicht erheblich verändert wird.

Die Abnutzung von Lager und Welle. Mit Rücksicht darauf, daß die meisten Lager vollständig in Öl laufen, mag es vielleicht zunächst überraschen, daß überhaupt eine Abnutzung entsteht, weil die beiden Lagerflächen einander überhaupt nie unmittelbar berühren. Die Erklärung hierfür ist anscheinend, daß jede Abnutzung auf der schleifenden Wirkung von kleinen festen Teilchen beruht, die vom Öl mitgeführt werden. Diese Teilchen, die zum größten Teil so klein sind, daß sie durch Filtern nicht abgeschieden werden können, werden vom Öl in das Lager getragen und betten sich dort in die weichere von den beiden Laufflächen ein, also in einem Weißmetallager immer in das weiche Weißmetall. Dann beginnen sie, zum Teil eingebettet, an der Welle zu schleifen, natürlich nur diejenigen Teilchen, welche aus dem weichen Metall so weit herausragen, daß sie auch wirklich die Ölschicht überbrücken und so auch wirklich den anderen Teil des Lagers berühren; nur diese können Abnutzung herbeiführen. Unter sonst gleichen Umständen hängt daher die Größe der Abnutzung in einer gegebenen Zeit von der Dicke der Ölschicht, also von der Belastung und der Temperatur des Lagers ab. Je kühler das Schmiermittel oder je geringer die Belastung ist, desto größer ist die Dicke der Ölschicht und daher desto größer der Abstand, über den die festen Teilchen hinwegreichen müssen, bis sie zur Berührung mit dem härteren Teil des Lagers kommen können.

Das Maß der Abnutzung hängt aber auch von der Oberflächenhärte der reibenden Körper ab. Es ist allgemein bekannt, daß sich, wenn man eine Welle aus weichem Stahl in Weißmetall lagert, nicht das Lagermetall, sondern die Welle abnutzt; dies ist ganz natürlich, da die erwähnten reibenden Teilchen immer das Bestreben haben, sich in der weicheren von den beiden Lagerflächen einzubetten und infolgedessen die andere, härtere Lagerfläche angreifen. Um daher die Abnutzung zu verringern, muß man den Härteunterschied zwischen beiden Teilen eines Lagers so groß wie möglich wählen. Beispielsweise werden sich im Fall einer in Weißmetallagern laufenden Welle die reibenden Teilchen um so leichter so weit einbetten, daß sie vollkommen unschädlich werden, je weicher das Lagermetall ist, und je härter die Welle ist, desto weniger leicht leidet sie durch die Schneidwirkung derjenigen harten Teilchen, welche im Lagermetall nicht vollständig eingebettet sind.

Alle vorliegenden Erfahrungen gehen dahin, daß der früher allgemeine Gedanke, man müsse ein möglichst hartes Weißmetall verwenden und seine Oberfläche durch Hämmern oder Hindurchtreiben eines kegeligen Dornes womöglich noch härter machen, ein großer Irrtum war. Im Gegenteil, die Oberfläche des Weißmetalls soll so weich sein, wie es die notwendige Sicherheit gegen Zerquetschen überhaupt nur zuläßt. Laufen im Lager zwei harte Oberflächen aufeinander, wie im Einsatz gehärteter Stahl auf Gußeisen oder auf gehärtetem Stahl, so tritt wenig Abnutzung ein, wahrscheinlich weil die Härte der beiden Oberflächen größer als die der kleinen festen Teilchen ist, so daß diese Teilchen zwischen beiden Flächen zermahlen werden, aber keine Gelegenheit haben, sich in einem der Lagerteile einzubetten oder diese abzuschleifen.

Man hat festgestellt, daß sich die Laufflächen derartiger Lager nicht schnell abnutzen, selbst wenn sie vollkommen frei dem Straßenstaub ausgesetzt sind; aber wenn man Karborund mit dem Schmiermittel in das Lager einführt, so wird die Abnutzung sehr groß. Am schnellsten nutzen sich Lager ab, in denen zwei verhältnismäßig weiche Flächen von ziemlich übereinstimmender Härte aufeinander laufen. Eine weiche Stahlwelle nutzt sich z. B. in einem Bronzelager nur dann nicht sehr schnell ab, wenn die Belastung so gering ist, daß sie dauernd die Bildung einer sehr dicken Ölschicht zuläßt.

Ein sehr kennzeichnendes Beispiel übermäßiger Abnutzung von zwei Lagerflächen mit fast gleicher Härte ist der Fall von Kupfer-Aluminiumlegierungen und Phosphorbronze. Eine Legierung aus 88 vH Aluminium und 12 vH Kupfer ergibt ein vorzügliches Lagermaterial für gehärtete Stahlwellen. Sie ist leicht, was oft wichtig ist, sie ist ein vorzüglicher Wärmeleiter und läßt sich leicht gießen und bearbeiten. Läßt man dagegen eine Welle aus Phosphorbronze in Lagern aus dieser Aluminiumlegierung laufen, dann nutzt sich die Welle, die der etwas härtere von beiden Lagerteilen ist, mit beinahe unglaublicher Schnelligkeit ab.

In ähnlicher Weise verliefen Versuche des Verfassers mit Kolbenringen aus Bronze in einem Zylinder aus Aluminium sowie mit einem Aluminiumkolben in einem mit Bronze gefütterten Zylinder; im ersten Fall waren nach 8 Stunden die Kolbenringe auf die Hälfte ihrer ursprünglichen Dicke abgenutzt, und im zweiten Falle hatte sich die Bronzebüchse des Zylinders nach einem Lauf von 12 Stunden um etwa 0,254 mm unrund·ausgelaufen. In beiden Fällen zeigte das Aluminium keine merkliche Abnutzung. Ebenso nutzt sich eine weiche Stahlwelle in einem Kupfer-Aluminiumlager sehr schnell ab.

Vielleicht die schlechtesten Ergebnisse, die überhaupt möglich sind, erhält man, wenn man zwei ähnliche und verhältnismäßig weiche Werkstoffe für die beiden Teile eines Lagers verwendet; denn dann vermindert man nicht nur den Unterschied in der Härte der beiden Oberflächen auf Null, sondern steigert auch die Gelegenheit zum Zusammenschweißen der beiden Lagerteile im Fall eines Versagens der Ölschicht und der infolgedessen eintretenden örtlichen Verschmelzung auf ein Höchstmaß.

Laufen zwei Teile aus Gußeisen oder gehärtetem Stahl aufeinander, so sind beide Oberflächen so hart, daß sie von den kleinen festen Teilchen nur wenig angegriffen werden; dafür aber können sie sehr leicht miteinander verschweißen, falls einmal die Ölschicht unterbrochen wird.

Die Erfahrungen mit Aluminiumkolben haben ergeben:

1. Werden sie in Zylinder aus weichem Stahl eingepaßt, so nutzen sich die Zylinderlaufflächen sehr schnell ab.

2. In Zylindern aus hartem Stahl (0,4 vH Kohlenstoff) ist die Abnutzung der Laufflächen sehr gering.

3. In gußeisernen geschliffenen Zylindern ist die Abnutzung der Zylinderlaufflächen groß, wenn man den Schleifstaub nicht gründlich entfernt hat. Werden die Zylinder dagegen ausgerieben oder nach dem Schleifen innen poliert, so tritt diese Abnutzung nicht ein.

Der Höchstdruck im Lager. Soweit Lager für hohe Geschwindigkeiten, d. h. für Gleitgeschwindigkeit von mehr als etwa 2,5 m/s, in Frage kommen, braucht man nur die Belastungszahl, d. h. das Produkt aus Belastung und Geschwindigkeit, in Rechnung zu ziehen. Der Höchstdruck hat wenig Einfluß, solange er nicht so hoch ist, daß sich das Lager verzieht oder das Material des Lagers zerquetscht wird, da er nicht so lange auf das Lager wirkt, um einen Einfluß auf die Schmierung ausüben zu können.

Die Grenzen der Belastungszahl. Die höchste Belastungszahl, die ein Lager mit Sicherheit aufnehmen kann, hängt ab

1. von der Art der Schmierung, d. h. ob Druckschmierung, Schmierölzufuhr unter natürlichem Gefälle oder Schmierung durch Zusatz abgemessener Mengen von Frischöl,

2. von der Viskosität des Öles,

3. von den vorhandenen Mitteln, die im Lager entstehende Wärme abzuleiten.

Unter den üblichen Verhältnissen der schnellaufenden Maschinen, bei denen die umlaufende Ölmenge durch die Leistungsfähigkeit der Ölabstreifringe an den Kolben begrenzt wird, ferner Druckölung und die Möglichkeit für gute Wärmeableitung vorhanden sind, können von einem Wellenlager mit wechselnder Belastung Belastungszahlen von 4000 mkg/s mit Sicherheit aufgenommen werden. Bei so hoher Belastung ist allerdings der Grad der Abnutzung beträchtlich, aber es gibt bei ausgeführten Flugzeugmotoren viele Beispiele von mittleren Kurbelwellenlagern mit ebenso hohen und sogar höheren Belastungszahlen. Immerhin dürften Belastungszahlen von 1650 bis 2100 mkg/s für Lager mit Schleuder- oder Schöpfschmierung die obere Grenze der dauernden Belastung darstellen.

Wo sehr hohe Gleitgeschwindigkeiten in Frage kommen, kann man noch höhere Belastungszahlen zulassen, wenn man lose, schwimmende Lagerbüchsen verwendet. Solche Büchsen, die frei zwischen den beiden Teilen des Lagers schweben können, laufen mit einer mittleren Geschwindigkeit um, so daß an jeder Lauffläche nur die Hälfte der sonstigen Gleitgeschwindigkeit auftritt. Sie ermöglichen auch, viel größere

Mengen von kühlendem Schmieröl durch das Lager zu treiben. Unter diesen Umständen kann man die angegebene Belastungszahl noch um 50 vH erhöhen, ohne daß das Lager gefährdet wird.

Die Höchstbelastung. Bei Lagern, deren Gleitgeschwindigkeit gering ist, setzt nur die Starrheit der Lagerteile der Belastung eine obere Grenze. Daß die Ölschicht durch den Lagerdruck allein zerstört werden könnte, braucht man nicht zu befürchten, solange ausreichende Möglichkeit für selbsttätiges Nachfließen des Öles vorhanden ist. Sobald aber größere Formänderungen der Lagerteile auftreten, kann die Belastungszahl örtlich zunehmen, d. h. der gesamte Lagerdruck kann sich dann in einer Stelle des Lagers vereinigen, und da die Gleitgeschwindigkeit an allen Stellen gleich ist, so kann infolgedessen das Produkt aus Druck und Gleitgeschwindigkeit an dieser Stelle groß werden, so daß plötzlich Wärme entwickelt und schließlich die Ölschicht unterbrochen wird.

Belastungszahl und Abnutzung. Unter sonst gleichen Verhältnissen kann man annehmen, daß sich die Abnutzung mit der Belastungszahl proportional ändert. Allerdings hängt die Abnutzung ferner im hohen Maße von den Möglichkeiten der Kühlung ab. Bei Kurbelwellen mit Druckschmierung ist z. B. auch bei gleicher Höhe der Belastungszahlen die Abnutzung der Hauptlager größer als die der Kurbelzapfenlager, weil die Kurbelzapfenlager, denen das Öl unter dem Einfluß der Fliehkraft zugeschleudert wird, immer besser mit Öl versorgt und daher gekühlt werden.

Lager für pendelnde Zapfen. Ist die Bewegung des Zapfens nur pendelnd, so nutzen sich die Lagerteile nicht mehr gleichmäßig ab. Diesem Fehler kann man aber gewöhnlich dadurch begegnen, daß man den härteren Teil des Lagers frei schwimmend anordnet. Nehmen wir beispielsweise den Fall eines Kolbenbolzens: Wird dieser im Kolben oder in der Pleuelstange festgehalten, so nutzt er sich nur an bestimmten Stellen ab; läßt man aber den Kolbenbolzen sowohl im Kolben, als auch in der Pleuelstange frei schwimmen, so kann man die örtliche Abnutzung des Bolzens vermeiden und außerdem viel höhere Belastungen zulassen, da seine Gleitgeschwindigkeit gegenüber den Lagerstellen halbiert wird.

Aus den obigen Betrachtungen ergibt sich, daß, unter sonst gleichen Umständen,

1. die Lagerreibung bei guter Schmierung nahezu proportional der Belastungszahl des Lagers ist und, allerdings in geringerem Ausmaß, von der Beschaffenheit der Oberflächen abhängt, derart, daß, je glatter die Oberfläche, desto geringer die Reibung ist,

2. die Größe der Abnutzung ebenfalls proportional der Belastungszahl ist,

3. die Reibung zunächst erheblich zunimmt, wenn man Öl von höherer Viskosität verwendet; aber wegen der größeren Energiemenge, die zum Zerreißen der Ölschicht erforderlich ist, entsteht mehr Wärme, die Temperatur steigt, so daß sich nach einiger Zeit die Abnahme der Viskosität infolge der höheren Temperatur und die ursprünglich höhere Viskosität annähernd ausgleichen und schließlich die Verhältnisse im Lager mit Bezug auf Reibung und Dicke der Ölschicht ungefähr die gleichen wie bei dünnerem Öl werden. Sie werden nicht ganz genau die gleichen, weil wegen der höheren Temperatur des Lagers mehr Wärme durch Strahlung und Leitung abgeführt wird und daher das Lager im Verhältnis zur Viskosität niemals eine so hohe Temperatur wie bei Verwendung von dünnerem Öl erreichen kann.

Die Arten von Schmieröl. Die Schmieröle, die man in Verbrennungsmaschinen verwendet, kann man in zwei Hauptgruppen einteilen: Mineralöle und Öle tierischen oder pflanzlichen Ursprungs. Außerdem werden „Compound"-Öle und Mischungen der genannten zwei Hauptarten verwendet.

Mineralöle, die sich aus verschiedenen Kohlenwasserstoffen, meist der Paraffinreihe, zusammensetzen, sind die weitaus gebräuchlichsten. Der Grund hierfür ist zum Teil ihr niedriger Preis, zum Teil auch ihre chemische Beständigkeit, da sie weniger leicht zum Verkoken, zum Oxydieren oder zur Bildung klebriger Verbindungen neigen. Andererseits aber besitzen sie anscheinend die Eigenschaft der „Öligkeit" nicht im gleichen Maße wie pflanzliche oder tierische Öle. Außer bei Lagern, die sehr hoch und nahezu an der zulässigen Grenze belastet sind, eignen sich Mineralöle noch am besten für Verbrennungsmaschinen. Die Verwendung von pflanzlichen oder Compound-Ölen bietet, soweit sich aus Versuchen des Verfassers schließen läßt, in gut gebauten und ordnungsmäßig geschmierten Maschinen keinen Vorteil.

Für Kugel- oder Rollenlager ist anscheinend ein reines Mineralöl vorzuziehen, da dieses weniger zur Bildung scharfer rostbildender Säuren neigt.

Tierische Öle, wie Wal- oder Specköle, und pflanzliche Öle, wie Rüb- oder Rizinusöle, bestehen hauptsächlich aus Estern von Fettsäuren. Ihren Hauptvorzug bildet ihre hohe Öligkeit, die dann von Wert ist, wenn die Ölerneuerung begrenzt werden muß, wie beispielsweise bei Zweitaktmotoren mit Kurbelgehäuseverdichtung oder, wenn infolge von Formänderungen usw. hohe örtliche Überlastungen der Lagerstellen auftreten können. Ihr Nachteil ist aber ihre verhältnismäßige Unbeständigkeit; denn sie neigen sehr leicht dazu, klebrige Stoffe oder Säuren zu bilden, wenn man sie der Luft aussetzt, und verkoken auch schneller als Mineralöle. Außerdem sind sie auch teuer und, da ihr Vorkommen begrenzt ist, würden sie noch teurer werden, wenn man sie allgemein verwenden wollte. Der Gebrauch solcher Öle beschränkt sich daher, und ganz mit Recht, auf besonders hoch beanspruchte Maschinen und auf einige andere Sonderfälle.

VI. Die Gemischbildung.

Die Aufgabe der Vergaser ist nicht, wie oft angenommen wird, den Brennstoff zu vergasen, sondern vielmehr, gleichbleibende Anteile an fein verteiltem flüssigem Brennstoff und an Luft bei allen Verhältnissen von Drehzahl und Belastung zu liefern. Die Vergasung oder Verdampfung des flüssigen Brennstoffes findet dagegen erst teils in der Ansaugleitung, teils im Zylinder der Maschine statt.

Die Anforderungen an einen guten Vergaser sind:

1. Er muß unter sonst unveränderlichen Bedingungen bei jeder Drehzahl und bei jeder Belastung Brennstoff und Luft in vorher festgesetztem, unveränderlichen Verhältnis liefern.

2. Er muß bei allen Betriebsbedingungen den Brennstoff so fein wie möglich zerstäuben.

3. Er muß, wenn man plötzlich die Drossel öffnet, aus Gründen, die später erläutert werden, Gemisch mit Brennstoffüberschuß liefern.

4. Er muß beim Anlassen oder beim Leerlauf mit sehr niedrigen Drehzahlen Gemisch mit Brennstoffüberschuß liefern.

5. Er muß mit selbsttätigen oder zum mindesten leicht zu bedienenden Einrichtungen versehen sein, die ermöglichen, das Gemisch im gesamten Bereich oder wenigstens im unteren Teil der Drehzahlen so lange mit Brennstoff anzureichern, bis der Vergaser und die Ansaugleitung ausreichend warm geworden sind.

6. Er muß von vornherein leicht einstellbar sein und darf sich während des Gebrauches in der Einstellung nicht leicht verändern.

Von allen Vergasern, die man bisher gebaut hat, erfüllt wohl keiner alle diese Bedingungen, obgleich es nicht unmöglich ist, ihnen zu genügen.

Es verlohnt sich, jede von diesen Bedingungen getrennt von den anderen zu prüfen, und zu untersuchen, was ihre Erfüllung voraussetzt:

Die erste Bedingung, die Lieferung eines Gemisches von gleicher Zusammensetzung unter allen Umständen oder die Zumessung des Gemisches, wie man diese Eigenschaft allgemein nennt, ist das Grundproblem des Vergaserentwurfes. Die einfachste mögliche Form des Vergasers ist eine Düse, der flüssiger Brennstoff mit gleichbleibender Druckhöhe zugeführt wird, und diese Düse ist in der Achse einer Venturidüse oder eines Drosselrohres angeordnet, durch das die gesamte Luft auf ihrem Wege zur Maschine strömen muß. Der Unterdruck in dem Drosselrohr ist daher unter allen Umständen eine Funktion der indizierten Leistung der Maschine, und dieser Unterdruck dient dazu, um das Benzin aus der Düse herauszusaugen.

Leider sind die Gesetze, denen die Strömung einer Flüssigkeit durch eine Düse und die Strömung der Luft durch ein Venturirohr folgen, verschieden, weil das eine Mittel flüssig, das andere gasförmig ist. Zwar nimmt die Ausflußgeschwindigkeit des Brennstoffes auch zu, wenn sich die Geschwindigkeit, mit der die Luft durch den Trichter strömt, erhöht, aber die Zunahme der Brennstoffgeschwindigkeit ist verhältnismäßig höher. Sind daher die Querschnitte von Lufttrichter und Brennstoffdüse so gewählt, daß sie bei einer gewissen Drehzahl Gemisch vom theoretisch richtigen Mischungsverhältnis ergeben, so wird das Gemisch bei kleinerer Drehzahl zu arm und bei höherer Drehzahl zu reich an Brennstoff, wie dies angenähert in Abb. 62 dargestellt ist.

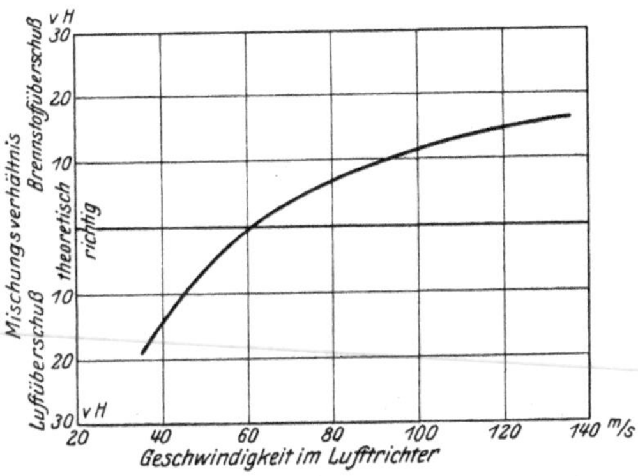

Abb. 62. Einfluß der Geschwindigkeit im Lufttrichter eines Vergasers auf das Mischungsverhältnis.

Diese einfache Form des Vergasers muß daher noch irgendwelche Mittel zum Ausgleich erhalten, die für die meisten Zwecke selbsttätig wirken müssen. Es gibt zahlreiche Verfahren, um diesen Ausgleich zu erzielen, man kann sie aber im allgemeinen in zwei Hauptgruppen einteilen:

1. Selbsttätige Zuführung von Zusatzluft bei Zunahme der Leistung.
2. Selbsttätige Zuführung von Brennstoff bei Abnahme der Leistung.

Zwischen diesen beiden liegen Verfahren, um die Geschwindigkeit des Brennstoffaustritts aus der Düse zu bremsen, z. B. indem man ihn mittels eines entgegengesetzt gerichteten Luftstromes behindert usw.

Die erste Gruppe umfaßt alle Vorrichtungen der Art, wie selbsttätige Zusatzluftventile, die durch die Saugwirkung der Maschine betätigt werden. Ihre Wirkungsweise befriedigt im großen und ganzen nicht, weil sie die Zugabe eines dauernd bewegten Bauteils zum Vergaser bedingen, den man nicht leicht schmieren und der sich stark abnutzen kann, wenn man seine Bewegungen nicht mittels einer wirksamen Dämpfvorrichtung regelt. Andererseits werden die Bewegungen dieses Bauteils etwas zu träge, wenn sie mittels eines Puffers gedämpft werden, was aber mit Rücksicht auf die Forderung unter 3 nicht unbedingt ein Nachteil zu sein braucht. Jedenfalls ist es aber besser, wenn man einen solchen zusätzlichen bewegten Teil, wenn irgend möglich, vermeiden kann.

Die zweite Gruppe umfaßt alle Vergaser mit einer besonderen Ausgleichsdüse, die unter natürlichem Gefälle aus dem Schwimmergehäuse gespeist wird und unter dem Druck der Außenluft steht. Der Ausfluß von Brennstoff aus einer solchen Düse wird durch den Unterdruck im Lufttrichter nicht beeinflußt. Vergaser, die zu dieser Gruppe gehören, lassen sich so einstellen, daß sie Luft und Brennstoff bei allen Verhältnissen von Drehzahl und Belastung ziemlich genau zumessen. Da sie außerdem keine bewegten Teile enthalten, die sich abnutzen oder hängenbleiben könnten, so sind sie nach der Ansicht des Verfassers den anderen vorzuziehen.

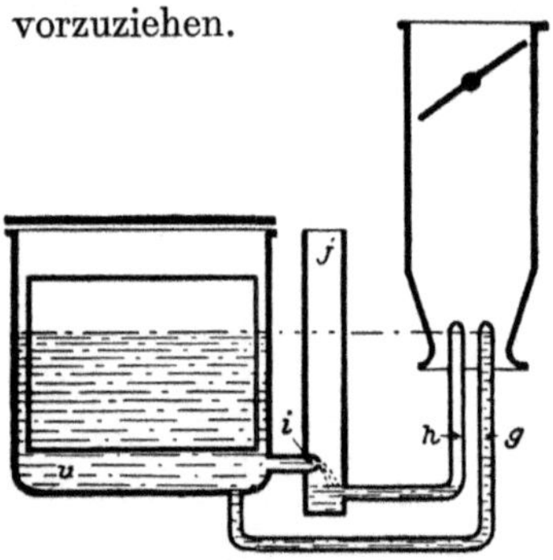

Abb. 63. Schema der Anordnung des Zenith-Vergasers.
g Hauptdüse. *h* Zusatzdüse.
i Kompensatordüse. *j* Leerlaufbehälter.
v Schwimmergehäuse.

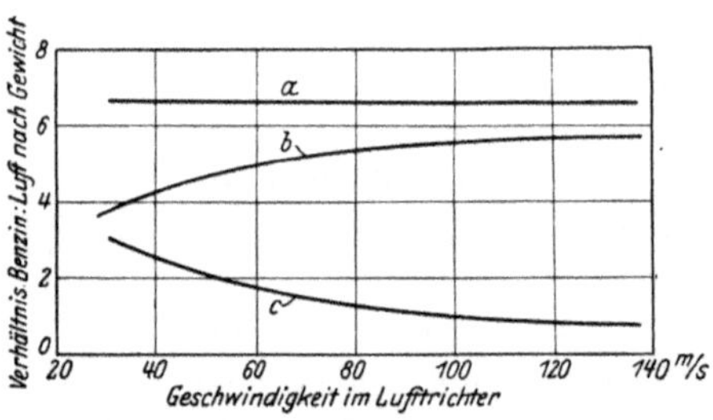

Abb. 64. Verlauf des Mischungsverhältnisses beim Zenith-Vergaser.
a Mischungsverhältnis mit der Lieferung der beiden Düsen zusammen.
b Mischungsverhältnis mit der Lieferung der Hauptdüse.
c Mischungsverhältnis mit der Lieferung der Ausgleichsdüse.

Die grundsätzliche Wirkungsweise eines derartigen Vergasers ist aus Abb. 63 zu erkennen, während Abb. 64 ungefähr die Ausflußverhältnisse der Düsen angibt. Man erkennt, daß der Ausfluß von Brennstoff aus der Hauptdüse schnell zunimmt, wenn die Leistung und damit der Unterdruck im Lufttrichter höher werden, während die Abgabe von Brennstoff aus der mit natürlichem Gefälle gespeisten Düse, die unter gleichbleibender Druckhöhe von etwa 40 bis 50 mm arbeitet, im wesentlichen unveränderlich bleibt. Ihr Anteil an der Gesamtlieferung von Brennstoff nimmt daher verhältnismäßig ab, wenn die Leistung zunimmt, und es ist offenbar durch geeignete Auswahl der Düsenquerschnitte möglich, das Mischungsverhältnis von Brennstoff und Luft innerhalb weiter Grenzen von Drehzahl und Belastung fast genau gleichförmig zu erhalten.

Außer diesen Hauptgruppen gibt es eine große Anzahl von rein mechanisch wirkenden Einrichtungen, die dazu bestimmt sind, die Zufuhr von Brennstoff, die Zufuhr von Luft oder in einigen Fällen auch beides, in zwangläufigem Zusammenhang mit der Verstellung des

Drosselhebels zu verändern. Mit derartigen Anordnungen kann man aber unmöglich einen vollkommenen Ausgleich des Mischungsverhältnisses unter allen Bedingungen von Drehzahl oder Belastung bewirken, da sie keine Änderung des Mischungsverhältnisses ohne Verstellung der Drossel zulassen. Für bestimmte Zwecke jedoch, wie beispielsweise im Schiffsbetrieb, wo sich Drehmoment und Drehzahl in feststehendem Verhältnis verändern, erweisen sich Vergaser mit mechanischem Ausgleich wahrscheinlich ganz brauchbar. Der Vorteil dieser Bauart ist, daß man solche Vergaser sehr billig herstellen kann; sie haben nur eine einzige Düse, auf die man zu achten hat, und keine Nachstellvorrichtung, die in Unordnung geraten kann. Das genügt für die Anforderungen bei Schiffsmaschinen, ergibt aber bestimmt keine genaue Zumessung bei Maschinen, bei denen sich Drehzahl oder Drehmoment ändern können, ohne daß die Drossel verstellt wird.

Die zweite Bedingung, nämlich gründliche Zerstäubung des flüssigen Brennstoffes, ist durchaus nicht leicht erfüllbar. Sie ist jedoch außerordentlich wichtig, weil es in jeder Beziehung höchst erwünscht ist, die Ansaugtemperatur so niedrig wie möglich zu erhalten. Dabei ist es gleichgültig, ob der Brennstoff in flüssigem oder in gasförmigem Zustand in den Zylinder gelangt; sobald er nur fein zerteilt ist, verdampft er nach seinem Eintritt in den Zylinder vollständig, wenn er mit den dort vorhandenen heißen Verbrennungsrückständen in Berührung gelangt.

Weiter oben ist bereits erläutert, daß es immer vorteilhaft ist, die Ansaugtemperatur möglichst niedrig zu erhalten, und daß es aus diesem Grunde oft vorteilhaft ist, den Brennstoff zwar fein verteilt, aber noch flüssig in den Zylinder eintreten zu lassen, um durch Ausnutzung der Verdampfungswärme der Flüssigkeit die Temperatur im Zylinder herabzusetzen. Das läßt sich allerdings nur durchführen, wenn die Flüssigkeit sehr fein zerstäubt wird und wenn man die Saugleitung so anordnet, daß man ausreichend gleichförmige Verteilung des Gemisches auf die Zylinder erzielen kann und keine zu großen Unterschiede infolge der ungleichen Masse von Luft und Flüssigkeitsteilchen auftreten; denn wenn der Brennstoff nur in der Form von groben Tropfen angeliefert wird, ziehen sich diese leicht zu größeren Tropfen zusammen, die sich an den Wänden der Saugleitung niederschlagen und schließlich als Schüsse von Flüssigkeit in den Zylinder gelangen, die dort niemals verdampfen. Sie gehen vielmehr unverbrannt durch den Zylinder in den Auspuff, während ein Teil des flüssigen Brennstoffes seinen Weg am Kolben vorbei in das Kurbelgehäuse findet und dort das Schmieröl verschlechtert.

Bei den meisten Vergasern benutzt man nur die Luftgeschwindigkeit hinter der Düse, um den Brennstoff zu zerstäuben, und daher strebt man mit allen Mitteln danach, hohe Luftgeschwindigkeiten mit möglichst geringer Einbuße an Leistung zu erreichen. Leider wird die Zerstäubung des Brennstoffes gerade dann besonders wichtig, wenn die Maschine mit geringer Drehzahl oder niedriger Belastung arbeitet, d. h. wenn die von der Maschine angesaugte Luftmenge und daher auch ihre Geschwindigkeit ihre Mindestwerte haben. Auch wenn man eine Venturiöffnung von möglichst vollkommener Form verwendet, kann man es nicht vermeiden, daß der volumetrische Wirkungsgrad und damit die Leistung der Maschine erheblich beeinträchtigt werden, wenn die Luftgeschwindigkeit an der Mündung der Brennstoffdüse 120 m/s übersteigt. Der Verfasser hat gefunden, daß sich ein annehmbarer Ausgleich zwischen den Ansprüchen an hohe Leistung auf der einen Seite und an die Wirtschaftlichkeit der Maschine bei verringerter Belastung auf der anderen Seite erreichen läßt, wenn man bei einem Vergaser, der vier Zylinder versorgt, die Geschwindigkeit in der Luftdüse nicht über 120 m/s, bei einem Vergaser für drei Zylinder nicht über 100 m/s und bei einem Vergaser für einen einzelnen Zylinder nicht über 75 m/s steigen läßt. Daß bei Abnahme der Zylinderzahl nur kleinere Höchstgeschwindigkeiten der Luft zulässig sind, hat folgende Ursachen:

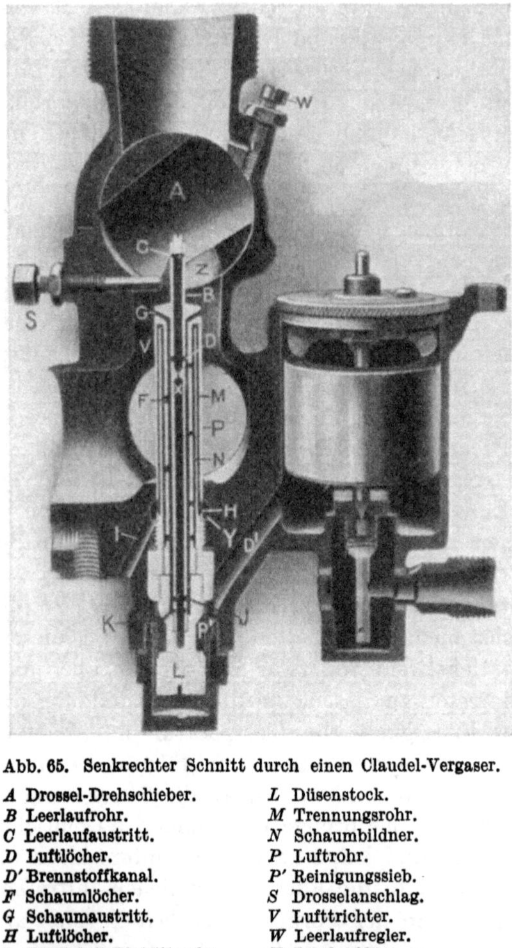

Abb. 65. Senkrechter Schnitt durch einen Claudel-Vergaser.

A Drossel-Drehschieber.
B Leerlaufrohr.
C Leerlaufaustritt.
D Luftlöcher.
D' Brennstoffkanal.
F Schaumlöcher.
G Schaumaustritt.
H Luftlöcher.
I Zusatzluft-Eintrittsrohr.
J Brennstoffeintritt zum Leerlaufrohr.
K Hauptdüse.
L Düsenstock.
M Trennungsrohr.
N Schaumbildner.
P Luftrohr.
P' Reinigungssieb.
S Drosselanschlag.
V Lufttrichter.
W Leerlaufregler.
X Leerlaufdüse.
Y Ringförmiger Luftraum.
Z Leerlauföffnung des Drehschiebers.

a) Sind weniger als vier Zylinder vorhanden, so ist die Saugwirkung nicht mehr gleichförmig und die Höchstgeschwindigkeit der Luft daher beträchtlich größer.

b) Je weniger Zylinder aus einem Vergaser gespeist werden, desto geringer wird die Gesamtlänge der Saugleitung.

Um bessere Zerstäubung des Brennstoffes zu erzielen, kann man das eine oder andere von folgenden Mitteln anwenden:

1. Man bemißt die Luftdüse, welche die Brennstoffdüse umgibt, sehr klein und leitet den Hauptteil der Luft an einer anderen Stelle zu. Bei Abnahme der Belastung vermindert man den Querschnitt für diesen Teil der Luft. Das ergibt somit eine Verbindung von mechanischem und Strömungsausgleich.

2. Man verwendet eine sog. Mantel- oder Diffuserdüse für den Brennstoff, welche einen geringen Teil der Luft durch die Flüssigkeit hindurchsaugt und einen Schaum bildet, der dann in den Luftstrom austritt. Solche Düsen verwendet man bei dem Claudel-Vergaser, Abb. 65 und 66.

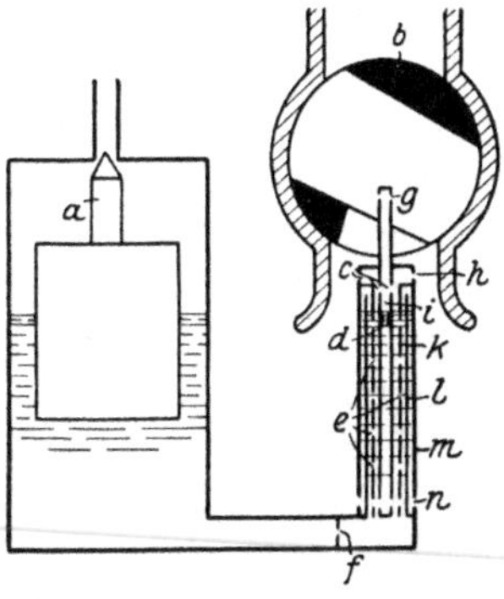

Abb. 66. Schematische Darstellung des Claudel-Vergasers.

a Schwimmerventil. *b* Drossel-Drehschieber. *c* Luftlöcher. *d* Leerlaufdüse. *e* Schaumlöcher. *f* Hauptdüse. *g* Leerlaufaustritt. *h* Schaumaustritt. *i* Leerlaufrohr. *k* Schaumbildner. *l* Trennungsrohr. *m* Luftrohr. *n* Luftlöcher.

Das erste Mittel hat den Vorteil, daß man auch bei geringer Belastung nicht nur an der Düse, sondern auch in einem beträchtlichen Teil der Saugleitung hohe Strömungsgeschwindigkeit behält. Es hat allerdings den Nachteil, daß der Vergaser etwas verwickelt wird.

Die Mantel- oder Diffuserdüse ergibt an der Düse selbst eine gute Zerstäubung, aber wegen der niedrigen Geschwindigkeit, die in der ganzen Sauganlage bei geringer Belastung oder insbesondere bei niedrigen Drehzahlen herrscht, erhalten die fein zerstäubten Brennstoffteilchen zuviel Gelegenheit, sich wieder zu Tropfen zusammenzuziehen. Andererseits hat jedoch diese Düse noch den weiteren Vorteil, daß die Strömung eines Teiles der Luft durch den Brennstoff in der Düse, wenn auch in begrenztem Maß, auf einen Ausgleich des Mischungsverhältnisses hinwirkt.

Bei allen Maschinen, bei denen plötzliche Änderungen der Belastung auftreten können, d. h. bei allen Maschinen für Straßenfahrzeuge oder Maschinen mit sehr empfindlichem selbsttätigem Regler, ist es besonders wichtig, daß der Vergaser imstande ist, bei plötzlichem Öffnen der Drossel augenblicklich ein an Brennstoff überreiches Gemisch zu liefern. Solange nämlich die Maschine mit kleiner oder stark verringerter Belastung läuft, kann der Druck in der Ansaugleitung nur etwa 0,35 at abs betragen. Bei diesem Druck wird selbst bei ganz niedrigen Temperaturen beinahe der ganze durch die Ansaugleitung strömende Brennstoff verdampft, so daß die Wände der Ansaugleitung trocken sind. Wird jetzt die Drossel plötzlich geöffnet, so steigt mit einemmal der Druck in der Ansaugleitung z. B. von 0,35 auf beinahe 1,05 at abs, während die Temperaturverhältnisse unverändert bleiben. Während der Brennstoff nun bei 0,35 at abs noch vollständig verdampft werden konnte, wird dies nicht mehr der Fall sein, wenn der Druck dreimal so hoch ist, es sei denn, daß die Ansaugleitungen sehr heiß sind. Die unmittelbare Folge hiervon ist, daß sich ein Teil des Brennstoffes, der sofort nach dem Öffnen der Drossel eintritt, an den Wänden der Saugleitung niederschlägt, und das Gemisch, das den Zylinder erreicht, viel zu arm an Brennstoff ist, um sich entzünden und verbrennen zu können, außer, wenn der Vergaser ein Gemisch mit sehr großem Brennstoffüberschuß liefert.

Dieser Zustand hält so lange an, bis die Wände der ganzen Saugleitung gründlich mit Brennstoff angefeuchtet sind; denn beim Betrieb der Maschine mit voll geöffneter Drossel sind die Wände der Saugleitung normalerweise mit einer Schicht von Flüssigkeit überzogen, deren Dicke von der Temperatur der Wände und von der Geschwindigkeit in der Saugleitung abhängt. Praktisch haben diese Verhältnisse meistens die Wirkung, daß die Maschine, sobald man die Drossel nach langsamem Lauf plötzlich öffnet, während einiger Umdrehungen spuckt und rückzündet oder sogar vollständig mit den Zündungen aussetzt; wenn man die Drossel jetzt wieder schließt, verdampft die bereits zur Hälfte gebildete nasse Schicht in der Saugleitung wieder und der Motor läuft wieder gleichmäßig. Durch wiederholtes Öffnen und Schließen der Drossel kann man dann die nötige Flüssigkeitsschicht allmählich aufbauen, ohne daß die Maschine ganz stehenbleibt.

Diese Schwierigkeiten kann man vermeiden, wenn man das eine oder das andere von folgenden Hilfsmitteln anwendet:

1. Der Vergaser wird so eingestellt, daß er immer Gemisch mit Brennstoffüberschuß liefert.

2. Die Wände der Ansaugleitung werden auf so hoher Temperatur erhalten, daß sich selbst bei atmosphärischem Druck, wenn überhaupt, so doch nur wenig Brennstoff darauf flüssig erhalten kann.

3. Man stattet den Vergaser mit irgendeiner Einrichtung aus, die bewirkt, daß sich bei langsamem Lauf eine geringe Menge von flüssigem Brennstoff im Vergaser ansammelt, die beim plötzlichen Öffnen der Drossel in die Ansaugleitung abgegeben wird.

Das erste Hilfsmittel kann übergangen werden, da es überhaupt zu unwirtschaftlich ist. Das zweite Mittel kann bestenfalls nur teilweise Heilung des Übels bringen. Ein gewisses Maß von Vorwärmung ist allerdings bei den heutigen Benzinsorten wesentlich, da sie nur geringe mittlere Verdampfbarkeit aufweisen und der Endpunkt ihrer Verdampflinie zumeist über 200° liegt. Es ist aber praktisch vollkommen ausgeschlossen, die Ansaugleitung auf eine so hohe Temperatur zu erwärmen, daß sich daran auch die höchstsiedenden Bestandteile nicht niederschlagen; denn dies würde in jedem Fall die Leistung in solchem Grade verringern, die Neigung zur Detonation steigern und durch Erhöhung der Temperatur des ganzen Kreisprozesses den Wirkungsgrad der Maschine so erniedrigen, daß dieses Mittel praktisch gar nicht in Erwägung gezogen werden kann.

Das dritte Mittel, nämlich die vorübergehende Abgabe eines mit Brennstoff stark angereicherten Gemisches, löst dagegen die Aufgabe in durchaus zufriedenstellender Weise. Es vermindert nicht die Leistung und ermöglicht bei normaler Belastung sowohl mit dem wirtschaftlichsten Mischungsverhältnis zu arbeiten, als auch die Zufuhr von Wärme zur Ansaugleitung zu beschränken. Bei Vergasern, deren Ausgleichdüse mit natürlichem Gefälle gespeist wird, kann man die Voraussetzungen für die Anwendung dieses Hilfsmittels dadurch schaffen, daß man sie mit einer Vertiefung versieht, die von der Ausgleichdüse aus ständig aufgefüllt wird und aus deren Inhalt man etwa drei bis vier Arbeitsprozesse der Maschine mit Gemisch von 100 vH Brennstoffüberschuß versorgen kann. Läuft die Maschine mit vollgeöffneter Drossel, so ist dann diese Vertiefung gewöhnlich leer, bei langsamem Lauf der Maschine füllt sie sich dagegen beinahe bis zur Höhe des Brennstoffspiegels im Schwimmergehäuse. Sobald man dann die Drossel plötzlich öffnet, reißt der durch das Einströmen der Luft in die Saugleitung entstehende Unterdruck den ganzen Inhalt des Vorratsbehälters in die Saugleitung mit und reichert so augenblicklich das Gemisch an.

Bei Mantel- oder Diffuserdüsen kann man die gleiche Wirkung dadurch erreichen, daß man den ringförmigen Raum an der Außenseite der Düse ausreichend groß macht, so daß er den plötzlichen Anforderungen an flüssigem Brennstoff genügen kann. Die Bauarten des Zenith- als auch des Claudel-Vergasers tragen diesen Gesichtspunkten Rechnung; der erstere hat, wie Abb. 67 zeigt, einen Vorratsbehälter, der von der Ausgleichdüse gespeist wird, der zweite einen Mantel von ausreichendem Fassungsvermögen, der die Brennstoffdüse umgibt und aus der Brennstoffleitung gefüllt wird.

Für einen Vierzylindermotor, dessen Ansaugleitung verhältnismäßig kühl ist, dürfte aber bei beiden Vergasern das Fassungsvermögen der

Vorratsbehälter nach Ansicht des Verfassers nicht ausreichen. Beide könnten daher durch Anbringung einer kleinen Beschleunigerpumpe, die beim Öffnen der Drosselklappe bewegt wird, sicherlich verbessert werden.

Die vierte Bedingung, nämlich die Lieferung eines brennstoffreichen Gemisches beim Anlaufen, erfüllt man fast in allen Fällen durch Anwendung einer besonderen sog. Leerlaufdüse; in der Regel richtet man es auf irgendeine Weise so ein, daß die Leerlaufdüse außer Wirkung kommt, sobald die Maschine eine für die Tätigkeit der Hauptdüse ausreichende Drehzahl erreicht hat. Bei Vergasern, deren Ausgleichdüse durch natürliches Gefälle gespeist wird, wird die Leerlaufdüse von der Ausgleichdüse versorgt und selbsttätig ausgeschaltet, wenn der Brennstoffspiegel im Vorratsbehälter unter eine bestimmte Höhe sinkt.

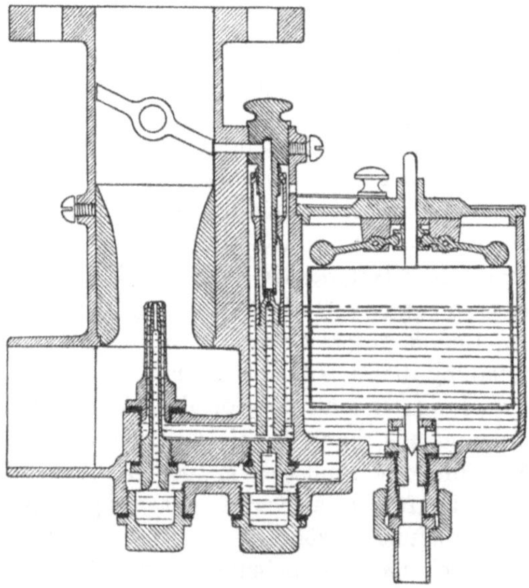

Abb. 67. Der Vorratsbehälter für das schnelle Anlaufen beim Zenithvergaser.

Um im kalten Zustand, d. h. bei rund 15°, mit gewöhnlichem Handelsbenzin anfahren zu können, muß man der Maschine je nach der Dampfspannung des Brennstoffes und der jeweiligen Temperatur der ganzen Anlage ein Gemisch liefern, das mindestens drei- bis viermal soviel Brennstoff wie das gewöhnliche Gemisch enthält. Solange man derart übermäßig brennstoffreiches Gemisch nur für die Zwecke des Anlassens verwendet, hat dies keine Bedenken, vorausgesetzt, daß die Zufuhr so reichen Gemisches unterbrochen wird, sobald die Maschine in Gang ist. Wird die Leerlaufdüse mit Brennstoff aus dem Vorratsbehälter gespeist, der seine Füllung von der Ausgleichdüse erhält, und taucht die zugehörige Leitung nur wenig unter den Brennstoffspiegel dieses Behälters ein, wie beim Zenith- oder Claudel-Vergaser, so liefert die Leerlaufdüse nur dann ein übermäßig brennstoffreiches Gemisch, wenn der Brennstoffspiegel im Vorratsbehälter seinen höchsten Stand hat. Dies ist aber nur der Fall, wenn die Maschine still steht; denn schon bei langsamstem Lauf der Maschine senkt sich der Brennstoffspiegel im Vorratsbehälter, so daß die Leerlaufdüse teilweise oder ganz außer Wirkung gesetzt wird. Bei Vergasern jedoch, deren Leerlaufdüse unmittelbar aus dem Schwimmerbehälter gespeist wird, muß man, um beim Anlassen ein genügend reiches Gemisch zu erhalten, entweder den Vergaser überschwemmen, also den Brennstoffspiegel in der Leerlaufdüse künstlich heben und gleichzeitig in und an der Öffnung für den Lufteintritt eine beträchtliche Brennstoffoberfläche der Verdampfung aussetzen, oder man muß die Öffnung für den Luftzutritt zum Vergaser teilweise schließen und hierdurch übermäßig starke Saugwirkung an der Hauptdüse erreichen.

Die fünfte Bedingung, nämlich die Möglichkeit, das Mischungsverhältnis zu verändern, um Temperaturänderungen auszugleichen, erfüllen nur solche Vergaser, die entweder mit verstellbaren Brennstoffdüsen oder mit einem Regler für die Luftzufuhr versehen sind. Die Bedingung ist wichtig, aber im allgemeinen geschieht nichts, um ihr zu entsprechen, und es ist auch tatsächlich durchaus nicht einfach, dieser Anforderung angemessen nachzukommen. Obgleich nämlich eine Maschine, sobald sich einmal die Ansaugleitung innen mit flüssigem Brennstoff beschlagen hat, gleichgültig, ob sie heiß oder kalt ist, immer das gleiche Mischungsverhältnis verlangen sollte, ist es doch zweckmäßig, den Brennstoffquerschnitt ein wenig zu verringern, wenn der Vergaser wärmer wird, weil sich die Viskosität von Benzin und tatsächlich der meisten leichtflüchtigen Brennstoffe mit der Temperatur beträchtlich ändert und dann bei gleichbleibendem Brennstoffquerschnitt und gleichbleibendem Unterdruck infolge der geringeren Viskosität mehr Brennstoff durch die Düse fließt, wenn die Temperatur des Brennstoffes steigt. Der Einfluß der Änderung der Viskosität läßt sich auf ein Mindestmaß verringern, indem man stets sehr kurze Düsen verwendet oder wenigstens die Länge der engen Düsenmündung sehr klein wählt, aber man kann diesen Einfluß durch diese Hilfsmittel niemals ganz ausschalten.

Bei allen Vergasern für Luftfahrzeuge, die also bei großen Unterschieden von Luftdichte und Temperatur arbeiten müssen, sind Mittel, um das Mischungsverhältnis wesentlich zu verändern, unbedingt notwendig Hierzu verwendet man die sog. Höhenregler, die nach sehr verschiedenen Verfahren arbeiten. Das gebräuchlichste ist, den Schwimmerbehälter vollkommen luftdicht abzuschließen und seinen Luftraum mit zwei Stellen des Vergasers zu verbinden, nämlich einer Stelle vor dem Lufttrichter und einer Stelle zwischen dem Lufttrichter und der Drossel. Zwischen diesen beiden Stellen herrscht infolge des Widerstandes im Lufttrichter ein beträchtlicher Druckunterschied. In die Verbindung zwischen dem Schwimmer und der Stelle hinter dem

Lufttrichter, deren Querschnitt wesentlich größer als der der anderen Verbindung bemessen wird, schaltet man einen Drosselhahn ein. Die zweite dünnere Verbindung des Schwimmergehäuses mit dem Vergaser wirkt nur wie eine dauernde kleine Undichtheit.

Ist der Drosselhahn geschlossen, so herrscht im Schwimmerbehälter der Druck der Außenluft, da die dauernd offene Verbindung mit der Stelle vor dem Lufttrichter den Ausgleich herstellt. Wird jedoch der Drosselhahn geöffnet, so sinkt der Druck im Schwimmerbehälter und stellt sich auf eine Höhe ein, die zwischen dem Druck der Außenluft und dem Druck in der Saugleitung hinter dem Lufttrichter liegt; die Höhe dieses Druckes hängt vom Verhältnis der Querschnitte der beiden Verbindungen ab. Mit abnehmendem Druck im Schwimmerbehälter sinkt auch der Brennstoffspiegel in der Düse, die infolgedessen weniger Brennstoff abgibt. Durch Verstellung des Drosselhahnes kann man daher den Brennstoffspiegel in der Düse in beliebigem Maß absenken und so das Mischungsverhältnis verändern. Dieses Verfahren und seine verschiedenen Abänderungen eignen sich in ganz hervorragender Weise für Luftfahrzeuge, bei denen der Motor eine Luftschraube antreibt und die Änderung des Drehmomentes mit wechselnder Drehzahl oder die Charakteristik für den ganzen Drehzahlbereich festliegt; aber es ist nach Ansicht des Verfassers etwas zweifelhaft, ob sich dieses Verfahren der Regelung auch für andere Zwecke, z. B. Kraftfahrzeuge, eignet, da in diesem Fall eine mit natürlichem Gefälle arbeitende Ausgleichdüse oder eine Diffuserdüse in ihrer Wirkungsweise beeinflußt werden würde. Bei Vergasern mit mechanischer Ausgleichvorrichtung wäre dagegen das Verfahren zweifellos ausgezeichnet verwendbar.

Die sechste Bedingung, nämlich daß der Vergaser von vornherein leicht einstellbar sein und daß sich seine Einstellung während des Betriebes nicht leicht verändern soll, ist auch sehr wichtig, weil es tatsächlich in der Praxis oft schwierig ist, festzustellen, ob die Zumessung durch den Vergaser richtig erfolgt oder nicht. Zu armes Gemisch, sei es durchweg oder nur bei bestimmten Drehzahlen, macht sich allerdings sofort durch Rückzündungen in die Ansaugleitung bemerkbar, aber nicht immer läßt sich ebenso leicht feststellen, ob der Vergaser zu reiches Gemisch liefert. Vergaser, deren Ausgleichdüsen mit natürlichem Gefäll arbeiten, kann man schon in der Fabrik immer nur mit einiger Schwierigkeit genau einstellen, außer wenn man sie an der zugehörigen Maschine auf dem Prüfstand erproben und Brennstoffverbrauch usw. bei allen Belastungen und Drehzahlen leicht genau messen kann. Andererseits bleiben aber solche Vergaser für alle Zeiten richtig eingestellt, wenn diese Einregelung erfolgt ist.

Vergaser, bei denen bewegte Teile den Ausgleich des Mischungsverhältnisses steuern, sind im allgemeinen in der Fabrik viel leichter einstellbar, aber sie können auch infolge von Abnutzung, Undichtheiten usw. viel leichter ihre richtige Einstellung verlieren. Schließlich gibt es mehrere Vergaser auf dem Markte, die zwar überhaupt keine genaue Zumessung ermöglichen, die man jedoch nichtsdestoweniger leicht auf ein im Mittel günstiges Mischungsverhältnis einstellen kann; man kann daher oft feststellen, daß solche Vergaser in ungeübten Händen ebenso günstige oder gar bessere Ergebnisse liefern, als solche Vergaser, die auf höherer wissenschaftlicher Grundlage entworfen sind.

Wie bereits weiter oben erwähnt, gibt es, soweit dem Verfasser bekannt, keinen einzigen Vergaser, der alle oben angeführten sechs Bedingungen gleichzeitig erfüllt. Trotzdem ist ein guter, neuzeitlicher Vergaser, wenn er sorgfältig eingestellt ist, eine Vorrichtung von bemerkenswert günstigem Wirkungsgrad. Obgleich man oft über den Vergaser schimpft, liegt der Fehler doch viel häufiger an der Ansaugleitung als am Vergaser selbst.

Man muß immer wieder daran erinnern, daß der Vergaser und die Saugleitung unmittelbar voneinander abhängen. Ist die Saugleitung so gebaut, daß sich darin die Brennstoffdämpfe leicht niederschlagen, sei es, weil die Saugleitung dem Gemischstrom zu große Wandflächen aussetzt oder, daß in der Saugleitung zu geringe Geschwindigkeit oder zu niedrige Temperatur herrscht, so empfiehlt es sich, daß man einen Vergaser verwendet, der den Brennstoff besonders gründlich zerstäubt, sei es auch mit einigen Verlusten durch Drosseln, und der besonders hohen Brennstoffüberschuß liefert, wenn man die Drossel plötzlich öffnet. Bei anders gearteter Ansaugleitung können auf der anderen Seite wieder andere Merkmale des Vergasers erwünscht sein. Es ist jedenfalls vollständig falsch, anzunehmen, daß man irgendeinen bestimmten Vergaser an jede beliebige Ansaugleitung anhängen darf, ohne daß man auf die besonderen Merkmale von beiden Rücksicht nimmt.

Bemerkung der deutschen Bearbeiter:

1. Der Umstand, daß durch Niederschlagen von Brennstoff in der Saugleitung Gemischbildung und Verteilung leicht gestört werden, führte zur Ausbildung der sogenannten Fallstromvergaser. Ein Beispiel dieser Vergaserart, und zwar in der Ausführung von Zenith, ist in Abb. 67a in Ansicht und in Abb. 67b im Schnitt dargestellt. Bei diesem Vergaser, der senkrecht über dem zu den Einlaßventilen schräg liegenden Ansaugrohr angeordnet ist, strömen Luft bzw. Gemisch von oben nach unten. Nach den mit Fallstromvergasern angestellten Versuchen ist ihr Hauptvorteil darin zu sehen, daß ein aus Luft und Flüssigkeit von verschiedenen spezifischen Gewichten gebildeter Nebel sich leichter entmischt, wenn seine Bewegung der Schwerkraft entgegengesetzt gerichtet ist.

Die Ansaugleitungen für Fallstromvergaser brauchen daher Vorwärmung höchstens bei Mehrzylindermotoren an der Stelle, wo sich die Saugkanäle zerteilen und der Gemischstrom daher umkehrt. Das Strömen der Saugluft im Sinne der Schwerkraft erfordert, wie aus Abb. 67b hervorgeht, wesentlich geänderte Brennstoffmundstücke im Lufttrichter. Der Querschnitt des Mundstückes ist oval und ziemlich weit und am unteren Rand mit einer zurückliegenden, erhöhten Kante versehen. Diese sorgt einerseits dafür, daß sich der Brennstoff schon bei der geringsten Luftgeschwindigkeit von dem Rande des Mundstückes ablöst. Man kann daher erhebliche größere Lufttrichter als in üblichen Vergasern verwenden. Anderseits verhindert sie, daß der Brennstoff die Wände entlang herunterfließt.

Abb. 67a. Ansicht des Zenith-Fallstromvergasers.

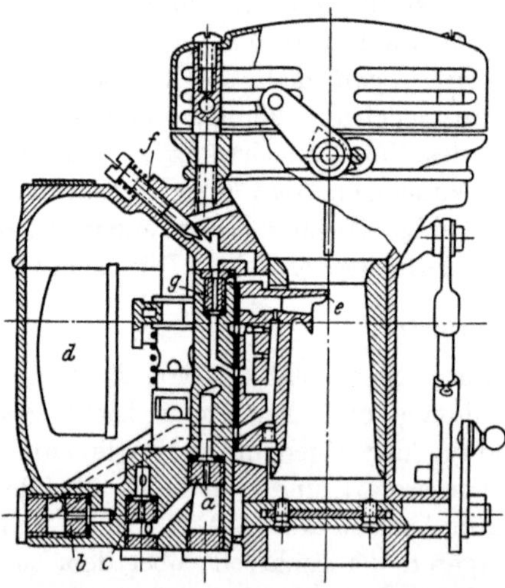

Abb. 67b. Fallstromvergaser, Bauart Zenith.
a Hauptdüse. *b* Kompensatordüse. *c* Spardüse. *d* Schwimmer. *e* Austritt des Brennstoffs. *f* Luftregelung der Leerlaufdüse. *g* Leerlaufdüse.

Die Vorteile des Fallstromvergasers sind also:

1. Durch die Bewegung des Gemisches in Richtung der Schwerkraft wird das Entmischen des Brennstoffnebels und damit die Kondensatbildung in der Saugleitung erschwert.

2. Infolge der schräg zu den Ventilen angeordneten Saugkanäle fließt der sich trotzdem noch bildende Niederschlag dem Verbrennungsraum zu, anstatt auf die Straße zu tropfen.

3. Dadurch, daß es nicht erforderlich ist, zum Verdampfen von Niederschlag die Saugleitung vorzuwärmen, werden der volumetrische

Wirkungsgrad des Motors und damit das Ladegewicht und die Leistung vergrößert.

4. Dadurch, daß der Brennstoff nicht entgegen der Schwerkraft aus dem Mundstück herausgesaugt werden muß, wird die Saugarbeit des Motors kleiner und damit die Leistung größer.

5. Infolge des größeren Lufttrichterquerschnittes wird die Leistung bei hoher Drehzahl vergrößert.

Der Zenith-Fallstromvergaser ist außerdem wie andere neuzeitliche Vergaserbauarten mit einer Pumpe zur Lieferung von Brennstoff bei plötzlichem Öffnen der Drossel sowie einer selbsttätig wirkenden Sparvorrichtung versehen, die nur dann außer Kraft tritt, wenn die Drossel voll geöffnet ist.

VII. Die Zündung.

Infolge eines Ausscheidungsverfahrens hat sich im Verlauf der Entwicklung die Zahl der Bauarten von Zündungen für schnellaufende Verbrennungsmaschinen auf zwei Hauptarten verringert:

1. Die Hochspannungs-Magnetzündung.
2. Die Zündungen mit Hochspannungsspule und Batterie.

Bis vor einigen Jahren war die erste ganz allgemein im Gebrauch. Die zweite ist eine Rückkehr zu einer früheren Bauart und ist jetzt wieder in den Vordergrund gerückt, weil fast alle Straßen- und Luftfahrzeuge mit elektrischer Beleuchtungsanlage ausgerüstet werden, so daß niedrig gespannter Strom stets reichlich zur Verfügung steht.

Die Intensität des Zündfunkens. Obgleich die Intensität des Zündfunkens eine sehr geringe Bedeutung hat, solange die Maschine mit voll geöffneter Drossel und mit theoretisch richtigem Gemisch oder etwas Brennstoffüberschuß arbeitet, spielt doch diese Intensität bei verringerten Belastungen oder bei Betrieb mit brennstoffarmen Gemischen eine sehr hervorragende Rolle. Durch Versuche hat man zwar festgestellt, daß ein ganz schwacher Zündfunke ausreicht, wenn Art, Zustand oder Zusammensetzung des Brennstoff-Luftgemisches eine sehr schnelle Verbrennung der Ladung ermöglichen. Die Intensität des Funkens ist ohne besondere Bedeutung, soweit nur die Höchstleistung allein in Frage kommt; dagegen übt sie einen beträchtlichen Einfluß auf den höchsten erreichbaren Wirkungsgrad aus, da sie in gewissem Maße den Bereich der Zündfähigkeit von brennstoffarmen Gemischen und die Brenngeschwindigkeit bei gedrosseltem Betrieb der Maschine beherrscht.

Bei gewöhnlichen Hochspannungszündmagneten erreicht die Intensität des Funkens nur in der Stellung ihren Höchstwert, wo der Anker durch den Höchstwert des magnetischen Kraftflusses hindurchgeht;

die Intensität des Funkens nimmt daher ab, sobald man den Zündzeitpunkt gegenüber dieser Stellung vor- oder zurückrückt. Bei der Zündvorrichtung mit Spule und Batterie dagegen bleibt die Intensität ohne Rücksicht auf die Einstellung des Zündzeitpunktes immer gleich, was sehr wesentlich zugunsten dieses Systems spricht.

Daß in früheren Jahren das Zündsystem mit Spule und Batterie durch die Hochspannungs-Magnetzündung aus Gründen der Zuverlässigkeit verdrängt wurde, hatte zwei Gründe:

1. Es gab damals im Kraftwagen keine Dynamomaschine zum Aufladen; die Batterie blieb daher nicht dauernd voll aufgeladen und wurde oft ganz entladen, so daß die Zündung infolgedessen vollständig versagte.

2. Die früheren Unterbrecher für den niedrig gespannten Primärstrom waren im allgemeinen schlecht entworfen und ebenso schlecht ausgeführt und verursachten daher andauernd Störungen.

Als der Hochspannungszündmagnet zuerst auf dem Markt auftauchte, bot er gegenüber dem anderen System der Zündung zwei wesentliche Vorteile, nämlich ununterbrochen gesicherte Lieferung von niedrig gespanntem Strom und einen wirklich gut entworfenen und gut hergestellten Stromunterbrecher für niedrige Spannung. Diese Vorteile sind aber heute nicht mehr so wichtig, denn fast jede schnellaufende Fahrzeugmaschine wird heute mit einer Ladedynamo für die Zwecke der Beleuchtung und des Anlassens ausgerüstet.

Es ist im übrigen nicht beabsichtigt, die Einzelheiten der beiden Anordnungen für Zündeinrichtungen hier zu erörtern, da sie bereits allgemein bekannt sind und in jedem beliebigen einschlägigen Lehrbuch nachgelesen werden können.

Die Zündkerzen. Über keinen Teil einer Verbrennungsmaschine wird wohl mehr geklagt als über die Zündkerze, obgleich die Klagen, die dagegen erhoben werden, oft ungerecht sind. Im allgemeinen klagt man am meisten entweder darüber, daß die Zündkerzen verölen und dann wirkungslos werden, oder daß sie Frühzündungen verursachen. Aber der Fehler liegt genau ebenso oft daran, daß man für die Maschine eine ungeeignete Zündkerze gewählt hat oder daß der Motor falsch entworfen ist, und daß infolgedessen zuviel Öl in den Verbrennungsraum gelangt.

Für jede Bauart von Zündkerzen gibt es einen begrenzten Bereich von Temperaturen, innerhalb dessen die Elektroden wohl so heiß werden, daß sie das Öl verbrennen, das sich daran abgesetzt hat, und trotzdem kühl genug sind, daß Frühzündungen vermieden werden.

Für Maschinen, bei denen infolge fehlerhafter Bauart des Kolbens übermäßig viel Öl am Kolben vorbei in den Verbrennungsraum gelangt, muß man Zündkerzen mit dünnen Elektroden verwenden, die auch bei verminderter Belastung heiß bleiben und das Öl verbrennen. In diesem Zusammenhang sei daran erinnert, daß in einer durch Drosseln auf verminderte Leistung eingeregelten Maschine die tatsächliche Temperatur des brennenden Gemisches bei jeder Drosselstellung fast gleich ist, und daß sich beim Drosseln nur die insgesamt umgesetzte Wärmemenge, aber nicht die Temperatur im Zylinder verändert. Wenn somit die Elektroden der Zündkerze dünn sind und daher die Wärme schlechter ableiten können, so nehmen sie eine Temperatur an, die ohne Rücksicht auf die im Zylinder umgesetzte Wärmemenge der mittleren Temperatur des Kreisprozesses entspricht. Leiten dagegen die Elektroden die Wärme, die sie aufnehmen, schnell ab, dann richtet sich ihre Temperatur eher nach der im Zylinder umgesetzten Wärmemenge, sie ist jedoch immer etwas niedriger, als dieser entsprechen würde. Mit anderen Worten: bei Zündkerzen mit langen, dünnen Elektroden sind die Elektroden stets heiß, aber sie behalten bei jeder Belastung ziemlich die gleiche Temperatur; bei Zündkerzen mit kurzen, dicken Elektroden und guten Möglichkeiten für die Wärmeableitung erhalten sich die Elektroden bei jeder Belastung kühler, aber ihre Temperatur ändert sich in höherem Maß, wenn sich die Belastung ändert. Vom Gesichtspunkt der Erhaltung ausreichender Temperaturen an den Elektroden bei allen Belastungen sind also verhältnismäßig lange, dünne Elektroden vorzuziehen, die, solange das Verdichtungsverhältnis niedrig ist und keine Detonation die Temperatur und Geschwindigkeit der Wärmeentwicklung erhöht, auch keinen Anlaß zu Frühzündungen geben werden. Ist jedoch das Verdichtungsverhältnis hoch und der Anteil der Ladung an verdünnenden nichtbrennbaren Gasen daher gering, so treten bei solchen Zündkerzen viel leichter Frühzündungen ein. Dazu kommt, daß unter diesen Umständen auch leichter Detonation auftreten kann; und all dies kann leicht, wie weiter oben gezeigt, dazu führen, daß sich die Zündkerzenelektroden überhitzen. Für derartige Maschinen empfiehlt es sich daher, eine Art von Zündkerzen zu verwenden, deren Elektroden sich möglichst kühl erhalten. Bei sorgfältigem Entwurf kann man erreichen, daß möglichst wenig Öl in den Verbrennungsraum gelangt, und dann kann man auch „kühle" Zündkerzen verwenden, ohne Störungen durch Verölen fürchten zu müssen. Sie sind unter diesen Umständen vorzuziehen, denn dicke Elektroden halten natürlich länger aus und neigen nicht so leicht dazu, sich bei vorübergehenden Detonationen oder aus anderen Gründen zu überhitzen.

Für Motoren mit niedrigem Verdichtungsverhältnis und solchen, deren Belastung verhältnismäßig gering ist, können somit „heiße" Zündkerzen vorteilhafter sein, besonders dann, wenn die Motoren zum Verölen des Verbrennungsraumes neigen, während man bei Motoren mit hohem Verdichtungsverhältnis „kühle“ Zündkerzen verwenden und die Neigung zum Verölen durch richtigen Entwurf des Kolbens überwinden soll. Eine Zündkerze für hochverdichtende Motoren, bei denen viel Öl in den Verbrennungsraum gelangt, kann zur Zeit nicht hergestellt werden; aber die Lösung liegt in der Bauart des Motors, und es ist ungerecht, dann die Zündkerze zu beschuldigen, denn man verlangt hier von ihr die Wirksamkeit unter Bedingungen, für die sie eigentlich nicht bestimmt ist.

VIII. Entwurf der Maschine.

Wie bei jeder Schöpfung dieser Art, so darf man auch beim Entwurf einer Verbrennungsmaschine die ästhetische Seite nicht übersehen. In erster Linie sind Schönheit der Form und Proportion der Abmessungen an und für sich hervorragende Wegweiser für mechanisch richtige Bauweise; denn die Menschen haben heute einsehen gelernt, daß schön ist, was mechanisch richtig gebaut ist, sei es in der Natur, in der Architektur oder im Maschinenwesen.

Eigentlich bedeuten Schönheit und Wirksamkeit, im weitesten Sinne ausgelegt, genau dasselbe, und die Prüfung eines beliebigen Entwurfes vom ästhetischen Standpunkt ist oft ein ebenso zuverlässiger Wegweiser wie die rechnerische Untersuchung des Entwurfes auf seine mechanischen Eigenschaften. Daneben wirken die ästhetischen Eigenschaften eines Entwurfes stark und dennoch unbewußt auf den Verbraucher, dessen künstlerischen Sinn sie immer anregen, auch wenn er noch so stumm und ungeklärt bleibt.

Das erste Streben des Konstrukteurs müßte dahin gehen, zu erreichen, daß den Ergebnissen seiner Arbeit beim Verbraucher auch wirklich Sorgfalt, ja sogar Liebe gewidmet wird, wie er es hofft. Gerade deshalb müßte er trachten, eher an das künstlerische Gefühl der Verbraucher zu rühren, als sich nach Liebhaberei und Mode zu richten; denn künstlerisches Gefühl ist allen Menschen gegeben, während Liebhaberei und Mode ganz verschieden sein können.

Ein weitverbreiteter, aber ganz irriger Glaube lehrt, daß Zuverlässigkeit und sogar hohe Wirksamkeit einer Maschine zum großen Teil eine Funktion der Zahl der Teile sei, die sie wirklich enthält. Es kann, ganz allgemein gesprochen, keinen größeren Irrtum geben. Natürlich ist es klar, daß man so wenig wie möglich Teile verwenden muß, wie sich mit der Rücksicht auf Wirkungsgrad und richtiges Arbeiten der Maschine verträgt, aber auch dies kann leicht übertrieben werden, denn zu oft bedeutet geringe Zahl von Teilen ein Übermaß an Kompromissen. Jeder Entwurf muß notwendigerweise auf Kompromissen aufgebaut werden, und der Erfolg einer Maschine hängt letzten Endes nur davon ab, ob es ein gesundes Urteil war, das zu diesen Kompromissen geführt hat.

Bei einer Verbrennungsmaschine sind viele von den Bestandteilen verwickelten Beanspruchungen, Wärmebeanspruchungen sowohl als auch Druckbeanspruchungen, unterworfen, und wenn man durch Vermehrung der Zahl von Teilen solche Beanspruchungen vermindern oder getrennt aufnehmen kann, so soll man dies ohne Zögern tun. Kein Teil der Maschine sollte mehreren Beanspruchungen auf einmal ausgesetzt werden, wenn man die Beanspruchungen durch Anwendung von zusätzlichen Baugliedern aufteilen kann. Ist beispielsweise ein Teil gleichzeitig auf Drehung und Biegung beansprucht, so ist es zweckmäßiger, ihn, wenn irgend möglich, durch zwei getrennte Glieder zu ersetzen, von denen das eine so entworfen ist, daß es nur die Biegungsbeanspruchungen aufnimmt und frei von Drehbeanspruchungen bleibt, während das andere nur auf Drehung, aber nicht auf Biegung beansprucht werden kann. Dadurch kann man manchmal gezwungen werden, an dem bestimmten vorliegenden Getriebe sechs- oder achtmal so viel Teile zu verwenden als bei anderer Bauart, trotzdem können Sicherheit und Zuverlässigkeit in noch viel höherem Maß vervielfacht werden.

Andererseits liegt oft beim Entwurf eines Motors die Aufgabe vor, eine Welle in zwei Lagern aufzunehmen, deren Mitten bei der Bearbeitung nicht genau gegeneinander ausgerichtet werden oder infolge von Formänderungen usw. leicht außer Übereinstimmung kommen können. In derartigen Fällen hat man die Wahl, entweder eine genügend nachgiebige Welle zu verwenden, die sich durch ihre Biegsamkeit geringen Fehlern in der Achsenrichtung anpaßt, oder zwischen den beiden Lagern zwei Kreuzgelenke in die Welle einzuschalten. Bei der ersten Lösung kann die Welle infolge der Ermüdung durch die dauernden, wenn auch nur kleinen Verbiegungen schließlich brechen, während die Lager selbst zu Störungen neigen und jedenfalls viel höhere Reibungsverluste hervorrufen. Bei der zweiten Lösung sind zwar höhere Sicherheit und das Mindestmaß an Reibungsverlusten erreichbar, aber nur mit dem Aufwand mehrerer weiterer Teile.

Die Aufgabe, zwischen derartigen Lösungen zu entscheiden, tritt jedem Konstrukteur fast täglich entgegen; er hat dabei stets die Wahl, ob er die einfache Bauart wagen kann oder die verwickeltere Bauart vorziehen soll. Er wird im allgemeinen nur zu sehr geneigt sein, wegen der geringeren Herstellungskosten den ersten Weg zu beschreiten, aber dann kann er sich nicht rühmen, er komme mit weniger Teilen aus, denn er tut dies allein aus dem Grunde, weil er es sich nicht leisten kann, mehr Teile zu verwenden oder weil ihm die Kenntnis und die Erfahrung fehlen, das Wagnis, das er eingeht, richtig abzuschätzen.

Bei Maschinen von größeren Abmessungen empfiehlt es sich weiter oft, die Anzahl der Auspuffventile zu verdoppeln, und zwar auch dann, wenn damit eine Verdoppelung der zugehörigen Ventilsteuerung verbunden ist. Diese Lösung ermöglicht, kleinere Ventile zu verwenden und hierdurch sowohl die Temperaturen der Ventilteller, als auch die Beanspruchungen in der Steuerung zu verringern, so daß sich die Ventile auf weit längere Dauer in brauchbarem Zustand erhalten und die Betriebssicherheit der Ventilsteuerung erhöht wird. Die Verdoppelung der Auspuffventile bringt also letzten Endes den Erfolg, daß die ganze Maschine während eines viel längeren Zeitraumes ihren guten Wirkungsgrad beibehält und auf alle Fälle zuverlässiger ist. Es ist hiernach weit besser, nötigenfalls 500 Teile zu verwenden, um gesunden Anforderungen der Mechanik zu genügen, als sie zu verletzen, indem man auch nur einen einzigen Teil fortläßt. Manchmal fällt es vielleicht schwer, der Verlockung zu widerstehen, einem einzigen Teil mehrere Aufgaben zu übertragen, aber man sollte diese Neigung streng im Zaume halten.

Es ist denkbar, eine Verbrennungsmaschine herzustellen, die, ausgenommen die Schraubenbolzen und Muttern, nur aus sieben Teilen besteht. Wäre die Spärlichkeit der Teile ein Maßstab für die Güte, so müßte eine solche Maschine alle anderen aus dem Felde schlagen. In Wirklichkeit hat man diese Maschine wegen ihrer Unzuverlässigkeit und, weil sie mit besonderer Genialität auf verschiedene verkehrte Wege hinweist, beinahe allgemein verworfen. Am anderen Ende der Reihe stand der Rolls-Royce „Eagle"-Flugmotor, der während des Krieges bei weitem die längste Zeit ohne Überholung laufen konnte; das war aber eine Maschine, die um mindestens 50 vH mehr Teile als irgendeine andere Maschine dieser Art aus jener Zeit enthielt.

Daß größere Anzahl von Teilen notwendigerweise erhöhte Sorgfalt und Erhaltungskosten für den Benutzer bedeutet, ist ein glatter Fehlschluß. Bei geringerer Anzahl von Teilen spart man zwar in einem gewissen geringen Maß an Herstellungskosten; davon hat aber sicherlich der Verbraucher keinerlei wie immer gearteten Vorteil. Selbst für den Fabrikanten ergibt das nicht immer eine Ersparnis, weil der Aufwand an Arbeit beim Zusammenpassen oft im umgekehrten Verhältnis zur Anzahl der Teile steht und Montage heutzutage die teuerste von allen Arten von Arbeiten ist. Der Konstrukteur tut daher gut, sich zu vergegenwärtigen, daß „Einfachheit", wie man sie gewöhnlich versteht, durchaus nicht immer ein Vorzug ist; im Gegenteil, in neun von zehn Fällen ist sie geradezu ein Fehler.

Die vorstehenden Bemerkungen mögen nicht so verstanden werden, als sollten die Kosten der Herstellung unterschätzt werden. Im Gegenteil, die Herstellungskosten sind ganz allgemein das weitaus Wichtigste, das man berücksichtigen muß, sobald einmal den allgemeinen Ansprüchen an Wirkungsgrad genügt ist; unter Wirkungsgrad ist dabei nicht lediglich der thermische Wirkungsgrad gemeint, sondern dieser Begriff schließt auch Zuverlässigkeit und Dauerhaftigkeit in sich ein.

In Zeiten, die heute vorüber sind, waren Material und geschickte Monteure verhältnismäßig billig, während die Bearbeitung auf Maschinen eine kostspielige Sache war. Heutzutage dagegen sind Maschinenbearbeitung und Schleifen infolge der ungeheueren Verbesserungen im Entwurf der Werkzeugmaschinen verhältnismäßig billig geworden, während die Materialkosten enorm gestiegen und geschickte Schlosser fast überhaupt nicht mehr zu finden sind. Der Konstrukteur muß sich daher diesen veränderten Bedingungen anpassen und an Material sowie an Handarbeit sparen, wo es möglich ist. Hierbei wird er oft finden, daß es eine wirkliche Ersparnis bedeutet, eine größere Anzahl von Teilen zu verwenden, wenn das Gesamtgewicht des verbrauchten Materials nicht größer, aber dadurch einige Handmontage gespart wird.

Bei gut durchdachter Bauart und genauer Maschinenarbeit müßte es heute möglich sein, Handarbeit beinahe vollständig auszuschalten. Viel von der Handarbeit, die heute noch geleistet wird, ist überflüssig und sogar unerwünscht; das Einschaben von Lagern beispielsweise ist eine Gewohnheit, die noch aus der Zeit stammt, als man sich noch nicht auf genaue Maschinenarbeit verlassen konnte und die Konstrukteure noch nicht den Wert des selbsttätigen Ausrichtens der Lagermitten erkannt hatten. Heute, wo man Kurbelwellen mit außerordentlich kleinen Toleranzen fertigschleifen und alle zugehörigen Lagergehäuse in einem einzigen Gang auf der Maschine bearbeiten kann, ist kein Einschaben mehr nötig. Tatsächlich kann man durch das Einschaben mit der Hand niemals eine so genaue und gleichmäßige Auflagerung erzielen, wie sie durch Maschinenarbeit möglich ist.

Vom wirtschaftlichen wie vom konstruktiven Standpunkt ist es ferner sogar wichtig, alle Gehäuse der Wellenlager in einem Gang auf der Maschine zu bearbeiten oder sie durch Aufdornen auszurichten. Wo aus irgendeinem Grunde keine dieser Arten der Bearbeitung möglich ist, ist es nicht nur besser, sondern oft auch billiger, Universalgelenke einzubauen und sich von der genauen Übereinstimmung der Lagerachsen unabhängig zu machen, als sich auf das zweifelhafte Ausrichten durch das kostspielige Handeinpassen zu verlassen; denn Handarbeit ist nicht nur teuer und unzuverlässig, sondern sie ist auch das wirksamste Hindernis für die Austauschbarkeit. Der alte Glaube, daß ein „handgearbeitetes“ Stück besser sei als ein „maschinengearbeitetes“, braucht lange zum Aussterben; aber je eher er begraben wird, um so besser. Heutigentages ist er ein Anachronismus.

Entwurf und Baustoff.

Man nimmt allgemein an, daß eine schnellaufende Verbrennungsmaschine, die Erfolg haben soll, notwendigerweise aus sorgfältig ausgewählten und hochwertigen Sonderbaustoffen hergestellt werden müsse. Selbstverständlich ist es immer um so besser, je hochwertiger die benutzten Baustoffe sind, aber bei geeignetem Entwurf ergibt auch gewöhnliches Handelsmaterial vollkommen zufriedenstellende Maschinen, und tatsächlich wird dieses Material auch in weit größerem Umfange verwendet, als man allgemein annimmt. Nur wenn die Grenzen für das zulässige Gewicht sehr eng gesteckt sind, wie bei einem Flugmotor, oder wenn besonders hohe Leistung verlangt wird, dann werden besondere Baustoffe unentbehrlich.

Die gewöhnliche schnellaufende Mehrzylindermaschine bedingt notwendigerweise die Verwendung einiger sehr verwickelter Gußstücke, deren Material in der Praxis fast nur nach gießereitechnischen Gesichtspunkten ausgewählt wird. Der Baustoff für den Zylinderblock und das Kurbelgehäuse muß beispielsweise derart sein, daß das geschmolzene Metall leicht in die Form fließt und einen gleichartigen Guß ergibt, und diese Rücksicht wird allgemein für wichtiger als alle anderen gehalten.

Im allgemeinen ist bei solchen Teilen die Oberflächenhärte bei weitem wichtiger als die Zugfestigkeit; denn die Forderung höchster Steifigkeit, die beim Entwurf von schnellaufenden Maschinen an erster Stelle steht, setzt in jedem Fall bereits so starke Abmessungen voraus, daß die Zugfestigkeit nur eine sehr untergeordnete Rolle spielt. Vom Standpunkt der Steifigkeit aus sind alle Stahlsorten im wesentlichen gleichwertig, weil die Elastizitätszahl praktisch bei allen gleich hoch ist.

Kurbelgehäuse. Für das Kurbelgehäuse kann man Gußeisen oder Aluminium verwenden, je nachdem, ob man auf das Gewicht besondere Rücksicht zu nehmen hat oder nicht. Hauptsächlich muß man beim Entwurf eines Kurbelgehäuses für Mehrzylindermaschinen darauf achten, daß es genügende Tiefe erhält, damit es das Biegungsmoment der entgegengesetzt wirkenden Kräftepaare in einer Vier- oder Sechszylindermaschine aufnehmen kann. Dieses Biegungsmoment ist zwar nicht so groß, als daß es die bauliche Festigkeit des Gehäuses berühren könnte, aber es genügt oft durchaus, um bei gewissen kritischen Drehzahlen sehr lästige Schwingungen hervorzurufen. Um dies zu verhindern, muß man das Kurbelgehäuse gegen Biegungs- und Drehbeanspruchungen so widerstandsfähig entwerfen, daß es, vom Standpunkt der reinen Festigkeit aus gesehen, eine außerordentlich hohe Sicherheitszahl hat. Da die Steifigkeit mehr von der Bauart als vom Baustoff abhängt, so genügt innerhalb bestimmter Grenzen jedes Material, das sich gut gießen läßt und leidliche Festigkeitseigenschaften hat.

Aus Rücksicht auf die Widerstandsfähigkeit des Kurbelgehäuses gegen Biegung und Verdrehung ist es sehr erwünscht, wenn nicht gar wesentlich, daß die untere Hälfte des Kurbelgehäuses einen organischen Bestandteil des Ganzen bildet, insbesondere wenn einzeln stehende Zylinder verwendet werden. Teilt man, wie üblich, das Kurbelgehäuse in der Höhe der Mittelachse der Kurbelwelle, so muß man die beiden Hälften des Gehäuses mittels einer großen Anzahl von Schrauben in enger Teilung verbinden, damit eine gute Reibungsverbindung zwischen beiden gesichert wird. Der Unterteil muß, für sich selbst als Träger betrachtet, reichlich starr bemessen sein. Die oft angewandte Ausführung, wobei nur eine leichte Ölwanne mit ein paar lose passenden Schrauben an das Oberteil angehängt wird, kann nicht streng genug verurteilt werden; denn obgleich der Kurbelgehäuseunterteil gewöhnlich keinen Anteil an der Lagerung der Kurbelwelle zu haben pflegt und auch nicht haben soll, obgleich er daher scheinbar auch keine unmittelbare Beanspruchung erfährt, so hat er doch insofern, als er das ganze Kurbelgehäuse zu einem geschlossenen Bauteil ergänzt, eine äußerst wichtige Aufgabe zu erfüllen, indem er dazu beiträgt, die Steifigkeit des Gehäuses zu erhöhen, und ihm erst die notwendige Sicherheit verleiht. Diese Betrachtungen werden besonders wichtig, wenn es sich um Sechszylindermaschinen handelt, bei denen Schwingungen des Kurbelgehäuses eine sehr häufig auftretende Quelle von Schwierigkeiten bilden oder zu bilden pflegten. Der in Abb. 68 dargestellte leichte 150 PS-Motor kann in dieser Beziehung als ein gutes Beispiel angesehen werden.

Auch der Frage des Geräusches, das durch Schwingungen ebener Zwischenwände usw. verursacht werden kann, muß man in diesem Zusammenhang immer Beachtung schenken. Soweit wie irgend möglich, soll man alle ebenen Wandflächen vermeiden oder sie, wenn das nicht zweckmäßig ist, mindestens durch innenliegende Verrippung unterbrechen. Aus einigen ausgeführten Beispielen kann man anscheinend schließen, daß bei gleicher Bauart und gleichen Abmessungen der Gehäuse Gußeisen leichter Resonanz als Aluminium hervorruft. Die Maschinen, die der Verfasser für die englischen Tanks entworfen hatte, wurden zunächst mit Kurbelgehäusen aus Gußeisen ausgeführt; als jedoch später, gegen den letzten Abschnitt des Krieges, leichte, schnelllaufende Maschinen für die Tanks angefordert wurden, ersetzte man das Gußeisen durch Aluminium. Diese Gehäuse wurden nach genau den gleichen Entwürfen wie die früheren gußeisernen hergestellt und waren tatsächlich in jeder Beziehung gegen diese austauschbar. Dabei wurde festgestellt, daß die Maschinen nach erfolgtem Umtausch der Gehäuse wesentlich ruhiger liefen, und die Berichte der Offiziere und der Führer der Tanks haben diese Beobachtung später auch bestätigt.

Noch eine weitere wichtige Erwägung spricht zugunsten der Verwendung von Aluminium für Kurbelgehäuse, nämlich seine bessere Wärmeleitfähigkeit. Diese Eigenschaft ist sehr wertvoll, denn sie trägt dazu bei, die Wärme von den Kurbelwellenlagern schneller abzuleiten und zu zerstreuen, infolgedessen die Abnutzung der Lager und die Gefahr des Versagens von Lagern zu verringern.

In der Hauptsache kommen als Mängel der Verwendung von Aluminium seine höheren Kosten und die Schwierigkeit in Betracht, Stift-

Abb. 68. Beispiel einer schnellaufenden Sechszylindermaschine von 150 PS.

schrauben darin sicher zu befestigen. Der hohe Preis des Aluminiums ist kein so ernster Nachteil, wie es zunächst scheinen könnte, weil

a) bei Gußstücken von verwickelter Bauart Aluminiumlegierungen im ganzen und großen vom gießereitechnischen Standpunkt aus verläßlicher als Gußeisen sind, also verhältnismäßig geringere Zahl von Ausschußabgüssen ergeben, deren Fehler oft erst nach mehreren Stufen der Bearbeitung entdeckt werden,

b) die Kosten der Bearbeitung von Aluminium beträchtlich geringer als die von Gußeisen sind, und da zur vollständigen Bearbeitung eines Kurbelgehäuses gewöhnlich eine sehr große Anzahl von Arbeitsstufen auf der Maschine gehört, so wiegt dieser Unterschied oft die höheren Anfangskosten des Materials ganz auf.

Dagegen ist die Schwierigkeit, Stiftschrauben in Aluminium sicher zu befestigen, tatsächlich vorhanden; es ist aber in der Regel möglich, ein Kurbelgehäuse so zu konstruieren, daß man Stiftschrauben ganz oder wenigstens fast ganz entbehren kann. Beispielsweise ergibt sich eine sehr gesunde mechanische Lösung der Aufgabe, indem man die Befestigungsschrauben der Hauptlager für die Kurbelwelle bis über den Oberteil des Kurbelgehäuses hinauf verlängert und sie dazu benutzt, den Zylinderblock festzuhalten; dadurch hat man gleich zwei Arten von Stiftschrauben vermieden. Wo man Stiftschrauben unbedingt verwenden muß, soll die Länge des eingeschraubten Gewindes das Zwei- bis Dreifache des Bolzendurchmessers betragen, und sie halten dann auch ausreichend fest, wenn sie gleich ordentlich eingesetzt werden.

Der Zylinderblock. Werden mehrere Zylinder in einem Block zusammengegossen, so verwendet man ganz allgemein Gußeisen als Baustoff. In neuerer Zeit hat man allerdings für Flugmotoren und einige wenige Fahrzeugmaschinen auch schon Zylinderblöcke aus Aluminium mit eingesetzten Laufbüchsen aus Stahl oder Gußeisen benutzt. Über den eigentlichen Gußeisenblock ist wenig zu sagen, außer daß bei der Auswahl des Materials zwei Gesichtspunkte berücksichtigt werden sollen: es muß sich leicht gießen lassen, frei von Blasen und porösen Stellen und so hart sein, wie es mit Rücksicht auf die Gießbarkeit überhaupt nur zulässig ist. Feinkörniger Guß, der in Materialvorschriften so oft gefordert wird, scheint gar keinen besonderen Vorzug zu verdienen, da ein Gußeisen mit grobkörnigem Gefüge genau so gut sein kann und manchmal sogar besser ist.

In diesem Zusammenhang sei erwähnt, daß sich Zylinder, die durch Schleifen fertiggestellt worden sind, im Gebrauch selten so gut halten wie solche, die ausgerieben werden; anscheinend ist der Grund der, daß kleine Reste des Schleifmittels in der Oberfläche der Zylinderbohrung zurückgehalten werden. Diese betten sich dann bald in die Kolben, besonders in solche aus Aluminiumlegierungen, ein und nutzen die Zylinderwände schnell ab. Das Verfahren, die Zylinderbohrungen auszuschleifen, kam zu einer Zeit auf, als es schwierig war, diese Flächen mit ausreichender Genauigkeit mit Werkzeugen allein zu bearbeiten. Man fand bald, daß das Schleifen billiger und ein geeignetes Verfahren war, um eine ausreichend genaue Bohrung sowie gleichzeitig eine glatte Oberfläche zu erzielen, und daher fand das Verfahren in den Fabriken allgemeine Aufnahme.

Mit den heutigen Verbesserungen der Bearbeitungsmaschinen lassen sich aber durch Aufreiben und Ziehschleifen (Honing) der Zylinder hervorragende Ergebnisse erreichen, und diese Art der Bearbeitung ist anscheinend vorteilhafter. Unzweifelhaft kann man durch Sorgfalt und passende Wahl von Schleifscheiben vermeiden, daß sich das Schleifmittel in der Zylinderbohrung festsetzt, aber in den meisten Fällen wird das heutzutage nicht erreicht.

In den letzten Jahren ist es sozusagen Mode geworden, den ganzen Zylinderkopf abnehmbar zu machen. Diese Bauart hat viele wichtige Vorteile. In erster Linie vereinfacht sie ganz beträchtlich das Gußstück für den Zylinderblock und ermöglicht, den Zylinder gerade durchzubohren, was einen sehr bedeutenden Vorteil darstellt. Zweitens gestattet diese Bauart, die Ventile dichter aneinander anzuordnen und hierdurch bei Maschinen mit seitlich stehenden Ventilen die Oberfläche der Ventilkammern sowie den Abstand der Zylindermitten voneinander zu verkleinern, beides sehr wertvolle Ergebnisse. Drittens entfallen bei dieser Bauart die Ventilverschraubungen, die niemals ganz einwandfrei sind, weil sie nicht gekühlt werden und zum Undichtwerden neigen.

Der Haupteinwand gegen abnehmbare Zylinderköpfe ist, daß sie die Notwendigkeit mit sich bringen, eine Verbindung von großer Oberfläche gas- und wasserdicht zu machen, und daß man diese Verbindung immer wieder lösen muß, wenn man an die Ventile gelangen oder die Verbrennungsräume reinigen will. Dieser Schwierigkeit kann man jedoch begegnen, indem man geeignete Kupfer-Asbestdichtungen verwendet, eine große Anzahl richtig verteilter Stiftschrauben zum Festhalten des Zylinderkopfes anordnet und die Höhe des Zylinderkopfes reichlich bemißt. Wo sich Störungen infolge der Abdichtung des Zylinderkopfes ergeben haben, kann man sie im allgemeinen entweder auf unzureichende Steifigkeit des Zylinderkopfes oder auf ungenügende Anzahl oder schlechte Verteilung der Befestigungsschrauben zurückführen. Bei sorgfältigem Entwurf und genügender Steifigkeit haben jedenfalls abnehmbare Zylinderköpfe viel für sich.

Es ist heute gebräuchlich geworden, die Ansaugleitung in einem Stück mit dem Gußstück für den Zylinderblock auszuführen. Das verbessert sicherlich die äußere glatte Linie und verringert auch die Zahl der Teilfugen und damit die Möglichkeiten für Undichtheit. Dies zugegeben — und es sind anerkannt wichtige Gesichtspunkte —, so bietet doch sonst diese Anordnung in keiner Weise Vorzüge; denn sie hat drei schwerwiegende Fehler:

1. Die Bauart der Ansaugleitung und daher die Wirksamkeit der Gemischverteilung muß den gießereitechnischen Anforderungen untergeordnet werden. Es ist, wenn überhaupt, nur selten möglich, eine Ansaugleitung von guter Wirkung zu entwerfen, die man mit dem Zylinderblock zusammengießen kann.

2. Bei heutigem Benzin, dessen Verdampfungslinie bei etwa 200° endigt, hat die Heizung der Ansaugleitung mit warmem Wasser sehr wenig Wert; denn auf diese Weise führt man dem Gasgemisch vor

seinem Eintritt in den Zylinder nur Wärme zu, ohne die Verdampfung der schwereren Bestandteile zu sichern. Weiter oben wurde bereits gezeigt, daß es um so besser ist, je weniger Wärme man dem Gemisch vor seinem Eintritt in den Zylinder zuführt. Um zu vermeiden, daß sich Brennstoffdämpfe niederschlagen, muß man zwar etwas vorwärmen, aber diese Wärme ist nur dann wirklich von Wert, wenn sie bei hoher Temperatur zugeführt wird. Es ist daher viel besser, gerade diejenigen Stellen, an denen sich infolge Änderungen in der Richtung oder Geschwindigkeit des Gasstromes flüssiger Brennstoff am leichtesten

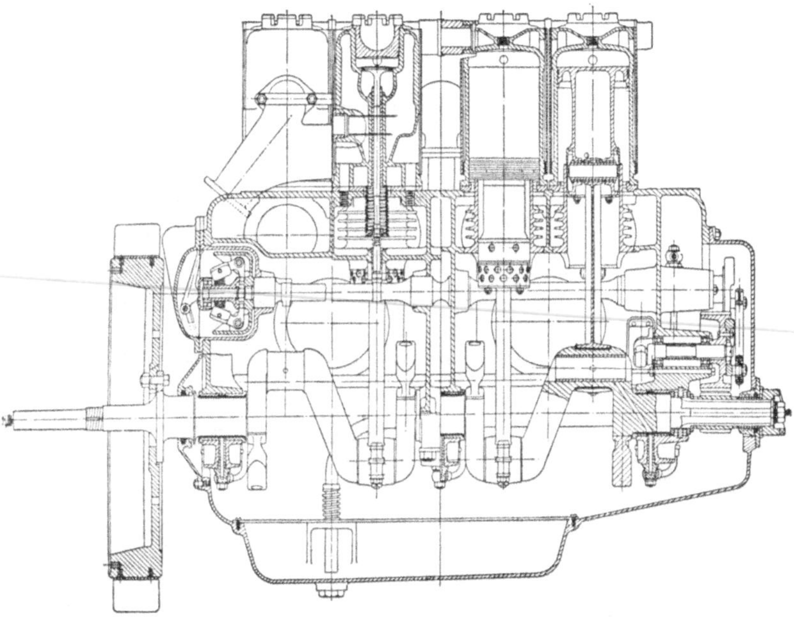

Abb. 69. Vierzylindermaschine mit seitlich offenen getrennten Zylindern.

niederschlagen könnte, rein örtlich durch eine geringe Wärmemenge mit hoher Temperatur zu heizen, als daß man der gesamten Ansaugleitung ununterbrochen Wärme von niedriger Temperatur zuführt, die nur dazu dient, die Leistung zu verringern, ohne aber andere als die leichten Bestandteile des Brennstoffes zu verdampfen.

3. Die Saugleitung, die in den Zylinderblock eingegossen wird, ist auf ihrer ganzen inneren Oberfläche rauh. Das begünstigt das Niederschlagen flüssiger Teile des Brennstoffes außerordentlich und vergrößert auch die Verluste durch Reibung.

Außer den normalen einteiligen Mehrzylinderblöcken gibt es noch viele andere Arten von gußeisernen Zylindern. Abb. 69 stellt eine ziemlich gebräuchliche Bauart für getrennte Zylinder dar, bei denen die Wasserräume seitlich offen gegossen sind und mittels dünner Stahlblechdeckel abgeschlossen werden. Hierdurch wird das Gußstück sehr einfach und auch innen nachprüfbar, ferner kann der Kernsand vollständig entfernt werden. Diese Bauart gestattet auch, eine Anzahl von Zylindern dichter aneinanderzusetzen, als es in anderer Weise bei getrennten Zylindern möglich wäre, und so die Länge der Kurbelwelle zu vermindern sowie die Steifigkeit des Kurbelgehäuses zu erhöhen, wie Abb. 70 erkennen läßt.

Abb. 71 zeigt eine Bauart für große Zylinder im dargestellten Beispiel von 100 PS Leistung; der Zylinderkopf ist lediglich ein runder

Abb. 70. 225 PS-Tankmotor mit enggestellten Zylindern.

Einsatz mit den eingebauten Ventilen, den man leicht herausnehmen kann, wobei Rohrverbindungen usw. fast gar nicht gelöst zu werden brauchen.

Bei Flugmotoren ist noch eine große Anzahl verschiedener Zylinderbauarten im Gebrauch, wovon einige weiter unten bei der Behandlung der Flugmotoren in weiteren Einzelheiten besprochen werden sollen. Eine Zylinderblockbauart, die sich für sehr leichte oder hochbelastete Motoren eignet, besteht darin, daß man das Kurbelgehäuse aus Leichtlegierung bis zur Höhe der Zylinderköpfe verlängert und in das Gehäuse auf allen Seiten bearbeitete Stahllaufbüchsen lose einsetzt, deren Flanschen zwischen dem oberen Rand des Kurbelgehäuses und dem

Zylinderkopf eingeklemmt werden. Das untere Ende jeder Führungsbüchse dringt durch eine Zwischenwand im Kurbelgehäuse, die gleichzeitig den Boden des Wassermantels bildet. In dieser Wand wird die Büchse mittels eines Gummiringes, ähnlich wie bei Gasmaschinen, abgedichtet. Diese Bauart, von der wirkliche Ausführungen in Abb. 72 und 73 wiedergegeben sind, ist allerdings nur die Anwendung einer bei

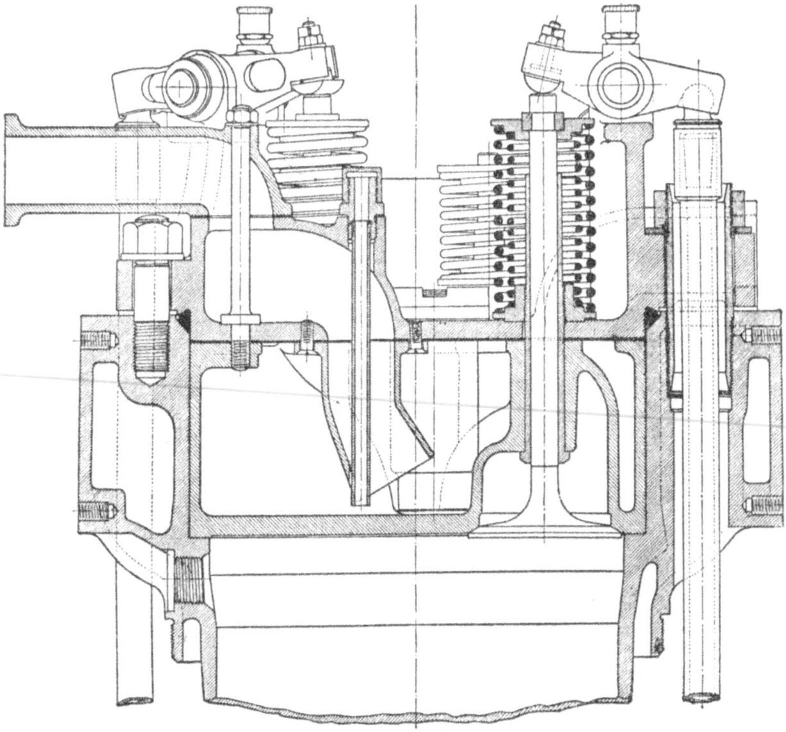

Abb. 71. Zylinderkopf einer 100 PS-Maschine, 209,55 mm Zyl.-Dmr., 241,3 mm Hub, 1150 U/min.

gewöhnlichen liegenden Gasmaschinen üblichen Bauart, aber sie hat doch folgende Vorteile:

1. Sie ist zugleich leicht und billig.
2. Sie macht den Oberteil des Kurbelgehäuses gegen Biegung oder Verdrehung äußerst widerstandsfähig.
3. Sie ist einfach und leicht gießbar.
4. Die Wasseranschlüsse können am Hauptgußstück statt an dünnen Blechmänteln befestigt werden.

Eine weitere Bauart für Zylinder, die man manchmal bevorzugt, besteht darin, daß man den Zylinderblock ganz aus Aluminiumlegierung mit eingegossenen Ventilsitzen herstellt und die Laufbüchsen entweder einschraubt oder einpreßt. Gegen diese Bauart kann man aber einwenden, daß es immer schwierig ist, eine gute wärmeleitende Berührung zwischen den Laufbüchsen und den Leichtmetallwänden zu erreichen, weil erhebliche Unterschiede zwischen den Ausdehnungszahlen der beiden Baustoffe bestehen.

Eine Zylinderbauart, die man mit großer Vorliebe für Flugmotoren verwendet, ist die, bei welcher die Zylinder und die Wassermäntel durch Schweißung aus Stahlteilen zusammengesetzt werden. Bei derartigen Zylindern schmiedet man gewöhnlich den Zylinder mit dem Zylinderkopf in der Form eines glatten Fingerhutes aus und schraubt und schweißt die Ventilöffnungen und Ventilführungen in dieses Stück ein. Schließlich wird ein leichter Wassermantel, der aus dünnem Stahlblech in zwei Hälften gepreßt ist, über das Ganze aufgeschweißt. Diese Bauart ist sehr leicht und zweckmäßig und, da mit den Gußteilen auch ein Teil der Ausschußstücke entfällt, nicht annähernd so teuer, wie es auf den ersten Blick scheinen würde. Was man hauptsächlich dagegen einwenden könnte, ist:

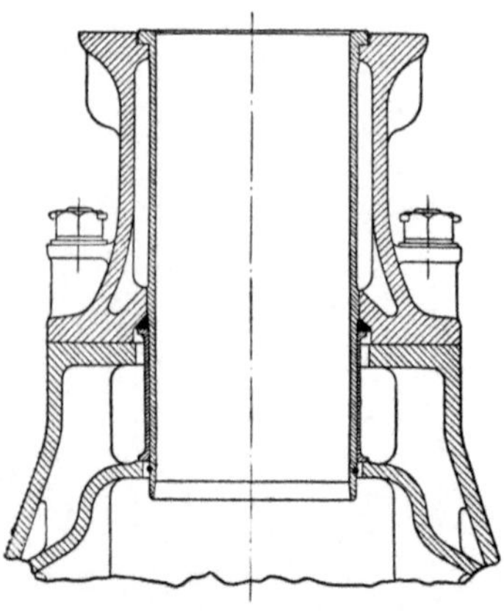

Abb. 72. Zylinderbauart mit lose eingesetzter, durch Gummiring abgedichteter und im Einsatz gehärteter Stahllaufbüchse.

1. Man kann die Bauart nur bei getrennten Zylindern anwenden, oder sie wird mindestens sehr verwickelt, wenn ein Wassermantel mehr als einen Zylinder umschließt.

2. Die Wasseranschlüsse sind nur an dünnen Blechwänden befestigt, die infolge der Erschütterungen leicht reißen können.

3. Die Freiheit im Entwurf wird durch bauliche Schwierigkeiten ziemlich beschränkt.

Als Material für so zusammengesetzte Zylinder scheint sich ein an Kohlenstoff reicher Stahl mit 0,45 bis 0,55 vH Kohlenstoffgehalt vom Standpunkt der Abnutzung aus gut zu bewähren. Glatte Zylinder aus Gußeisen gießt man aus einer Gattierung, die leicht fließt und einen gleichmäßigen Guß mit möglichst harter Oberfläche ergibt. Ob dabei das Gefüge fein- oder grobkörnig wird, ist gleichgültig.

Kurbelwellen. Über den geeigneten Baustoff für Kurbelwellen gibt es immer beträchtliche Unterschiede in den Ansichten. Ausgenommen den Fall von Flugmotoren, braucht man Zugfestigkeit und Streckgrenze kaum zu berücksichtigen; denn wenn die Welle alle Anforderungen an Steifigkeit gegenüber Verdrehungen, an Freiheit von Schwingungen, an Steifigkeit und Festigkeit der Kurbelzapfen und Lager und an die ausreichende Bemessung der Lagerflächen bei begrenzter Länge erfüllt, dann sind die Abmessungen der Welle so groß, daß die Gefahr eines Versagens infolge irgendeiner Ursache, ausgenommen wegen Ermüdung des Materials, ganz außerhalb des Bereiches der Wahrscheinlichkeit liegt. Widerstand gegen Ermüdung und Oberflächenhärte sind die beiden wichtigsten Forderungen an den Werkstoff der Kurbelwellen. Nach Ansicht des Verfassers ist es beinahe Zeitvergeudung, die Beanspruchungen einer Kurbelwelle zu berechnen; denn wenn die Bauart nach den angeführten Gesichtspunkten richtig ist, wird man ohne Ausnahme finden, daß sich die berechneten Beanspruchungen der Welle stets als ganz außerordentlich niedrig ergeben. Da der Elastizitätsmodul bei allen Stahlsorten im wesentlichen gleich ist, und da es die Rücksicht auf die Steifigkeit ist, die den Entwurf einer Kurbelwelle beherrscht, so sind alle Stahlsorten für Kurbelwellen in dieser Hinsicht gleichwertig. Ein gewöhnlicher Kohlenstoffstahl von etwa 0,45 vH Kohlenstoffgehalt erfüllt somit nach Ansicht des Verfassers alle Anforderungen bei den meisten Gebrauchsmotoren in ausreichender Weise, nur nicht bei Flugmotoren, die aus folgenden Gründen ausgenommen werden müssen:

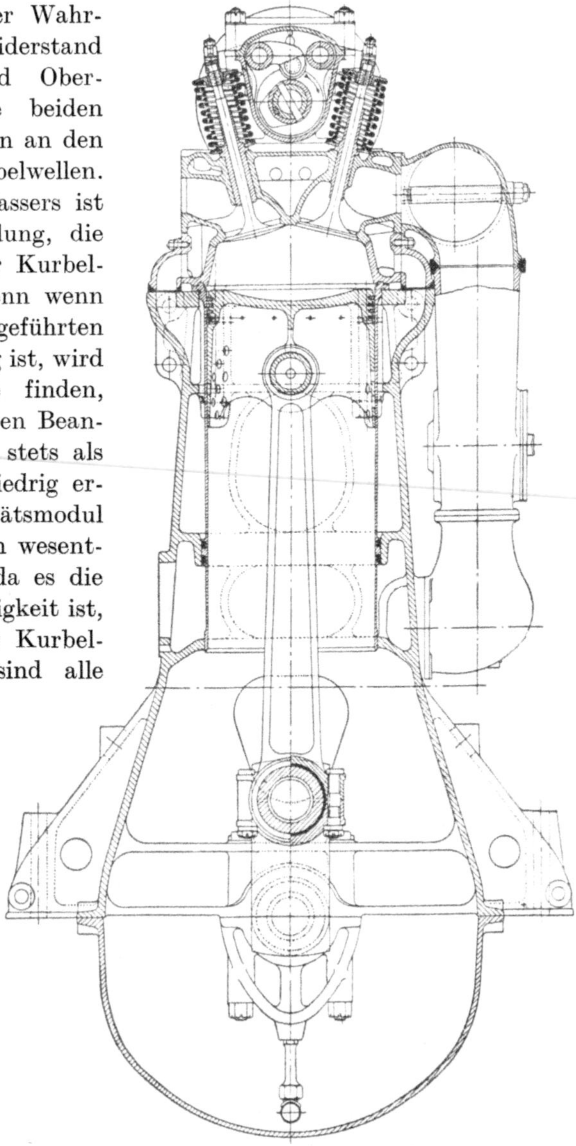

Abb. 73. Zylinder eines Versuchs-Großflugmotors von 130 PS Leistung bei 203,2 mm Zyl.-Dmr., 279,39 mm Hub und 1400 U/min.

1. Da Flugmotoren kein Schwungrad haben, treten bei ihnen Drehschwingungen in der Kurbelwelle weniger leicht auf; die Welle kann daher beträchtlich leichter bemessen werden.

2. Um am Gewicht der Welle und der ganzen Bauart zu sparen, lagert man die Welle immer zwischen je zwei Kröpfungen, so daß die Neigung der Welle zu Durchbiegungen stark verringert wird.

3. Die Lagerabmessungen werden zum Zwecke der Gewichtsersparnis stark beschränkt, da die Lebensdauer der Flugmotoren verhältnismäßig kurz ist.

Abgesehen von der Frage der Materialkosten hat die Verwendung von gewöhnlichem Kohlenstoffstahl für die Kurbelwellen der gebräuchlichen Motoren folgende Vorteile:

1. Jede Fabrik ist mit den Arbeiten des Schmiedens, der Wärmebehandlung und der Bearbeitung bei diesem Stahl vertraut.

2. Solcher Stahl ist in sehr gleichmäßiger Güte erhältlich und weniger empfindlich gegen Fehler in der Wärmebehandlung. Der gewöhnliche Kohlenstoffstahl ist, mit anderen Worten, entschieden zuverlässiger als hochwertig legierte Stähle, die alle sorgfältige Wärmebehandlung erfordern und gefährlich werden können, wenn sie falsch behandelt worden sind.

Brüche von Kurbelwellen aus Kohlenstoffstahl sind bei vernünftigem Entwurf tatsächlich äußerst seltene Vorfälle, die man im allgemeinen jedesmal entweder auf das Fehlen ausreichender Abrundungen an den Hohlkehlen der Kurbel- und Lagerzapfen oder auf Resonanz von Drehschwingungen zurückführen kann. Beide Ursachen können aber gegebenenfalls Brüche durch Ermüdung herbeiführen, gleichgültig, welches Material verwendet wird. Die erste Ursache kann man durch ausreichend große Bemessung der Abrundungshalbmesser vermeiden, die zweite durch Vermeidung kritischer Schwingungen, sei es, daß man einen Schwingungsdämpfer einbaut oder daß man die Abmessungen der Welle ändert, derart, daß die kritische Drehzahl über oder unter den Bereich der normalen Drehzahlen gelangt. Bei Vierzylindermaschinen mit ausreichend leichten hin- und hergehenden Teilen ist es im allgemeinen durchaus einfach, die Kurbelwelle so zu entwerfen, daß darin bei keiner Drehzahl, die der Motor annehmen kann, gefährliche Drehschwingungen auftreten. Bei Sechszylindermaschinen ist das jedoch durchaus nicht so leicht zu erreichen; in diesem Fall empfiehlt es sich, Schwingungsdämpfer oder andere Mittel zum Beschränken der Drehschwingungen anzuwenden.

Die wichtigste Aufgabe des Konstrukteurs ist heutzutage, die Abnutzung zu verzögern. Diese hängt, wie schon bei der Behandlung der Schmierung gezeigt wurde, von der Oberflächenhärte, und zwar sowohl der Welle selbst, als auch des Lagermetalls ab, in dem die Welle läuft, und die Verhältnisse werden um so günstiger, je härter die Welle und je weicher das Lagermetall ist, vorausgesetzt, daß das Lagermetall nicht zu weich ist und zerdrückt werden kann. Abnutzung entsteht scheinbar immer dadurch, daß sich harte Teilchen im weichen Lagermetall einbetten und dann an der Welle schaben. Die Geschwindigkeit, mit der sie die Welle abnutzen, hängt 1. von der Oberflächenhärte, 2. von der Belastung ab, da diese wieder die Dicke der Ölschicht und daher den Abstand bestimmt, über den die harten Teilchen hinwegreichen müssen, ehe sie mit der Welle in Berührung kommen.

Im allgemeinen ist die Belastung der Kurbelwellenlager so hoch, daß man nicht immer sehr weiche Lagermetalle verwenden kann; aber man sollte sich immer vor Augen halten, daß unter sonst gleichen Umständen die Abnutzung um so geringer wird, je weicher das Lagermetall ist.

Gegengewichte. Bei Vier- oder Sechszylindermaschinen wird der mittlere Lagerzapfen der Kurbelwelle sehr hoch beansprucht, da er die vereinigten Flieh- und Massenkräfte der Kurbeln an jeder Seite, die stets in der gleichen Ebene liegen, aufzunehmen hat. Man muß daher das Lager für diesen Zapfen entweder mit viel größerer Lauffläche ausstatten oder die Kurbelwelle mit Gegengewichten versehen, die den Fliehkräften der beiden mittleren Kurbeln entgegenwirken.

Leider müssen auch die anderen Kröpfungen Gegengewichte erhalten, wenn die beiden mittleren damit ausgerüstet werden. Obgleich die Gegengewichte die Belastung der Wellenlager, insbesondere des mittleren, verkleinern und auch dem Auftreten von Schwingungen des Kurbelgehäuses entgegenwirken, hat ihre Verwendung doch viel Bedenkliches, weil durch sie neue Massen mit großem Trägheitsmoment den verschiedenen Kröpfungen der Kurbelwelle hinzugefügt werden. Sie erhöhen daher die Neigung der Kurbelwelle, in Torsionsschwingungen zu geraten, und haben gleichzeitig die Wirkung, daß die kritische Drehzahl der Kurbelwelle herabgesetzt wird. Das kann einen sehr schwerwiegenden Grund gegen die Verwendung von Gegengewichten bilden und ist es auch oft, weil Torsionsschwingungen der Kurbelwelle in ihrer Auswirkung viel schlimmer und in der Behandlung schwieriger sind als die Schwingungen des Kurbelgehäuses.

Die Anwendung von Gegengewichten kann daher durchaus nicht in jedem Falle empfohlen werden; sie mögen vorteilhaft sein, wo es darauf ankommt, die Abnutzung zu verringern, aber sie können auch je nach den Umständen schwere und gefährliche wiederkehrende Schwingungen hervorrufen. Wo man die Laufflächen des Mittellagers aus Rücksicht auf möglichst geringe Baulänge der Maschine oder aus anderen Gründen beschränken muß, wird es manchmal notwendig sein, Gegengewichte anzubringen. In derartigen Fällen kann man aber den

Nachteilen der Gegengewichte durch Verwendung des bekannten Lanchester-Drehschwingungsdämpfers entgegenwirken.

Eine ideale Kurbelwelle sollte ohne Zweifel im Einsatz gehärtete Wellen- und Kurbelzapfen haben. Nun ist es außerordentlich schwierig, mehrfach gekröpfte, aus einem Stück geschmiedete Kurbelwellen im Einsatz zu härten, weil sie sich beim Abschrecken leicht verbiegen. Nur die ganz kurzen Kurbelwellen, die bei Maschinen mit zwei gegenüberliegenden Zylindern verwendet werden, bilden hiervon Ausnahmen. Es ist aber eine noch offene Frage, ob nicht die Vorteile der im Einsatz gehärteten Laufflächen von Kurbelwellen so groß sind, daß sie sogar die Verwendung von geteilten Kurbelwellen rechtfertigen, bei denen

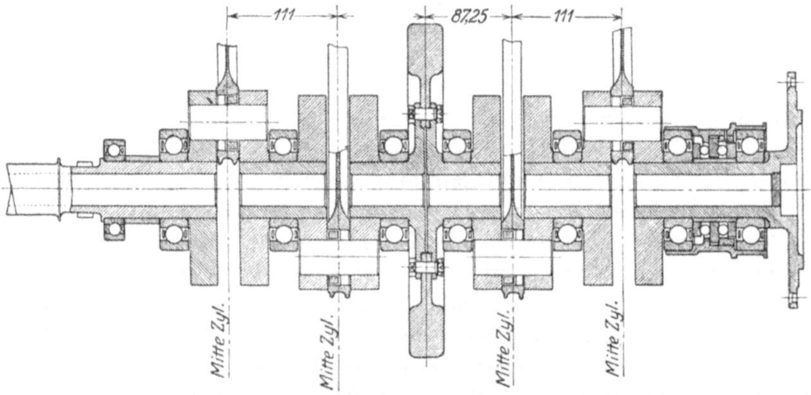

Abb. 74. Zusammengesetzte Kurbelwelle des 3 Liter-Vauxhall-Rennmotors 1922.

die Kurbelarme auf die Lagerzapfen aufgeschrumpft und die Kurbelzapfen eingepreßt oder festgeklemmt werden. Abb. 74 stellt eine in dieser Weise wirklich ausgeführte Kurbelwelle für eine Maschine von 125 PS Leistung dar, die normal mit 4000 bis 5000 U/min läuft und sehr zufriedenstellende Ergebnisse geliefert hat.

Abb. 75 zeigt eine andersgeartete Ausführung, bei welcher die Kurbelzapfen festgeklemmt und durchgehend Rollenlager verwendet werden. Diese Bauart ist für eine Maschine von weniger hoher Drehzahl und Leistung bestimmt, und die Lager einer derartigen Welle müßten fast ewig aushalten; aber auch bei Auftreten von Abnutzung oder bei einem Unfall, wie dem Bruch einer Rolle, kann man den ganzen Kurbelzapfen einschließlich des zugehörigen Rollenlagers ganz leicht herausnehmen und ersetzen. Kugel- oder Rollenlager haben außer ihrer beinahe vollkommenen Sicherheit gegen Abnutzung noch den Vorteil, daß sie auf die ununterbrochene Schmierung und Aufrechterhaltung einer Ölschicht nicht angewiesen und daher zuverlässiger sind. Obgleich ferner der Reibungsverlust von gewöhnlichen Gleitlagern irgendeiner mittleren Bauart bei hoher Drehzahl und normalen Betriebstemperaturen weniger als 2 vH von der Höchstleistung der Maschine beträgt, ist doch dieser Verlust von der Belastung nahezu unabhängig; er hat sogar eher das Bestreben, zuzunehmen, wenn die Drehzahl vermindert wird. Während also die Reibungsverluste der Gleitlager einer Kurbelwelle bei hohen Drehzahlen und voller Belastung verhältnismäßig klein sind, beginnen sie bei verminderten Drehzahlen und Belastungen eine wichtige Rolle zu spielen. Bei Fahrzeugmaschinen, die während des größten Teils ihrer Lebensdauer mit sehr geringen Belastungen laufen und deren mittlerer Belastungsfaktor nur 30 bis 40 vH beträgt, kann sich daher die Verwendung einer Kurbelwelle mit Kugel- oder Rollenlagern in einer sehr wesentlichen Brennstoffersparnis vielleicht von 6 bis 8 vH geltend machen.

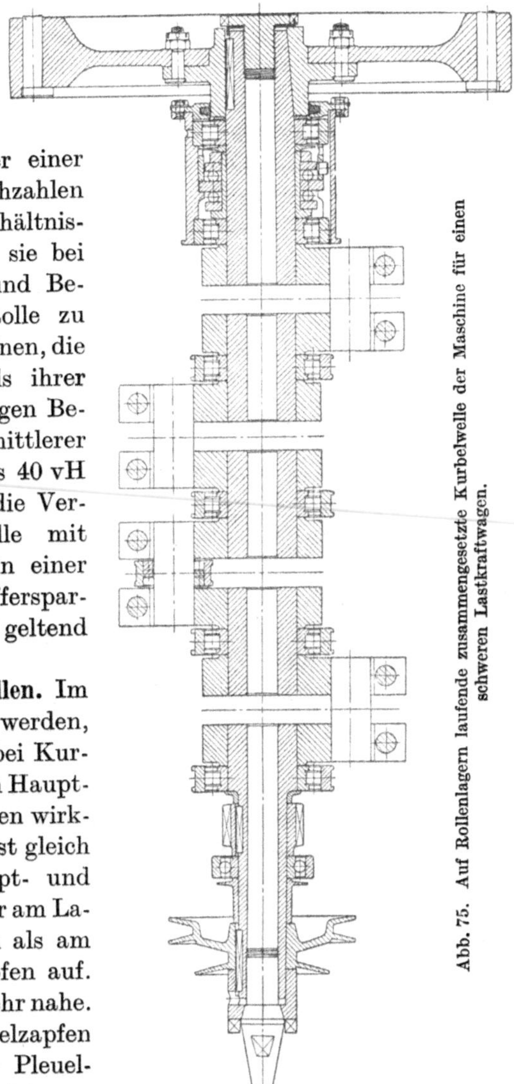

Abb. 75. Auf Rollenlagern laufende zusammengesetzte Kurbelwelle der Maschine für einen schweren Lastkraftwagen.

Abnutzung der Kurbelwellen. Im allgemeinen kann gesagt werden, daß die größte Abnutzung bei Kurbelwellen gewöhnlich an den Hauptlagern auftritt; dennoch treten wirkliche Störungen auch bei sonst gleich hoher Belastung von Haupt- und Kurbelzapfenlagern häufiger am Lagermetall der Kurbelzapfen als am Lagermetall der Wellenzapfen auf. Die Gründe hierfür liegen sehr nahe. Daß die Lager der Kurbelzapfen oder in den Köpfen der Pleuelstangen leichter versagen können als die Hauptlager, auch wenn beide die gleiche mittlere Belastung auf 1 cm² aufzunehmen haben, beruht

1. auf dem geringeren Wärmeaufnahmevermögen der Kurbelzapfenlager, das diese Lager vor Überhitzung schützen könnte,

2. auf der unzureichenden Stützung dieser Lager in den Pleuelstangen, deren augenförmige Kurbelenden im allgemeinen nicht genügend steif sind.

Sobald daher der Ölumlauf im Kurbelzapfenlager zufälligerweise vorübergehend versagt oder verlangsamt wird, erreicht dieses Lager in einer gegebenen Zeit eine viel höhere Temperatur als die Hauptlager, und wenn die Unterbrechung der Schmierung länger dauert, erreicht dieses Lager die kritische Temperatur, bei der das Lager versagt (etwa 180° bei gewöhnlichem Weißmetall), lange bevor dies bei den Hauptlagern eintritt, deren Wärmeaufnahmevermögen durch das dahinter befindliche Metall des ganzen Kurbelgehäuses wesentlich erhöht wird.

Was jedoch die Abnutzung anbetrifft, so muß man berücksichtigen, daß bei den meisten Schmierungen das Öl zuerst den Hauptlagern zugeführt wird und über diese Lager den Kurbelzapfenlagern zufließt. Infolgedessen setzt sich in den Hauptlagern der größte Teil der vom umlaufenden Öl mitgeführten harten Teilchen ab, so daß sich die Welle an den Lagerzapfen schneller als an den Kurbelzapfen abnutzt. Im allgemeinen scheint der Grad der Abnutzung direkt proportional dem Belastungsfaktor des Lagers und der Oberflächenhärte der Welle zu sein; doch nutzt sich dasjenige Lager beinahe immer am schnellsten ab, in das das Öl zuerst eintritt und das daher die meisten harten Teilchen zurückhält.

Pleuelstangen. Die Hauptgesichtspunkte für den Entwurf einer Pleuelstange sind:

1. Sie muß steif genug sein, um nicht nur den Biegungs- und Knickbeanspruchungen, sondern auch den Schwingungen Widerstand leisten zu können.

2. Sie muß so leicht wie möglich sein.

3. Der Stangenkopf für den Kurbelzapfen muß so starr sein, daß er der Lagerschale ausreichende Unterstützung bieten kann.

Um die Bedingungen 1 und 3 zu erfüllen, muß man in der Praxis die Abmessungen der Stange so groß wählen, daß sie reichliche Sicherheit gegenüber der Höchstbeanspruchung bieten. Bei I-förmigem Querschnitt, der vom Standpunkt der Herstellung und der Materialverteilung in der Stange vielleicht am meisten zu empfehlen ist, muß der Querschnitt ausreichende Breite erhalten, damit die Stange den Schwingungen in der Ebene der Kurbelwelle Widerstand leisten kann, und außerdem so hoch bemessen werden, wie es die Biegungskräfte bedingen. Das letztere vergessen die Konstrukteure zu oft, so daß viele geheimnisvolle Störungen und Geräusche möglicherweise auf solche seitlichen Schwingungen der Pleuelstangen zurückgeführt werden könnten.

Es ist natürlich äußerst wichtig, das Gewicht der Pleuelstange so niedrig zu bemessen, wie es sich mit der Erfüllung der anderen Bedingungen verträgt. Hierbei sei besonders betont, daß es auf das Gewicht der ganzen Stange und nicht nur des hin- und hergehenden Endes allein ankommt. In vielen Fällen ist es genau ebenso wichtig, das Gewicht des umlaufenden Endes der Stange einzuschränken, wie das des hin- und hergehenden; denn während die hin- und hergehende Masse der Pleuelstange den Ausgleich der Maschine berührt, ist das umlaufende Gewicht insofern von größerer Wichtigkeit, als seine Fliehkraft die mittlere Belastung der Kurbelzapfen- und Wellenlager bestimmt. Besonders bei Sechszylindermaschinen, deren hin- und hergehende Massen schon an und für sich ausgeglichen sind, spielt das umlaufende Gewicht eine größere Rolle als das hin- und hergehende. Bei Vierzylindermaschinen dagegen, wo sich die störenden Einflüsse der hin- und hergehenden Massen addieren, muß das Gewicht des hin- und hergehenden Teiles der Pleuelstange in erster Reihe in Betracht gezogen werden.

Beim Entwurf des Kurbelkopfes der Pleuelstange ist besondere Sorgfalt erforderlich. Die erste Forderung ist, daß die Lagerschale eine gleichmäßige Unterstützung erhalten soll. Aus diesem Grunde muß man das Auge nicht nur selbst so starr wie irgend möglich entwerfen, sondern auch die vom Schaft her auf den Kopf übertragene Last über diesen möglichst gleichmäßig verteilen. Im allgemeinen ist es nutzlos, die Stange breiter zu machen, weil man dann praktisch weder die nötige Starrheit erreichen, noch die Belastung gleichmäßig über das Lager verteilen kann. Es ist sogar sehr zweifelhaft, ob man eine brauchbare Auflagefläche erhält, wenn die Breite des Pleuelkopfes am Kurbelende größer als $^3/_4$ des Durchmessers des Kurbelzapfens ist. Jedenfalls muß man die Flanschen des Schaftes dort, wo sie in den Kopf übergehen, stark verbreitern, damit sie die Kräfte richtig überleiten.

Eine andere schwache Stelle, die man oft bei Entwürfen von Pleuelstangen findet, ist der Mangel ausreichender Führung für die beiden Hälften des Pleuelstangenlagers. Der Lagerdeckel ist als Bogen zu betrachten, der in der Mitte auf Zug und nicht auf Druck beansprucht wird. Er hat daher das Bestreben, sich zusammenzubiegen und die Kurbelzapfen seitlich einzuklemmen, wenn die Anschläge am anderen Teil des Lagers nicht breit genug sind. Bei schnellaufenden Motoren pflegt man die Breite dieser Anschläge möglichst zu vermindern, um Gewicht zu ersparen; viele Störungen an den Pleuellagern können aber unmittelbar auf diese Ursache zurückgeführt werden. Abb. 76 und 77 stellen z. B. das Kurbelende einer Pleuelstange dar, die bei einigen Flugmotoren verwendet wurde und andauernd Störungen an den Kurbellagern verursachte. Abb. 78 und 79 zeigen dieselbe Stange nach Beseitigung des Fehlers durch Verbreitern der Auflage, bei der keine Störungen mehr auftraten.

Die Befestigung der Lagerschalen in der Pleuelstange war immer eine schwierige Aufgabe. Am zuverlässigsten ist wohl noch das Verfahren, das Weißmetall unmittelbar in den Kopf der Pleuelstange einzugießen, denn nur dann erreicht man eine gut wärmeleitende Verbindung. In einigen Fällen, besonders bei Pleuelstangen aus Aluminiumlegierungen mit hoher Wärmeleitfähigkeit, ist eine gute wärmeleitende Verbindung jedoch nicht mehr wünschenswert, denn der Wärmefluß vom Kolben durch den Pleuelstangenschaft abwärts kann dann so groß sein, daß er die Lagertemperatur sogar erhöht. In diesem Falle muß man sich ganz auf die Lagerkühlung durch das Schmieröl verlassen und gutes Wärmeleitvermögen zwischen Lagerschale und Pleuelstange vermeiden. Vom Standpunkt der Praxis sprechen ferner mehrere Gründe gegen das unmittelbare Eingießen:

1. Wenn das Lager ausläuft, läßt es sich nicht leicht erneuern.

2. Wenn das Lager ausläuft, kommt die Stahloberfläche der Pleuelstange unmittelbar mit dem Kurbelzapfen in Berührung, was schwere Beschädigungen herbeiführen kann.

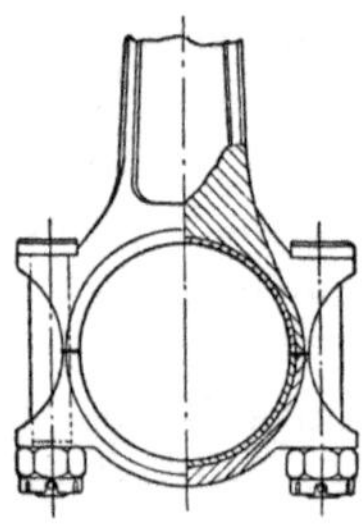

Abb. 76.

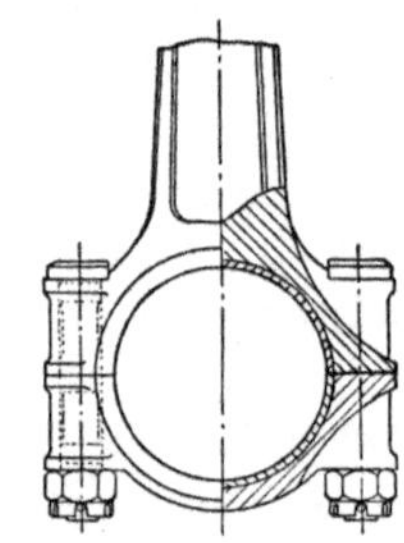

Abb. 78.

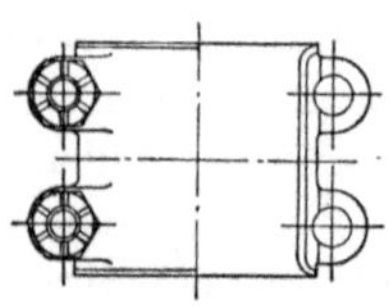

Abb. 77.

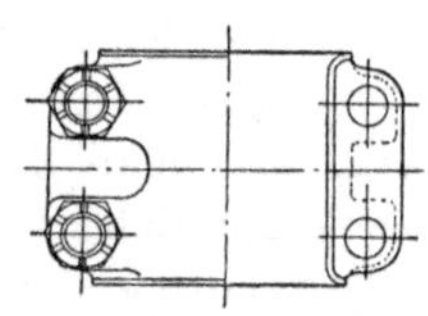

Abb. 79.

Abb. 76 und 77. Pleuelstangenkopf für Flugmotoren mit zu schmalen Anschlägen.

Abb. 78 und 79. Pleuelstangenkopf für Flugmotoren in verbesserter Ausführung.

Trotz dieser Bedenken ist das unmittelbare Ausgießen der Pleuel stange dennoch das einzige zufriedenstellende Verfahren für hochbelastete Maschinen. Andere Möglichkeiten sind, im Spritzgußverfahren aus Weißmetall hergestellte Lagerschalen oder Bronzelagerschalen, die mit Weißmetall ausgegossen sind, zu verwenden. Der erste Weg scheint nur für geringe Beanspruchungen brauchbar, weil es schwierig ist, gleichmäßige Unterstützung und innige Berührung der Schalen mit dem Metall der Pleuelstange zu erreichen. Auch kann man gegen diese Bauart ferner einwenden, daß der Stahl der Stange unmittelbar mit dem Kurbelzapfen in Berührung kommt, wenn das Weißmetall ausschmilzt. In dieser Hinsicht ist sogar diese Anordnung viel schlechter, als wenn man das Weißmetall unmittelbar in die Stange gegossen hätte, weil der Zapfen im Kopf der Pleuelstange größeres Spiel hat. Für mittelhoch belastete Maschinen scheinen Bronzelagerschalen mit einem sehr dünnen Ausguß von Weißmetall den besten Ausweg zu bieten; denn sie lassen sich leicht ersetzen, wenn sie beschädigt werden, und sie verringern die Gefahr für den Kurbelzapfen im Fall des Auslaufens des Weißmetalls wesentlich. Die Weißmetallschicht soll in jedem Fall sehr dünn ausgeführt werden, etwa 0,4 bis 0,8 mm Dicke dürften ausreichen.

Über das Lager am Kolbenende der Pleuelstange ist wenig zu sagen, höchstens daß es aus Rücksicht auf Festigkeit kurz und mit großem Durchmesser ausgeführt werden soll. Wenn man die Büchse in der Kokille aus Phosphorbronze gießt, so dürfte sie niemals Anlaß zu Störungen geben, noch sich meßbar abnutzen, vorausgesetzt, daß der Kolbenbolzen so steif ist, daß er keine Durchbiegungen erleidet (was jedoch nur selten der Fall ist), und daß er im Kolben ausreichend gestützt wird. Schwierigkeiten mit den Kolbenenden von Pleuelstangen beruhen fast immer auf Durchbiegung des Kolbenbolzens und den dadurch verursachten zu hohen örtlichen Belastungen. Solange der Bolzen steif genug ist, so daß er auf der Büchse gleichmäßig aufliegt, genügt ihm auch eine sehr kleine Auflagefläche. Wie bei dem Pleuellager für den Kurbelzapfen ist es auch hier ganz zwecklos, die Breite des Lagers für den Kolbenbolzen wesentlich größer als den Bolzendurchmesser zu wählen, da es dann nicht möglich ist, die Büchse ausreichend gleichmäßig abzustützen und weil sich ferner der Bolzen immer etwas durchbiegt.

Bei der Wahl des Baustoffes für Pleuelstangen treten ungefähr die gleichen Schwierigkeiten wie im Falle der Kurbelwellen auf, aber mit dem einen wichtigen Unterschied, daß nämlich das Material der Pleuelstange nicht als Lagerfläche zu wirken braucht, so daß man keine Oberflächenhärte zu verlangen braucht. Hochwertige legierte Stähle braucht man nur selten zu verwenden, da die Anforderungen an die Steifigkeit nur dann erfüllt werden können, wenn bereits reichlich hohe Sicherheit vorhanden ist. Gewöhnliche Kohlenstoffstähle oder niedrig legierte Nickelstähle, die sich leicht schmieden oder pressen lassen, genügen daher in allen, außer ganz ungewöhnlichen Fällen.

Kolbenbolzen. Mangel an Steifigkeit und unzureichende Lagerung der Kolbenbolzen sind gewöhnliche Fehler bei schnellaufenden Maschinen. Daher treten übermäßige Abnutzung und gelegentliches Fressen eines Kolbenbolzens bei manchen Maschinen noch immer epidemisch auf. Während man die Ursache solcher Störungen im allgemeinen auf ungenügende Lagerfläche oder unzureichende Schmierung zurückführt, kann man bei sorgfältiger Untersuchung fast jedesmal entdecken, daß die eigentliche Schuld an der Durchbiegung des Bolzens liegt, in deren Folge übermäßig hohe örtliche Drücke auftreten.

Der Druck im Kolbenbolzenlager ist zwar sehr hoch, dafür ist aber die Gleitgeschwindigkeit niedrig. Der mittlere Belastungsfaktor ist sicherlich auf keinen Fall hoch. Wenn man voraussetzt, der Druck wäre gleichmäßig über die ganze Lagerfläche verteilt, so müßten die Abnutzung und die Gefahr des Fressens bedeutungslos sein. Bei den üblichen Bauarten von Tauchkolben wird der Kolbenbolzen von zwei Augen gehalten, die nur mit dem Kolbenmantel verbunden sind. Infolgedessen wird der Explosionsdruck auf den Kolbenbolzen über dessen beide äußeren Enden übertragen, da wohl die Augen selbst, aber nicht ihre Verbindungen mit dem Kolben genügend starr sind. Eine Nachrechnung ergibt dann auch in den meisten Fällen übermäßig große Durchbiegungen des Bolzens unter dem Einfluß des höchsten Zylinderdruckes, die durchaus genügen, um die Belastung tatsächlich auf die beiden äußersten Enden der Auflagerung des Bolzens zu konzentrieren.

Es ist hiernach äußerst wichtig, die Last vom Kolbenboden auf den Kolbenbolzen entweder an Stellen zu übertragen, die so nahe an der Kolbenmitte liegen, wie es das Lager in der Pleuelstange erlaubt, oder den Durchmesser des Bolzens so groß zu bemessen, daß er sich selbst bei Belastung an den äußersten Enden nicht merklich durchbiegt. Diese letztere Anforderung zu erfüllen, ist jedoch fast unmöglich, weil dann in vielen Fällen der Bolzen so großen Durchmesser und so großes Gewicht erhalten müßte, daß man ihn nicht verwenden könnte. Wenn man jedoch die Belastung an zwei Stellen auf den Bolzen überträgt, die etwa einen halben Kolbendurchmesser voneinander entfernt sind, dann ist es nicht schwierig, einen ausreichend starren Bolzen bei vernünftigem Durchmesser zu erhalten. Bei Maschinen mit üblichem Verdichtungsverhältnis kann man als allgemeine Regel anwenden, daß der Kolbenbolzendurchmesser ein Viertel vom Kolbendurchmesser betragen soll und daß seine wahren Auflagerpunkte etwa einen halben Kolbendurchmesser voneinander entfernt sein dürfen. Bei solchen Abmessungen und bei vollkommen frei schwimmendem Bolzen ist die Lebensdauer dieses Lagers selbst bei knapper Schmierung nahezu unbegrenzt.

Solange der Kolbenbolzen keinen abnormal großen Durchmesser hat, ist es durchaus zwecklos, sein Lager im Kolbenende der Pleuelstange breit zu bemessen; das hätte nur die Folge, daß die Auflagerpunkte des Bolzens auseinandergerückt werden müssen und daher die Durchbiegung vergrößert wird, so daß der Gewinn an Lauffläche des Lagers überhaupt nicht ausgenutzt werden kann. Man darf stark bezweifeln, ob es überhaupt einen Zweck hat, dieses Lager breiter als mit

35 vH des Kolbendurchmessers zu bemessen. Ist der Kolbenbolzen ausreichend starr, so ist die Abnutzung seines Lagers außerordentlich gering, aber sie drängt sich wegen des kleinen Winkelausschlages der Pleuelstange auch an einer kleinen Stelle zusammen und hat daher das Bestreben, den Bolzen oval abzunutzen. Diesem Bestreben kann man entgegenwirken, indem man einen schwimmenden Bolzen verwendet, d. h. einen Bolzen, der sich sowohl im Pleuelstangenlager, als auch in den Kolbenaugen frei drehen kann. Ein solcher Kolbenbolzen dreht sich im Betrieb langsam herum und läuft sich daher auf seinem ganzen Umfang gleichmäßig ab.

Die Verwendung von schwimmenden Kolbenbolzen beseitigt auch die Schwierigkeit, den Bolzen in der Achsrichtung im Kolben zu sichern; diese Aufgabe ist sehr schwierig und wird bei Aluminiumkolben besonders unangenehm, weil in solchen Kolben der Bolzen wegen der großen Wärmeausdehnung des Aluminiums nur im kalten Zustande wirklich festsitzen kann. Abb. 80 und 81 zeigen einen Einbau und die Art einer Befestigung für schwimmende Kolbenbolzen, die sich auf Grund langer Erfahrung als die am besten geeignete erwiesen hat. Bei dieser Bauart werden die Beanspruchungen auf den Kolbenbolzen durch zwei kräftige Rippen übertragen, die vom Kolbenboden geradezu bis zu den Kolbenbolzenaugen reichen und nach der Mitte des Kolbens hin so weit reichen, wie es das Lager in der Pleuelstange gestattet. Der Kolbenbolzen schwimmt frei in den Augen des Kolbens und wird in der Achsrichtung durch dünne Unterlegscheiben gehalten; diese werden nach außen hin durch Sprengringe gesichert, die sich in Rillen an den Enden des Bolzens einlegen.

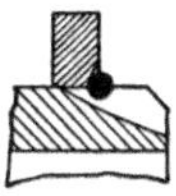

Abb. 80.

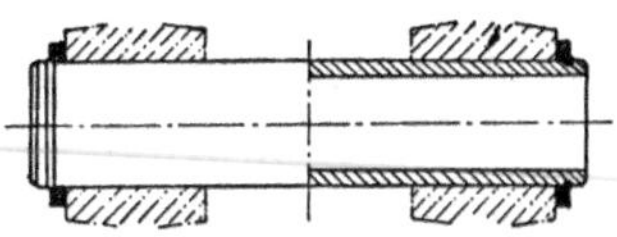

Abb. 81.

Abb. 80 und 81. Sicherung eines schwimmenden Kolbenbolzens.

Bei der Auswahl des Stahles für den Kolbenbolzen muß in erster Linie Rücksicht auf Oberflächenhärte genommen werden; denn wenn ein Bolzen so starr ist, daß er sich unter der großen Belastung nicht merklich durchbiegt, so ist er auch gegen Bruch ausreichend sicher. Vom Standpunkt der Oberflächenhärte am besten ist ein weicher Einsatzstahl, der so ausgewählt werden soll, daß er nach dem Härten eine glasharte Oberfläche erlangt. In ganz außergewöhnlichen Fällen kann man, was jedoch selten notwendig wird, auch lufterhärtenden Stahl verwenden.

Ventile. Beim Entwurf der Ventile muß man sich stets gegenwärtig halten, daß folgende Ziele angestrebt werden:

1. Eintritt und Austritt der Gase müssen möglichst frei stattfinden.

2. Die Abmessungen der Ventile müssen so klein sein, wie der freie Durchtritt der Gase irgend zuläßt.

Will man diesen Bedingungen entsprechen, so muß die Durchflußzahl der Ventile und ihrer Umgebung möglichst hoch sein, damit ein Höchstmaß an Gasgewicht mit einem Mindestmaß von Druckunterschied hindurchströmen kann. Zu diesem Zweck muß man dafür sorgen:

1. Daß die freie Gasströmung auf allen Seiten der Ventilöffnung möglichst wenig behindert wird. Soweit wie möglich muß man daher plötzliche Ablenkungen oder Querschnittveränderungen auf allen Seiten des Ventiltellers vermeiden.

2. Der Ventilhub soll mindestens $^1/_4$ oder, noch besser, sogar 30 vH vom lichten Durchmesser des Ventils betragen.

Die Verwendung übermäßig großer Ventile und insbesondere großer Ventile mit kleinem Hub sollte man aus folgenden Gründen stets vermeiden:

1. Außer bei sehr langsam laufenden Maschinen bedingt der Einbau verhältnismäßig großer Ventile fast stets eine Beeinträchtigung der geschlossenen Form des Verbrennungsraumes.

2. Bei gegebenem Reibungswiderstand und daher feststehendem volumetrischem Wirkungsgrad und Pumpverlust kann man viel höhere Einströmgeschwindigkeiten anwenden, wenn das Ventil klein und sein Hub groß sowie gute Stromlinienführung vorhanden ist, so daß man stärkere Wirbelung erreicht und infolgedessen Leistung und Wirkungsgrad verbessert werden.

3. Da sowohl Einlaß- als auch Auspuffventile den größten Teil ihrer Wärme durch die Sitze ableiten, wird die Temperatur des Ventils um so höher, je größer sein Durchmesser ist. Möglichst niedrige Temperaturen sind jedoch für beide Arten von Ventilen sehr wichtig; bei den Auspuffventilen hängt die Lebensdauer unmittelbar von ihrer Betriebstemperatur ab, und aus den Einlaßventilen nehmen die eintretenden Gase besonders leicht Wärme auf, was den volumetrischen Wirkungsgrad verschlechtert. Die aus den Einlaßventilen aufgenommene Wärme kann man sogar als durchaus schädlich ansehen; denn sie tritt so spät in den Ansaugvorgang ein, daß sie auch als Unterstützung für die gleichmäßige Verteilung des Gemisches wertlos ist. Der Zutritt von Wärme aus dieser Quelle hat somit nur die Wirkung, daß die Dichte der Ladung verringert und die Temperatur des Kreisprozesses erhöht wird. Beides ist in jeder Beziehung unerwünscht.

4. Ventile von großem Durchmesser, insbesondere Auspuffventile, haben unnötig hohe Inanspruchnahme des Ventilantriebes zur Folge, weil bei voller Leistung die Auspuffventile gegen einen Druck von 3,5 bis 5,5 at geöffnet werden. Daß man die Ventile stets so leicht baut, wie es sich mit den Ansprüchen an ihre Festigkeit und an die

Wärmeableitung vereinen läßt, ist selbstverständlich; manche Konstrukteure von schnellaufenden Maschinen neigen jedoch dazu, die Sparsamkeit im Gewicht der Ventile etwas zu weit zu treiben; es kommt dann leicht vor, daß sich die Ventile strecken, verziehen und überhitzen. Wenn man die gesamte hin- und hergehende Masse des Ventils mit allen Hilfsmitteln für seinen Antrieb bis herab zum Nocken berücksichtigt, dann findet man, daß das Gewicht des Ventiltellers allein nur einen geringen Teil des Gesamtgewichtes bildet, und daß es daher ein falscher Weg ist, am Metall des Ventiltellers und der Ventilspindel zu sparen, nur um dadurch eine verhältnismäßig kleine Ersparnis am Gesamtgewicht zu erreichen.

Da ein Ventil seine Wärme hauptsächlich durch den Ventilsitz ableitet, so folgt, daß der Sitz genügend breit sein muß, damit in der Ruhestellung eine ausreichend große Berührungsfläche vorhanden ist. Sehr schmale Ventilsitze ersparen wohl Schwierigkeiten, sei es, wenn sie neu sind oder auch später beim Einschleifen; aber bei Verwendung breiterer Ventilsitze kann man zweifellos erwarten, daß die Maschine einen höheren Wirkungsgrad ergeben und ihn auch länger behalten wird.

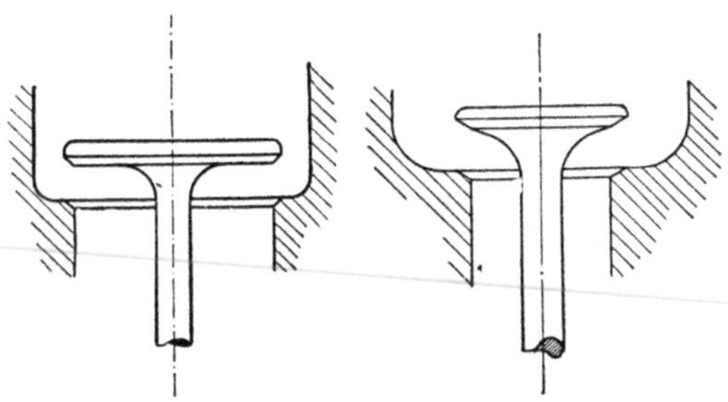

Abb. 82. Abb. 83.

Abb. 82 und 83. Verschiedene Ausführungsformen von Ventilen.

Abb. 82 und 83 zeigen im richtigen maßstäblichen Verhältnis zwei ausgeführte Bauarten von Ventilen mit den sie umgebenden Wänden, beide in voll geöffneter Stellung. Die Bauart nach Abb. 83 liefert dabei die besseren Ergebnisse; wegen der besseren Stromlinienführung und höheren Durchflußzahl kann das Ventil beträchtlich kleiner bemessen werden. Trotz des massiveren Ventiltellers fällt dieses Ventil bei gleichem durchströmenden Gewicht an Gemisch bedeutend leichter aus, und es hat auch viel größere Lebensdauer.

Anzahl der Ventile. Bei großen Maschinen ist es immer vorteilhafter, die Anzahl der Einlaß- und Auspuffventile zu verdoppeln, als sehr große Ventile zu verwenden, wenn man die Temperatur der Ventilteller möglichst niedrig erhalten und hierdurch die Lebensdauer der Auspuffventile sowie den volumetrischen Wirkungsgrad der Maschine verbessern will. Als grobe allgemeine Regel kann gelten, daß bei mehr oder weniger normal gebauten Maschinen für leichtflüchtigen flüssigen Brennstoff vom einzelnen Ventil, sei es Einlaß- oder Auspuffventil, nicht mehr als

90 kg Luftdurchgang in der Stunde gefordert werden sollen, was einer mittleren indizierten Leistung der Maschine von 30 bis 35 PS entsprechen dürfte. Diese Regel gilt annähernd ohne Rücksicht auf die Drehzahl, womit die Maschine betrieben wird. Sie darf natürlich nur als eine erste Annäherung angesehen werden; denn es gibt noch viele andere Umstände, die hier in Betracht kommen und deren Einfluß oft so groß ist, daß sie Ausnahmen von der Regel bedingen.

In erster Linie spielt hierbei die Form des Verbrennungsraumes eine Rolle. Baut man, wie gewöhnlich bei größeren Abmessungen der Maschinen, die Ventile senkrecht im Zylinderkopf ein, so schafft die

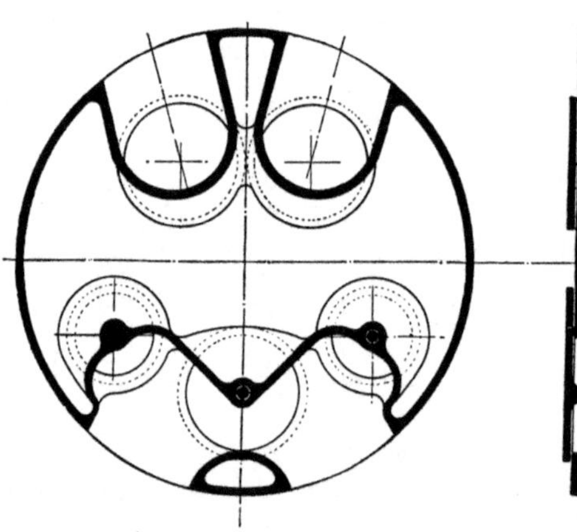

Abb. 84.

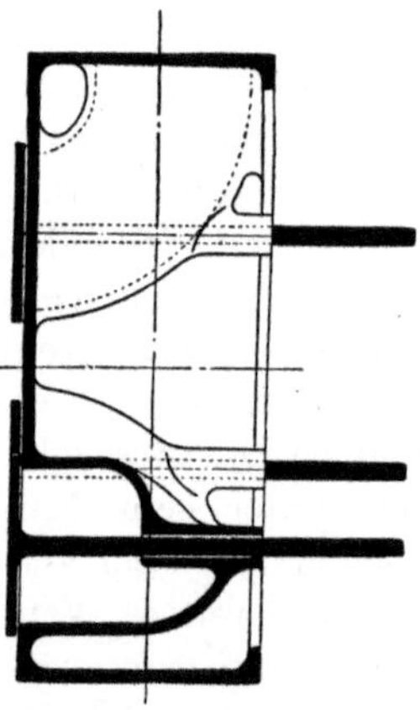

Abb. 85.

Abb. 84 und 85. Ventilkopf einer Maschine von 80 PS Leistung mit 2 Einlaß- und 2 kleinen Auspuffventilen sowie einem großen Auspuffventil, das etwas später geöffnet wird.

Verdopplung der Einlaß- und Auspuffventile keine neue Schwierigkeit und beeinträchtigt auch in keiner Beziehung den Wirkungsgrad des Verbrennungsraumes. In anderen Fällen empfiehlt es sich, zwei Einlaß- und drei Auspuffventile für jeden Zylinder zu verwenden, eine Anordnung, die sich sehr bequem dazu eignet, einen Zylinderkopf von günstiger Form zu entwerfen. Abb. 84 und 85 zeigen als Beispiel dieser Anordnung den Zylinderkopf und die Ventile einer Maschine, die 80 PS in jedem Zylinder leistet. Bei dieser Bauart kommen zwei kleine Auspuffventile und ein großes Auspuffventil zur Verwendung; die kleineren Ventile öffnen sich um etwa 30° früher, so daß sie den größten Teil der hochgespannten und hoch erhitzten Verbrennungsgase durchlassen, ehe sich das große Ventil öffnet. Sie entlasten in dieser Weise das große Ventil und seine Steuerung.

IX. Einzelne Bauteile.

Kugel- und Rollenlager. Die Anwendung von Kugel- und Rollenlagern bei Verbrennungsmaschinen gewinnt immer größere Verbreitung. Solche Lager haben folgende große Vorteile:

1. Geringe Reibungszahlen,
2. Unabhängigkeit in bezug auf die Schmierung,
3. Freiheit von Abnutzung unter günstigen Arbeitsbedingungen.

Dagegen haben diese Lager folgende Nachteile:

1. Hohe Beschaffungskosten,
2. die Neigung, unter gewissen Umständen ein unangenehmes brummendes Geräusch zu verursachen.

Im allgemeinen empfiehlt es sich, Kugel- oder Rollenlager zu verwenden:

1. Für alle Lagerstellen, bei denen es Schwierigkeiten bereitet, für ausreichende Schmierung zu sorgen,
2. für Stellen, an denen es Schwierigkeiten bereitet oder unbequem ist, die für gewöhnliche Traglager ausreichende Oberflächenhärte herzustellen.

Kugel- und Rollenlager bewähren sich anscheinend ganz besonders schlecht und laufen geräuschvoll, wenn man sie für Wellen verwendet, die sich verbiegen können, beispielsweise als Hauptlager für eine sehr leicht bemessene Kurbelwelle.

Im Gegensatz zu Traglagern sind Lebensdauer und Sicherheit der Kugellager oder Rollenlager von der Drehzahl fast unabhängig, wohl aber abhängig von der höchsten Belastung, die sie aufnehmen sollen. Vom Standpunkt der Zuverlässigkeit erweisen sich solche Lager daher in solchen Fällen vorteilhaft, wo die mittlere Belastung und die Gleitgeschwindigkeit hoch sind, d. h. wo der Belastungsfaktor im Verhältnis zur auftretenden Höchstbelastung sehr groß ist.

Abb. 86 zeigt ein kennzeichnendes Beispiel für ein Kugeltraglager und Abb. 87 ein ähnliches Beispiel für ein Rollenlager.

Geeignete Anwendungsgebiete für Kugel- und vorzugsweise Rollenlager sind die Lager von Pleuelstangen und die Hauptlager von Kurbelwellen; erstens sind diese Lager sehr hoch belastet, und da man die Welle nicht gut vollständig im Einsatz härten kann, so ist es praktisch unmöglich, die in Betracht kommenden Oberflächen der Zapfen in dem Maße zu härten, daß man Abnutzung ausschließen könnte. Zweitens verzehren diese Lager, und zwar von allen Lagern eines Motors gerade diese, einen beträchtlichen Teil der gesamten Reibungsarbeit in der Maschine, da ihr Belastungsfaktor notwendigerweise sehr hoch ist. Durch Verwendung von Kugel- oder Rollenlagern an diesen Stellen trägt man daher dazu bei, nicht nur die Reibung wesentlich zu verringern und damit den mechanischen Wirkungsgrad der Maschine zu verbessern, sondern auch infolge der geringeren Reibungsarbeit den Unterteil des Maschinengehäuses sehr viel kühler zu erhalten, was besonders für große Maschinen wichtig ist.

Abb. 86. Hoffmann-Kugeltraglager.

Abb. 87. Hoffmann-Rollentraglager.

Gegen die Verwendung von Kugel- oder Rollenlagern für die Lagerungen von Kurbelwellen und Pleuelstangen spricht vor allem ein außerordentlich praktisches Bedenken. Es ist nämlich schwierig, solche Lager auf einer mehrfach gekröpften Welle anzubringen, da man die Lager nicht teilen kann, sondern überschieben muß. Das erfordert aber die Verwendung einer leichten und dünnen Kurbelwelle, also gerade das, was man eigentlich mit besonderer Sorgfalt vermeiden müßte; denn bei solchen Kurbelwellen treten ziemlich starke Durchbiegungen auf, die, weil sich hierdurch die inneren Laufringe schief stellen, zur Folge haben, daß ein Teil der Kugeln oder Rollen festgeklemmt wird. Die unnötige Abnutzung, die dadurch entsteht, ist die Ursache für das eigenartige Brummen, das man so oft an Kurbelwellen mit Kugellagern beobachtet. Wenn man daher Kugel- oder Rollenlager verwenden will, scheint es richtiger, die Kurbelwelle aus mehreren Stücken zusammenzubauen und sehr schwere, kräftige Kurbelarme zu verwenden, die auf die Wellenzapfen aufgepreßt oder warm aufgezogen werden, so daß die Neigung der Welle, sich durchzubiegen, möglichst verringert wird. Bei Einzylindermaschinen mit innenliegenden Schwungscheiben und geteilter Kurbelwelle lassen sich Kugel- oder Rollenlager mit besonderem Vorteil verwenden, weil dann die Hauptlager gegen die schwersten Explosionsstöße durch das Trägheitsmoment der Schwungräder geschützt sind und die Verbindung der Schwungscheiben mit den Kurbelarmen die Möglichkeit bietet, einen leicht lösbaren Kurbelzapfen zu verwenden, den man im Einsatz härten und schleifen kann und der, da er leicht herausnehmbar ist, gestattet, einen ungeteilten Pleuelstangenkopf zu verwenden. Abb. 88 zeigt als ein wirkliches Beispiel dieser Anordnung deren Anwendung beim Motor des „Triumph"-Motorrades, der sich in jeder Hinsicht als besonders zufriedenstellend erwiesen hat.

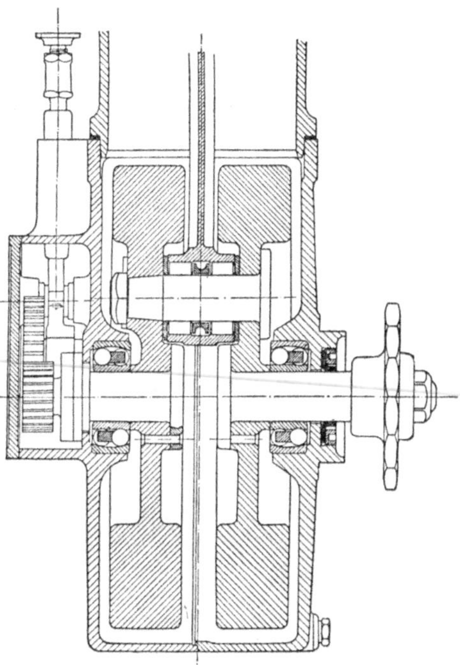

Abb. 88. Kurbelwellen-Anordnung mit Kugellagern beim Motor des „Triumph"-Motorrades.

Wo hohe Belastungen aufgenommen werden müssen, wie bei Lagern von Kurbelwellen, scheint es zweckmäßiger, Rollenlager anzuwenden, trotz ihres Nachteils, daß man bei ihnen die Außenringe in der Achsrichtung nicht festlegen kann. Dieser schwere Mangel des Rollenlagers ist tatsächlich vorhanden, aber er wird vielleicht durch andere Vorteile aufgewogen.

Kugel- oder Rollenlager sollen immer so angebracht werden, daß der Ring, der die Belastung zuerst aufnimmt, Festsitz hat. Bei Getriebewellen beispielsweise muß der innere Laufring fest mit der Welle verbunden sein, sei es durch Aufpressen oder, besser, indem man ihn gegen einen Bund festzieht. Der Außenring soll dagegen im Gehäuse ziemlich frei beweglich sein und bei Kugellagern immer ein gewisses Maß von seitlichem Spielraum haben. Wird eine Welle von mehreren Kugellagern getragen, dann ist wesentlich, daß nur ein einziges Lager mittels seines Außenringes dazu verwendet werden darf, um die Welle in der Achsrichtung festzulegen, während alle anderen die Möglichkeit haben müssen, sich von selbst danach einzustellen. Gewöhnliche Kugellager sind imstande, beträchtliche seitliche Schubkräfte aufzunehmen; nach den vorliegenden Erfahrungen hat man es außer bei dauernden Schubkräften nur selten nötig, Druckringe anzuordnen.

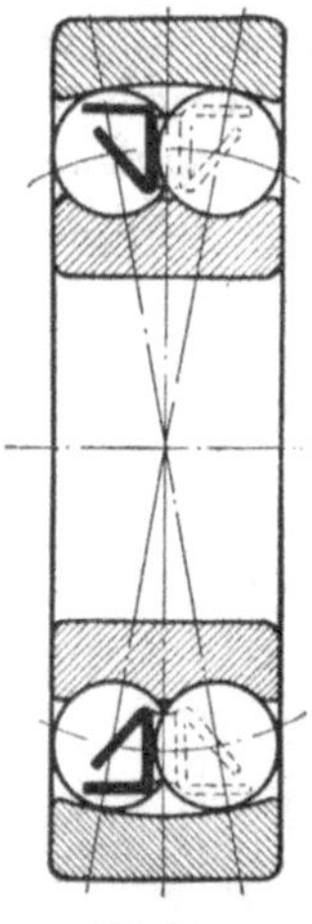

Abb. 89. Normallage.

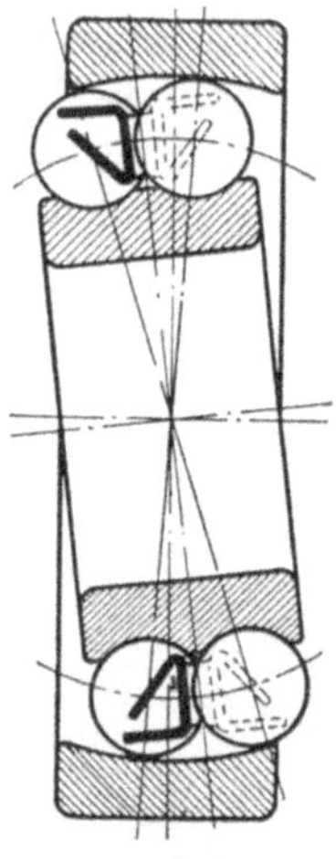

Abb. 90. Schräglage.

Abb. 89 und 90. Selbsteinstellbares Skefko-Kugellager.

Bei Rollenlagern braucht man allerdings immer ein gesondertes Mittel zum Festlegen der Welle in ihrer Achsrichtung, und es empfiehlt sich immer, hierfür Druckkugellager anzuordnen. Wenn die gegenseitige Lage der Lagerachsen unsicher ist, kann man die Anwendung von schwenkbaren Kugellagern, wie z. B. von Skefko-Lagern, empfehlen, die Abb. 89 bis 91 zeigen. Derartige Lager können allerdings beim Einbau Schwierigkeiten bereiten, weil der Außenring leicht im Kreise herumschlägt, während man das Lager an seine Stelle aufschiebt. In vielen Fällen ist es deshalb unmöglich, gewisse Teile eines Motors zusammenzubauen.

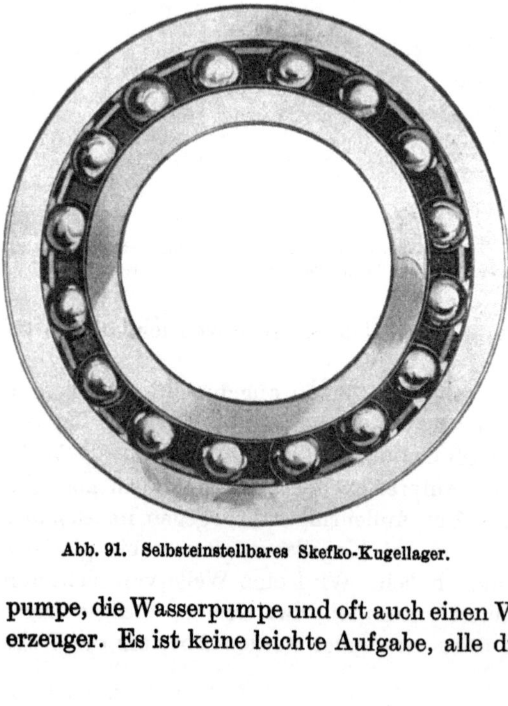

Abb. 91. Selbsteinstellbares Skefko-Kugellager.

Hilfsantriebe. Eine der schwierigsten Aufgaben, wenn nicht gar die schwierigste, bildet beim Entwurf einer schnellaufenden Maschine der Antrieb für alle Nebengetriebe. Diese umfassen gewöhnlich den Antrieb für die Nockenwelle, den Zündmagneten, die Ölpumpe, die Wasserpumpe und oft auch einen Ventilator und einen Stromerzeuger. Es ist keine leichte Aufgabe, alle diese Hilfsvorrichtungen an geeigneten und zugänglichen Stellen unterzubringen und jede von ihnen mit der entsprechenden Drehzahl ohne Geräusch und ohne unnötige mechanische Verwicklung anzutreiben. Von Standpunkt der Ruhe des Laufes ist zweifellos die Verwendung von sog. geräuschlosen Ketten das beste Mittel, aber ihre Anwendbarkeit hat auch Grenzen. Erstens ist es unbedingt notwendig, Vorrichtungen zum Einstellen der Spannung der Ketten anzubringen, wenn man eine einigermaßen längere Lebensdauer dieser Antriebe erreichen will. Zweitens muß man den Umspannungswinkel der Kette auf dem Kettenrad mit mindestens 110° bis 120° bemessen, was die Verwendung einer einzigen Kette, die über mehrere Kettenräder läuft, ausschließt. Im äußersten Fall kann man eine einzige Kette über drei Kettenräder legen, und auch dies ist nur dann zulässig, wenn die Räder annähernd in den Ecken eines gleichseitigen Dreieckes liegen, eine Anordnung, die sich jedoch nicht immer bequem treffen läßt. Man muß daher im allgemeinen zwei Ketten anwenden, was wegen der Breite der Ketten sehr viel Raum und Gewicht erfordert und auch teuer wird, weil Ketten und Kettenräder auch unter günstigsten Verhältnissen sehr kostspielige Teile sind.

Abb. 92 und 93 zeigen eine Anordnung, bei der eine einzige Kette dazu dient, Nockenwelle und Zündmagnet anzutreiben. In diesem Fall wird die Ölpumpe unmittelbar von der Nockenwelle angetrieben; für Wasserpumpe, Ventilator oder Stromerzeuger ist kein besonderer fester Antrieb vorhanden, obgleich die Wasserpumpe nötigenfalls von der Antriebswelle des Zündmagneten aus mitgenommen werden könnte. Bei der dargestellten Anordnung läßt sich die Kette nachspannen, indem die Magnetwelle mit zugehörigem Kettenrad in einem exzentrischen Gehäuse gelagert ist. Der zylindrische Teil dieses Gehäuses ragt um etwa 50 mm über die Wand des Kurbelgehäuses vor, und auf diesem zylindrischen Teil sind der Magnetsockel und der Zündmagnet selbst festgeklemmt, so daß die Welle des Magneten vollkommen ausgerichtet bleibt, auch wenn man das exzentrische Gehäuse verdreht, um die Kette zu spannen.

Abb. 94 zeigt einen Antrieb für zwei Nockenwellen, einen Zündmagneten sowie Wasser- und Ölpumpe. Hierbei läuft eine Kette fast genau in der Form eines gleichseitigen Dreiecks über das Kettenrad auf der Kurbelwelle, ein mit halber Drehzahl umlaufendes Zwischenrad, das unmittelbar darüber angeordnet ist, und ein seitlich gelegenes Nachspannrad. Eine zweite Kette verbindet das Nachspannrad mit einer Längswelle, die Wasserpumpe und Zündmagneten antreibt. Die Ölpumpe wird in diesem Fall unmittelbar von dem Zwischenrad aus angetrieben, das mit halber Drehzahl läuft und auch die beiden Nockenwellen mittels eines dreieckigen Kuppelrahmens antreibt. Diese Anordnung ist sehr einfach und gedrängt und bietet den Vorteil, daß man die Ketten nachspannen kann, ohne daß sich die Lage der Mittelachsen irgendeiner von den getriebenen Wellen ändert. Wegen der kurzen

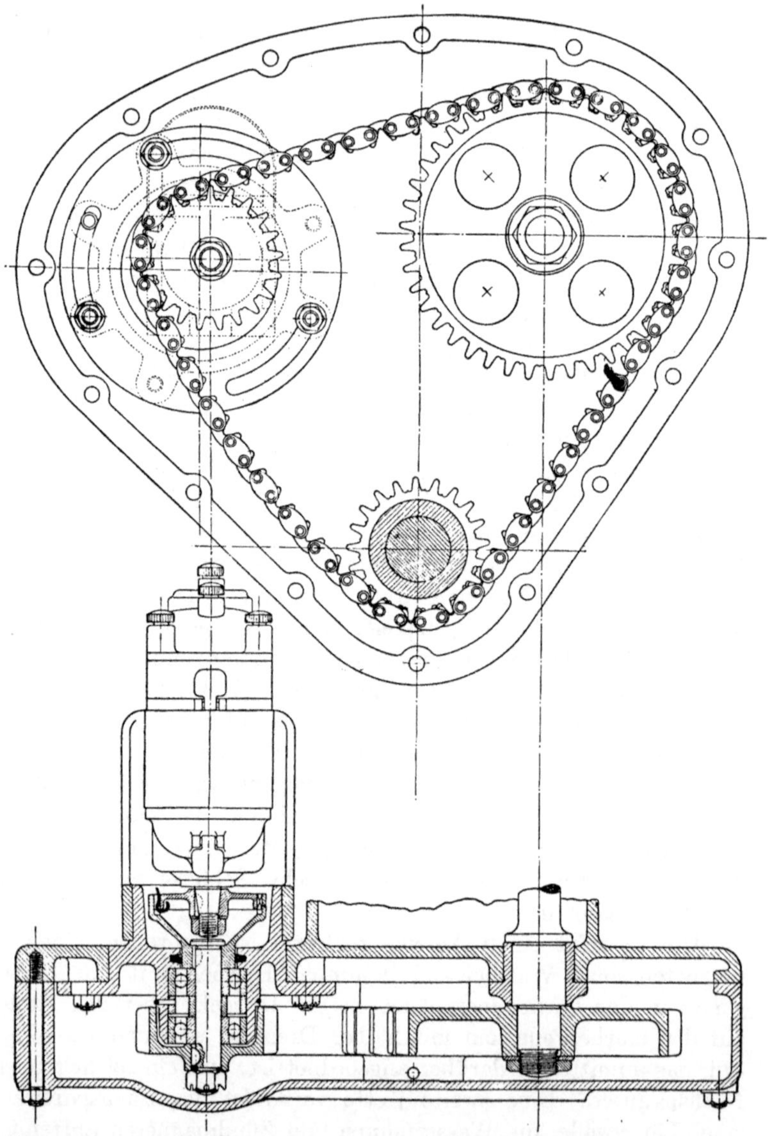

Abb. 92 und 93. Dreieck-Kettenantrieb mit Exzenter-Nachspannvorrichtung für die Kette.

Abstände der Kettenräder und der Anwendung des Kuppelrahmens für den Antrieb der Nockenwellen ist dieser Antrieb auch fast vollkommen geräuschlos.

Der große Vorteil der Kettenantriebe, der zugunsten ihrer Anwendung spricht, besteht darin, daß sie in gewissem Ausmaß als Dämpfer für die Drehschwingungen der Kurbelwelle wirken oder in jedem Falle Drehschwingungen nicht übertragen. Da schon eine ganz geringe Änderung der Winkelgeschwindigkeit genügt, um die Zahnbelastungen umzükehren, so können im Gegensatz zu Kettentrieben Stirnrädertriebe sehr leicht klappern und mahlen, wenn sie eine kritische Drehzahl durchlaufen.

Abb. 94. Antrieb zweier Nockenwellen mittels eines Dreieck-Kuppelrahmens.

Wenn man Stirnrädergetriebe verwendet, ist es vom Standpunkt der Geräuschlosigkeit allein weitaus zweckmäßiger, sie vom Schwungradende der Kurbelwelle aus anzutreiben, wo die Winkelgeschwindigkeit der Welle sozusagen gleichförmig ist. Praktisch hat jedoch diese Anordnung im allgemeinen große Bedenken, einmal wegen des Mangels an Zugänglichkeit und dann auch, weil das Schwungrad zumeist an einem großen Flansch befestigt ist, der mit der Kurbelwelle aus einem Stück hergestellt wird, so daß man kein Zahnrad auf die Kurbelwelle aufschieben kann. Dennoch wäre diese Anordnung des Antriebes mit Rücksicht auf die Geräuschlosigkeit bei weitem vorzuziehen, insbesondere bei Sechszylindermotoren; denn das wesentlichste Bedenken gegen die Verwendung von Stirnrädergetrieben beruht auf ihrem Geräusch, und dieses wird zum größten Teil durch die Änderungen der Winkelgeschwindigkeit der Kurbelwelle an dem vom Schwungrad abgekehrten Ende hervorgerufen.

Werden Stirnräder für die Hilfsantriebe verwendet, so ist es besonders wichtig, dafür zu sorgen, daß die Zahnräder genau ineinander eingreifen. Um dies zu erreichen, empfiehlt es sich, von vornherein irgendeine Möglichkeit zum genauen Einstellen der Räder zu schaffen; denn es ist unmöglich, die Achsmitten schon bei der Bearbeitung mit ausreichender Genauigkeit festzulegen. Bei solchen Stirnrad-Hilfsantrieben ordnet man daher zweckmäßigerweise eines oder mehrere von den Zwischenrädern jedes Antriebes in einem besonderen Schild an, das die Lager dieses Zahnrades trägt und gegen die Vorderwand des Kurbelgehäuses festgeschraubt wird. Da die Befestigungsbolzen des Schildes in den Schraubenlöchern etwas Spiel haben können, so hat man von vornherein die Möglichkeit, es so einzustellen, daß die Zähne genau ineinander greifen, worauf man das Schild mittels eines Paßstiftes endgültig und genau in seiner Lage sichert.

Abb. 95 zeigt eine solche Anordnung; hier werden zwei Ölpumpen und eine Nockenwelle durch einen Trieb von drei Stirnrädern angetrieben, dessen mittleres Zwischenrad in der beschriebenen Art an einem Schild gelagert ist.

Wo sehr viele Hilfsvorrichtungen anzutreiben sind, ist es oft bequem, eine querliegende Hilfswelle zu verwenden, die durch Schraubenräder oder Schneckenräder angetrieben wird. Solche Antriebe sind einfach und gedrängt und werden mit besonderer Vorliebe für Zündmagneten und Wasserpumpe verwendet, die dadurch sehr leicht zugänglich und bequem gelagert werden können. Diese Art des Antriebes ist aber nur dann einwandfrei und geräuschlos, wenn

1. ausreichende Maßnahmen getroffen werden, um die unvermeidlichen axialen Kräfte im Getriebe und den etwa auftretenden toten Gang in der Achsrichtung aufzunehmen, und

2. für reichliche Schmierung gesorgt wird; denn die Lebensdauer dieser Zahnräder, die mehr aufeinander gleiten als aufeinander abrollen, hängt natürlich in höherem Maß von ununterbrochener Schmierung ab.

Es gibt außer den beschriebenen unzählige Zusammenstellungen und Arten der Hilfsantriebe von Fahrzeugmaschinen; aber im allgemeinen sind alle Stirnrädergetriebe oder Verbindungen der Stirnrädergetriebe mit Kuppelstangenantrieben vorzuziehen, da sie zuverlässig und in der Anschaffung billig sind. Allerdings gilt dies nur unter der Voraussetzung, daß Möglichkeiten vorhanden sind, den Zahneingriff genau einzustellen, und daß ferner die Kurbelwelle der Maschine genügend steif gegen elastische Verdrehung ist; denn nur dann kann man erreichen, daß auch Stirnrädergetriebe sehr geräuschlos laufen.

Abb. 95. Anordnung des Zwischenrades für Stirnräder-Hilfsantriebe an einem einstellbaren Schild.

Bei Maschinen in Fahrzeugen muß man damit rechnen, daß auch ein Ventilator und in der Regel ein Stromerzeuger Hilfsantrieb erhalten müssen. Schwierigkeiten mit Ventilatorantrieben lassen sich fast immer den Versuchen zuschreiben, den Ventilator mit zu hoher Drehzahl zu treiben. Ganz allgemein kann man beobachten, daß bei einer schnelllaufenden Maschine der Ventilator mittels eines Riemens von der Kurbelwelle aus angetrieben und die Übersetzung so gewählt wird, daß der Ventilator sogar wesentlich schneller als die Maschine umläuft. Da die Leistung, die ein Ventilator verbraucht, annähernd mit der dritten Potenz der Drehzahl zunimmt, so braucht der Ventilator bei 1000 U/min vielleicht nur 0,25 PS, bei 2000 U/min dagegen schon ungefähr 2 PS und bei 3000 U/min sogar fast 7 PS. Die Riemenantriebe von Ventilatoren sind aber meistens durchaus nicht so bemessen, daß sie 7 PS bei 3000 U/min übertragen könnten, noch wäre es vernünftig, auch nur angenähert eine so hohe Leistung für die Kühlung der Maschine aufzuwenden.

Praktisch ist somit das Ergebnis das, daß der Riemen gleitet, sobald die Drehzahl über z. B. 1500 U/min steigt, und daß sich infolgedessen im Gebrauch Riemen und Riemenscheibe schnell abnutzen. In vielen, wenn nicht sogar in den meisten Fällen liegt schon die normale Drehzahl der Maschine so hoch, daß der Ventilatorriemen dauernd schleift. Das ist im höchsten Grad unzweckmäßig, und so erklären sich auch die meisten bekannten Störungen an diesem Teil der Antriebe. Im allgemeinen wählt man daher besser die Übersetzung so, daß der Ventilator mit geringerer Drehzahl als die Kurbelwelle läuft, und bemißt den Riemen derart, daß er nur dann schleift, wenn die Maschine vorübergehend übermäßig schnell läuft.

Auch beim Antrieb des Stromerzeugers sprechen einige Gründe für den Riemen; denn der Anker eines Lichtstromerzeugers hat eine ziemlich große Masse und hat daher das Bestreben, gleichbleibende Winkelgeschwindigkeit beizubehalten. Wenn man ihn daher starr von einem Maschinenteil aus antreibt, dessen Winkelgeschwindigkeit sich ändert, so muß dies zu empfindlichen Störungen führen. Aus diesem Grunde ist der Antrieb des Stromerzeugers durch jede Art von Zahngetrieben wenig zweckmäßig, außer wenn sich dieser Antrieb am Schwungradende der Kurbelwelle befindet. Kettenantriebe können sich bewähren, weil die Kette wegen ihres toten Ganges, ihrer Dehnbarkeit und ihres Eigengewichtes imstande ist, mäßige Ungleichförmigkeiten der Winkelgeschwindigkeit aufzunehmen; am besten in jeder Hinsicht sind aber Riemenantriebe. Die meisten Störungen bei Riemenantrieben für Stromerzeuger kommen daher, daß man dem Riemen zu kleine Abmessungen gegeben hat, in einigen Fällen auch daher, daß man unglückseligerweise einen Dreieck-Riemenantrieb gemeinsam für den Ventilator und den Stromerzeuger anzuwenden sucht, eine Praxis, die nicht streng genug verurteilt werden kann.

Arten der Schmierung. Die verschiedenen Arten der Schmierung kann man im allgemeinen in zwei Hauptgruppen einteilen, nämlich in die Schmierungen, bei denen nur Öl für Schmierzwecke geliefert wird, und diejenigen, bei denen das Öl sowohl als Schmier- als auch als Kühlmittel dient. Zur ersten Gruppe gehören alle Arten von Trog- oder Tauchschmierungen sowie solche Schmierungen, die jedem Lager eine kleine, abgemessene Ölmenge zuführen, während zur zweiten Gruppe alle Arten der Schmierung zu zählen sind, bei denen das Öl unter Druck unmittelbar in das Lager gelangt. Beide Arten der Schmierung haben ihre Vorteile und ihre Nachteile, und die Wahl muß von Fall zu Fall unter Berücksichtigung aller Umstände getroffen werden. Ganz allgemein kann man jedoch sagen, daß die Druckschmierung wegen ihrer Kühlwirkung in allen Fällen wesentlich ist, in denen die Lager hohen Belastungsfaktoren ausgesetzt sind, während Tauchschmierung oder

Schmierung mit zugemessenen Mengen von Frischöl bei verhältnismäßig niedrigen Belastungsfaktoren der Lager vorgezogen werden könnten, weil sie insofern die Abnutzung einschränken, als weniger harte, abschleifend wirkende Teilchen mit dem Öl in das Lager eingeführt werden. Wenn man sich vergegenwärtigt, daß eine zur Aufrechterhaltung der Ölschicht im Lager ausreichende Ölmenge immer in das Lager gelangt, solange Öl und die Möglichkeit für das Öl, in das Lager einzudringen, vorhanden sind, gleichviel, ob das Öl mit oder ohne Überdruck verteilt wird, so erkennt man, daß vom Gesichtspunkt der Schmierung allein, abgesehen von der Rücksicht auf die Kühlung, die Druckschmierung wenig oder gar keine Vorzüge gegenüber der Tauchschmierung aufweist.

Druckschmierung. Das Hauptziel der Anwendung von Druckschmierung ist, eine große Menge von kühlem Öl in ununterbrochenem Strom durch die Lager umlaufen zu lassen, damit die durch die Reibung erzeugte Wärme abgeführt wird. In diesem Sinne muß man daher anstreben:

1. Möglichst große Ölmengen durch die Lager umlaufen zu lassen,
2. das Öl möglichst kühl zu erhalten.

Die Ölmenge, die man in ständigem Umlauf durch die Lager einer Maschine treiben kann, hängt von dem Druck ab, unter dem das Öl zugeführt wird, ferner vom Spielraum der Zapfen in den Lagern und von der Zähigkeit des Öles. Zu berücksichtigen ist dabei stets, daß der Öldruck allein nicht entscheidet; seine Bedeutung besteht nur darin, daß man ihn als ein Maß für die in Umlauf gesetzte Ölmenge ansehen kann. Bei jeder Druckschmierung mit einer Ölpumpe von bestimmter Fördermenge und normalen Beziehungen zwischen Fördermenge und Druck ist der Druck, der erforderlich ist, um eine bestimmte Menge von Öl in gegebener Zeit durch die Lager zu pressen, um so höher, je fester die Lager passen und je höher die Zähigkeit des Öles ist. Geht die gleiche Menge Öl infolge der Abnutzung der Lager oder infolge der Verwendung von dünnerem Öl leichter durch die Lager, dann sinkt der Druck. Aber das bedeutet noch nicht, daß deshalb die Schmierung oder die Kühlung an Wirksamkeit eingebüßt hat.

Solange das Öl und die Lager beim Anlaufen der Maschine kalt sind, ist natürlich hoher Druck nötig, um den Umlauf des Öles in der Maschine zu erreichen; aber sobald sich die Maschine erwärmt, sinkt dieser Druck infolge der abnehmenden Zähigkeit des Öles schnell. Trotzdem werden die Lager in beiden Fällen gleich gut geschmiert und in Wirklichkeit besser gekühlt, wenn der Öldruck niedrig ist, da der Druckabfall nur eine Folge der Zunahme der durch die Lager umlaufenden Ölmenge ist. Das sei hier besonders betont, weil man überwiegend der Ansicht begegnet, bei Druckschmierungen bedeute niedriger Öldruck mangelhafte Schmierung, und weil es durchaus nichts Ungewöhnliches ist, daß ein Motorführer ein Schmieröl von hoher Viskosität anwendet, um hohen Druck in der Schmieranlage zu erhalten, während er dadurch in Wirklichkeit die Umlaufmenge verringert und die Reibungszahl und im Endergebnis die Wärmemengen steigert, die in den Lagern erzeugt werden. Mit anderen Worten: der Motorführer vereitelt dadurch gerade das Ziel, das er erreichen wollte.

Um bei Druckschmierung freien Umlauf des Öles zu erreichen, muß man die Lager genügend lose einpassen. Nach den vorliegenden Erfahrungen scheinen etwa 0,04 mm als kleinstes Spiel in den Lagern der Kurbelwellen und Pleuelstangen bei Druckschmierung in Frage zu kommen. Das Verfahren, die Wellen ganz fest zu lagern und sie dann einlaufen zu lassen, kann man nicht empfehlen, weil der Erfolg nur der ist, den Ölumlauf zu behindern und die Kurbelwellen selbst unnötig abzunutzen.

Führt man bei Anwendung von Druckschmierung das Öl in oder nahe an der Mitte der Lagerlänge ein, dann ist es besser, das Lager überhaupt nicht mit Ölnuten zu versehen, da diese nur das Öl sofort entweichen lassen und es nicht zwingen, sich über die ganze Lauffläche des Lagers zu verteilen und an allen ihren Stellen Wärme abzuleiten. Dagegen ist es manchmal wertvoll, wenn man die Zapfen mit Abflächungen versieht, damit die Verteilung des Öles vom Ölloch aus unterstützt wird. Aus Rücksicht auf die Verringerung der reibenden Oberfläche und damit sich die Welle im Lager nicht klemmt, empfiehlt es sich immer, die Schalen der Hauptlager an den Seiten etwas abzunehmen, doch darf man hiermit nicht bis an die äußersten Enden der Lagerschalen gehen, weil sonst das Öl dort frei entweichen könnte.

Bei Druckschmierung ist im allgemeinen ein Schmieröl von geringer Viskosität erwünscht, weil dies ermöglicht, in einer gegebenen Zeit eine größere Ölmenge durch die Lager umlaufen zu lassen, und weil die verringerte Reibung die in den Lagern erzeugte Wärme vermindert. Soweit sich heute übersehen läßt, besteht der einzige Vorzug von Schmieröl mit hoher Viskosität darin, daß

1. die Ölschicht dicker wird, die Laufflächen daher in weiterem Abstand voneinander gehalten werden und weniger Gefahr besteht, daß die kleinen harten Teilchen die Ölschicht überbrücken und die Metallflächen abnutzen könnten.

2. das Öl dann anscheinend weniger leicht an den Kolbenringen vorbei in den Verbrennungsraum eindringen kann, was allerdings recht zweifelhaft ist, und

3. die Verluste durch Undichtheit verringert werden.

In jeder anderen Hinsicht ist jedoch ein dünnes Öl anscheinend vorteilhafter.

Umlaufende Ölmenge. Für Maschinen mit verhältnismäßig hoher Leistung muß man die Ölpumpe so groß bemessen, daß sie bei der normalen Drehzahl etwa 2,25 l/h Öl für 1 PS Bremsleistung der Maschine fördert. Das ist allerdings eine rein empirische Angabe, die sich auf praktische Erfahrungen stützt. In Wirklichkeit ist dies die größte Ölmenge, die man selbst bei sehr losen Lagern und bei Öl von geringer Viskosität in Umlauf setzen kann, ohne daß der Druck übermäßig hoch zu sein braucht.

Versuche, die in neuerer Zeit mit verbesserten Ölabstreifringen an den Kolben und mit verbesserten Ausführungen der Öllöcher in den

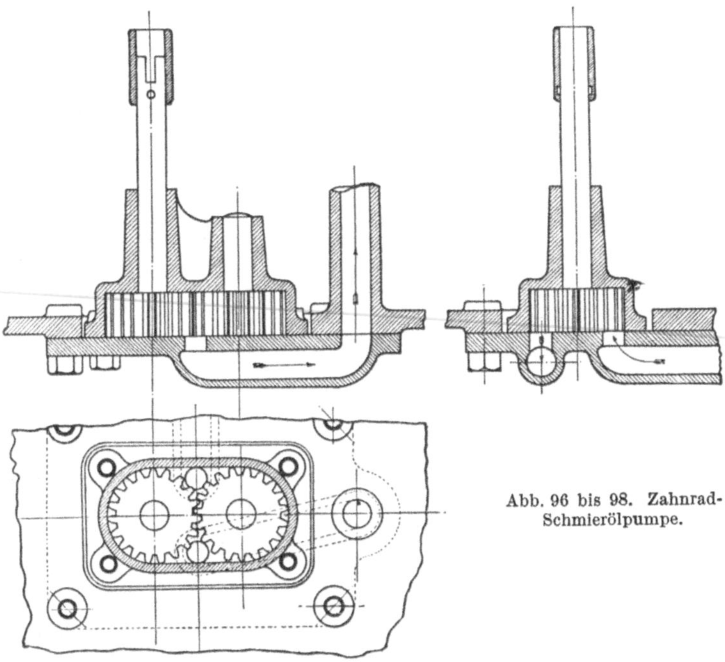

Abb. 96 bis 98. Zahnrad-Schmierölpumpe.

Kurbelzapfen angestellt wurden, haben ergeben, daß man sogar 6,8 l/h Öl für 1 PS Bremsleistung durch die Lager umlaufen lassen kann, wobei die Lager ganz beträchtlich höhere Belastungsfaktoren aufnehmen können. In außergewöhnlichen Fällen, wie bei Rennmotoren für Luftfahrzeuge, kann man die kühlende Wirkung des Öls noch dadurch verstärken, daß man in Ergänzung der Lagerschmierung noch einen kräftigen Strom von kühlem Öl unmittelbar durch die Kurbelwelle von einem zum anderen Ende aufrecht erhält.

Bauart der Ölpumpe. Man verwendet im allgemeinen drei Arten von Ölpumpen: die Zahnradpumpe, die gewöhnliche Kolbenpumpe und die ventillose Pumpe mit schwingendem Kolben. Kennzeichnende Beispiele dieser drei Arten sind in Abb. 96 bis 101 dargestellt.

Die Zahnradpumpe, Abb. 96 bis 98, hat den Vorteil, daß sie nur drehende Bewegungen ausführt und daß man sie billig und leicht unterbringen kann. Aber sie hat vier schwere Nachteile:

1. Ihr volumetrischer Wirkungsgrad nimmt mit wachsender Abnutzung sehr schnell ab.

2. Sobald sie nur ganz wenig abgenutzt ist, saugt sie nur noch wenig oder gar nicht mehr an und läuft daher leicht ganz leer, wenn sie nicht vollständig in das Öl eintaucht.

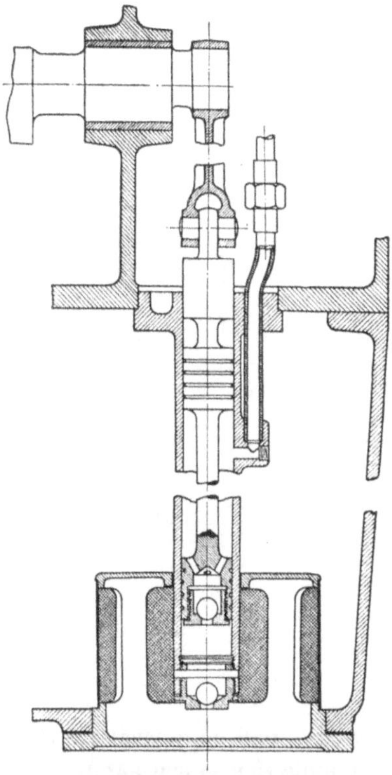

Abb. 99. Gewöhnliche Kolbenschmierölpumpe mit Saug- und Druckventil.

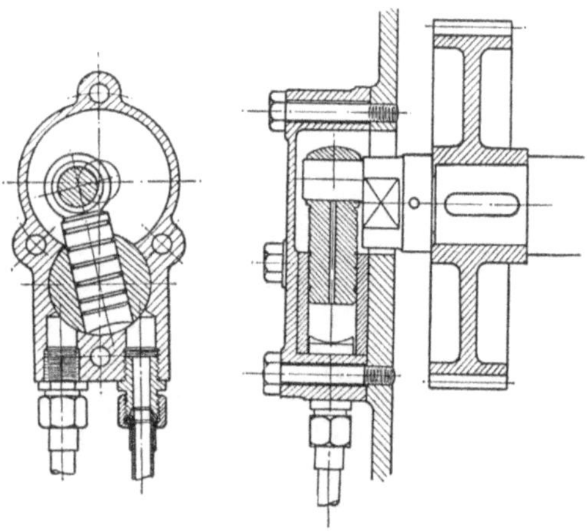

Abb. 100. Abb. 101.

Abb. 100 und 101. Ventillose Schmierölpumpe mit schwingendem Kolben.

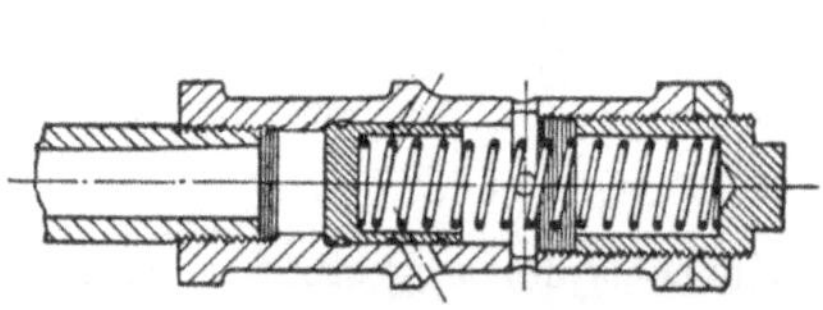

Abb. 102. Kolben-Überdruckventil für pulsierenden Ölstrom.

3. Eindringende Fremdkörper können die Pumpe leicht festkeilen.

4. Der Druck des Ölstromes pulsiert entsprechend dem Eingriff der Zähne sehr schnell, so daß in den Ölleitungen Resonanzschwingungen von hoher Schwingungszahl entstehen können, die Ermüdung und Bruch der Ölleitungen herbeiführen.

Die übliche Kolbenschmierölpumpe Abb. 99 hat den Vorteil, daß sich ihr volumetrischer Wirkungsgrad bei Abnutzung nur wenig ändert und daß sie auch hoch ansaugen kann. Andererseits kann jedoch ihr

Saugventil in der offenen oder in der geschlossenen Lage leicht steckenbleiben, was die Pumpe außer Betrieb setzt. Außerdem begrenzt das Saugventil die Geschwindigkeit, bei der die Pumpe noch betriebsfähig ist.

Die ventillose Schmierölpumpe mit schwingendem Kolben, Abb. 100 und 101 ist wohl die vorteilhafteste von allen drei Bauarten, denn sie hat keine Ventile, die steckenbleiben oder die Drehzahl der Antriebswelle begrenzen könnten. Ferner läßt sie auch Schmutz, Filzteilchen oder andere Fremdkörper durch, die oft reichlich in das Schmieröl gelangen. Wenn man diese Pumpe mit hoher Drehzahl antreibt, so muß man auf der Saugseite einen Windkessel einschalten, damit der Ölstrom in der Saugleitung nicht abreißt.

Öl-Überdruckventile. Um die gefährlichen Drücke zu vermeiden, die beim Anlassen der kalten Maschine oder bei Verwendung von dickem Öl oder fest eingepaßten Lagern auftreten können, muß man jede Druckschmieranlage mit einem Überdruckventil versehen, das so eingestellt wird, daß es sich bei etwa 1,75 at nach außen öffnet. Werden Zahnradpumpen verwendet und ist der Ölstrom praktisch gleichförmig, so ist für diesen Zweck jede Art von federbelasteten Überdruckventilen brauchbar, bei Kolbenpumpen und pulsierendem Ölstrom fordert dagegen der Entwurf des Überdruckventils sorgfältige Überlegung. Abb. 102 stellt eine Bauart für Überdruckventile dar, die sich unter diesen Verhältnissen sehr gut bewährt hat. Das Ventil besteht aus einem federbelasteten Kolben, der in einem zylindrischen Gehäuse so angeordnet wird, daß er am Ende seines Hubes die Entlastungsöffnungen freilegt. Der Durchmesser dieses Kolbens soll um etwa 50 bis 100 vH größer als der des Kolbens der Ölpumpe und sein Weg vor der Freigabe der Entlastungsöffnungen etwa gleich dem Hub des Kolbens der Ölpumpe sein, so daß der dem Überdruckkolben entsprechende Hubraum etwa zwei- bis dreimal so groß wie der des Pumpenzylinders ist. Die Feder, die den Kolben belastet, soll lang sein und ihre Spannung nur wenig verändern, also eine schwach geneigte Kennlinie haben. Das Überdruckventil wirkt dann wie eine Art von mechanischem Windkessel, der den Druck zu jeder Zeit auf gleicher Höhe erhält und abbläst, wenn der Druck eine beliebige, vorher bestimmte Höhe überschreitet. Mit Hilfe eines solchen Überdruckventils kann man auch von einer einfach wirkenden Kolbenpumpe gleichförmigen, von Druckschwankungen fast vollkommen freien Ölstrom erhalten, der am Öldruckmesser einen praktisch stillstehenden Zeiger ergibt.

Ein solches Überdruckventil baut man immer in möglichst großer Entfernung von der Pumpe ein, damit das Öl auch wirklich zu allen Lagern gelangt, ehe es das Ventil erreicht. Ferner empfiehlt es sich, die Leitung zum Öldruckzeiger möglichst nahe am Überdruckventil abzuzweigen, damit man eine gleichförmige Druckanzeige erhält und damit das Ölmanometer mit Sicherheit den niedrigsten Druck in der Schmieranlage anzeigt.

Ölfilter. Der wichtigste Mangel der Druckschmierung ist, daß mit den großen Ölmengen, die durch die Lager umlaufen, notwendigerweise auch große Mengen von harten Teilchen an die Laufflächen gelangen, die deshalb zu schnellerer Abnutzung neigen können. Die Teilchen, die im allgemeinen die Abnutzung herbeiführen, sind jedoch, abgesehen von solchen Teilen, die sichtbare Verletzungen der Lauffläche herbeiführen, so klein, daß keine Aussicht besteht, sie in einem gewöhnlichen Filter zurückzuhalten; denn man muß berücksichtigen, daß die Dicke der Ölschicht nur in der Größenordnung von etwa 0,0025 mm liegt und ein solches Teilchen daher nur etwas größer als dieses Maß zu sein braucht, um die Ölschicht zu überbrücken und die Metalloberfläche als Schleifmittel zu erreichen. Gaze- oder andere Filter dieser Art können daher offenbar nicht verhindern, daß Teilchen von so geringem Umfang durchgehen. Höchstens könnte man erwarten, daß größere Stücke, zumeist aus weichem Stoff, wie Filzfäden von der Ölreinigung her oder Kohlenstückchen von den Kolben, zurückgehalten werden.

Das Filter kann daher zwar Fremdkörper zurückhalten, die imstande wären, die ganze Schmieranlage zu verstopfen, aber auf die Verminderung der Abnutzung hat es keinen Einfluß. Um die Abnutzung zu verringern, scheint es daher am besten, einen reichlich großen Ölsumpf anzuordnen, in dem sich die harten, feinen Teilchen ungestört auf dem Boden absetzen können. Alles in allem empfiehlt es sich also, ein grobes Siebfilter anzuwenden, das dazu bestimmt ist, grobe Fremdkörper festzuhalten, die die Schmieranlage verstopfen könnten, das sich aber selbst nicht zu leicht verstopft, während man sich bezüglich der feineren Teilchen auf die Wirkung eines großen Ölsumpfes verlassen muß, in dem sich die feine Schleifmasse absetzen kann.

Ob man ein solches Filter auf der Saugseite oder auf der Druckseite anordnen soll, ist heute noch eine ziemlich offene Frage. Auf der Saugseite kann das Sieb, wenn man es vernachlässigt, den Ölzufluß zur Pumpe aufhalten, auf der Druckseite kann es, wenn es sich verstopft, gesprengt werden, so daß alle Verunreinigungen, die sich darauf gesammelt haben, auf einmal in die Lager gelangen. Im großen und ganzen scheint der beste Ausweg der, daß man auf der Saugseite ein ganz grobes Sieb anordnet, das Muttern, Splinte usw. fernhalten kann, und außerdem auf der Druckseite ein etwas feinmaschigeres, aber festes Filter anbringt.

Neuerdings hat man Versuche mit Zentrifugenfiltern oder Separatoren angestellt; anscheinend besteht eine gewisse Aussicht dafür, daß sich solche Vorrichtungen als geeignet erweisen, wenigstens einen Teil des feineren Schleifstaubes aus dem Öl abzuscheiden und damit die Lagerabnutzung zu verzögern. Bisher ist jedoch noch wenig über ihr Verhalten im Betriebe bekannt geworden.

Andere Arten der Schmierung. Die Schmieranlagen, bei denen eine kleine abgemessene Menge von Schmieröl jedem Lager zugeführt wird, empfehlen sich aus vielen Gründen für Maschinen, deren Lager nicht hoch belastet sind und die man daher nicht durch das Öl zu kühlen braucht. Die zugeführte Ölmenge soll hierbei unter Berücksichtigung einer angemessenen Sicherheit möglichst nicht größer als jene Mindestmenge sein, die notwendig ist, um die Ölschicht in den Lagern gerade noch aufrechtzuerhalten und zu erneuern.

Die Vorteile dieses Schmiersystems sind:

1. Es gelangt nur reines Öl in die Lager, und zwar nur in verhältnismäßig geringen Mengen, so daß die Menge der festen Teilchen oder von Schleifstaub, die in das Lager hineingetragen werden kann, und damit auch die Abnutzung auf das überhaupt mögliche Mindestmaß verringert wird.

2. Im Innern des Kurbelgehäuses wird nur ein Mindestmaß an Öl herumgespritzt, so daß die Zylinderwände nicht zuviel Öl erhalten können. Das ist einerseits ein Vorteil, macht aber andererseits eine besondere Zylinderschmierung nötig und beeinträchtigt daher die Einfachheit der Schmieranlage.

Der wichtigste Einwand gegen dieses Schmierverfahren, der sogar sehr schwer wiegt, ist aber, daß die Lebensdauer eines jeden derart mit Schmieröl versorgten Lagers ausschließlich davon abhängt, daß die Pumpe oder das anderweitige Zuführungsmittel ohne Unterbrechung arbeitet, und daß es keinerlei Sicherheit für den Fall bietet, daß die Ölzufuhr vorübergehend unterbrochen wird.

Tropföler mit sichtbarem Abfluß und Ringschmierung seien als die einfachsten Formen der Ausführung dieses Schmierverfahrens erwähnt. Eine höher entwickelte Bauart benutzt gewöhnlich entweder eine Gruppe von kleinen, langsam laufenden Pumpen, die jede ein anderes Lager usw. speisen, oder eine einzelne Pumpe und einen entsprechenden Verteilschieber. Diese Ausführung hat jedoch den wesentlichen Nachteil, daß die Ölzufuhren an eine bestimmte Schmierstelle nur in verhältnismäßig großen Zeitabständen erfolgen können.

Die in Abb. 103 und 104 dargestellte Schmieranlage, die so wirkt, daß das Öl gleichförmig in Öltröge geleitet wird, in die die Pleuelstangen gerade eintauchen, liegt in der Wirkung zwischen den beiden anderen Arten der Schmierung. In bezug auf die Lagerabnutzung hat die Anlage den Vorteil, daß verhältnismäßig wenig Öl tatsächlich in die Lager gedrückt wird und daher die Menge an schmirgelnden Teilchen, die hineingelangen, verhältnismäßig klein ist. Allerdings bietet die Anlage keine Möglichkeit für eine Kühlung durch das Schmieröl, da die Ölmenge, die wirklich durch oder über die Lager fließt, verhältnismäßig sehr gering ist; aber sie bietet ziemlich große Ölreserve für den Fall, daß wegen irgendeiner Störung die Ölpumpe versagt. Eine von den Schwierigkeiten dieser Art von Schmierung liegt indessen darin, daß es oft nicht leicht wird, alle Lager der Kurbelwelle jederzeit ausreichend mit Öl zu versorgen, ohne daß gleichzeitig die Zylinderwände zuviel Öl erhalten. Diese Schwierigkeit kann man zum großen Teil dadurch beheben, daß man die Öltröge senkt und dadurch die Eintauchtiefe der Pleuelstangenköpfe verringert, wenn die Maschine gedrosselt wird und der Belastungsfaktor der Kurbelwellenlager abnimmt. Dies kann man dadurch erreichen, daß man die Öltröge an einem Ende an festen Bolzen drehbar aufhängt und am anderen Ende mittels irgendeiner geeigneten Hebelverbindung mit dem Drosselhebel der Maschine verbindet; beispielsweise hat die Daimler-Company eine solche Regelung bei ihren Schiebermotoren ausgeführt.

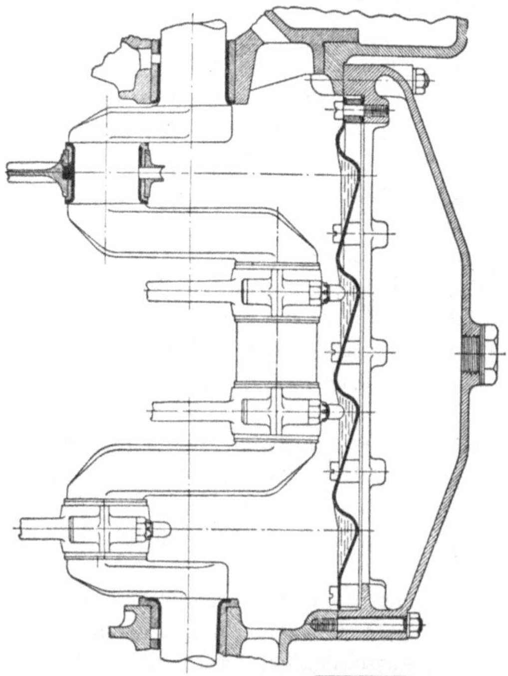

Abb. 104.

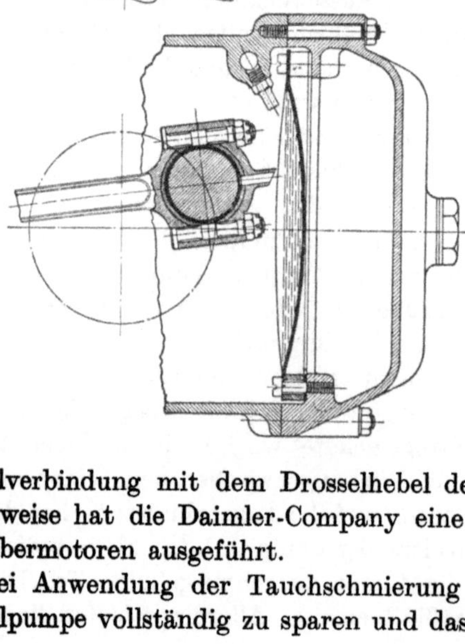

Abb. 103.

Abb. 103 und 104. Beispiel einer Tauchschmierung mit gleichbleibendem Ölstand.

Bei Anwendung der Tauchschmierung ist es manchmal möglich, die Ölpumpe vollständig zu sparen und das Schwungrad oder eine auf der Kurbelwelle angebrachte Scheibe dazu zu verwenden, um Öl in eine hochliegende Ölrinne zu fördern, aus der es dann durch entsprechende Leitungen in die einzelnen Tröge herabfließt. Eine derartige Anordnung hat jedoch nur begrenzten Anwendungsbereich, weil sich nicht immer auf der Kurbelwelle eine Scheibe von so großem Durchmesser anbringen läßt, daß sie bis in das Öl des Kurbelgehäuses reicht, dessen höchster Spiegel reichlich tief unterhalb des Ölspiegels in den Trögen liegen muß. Wenn nicht für eine sehr große Scheibe Platz ist, wird daher die zulässige Schwankung in der Höhe des Ölstandes im Gehäuse bedenklich gering.

Die Frage des richtigen Schmiersystems kann folgendermaßen zusammengefaßt werden: Wo hohe Leistungsfähigkeit der Schmieranlage verlangt wird, d. h. entweder hohe Drücke oder hohe Gleitgeschwindigkeiten oder beide zugleich in den Lagern auftreten, ist die Druckschmierung ohne Zweifel die einzige verläßliche Art von Schmieranlagen; denn dieses System sorgt für Kühlung durch das Öl, die wesentlich ist, wenn die Lager hohe Belastungsfaktoren auszuhalten haben. Der einzige Einwand gegen die Druckschmierung ist die Steigerung der Abnutzung durch die große Menge außerordentlich feinen Schleifstaubes, die mit dem Öl in die Lager eingeführt wird. Diesem Mangel kann man am besten begegnen:

1. durch Anordnung eines großen Ölsumpfes im Unterteil des Kurbelgehäuses der Maschine,

2. durch Verwendung solcher Baustoffe für die Laufflächen, die möglichst große Unterschiede in der Oberflächenhärte ergeben,

3. durch Verwendung von Fliehkraftfiltern oder Separatoren für das Schmieröl, über deren Wirksamkeit allerdings noch nicht viel bekannt ist. Gewöhnliche Ölfilter sind aber vom Standpunkt der Verringerung der Abnutzung nicht viel wert.

Frischölschmierung ist für leichtbelastete Lager zweifellos brauchbar und ergibt ein Mindestmaß an Abnutzung; aber sie bedingt die Anwendung einer größeren Anzahl von Ölpumpen und bietet keine Ölreserve. Insofern ist diese Schmierung ziemlich bedenklich, weil das Versagen irgendeiner Ölpumpe große Beschädigungen herbeiführen kann. Tauchschmierung bietet für Maschinen mit verhältnismäßig geringer Leistung im großen und ganzen einen guten Mittelweg. Sie bedingt geringere Lagerabnutzung als die Druckschmierung, dagegen höhere als bei Frischölschmierung. Sie hat aber den Vorzug, daß sie ziemlich große Ölreserve bereitstellt und ist im ganzen zuverlässig und zufriedenstellend, wenn man die Grenzen ihrer Anwendbarkeit beachtet.

X. Ventile und Steuerung.

Die Einstellung und Betätigung der Ventile sind Aufgaben, die sehr sorgfältige Untersuchung verdienen, da sie auf die Leistung einer Maschine großen Einfluß ausüben. Da über die Dauer der Eröffnung entschieden werden muß, bevor man an den Entwurf der Nockenwelle herantreten kann, so empfiehlt es sich, diese Seite des Problems zuerst zu betrachten.

Bei den Einlaßventilen sind folgende Eigenschaften anzustreben:

1. In den Zylinder soll bei voller Leistung ein möglichst großes Gewicht an Gemisch angesaugt werden.

2. Der Vorgang des Ansaugens soll bei jeder Belastung möglichst geringen Aufwand an Energie erfordern.

3. Die Einlaßventile sollen möglichst starke Wirbelung während des Eintritts der Ladung hervorrufen.

Bei den Auspuffventilen handelt es sich nur um die Aufgabe, die Auspuffgase mit möglichst geringem Rückdruck zu entfernen und den Ventilantrieb möglichst wenig zu beanspruchen. Über die Steuerzeiten der Auspuffventile ist sehr wenig zu sagen; in dem Augenblick, in dem sich das Auspuffventil öffnet, ist wegen des hohen Enddruckes der Expansion die Gasgeschwindigkeit im Ventil sehr hoch und der Wärmeübergang während dieser Zeit außerordentlich heftig. Der hohe Druck im Augenblick der Eröffnung des Auspuffs bedingt aber in der Regel, daß ausreichende kinetische Energie zur Überwindung der Reibung und der Trägheitswiderstände in der Auspuffleitung zur Verfügung steht, so daß man im Ventilquerschnitt sowie in den Kanälen und Leitungen hohe mittlere Geschwindigkeiten zulassen darf, ohne daß wesentlicher Gegendruck auftritt, vorausgesetzt allerdings, daß der äußere Teil der Auspuffleitung dem Gasstrom keinen hohen Widerstand entgegensetzt.

Für die Wärmeableitung ist es erwünscht und auch aus Rücksicht auf den Gegendruck zulässig, wenn man Auspuffventile mit kleinem Durchgangsquerschnitt verwendet und die Gasgeschwindigkeit im Ventilquerschnitt und in den Kanälen hoch bemißt. In der Praxis haben sich Gasgeschwindigkeiten im Auslaßventil bewährt, die um 50 vH mehr als die im Einlaßventil betragen, vorausgesetzt natürlich, daß die Geschwindigkeit im Einlaßventil nicht bereits übermäßig hoch ist. Weiter oben wurde bereits gezeigt, daß die für die Leistungsfähigkeit einer Maschine günstigste mittlere Gasgeschwindigkeit in den Einlaßventilen in der Gegend um 45 m/s herum liegen soll. Im Auslaßventil kann die Gasgeschwindigkeit daher etwa 65 m/s betragen.

Bei den Auslaßventilen ist es in jeder Hinsicht besonders erwünscht, kleine Ventildurchmesser bei großem Hub zu verwenden, weil in erster

Reihe ein Auspuffventil den Hauptteil seiner Wärme nur durch den Ventilsitz ableiten kann, während der Teil der Wärme, der durch die Ventilspindel abgeführt wird, nur sehr gering ist. Daraus folgt, daß, je kleiner der Durchmesser und je größer der Hub des Ventils ist, desto günstiger die Aussichten sind, das Ventil verhältnismäßig kühl zu erhalten. In dieser Verbindung muß auch darauf hingewiesen werden, daß zwar bei Ventilen mit ebenem Sitz der größte freie Querschnitt dann erhalten wird, wenn der Hub des Ventils ungefähr $^1/_4$ des lichten Ventildurchmessers beträgt; damit ist jedoch durchaus nicht gesagt, daß dies auch in Wirklichkeit der größte Hub des Ventils sein soll; erstens ist nämlich ein Ventil nur während eines ganz kleinen Teiles seiner gesamten Öffnungszeit ganz geöffnet, und zweitens nimmt die Ausflußzahl der Ventilöffnung mit wachsendem Hub stark zu. Mit anderen Worten: Bei gegebenem Druckunterschied strömt durch ein Ventil von gegebenem freien Querschnitt ein größeres Gasgewicht, wenn dieser Querschnitt durch einen kleinen Ventildurchmesser und einen großen Hub gebildet wird, und weniger Gas, wenn der Ventildurchmesser groß und der Hub klein ist. Aus diesen Gründen soll der gesamte Hub eines Auspuffventils immer, wenn irgend möglich, mindestens oder noch besser mehr als $^1/_4$ des lichten Ventildurchmessers betragen.

Das Auspuffventil muß ferner im Gegensatz zum Einlaßventil gegen einen Druck geöffnet werden, der bis zu 5,5 at betragen kann. Auch aus diesem Grund empfiehlt es sich offenbar, den Durchmesser so klein wie möglich zu bemessen, um Geräusch, Beanspruchung und Abnutzung zu verringern. Von jedem Gesichtspunkt aus sind daher möglichst kleine Durchmesser und hoher Hub bei Auspuffventilen vorzuziehen.

Bei der Festlegung der Öffnungszeiten für das Auspuffventil muß man zwei Einflüsse berücksichtigen. Das Auspuffventil muß sich früh genug öffnen, damit der Druck der Auspuffgase fast bis auf den äußeren Luftdruck sinken kann, ehe der Kolben den Hub in der anderen Richtung beginnt, und es muß auch lange genug offen bleiben, damit die Verbrennungsrückstände bis zum äußersten Hubende entweichen können. Unmöglich ist es, für die richtige Einstellung eines Auspuff ventils genaue Zahlen anzugeben, weil dies notwendigerweise von so vielen veränderlichen Einflüssen, wie der mittleren Gasgeschwindigkeit in der Ventilöffnung, der Ventilbeschleunigung usw. abhängt. Bei einer mittleren Gasgeschwindigkeit von etwa 60 m/s und normaler Beschleunigung der Ventilbewegung ist nach vorliegenden Erfahrungen die Einstellung dann am günstigsten, wenn das Auspuffventil bereits etwa die Hälfte seines Gesamthubes ausgeführt hat, wenn der Kolben im unteren Totpunkt steht und noch auf 5 vH des Hubes geöffnet ist, wenn sich der Kolben im oberen Totpunkt befindet. Der Zeitpunkt, in dem sich das Ventil tatsächlich von seinem Sitz abhebt und wieder auf den Sitz auflegt, ist praktisch für die Beurteilung der Ventileinstellung ohne Bedeutung.

Bei der Einstellung des Einlaßventils muß man viele Einflüsse in Betracht ziehen, auf die man beim Auspuffventil keine Rücksicht zu nehmen braucht. Auch muß man hierbei viel größere Sorgfalt anwenden, weil diese Einstellung nicht nur den volumetrischen Wirkungsgrad und daher die Leistung der Maschine in sehr hohem Grade beeinflußt, sondern weil auch bei fehlerhafter Einstellung die negative Arbeit während des Ansaughubes unnötig groß werden kann. Beim Entwurf der Einstellung der Einlaßventile muß man überlegen, wieviele Zylinder aus einer gemeinsamen Quelle mit Gemisch gespeist werden und auch wieweit man die Rücksicht auf Erzielung einer Höchstleistung der Rücksicht auf geringsten Brennstoffverbrauch bei geringen Belastungen unterordnen soll.

Es empfiehlt sich daher, zunächst einmal die Verhältnisse einer Einzylindermaschine zu untersuchen und dann zu vermerken, welche Änderungen notwendig werden, um anderen Vorbedingungen zu genügen. Wie bei den Auspuffventilen ist es geboten, verhältnismäßig kleine Ventile mit großem Hub anzuwenden, allerdings hier aus anderen Gründen. Beim Einlaßventil strebt man an, möglichst starke Wirbelung bei geringstem Verlust an Energie zu erhalten, was möglichst hohe Ausflußzahl der Ventilöffnung voraussetzt. Namentlich soll beim Betrieb der Maschine mit voller Leistung der Zylinder ein möglichst großes Gewicht an Ladung erhalten, und um dies zu erreichen, muß man dafür sorgen, daß die Gasgeschwindigkeit im Ventil während des ersten Teiles des Saughubes hoch ist, um unter Ausnutzung der kinetischen Energie, die der angesaugte Gasstrom in dieser Zeit erlangt hat, gegen das Ende des Kolbenhubes hin den Zylinder vollständig auffüllen zu können. Zu diesem Zweck verlangt man, daß sich das Einlaßventil, verglichen mit der Kolbenbewegung im ersten Teil des Saughubes, verhältnismäßig langsam öffnet, gegen Ende des Hubes solange wie möglich weit offen gehalten und so schnell wie möglich geschlossen wird, nachdem der Kolben das Hubende durchfahren hat. Das bedingt nicht, wie man auf den ersten Blick meinen könnte, einen unsymmetrischen Nocken, sondern läßt sich eher durch geeignete Winkelstellung des Nockens gegenüber der Kurbelwelle erreichen.

Als Beispiel hierfür ist in Abb. 105 eine gewöhnliche symmetrische Kurve der Ventilerhebungen für konstante Ventilbeschleunigung über den Kurbelwinkeln als Abszisse aufgezeichnet, wobei 0° den inneren und 180° den äußeren Totpunkt des Kolbens bedeutet. Abb. 106 zeigt dieselben Ventilerhebungen, wenn sie in Abhängigkeit von den Kolbenwegen aufgetragen werden. Die gestrichelte Linie zeigt den Verlauf der

Kolbengeschwindigkeiten während des Hubes; für beide Linien gilt die Annahme, daß das Verhältnis von Pleuelstangenlänge zu Kurbellänge 3,6:1 beträgt.

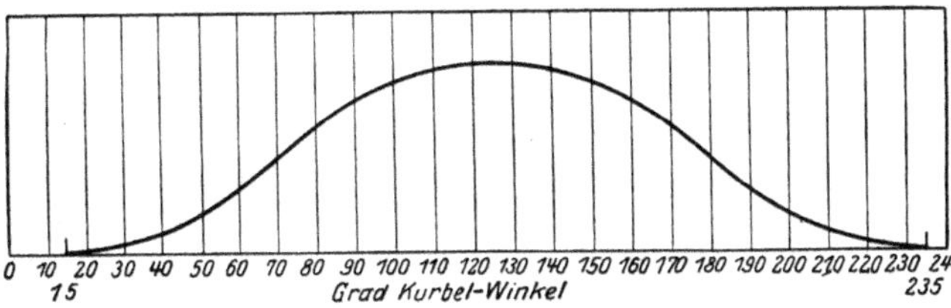

Abb. 105. Kurve der Ventilerhebungen für konstante Ventilbeschleunigung.

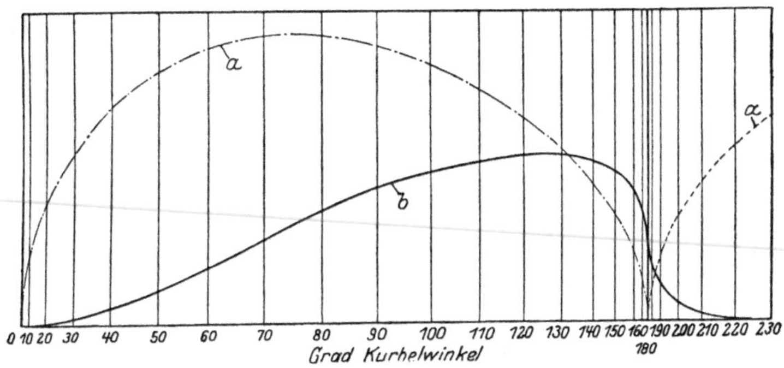

Abb. 106. Kurve der Ventilerhebungen und Kolbengeschwindigkeiten in Abhängigkeit von den Kolbenwegen.
a Kolbengeschwindigkeit. *b* Ventilerhebung.

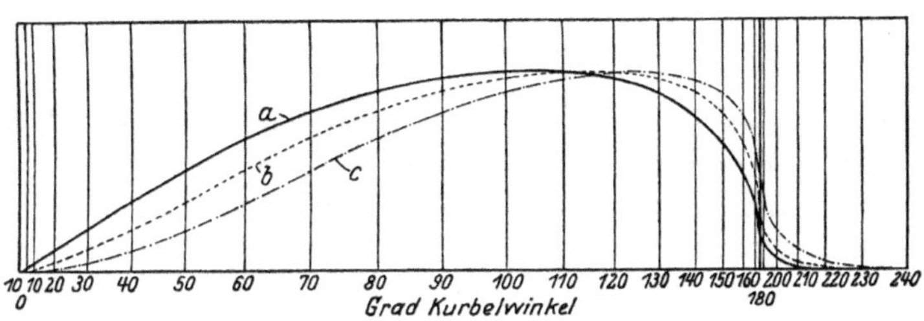

Abb. 107. Einfluß der Winkelstellung des Nockens auf die Form der Kurve der Ventilerhebungen.
a Ventilerhebungen nach Verstellen der Steuerwelle um 20° Kurbelwinkel.
b Ventilerhebungen nach Verstellung der Steuerwelle um 10° Kurbelwinkel.
c Ursprüngliche Ventilerhebungen.

Die Linien *a*, *b* und *c* in Abb. 107 zeigen, wie sich die Kurve der Ventilerhebungen verändert, wenn man gegenüber der früheren Einstellung des Nockens (Kurve *c*) den Nockenwinkel um 10° (Kurve *b*) und dann noch einmal um 10° (Kurve *a*), gemessen am Kurbelkreis, verdreht; die Abhängigkeit der allgemeinen Form des Ventildiagrammes bei gegebenem Verlauf der Ventilerhebungen von den Winkelbeziehungen zwischen Nockenstellung und Kurbelwelle geht hieraus ganz klar hervor.

In Abb. 108 ist der Verlauf der Gasgeschwindigkeiten im Ventil während des Kolbenhubes für eine Kurve der Ventilerhebungen nach Abb. 106 dargestellt. Der Einfachheit wegen ist hierbei angenommen, daß der Druck konstant ist oder daß kein Gas, sondern eine Flüssigkeit durch das Ventil strömt. Die Kurve zeigt, daß die Geschwindigkeit im Ventilquerschnitt zwischen Mitte und Ende des Kolbenhubes von etwa 90 m/s auf Null abnimmt, während die dieser Änderung der Geschwindigkeit entsprechende kinetische Energie zur Erhöhung des statischen Druckes im Zylinder ausgenutzt wird. Bei richtigem Entwurf müßte es somit möglich sein, bei einer mittleren Gasgeschwindig-

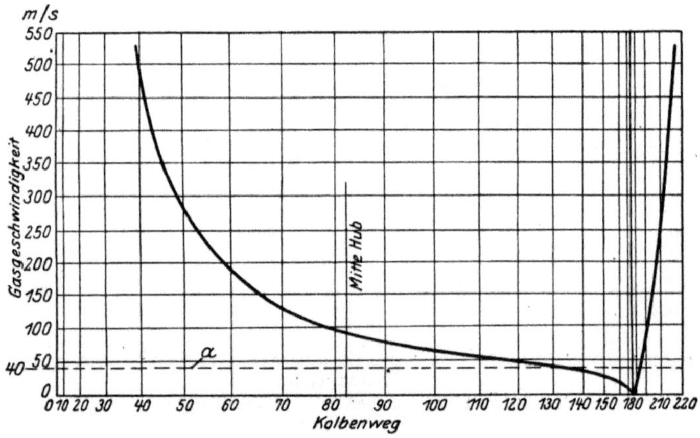

Abb. 108. Verlauf der Gasgeschwindigkeiten im Ventilquerschnitt während des Kolbenhubes. *a* Mittlere Gasgeschwindigkeit von 40 m/s (empirische Regel).

keit von 40 m/s im ersten Teil des Ansaughubes soviel kinetische Energie im Gasstrom aufzuspeichern, daß die Reibungswiderstände in den Ventilen usw. überwunden und die Zylinder am Ende des Ansaughubes bis auf atmosphärischen Druck vollgefüllt werden. Es bleibt dann nur noch, hinter dem äußeren Totpunkt das Ventil so schnell wie möglich zu schließen, damit Verluste durch Wiederausschieben der Ladung während des ersten Teiles des Verdichtungshubes vermieden werden.

Auf diese Weise erhält man allerdings die richtige Einstellung der Ventile für Höchstleistung der Maschine; diese Einstellung ist aber nicht die beste für geringen Brennstoffverbrauch, und zwar aus zweierlei Gründen:

1. Der Kolben leistet bei dieser Ventileinstellung während des Zeitabschnittes, in dem seine Geschwindigkeit hoch ist, Arbeit, indem er

die Gemischsäule beschleunigt, und diese Arbeit wird an den Kolben erst dann wieder zurückgegeben, wenn der Kolben das Ende dieses Hubes ganz oder beinahe erreicht hat. Die Folge davon ist, daß die Pumpverluste verhältnismäßig hoch werden. Allerdings wird dieser Verlust, wenn man ihn lediglich vom Standpunkt der Höchstleistung und nicht vom Standpunkt der wirtschaftlichen Brennstoffausnutzung

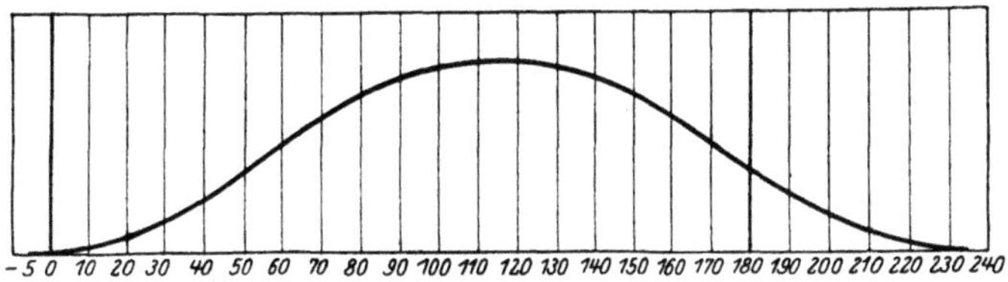

Abb. 109. In Abhängigkeit vom Kurbelwinkel.

betrachtet, dadurch mehr als aufgewogen, daß das Gewicht der im Zylinder verbleibenden Ladung erhöht, also ein Gewinn an Leistung erzielt wird.

2. Sobald sich das Einlaßventil schließt und der Gemischstrom, der sich mit hoher Geschwindigkeit zum Zylinder hin bewegt, mehr oder weniger plötzlich angehalten wird, dann entsteht ein Rückdruck, so

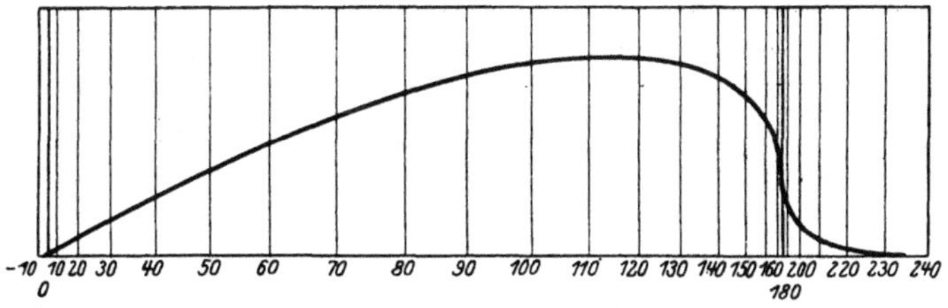

Abb. 110. In Abhängigkeit vom Kolbenweg.

Abb. 109 und 110. Ventilerhebungen bei einer um 20° Kurbelwinkel verlängerten Öffnungszeit des Ventils.

daß das Gemisch durch den Vergaser nach außen zurücktritt; dabei kann auch Brennstoff mitgeführt und vergeudet werden.

In Fällen, in denen es daher erwünscht ist, zur Verbesserung der Brennstoffausnutzung ein Opfer an Höchstleistung zu bringen, empfiehlt es sich, die Dauer der Eröffnung des Einlaßventils etwa um 20° zu verlängern, wie in Abb. 109 und 110 gezeigt ist; hierbei öffnet sich das Ventil beträchtlich früher, während es sich etwas später schließt. Durch das frühere Öffnen erreicht man, daß die Pumpverluste verringert werden, durch das spätere Schließen, daß dem Zylinder mehr Zeit gelassen wird, sich auch bei der geringeren Gasgeschwindigkeit vollständig zu füllen. Obgleich das Ventil in diesem Fall um 20° länger offen und der tatsächlich wirksame Ventilquerschnitt beträchtlich größer ist, erreicht doch die Maschine nur eine etwas geringere Höchstleistung.

Die vorstehenden Betrachtungen gelten jedoch nur unter der Voraussetzung, daß der Vergaser, wie es bei Einzylindermaschinen immer sein sollte, unmittelbar an der Öffnung für das Einlaßventil angebaut ist. Liegt dagegen zwischen dem Vergaser und dem Ventil eine einigermaßen lange Saugleitung, dann treten in der Leitung Druckschwankungen von beträchtlicher Stärke auf, die das Bestreben haben, den Zylinder bei gewissen Drehzahlen zu überladen und bei anderen Drehzahlen zu drosseln, die aber bei allen Drehzahlen den Rücktritt von Gemisch durch den Vergaser verstärken.

Bei verringerter Leistung, also bei gedrosseltem Betrieb der Maschine, braucht man keinen Wert mehr darauf zu legen, den Zylinder mit Gemisch zu füllen; das Ziel ist dann nur, soweit wie möglich die Wirbelung aufrechtzuerhalten und die Pumpverluste zu verringern. Um starke Wirbelung zu erreichen, kann man sich nur darauf stützen, daß man möglichst kleine Ventile verwendet, die Ausflußzahl der Ventile hoch hält und dafür sorgt, daß das Gemisch nach seinem Durchtritt durch das Ventil möglichst ungehindert in den Zylinder gelangen kann.

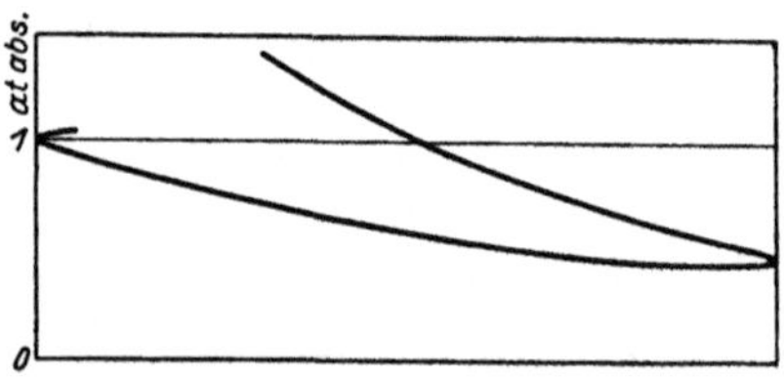

Abb. 111. Verlauf der Ansauglinie im Indikatordiagramm bei kurzer Ansaugleitung.

Auch die Lage der Drossel ist hierbei wichtig. Ordnet man sie dicht am Ventil an, so daß zwischen Drossel und Ventil nur ein kleiner Raum bleibt, dann stellt sich in diesem Raum während der Leerhübe jedes Viertaktes selbstverständlich beinahe oder genau der atmosphärische Druck ein. In diesem Fall müßte man das Einlaßventil frühzeitig vor dem Ende des Hubes öffnen, und die Ansauglinie des Indikatordiagramms würde dann wie in Abb. 111 verlaufen.

Ist andererseits der Raum der Saugleitung zwischen Drossel und Einlaßventil ziemlich groß, dann herrscht bei Beginn jedes Saughubes im Zylinder annähernd der Druck von 1 at, während der Druck vor dem Einlaßventil beträchtlich niedriger ist; in dem Augenblick, in dem sich das Einlaßventil öffnet, verringert sich infolgedessen der Druck im Zylinder dadurch, daß verbrannte Gase aus dem Zylinder durch das Ventil in die Ansaugleitung ausströmen, so daß der Kolben, wie in Abb. 112 dargestellt, überflüssige negative Mehrarbeit leisten muß. In einem solchen Falle ist es vorteilhafter, wenn man das Einlaßventil erst dann öffnet, nachdem sich die Gase im Zylinder bis auf den Druck vor dem Einlaßventil ausgedehnt haben. Die dann entstehende Ansauglinie des Indikatordiagramms ist zum Vergleich mit der vorhergehenden in Abb. 113 dargestellt.

Es ist natürlich unmöglich, die Steuerzeiten eines Ventils so zu wählen, daß sie die günstigsten für alle Belastungen sind, vielmehr kann man bestenfalls diese Zeiten nur für die Belastung einstellen, mit der die Maschine während des größeren Teils ihrer Lebensdauer läuft. Bei Einzylindermaschinen wäre es im allgemeinen anscheinend am günstigsten, das Einlaßventil ziemlich spät zu öffnen und die Drossel so nahe wie möglich an das Ventil zu legen. Das liefert im normalen Betrieb die besten Ergebnisse. Auch abgesehen von der Rücksichtnahme auf die negative Arbeit empfiehlt es sich stets, den Raum zwischen Drossel und Einlaßventil möglichst zu beschränken, damit bei geringer Belastung der Maschine die Saugstöße bis in den Vergaser zurückwirken und der Brennstoff besser zerstäubt als bei gleichmäßigem Ansaugen mit geringer Geschwindigkeit. Eine einfache Überlegung

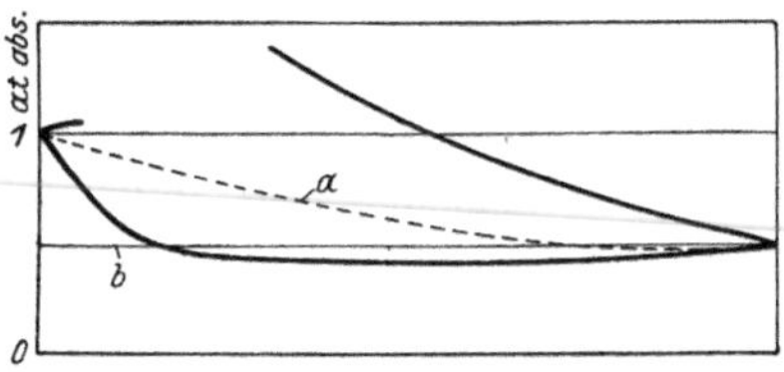

Abb. 112. Verlauf der Ansauglinie im Indikatordiagramm bei langer Ansaugleitung.

a Ansauglinie nach Abb. 111.
b Mittlerer Druck in der Saugleitung.

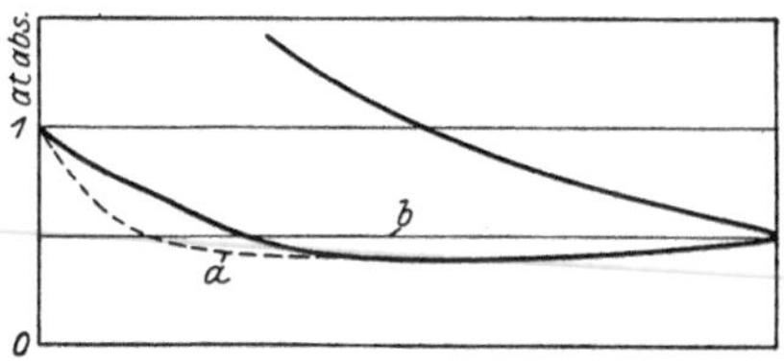

Abb. 113. Verlauf der Ansauglinie im Indikatordiagramm bei langer Ansaugleitung und späterem Öffnen des Einlaßventils.

a Ansauglinie nach Abb. 112.
b Mittlerer Druck in der Saugleitung.

lehrt, daß, wenn der Raum zwischen Drossel und Einlaßventil unendlich groß wäre, die Luftgeschwindigkeit im Vergaser während des ganzen Kreisprozesses gleich bleiben müßte; wäre dagegen dieser Raum Null, dann müßte die mittlere Geschwindigkeit im Vergaser während des Saughubes genau viermal so groß und die Zerstäubung des Brennstoffes entsprechend besser sein.

Der Fall der Einzylindermaschine ist verhältnismäßig einfach im Vergleich zu dem Fall, daß mehrere Zylinder aus einer gemeinsamen Quelle mit Gemisch gespeist werden. Die Frage der günstigsten Ventileinstellung läßt sich dann auch nicht mehr getrennt von der Frage der Gemischverteilung behandeln, mit der sie und die auch, umgekehrt, mit ihr unmittelbar zusammenhängt. Diese beiden Fragen bilden zusammen ein außerordentlich verwickeltes Problem, das unter allen Problemen, vor die uns die neuzeitliche Verbrennungsmaschine gestellt hat, vielleicht am wenigsten verstanden wird.

Es sei jedoch zunächst angenommen, durch die Ansaugleitung ströme ein gleichförmiges Gemisch von Luft und Brennstoff, und es werde versucht, die günstigste Art der Gemischverteilung bei folgenden, gewöhnlich vorkommenden Fällen aufzufinden:

1. Zwei Zylinder, Kurbeln unter 360° versetzt, gleicher Abstand der Zündungen,
2. zwei Zylinder, Kurbeln unter 180°, ungleichmäßig aufeinanderfolgende Zündungen,
3. vier Zylinder, Kurbeln unter 180°,
4. sechs Zylinder, Kurbeln unter 120°, zwei Vergaser für je eine Gruppe von drei Zylindern,
5. sechs Zylinder, Kurbeln unter 120°, nur ein Vergaser.

Was die Auspuffventile anbetrifft, so liegen die Verhältnisse bei allen diesen Maschinen gleich; die Untersuchung braucht sich daher nur auf die Einstellung der Einlaßventile zu erstrecken.

Fall 1. Hier handelt es sich nur einfach um zwei Einzylindermaschinen, die abwechselnd arbeiten. Ihre Arbeitsvorgänge überdecken sich nicht, und die Aufgabe liegt daher genau so wie bei einer Einzylindermaschine.

Fall 2. Dieser Fall ist immer äußerst schwierig zu behandeln. Die einzige zufriedenstellende Lösung dafür ist vielleicht die, daß man zwei getrennte Vergaser und zwei getrennte Auspuffrohre verwendet und hierdurch den Fall auf zwei getrennte Einzylindermaschinen zurückführt.

Will man aber beide Zylinder an einen Vergaser anschließen und nacheinander daraus ansaugen lassen, dann ist es vielleicht am günstigsten, wenn sich die Einlaßventile sehr spät öffnen, damit die Ansaughübe sich nicht überdecken. Wenn nämlich der eine Zylinder in der Ansaugleitung eine hohe Geschwindigkeit erzeugt hat, und nun darauf angewiesen ist, sich unter Ausnutzung der so gewonnenen kinetischen Energie mit Gemisch voll zu füllen, dann würde es diesen Vorgang natürlich stören, wenn man das zweite Einlaßventil öffnen wollte, ehe der erste Zylinder ganz gefüllt ist; denn dann würde die Energie des Gemischstromes einfach dafür verbraucht werden, den zweiten Zylinder schon bei Beginn seines Saughubes zu füllen, während der erste Zylinder leer ausginge. Überdecken sich also bei einer solchen Maschine die Öffnungszeiten der Einlaßventile irgendwie wesentlich, so wird der in der Drehrichtung vorauseilende Zylinder immer gedrosselt, während der zweite mit Gemisch überladen wird.

Auf der anderen Seite ist es schwierig, die Überdeckung der Ansaugvorgänge zu vermeiden und trotzdem die Ventile genügend lange offen zu halten, damit sich die Zylinder füllen können, weil man dann die Ventile ganz spät öffnen müßte. Besonders ungünstig wären so kurze Öffnungszeiten der Einlaßventile für schnellaufende Maschinen, weil sie hier Schwierigkeiten des Betriebes hervorrufen. Öffnet man außerdem die Einlaßventile so spät, wie es notwendig wäre, um gleiche Gemischverteilung auf beide Zylinder zu erreichen, so wird bei Vollast das Ansaugen sehr geräuschvoll, was stets eine nachteilige Erscheinung sehr spät öffnender Einlaßventile ist.

Hiernach scheint es, alles in allem, bei dieser stets unbefriedigenden Bauart von Maschinen noch am günstigsten, wenn man, falls es sich um eine langsam laufende Maschine handelt, die Einlaßventile sehr spät öffnet, bei Schnelläufern jedoch überhaupt getrennte Vergaser und Drosseln verwendet. In jedem Fall ist es erwünscht, zwei getrennte Auspuffrohre anzubringen, weil es nicht möglich ist, zu vermeiden, daß sich die Öffnungszeiten der Auslaßventile teilweise überdecken und, wenn keine getrennten Auspuffrohre vorhanden sind, der Zylinder 1 Auspuffrückstände von hohem Druck und hoher Temperatur in den Zylinder 2 drückt, ehe dieser seinen Auspuffhub beendet hat, und somit dessen Verdichtungsraum mit hochgespannten Auspuffgasen füllt, und zwar gerade in einem Zeitpunkt, in dem das Vorhandensein von hoch erhitzten Gasen am allerwenigsten erwünscht ist. Manchmal liefert eine derartige Maschine ziemlich gleichförmige Leistung, weil sich die Abdrosselung des Zylinders 1 und das Auffüllen des Zylinders 2 mit Auspuffgasen gerade ausgleichen; bei voll geöffneter Drossel sind dann die Leistungen bei beiden Zylindern zwar zu gering, aber mehr oder weniger gleich. Bei geringerer Belastung gleichen sich jedoch die Fehler nicht mehr aus, da das Vorhandensein eines Überschusses an Auspuffgasen ungewöhnlich nachteilig wirkt.

Fall 3. Werden vier Zylinder aus einem Vergaser gespeist, so ist, ausgenommen den Fall, daß die Strömung des Gemisches in der vom Vergaser kommenden Ansaugleitung verhältnismäßig gleichförmig ist, der Fall beinahe ebenso schwierig wie der vorige zu behandeln. Was zunächst die Einstellung der Ventile anbelangt, so muß man entweder jedes Überdecken der Einströmvorgänge vermeiden und die sich daraus ergebenden Schwierigkeiten unzulässig kurzer Öffnungszeiten und des Geräusches bei geöffneter Drossel gewärtigen, oder man muß ein gewisses Maß an Unregelmäßigkeit der Gemischverteilung, verbunden mit geringerer Höchstleistung, weil ein Zylinder dem anderen das Gemisch wegsaugt, in den Kauf nehmen.

Immerhin sind die Ansaugleitungen von der Drossel bis zu den verschiedenen Zylindern bei einer Vierzylindermaschine im allgemeinen ziemlich lang, und man kann daher in einzelnen Fällen die Energie des strömenden Gemisches in diesen Leitungen dazu benutzen, um irgendeinen Zylinder mit Gemisch zu füllen, trotzdem ihm ein anderer das Gemisch fortzusaugen sucht. Insbesondere gelingt dies bei schnell laufenden Maschinen. Bei gedrosseltem Betrieb kann man den Fall so ansehen, als ob der Raum zwischen der Drossel und den Einlaßventilen unendlich groß wäre, so daß dann spätes Öffnen der Ventile ausgesprochen günstig wirkt. Im großen und ganzen scheint es also bei Vierzylindermaschinen dieser Art vorteilhaft, wenn es sich um Langsamläufer und verhältnismäßig niedrig belastete Maschinen handelt, die Einlaßventile sehr spät zu öffnen und verhältnismäßig früh zu schließen, weil dies dazu beiträgt, den Brennstoffverbrauch bei geringer Belastung zu vermindern. Bei Maschinen, die normal mit sehr hohen Drehzahlen oder hoch belastet betrieben werden, muß man dagegen die Einlaßventile verhältnismäßig früh öffnen und spät schließen, obgleich diese Einstellung für die Erzielung hoher Leistungen bei geringen Drehzahlen ungünstiger ist als spätes Öffnen und früheres Schließen der Einlaßventile.

Die besten Ergebnisse in jeder Beziehung kann man vielleicht erreichen, wenn man zwei voneinander unabhängige Ansaugleitungen verwendet, von denen die eine die beiden äußeren und die andere die beiden inneren Zylinder versorgt. Diese Anordnung vermeidet alle Fragen der Überdeckung und hat bei Vierzylindermaschinen, die sehr hohe Leistung und Wirtschaftlichkeit ergeben sollten, häufig Anwendung gefunden.

Das früher allgemein übliche Verfahren, Einlaß- und Auslaßvorgang in einem und demselben Zylinder im oberen Totpunkt einander überdecken zu lassen, ist bestimmt nicht empfehlenswert. Man pflegt zugunsten dieses Verfahrens anzuführen,

1. daß es die kinetische Energie der Gase in der Auspuffleitung dazu ausnutzt, um den Zylinder auszuspülen, und so dazu beiträgt, den Zylinder bei Vollast mit mehr brennbarem Gemisch zu füllen,

2. daß man so die Dauer der Eröffnung der Ventile verlängern kann, um die Beanspruchungen der Steuerung bei hohen Drehzahlen zu vermindern.

Die erste Überlegung ist falsch und in Wirklichkeit nachteilig, denn die Gase strömen stoßweise durch die Auspuffleitung, wobei ihr Druck je nach der Länge der Leitung zwischen etwa 0,2 at über und 0,2 at unter dem Atmosphärendruck schwankt. In dem Indikatordiagramm Abb. 114, das an einer Einzylindermaschine bei 1500 U/min aufgenommen ist, sind diese Schwankungen deutlich erkennbar. Es kann daher ebenso leicht vorkommen, daß gerade in dem Augenblick, in dem sich das Einlaßventil öffnet, in der Auspuffleitung Überdruck herrscht, wie daß dann gerade Unterdruck vorhanden ist; herrscht aber in der Auspuffleitung gerade Überdruck, so tritt genau das Gegenteil von dem ein, was man von der Maßregel erhofft, weil dann Auspuffgase in die Saugleitung zurückgetrieben werden. Ein Gewinn, den man also hierdurch bei irgendeiner bestimmten Drehzahl erreichen sollte, wird durch entsprechende, aber größere Verluste bei anderen Drehzahlen wieder aufgewogen. Außerdem liegen die Ventile im Zylinder selten weit genug voneinander entfernt, als daß man irgendeinen Nutzen in der Ausspülung erreichen könnte; vielmehr wird hierbei nur frisches Gemisch unmittelbar vom Einlaßventil in den Auspuff abgesaugt, so daß es verlorengeht. Bei geringer Belastung wirkt das Verfahren, das Auspuffventil erst dann zu schließen, nachdem sich das Einlaßventil geöffnet hat, besonders ungünstig, weil in diesem Zeitpunkt der Druck der Auspuffreste im Zylinder etwa gleich dem äußeren Luftdruck ist, während in der Saugleitung 0,5 at oder noch mehr Unterdruck herrschen dürften. Daher werden die Auspuffgase einfach aus der Auspuffleitung über den Zylinder in die Ansaugleitung zurückgesaugt, und dies gerade bei geringer Belastung, bei der das Vorhandensein von verdünnenden Gasen höchst ungünstig für den Wirkungsgrad ist.

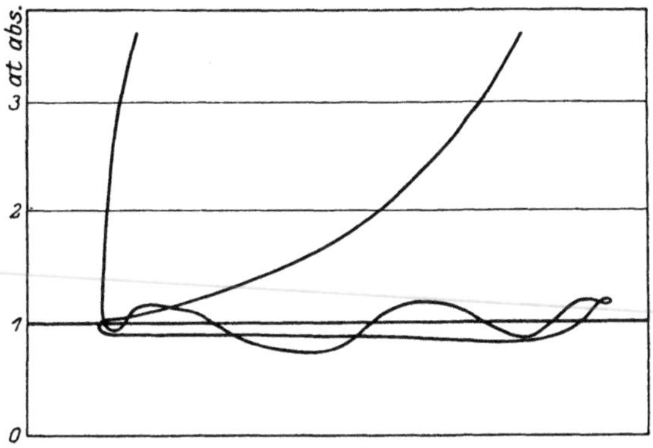

Abb. 114. Schwankungen des Auspuff-Gegendrucks bei einer Einzylindermaschine von 1500 U/min.

Der zweite Grund, den man für die Anwendung des Verfahrens geltend macht, kommt, wie noch weiter unten gezeigt werden soll, bei richtigem Entwurf der Ventilsteuerung nicht in Betracht. In jedem Fall muß man natürlich dafür sorgen, daß die Auspuffgase aus einem Zylinder nicht in den benachbarten Zylinder eindringen können. Es ist heute deswegen üblich geworden, die Auspuffkanäle der beiden inneren Zylinder zu vereinigen und den Auspuffkrümmer an diesen Kanal und an die Mündungen der Auspuffkanäle der beiden äußeren Zylinder anzuschließen. Diese Anordnung ist im Betrieb ziemlich einwandfrei, doch ist es immer noch richtiger, drei oder vier ganz getrennte Krümmer zwischen die Ventilöffnungen und den Auspuffkrümmer zu legen, was allerdings in der Ausführung manchmal unbequem ist.

Fall 4. Werden sechs Zylinder in der Weise von zwei Vergasern gespeist, daß jeder Vergaser eine Gruppe von drei Zylindern bedient, so liegt die Sache einfach, da sich die Öffnungszeiten der Einlaßventile nicht überdecken. Man kann daher jede Gruppe wie drei Einzylindermaschinen behandeln.

Fall 5. Werden jedoch sechs Zylinder von einem Vergaser gespeist, so gilt folgendes:

a) Der Raum zwischen Drossel und Einlaßventil kann als unendlich groß angesehen werden.

b) Die Öffnungszeiten der einzelnen Einlaßventile müssen sich unter allen Umständen überdecken.

c) Von der kinetischen Energie des Gemischstromes in der Ansaugleitung kann man, außer bei sehr langen und für jeden Zylinder getrennten Ansaugrohren, was aus Rücksicht auf die Verteilung des Gemisches, die verwickelte Anlage der Leitungen usw. fast unmöglich auszuführen ist, wegen der besonders großen Überdeckung der Einlaßvorgänge und wegen des dauernden Wechsels in der Richtung der Gasströmung in der Ansaugleitung wenig oder gar nichts ausnutzen.

Es ist daher unmöglich, alle Zylinder ganz zu füllen oder einen Druck am Ende des Saughubes zu erreichen, der merklich über dem mittleren Druck im Gemischverteilrohr der Maschine liegt. Da der Raum zwischen der Drossel und den Einlaßventilen groß ist, ist es, insbesondere für geringe Belastungen, vorteilhaft, die Einlaßventile ziemlich spät zu öffnen, damit die negative Arbeit des Kreisprozesses auf ein Mindestmaß verringert wird. In einem solchen Fall verursacht das späte Öffnen der Einlaßventile auch bei Betrieb mit Volleistung sehr wenig Geräusch, weil das Ansaugen im Vergaser auch dann stets gleichförmig bleibt.

Wenn es auch unmöglich ist, mit sechs Zylindern, die aus einer Quelle gespeist werden, ebenso hohe Leistung zu erzielen wie beim Anschluß von zwei Gruppen von je drei Zylindern an je einen Vergaser, so bietet diese Anordnung doch auch wieder gewisse andere Vorteile. In erster Linie tritt das Rückblasen von Gemisch durch das Einlaßventil viel weniger stark auf, da etwa beim Beginn der Verdichtung zurückströmendes Gemisch von einem anderen Zylinder angesaugt wird und nicht die Strömung durch den Vergaser umkehren sowie nach außen treten und verlorengehen kann. Man darf daher unbedenklich die Einlaßventile viel später als sonst üblich und auch ganz langsam schließen, derart, daß zwar bei niedrigen Drehzahlen ein erheblicher Teil des von den Zylindern angesaugten Gemisches wieder in die Ansaugleitung zurücktritt; bei hohen Drehzahlen wird dies jedoch nicht eintreten, weil der Ansaugdruck niedriger ist und außerdem die Drosselung des Gemisches in dem fast geschlossenen Ventil stärker wirkt Die praktische Folge davon, daß zu Beginn des Verdichtungshubes Gemisch in die Ansaugleitung zurücktritt, ist, daß das Verdichtungsverhältnis in Wirklichkeit kleiner wird, während das Expansionsverhältnis unberührt bleibt. Der thermische Wirkungsgrad wird daher nicht verschlechtert, dagegen nimmt der Enddruck der Verdichtung bei Vollast selbsttätig ab, wenn die Drehzahl verringert wird.

Da nun die Neigung zur Detonation in der Praxis in weitem Maße von dem Enddruck der Verdichtung und von der Zeit abhängt, so kann man auf diese Weise einen Ausgleich zwischen den Einflüssen von Verdichtungsdruck und Zeit herbeiführen. Bei niedrigen Drehzahlen, wenn der Einfluß der Zeit verhältnismäßig groß ist, wird der Enddruck der Verdichtung kleiner; infolgedessen wird die Neigung zur Detonation je nach den wirklichen Verhältnissen ebenso groß oder sogar kleiner, auf jeden Fall aber nicht viel größer als bei hohen Drehzahlen, wenn man die Drehzahl bei voll geöffneter Drossel verringert.

Man kann einwenden, daß das späte Schließen der Einlaßventile das nutzbare Drehmoment bei niedrigen Drehzahlen beträchtlich vermindert. Das trifft jedoch nur beim Vergleich mit Maschinen zu, die mit sehr geringem Verdichtungsverhältnis und daher niedrigem Wirkungsgrad arbeiten. Bei hochverdichtenden Maschinen kann man dagegen das größere Gewicht an Gemisch, das bei frühem oder normalem Schließen der Einlaßventile im Zylinder verbleibt, wegen der überaus stark einsetzenden Detonation in der Regel doch nicht voll ausnutzen. Man ist dann gezwungen, entweder den Zündzeitpunkt zurückzuverlegen oder den Vergaser so zu verstellen, daß er bei niedrigen Drehzahlen mit Brennstoff übermäßig angereichertes Gemisch liefert, oder endlich die Drossel teilweise zu schließen. In jedem Fall verliert man also bei niedrigen Drehzahlen etwas vom vollen Drehmoment. Wenn man bei derartigen Maschinen spätschließende Einlaßventile anwendet, so hat dies die Wirkung, daß man ein viel höheres Verdichtungsverhältnis ohne Störungen durch Detonation ausnutzen und daher eine wesentlich höhere Wirtschaftlichkeit erreichen kann. Das wirklich nutzbare Drehmoment bei niedrigen Drehzahlen ist dabei, wenn überhaupt, nur wenig kleiner als bei anderen Maschinen, bei hohen Drehzahlen dagegen wegen der längeren Dauer des Einströmens größer.

Die hier betrachteten Fälle decken praktisch den gesamten Bereich dieser Maschinen. Wo Maschinen mehr als sechs Zylinder haben, sind diese immer in Gruppen eingeteilt, die dann in eine oder andere der bereits behandelten Gruppen passen.

Das Vorstehende läßt sich dahin zusammenfassen, daß, was die Auspuffventile anbelangt, die Aufgaben des Entwurfes und des Antriebes für alle Maschinen ohne Rücksicht auf Zahl und Anordnung der Zylinder gleich sind. Diese Ventile sollen so kleine Durchmesser wie möglich haben, und ihr Hub soll auf keinen Fall kleiner als $^1/_4$ oder, noch besser, 30 vH vom lichten Ventildurchmesser betragen. Das Auspuffventil muß in allen Fällen so schnell wie möglich geöffnet und geschlossen werden, und bezüglich der Steuerung besagt eine gute Regel, daß sich das Ventil ungefähr auf halber Hubhöhe befinden soll, wenn der Kolben im unteren Totpunkt steht und daß das Ventil am Ende des Auspuffhubes noch auf 5 vH seines Hubes offen sein soll.

Was das Einlaßventil anbetrifft, so soll auch dieses möglichst kleinen Durchmesser und als Hub nicht unter $^1/_4$ des lichten Ventildurchmessers erhalten, damit man möglichst kräftige Durchwirbelung des Gemisches erzielt. Die Zeitpunkte des Öffnens und Schließens müssen in gewissem Ausmaß verschieden je nach Anzahl und Verteilung der Zylinder gewählt werden; aber, abgesehen von Sechszylindermaschinen, die aus einem einzigen Vergaser gespeist werden, muß man die Einlaßventile stets so schnell wie möglich schließen, wobei man in erster Linie anstreben muß, das Ventil am Ende des Saughubes noch fast ganz geöffnet zu erhalten und dann so schnell wie möglich zu schließen. Im Fall der Sechszylindermaschinen mit einem einzigen Vergaser kann man die Einlaßventile sich viel langsamer öffnen und schließen lassen.

Entwurf der Steuerdaumen und des Ventilantriebes. Beim Entwurf der Nocken, sei es für Einlaß- oder für Auspuffventile, muß man in erster Reihe möglichst schnelles Öffnen und Schließen der Ventile mit einem Mindestaufwand an Kraft oder Geräusch und gleichzeitig eine Form des Steuerdaumens anstreben, die genau und leicht bearbeitet werden kann. Nur zu oft kommt es noch vor, daß eine Nockenform für einen ganz bestimmten Verlauf der Ventilerhebungen und beispielsweise für gleichförmigen Verlauf der Beschleunigungen über den gesamten Bereich der Öffnungszeit des Ventils entworfen wird, die auf dem Zeichentisch ideal erscheinen mag, die man aber in der Wirklichkeit überhaupt nicht genau wiedergeben kann. Man muß sich stets vergegenwärtigen, daß man eine Nockenform auf der Schleifmaschine, wenn überhaupt, so doch in der Regel nicht unmittelbar „erzeugen“ kann, sondern daß man sie nach einer Schablone oder Kopierform verkleinern muß, die mit der Hand geschnitten wird. Eine derartige Schablone läßt sich nur dann genau herstellen, wenn sich die Form aus einfachen Kreisbögen und Tangenten zusammensetzt. Außerdem ist es immer besonders wünschenswert, hohl gekrümmte Flächen am Umfang von Steuerdaumen zu vermeiden, weil sie den Durchmesser der Schleifscheibe begrenzen, die man bei ihrer Bearbeitung anwenden darf, und daher für die ganze Herstellung sehr lästig werden können. Bei richtiger Verbindung von Nocken und Stößel kann man jedoch die Notwendigkeit, hohl gekrümmte Flächen zu verwenden, stets vermeiden.

Wird ein durch eine Feder belastetes Ventil durch einen Daumen angetrieben, so überträgt der Daumen im ersten Teil seiner Bewegung bis etwa zur halben Hubhöhe eine Beschleunigung auf das Ventil. Dann ändert die Beschleunigung ihr Vorzeichen und wird negativ, und das Ventil gelangt nun unter den Einfluß der Feder, deren Spannung genügen muß, um die durch die Beschleunigung hervorgerufenen

Massenkräfte zu überwinden. Von etwa halber bis zu voller Hubhöhe und von der voll geöffneten bis zur halb geschlossenen Stellung steht das Ventil ganz unter dem Einfluß der Feder. In der ersten Hälfte des Hubes und im zweiten Teil der Schließbewegung ist die Feder unwirksam und das Ventil unmittelbar unter dem Einfluß des Nockens. Die Feder kommt somit erst zur Wirkung, wenn das Ventil halb geöffnet ist, und kommt außer Tätigkeit, wenn sich das Ventil ungefähr halb geschlossen hat. Während das Ventil unter dem Einfluß der Feder steht, wird die zulässige Größe seiner Beschleunigung von der Spannung und den Abmessungen der Feder bestimmt, während des ersten und letzten Teils der Ventilbewegung dagegen nur von dem zulässigen Druck auf die Flankenfläche des Nockens. Will man das Material der Feder am vorteilhaftesten ausnutzen, so wählt man das Gesetz der Beschleunigung des Ventils während des Zeitabschnittes, in dem das Ventil durch die Feder angetrieben wird, möglichst in Übereinstimmung mit dem Federgesetz, d. h. man läßt die Verzögerung in dem gleichen Maße zunehmen, als die Zusammendrückung der Feder fortschreitet und ihre Spannung größer wird. Während des ersten und des letzten Teils der Ventilbewegung können dagegen die Beschleunigungen im allgemeinen größer sein; doch sollen sie mehr oder weniger unverändert bleiben.

Diese Betrachtungen beweisen, daß gleichförmige Beschleunigung des Ventils während des ganzen Verlaufes seiner Bewegung durchaus nicht erstrebenswert oder auch nur erwünscht ist. Die Beschleunigung während der Dauer des Nockenantriebes kann gewöhnlich sehr hoch und mehr oder weniger gleichförmig sein, während die Beschleunigung im Verlauf des Ventilantriebes durch die Feder so niedrig wie möglich sein soll, damit man schwache Federn verwenden kann, und diese Beschleunigung soll sich mit der Spannung der Feder ändern. Natürlich darf die Beschleunigung auf keinen Fall so groß werden, daß die Federkraft die Massenkraft des Ventils nicht mehr überwinden kann, vielmehr muß immer noch so viel Kraftüberschuß der Feder vorhanden sein, daß die Reibung des Ventils in seiner Führung überwunden werden kann.

In Abb. 115 bis 119 sind in bequem übersichtlicher Weise die Diagramme für den Entwurf eines Steuerdaumens zusammengestellt. Die Zusammenstellung enthält

1. die Linien der Beschleunigungen und Verzögerungen der Ventile während der gesamten Öffnungszeit, Abb. 118,

2. die Linien der entsprechenden Geschwindigkeiten der Ventile, Abb. 117,

3. die Linien der entsprechenden Ventilbewegungen, Abb. 116, alle drei aufgetragen über dem abgewickelten Kurbelkreis,

4. die Linien der Ventilbewegungen, bezogen auf den Kolbenweg, d. h. das Diagramm der Ventilerhebungen, Abb. 119,

5. die Ableitung der Nockenkurve, Abb. 115.

Zulässige Ventilbeschleunigung. Die höchste zulässige Beschleunigung des Ventils unter dem Einfluß der Federkraft und die höchste zulässige Beschleunigung des Ventils unmittelbar unter der Wirkung

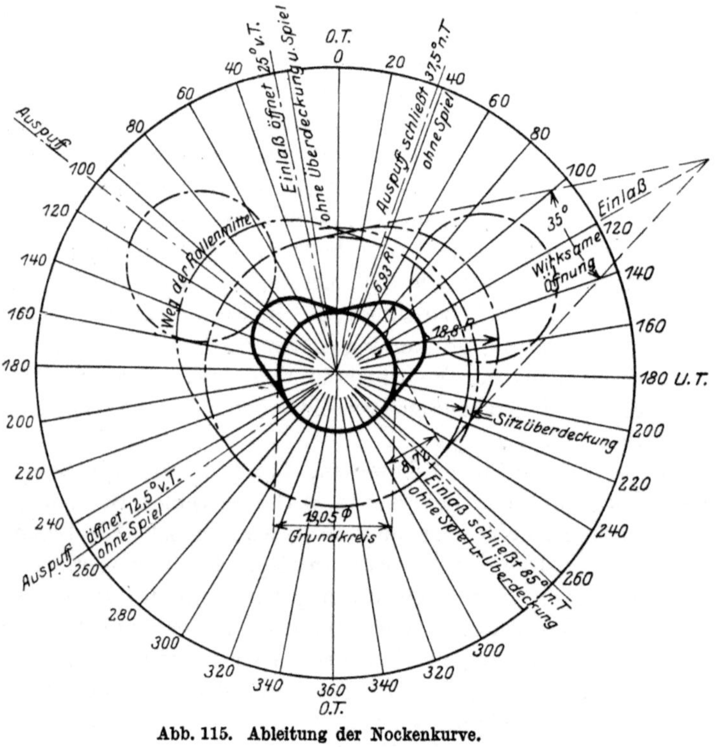

Abb. 115. Ableitung der Nockenkurve.

Auspuff öffnet 65° vT.		Übersetzung von Nocken zu Ventil	3:2.
„ schließt 30° nT.		Hub des Auspuff-Ventils	9,13 mm
Einlaß öffnet (einschl. d. Sitzüberdeckung) 15° nT.		„ „ „ -Nockens	6,09 mm
„ schließt „ „ „ 45° nT.		„ „ Einlaß-Ventils (insgesamt)	9,13 mm
Kurbelwellendrehzahl normal	2800 U/min.	„ „ „ -Nockens „	6,09 mm
„ höchstens	3250 U/min.	Ventilsitzüberdeckung	2,01 mm

Durchmesser der Stößelrolle 23,81 mm.

des Nockens müssen getrennt betrachtet werden. Beide Werte hängen natürlich in hohem Maße von der gesamten hin- und hergehenden Masse des Ventils mit seinem Antrieb ab, wozu auch das halbe Gewicht der Feder gerechnet werden muß.

Die zulässige Beschleunigung des Ventils, während es sich unter dem Einfluß der Federkraft bewegt, bestimmt sich durch das Gewicht des wirksamen Federmaterials und durch dessen zulässige Beanspruchung.

Nach vorliegenden Erfahrungen halten gewöhnliche Schraubenfedern aus Federstahl selbst bei den schnellstlaufenden Maschinen beinahe unbeschränkt aus, solange man die Beanspruchung des Federstahls

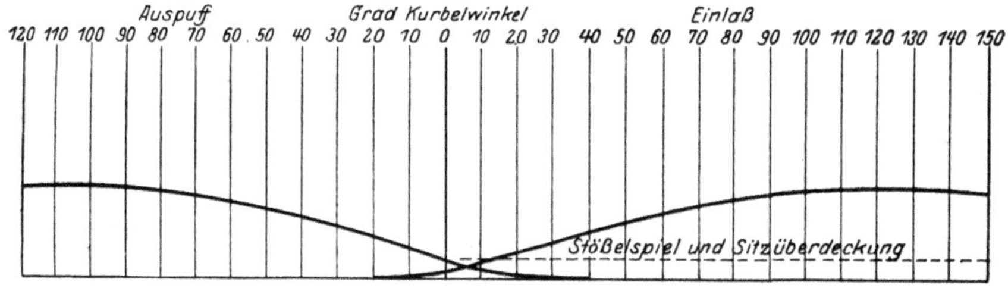

Abb. 116. Ventilbewegungen.

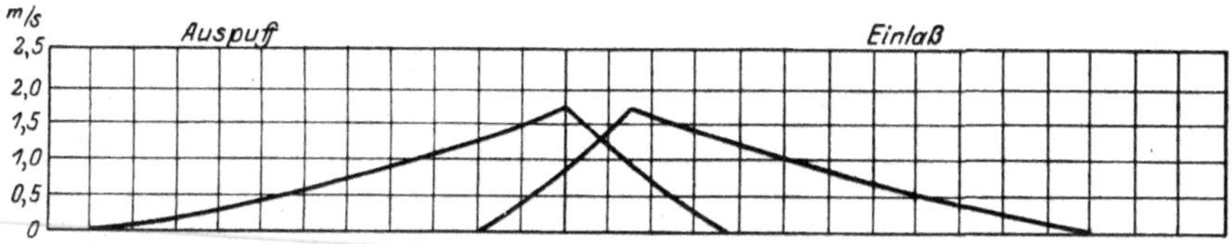

Abb. 117. Ventilgeschwindigkeiten.

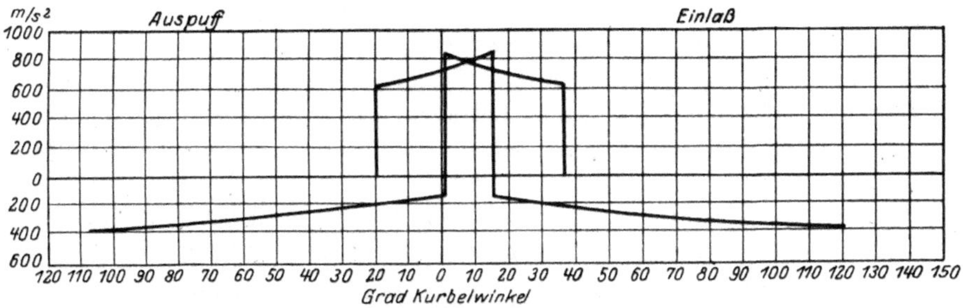

Abb. 118. Ventilbeschleunigungen.

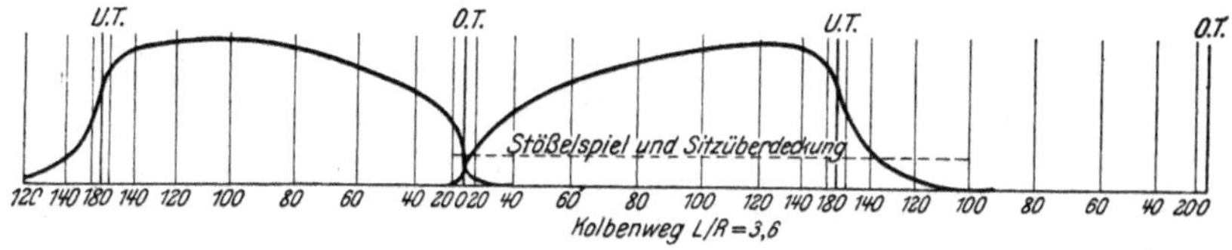

Abb. 119. Ventileröffnungen für Auspuff und Einlaß in Funktion des Kolbenweges $L/R = 3,6$.

Abb. 115 bis 119. Diagramme für den Entwurf eines Steuerdaumens.

unter 28 bis 35 kg/mm² erhält. Bei kleinen Ventilen, d. h. bei solchen unter 50 mm Dmr., die mehr oder weniger unmittelbar vom Nocken angetrieben werden, und bei verhältnismäßig geringem Gewicht der übertragenden Maschinenteile, wie Kipphebel, Stößel, Stoßstangen usw., darf man als höchste Beschleunigung etwa 760 m/s² zulassen, einer Feder entsprechend, die in vollständig zusammengedrücktem Zustand eine dem 78fachen Gewicht der bewegten Massen entsprechende Spannung erreicht. So hohe Beschleunigungen sind jedoch, außer bei besonders schnellaufenden Maschinen, nur selten nötig.

In dem Augenblick, in dem die Feder die Inanspruchnahme übernimmt, darf natürlich die Beschleunigung entsprechend der kleineren Federkraft nur geringer sein. Bei Maschinen mit mäßiger Drehzahl liegt keinerlei Bedürfnis vor, ähnlich hohe Beschleunigungen anzuwenden, wenn das Ventil durch die Feder angetrieben wird, und bei Maschinen, die nicht mehr als etwa 15 bis 20 PS Nutzleistung in jedem Zylinder entwickeln und die bei den höchsten Drehzahlen nicht über 2000 U/min kommen, erreicht man mit Ventilbeschleunigungen von 240 bis 275 m/s² so günstige Ventileröffnungen, wie man nur wünschen kann. Nach der anderen Seite gibt es aber auch eine untere Grenze für die Federkraft, insofern als die Mindestspannung der Ventilfeder bei Auspuffventilen unter allen Umständen dem bei Drosselbetrieb herrschenden Unterdruck im Zylinder widerstehen muß. In der Praxis findet man, daß eine Federspannung von 0,775 kg auf 1 cm² der Fläche des Ventiltellers ausreicht, um auch bei Maschinen, bei denen Schwingungen auftreten, zu verhindern, daß die Auspuffventile durch den Unterdruck in den Zylinder hineingesaugt werden.

Hat z. B. ein Ventilteller eine Fläche von 20 cm², dann muß die kleinste Federspannung 15,5 kg betragen, wenn das Ventil geschlossen ist. Bei voll geöffnetem Ventil beträgt dann die Spannung einer normal bemessenen Feder mindestens 24,5 kg. Nun dürfte das Gewicht der hin- und hergehenden Massen eines derartigen Ventils mit Antrieb um 0,68 kg herum betragen; dann beträgt die höchste zulässige Beschleunigung $\frac{24,5 \cdot g}{0,68} = 354$ m/s². Dieser Wert berücksichtigt allerdings noch nicht die Reibung in den Führungen. Aber selbst wenn man hierfür noch erhebliche Zuschläge macht, erkennt man, daß den Bedürfnissen bei langsamer laufenden Maschinen mit unmittelbar angetriebenen Ventilen und nicht zu schweren Übertragungsteilen mit einer Feder entsprochen werden kann, die gerade noch ausreicht, um zu verhindern, daß das Auspuffventil durch den Unterdruck bei Leerlauf von seinem Sitz emporgesaugt wird.

Die höchste zulässige Beschleunigung eines Ventils, während es unmittelbar vom Nocken gesteuert wird, hängt von der Art des Ventilstößels ab, den man verwendet; dieser kann entweder eine Rolle, eine gekrümmte Gleitfläche oder eine flache Oberfläche tragen, d. h. pilzförmig endigen. Beispiele dieser verschiedenen Arten sind in Abb. 120 bis 125 dargestellt. Auf den ersten Blick könnte es scheinen, daß die

Rolle die beste Form sei; aber bei näherer Untersuchung wird man finden, daß dies bei weitem nicht der Fall ist, und zwar aus folgenden Gründen:

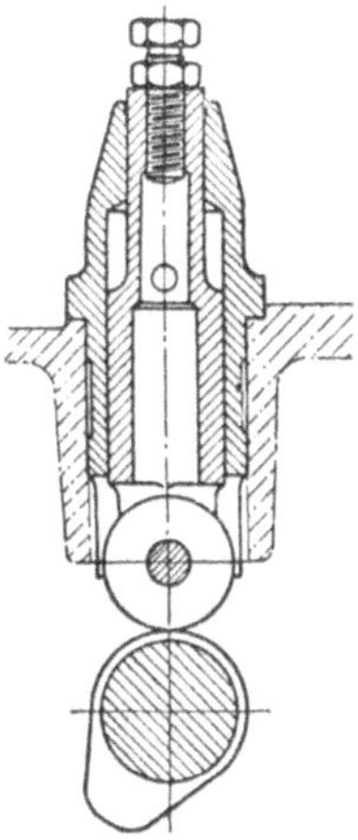

Abb. 120.

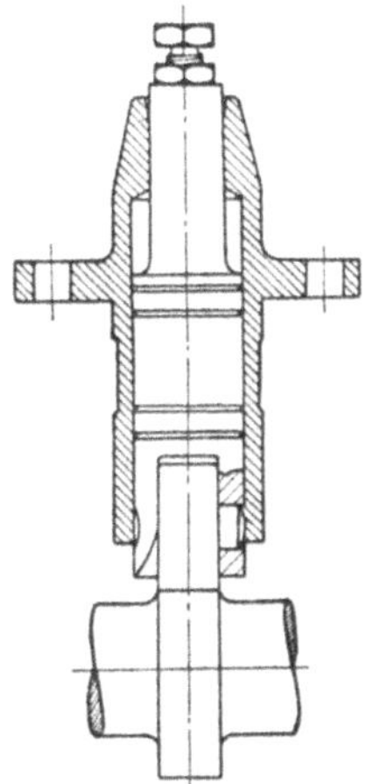

Abb. 121.

Abb. 120 und 121. Ventilstößel mit Rolle.

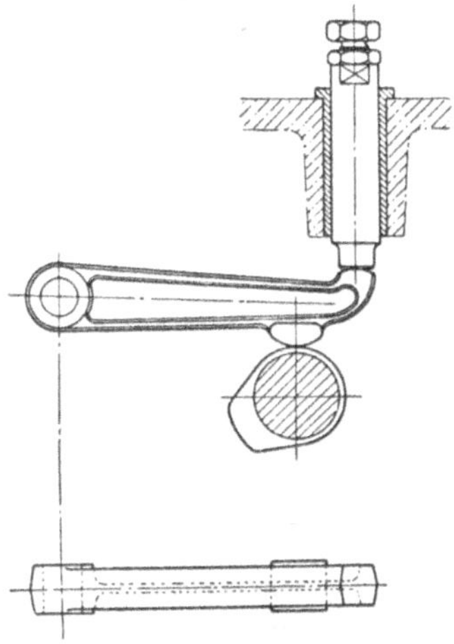

Abb. 122 und 123. Einarmiger Ventilhebel mit Gleitbacken.

1. Die gesamte Belastung des Stößels wird von dem Rollenzapfen übertragen, dessen Lagerlauffläche notwendigerweise sehr klein ist, den man nicht auf einfache Weise unter Druck schmieren kann, bei dem es auch schwerfällt, das Öl anderweitig zu erneuern, und der deshalb leicht überlastet wird.

2. Infolge der dauernden Veränderung der Geschwindigkeit an der Rollenoberfläche während der Drehung des Steuerdaumens und wegen der Massenträgheit der Rolle selbst kann diese überhaupt nicht richtig abrollen, sondern sie muß gleiten, und dies gerade in dem Zeitabschnitt, in dem der Druck auf die Rolle am größten ist.

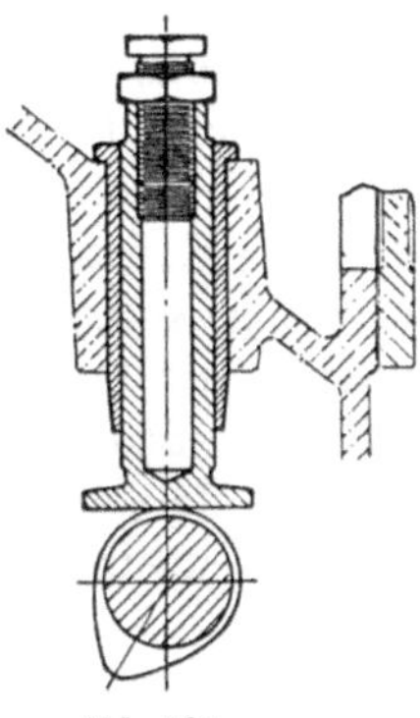

Abb. 124.

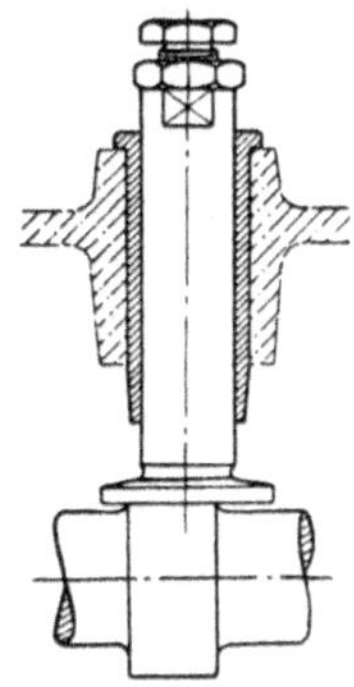

Abb. 125.

Abb. 124 und 125. Pilzförmiger Stößel.

3. Die Verwendung einer Rolle erhöht bedeutend das Gewicht des Stößelantriebes. Bei langsam laufenden Maschinen und verhältnismäßig niedrigen Belastungen ist daher die Anwendung einer Rolle zulässig, aber bei sehr schnell laufenden Maschinen muß man sie aus den oben angeführten Gründen stets vermeiden.

Die zweite Art von Stößeln, die mit gekrümmten Gleitflächen, sind besser als die mit Rollen, insofern als sie keine Lager bedingen, die überlastet werden und versagen können. Sie haben jedoch den Nachteil, daß sie dem Nocken nur eine sehr kleine Gleitfläche darbieten, die sich daher leicht abnutzen kann. Sowohl bei Rollen- als auch bei Gleitbackenstößeln treten Gleitbewegungen auf, bei den Gleitbackenstößeln natürlich in höherem Maß, wobei immer eine und dieselbe Stelle beansprucht wird, während die Rolle weniger gleitet und die gleitende Stelle dauernd verändert. Demgegenüber muß man hervorheben, daß beim Gleitbackenstößel der Krümmungshalbmesser und die Breite der Gleitfläche viel größer als bei irgendeiner Rolle sein können. Alles in allem sind daher in bezug auf die Abnutzung die Rollenstößel im Vorteil, solange die Drücke niedrig und die Lagerungen der Rollenbolzen nicht überlastet sind, während Gleitbackenstößel bei hohen Beschleunigungen und daher erheblichen Drücken vorzuziehen sind, weil sie, obgleich sie sich stärker abnutzen mögen und daher schneller erneuert werden müssen, doch auch unter solchen Verhältnissen nicht vollständig versagen.

Die dritte Art, nämlich der pilzförmige Stößel, der in einer ebenen Platte endet, ist wohl die beste von allen drei Arten, aber auch nur mit gewissen Beschränkungen; denn sie setzt Nocken mit größerem Grundkreis voraus, die man nicht immer unterbringen kann. Solche Stößel müssen immer gegenüber der Nockenmitte derart seitlich versetzt sein, daß sie durch die Gleitbewegung des Nockens gedreht werden. In diesem Fall nutzt man praktisch die Fläche des Stößels vollständig aus und erreicht, daß die Abnutzung geringer als bei den beiden anderen Arten von Stößeln wird, zumal hier auch keine Lagerungen von Rollenbolzen vorhanden sind, die überlastet werden könnten. Diese Stößelart bietet den Vorteil der Rollenstößel, daß dauernd neue Stellen mit dem Nocken in Berührung kommen, und auch den Vorteil des Gleitbackenstößels, daß dabei kein Lager versagen kann, und auch die Verhältnisse bezüglich der Schmierung sind sehr günstig.

Der einzige praktische Mangel dieser Bauart ist, daß es in der Regel unmöglich ist, geringe Beschleunigungen des Ventils anzuwenden, auch wenn dies einmal erwünscht ist, und daß es daher schwierig ist, die Maschine zu so ruhigem Laufen wie bei den anderen Arten von Stößeln zu bringen. Bei sorgfältiger Konstruktion ist aber der Unterschied sehr gering.

Bei pilzförmigen Stößeln kann man mit voller Sicherheit sehr hohe Ventilbeschleunigungen anwenden, weil der Druck nur auftritt, wenn die Flanke und nicht die Spitze des Nockens mit dem Stößel in Berührung ist. Es ist daher durchaus zulässig, bei Nocken von etwa 16 mm Breite und einem Stößelflächendurchmesser von etwa 32 mm mittlere Drücke von rund 115 kg während des Zeitabschnittes, in dem der Nocken das Ventil antreibt, auszuüben. Wenn hierbei das Ventil mit den Antriebsteilen 0,68 kg wiegt und die Feder in der Ruhelage 18 kg Spannung hat, so entspricht dies einer Beschleunigung von etwa 1370 m/s². Bei Rollenstößeln ist es dagegen mit Rücksicht auf die Betriebssicherheit sehr zweifelhaft, ob man 600 m/s² Beschleunigung überschreiten dürfte. Da man vom Standpunkt der Abnutzung nur den mittleren Druck in Rücksicht zu ziehen hat, so ergibt sich, daß man keinerlei Vorteil davon erwarten kann, daß man die Beschleunigung während der ganzen Dauer des Ventilantriebes durch den Nocken gleichförmig erhält, und daß es daher ganz unbedenklich ist, den Weg des geringsten Widerstandes zu verfolgen und die Nockenflanke als Tangente oder einfachen Kreisbogen auszuführen.

Es ist erwünscht, wenn der Grundkreis des Nockens so klein wie praktisch zulässig bemessen wird, damit die Gleitgeschwindigkeit zwischen Nocken und Stößel möglichst gering bleibt, gleichviel, ob der Stößel mit Rolle oder mit Gleitbacken versehen ist. Man muß ferner stets beachten, daß der „wirksame" Halbmesser eines beliebigen Nockens stets durch den Abstand der Rollenmitte oder des Krümmungsmittelpunktes des Gleitbackens von der Mitte der Nockenwelle gegeben ist. Infolgedessen ist es, soweit die Ventilbewegung in Betracht kommt, ganz gleich, ob der Nocken groß und die Rolle klein ist, oder umgekehrt, ausgenommen den Fall, daß Stößel mit ebener Gleitfläche verwendet werden. Bei solchen Stößeln muß man zwar immer Nocken von verhältnismäßig großem Durchmesser verwenden, aber dann sind die Gleitflächen auch so groß und so leicht zu schmieren, daß gegen hohe Gleitgeschwindigkeiten bedeutend weniger Bedenken bestehen.

R. J. Cousins, einer der Mitarbeiter des Verfassers, hat folgendes Verfahren entworfen und durchgebildet, um schnell und bequem die Umrisse eines Steuerdaumens für beliebig gegebene Verhältnisse zu bestimmen: Die erste Frage, die beim Entwurf eines beliebigen Nockens entschieden werden muß, ist, ob die Nockenform so, wie sie durch die Ventileröffnungen vorgeschrieben wird, überhaupt mechanisch zulässig ist. Das zu überlegen, ist richtiger, als eine Nockenform nach irgendwelchen theoretischen Linien des Verlaufes der Beschleunigungen und Verzögerungen des Ventils zu entwerfen. Aus diesem Grunde wurde eine allgemeine Nockenform untersucht, deren Flanken und Spitze aus Kreisbögen und geraden Linien zusammengesetzt sind; für diesen Nocken wurde eine Reihe von Kurventafeln entwickelt, aus denen man praktisch mit einem Blick die Beschleunigungen für alle gebräuchlichen Abmessungen von Steuerdaumen ablesen kann.

Abb. 126 zeigt die Beschleunigungen für tangentiale Flanken (gestrichelte Linie) und runde Nockenspitze bei kreisbogenförmig begrenzten Stößeln, sowie bei harmonischen Nocken und flachem oder pilzförmigem Stößel.

Abb. 127 zeigt die Beschleunigungen für hohl gekrümmte Flanken und kreisbogenförmig begrenztem Stößel.

Abb. 128 zeigt die Beschleunigungen für erhaben gekrümmte Flanken bei kreisbogenförmigem Stößel.

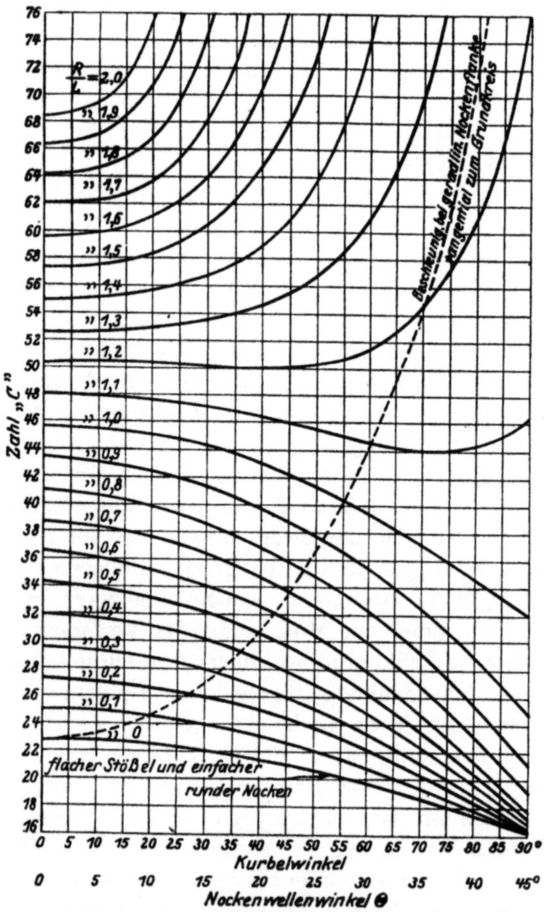

Abb. 126. Runde Nockenspitze und kreisbogenförmiger Stößel.

Abb. 129 bis 132 zeigen verschiedene Formen von Nocken, die mit der Innen- oder der Außenfläche arbeiten, und die Anwendung der Kurventafeln für jeden Fall.

In allen Fällen gilt die gleiche Formel:

$$\text{Die Beschleunigung in m/s}^2 \text{ ist} = \frac{R\,C\,N^2}{100000 \cdot 80{,}8}.$$

Hierin ist:

R = Mittenentfernung in Millimeter, vgl. Abb. 129 bis 131;

C = die aus der entsprechenden Kurventafel entnommene Zahl, die von der Nockenform und dem am Grundkreis gemessenen Flankenwinkel oder dem Spitzenwinkel abhängt;

N = Drehzahl der Kurbelwelle unter der Annahme, daß die Nockenwelle mit der halben Drehzahl der Kurbelwelle umläuft.

Man entwirft zunächst eine vorläufige Form des Nockens, die allen bekannten Größen entspricht, also im allgemeinen angenähert dem Grundkreisdurchmesser, dem Ventilhub, der Öffnungsdauer und dem verfügbaren Raum für Rollen oder Stößel. Man liest hierauf die Beschleunigungen am Anfang und Ende der Nockenflanke und die Verzögerungen durch die Feder beim Beginn der Abrundung und an der Spitze des Nockens ab und vergleicht die Form des Nockens mit der entsprechenden Kurventafel, wobei sich sofort klar ergibt, ob der Nocken mechanisch möglich ist; im anderen Fall müssen entsprechende Änderungen vorgenommen werden.

Hat man beispielsweise zuerst einen Nocken mit tangentialen Flanken entworfen, so kann man die Beschleunigungen durch den Nocken bis zu einem bestimmten Maß dadurch anpassen, daß man den Abstand von der Mitte der Nockenwelle bis zur Mitte der Rolle oder der Gleitbackenkrümmung verändert, weil die Beschleunigung dieser Entfernung direkt proportional ist; sollte dies jedoch eine zu große Rolle oder eine zu scharfe Krümmung der Rolle oder des Gleitbackens ergeben, dann kann man die Nockenflanke konvex oder konkav krümmen, je nachdem es notwendig ist, die Beschleunigung zu vergrößern oder zu verringern.

Auf die Verzögerung an der Nockenspitze üben diese Änderungen die entgegengesetzte Wirkung aus, da sie die Zeit, die zur Verfügung steht, um die Ventile mit ihrem Antrieb von der höchsten Geschwindigkeit zur Ruhe zu bringen, entweder verlängern oder verkürzen.

Sind die Beschleunigungen, die man erhält, überhaupt zu hoch, so muß man die Dauer der Ventileröffnung so weit wie möglich vergrößern und den Hub möglichst verringern sowie gleichzeitig für reichliche Oberflächen für die Aufnahme der großen Belastungen von Nocken und Stößel sorgen.

Die Verzögerung an der Nockenspitze ist direkt proportional dem Abstand der Mitte der Nockenwelle von der Mitte Abrundung der Nockenspitze. Sie verändert sich auch, aber nicht in direkter Proportion, wenn sich das Verhältnis zwischen diesem Abstand und dem Krümmungshalbmesser der Rolle oder des Gleitbackens ändert.

Mit diesen Mitteln kann man daher die Verzögerung den Bedürfnissen anpassen, aber diese Anpassung ist insofern begrenzt, als man keine großen Abrundungen der Nockenspitze anwenden kann, wenn die Eröffnung nur kurze Dauer hat oder die Flanke des Nockens erhaben gekrümmt ist. Andererseits kann man bei hohl gekrümmten Flanken den Halbmesser der Flankenkrümmung bis auf ein Maß verkleinern,

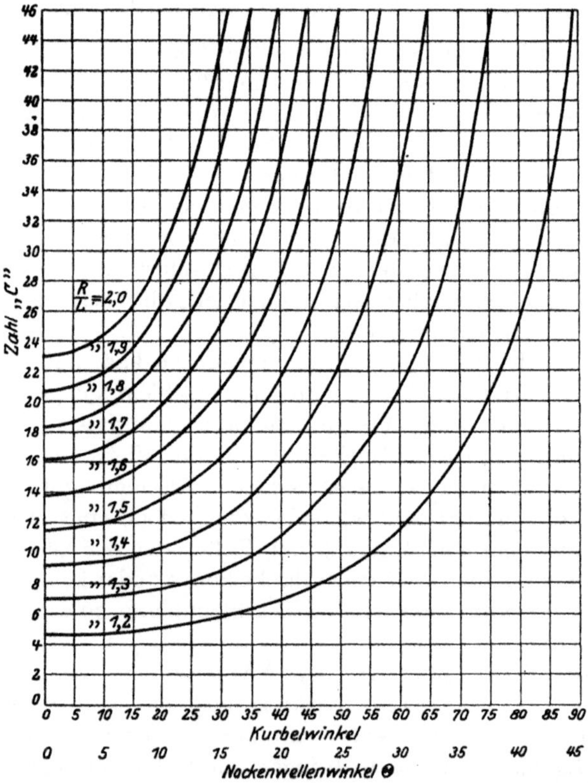

Abb. 127. Hohlgekrümmte Nockenflanken und kreisbogenförmiger Stößel.

das den Stößelhalbmesser nur wenig übersteigt, wenn die Drehzahl der Maschine gering und der Hub des Ventils klein ist. Das kann dann zu einer Form der Spitze des Nockens führen, die auf einem kurzen Stück konzentrisch zur Welle ist und einen besseren Verlauf der Ventileröffnungen ergibt.

Man muß stets beachten, daß die Spitze des Nockens bei der Höchstdrehzahl der Maschine überhaupt keinen Druck auszuhalten hat, da hierbei der von der Feder ausgeübte Druck durch die Massenwirkung des Ventils und seines Antriebes gerade ausgeglichen werden soll; bei geringen Drehzahlen muß dagegen der Druck an dieser Stelle stets etwas niedriger als die Spannung der Ventilfeder sein. Andererseits hat die Nockenflanke die Federkraft, den Gasdruck auf das Ventil (im Falle der Auspuffventile) und auch die Kraft für die Beschleunigung des Ventils und seines Antriebes auszuhalten. Hieraus folgt, daß scharfe Krümmungen an der Nockenspitze keine übermäßigen Abnutzungen oder Oberflächenrisse mit sich bringen, daß aber die Krüm-

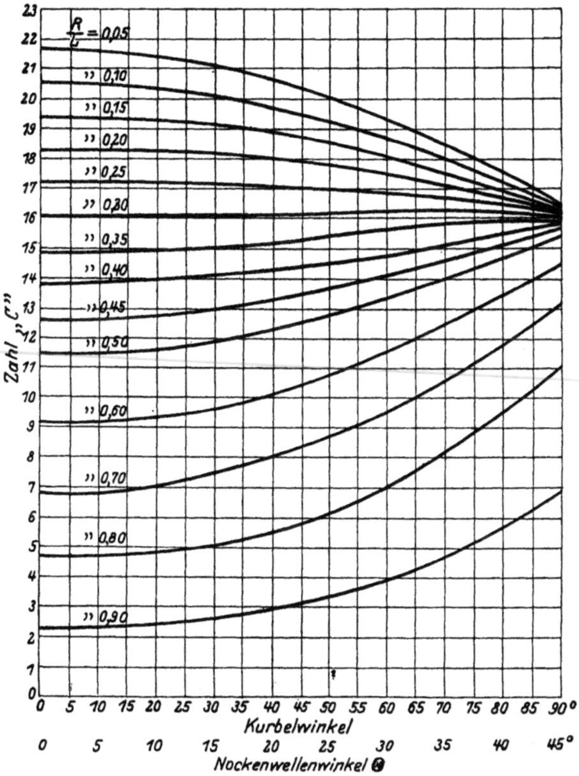

Abb. 128. Erhaben gekrümmte Nockenflanken und kreisbogenförmiger Stößel.

mungshalbmesser der Nockenflanke und des Stößels so groß wie möglich sein sollen.

Diese Überlegungen führen zu dem Schluß, daß man bei jeder gegebenen Nockenform oder bei jedem gegebenen Bewegungsgesetz der Mitte der Stößelrolle oder des Stößels einen möglichst kleinen Grundkreis und eine möglichst große Rolle oder möglichst großen Gleitbacken verwenden soll.

Da die Flanke des Nockens gewöhnlich geradlinig oder ganz schwach gekrümmt ist, so wird sie durch die Verkleinerung des Grundkreis-

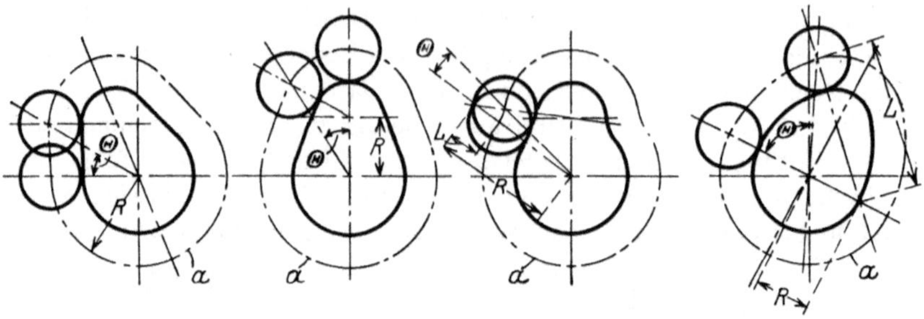

Tangentiale Flanken nach Abb. 126. Runde Nockenspitze nach Abb. 126. Hohle Flanken nach Abb. 127. Erhaben gekrümmte Flanken nach Abb. 128.

Abb. 129. Außennocken.

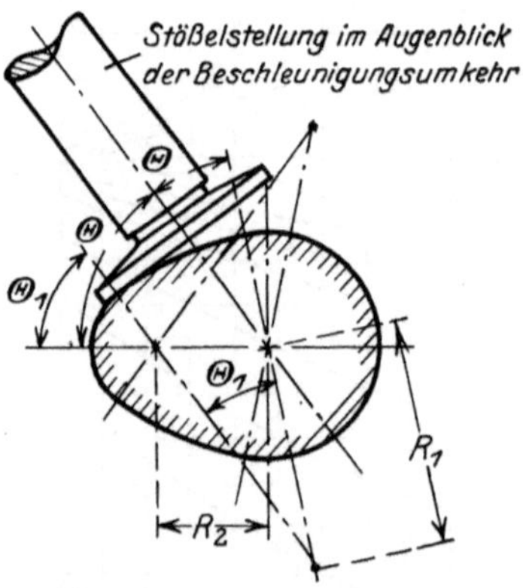

Abb. 130. Nockenform für den flachen Stößel nach Abb. 126.

θ_1 = Höchstwert von Θ,
Beschleunigung an der Nockenspitze

$$= \frac{C R_2 N^2}{80{,}8 \cdot 100000},$$

Beschleunigung an der Nockenflanke

$$= \frac{C R_1 N^2}{80{,}8 \cdot 100000}.$$

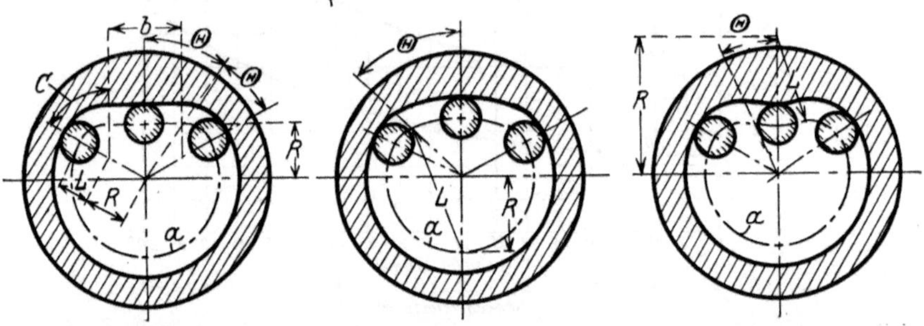

Tangentialer Scheitel nach Abb. 126. Hohlgekrümmter Scheitel nach Abb. 128. Erhaben gekrümmter Scheitel nach Abb. 127.

a Weg der Rollenmitte, *b* tangentialer Scheitel, *c* kreisförmige Flanke.

Abb. 131. Innennocken.

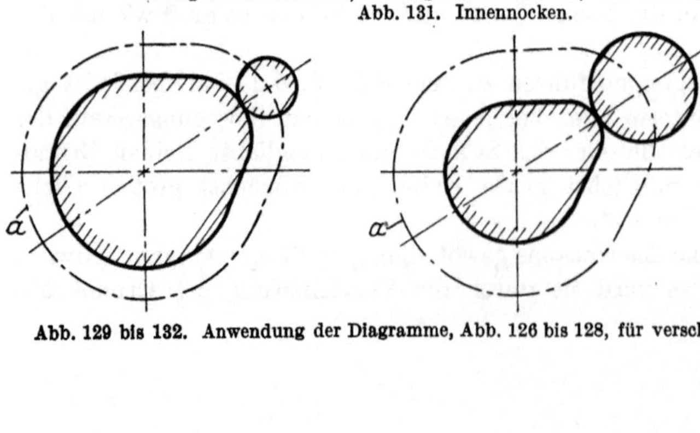

Abb. 132. Nocken mit gleichem Stößelrollenhub und gleicher Beschleunigung. Die Zeichnung zeigt den Vorteil eines kleinen Grundkreises und eines großen Stößelrollendurchmessers.

Abb. 129 bis 132. Anwendung der Diagramme, Abb. 126 bis 128, für verschiedene Nockenformen.

durchmessers wenig oder gar nicht berührt. Die Beanspruchung der Nockenspitze wird, wie bereits erwähnt wurde, um so kleiner, je höher die Drehzahl steigt, und braucht daher nicht berücksichtigt zu werden (1,6 mm Halbmesser reichen vollständig aus), während Rolle oder Gleitbacken durch Vergrößern des Krümmungshalbmessers bedeutend verbessert werden und auch die Gleitgeschwindigkeit verringert wird.

Bei allen Formen von Nocken und Stößeln, die aus Kreisbogen bestehen, entsprechen die Geschwindigkeiten und Beschleunigungen der Stößelmitte denen des Kolbens eines Kurbeltriebes mit der Kurbel R und der Pleuelstange L, vgl. Abb. 133. Wo es die Verhältnisse der Nockenspitze zulassen, soll das Verhältnis $\frac{R}{L}$ unter 1 betragen.

Dadurch gewinnt man die Sicherheit, daß die Verzögerung an der Nockenspitze ihren Höchstwert erlangt und nach den Übergangsstellen in die Nockenflanken hin abnimmt. Da die Spannung aller normalen Ventilfedern bis zum oberen Ende des Ventilhubes zunimmt, so ermöglicht eine derart geformte Nockenspitze die Verwendung einer Feder, die in jedem Punkt den Massenwirkungen annähernd das Gleichgewicht hält.

Ist andererseits $\frac{R}{L}$ größer als 1, so nimmt die Beschleunigung gegen die Flanken hin zu, und da die Federspannung in jedem Punkt mindestens gleich der Massenkraft sein muß, so folgt, daß sie an der Nockenspitze zu groß ist und den Ventilantrieb in ganz unnötiger Weise beansprucht.

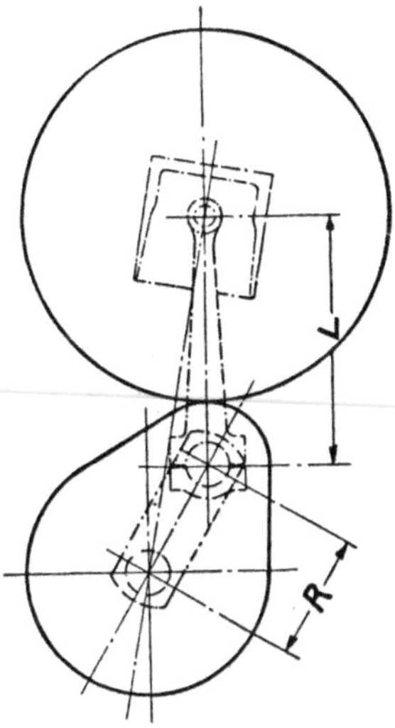

Abb. 133. Bewegungsverhältnisse des kreisbogenförmig begrenzten Stößels.

Flache oder pilzförmige Stößel. Nocken für flache Stößel werden am einfachsten aus Kreisbögen zusammengesetzt, einem mit kleinem Halbmesser für die Spitze und zwei anderen mit viel größerem Halbmesser, die symmetrisch dazu die Seiten bilden und den Spitzenkreis sowie den Nocken-Grundkreis berühren.

Wenn man die Bögen, nach denen die Flanken und die Spitze gekrümmt sind, zu vollen Kreisen ergänzt, so bilden sie gleichsam Kurbeln oder Exzenter, die abwechselnd das flache Ende des Stößels berühren. Die Stößelbewegung setzt sich daher aus Teilen einfacher harmonischer Schwingungen von verschiedenen Amplituden zusammen, und die radialen Geschwindigkeiten und Beschleunigungen an der Flanke und der Spitze des Nockens sind in jedem Punkt direkt proportional dem Abstand des jeweiligen Krümmungsmittelpunktes von der Mitte der Nockenwelle.

Das ist eine äußerst nützliche Eigenschaft dieser Form von Steuerdaumen, weil sie ermöglicht, von vornherein eine Beziehung zwischen den Beschleunigungen und Verzögerungen aufzustellen und danach die Nockenform zu entwerfen. Eine einfache Methode hierfür ist in Abb. 134 dargestellt.

Entwurf von harmonischen Nocken. Das Nockenprofil ist aus Kreisbogen zusammengesetzt. Der Stößel berührt den Nocken mit einer ebenen Fläche und bewegt sich geradlinig und im rechten Winkel zu dieser Fläche.

Man zieht eine Waagerechte AO von der Länge 1, z. B. 25 mm. Dann zieht man die Geraden BO und CO derart, daß die Winkel AOB und AOC jeder der halben Dauer der Ventileröffnung + Stößelspiel gleich sind. Das Stößelspiel kann, bezogen auf den Kurbelkreis, insgesamt mit etwa 12 bis 16°, also mit 3 bis 4° auf jeder Seite des Nockens angenommen werden.

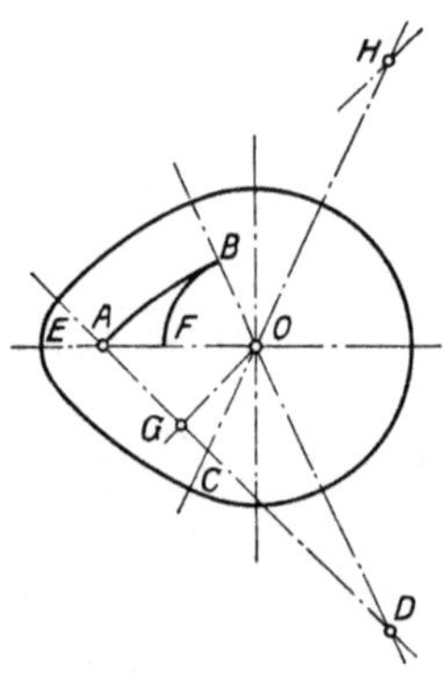

Abb. 134. Entwurf eines harmonischen Steuerdaumens.

Auf der Verlängerung von OB trägt man die Strecke OD so auf, daß sich OD zu OA verhält wie die Beschleunigung auf der Nockenflanke zur Beschleunigung an der Nokkenspitze (Federbeschleunigung). Dieses Verhältnis kann von vornherein festgelegt oder nach dem vorläufigen Entwurf verändert werden. Es liegt im Mittel zwischen 2:1 und 3:1.

Dann beschreibt man mit dem Halbmesser DA um D den Kreisbogen AB und mit OB als Halbmesser um O den Kreisbogen BF. Jetzt verhält sich AF zu dem verlangten Ventilhub wie OB zu dem gewünschten wahren Halbmesser des Grundkreises. Der wahre Halbmesser des Grundkreises ist um den Halbmesser der Nockenspitze kleiner als die Höhe des Nockens.

Man entwirft nun eine ähnliche Nockenform mit dem wahren Halbmesser des Grundkreises und dem verlangten Ventilhub. Mit einem geeigneten Halbmesser, etwa 1,6 mm oder mehr, beschreibt man um A einen Kreisbogen und bildet so die Nockenspitze. Durch Kreisbögen mit den Mittelpunkten D, O und H wird dann die Nockenform vervollständigt.

Die Abmessungen des Stößelkopfes findet man folgendermaßen: Man verbindet A mit D und fällt von O ein Lot auf AD bis zum Punkte G; dann ist OG die größte seitliche Verschiebung des Berührungspunktes, die in dem Augenblick auftritt, in dem der Stößel die Übergangsstelle von der Flankenkurve in die Spitzenkurve berührt, also in dem Augenblick, in dem sich die Beschleunigung in eine Verzögerung verwandelt.

Der Halbmesser des Stößelkopfes muß etwas größer als OG sein, damit der Nocken nicht über den Rand hinausläuft.

Änderungen des Verhältnisses von Flanke zu Spitze des Nockens lassen sich beliebig leicht vornehmen, da derartige Nocken und Stößel sehr hohe Beschleunigungsdrücke ohne örtliche Abnutzung am Stößel aushalten. Durch Wahl hoher Beschleunigungen und langer Dauer der Eröffnungen gelangt man zu Nocken mit kleinem Grundkreis.

Den Grundkreis so klein wie irgend möglich zu erhalten, verlohnt jede Anstrengung; so kann man zu diesem Zwecke, wenn nötig, den Spitzenhalbmesser ohne Gefahr bis auf 1,6 mm verkleinern. Eine weitere angenehme Eigenschaft dieser einfachen harmonischen Nocken ist, daß die größte Verzögerung an der Spitze auftritt und nach beiden Seiten gleichmäßig bis zum Beginn der Flankenkrümmung abfällt. Wenn also die Federspannung so groß ist, daß sie der Massenkraft an der Nockenspitze das Gleichgewicht hält, und wenn ferner die Zusammendrückung der Feder vom ungespannten bis zum vollständig gespannten Zustand gleich dem Abstand des Krümmungsmittelpunktes der Nockenspitze von der Mitte der Nockenwelle ist, dann hält die Federspannung der Massenkraft auch in allen anderen Punkten genau das Gleichgewicht. Dies macht die Bestimmung der am besten geeigneten Feder zu einer sehr einfachen Aufgabe.

Innennocken. Innennocken hat man eine Zeitlang bei kleinen Einzylindermaschinen sehr häufig verwendet. Wenn man sie aus Kreisbögen und Geraden zusammensetzt, so gelten für sie die gleichen Gesetze wie für Außennocken mit dem gleichen Verhältnis $\frac{R}{L}$, aber man muß berücksichtigen, daß bei Innennocken der wirkliche Nocken größer als der theoretische, d. h. als die Bahn der Mitte der Stößelrolle, während bei gewöhnlichen Außennocken das Umgekehrte der Fall ist. In einem beliebigen gegebenen Fall ist also die Gleitgeschwindigkeit beim Innennocken stets viel höher als beim gleichartigen Außennocken.

Da außerdem der Innennocken die Rolle oder den Gleitbacken umschließen muß, so werden diese letzteren in ihrer Größe außerordentlich stark beschränkt; auch die Gleitgeschwindigkeit in den Lagerungen der Zapfen ist ferner bei Rollenstößeln beträchtlich hoch.

Durch Anwendung von sehr gutem Material und guter Werkmannarbeit, und namentlich dadurch, daß es ihnen gelungen ist, außerordentlich glatte Oberflächen an den Rollen und Zapfen zu erzeugen, haben manche Fabriken sehr befriedigende Erfolge mit Innennocken erzielt. Trotzdem sind sie bestimmt weder vom theoretischen noch vom Standpunkt der Herstellung zu empfehlen. Schon der Umstand, daß man die Innenflächen schleifen muß, genügt, um den Ausschlag zugunsten der Außennocken zu geben.

Die Kurventafeln in Abb. 126 bis 128 sowie die Anleitungen zum Gebrauch dieser Tafeln in Abb. 129 bis 132 gelten für alle gängigen Abmessungen; für außergewöhnliche Fälle kann man die entsprechenden Formeln anwenden, die weiter unten angegeben sind. Diesen Formeln liegt die Annahme zugrunde, daß der Stößel in allen Fällen genau radial zum Nocken geführt wird. Ist zwischen Nocken und Stößel ein Hebel eingeschaltet, so muß man den Drehzapfen so anordnen, daß sich der Bogen, auf dem sich die Rollenmitte bewegt, einem radial gerichteten Strahl möglichst genau anschließt. Berücksichtigt man dies nicht, so erhält man eine stark verzerrte Kurve der Ventileröffnungen, die stärkere Ventilfedern bedingt, da die Ventilbeschleunigungen auf der einen Seite des Nockenscheitels größer und auf der anderen kleiner als bei radialer Bewegung der Rollenmitte werden.

Die Ventilbeschleunigung erhält man in allen Fällen durch doppelte Differentiation der Wege in radialer Richtung nach der Zeit. Für die regelmäßigen Formen von Nocken, um die es sich hier handelt, gelten folgende Gleichungen:

1. Für Nocken mit geradlinigen Flanken, tangential an den Grundkreis, ist die Ventilbeschleunigung

$$\omega^2 R \frac{(1 + 2\,\mathrm{tg}^2\,\Theta)}{\cos\Theta}\ \mathrm{m/s^2};$$

2. für Nocken mit runder Spitze und erhaben oder hohl gekrümmten Flanken ist die Ventilbeschleunigung

$$\omega^2 R\left(\cos\Theta - \frac{n^2 \cos 2\,\Theta + \sin^4\Theta}{(n^2 - \sin^2\Theta)^{\frac{3}{2}}}\right)\mathrm{m/s^2};$$

3. für den einfachen harmonischen Nocken und für flachen Stößel ist die Ventilbeschleunigung

$$\omega^2 R \cos\Theta\ \mathrm{m/s^2}.$$

Hierbei ist

R im Fall 1 der Abstand der Rollenmitte von der Mitte der Nockenwelle in der Lage des Stößels, in der die Rolle den Grundkreis berührt, und in den Fällen 2 und 3 der Abstand der Mitte des Krümmungskreises von der Mitte der Nockenwelle in m;

ω die Winkelgeschwindigkeit;

Θ für Flanken nach 1, 2 und 3 der Winkel, der seit der Berührung mit dem Grundkreis zurückgelegt wurde, und für die Spitze des Nockens der Winkel, der seit dem Scheitelpunkt zurückgelegt wurde, d. h. für die Fälle 2 und 3 der Winkel $180° - \Theta$;

L der Krümmungshalbmesser in m;

$n = \frac{L}{R}$, vgl. die zugehörigen Abb. 129 bis 132.

Voranheben der Ventile. Da die Dauer der Eröffnung, die das Einlaßventil verlangt, kürzer als die für das Auspuffventil ist, so sind auch seine Beschleunigungen höher, da diese umgekehrt dem Quadrat der Zeit proportional sind. Aus jedem üblichen Diagramm der Ventilerhebungen kann man ferner ersehen, daß die wirklichen Ventilerhebungen während der ersten und letzten 20 oder 30° Kurbelwinkel sehr klein sind, da die Ventilgeschwindigkeit bei Beginn und am Ende der Ventilbewegung Null ist. Wenn man daher den Ventilsitz derart zylindrisch versenkt, daß sich der äußere Umfang des Ventiltellers darin ähnlich wie ein Kolbenschieber führt, so ist es möglich, mit der Ventilbewegung früher zu beginnen und sie später endigen zu lassen. Da sich der Ventilteller erst aus der Vertiefung erhoben haben muß, bevor eine merkliche Menge von Gemisch durch das Ventil strömen kann, so erreicht man bei gleichen Zeiten für Öffnen und Schließen des Ventils hierdurch, daß die Ventilbeschleunigung bedeutend geringer wird und daß man in der Regel für den Einlaß und den Auspuff gleiche Nocken verwenden kann. Die beschriebene Ausbildung des Ventilsitzes hat auch erheblichen Einfluß auf das Diagramm der Ventilerhebungen insofern, als die Linie am Ende der Ventilbewegung nicht ganz allmählich abnimmt, sondern die Eröffnungen ziemlich groß bleiben und dann plötzlich Null werden.

Für den volumetrischen Wirkungsgrad der Maschine ist diese Eigenschaft der Ventile mit versenktem Sitz oder mit Kolbenschieber sehr günstig, weil solche Einlaßventile im unteren Totpunkt noch weit offen sind und weil sie sich schließen, ehe sich der Kolben so weit zurückbewegt, daß er Gemisch durch das Ventil zurückschieben kann. Unter normalen Verhältnissen bemißt man die Versenkung des Sitzes mit $^1/_6$ bis $^1/_8$ des Ventilhubes.

Ventilfedern. Bei den Ventilfedern hat man folgende Gesichtspunkte zu berücksichtigen:

1. Die Kräfte an verschiedenen Stellen der Ventilbewegung,
2. die höchste Beanspruchung des Federdrahtes,
3. die Änderungen der Beanspruchung vom höchsten bis zum niedrigsten Wert,
4. periodische Schwingungen in den Ventilfedern („Flattern“ der Ventilfedern).

1. Aus dem Verlauf der Hübe und der Beschleunigungen des Ventils kann man auf folgende Weise ein Diagramm der Federspannungen in Abhängigkeit von den Ventilwegen entwickeln:

Man wählt mehrere Punkte der Kurve der Ventilerhebungen zwischen der Nockenspitze und der Umkehrstelle, an der sich die Spitzenkrümmung an die Flanke anschließt, und projiziert diese senkrecht abwärts auf die Kurve der Beschleunigungen und waagerecht auf eine senkrechte Achse. Auf den waagerechten Projektionslinien trägt man dann von den Punkten A, B, C, D . . . aus die zu diesen Punkten gehörigen Ordinaten der Kurve der Beschleunigungen auf. Die Verbindungslinie dieser Punkte ergibt dann die zur Erzeugung der Verzögerungen notwendigen Kräfte in Abhängigkeit von den Ventilerhebungen, vgl. Abb. 135.

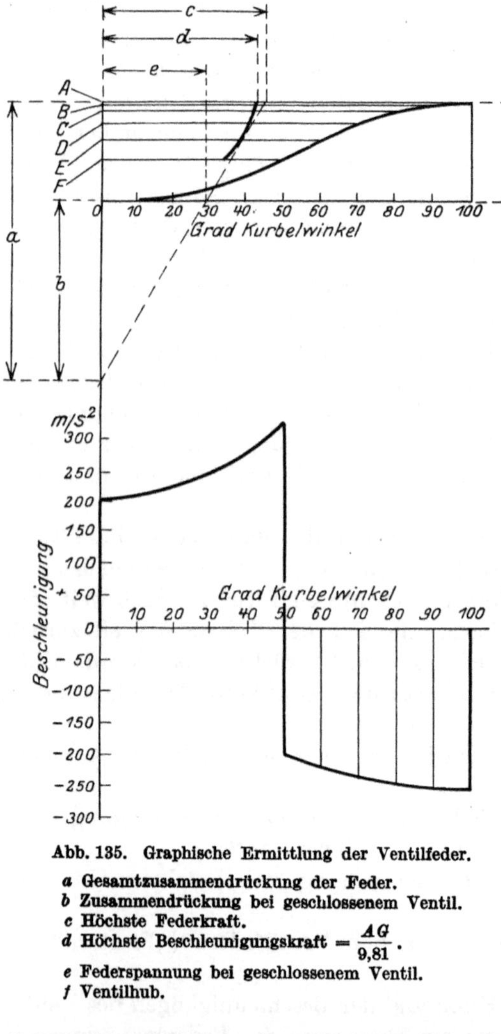

Abb. 135. Graphische Ermittlung der Ventilfeder.
a Gesamtzusammendrückung der Feder.
b Zusammendrückung bei geschlossenem Ventil.
c Höchste Federkraft.
d Höchste Beschleunigungskraft $= \frac{AG}{9,81}$.
e Federspannung bei geschlossenem Ventil.
f Ventilhub.

In Wirklichkeit folgt die Spannung aller Ventilfedern einem geradlinigen Gesetz. Eine Gerade, welche die abgeleitete, über den Ventilerhebungen aufgetragene Spannungslinie berührt, stellt daher das Spannungsgesetz für die geeignete Feder dar.

Ist A die Beschleunigung an irgendeiner Stelle in m/s² und G das Gewicht des Ventils mit Ventilstößel usw. einschließlich des halben Gewichtes der Feder (dessen Größe zunächst angenommen und, wenn erforderlich, später berichtigt wird) in kg, dann ist die notwendige Beschleunigungskraft $F = \frac{AG}{9,81}$, vermehrt um einen kleinen Zuschlag für Reibung. Die kleinste Federspannung muß ausreichen, um das Auspuffventil bei fast geschlossener Drossel auf seinem Sitz festzuhalten; um ferner unnötige Belastungen im Ventilantrieb zu vermeiden, wählt man die größte Federspannung gerade nur so hoch, daß sie bei den höchsten Drehzahlen noch sicheren Überschuß über die Massenkräfte ergibt.

2. Die höchste auftretende Beanspruchung im Federdraht muß immer reichlich weit unterhalb der Streckgrenze bleiben, damit die Feder keine bleibende Formänderung erfährt; sonst nimmt die ungespannte Länge ab und die Kraft zum Zusammendrücken der Feder bis zu einer gewissen Länge wird verringert. Es ist nicht ratsam, mit dieser Beanspruchung über 47 kg/mm² zu gehen, es ist aber unbedingt besser, die Höchstbeanspruchung unterhalb 40 kg/mm² zu erhalten.

3. Der Bereich der Federbeanspruchung, d. h. der Unterschied zwischen der kleinsten Beanspruchung bei geschlossenem Ventil und der größten Beanspruchung bei voll geöffnetem Ventil soll möglichst klein sein, damit das Material der Feder nicht ermüdet und dadurch verschlechtert wird. Entsprechend der Güte des Stahles und der verlangten Lebensdauer der Feder wählt man diesen Unterschied nicht größer als 20 kg/mm².

4. Ist die Masse der Feder im Verhältnis zu ihrer Härte (d. h. zu derjenigen Kraft in kg, die erforderlich ist, um die Feder um 1 cm axial zusammenzudrücken) zu groß, dann wird die Dauer der Eigenschwingung der Feder sehr groß und kann sogar in die Nähe derjenigen der Ventilbewegung gelangen. Hierdurch können so heftige Schwingungen hervorgerufen werden, daß die Feder bald ermüdet und die Ventilstößel nicht mehr auf den Nocken erhält.

Eine an den Enden eingespannte Feder hat in der Mitte eine freie Eigenschwingungszahl

$$n = 940\sqrt{\frac{R}{G}}\,.$$

Hierin ist:

n die Anzahl der Schwingungen in der Minute,

R die Härte der Feder, d. h. die Kraft in kg, die erforderlich ist, um die Feder um 1 cm axial zusammenzudrücken,

G das Gewicht der Feder in kg.

Ist n gleich der Drehzahl der Kurbelwelle oder ein Vielfaches davon (z. B. 2-, 3- oder 4mal so groß), so ist es praktisch sicher, daß die Feder sehr stark schwingen und nicht lange richtig arbeiten wird.

Eine schwingende Feder erkennt man daran, daß sie beim Betrieb der Maschine wie verwischt aussieht, während man bei einer richtig arbeitenden Feder die mittleren Windungen klar unterscheiden kann, da sie, solange das Ventil geschlossen ist, also während $^2/_3$ der Gesamtzeit, in Ruhe bleiben und das Auge diesen Eindruck festhält.

Die beigefügten Tafeln, Abb. 136 und 137, stellen Hilfsmittel für die richtige Wahl der Drahtstärke (Abb. 136 für schwächere, Abb. 137 für stärkere Drähte) dar, wenn die Spannungen und der angenäherte Wicklungsdurchmesser der Feder bekannt sind. Die Zusammen-

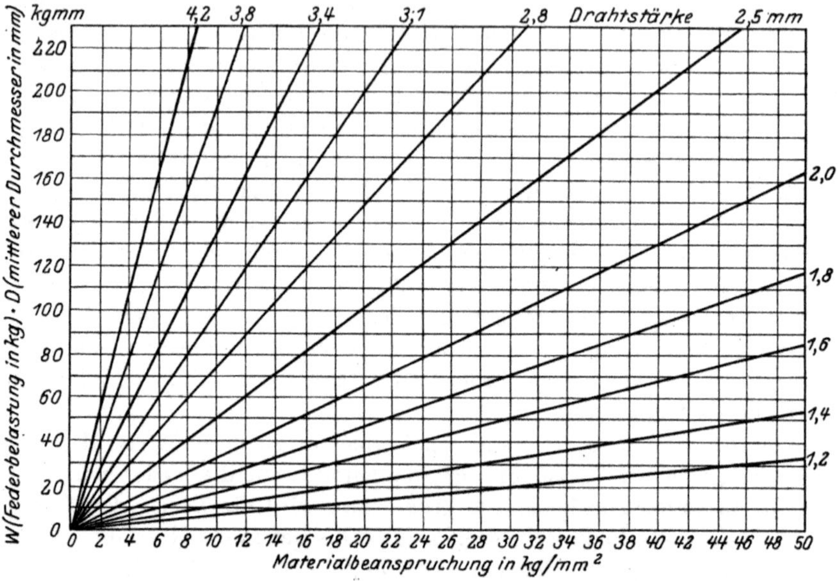

Abb. 136. Tafel zur Bestimmung von schwächeren Federn.

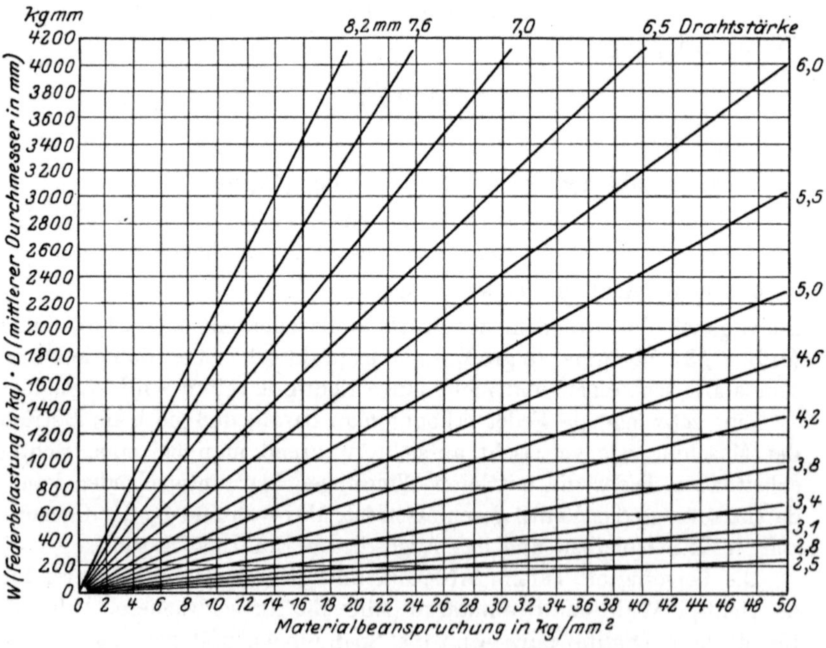

Abb. 137. Tafel zur Bestimmung von stärkeren Federn.

drückung s für je eine Windung kann man aus der Tafel der Federwege, Abb. 138, ablesen. Die Gesamtzusammendrückung S ist durch das Diagramm der Federspannungen in Abhängigkeit von den Ventilerhebungen, Abb. 135, festgelegt. Die Anzahl der wirksamen Gänge ist daher $\frac{S}{s}$ und die Gesamtzahl der Windungen $\frac{S}{s} + 2$.

Die größte Federbeanspruchung ist

$$\sigma = \frac{8\,F D}{\pi\, d^3} \text{ in kg/mm}^2;$$

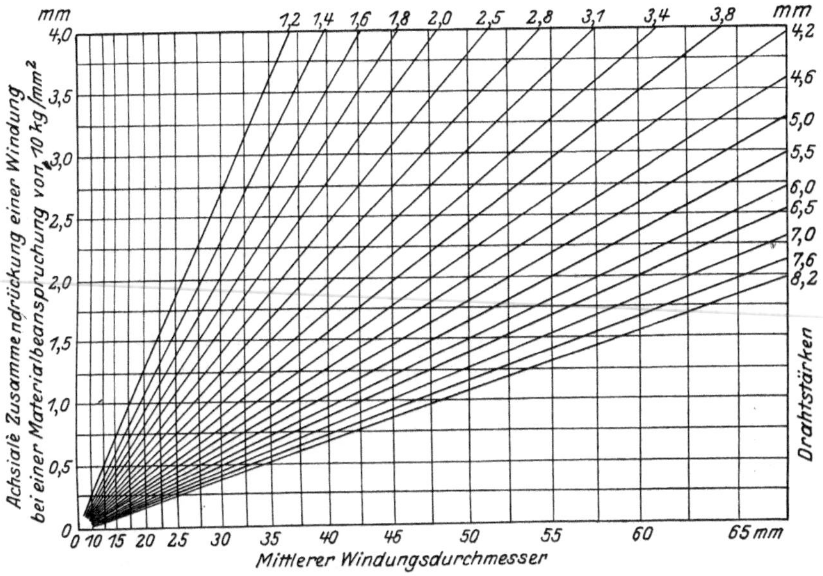

Abb. 138. Federwege für je einen Gang.

hierin ist

F = Höchstbelastung in kg,

D = mittlerer Durchmesser der Feder in mm,

d = Drahtstärke in mm.

Ferner ist die Zusammendrückung

$$S = \frac{8\,F N D^3}{C\, d^4};$$

hierin ist

N = Zahl der wirksamen Federwindungen (Gesamtzahl vermindert um 2),

C = der Schubmodul = 8000 kg/mm².

Die so gefundene Feder muß dann noch auf ihre Eigenschwingungszahl geprüft werden, ehe sie als geeignet betrachtet werden kann.

Die Bedingungen für die zulässige Beanspruchung und für die Eigenschwingungszahl von Ventilfedern scheinen einander entgegenzustehen; wenn nämlich die Grenzen für die Beanspruchung zu eng gezogen werden, so verliert die Feder an Steifheit, und ihre Eigenschwingungen kommen leichter in Resonanz mit den Schwingungen des Ventilantriebes. Es bietet jedoch in der Praxis selbst bei sehr schnellaufenden Maschinen keine Schwierigkeiten, beiden Anforderungen zu genügen.

Wenn die Länge der Feder so gewählt wird, daß die Windungen bei geöffnetem Ventil beinahe aneinanderliegen, so wird die Gefahr der Überbeanspruchung durch das „Flattern" begrenzt.

XI. Entwurf des Kolbens.

Bei jedem Verbrennungsmotor üblicher Bauart entfällt auf die Kolbenreibung der weitaus größte Anteil der gesamten mechanischen Verluste, und von allen einzelnen Bauteilen bietet der richtige Entwurf des Kolbens vielleicht die größten Schwierigkeiten, da er so viele und einander vielfach so stark widersprechende Bedingungen zu erfüllen hat. In großen Zügen kann man die wichtigsten Ziele, die man beim Entwurf eines Kolbens für die leichteren schnellaufenden Verbrennungsmaschinen anzustreben hat, folgendermaßen kennzeichnen:

1. möglichst weitgehende Verminderung der Kolbenreibung,
2. Verminderung des Gewichts,
3. Ableitung der Wärme an die Zylinderwände,
4. Vermeidung von Öldurchtritt in den Verbrennungsraum,
5. Schaffung ausreichender Auflager für den Kolbenbolzen.

Verminderung der Reibung und Verminderung des Gewichtes des Kolbens hängen in hohem Maße voneinander gegenseitig ab; denn der Hauptteil des mittleren Drucks, den der Kolben auf die Zylinderwände ausübt, wird bei jeder beliebigen schnellaufenden Maschine durch die Komponenten der Massenkräfte entwickelt, deren Mittelwert, bezogen auf den ganzen Kreisprozeß, höher als der Gasdruck ist. Wird daher das Kolbengewicht verringert, so nimmt auch der mittlere Seitendruck ab, und bei gleichem spezifischen Seitendruck, d. h. bei gleicher Dauerhaftigkeit der Kolben, kann man somit die tragende Kolbenlauffläche fast in dem Verhältnis verkleinern, wie das Kolbengewicht abnimmt. Die Kolbenreibung hängt natürlich außerdem von der Art und Beschaffenheit des an den Zylinderwänden haftenden Öles ab.

Die allgemeinen Fragen der Schmierung und Reibung wurden schon weiter oben im Zusammenhang mit den Lagern besprochen, wo gezeigt wurde, daß die Reibung in weitem Maße der Größe der tragenden Fläche und der Zähflüssigkeit des Öles sowie, aber in viel geringerem Maß, auch der Belastung proportional ist. Im Falle der Kolben sind aber die Verhältnisse etwas verschieden; in erster Linie ist die mittlere Belastung geringer, die Gleitgeschwindigkeit dagegen höher als in irgendeinem Lager. Unter diesen Umständen spielen daher die Größe der tragenden Lauffläche und die Zähflüssigkeit des Öles eine besonders wichtige Rolle.

Was die tragende Kolbenlauffläche anbelangt, so ist klar, daß nur diejenigen Teile der Kolbenoberfläche wirksam sind, die senkrecht zur Achse der Kurbelwelle liegen, während die anderen Seiten des Kolbens überhaupt keinen Druck aufnehmen. Es ist daher offenbar vorteilhaft, wenn man alle nichttragenden Teile der seitlichen Kolbenoberfläche beseitigt, damit die Fläche, über die hin die Ölschicht auf der Zylinderwand zerrissen werden muß, möglichst klein wird. Da auf die Kolbenlauffläche nur sehr geringe Belastungen entfallen, so genügt schon eine verhältnismäßig kleine Tragfläche. Bei mittleren leichten Kolben reicht eine wirksame Tragfläche an jeder Seite, deren Größe 50 vH der Fläche des Kolbenbodens beträgt, vollständig aus, sofern sie richtig angeordnet, d. h. gleichmäßig oberhalb und unterhalb des Kolbenbolzens verteilt ist und in der Breite etwa einen Zentriwinkel von 90 bis 110° umfaßt.

Bisher ist kein Fall bekanntgeworden, in dem ein Kolben infolge von Überlastung der Tragflächen gefressen hätte. 70 vH aller Fälle, in denen Kolben gefressen haben, traten dadurch ein, daß auf die Ausdehnung und auf die Formänderungen des Kolbens keine genügende Rücksicht genommen wurde, und die restlichen 30 vH kann man auf völliges Versagen der Ölzufuhr zurückführen. Was die Abnutzung anbelangt, so kann man diese bei gußeisernen Kolben hauptsächlich auf die Kolbenringe zurückführen. Es ist jedenfalls ein ganz ungewöhnlicher Fall, wenn auf dem Kolbenmantel oder auf der Zylinderlaufbahn über oder unter dem Teil, den die Kolbenringe bestreichen, irgendwie wesentliche Abnutzung festgestellt wird.

Die Größe der Abnutzung der Zylinderlaufbahnen ist mehr oder weniger dem Gasdruck hinter den Kolbenringen proportional. Infolgedessen ist die Abnutzung an der Stelle am größten, die dem obersten Kolbenring unmittelbar unterhalb der oberen Totpunktstellung des Kolbens gegenüberliegt.

Im Vergleich mit anderen Lagerflächen der Maschine ist die Reibung des Kolbens ungewöhnlich hoch. Das kommt ohne Zweifel in erster Linie daher, daß das Öl teilweise verkokt ist und hierdurch seine Viskosität und sein Scherwiderstand bedeutend erhöht werden. Es sei daran erinnert, daß während jedes Kreisprozesses der größte Teil des an den Zylinderwänden haftenden Öles der vollen Flammentemperatur der brennenden Gase ausgesetzt wird. Außerdem ist wahrscheinlich der Widerstand des Öles größer, wenn die Bewegung ihre Richtung dauernd wechselt, als wenn sie, wie bei einer im Lager umlaufenden Welle, dauernd gleichgerichtet bleibt.

Als einen anschaulichen Beweis für den Einfluß der Verkokung des Öles auf die Kolbenreibung kann man folgende Beobachtung ansehen: Wird bei der Untersuchung von Maschinen auf dem elektrischen Prüfstand die Brennstoffzufuhr plötzlich unterbrochen, nachdem die Maschine unter Last gearbeitet hatte, und die Maschine mittels der elektrischen Maschine angetrieben, so ist das zur Überwindung der Reibung notwendige Drehmoment zuerst hoch; es nimmt aber schnell ab, sobald das verkokte Öl an den Zylinderwänden durch frisches reines Öl aus der Schmieranlage ersetzt wird.

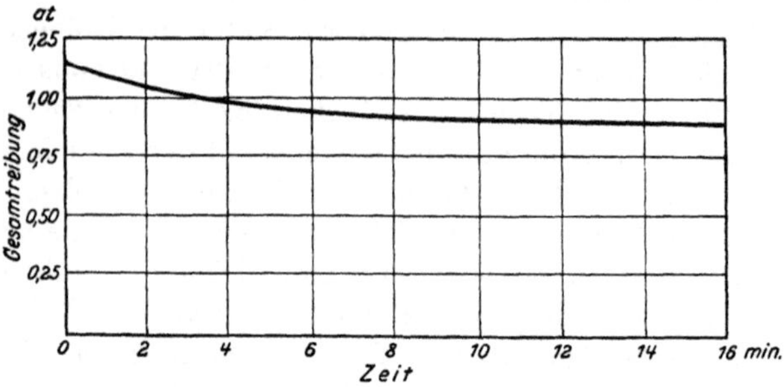

Abb. 139. Abnahme der Gesamtreibung bei 1200 U/min nach Absperren von Brennstoffzufuhr und Kühlwasserumlauf.

Abb. 139 stellt in Abhängigkeit von der Zeit den kennzeichnenden Verlauf des gesamten Reibungsdrehmomentes dar, der sich auf diese Weise ergeben hat. Die Maschine lief bei diesem Versuch beträchtlich lange Zeit unter voller Last mit 1200 U/min, bis ihr Wärmezustand normal geworden war. Dann wurden gleichzeitig Kühlwasser und Brennstoff abgesperrt und die Maschine mittels der Bremsdynamo mit genau der gleichen Drehzahl weitergetrieben. Der Wechsel von Vollast in Antrieb mittels der Dynamo wurde ohne meßbare Unterbrechung und ohne merkliche Änderung der Drehzahl durchgeführt. In diesem besonderen Fall waren die Reibungsverluste in den Lagern und in den Nebenantrieben sowie die Pumpverluste der Maschine vorher sämtlich einzeln ermittelt worden; sie entsprachen bei 1200 U/min einem mittleren Kolbendruck von 0,457 at. Zieht man diesen Wert ab, so stellt die Linie in Abb. 140 die Kolbenreibung allein dar, die, wie man erkennt, zuerst einem mittleren Kolbendruck von 0,668 at entspricht

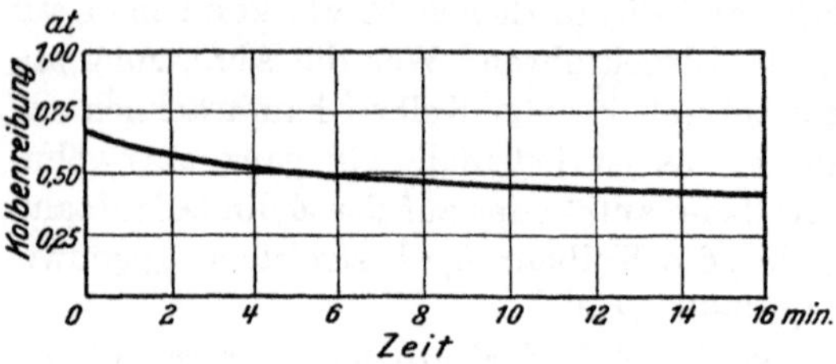

Abb. 140. Abnahme der Kolbenreibung bei 1200 U/min nach Absperren von Brennstoffzufuhr und Kühlwasserumlauf.

und innerhalb 10 min, nach Unterbrechung der Brennstoffzufuhr, auf 0,457 at abnimmt. Nach Ablauf dieser Zeit kann man annehmen, daß praktisch das ganze verkokte Öl an den Zylinderwänden durch Frischöl ersetzt ist.

Einfluß der Temperatur auf die Kolbenreibung. Wie zu erwarten war, hängt die Kolbenreibung in hohem Grade von der Öltemperatur ab, und da die Öltemperatur in erster Linie durch die Temperatur der Zylinderwände bestimmt wird, an denen es haftet, so folgt, daß die Reibung auch sehr wesentlich von der Temperatur des Kühlwassers abhängt. Bekanntlich drückt sich der Einfluß der Zylindertemperatur auf Leistung und Wirkungsgrad darin aus, daß die indizierte Leistung einer Maschine mit steigender Temperatur abnimmt, weil der geringe Gewinn infolge der Verminderung der Wärmeverluste durch den Verlust infolge des kleineren Gewichtes der Ladung bei weitem übertroffen wird. Praktisch nehmen allerdings die Nutzleistung und die Wirtschaftlichkeit einer Maschine mit steigender Temperatur im allgemeinen zu, weil die verminderte Kolbenreibung den Verlust an indizierter Leistung mehr als aufwiegt. Abb. 141 zeigt die Ergebnisse von Versuchen an einer normalen Vierzylinder-Lastwagenmaschine bei Antrieb mit 900 U/min durch die Bremsdynamo. Bei diesem Versuch wurden, nachdem die Maschine eine Zeitlang gelaufen war, die Kühlwassermäntel gründlich mit kaltem Wasser durchgespült, bis sich die Zylinder auf die Temperatur der Außenluft abgekühlt hatten. Dann wurde der Zufluß von Kühlwasser unterbrochen und die Erwärmung des Wassers in den Kühlmänteln sowie das entsprechende Reibungsdrehmoment, ausgedrückt durch einen mittleren Kolbendruck der Maschine, in Abständen von 2 zu 2 min gemessen.

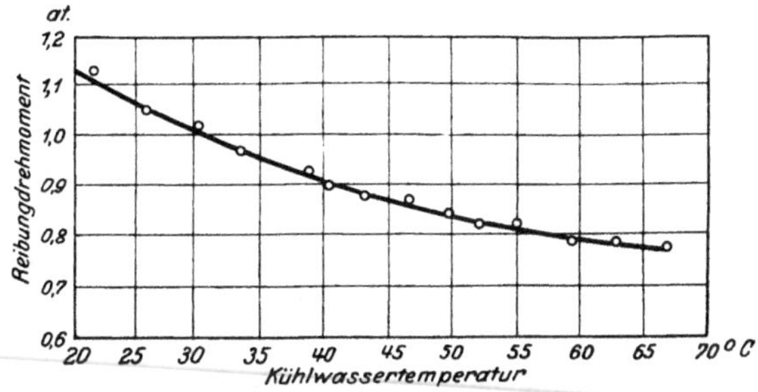

Abb. 141. Abhängigkeit des Reibungs-Drehmomentes von der Temperatur des Kühlwassers.

Bei dieser Maschine waren die Reibung der Lager und der Nebenantriebe und die Pumpverluste vorher getrennt bestimmt worden, ihre Größe entsprach bei etwa 50° einem mittleren Kolbendruck von 0,387 at. Zieht man diesen Wert durchgehend ab, so sieht man, daß die Kolbenreibung von 0,74 at bei 21° Zylindertemperatur auf 0,39 at bei 65,6° abnimmt. In diesen Temperaturgrenzen nimmt bei dieser besonderen Maschine der mittlere indizierte Kolbendruck um etwa 2 vH oder 0,14 at ab, und da die Kolbenreibung im gleichen Bereich um 0,35 at abnimmt, so müßte in Wirklichkeit die Leistung bei höherer Temperatur der Zylinder um 0,21 at oder 3 vH zunehmen. Diese Werte stimmten mit den Ergebnissen der Messungen bei Betrieb der Maschine mit eigener Kraft gut überein; die Mehrleistung der Maschine bei der höheren Temperatur erreichte fast 4 vH. Immerhin darf man diese Versuchsergebnisse nicht unmittelbar miteinander vergleichen, und zwar aus folgenden Gründen:

1. Läuft die Maschine mit eigener Kraft, so sind die Temperaturen des Kolbens und der Innenseite der Zylinder höher als die Temperatur des Wassers in den Kühlmänteln. Das könnte dahin wirken, daß der Unterschied zwischen der Kolbenreibung bei der kalten und der Kolbenreibung bei der warmen Maschine kleiner wird, weil sich der ganze Wärmezustand der Maschine in Wirklichkeit erhöht.

2. Wurde die Maschine mittels der Dynamo angetrieben, so war das Öl an den Zylinderwänden rein und infolgedessen die Kolbenreibung geringer. Beim Betrieb der Maschine mit eigener Kraft war jedoch die Kolbenreibung zweifellos bei allen Temperaturen um etwa 30 vH größer. Das vergrößert den Unterschied und übersteigt wahrscheinlich den Einfluß der Temperaturunterschiede

Ableitung der Wärme. Die Ableitung der Wärme aus dem Kolbenboden erfolgt:

1. durch die Kolbenringe an die Zylinderwände,
2. durch die Tragfläche des Kolbens an die Zylinderwände,
3. durch Übergang an das Öl und die Luft unter dem Kolben.

Für die Richtigkeit der Annahme, daß auf alle Fälle bei kleineren Maschinen der größte Teil der Wärme über die Kolbenringe an die Zylinderwände abgeleitet wird, sprechen viele Beobachtungen. Man könnte zahlreiche Versuche anführen, die als Bestätigung dieser Theorie angesehen werden müssen, aber es genügt hier vielleicht, darauf hinzuweisen, daß, wie Versuche ergeben haben, die Temperatur eines Kolbenbodens nur wenig höher wird, wenn man jede Möglichkeit eines Wärmeüberganges durch die Tragflächen des Kolbens verhindert. Auf alle Fälle ist aber klar, daß die Wärme genügend schnell nur durch denjenigen Teil des Kolbenmantels oder der Tragfläche abgeleitet werden kann, der sich unter dem Einfluß des Pleuelstangenschubes fest gegen die Zylinderwand legt und infolgedessen von dieser Wand durch die dünnste und in lebhafter Bewegung befindliche Ölschicht getrennt ist.

Der Anteil an Kolbenwärme, den der Luftstrom und das Öl unter dem Kolben abführen, kann nicht groß sein und braucht nicht ernstlich berücksichtigt zu werden, ausgenommen in Fällen, in denen man besondere Mittel verwendet, um diese Wirkungen zu verstärken.

Durchaus begreiflich ist es, daß der wichtigste Gesichtspunkt die Ableitung der Wärme von der Mitte des Kolbenbodens nach dem

Rande hin ist; gelingt es, die Wärme überhaupt erst bis an den Rand des Kolbenbodens fortzuleiten, dann hat man auch, wie die Erfahrung lehrt, keine Schwierigkeiten mehr, die Wärme ganz loszuwerden. Damit die Wärme leichter aus der Mitte nach dem Rande des Kolbens fortgeleitet wird, soll der Kolbenboden so dick sein, wie es sich mit der Begrenzung des Kolbengewichtes verträgt, und auch die Wärmeleitfähigkeit des Kolbenbaustoffes soll so hoch wie möglich sein. In den letzten Jahren hat sich die Verwendung von Aluminiumlegierungen für Kolben besonders gut eingeführt, und zwar nicht nur, weil ihr spezifisches Gewicht etwa ein Drittel des spezifischen Gewichtes von Gußeisen beträgt, sondern auch, weil ihre Wärmeleitfähigkeit ungefähr fünfmal so groß wie die des Gußeisens ist. Die Wärmeableitung ist, wie man beobachtet hat, bei Anwendung solcher Legierungen so stark, daß man selbst bei Zylindern für mehr als 120 PS Leistung die Kolbenböden nicht stärker zu bemessen braucht, als aus Rücksicht auf ihre Festigkeit notwendig ist.

In neuerer Zeit hat man alle Flugmotoren und viele andere schnelllaufenden Verbrennungsmaschinen mit Kolben ausgerüstet, die ganz aus Aluminiumlegierung bestehen. Einwände gegen Kolben, die ganz aus Aluminium bestehen, sind:

1. Wegen der hohen Wärmeausdehnungszahl von Aluminium muß das Spiel des Kolbens in der Zylinderbohrung groß sein; das verursacht einen hörbaren Schlag, wenn am Ende des Verdichtungshubes der Druck des Kolbens gegen die Zylinderwand seine Richtung wechselt.

2. Aluminium ist ein verhältnismäßig weiches Metall, das den harten Teilchen die Möglichkeit bietet, sich in die Oberfläche einzubetten, und kann daher zu schneller Abnutzung der Zylinderwände führen, wenn sie nicht sehr harte Oberflächen haben.

3. Wenn man Gußstücke aus Aluminium nicht sehr sorgfältig ausglüht, so neigen sie dazu, zu wachsen und sich zu verziehen, so daß das Kolbenspiel aus diesem Grunde noch größer bemessen werden muß.

Keiner dieser Einwände ist jedoch stichhaltig, wenn man nur den Kolbenboden und den die Kolbenringe tragenden Teil aus Aluminium, die Tragfläche dagegen aus Gußeisen herstellt. Die hohe Wärmeleitfähigkeit und das geringe Gewicht des Aluminiums kann man auch bei dieser Bauart mit Vorteil ausnützen.

Eindringen von Schmieröl in den Verbrennungsraum. Eine sehr häufige Art von Störungen bei Verbrennungsmaschinen und insbesondere bei schnellaufenden Maschinen der geschlossenen Bauart ist, daß Schmieröl in den Verbrennungsraum eindringt, wo es an den Wänden des Verbrennungsraumes sowie auf dem Kolbenboden verkokt wird und die Ursache von Detonation und schließlich von Frühzündungen bildet.

Ursachen für den Durchtritt von Öl an den Kolbenringen vorbei in den Verbrennungsraum sind:

1. Beim Abwärtsgang des Kolbens wird das Öl nach aufwärts gegen die Kolbenringe gepreßt, da die Kolbenbewegung in Verbindung mit dem Druck seiner Tragfläche gegen die Zylinderwand einen ziemlich hohen hydraulischen Druck erzeugt und das Öl sozusagen gegen die Ringe aufgewalzt wird.

2. Die Bewegung der Kolbenringe in ihren Nuten wirkt wie eine Pumpe, die das Öl in den Verbrennungsraum fördert.

Um daher das Eindringen des Öles in den Verbrennungsraum nach Möglichkeit zu verhindern, muß man folgendes berücksichtigen:

1. Das Auftreten eines hohen hydraulischen Druckes im Öl kann man zu einem großen Teil verhindern, indem man Löcher in die Tragfläche des Kolbens bohrt, durch die eine Druckentlastung bewirkt wird, und indem man Ablauflöcher im Kolben unmittelbar unter dem letzten Kolbenring anordnet.

2. Wenn sich der Kolben abwärts bewegt, so legen sich alle Kolbenringe gegen die oberen Seiten der Nuten, während sich die Räume zwischen den Ringen und den unteren Seiten der Nuten mit Öl füllen, das von der Wand abgeschabt wird. Bewegt sich dann der Kolben wieder aufwärts, so wechseln die Ringe ihre Lage und legen sich unten in den Nuten auf. Das Öl läuft daher hinten um die Ringe herum auf ihre oberen Seiten, und am oberen Ende dieses Hubes, wenn die Ringe wieder ihre Stellung wechseln, wird ein Teil dieses Öles herausgequetscht. Diese Beschreibung bestätigt, daß jeder Kolbenring wie eine Ölpumpe ohne Ventile wirkt und das Bestreben hat, Öl in den Verbrennungsraum zu fördern.

Um diese Pumpenwirkung nach Möglichkeit einzuschränken, muß man

1. die Ringe mit Ausnahme des Ölabstreifringes in ihren Nuten so genau wie möglich einpassen,

2. unter dem Ölabstreifring für reichlichen Spielraum sorgen, damit etwa abgeschabtes Öl frei entweichen kann,

3. die Neigung der Kolbenringe, Öl zu fördern, kann ferner dadurch stark eingeschränkt werden, daß man in die Böden der Ringnuten hinter den Ringen Löcher bohrt, so daß auch etwa hinter die Ringe gelangendes Öl frei austreten kann.

Dieses letztere Mittel darf man jedoch nur bei der untersten Kolbenringnut anwenden, da durch derartige Löcher natürlich auch Gas entweichen kann. Abb. 142 zeigt eine Anordnung für Kolbenringe, die sich gegen Eindringen von Öl in den Verbrennungsraum als sehr wirksam erwiesen hat.

Ein weitverbreiteter Glaube ist, daß das Eindringen von Öl in den Verbrennungsraum in erster Linie von dem Druck oder Unterdruck im Zylinder abhängt, und daß infolge des Unterdruckes im Zylinder während des Saughubes das Öl an den Kolbenringen vorbeigesaugt wird. Diese Ansicht gründet sich darauf, daß der Auspuff einer Maschine sichtbar wird, wenn man nach längerem gedrosseltem Lauf die Drossel wieder voll öffnet, was als Beweis dafür gelten kann, daß zuviel Öl in den Verbrennungsraum gelangt ist. Auch kann man, wenn die Maschine längere Zeit mit fast geschlossener Drossel gelaufen ist, flüssiges Öl im Verbrennungsraum finden, wenn man die Zylinder oder die Ventilverschraubungen abnimmt.

Trotz dieser Beobachtungen ist die Anschauung, daß bei Leerlauf Öl in den Verbrennungsraum gesaugt wird, durchaus falsch; denn die Ölmenge, die an den Kolbenringen vorbei in den Verbrennungsraum dringt, ist nur eine Funktion der Drehzahl der Maschine, weil der Druck, der durch die Pumpwirkung der Kolbenringe entsteht, viel zu hoch ist, als daß er durch die verhältnismäßig kleinen Druckunterschiede im Zylinder irgendwie beeinflußt werden könnte. Arbeitet aber eine Maschine mit Vollast oder fast mit Vollast, so verbrennt das Öl, das in den Verbrennungsraum gelangt, zugleich mit dem Brennstoff. Die Verbrennung ist dann so vollständig, daß kein Öldampf im Auspuff sichtbar wird. Bei Leerlauf reicht dagegen die Verbrennungstemperatur infolge der hohen Verdünnung des Gemisches durch Auspuffgase und des verhältnismäßig höheren Wärmeverlustes nicht mehr aus, um das Öl zu verbrennen, mit dem Ergebnis, daß sich das Öl im Verbrennungsraum ansammelt, bis die Drossel wieder geöffnet wird. Dann ist aber die Ölmenge so groß, daß nicht genug Sauerstoff vorhanden ist, um das Öl in der ersten Zeit restlos zu verbrennen. Das Öl verbrennt daher nur teilweise und entweicht durch den Auspuff als bläulicher Rauch, d. h. als verdampftes, aber nicht verbranntes Öl.

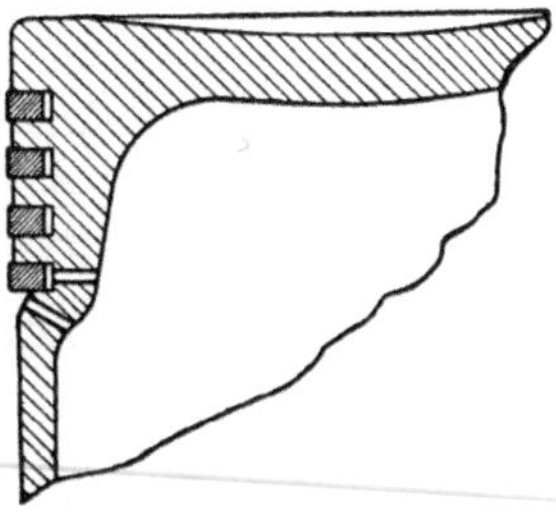

Abb. 142. Kolben mit Ölablaufbohrungen hinter dem untersten Kolbenring.

Bei jeder normalen schnellaufenden Verbrennungsmaschine der geschlossenen Bauart verbrennen etwa 90 vH des verbrauchten Schmieröles als Brennstoff im Zylinder. Dies müßte man bei der Berechnung des Wirkungsgrades einer Maschine stets berücksichtigen und als Grundlage für diese Berechnung den Verbrauch von Brennstoff und Öl verwenden. Bei den meisten normalen Maschinen ist aber der Ölverbrauch im Verhältnis zum Brennstoffverbrauch nur klein, so daß er den Brennstoffverbrauch nicht wesentlich ändert; bei gewissen Arten von Flugmotoren jedoch, besonders bei Motoren mit umlaufenden Zylindern, ist der Ölverbrauch so hoch, daß er den Brennstoffverbrauch wesentlich verringert und ein falsches Bild von der Brennstoffsparsamkeit des Motors erwecken kann.

Der Verfasser hat eine Anzahl von Versuchen durchgeführt, um den Einfluß von Druck und Geschwindigkeit auf den Durchtritt von Öl nach dem Verbrennungsraum festzustellen. Hierbei wurde der Motor von außen angetrieben und das an dem Kolben vorbeidringende Öl unter folgenden Verhältnissen gesammelt:

Abb. 143. Maschine zum Untersuchen von Kolben und Kolbenringen.

1. atmosphärischer Druck auf beiden Seiten des Kolbens,
2. gleichförmiger Unterdruck von 508 Millimeter Q.-S. im Zylinder,
3. gleichförmiger Überdruck von 3,16 at auf der Oberseite des Kolbens.

In allen drei Fällen waren die Ölmengen, die im Laufe einer Stunde am Kolben vorbeidrangen, innerhalb der Beobachtungsfehler, d. h. sicherlich auf 10 vH, genau gleich. In allen drei Fällen änderte sich auch die Ölmenge beinahe direkt proportional der Drehzahl.

In Abb. 143 ist eine besondere Maschine dargestellt, die zum Untersuchen von Kolben und Kolbenringen nach folgenden drei Richtungen hin dient:

1. Auf Reibung,
2. auf Undichtheit,
3. auf Vorbeidringen von Öl.

Die Maschine besteht aus einem Kurbelgehäuse und einem mit Wasser gekühlten Zylinder, in den man verschiedene Kolben, Kolbenringe usw. einpassen kann. Der Kolben wird durch Kurbel und Pleuelstange hin und her bewegt, und damit keine Schwingungen auftreten, sind hin und her gehende Ausgleichgewichte vorhanden, die von Exzentern bewegt werden. Der Zylinder ist gegen Wärmeableitung an das Kurbelgehäuse isoliert, und die Kolbenreibung wird unmittelbar durch die Erwärmung des Wassers im Zylindermantel gemessen. Damit sich die Wassererwärmung gleichmäßig verteilt, wird das Wasser im Zylindermantel mittels eines kleinen Propellers, der von der Kurbelwelle über einen Riemen angetrieben wird, im Umlauf erhalten.

Das obere Ende des Zylinders ist mit einem großen und stark isolierten Aufnehmer verbunden, dessen Inhalt genügt, um irgend merkliche Schwankungen im Druck infolge der Bewegung des Kolbens zu verhindern, so daß bei jedem Hub die gleiche Luft in den Zylinder angesaugt und wieder ausgestoßen wird und Versuchsfehler durch Eindringen von kalter Luft in das Innere des Zylinders vollständig oder jedenfalls fast vollständig vermieden werden. Dieser Behälter ist wiederum mit einer Luftpumpe verbunden, so daß man den Gegendruck über dem Kolben in jedem gewünschten Grade erhöhen oder verringern sowie den Einfluß des Gasdruckes auf die Kolbenreibung und auf den Durchtritt von Öl am Kolben prüfen kann.

Zum Schmieren wird Öl unter einem Druck von 2,11 at durch die hohle Kurbelwelle eingepreßt. Von hier gelangt es durch das Pleuellager nach außen und wird dann gegen die Zylinderwände geschleudert.

Zur Messung der Gasdichte und der Undichtheit von Kolbenringen wird der Behälter abgebaut und statt dessen ein flacher Deckel auf den Zylinder gesetzt. Dieser Deckel ist mit einem kleinen und sehr leichten selbsttätigen Einlaßventil versehen, das mit einem Gerät zur Messung von Luftmengen verbunden ist. Wenn der Deckel aufgelegt ist, dann verdichtet und entspannt der Kolben abwechselnd die Luft im Zylinder, wobei ein höchster Druck von etwa 15,5 at erreicht wird. Jede Undichtheit an den Ringen ersetzt sich dadurch, daß Luft durch das Einlaßventil nachströmt, und die Luftmenge, die so verbraucht wird, um die Luftverluste durch Undichtheit auszugleichen, wird an der Verdrängung von Wasser gemessen.

Die Maschine ist unmittelbar mit einem elektrischen Pendeldynamometer verbunden und kann mit Drehzahlen von 600 bis 2500 U/min betrieben werden. Das Drehmoment, das bei jeder Drehzahl insgesamt notwendig ist, um die Maschine anzutreiben, kann man unmittelbar am Arm des Dynamometers messen, während der Kraftverlust durch die Kolbenreibung allein aus der Erwärmung des Wassers im Zylindermantel bestimmt wird.

Die wahre Höhe der Kolbenreibung genau zu bestimmen, ist wegen der Verluste durch Strahlung usw. nicht leicht, aber Vergleichswerte für die Reibung von zwei Kolben oder über den Einfluß irgendeiner Änderung der Kolbenbauart oder der Kolbenringe auf die Reibung kann man außerordentlich genau erhalten, indem man den Verlauf der Wassertemperaturen im Zylindermantel vergleicht. In Abb. 144 bis 146 sind derartige Aufzeichnungen über die Änderung der Temperatur mit der Zeit sowie über die Gesamtreibung der Maschine, ausgedrückt in at mittlerem Kolbendruck, bei verschiedenen Bauarten von Kolben, bei verschiedener Anzahl von Kolbenringen usw. wiedergegeben.

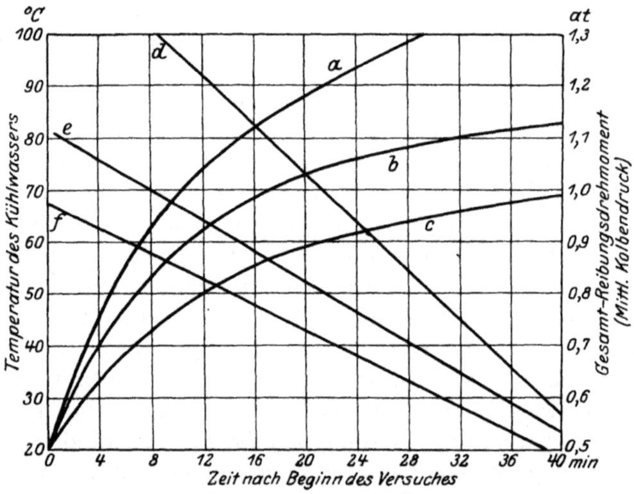

Abb. 144. Versuche mit Aluminiumgußkolben (Gleitschuh-Bauart mit 3 Kolbenringen) ohne Gegendruck bei 3 Drehzahlen.

Wassertemperaturen	*a* bei 2000 U/min *b* „ 1600 „ *c* „ 1200 „
Reibungsdrehmomente, ausgedrückt in at mittl. Kolbendruck	*d* bei 2000 U/min *e* „ 1600 „ *f* „ 1200 „

Um an Gewicht zu sparen und zu vermeiden, daß sich der Kolben verzieht, soll man, wie einleuchtet, den Druck möglichst unmittelbar vom Kolbenboden auf die Pleuelstange und von der Pleuelstange auf die Lagerlaufflächen übertragen. Die übliche Art, wobei man den Druck vom Kolbenboden über die Seitenwände des Kolbens und die Kolbenringnuten in die beiden äußersten Enden des Kolbenbolzens fortleitet, ist nicht zu empfehlen. Es ist offenbar weitaus besser, wenn der Druck unmittelbar vom Kolbenboden auf den Kolbenbolzen übertragen und von diesem an zwei Stellen aufgenommen wird, die so nahe an der Kolbenachse liegen, wie es die Breite des Lagers am Kolbenende der Pleuelstange zuläßt.

In Abb. 147 bis 149 ist die Bauart eines Kolbens, der ganz aus Aluminium besteht, wiedergegeben, der vielleicht die leichteste mög-

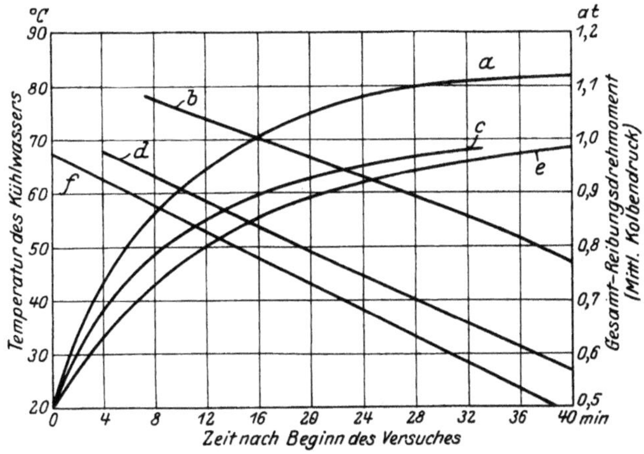

Abb. 145. Versuche an drei verschiedenen Kolbenbauarten bei 1200 U/min.

Kühlwassertemperaturen { *a* Gußeisenkolben. *c* Aluminium-Tauchkolben. *e* Aluminiumkolben der Gleitschuhform.

Reibungsdrehmomente, ausgedrückt in at mittl. Kolbendruck { *b* Gußeisenkolben. *d* Aluminium-Tauchkolben. *f* Aluminiumkolben der Gleitschuhform.

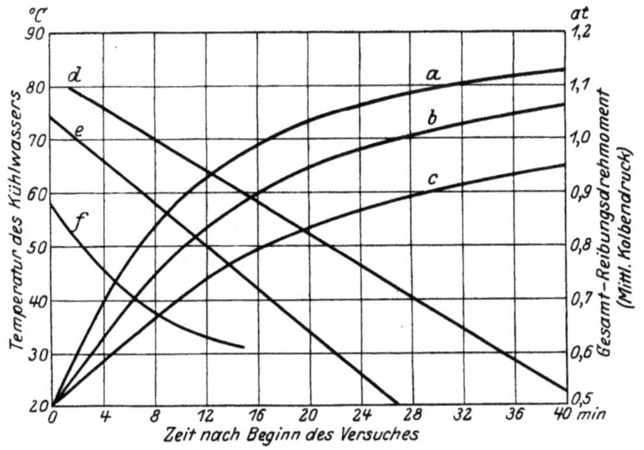

Abb. 146. Versuche mit verschiedener Anzahl von Kolbenringen.

Kühlwassertemperaturen { *a* Mit drei Ringen. *b* Oberster Ring ausgebaut. *c* Oberster u. mittlerer Ring ausgebaut.

Reibungsdrehmoment (ausgedrückt in at mittl. Kolbendruck) { *d* Mit drei Ringen. *e* Oberster Ring ausgebaut. *f* Oberster u. mittlerer Ring ausgebaut.

liche Lösung darstellt. Bei diesem Kolben übertragen zwei Hauptrippen den Druck vom Kolbenboden auf den Kolbenbolzen und von dort auf die Laufflächen des Lagers. Auch sind alle überflüssigen Tragflächen beseitigt. Die Bauart ist unter der Bezeichnung „Gleitschuh“-Kolben bekannt geworden und hat in weitem Maß Anwendung gefunden, insbesondere bei sehr schnellaufenden Maschinen, für die sich ihr geringes Gewicht, ihre geringen Reibungsverluste und ihr günstiges Verhalten gegenüber dem in den Verbrennungsraum aufsteigenden Schmieröl sehr vorteilhaft erwiesen haben.

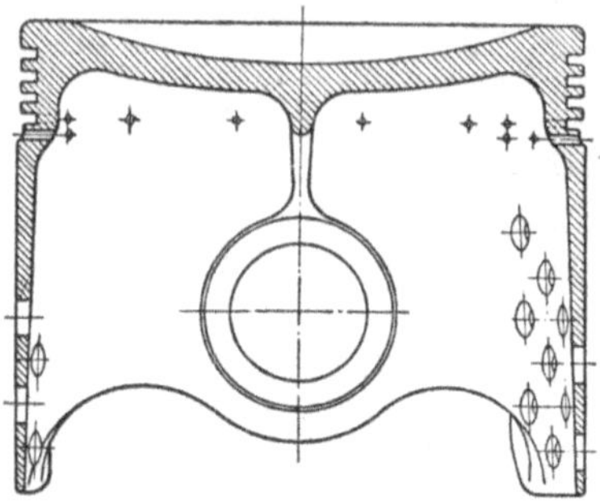

Abb. 147.

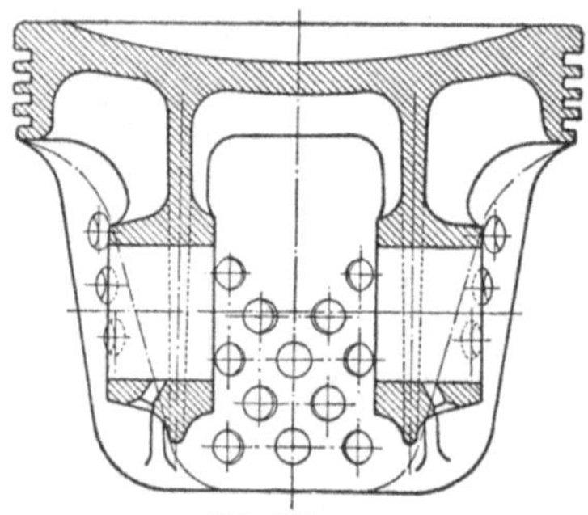

Abb. 149.

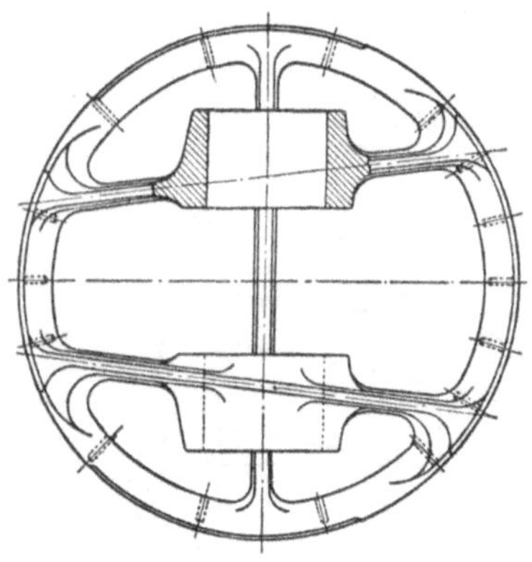

Abb. 148.

Abb. 147 bis 149. Aluminiumkolben der Gleitschuhbauart für eine große schnellaufende Maschine.

Der in Abb. 147 bis 149 dargestellte Kolben ist der größte Kolben, der bisher für Maschinen dieser Art ausgeführt worden ist, denn er überträgt 135 PS bei 1400 U/min.

Abb. 150 und 151 stellen eine abweichende Bauart dar, bei der die Gleitschuhe oder Tragflächen aus Gußeisen bestehen. Diese Bauart hat außerdem den Vorteil, daß der schwimmende Kolbenbolzen in der Achsrichtung durch die gußeisernen Schürzen festgelegt wird, so daß er keine andere seitliche Sicherung braucht, die stets ein schwieriges Problem darstellt.

Abb. 152 bis 154 stellen noch eine weitere Kolbenbauart dar; hier steht der aus Aluminiumlegierung bestehende Oberteil gelenkig mit einem die gußeisernen Tragflächen aufnehmenden Kreuzkopf nur durch den Kolbenbolzen oder vielmehr durch dessen Lagerbüchse in Verbindung, in welcher der Kolbenbolzen frei drehbar ist. Diese Bauart hat den Vorteil, daß sie billiger und weniger zerbrechlich als die nach Abb. 150 und 152 ist, und daß sich außerdem der Aluminiumkopf des Kolbens frei im Zylinder zentrieren kann. Ihr Hauptmangel ist, daß sie sehr genaue Herstellung bedingt.

Das Schlagen der Kolben. Infolge des großen Spiels im Zylinder, das man bei Aluminiumkolben zulassen muß, ist es sehr schwer, ge-

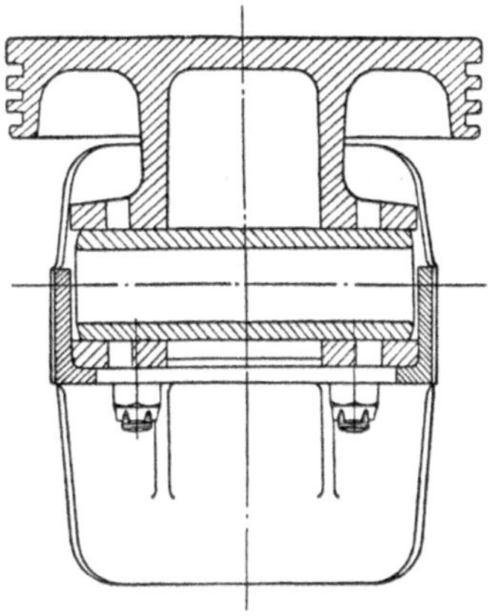

Abb. 150.

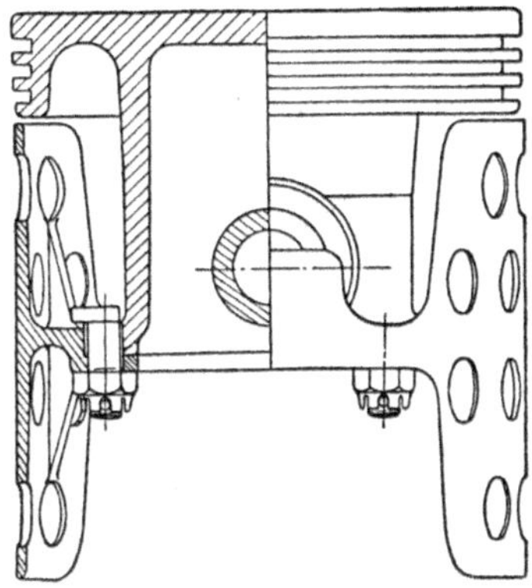

Abb. 151.

Abb. 150 und 151. Gußeisen-Aluminiumkolben mit Aluminiumkopf und damit fest verbundenen Gußeisen-Gleitschuhen.

räuschlosen Lauf der Maschine zu erzielen, weil der Kolben am Ende des Verdichtungshubes heftig von einer Seite des Zylinders gegen die andere gedrückt wird.

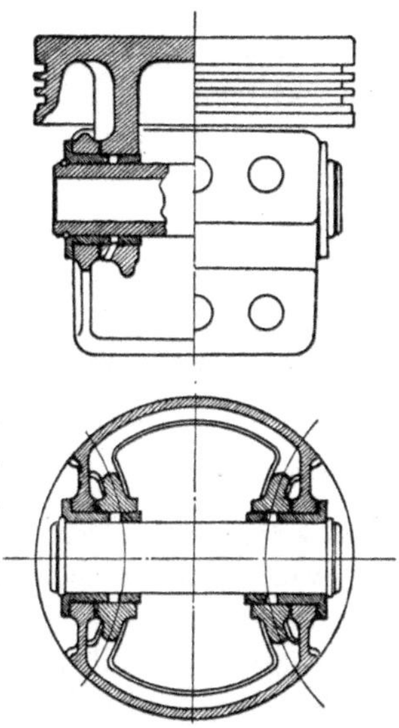

Abb. 152 und 153.

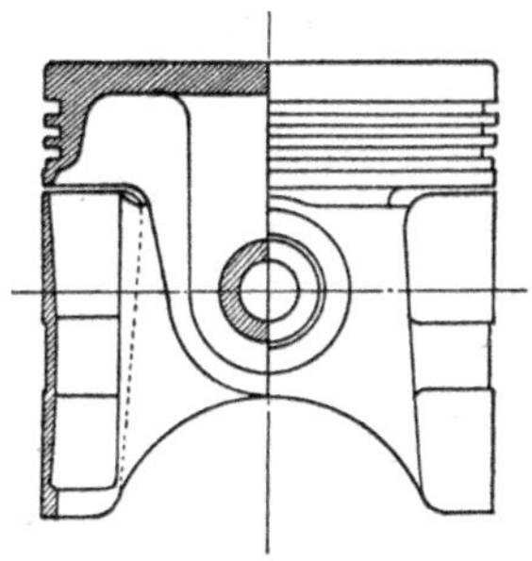

Abb. 154.

Abb. 152 bis 154. Gußeisen-Aluminiumkolben mit Aluminiumkopf und gelenkig damit verbundenen Gußeisen-Gleitschuhen.

Das Geräusch ist am stärksten wahrnehmbar, wenn die Maschine langsam mit geringer Belastung arbeitet, weil der Kolben unter diesen Betriebsverhältnissen kühl und daher sein Spiel im Zylinder am größten ist, und weil dann die anderen mechanischen Geräusche der Maschine weniger in die Erscheinung treten.

Man hat schon verschiedene Mittel erprobt, um dieses störende Geräusch zu beseitigen. Wiederholt hat man Kolben verwendet, deren normales Spiel im Zylinder sehr klein und deren Laufmantel geschlitzt ist, damit er elastisch nachgeben kann und daher gegen Fressen geschützt wird. Andere wieder sind sogar so weit gegangen, Federn zwischen die Pleuelstange und den Kolben einzuschalten, die den Kolben stets gegen eine und dieselbe Zylinderseite drücken sollen. Wieder andere haben das Verfahren verwendet, den Kolbenbolzen etwas seitlich von der Kolbenmitte anzuordnen, so daß der Kolben stets das Bestreben hat, um den Bolzen zu kippen. Diese Kolben-

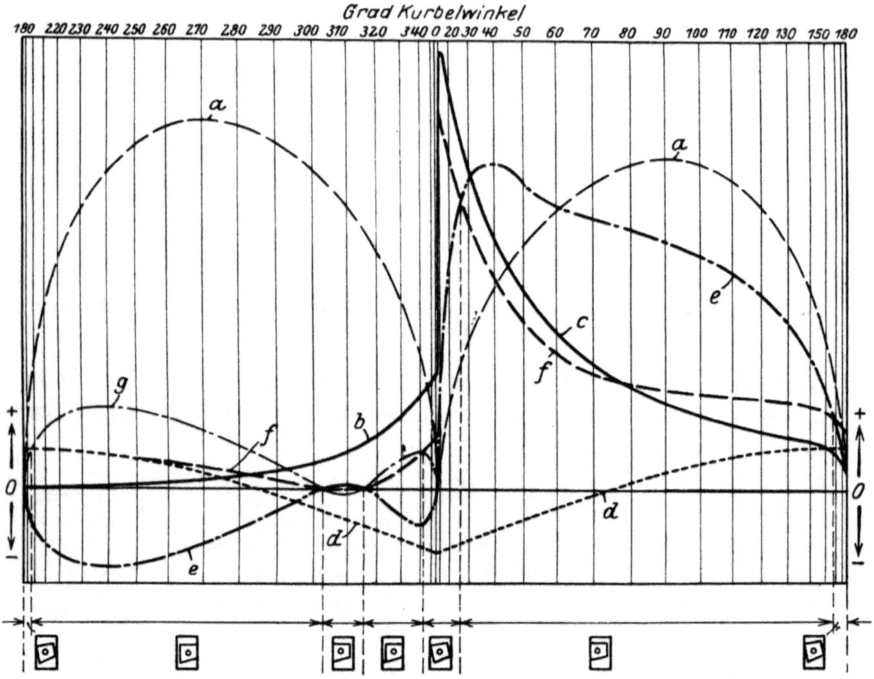

Abb. 155. Verlauf der an einem Kolben mit seitlich versetztem Kolbenbolzen wirkenden Kräfte.
a Tangente des Pleuelstangen-Ausschlages.
b Verdichtung.
c Expansion.
d Massenkraft des Kolbens.
e Durch d. Kippmoment erzeugte Horizontalkraft.
f Summe der senkrechten Kräfte.
g Durch das Kippmoment erzeugte Horizontalkraft zum Vergleich mit der Summe der Vertikalkräfte negativ aufgetragen.

bauart schien zuerst aussichtsvoll, erwies sich jedoch bei weiteren Versuchen als unwirksam. In welcher Weise sich eine derartige seitliche Versetzung des Kolbenbolzens tatsächlich auswirkt, ist in Abb. 155 dargestellt, worin die Stellungen des Kolbens während der verschiedenen Stufen des Kreisprozesses schematisch angedeutet sind.

Abb. 156 zeigt ein dem Verfasser patentiertes Verfahren in Anwendung bei einem Kolben der Gleitschuh-Bauart; hierbei sind die Tragflächen vom Kolbenboden getrennt, damit die Wärme nicht unmittelbar übergehen kann und die Verwendung kleineren Kolbenspiels zulässig ist. Diese Bauart hat sich als Schutz gegen den Durchtritt von Schmieröl hinter den Kolbenringen sehr erfolgreich erwiesen, weil das Öl unterhalb der Kolbenringe besonders leicht abfließen kann. Dagegen ermöglichte sie nicht, das Kolbenspiel irgendwie merklich zu verringern, aus dem einfachen Grunde, weil auch sonst sehr wenig Wärme vom Kolbenboden bis in die Tragflächen fortgeleitet wird. Mit anderen Worten, man hat gefunden, daß auf alle Fälle bei verhältnismäßig kleinen Maschinen die Trennung von Kolbenboden und Tragflächen auf die Temperatur und Wärmeausdehnung des Kolbens wenig Einfluß ausübte, da die Temperatur des sog. Kreuzkopfteiles ohnedies immer nur sehr wenig höher als die der Zylinderwandung war.

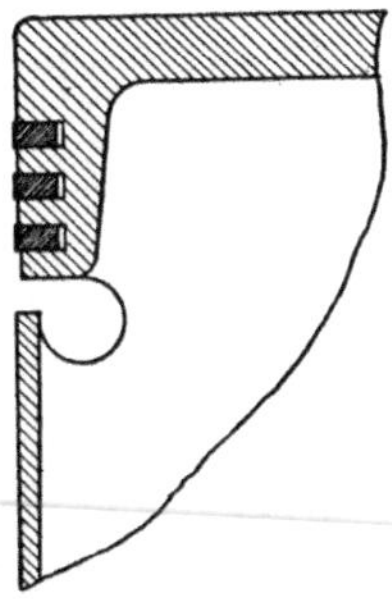

Abb. 156. Geschlitzter Kolben der Gleitschuh-Bauart.

Von keiner der beschriebenen Bauarten kann man jedoch sagen, daß sie den Schlag des Kolbens beseitigt oder überhaupt wesentlich zur Lösung dieses Problems beigetragen hat. Der Verfasser neigt daher zu der Ansicht, daß es sich, wo außerordentlich ruhiger Gang der Maschine verlangt wird, empfiehlt, bei allen, außer den kleinsten Kolben, Gußeisen für die Tragflächen zu verwenden. Bei ganz kleinen Kolben kann dagegen das Spiel so klein bemessen werden, daß man den Schlag überhaupt oder fast gar nicht wahrnimmt, weil das Geräusch eher von der absoluten Größe des Spiels als vom Verhältnis des Spiels zum Kolbendurchmesser abhängt. Erfahrungsgemäß soll das Spiel von Aluminiumkolben in Zylindern mit Wasserkühlung von mittlerer Leistung an den Tragflächen 0,002 mm auf 1 mm Kolbendurchmesser betragen, und im allgemeinen wird der Schlag hörbar, wenn das Gesamtspiel über 0,13 bis 0,15 mm beträgt. Das bedeutet, daß Kolben bis zu etwa 75 mm Dmr., die ganz aus Aluminium bestehen, je nach der Schmierung und einigen anderen untergeordneten Einflüssen noch vollkommen geräuschlos laufen können; über 75 mm Dmr. hinaus ist es dagegen schwierig, wenn nicht ganz unmöglich, geräuschlosen Gang zu erreichen.

Kolbenringe. Über Kolbenringe ist im allgemeinen wenig zu sagen. Mit wenigen Ausnahmen verwendet man bei allen schnellaufenden Verbrennungsmaschinen gewöhnliche flache, konzentrische, gußeiserne Ringe der Ramsbottom-Bauart. Derartige Ringe müssen sowohl außen als an den beiden Seiten geschliffen sein, damit man sie in die Nut dicht einpassen kann, und werden meistens nach dem Aufschneiden auf der Innenseite gehämmert, damit sich das Material dehnt und der Ring sich mit gleichförmigem Druck gegen die Zylinderwand legt. Die Hauptforderung ist, daß der Kolbenring genau an den Seitenwänden der Kolbennut anliegt, weil hiervon die Ölmenge wesentlich abhängt, die durch die Kolbenringe in den Verbrennungsraum gepumpt wird. Nur beim obersten Kolbenring darf man ein paar hundertstel Millimeter Spiel zulassen, um zu verhindern, daß er sich leicht festsetzt. Ebenso darf der Ölabstreifring etwas seitliches Spiel haben, aber nur, wenn seine Nut Ölrückflußlöcher aufweist. Bei Aluminiumkolben wird das Metall an den äußeren Kanten der Stege zwischen den Ringnuten leicht durch harte Teilchen mitgenommen, so daß sich die Kolbenringe in den Nuten festklemmen. Durch schwaches Abschrägen dieser Kanten kann man aber dieser Neigung zum Festklemmen der Ringe begegnen. Das ist zwar nur eine Kleinigkeit; man darf sie aber nicht übersehen, denn gerade die Vernachlässigung dieses Punktes hat vielleicht mehr als irgend etwas anderes zu dem ungerechten Vorurteil gegen den Gebrauch von Aluminiumkolben beigetragen.

Breite der Kolbenringe. Alle Überlegungen sprechen dafür, die Kolbenringe so schmal wie möglich auszuführen. Die untere Grenze für die Breite bildet die Gefahr, daß die Kolbenringe bei der Bearbeitung oder bei der Handhabung zerbrechlich werden. Je schmäler ein Ring bei gegebener radialer Dicke ist, desto geringer sind seine Reibung und seine Massenwirkung, und desto geringer sind daher auch sein Gesamtdruck gegen die Seitenflächen der Ringnuten und deren Abnutzung.

Allerdings hat auch die Ansicht einige Wahrscheinlichkeit für sich, daß ein übermäßig schmaler Ring zu erhöhter Abnutzung der Zylinderbohrung führt, weil dann der Ölfilm zwischen Kolbenring und Zylinderwand leicht abreißt, wenn sich der Kolben in der oberen Totpunktlage befindet.

Radiale Dicke. Von der radialen Dicke des Kolbenringes hängt die Spannung ab, mit der sich der Ring federnd gegen die Zylinderwand legt. Solange die Spannung über einer bestimmten Größe bleibt, liegt kein Grund vor, die radiale Dicke des Ringes zu vergrößern, da dies nur die Reibung und die Abnutzung der Zylinderwand steigern würde.

Bestimmte Beobachtungen deuten auch darauf hin, daß die Kolbenringe während des Betriebes der Maschine durch den Druck der Gase, die hinter die Ringe eindringen, nach außen gegen die Zylinderwand gepreßt werden, und daß der Gasdruck in den Ringnuten im Mittel etwas niedriger als der mittlere Druck des Kreisprozesses ist.

Neuere Versuche im Maschinenlaboratorium der englischen Admiralität, bei denen Indikatordiagramme der Drücke hinter den Kolbenringen aufgenommen wurden, haben bewiesen, daß der Druck hinter dem obersten Kolbenring sich ziemlich gleichzeitig mit dem Gasdruck über dem Kolben ändert, während der Druck hinter dem zweiten Kolbenring bereits einen sehr stark verzögerten Verlauf zeigte; hinter dem dritten Kolbenring und hinter den übrigen Kolbenringen wurden mehr oder weniger gleichmäßig verlaufende Drücke in Abstufung von Ring zu Ring beobachtet.

Nach den vorliegenden Erfahrungen ist ein gut gearbeiteter Kolbenring ausreichend kräftig, wenn er sich mit einem Druck von 0,4 bis 0,5 kg/cm² gegen die Zylinderwand anlegt; jedes Mehr an Druck führt nur dazu, die Reibung zu steigern, ohne daß man irgendeinen Vorteil damit erreicht. Die notwendige Spannung der Kolbenringe hängt jedoch in gewisser Hinsicht auch von der Größe des Spieles der Stege zwischen den Nuten des Kolbens gegenüber der Zylinderwand ab. Man bemißt gewöhnlich das Spiel dieser Stege derart, daß sie auf keinen Fall die Zylinderwand berühren können. Ist aber das Spiel zu groß, so kann ein beträchtlicher Teil der Seitenfläche des betreffenden Kolbenringes dem Druck der Verbrennungsgase ausgesetzt und der Kolbenring infolgedessen so stark gegen die untere Seitenfläche der Ringnut gepreßt werden, daß die Federkraft des Ringes die Reibung in der Nut nicht mehr überwinden kann. Unter diesen Umständen bleibt daher der Ring in der Nut stecken und ist nicht imstande, sich gegen die Zylinderwand hin auszudehnen. Infolgedessen kann der Verbrennungsdruck in das Kurbelgehäuse „durchblasen"

Auf Grund von Beobachtungen muß auch dringend empfohlen werden, den obersten Steg des Kolbens, d. h. den Abstand der ersten Kolbenringnut vom Boden, immer so breit wie möglich zu bemessen, damit er einen ausreichenden Schutz für den ersten Kolbenring bietet. Bei den weiter oben dargestellten Kolbenbauarten ist dieses Maß in den meisten Fällen eher zu klein geraten, weil die zur Verfügung stehende Höhe zwischen der Mitte des Kolbenbolzens und dem Kolbenboden in allen Fällen so klein war, daß es unmöglich war, den obersten Steg ausreichend breit zu bemessen.

Kreuzkopfkolben. Alle bisherigen Bemerkungen beziehen sich nur auf den offenen oder Tauchkolben und insbesondere auf diejenige Bauart von offenen Kolben, die unter der Bezeichnung der Gleitschuh-Bauart bekanntgeworden ist.

Bei schnellaufenden Maschinen von größeren Abmessungen empfiehlt es sich aber, wo es irgend möglich ist, einer etwas abweichenden Bauart den Vorzug zu geben, die jetzt allgemein als Kreuzkopfkolben bezeichnet wird. Bei dieser Bauart sind die beiden Aufgaben eines offenen Kolbens, nämlich als eigentlicher Kolben und als Kreuzkopfführung zu wirken, in viel weiterem Maße getrennt als beim Kolben der Gleitschuh-Bauart, so daß er eher dem üblichen Kolben einer Dampfmaschine gleicht.

Der Kolben selbst besteht aus einem gewöhnlichen flachen oder hohlgekrümmten Kolbenboden, der die Kolbenringe trägt, und aus einem glatten rohrförmigen Schaft, der vom Kolbenboden bis unter den Kolbenbolzen reicht. Den unteren Teil dieses Schaftes umschließt eine Hülse aus Stahl oder Gußeisen, die den Kolbenbolzen in seiner axialen Lage sichert und die auch gleichzeitig die eigentliche Tragfläche des Kolbens bildet. Diese Kreuzkopfhülse läuft in einer zylin drischen Führung, die im Zylinder und im Kurbelgehäuse zentriert wird; in einigen Fällen wird diese Hülse auch nur im Zylinder zentriert, der dann zur Aufnahme der Hülse entsprechend verlängert wird. Aus Abb. 157, die die allgemeine Anordnung des Kolbens mit Zylinder und Kreuzkopfführung darstellt, ist ersichtlich, daß der Kolbenboden nur als Träger für die Kolbenringe dient und den Druck im Zylinder über den hohlen zylindrischen Schaft auf den Kolbenbolzen fortzuleiten hat. Die Zylinderwand wird durch den Boden des Kolbens überhaupt nicht belastet und braucht daher nur so geschmiert zu werden, daß die Kolbenringe in gutem Zustand erhalten bleiben. Die Anordnung läßt auch erkennen, daß bei dieser Bauart des Kolbens die Zylinderwände kein Spritzöl erhalten können.

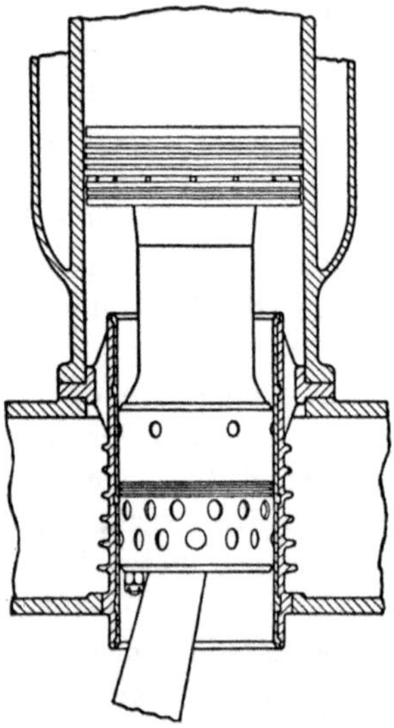

Abb. 157. Kreuzkopfkolben mit Zylinder und Führung.

Obgleich dieser Kreuzkopfkolben um etwa 30 vH schwerer als ein Kolben der Gleitschuh-Bauart ist, beträgt doch seine Gesamtreibung nur wenig mehr als 80 vH von der Reibung eines Gleitschuhkolbens und nur etwa 60 vH von der Reibung eines gewöhnlichen Tauchkolbens.

Die Einzelheiten der Bauart dieses Kolbens sind aus Abb. 158 bis 160 zu ersehen. Die Kreuzkopfführungshülse wird leicht auf den unteren Teil des Schaftes aufgeschoben und durch vier kleine Bolzen in ihrer Lage gesichert. Sie führt sich an drei bearbeiteten Leisten des Schaftes, wovon eine in der Mitte in gleicher Höhe mit der Mitte des Kolbenbolzens und die beiden anderen an jedem Ende der Hülse angeordnet sind.

Bei gewöhnlichen Lastkraftwagenmaschinen stellt man diese Kreuzkopfführungshülsen aus Gußeisen her, bei sehr schnellaufenden Maschinen sind jedoch leichte Hülsen aus hochwertigem Kohlenstoffstahl vorzuziehen. Die Führung selbst zentriert man bei Maschinen mit getrennten Zylindern gleichzeitig im Zylinder und im Kurbelgehäuse, das dann, wie bereits weiter oben in Abb. 157 dargestellt, einen Zwischenboden erhält. Der Raum zwischen dieser Wand und der Zylinderdecke wird dann dazu ausgenutzt, um die Kreuzkopfführung, die zu diesem Zweck mit Kühlrippen versehen ist, mit Kühlluft zu bespülen. Diese Luft tritt auf der einen Seite ein und strömt auf der anderen Seite zum

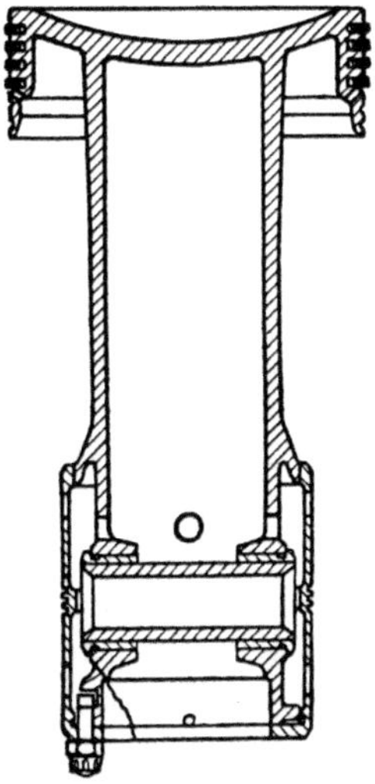

Abb. 158. Kreuzkopfkolben mit Kolbenbolzen und Führungshülse.

Abb. 159. Außenansicht eines Kreuzkopfkolbens.

Abb. 160. Einzelteile eines Kreuzkopfkolbens.

Vergaser wieder aus. Ein Teil der Luft wird hierbei unmittelbar um die Kreuzkopfführung herumgeführt, während der Rest durch die zu diesem Zweck angebrachten Schlitze zwischen Führung und Zylinder eintritt. Beim Aufwärtshub des Kolbens wird die Luft mit großer Geschwindigkeit durch diese Schlitze angesaugt und stößt hierbei gegen den Kolbenboden und den Schaft, die so eine wirksame Kühlung erhalten. Beim Abwärtshub wird die erwärmte Luft wieder in den Raum ausgeschoben, der die Führungen umgibt, und von dort aus in den Vergaser abgesaugt. Durch diese Mittel werden der Kolben und die Kreuzkopfführung kühl gehalten, und gleichzeitig wird die Ansaugluft des Vergasers vorgewärmt.

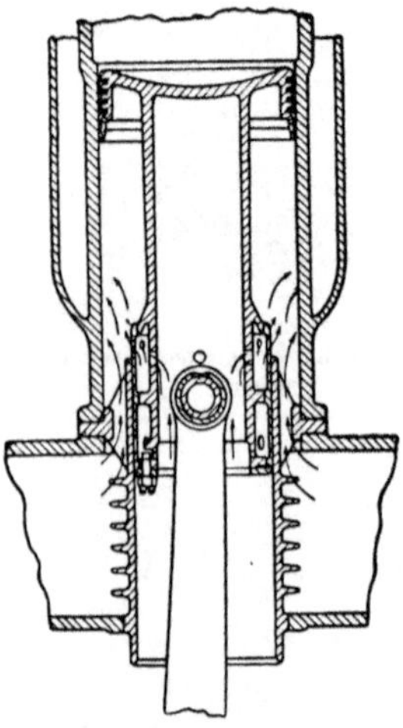

Abb. 161. Schmierung des Zylinders bei Maschinen mit Kreuzkopfkolben.

Die Wärme, die man in dieser Weise dem Kolben und der Kreuzkopfführung entzogen hat, ist, wie die praktische Beobachtung zeigt, gerade ausreichend, um bei Betrieb mit hochsiedendem und schlecht verdampfbarem Benzin gute Gemischverteilung zu sichern. Versuche an mehreren für Tanks gebauten Maschinen, bei denen Thermometer in der Saugleitung vor und hinter dem Vergaser angebracht wurden, haben gezeigt, daß bei voller Belastung die Luft, nachdem sie die Kreuzkopfführung und den Kolben bespült hatte, bis zum Eintritt in den Vergaser von 15,5° Außentemperatur auf 54,5° vorgewärmt wurde.

Bei geringerer Last mit entsprechend verringertem Luftumlauf stieg die Lufttemperatur beim Eintritt in den Vergaser auf 65,5° und am Ende der Saugleitung hinter dem Vergaser auf 37,8°, was genügt, um zu verhindern, daß sich der Brennstoff bei verringerter Last aus dem Gemisch flüssig niederschlägt. Da die Luft frei durch den oberen Teil des Kurbelgehäuses strömen kann, so kühlt sie auch die untere Hälfte des Gehäuses, so daß keine Ölkühlung notwendig wird.

Wie bei dieser Bauart die Zylinder geschmiert werden, ist in Abb. 161 dargestellt. Der untere Teil des Kolbenschaftes ist mit einigen kleinen Löchern versehen, und auch die Kreuzkopfführungshülse, die diesen Teil des Schaftes umgibt, trägt kleine, im Ring verteilte Löcher, die so angeordnet sind, daß sie am Ende eines jeden Aufwärtshubes über der Kreuzkopfführung freigelegt werden. Beim Aufwärtshub saugt der Kolben durch die Öffnungen im Flansch der Kreuzkopfführung Luft in den Raum zwischen Kreuzkopfführung und Zylinder hinein, die mit hoher Geschwindigkeit um die Kreuzkopfführungshülse herumströmt.

Hierbei saugt sie eine geringe Menge von Luft und Ölnebel über die am Ende dieses Hubes frei werdenden Löcher in der Kreuzkopfführungshülse an, deren Innenraum über die Löcher im Kolbenschaft unmittelbar mit dem Kurbelgehäuse verbunden ist. Das Öl, das auf diese Weise in der Form eines Nebels aus den Löchern der Kreuzkopfführungshülse austritt, wird von dem schnellen Luftstrom aufgenommen und über die Zylinderwände ausgebreitet, während der Kolben nahe am obersten Totpunkt steht. Die Ölmenge, die auf diese Weise aus dem Kurbelgehäuse abgesaugt wird, ist zwar nur verschwindend klein, aber sie genügt, um die Kolbenringe brauchbar zu erhalten. Die ganze Wirkungsweise ähnelt stark der eines Spritzvergasers, wobei die Schlitze in der Kreuzkopfführung dem Lufttrichter und die Löcher in der Kreuzkopfführungshülse den Brennstoffdüsen entsprechen. Die Menge des auf diese Weise auf die Zylinderlaufflächen gelangenden Schmieröls kann man daher auch regeln, indem man den Querschnitt der Schlitze in der Kreuzkopfführung und die Größe und Anzahl der Löcher in der Kreuzkopfführungshülse verändert.

Man erkennt aus der vorstehenden Beschreibung, daß der Zylinder auf diese Weise ohne Unterbrechung mit Öl versorgt wird, daß ferner nur soviel Öl an die Zylinderwände herangeführt wird, wie für die Schmierung der Kolbenringe notwendig ist, und daß schließlich das an den Zylinderwänden haftende Öl, das bereits zum Teil verkokt worden ist, seinen Weg nicht wieder in das Kurbelgehäuse zurückfindet. Dadurch, daß auf diese Weise die Zylinderschmierung vollständig getrennt erfolgt, kann man für die Schmierung aller übrigen bewegten Teile der Maschine ganz unbeschränkte Ölmengen anwenden, ohne daß man die Bildung von Ölkohle auf dem Kolben oder eine Neigung der Maschine zum Qualmen zu befürchten braucht. Auch der Ölverbrauch ist bei dieser Art der Schmierung außerordentlich gering.

Für den Betrieb von Maschinen mit Petroleum oder hochsiedendem Benzin eignet sich disee Bauart von Kolben besonders gut; denn eine der wichtigsten Schwierigkeiten dieses Betriebes ist, daß solche Brennstoffe dazu neigen, sich aus dem Gemisch in flüssiger Form an den verhältnismäßig kühlen Wandungen der Zylinderschäfte niederzuschlagen und so in das Kurbelgehäuse einzudringen, wo sie das Schmieröl verschlechtern und Störungen an den Lagern hervorrufen. Bei Maschinen mit Kolben nach der Kreuzkopfbauart wird dagegen der verflüssigte Brennstoff, falls er wirklich am Kolben vorbeigelangt, in dem Raum aufgefangen, der die Kreuzkopfführung umgibt und aus dem man ihn abzapfen kann, ehe er irgendwelchen Schaden anrichtet. Die Menge an Petroleum, die aus diesem Raum abläuft, ist in der Praxis oft überraschend groß. Besonders bei Betrieb mit stark wechselnden Belastungen erreicht diese Brennstoffmenge nicht weniger als 4 bis 8 vH des gesamten Brennstoffverbrauchs der Maschine oder das 3- bis 6fache des Ölverbrauches.

Die Vorzüge dieser Kolbenbauart kann man folgendermaßen zusammenfassen:

1. Die Schmierung der Zylinderbahnen kann vollständig beherrscht werden und ist von der Schmierung des Kurbelgehäuses unabhängig. Infolgedessen werden der Ölverbrauch, die Neigung zur Bildung von Ölkohle auf dem Kolben und im Verbrennungsraum sowie die Gefahr des Verölens der Kerzen auf ein Mindestmaß verringert.

2. Die Kolbenreibung wird auf wenig mehr als die Hälfte der Reibung verringert, die bei einem gewöhnlichen Tauchkolben auftritt.

3. Da der Kreuzkopf und seine Führung im Betrieb verhältnismäßig kühl bleiben und beide auf ungefähr gleicher Temperatur erhalten werden, kann man das Spiel zwischen diesen beiden Teilen sehr klein bemessen, wodurch geräuschloser Lauf der Maschine gesichert ist.

4. Da der Kolben selbst die Zylinderwand nicht belastet, so kann man großes Spiel zwischen Kolben und Zylinder zulassen, ohne geräuschvollen Gang der Maschine befürchten zu müssen.

5. Die Abnutzung der Zylinderwände wird auf ein Mindestmaß verringert, da sie nur durch die Kolbenringe belastet werden und hier keine seitlichen Drücke auftreten.

6. Da der Kolbenbolzen kurz und steif ist und sich frei drehen kann und außerdem so angeordnet ist, daß er nur wenig Wärme vom Kolben her aufnimmt, so nutzt er sich nicht merklich ab.

7. Den größten Teil der Wärme, die vom Kolbenboden und von der Kreuzkopfführung abgegeben wird, macht man nutzbar, um die Vergaserluft vorzuwärmen; sie wird aber nicht auf das Kurbelgehäuse übertragen.

8. Alle bewegten Teile kann man unbeschränkt reichlich schmieren, ohne irgendwelche Gefahr, daß der Überschuß an Öl auf die Zylinderwände gelangen könnte. Dieses Öl bleibt auch rein.

9. Auch wenn sich Brennstoff an den Zylinderwänden flüssig niederschlägt, kann man unbedingt verhindern, daß dieser Brennstoff in das Kurbelgehäuse gelangt.

10. Die beschränkte Schmierung der Zylinderwände verringert die Gefahr, daß die Kolbenringe durch Ölkohle oder klebrige Rückstände des Brennstoffes verunreinigt werden.

11. Die Maschine neigt auch nicht dazu, sich beim Betrieb in kaltem Zustand durch solche klebrigen Brennstoffreste zu verschmieren.

Auf der anderen Seite könnte man gegen den Gebrauch dieser Bauart von Kolben hauptsächlich folgendes einwenden:

1. Sie vergrößern die Bauhöhe der Maschine im Vergleich zu einer Maschine mit offenem Tauchkolben um etwa $^2/_3$ des Kolbenhubes.

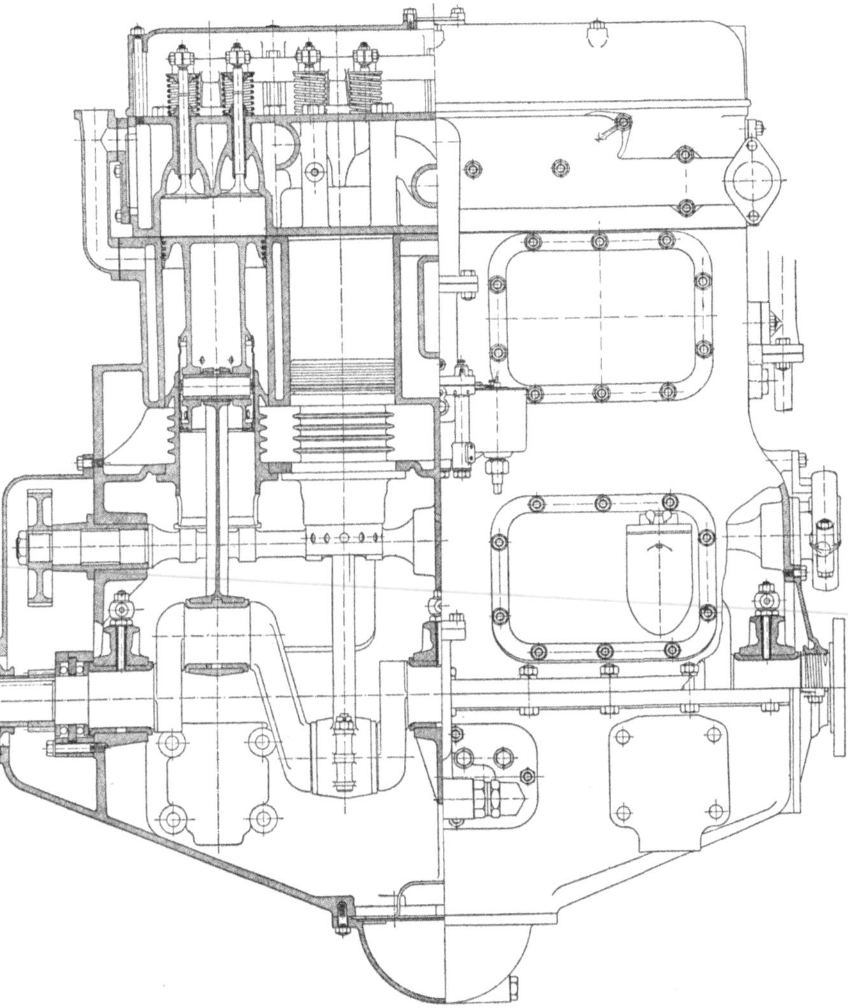

Abb. 162. 30 PS-Vierzylindermaschine für Schlepperantrieb von 120,65 mm Zyl.-Dmr. und 139,7 mm Hub von Brotherhood.

2. Sie setzen voraus, daß die Maschine für die Verwendung von solchen Kolben besonders entworfen ist, und wenn man nicht getrennte Zylinder verwendet, so macht es gewisse Schwierigkeiten, die Kreuzkopfführungen und die Zylinderbohrungen genau gegeneinander auszurichten. Diese Schwierigkeit ist jedoch nicht unüberwindlich, wie die Anwendung der Kreuzkopfkolben bei der in Abb. 162 dargestellten Maschine für Schlepper- und Schiffsantrieb der Firma Peter Brotherhood beweist. Bei dieser Maschine hat man z. B. die vier Zylinder und den

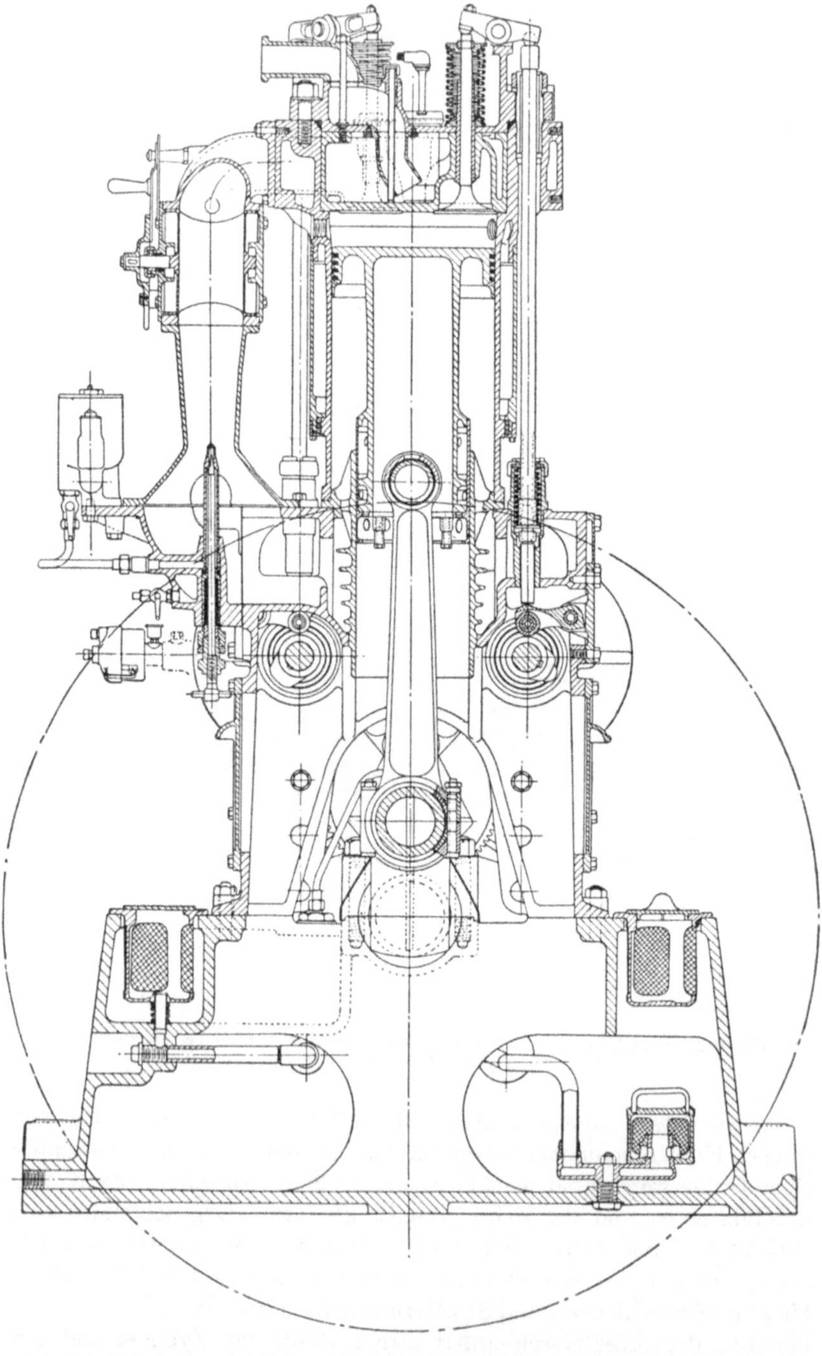

Abb. 163. Senkrechter Schnitt durch die Einzylinder-Versuchsmaschine. 209,55 mm Zyl.-Dmr., 241,3 mm Hub.

Oberteil des Kurbelgehäuses in einem Stück gegossen, um der genannten Schwierigkeit zu begegnen.

3. Preis und Gewicht einer Maschine werden durch diese Bauart von Kolben etwas erhöht.

Diese Nachteile werden aber nach Ansicht des Verfassers durch die erzielten Vorteile leicht aufgewogen, insbesondere bei großen Maschinen, wie in Abb. 163, oder bei Maschinen, die mit Petroleum oder hochsiedendem Benzin betrieben werden. Man erzielt durch die beschriebenen Kolben in jedem Fall höheren mechanischen Wirkungsgrad und geräuschlosen Lauf bei geringerer Zylinderabnutzung und Ersparnis im Ölverbrauch.

XII. Maschinen für Straßenfahrzeuge.

Bevor wir in die Besprechung bestimmter Beispiele von Fahrzeugmaschinen eintreten, wird es zweckmäßig sein, die Aufgaben kurz zu überblicken, die diese Maschinen zu erfüllen haben, und zu vermerken, nach welchen Richtungen hin sie sich durch weitere Fortschritte entwickeln dürften.

Es ist kaum 25 Jahre her, als Konstrukteure und Hersteller von Kraftwagenmaschinen ihre ganze Aufmerksamkeit auf die eine schwierige Aufgabe zu richten hatten, Maschinen zu erzeugen, die imstande waren, unter völlig neuen Bedingungen ohne ernsthafte Störung eine angemessene Zeit hindurch zu laufen. Gegenüber diesem großen Problem traten damals alle anderen in den Hintergrund, und daß man mit dieser Aufgabe so schnell fertig wurde und alle ihre Schwierigkeiten überwinden konnte, ist einer der großen Triumphe des modernen Maschinenbaues. In einem Zeitraum von weniger als 10 Jahren ist die Kraftwagenmaschine aus einem wankelmütigen und launischen, aber reizvollen Spielzeug eine durch und durch zuverlässige Maschine geworden. Und nachdem einmal ihre Zuverlässigkeit gesichert und ihr Reiz größtenteils dem Gesichtspunkt der Zweckmäßigkeit gewichen war, bewegte sich die weitere Verbesserung hauptsächlich in der Richtung, die Wirkungsweise zu verfeinern und die Leistung zu erhöhen.

Um gleichförmigeres Drehmoment zu erzielen und die Erschütterungen und das Geräusch zu vermindern, hat man die Zylinderzahl von eins bis auf vier und sogar sechs gesteigert. Die nächste Richtung der Entwicklung war, Geräuschlosigkeit im Betrieb der Maschine zu sichern. Man verbesserte die Ventilsteuerungen und beseitigte nicht allein die Schwingungen der Maschine als Ganzes, sondern auch ihrer einzelnen Teile.

Gleichzeitig hat sich der Bereich der nutzbaren Drehzahlen dauernd vergrößert. Da die Drehzahl einer jeden Viertaktmaschine wegen der ihr anhaftenden Ungleichförmigkeit des Drehmoments praktisch nicht unter ein bestimmtes Mindestmaß verringert werden kann, so lag der Fortschritt in der Erweiterung des Drehzahlbereiches nach oben. Die Entwicklung nach dieser Richtung hin hat auch die Besteuerung der Kraftfahrzeuge, zum mindesten der Personenfahrzeuge, nach dem Zylinderdurchmesser der Maschine stark gefördert. Diese Art der Steuerberechnung hat gute Dienste geleistet, aber es wäre jetzt zweckmäßiger, den Gesamtinhalt der Zylinder als Grundlage zu benutzen[1].

Bei der fortschreitenden Verwendung der Motorfahrzeuge für rein wirtschaftliche Zwecke und bei den dauernd steigenden Kosten der Brennstoffe muß man die Fortschritte, die heute am dringendsten notwendig sind, in der Richtung der Brennstoffersparnis suchen. In dieser Hinsicht ist noch viel Raum für Verbesserungen vorhanden.

Von der heutigen Kraftfahrzeugmaschine verlangt man:

1. Sie soll unter allen Arbeitsbedingungen geräuschlos laufen.
2. Sie muß so selbsttätig und von äußerer Hilfe unabhängig wie möglich sein.
3. Ihr Drehzahlbereich muß so groß wie möglich sein.
4. Sie soll sich von jeder Drehzahl ab sofort beschleunigen lassen, d. h. sie muß augenblicklich, sobald es verlangt wird, und ohne Rücksicht auf ihre Drehzahl das höchste Drehmoment entwickeln.
5. Sie soll auch bei niedriger Drehzahl hohes Drehmoment beibehalten, und zwar ohne Detonation oder „Klopfen".
6. Sie soll bei jeder Belastung im Brennstoffverbrauch angemessen sparsam sein, insbesondere bei mittlerer Belastung zwischen 25 und 40 vH des höchsten Drehmomentes.

Die Leistungsfähigkeit einer jeden Kraftfahrzeugmaschine kann man immer nur im Zusammenhang mit dem Fahrzeug betrachten, in das sie eingebaut wird. Es werde deshalb kurz folgendes besondere Beispiel untersucht:

Ein leichter Personenwagen wiege einschließlich Personen und Ausrüstung 1600 kg und sei mit Windschutzscheibe und Verdeck versehen. Es sei angenommen, das Getriebe des Wagens habe einen guten Wirkungsgrad, das ungefederte Gewicht sei klein, die Gewichte seien gut verteilt, und das Fahrgestell überhaupt entspreche im allgemeinen dem heutigen Stande der Technik.

---

[1] Anmerkung der Bearbeiter: England ist das einzige europäische Land, in dem der Zylinderdurchmesser bei Personenwagen Maßstab für die Besteuerung ist. Fast alle übrigen europäischen Staaten (auch Deutschland) legen bereits seit sehr langer Zeit den Hubraum der Steuerberechnung zugrunde (Frankreich unter Einbeziehung eines Faktors, der Drehzahl und Zylinderzahl berücksichtigt). In USA. werden im allgemeinen das Gewicht des Fahrzeugs und der Brennstoffverbrauch besteuert.

Leider gibt es nur sehr wenig genaue Angaben darüber, welche Leistung notwendig ist, um einen Motorwagen bei verschiedenen Geschwindigkeiten auf mittleren Straßen anzutreiben. Prof. Riedler in Deutschland und Chase und James in Amerika haben eine Anzahl von Dynamometerversuchen durchgeführt und ausgewertet, bei denen die Hinterräder des Wagens auf Laufrollen unterstützt waren. Aber diese Versuche geben die Betriebsbedingungen eines Wagens auf der Straße nicht immer genau wieder. Wenn man hierüber Aufklärung erlangen will, ist man gezwungen, in weitem Maße auf Versuche mit Beschleunigungsmessern und auf die Summe von Erfahrungen zurückzugreifen, die sich auf den Vergleich der Leistungen einer und derselben Maschine auf dem Prüfstand und auf der Straße stützen. Diese letztere Methode ist, obgleich sehr unwissenschaftlich und vorwiegend empirisch, möglicherweise gegenwärtig doch die genaueste. Die Kurve in Abb. 164 zeigt mit größter Annäherung die Bremsleistung, die am Schwungrad einer Maschine für den Antrieb eines viersitzigen Personenwagens von 1600 kg bis zu einer Geschwindigkeit von 130 km/h verlangt wird. Diese Leistung schließt bereits Rollwiderstand, Luftwiderstand, Triebwerkverlust (bei direktem Eingriff des Wechselgetriebes) und alle anderen gelegentlichen Verluste, wie Radschlupf, Verlust durch Reifenfederung usw., ein. Obgleich die Kurve rein empirisch ist, so ist sie doch wahrscheinlich ausreichend genau. Die kleinste Maschine für den hier betrachteten Kraftwagen hätte, wenn man gewöhnliche Bauart mit seitlich stehenden Ventilen voraussetzt und angemessenes Beschleunigungs- und Steigungsvermögen verlangt, 2 l Zylinderinhalt, während man für einen wirklich bequemen Kraftwagen eine Maschine von 3 l Inhalt vorziehen müßte[1].

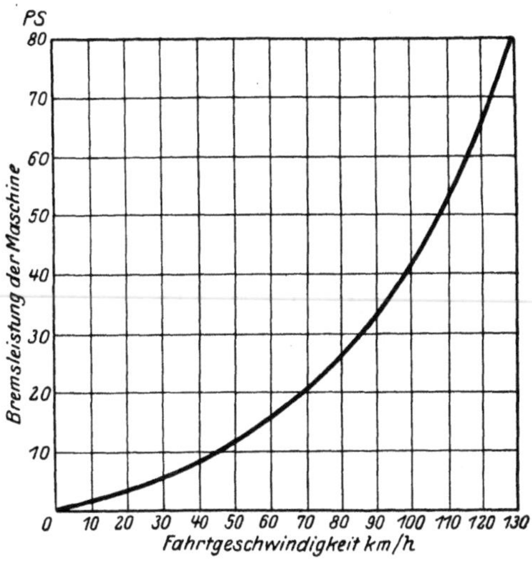

Abb. 164. Erforderliche Bremsleistung der Maschine für den Antrieb eines Kraftwagens von 1600 kg auf mittlerer ebener Straße.

[1] Während der 8 Jahre, die seit der Abfassung dieses Abschnitts verstrichen sind, hat der Motorenbau so große Fortschritte gemacht, daß die 2 l-Maschine aus dem Jahre 1930 einer 3 l-Maschine aus dem Jahre 1922 durchaus gleichwertig ist.

Wir wollen beide Fälle betrachten unter der Annahme, daß die Motoren die übliche Bauart mit seitlich stehenden Ventilen und daß ihre Verbrennungsräume so günstige Form haben, wie es bei dieser Bauart überhaupt nur möglich ist. Ferner sei angenommen, daß die Maschinen unter Berücksichtigung niedriger Kosten der Herstellung und leichter Instandhaltung entworfen sind, daß sie ein angemessen niedriges Verdichtungsverhältnis, etwa 4,6:1, haben, damit sie auch

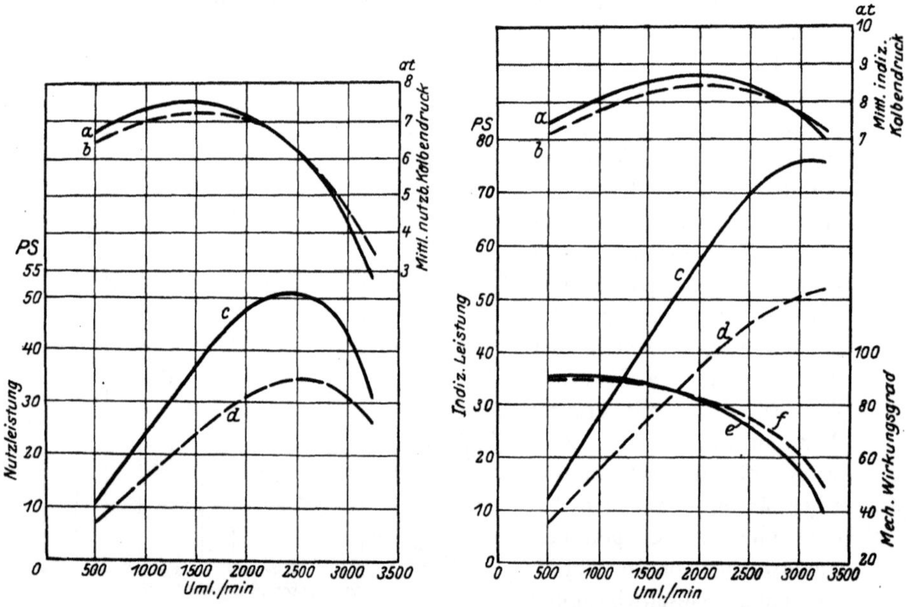

Abb. 165 und 166. Allgemeines Verhalten von Fahrzeugmaschinen mit 2 und 3 l Zylinderinhalt.

Abb. 165.
a Mittl. nutzb. Kolbendruck der 3 l-Maschine.
b „ „ „ „ 2 l-Maschine.
c Nutzleistung der 3 l-Maschine.
d „ „ 2 l-Maschine.

Abb. 166.
a Mittl. indiz. Kolbendruck der 3 l-Maschine.
b „ „ „ „ 2 l-Maschine.
c Indizierte Leistung der 3 l-Maschine.
d „ „ „ 2 l-Maschine.
e Mechan. Wirkungsgrad der 3 l-Maschine.
f „ „ „ 2 l-Maschine.

billigeren Brennstoff ohne Detonation verarbeiten können, und daß sie, ganz allgemein, durch und durch normale Bauart haben, aber so wirtschaftlich sind, wie man es ohne Übergang zu hängenden Ventilen oder irgendwelchen anderen Maßnahmen erreichen kann, die die Herstellung verteuern oder größere Arbeit bei der Instandhaltung bedingen.

Abb. 165 bis 167 zeigen die Bremsleistung und das allgemeine Verhalten, das man von derartigen Maschinen von 2 und 3 l Zylinderinhalt erwarten kann.

Ferner sei noch angenommen, das Übersetzungsverhältnis des Triebwerkes bei direktem Eingriff im Wechselgetriebe sei in beiden

Fällen so gewählt, daß das Fahrzeug seine höchste Geschwindigkeit in der Ebene erreicht, wenn die Maschine mit etwas höherer Drehzahl läuft, als wenn sie ihre Höchstleistung entwickelt. Das ist aus Rücksicht auf die Möglichkeit des Beschleunigens und auf die Verminderung der Gleitverluste infolge der Ungleichförmigkeit des treibenden Drehmoments immer wünschenswert. Es soll weiter angenommen werden, das Getriebe habe drei Gänge, wobei der zweite Gang 70 vH und der dritte Gang 33 vH der höchsten Drehzahl bei direktem Eingriff ergibt.

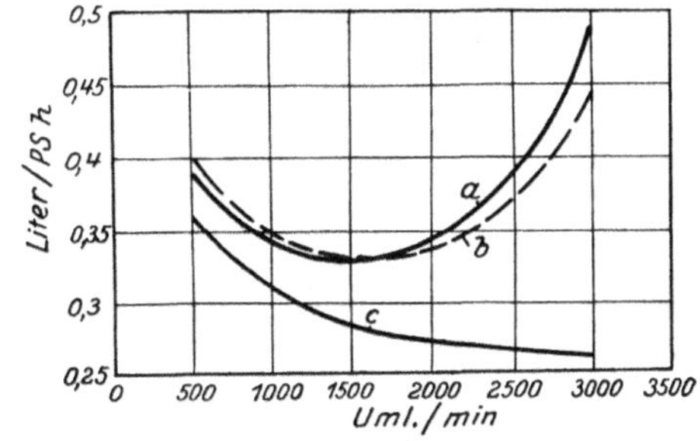

Abb. 167. Brennstoffverbrauch der 2 l- und 3 l-Maschine.
a Brennstoffverbrauch in l/PS$_e$h der 3 l-Maschine.
b „ „ l/PS$_e$h „ 2 l-Maschine.
c Indiz. Brennstoffverbrauch in l/PS$_i$h beider Maschinen.

Vergleicht man den Verlauf der Leistungen der beiden Maschinen bei verschiedenen Drehzahlen und den in Abb. 164 dargestellten Verlauf des Kraftbedarfes bei verschiedenen Geschwindigkeiten in der Ebene, so findet man, daß beim direkten Gang die günstigste Triebwerkübersetzung so bemessen sein müßte, daß der Wagen mit der 2 l-Maschine bei 1100 U/min und mit der 3 l-Maschine bei 880 U/min die Geschwindigkeit von 32,2 km/h erreicht. Stellt man daher die Linien der Nutzleistungen der beiden Maschinen unter Berücksichtigung dieses Übersetzungsverhältnisses in Abhängigkeit von der Wagengeschwindigkeit der Kurve des Kraftbedarfes nach Abb. 164 gegenüber, s. Abb. 168, so ergibt sich, daß der Wagen mit der 2 l-Maschine eine Höchstgeschwindigkeit von 87,6 km/h und mit der 3 l-Maschine eine solche von 106,1 km/h in der Ebene erreichen kann. Das Mehr an Leistung der Maschine über das hinaus, was der Wagen bei irgendeiner Geschwindigkeit in der Ebene für den Antrieb benötigt, ist die Überschußleistung, die zum

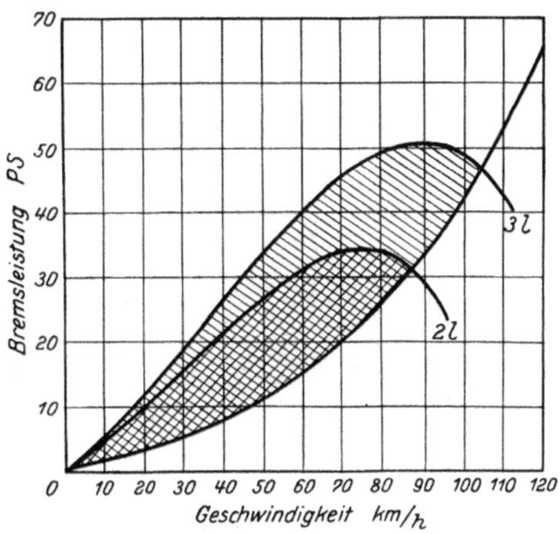

Abb. 168. Verlauf der Überschußleistungen der 2 l- und 3 l-Maschine beim direkten Eingriff des Wechselgetriebes.

Überwinden von Steigungen und zum Beschleunigen des Wagens verfügbar ist.

In Abb. 169 und 170 ist der Verlauf der Überschußleistungen der beiden Maschinen bei den drei Gängen des Getriebes unter der Annahme dargestellt, daß der Wirkungsgrad der Übertragung im Vergleich mit dem direkten Gang beim ersten Gang 95 vH und beim zweiten Gang 97 vH beträgt. Genau genommen sind die Getriebeverluste bei der größeren Maschine verhältnismäßig etwas kleiner, aber der Unterschied ist nur gering und braucht nicht berücksichtigt zu werden. Abb. 169 und 170 deuten auch die Steigungen in vH an, die der Wagen mit den verschiedenen Gängen überwinden kann, und die Geschwindigkeit, die der Wagen auf jeder Steigung noch gerade ohne Gewinn oder Verlust an Geschwindigkeit einhalten kann.

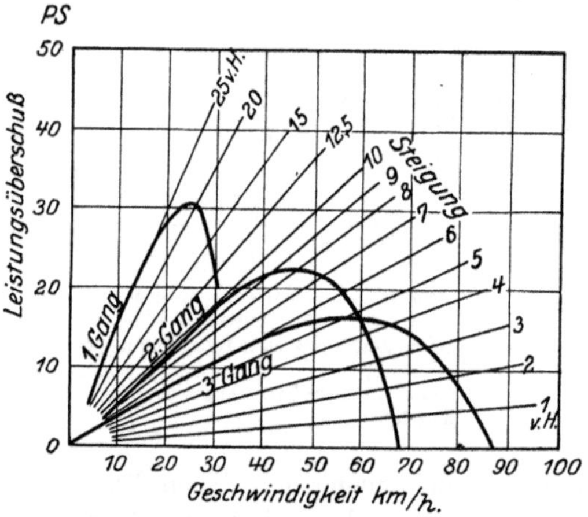

Abb. 169. Steigungsvermögen des Wagens mit 2 l-Maschine.

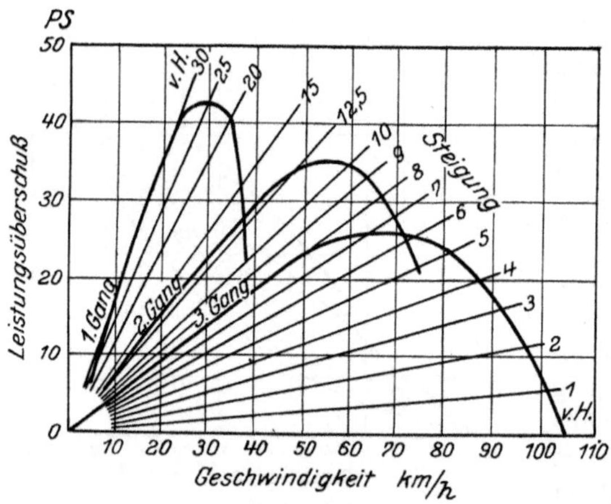

Abb. 170. Steigungsvermögen des Wagens mit 3 l-Maschine.

Aus den beiden Diagrammen kann man entnehmen, daß beispielsweise die höchste Steigung, die der Wagen mit der 3 l-Maschine mit dem dritten oder direkten Gang gerade noch nehmen kann, ohne daß die Geschwindigkeit abfällt, 8 vH, beim zweiten Gang diese höchste Steigung ungefähr 13,5 vH und bei der niedrigsten Überstetzung des Wechselsgetriebes ungefähr 31 vH beträgt. Auf einer Steigung von 6,2 vH erzielt der Wagen, wie man weiterhin aus dem Diagramm entnehmen kann, mit dem direkten und dem zweiten Gang die gleiche Geschwindigkeit, nämlich 72,5 km/h, da sich die beiden Kurven der Überschußleistungen gerade auf dem dieser Steigung entsprechenden Fahrstrahl schneiden.

Beim Wagen mit der 2 l-Maschine beträgt die höchste Steigung, die man noch mit gleichförmiger Geschwindigkeit mit dem direkten Gang befahren kann, 6 vH, die für den zweiten Gang 10 vH und die für die kleinste Übersetzung ungefähr 25,5 vH. Um möglichst hohe Geschwindigkeit zu erreichen, muß man in diesem Falle bereits vom direkten auf den zweiten Gang umschalten, wenn die Steigung mehr als 4,7 vH erreicht oder wenn die Geschwindigkeit bis auf 61,1 km/h nachgelassen hat.

Abb. 171 stellt ferner das Beschleunigungsvermögen des Wagens mit 2 l-Maschine in Abhängigkeit von der Fahrgeschwindigkeit und bei allen drei Übersetzungen dar. Hierbei ist angenommen, daß der Vergaser und die Gemischverteilung der Anforderung entsprechen, daß die Maschine sofort anzieht und ihr höchstes Drehmoment entwickelt, wenn die Drossel geöffnet wird. Dieser Bedingung wird allerdings in der Praxis nur selten genügt. Zusammengestellt liefern die hier wiedergegebenen Diagramme ein Bild von der allgemeinen Leistungsfähigkeit des Wagens in bezug auf Höchstgeschwindigkeit, Beschleunigungs- und Steigungsvermögen. Daneben wären als nächste die Fragen des Brennstoffverbrauchs und der Einflüsse, von denen er abhängt, zu betrachten. Zu diesem Zweck sei angenommen, der Wagen werde dauernd mit dem direkten Gang gefahren; sein Verhalten im Bereich der Geschwindigkeiten zwischen 16 und 65 km/h, den üblichen mittleren Fahrgeschwindigkeiten des Wagens, soll näher untersucht werden.

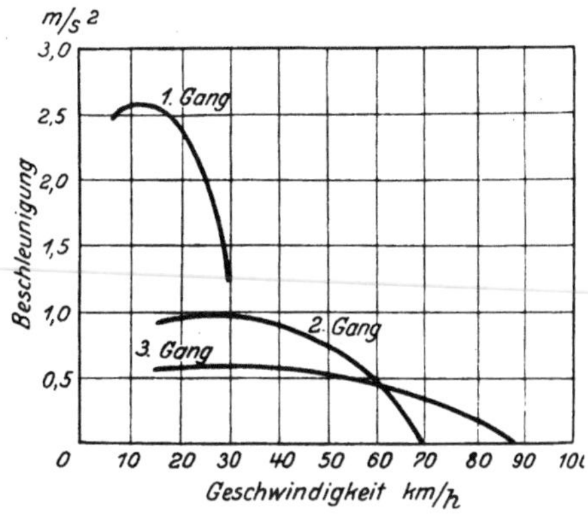

Abb. 171. Beschleunigungsvermögen des Wagens mit der 2 l-Maschine.

Zur Vereinfachung der Untersuchung sei ferner angenommen, daß die Straße, auf der der Wagen fährt, vollständig eben sei; im Brennstoffverbrauch macht es allerdings verhältnismäßig wenig Unterschied, ob die Straße eben oder hügelig ist, solange sich die Steigungen noch gut in den Grenzen halten, die der Wagen mit dem direkten Gang überwinden kann, und solange die mittlere Fahrgeschwindigkeit nicht zu niedrig wird. Natürlich kann man beim Bergabfahren die Mehrleistung, die man beim Bergauffahren verbraucht hat, nicht voll zurückgewinnen, aber dieser Verlust wird doch dadurch beinahe ausgeglichen, daß die Maschine beim Bergauffahren mit günstigerer Belastung arbeiten kann.

Abb. 172 und 173 zeigen den Verlauf der Belastungsverhältnisse der 3 l- und der 2 l-Maschine bei Geschwindigkeiten zwischen 16 und 65 km/h in der Ebene und den Zusammenhang zwischen Belastung, Geschwindigkeit und spezifischem Brennstoffverbrauch. Die Werte sind als Mittelwerte der Ergebnisse einer großen Anzahl von Versuchen mit mehreren Maschinen gewonnen, die von der gleichen Größe und Bauart wie die hier angenommenen Maschinen waren, und deren Vergaser und Zündung bei verhältnismäßig guter Gemischverteilung sorgfältig eingestellt wurden. In Abb. 174 ist der Brennstoffverbrauch der beiden Maschinen für je 100 km zurückgelegte Strecke in Abhängigkeit von der mittleren Wagengeschwindigkeit (16 bis 65 km/h) dargestellt.

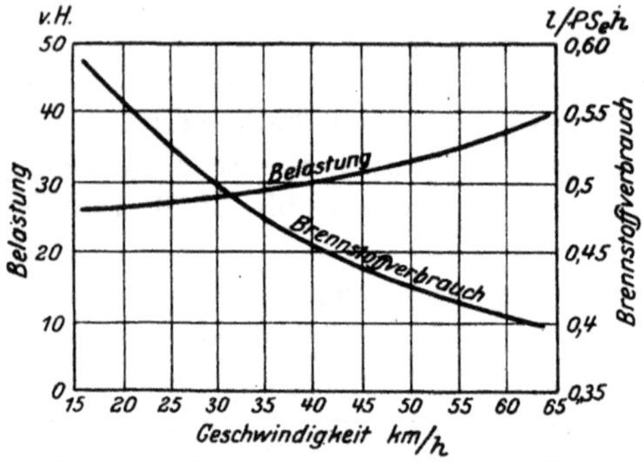

Abb. 172. Belastung und Brennstoffverbrauch einer 3 l-Maschine bei wachsender Geschwindigkeit.

Bei normaler Vergasung des Brennstoffes ist hiernach der Brennstoffverbrauch des Wagens mit der größeren Maschine für je 100 km bei einer mittleren Geschwindigkeit von 32 km/h um ungefähr 7 vH größer als der des Wagens mit der kleineren Maschine, aber je höher die Geschwindigkeit wird, desto geringer wird dieser Unterschied. Sind Vergasung, Gemischverteilung usw wirklich vollkommen, so wird der Unterschied noch geringer, und bei den höheren mittleren Fahrgeschwindigkeiten wird die größere Maschine unter den gegebenen Verhältnissen der Triebwerkübersetzung in Wirklichkeit sogar sparsamer im Brennstoffverbrauch als die kleinere Maschine. In jedem Fall zeigt sich die größere Maschine selbstverständlich dann leistungsfähiger, wenn die Straße bergig oder hügelig ist, weil sie dann mit dem direkten Gang Steigungen überwinden kann, bei denen man die kleinere Maschine allenfalls schon umschalten müßte.

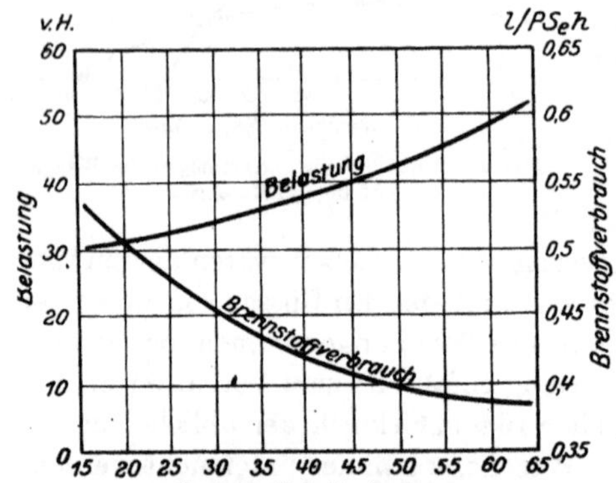

Abb. 173. Belastung und Brennstoffverbrauch einer 2 l-Maschine bei wachsender Geschwindigkeit.

Es gibt aber einen anderen Einfluß, der noch stärker als Vergasung und Gemischverteilung auf den Brennstoffverbrauch und in der Tat auf die ganze Leistungsfähigkeit des Wagens wirkt, das ist der mechanische Wirkungsgrad der Maschine. Dieser Einfluß ist um so wichtiger, als der Motor im allgemeinen nur mit sehr geringer Belastung arbeitet. In dem vorliegenden Beispiel hatten wir angenommen, die Maschinen hätten einen ziemlich hohen mechanischen Wirkungsgrad, wie man ihn bei Verwendung geringer hin und her gehender Massen und bei sorgfältigem Entwurf der Maschinen erreichen könnte. Der Durchschnitt der Kraftwagenmaschinen mit gußeisernen Kolben und deren oft übermäßig großen und falsch angeordneten Tragflächen erreicht jedoch bei weitem keinen so hohen mechanischen Wirkungsgrad.

Es ist vielleicht wertvoll, zu untersuchen, welchen Einfluß der mechanische Wirkungsgrad einer Maschine auf den Brennstoffverbrauch eines Kraftwagens ausübt, der beispielsweise mit 40 km/h Geschwindigkeit über eine ebene Straße fährt. Diese Geschwindigkeit erfordert einen Aufwand an Leistung von 8 PS am Schwungrad der Maschine, und diese Leistung gibt die 3 l-Maschine bei 1100 U/min, die 2 l-Maschine bei 1375 U/min ab. Bei diesen Drehzahlen hatten wir als mechanische Wirkungsgrade der beiden Maschinen bei vollem Drehmoment 90,5 bzw. 88,5 vH angenommen. Da aber die innere Reibung einer Maschine vom Drehmoment unabhängig ist, so verschlechtert sich der mechanische Wirkungsgrad bei 8 PS Nutzleistung der Maschinen auf 73,5 bzw. 73,0 vH.

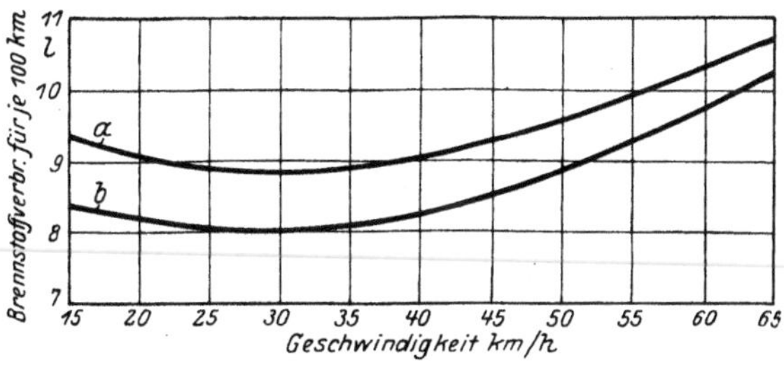

Abb. 174. Brennstoffverbrauch in Abhängigkeit von der Geschwindigkeit des Wagens. *a* 3 l-Maschine. *b* 2 l-Maschine.

Wenn jetzt noch die inneren Reibungsverluste der Maschinen infolge fehlerhafter Bauart doppelt so hoch würden, dann würde der mechanische Wirkungsgrad, wenn alle anderen Umstände gleichbleiben, beim Fahren in der Ebene mit 8 PS mittlerer Nutzleistung der Maschinen sogar auf 58,2 bzw 58,6 vH abnehmen und der spezifische Brennstoffverbrauch bei der gleichen verhältnismäßigen Belastung der Maschinen von 0,453 bzw. 0,417 l/PS_eh auf 0,571 bzw. 0,52 l/PS_eh steigen. Allerdings müßte man, um gerecht zu sein, dabei berücksichtigen, daß die Maschinen der schlechten Bauart mit verhältnismäßig etwas höherer Belastung arbeiten würden. Unter Berücksichtigung dieses Umstandes kommt man zu dem Ergebnis, daß die Wagen bei der mittleren Geschwindigkeit von 40 km/h ungefähr 0,543 bzw. 0,498 l/PS$_e$h verbrauchen würden und der entsprechende Brennstoffverbrauch für je 100 km Fahrt 10,95 bzw. 10,02 l, anstatt 9,12 bzw. 8,42 l bei den Wagen mit den zuerst angenommenen Maschinen betragen würde.

Aus diesen Zahlen ersieht man, daß der Gewinn im Brennstoffverbrauch, den man durch eine geringe und sicher mögliche Verbesserung des mechanischen Wirkungsgrades erzielen kann, bereits ganz wesentlich ist. Außerdem übt die Verbesserung des mechanischen Wirkungsgrades ihren Einfluß nicht nur auf den Brennstoffverbrauch, sondern auch auf die Leistungsfähigkeit des Wagens in bezug auf Geschwindigkeit und Steigungsvermögen innerhalb des ganzen Bereiches der Maschinenleistungen aus. Man ist daher auf Grund dieser Betrachtungen berechtigt, anzunehmen, daß unter den vorhandenen Möglichkeiten für die Verbesserung der Maschine die wichtigste die ist, die inneren Reibungsverluste möglichst zu vermindern, und in zweiter Linie Vergasung und Gemischverteilung zu verbessern.

Im Gegensatz zu Maschinen für andere Zwecke kann man die Maschine für Personenkraftwagen als eine solche ansehen, die, außer während ganz kurzer Zeiten, niemals mit ihrer Höchstleistung beansprucht wird; es ist bereits weiter oben darauf hingewiesen worden, daß der Belastungsfaktor derartiger Maschinen unter normalen Betriebsbedingungen im Durchschnitt nur ungefähr 30 bis 40 vH beträgt. In anderen Einheiten ausgedrückt besagt dies, daß die mittlere Leistung am Schwungrad der Maschine, die benötigt wird, um einen Personenwagen unter normalen Umständen mit einer mittleren Geschwindigkeit von 40 bis 50 km/h anzutreiben, ungefähr 7 PS für 1 t Gewicht des unbeladenen Wagens beträgt, und daß es selbst bei noch so rücksichtslosem Fahren auf öffentlichen Hauptstraßen in England unmöglich ist, 15 PS/t mittleren Aufwand an Leistung überhaupt zu erreichen, gleichviel welche Höchstleistung die Maschine hat.

In diesem Zusammenhange ist es wertvoll, zu erwähnen, daß man auf Grund sorgfältiger Messungen des Brennstoffverbrauches während der Probefahrten für das Tourist-Trophy-Rennen auf der Isle of Man im Jahre 1922 festgestellt hat, daß die mittlere Leistung der 3 l-Vauxhall-Rennwagen während ihrer schnellsten Runden, bei denen sie im Mittel Geschwindigkeiten von beträchtlich mehr als 96 km/h auf vollkommen übersichtlicher und sehr hügeliger Bahn erreichten, bestimmt weniger als 50 PS betragen hat, selbst wenn man annimmt, daß ihre Vergaser auf den geringsten Brennstoffverbrauch eingestellt waren. Zieht man in Betracht, daß diese Maschinen weit über 120 PS Leistung entwickeln konnten und daß die Wagen selbstverständlich mit der höchsten möglichen Geschwindigkeit gefahren wurden, die bei gerade noch ausreichender Sicherheit zulässig war, so scheint es etwas erstaunlich, daß nur ein so geringer Teil der verfügbaren Leistung wirklich ausgenutzt werden konnte. Man ersieht aber daraus folgendes: Selbst wenn die Straßen vollkommen frei von Verkehr gemacht werden, wenn der Fahrer von jeder Verantwortung gegenüber allen anderen Benutzern der Straße entbunden wird und wenn ferner der Fahrer geschickt und auf große persönliche Gefahr vorbereitet ist, so beschränken ihn doch die Verhältnisse der Straße derart, daß er nie mehr als ungefähr 40 PS/t ausnutzen kann.

Die meisten heutigen Wagen haben einen unnötig hohen Brennstoffverbrauch. Die Gründe hierfür sind:

1. Der mechanische Wirkungsgrad der Maschine ist in der Regel sehr niedrig; vor allem gerade bei der einen Art der Anwendung, wo er so hoch wie möglich sein müßte.

2. Die Form des Verbrennungsraumes ist wegen fehlender Wirbelung im allgemeinen ungünstig.

3. Die Vergasung und die Gemischverteilung, insbesondere die letztere, sind fehlerhaft.

Die neueren Fortschritte haben sich im allgemeinen lediglich darauf beschränkt, verschiedene Verfeinerungen an den Maschinen anzubringen, und richten sich auf Vermeidung von Geräusch und allgemeine Erhöhung der Weichheit des Ganges. Solche Richtungen der Entwicklung sind selbstverständlich durchaus erwünscht, aber man neigt dabei leicht dazu, die rein wirtschaftliche Tatsache zu übersehen, daß sich der Wirkungsgrad eines Fahrzeuges als Ganzes in der Anzahl von Tonnenkilometern ausdrückt, die man mit 1 l verbrauchtem Brennstoff leisten kann. In allzu vielen Fällen hat man anscheinend über dem Streben nach Geräuschlosigkeit bei der besseren Klasse von Wagen und über dem Streben nach Verbilligung der Herstellung bei den Wagen der niedrigsten Preisklasse die Wirtschaftlichkeit im Brennstoffverbrauch vollständig vergessen. Es wird hier absichtlich das Wort „vergessen“ und nicht das Wort „verzichten“ gebraucht, denn die Brennstoffwirtschaftlichkeit einer Maschine ist, wie weiter oben gezeigt wurde, vorwiegend eine Frage der Bauart und kann gewöhnlich erreicht werden, ohne daß Mehrkosten entstehen und ohne daß man irgendein anderes erwünschtes Merkmal aufzugeben braucht.

Die Geschichte der Entwicklung einer Maschine war fast auf allen Gebieten des Maschinenbaues gleich. Im Anfang geht der Kampf nur darum, die rein mechanische Zuverlässigkeit zu erreichen. Während dieser Stufe der Entwicklung ist die Maschine nur ein bemerkenswertes Spielzeug. Dann folgt im allgemeinen eine Zeit eifrigen, eifersüchtigen Strebens nach Verfeinerung in den Einzelheiten unter Vernachlässigung anderer Rücksichten. Schließlich drängen aber die unerbittlichen Gesetze der Wirtschaftlichkeit dahin, die Aufmerksamkeit ausschließlich auf das zu richten, was den wirklich endgültigen Prüfstein darstellt, nämlich auf die Arbeit, die eine Maschine mit einer bestimmten Brennstoffmenge sowie bei gegebenem Gewicht und gegebenen Kosten der Baustoffe liefert.

Beim Kraftfahrzeug stehen wir in dieser Entwicklung anscheinend am Übergang zwischen der zweiten und der dritten Stufe, und man beginnt einzusehen, wie unsinnig es ist, beispielsweise einer Maschine dauernd eine schwere Bürde von Reibungsverlusten aufzuladen, oft nur, damit sie im Leerlauf ein wenig langsamer und ruhiger arbeitet. Da bei allen neuen Fortschritten, die Laien in die Hände fallen, die Mode eine überwiegende Rolle spielt, so verlangt die heutige Mode das Verfeinern von Einzelheiten ohne Rücksicht auf alle anderen Gesichtspunkte. Schließlich wird die Zweckmäßigkeit nach Sparsamkeit im Betrieb verlangen, und dann werden die Konstrukteure ihre ganze Aufmerksamkeit darauf richten, die mechanischen Verluste zu vermindern und die Verteilung des Brennstoffgemisches zu verbessern.

Der 14 PS-Vauxhall-Motor. Den in Abb. 175 bis 178 dargestellten 14 PS-Vauxhall-Motor hat der Oberingenieur der Vauxhall Company, C. E. King, entworfen. Seinem Entgegenkommen verdankt der Verfasser die Erlaubnis, die nachfolgenden Einzelheiten zu veröffentlichen.

Der Vauxhall-Motor kann als kennzeichnendes Beispiel einer neuzeitlichen Maschine für Personenkraftwagen der besten Bauart angesehen werden, die in der Absicht entworfen wurde, soweit wie möglich dem Diktat der Mode zu genügen, die aber auch zu gleicher Zeit in Leistung und Brennstoffverbrauch die üblichen mittleren Maschinen dieser Klasse weit übertreffen sollte. Der Motor hat vier Zylinder von 75 mm Dmr. und 130 mm Hub, was einen Gesamtinhalt der Zylinder von etwa 2,3 l ergibt, und ist für den Antrieb eines fünfsitzigen Reisewagens entworfen, der vollständig mit Fahrgästen und üblicher Ausrüstung etwa 1450 kg wiegt. Die Höchstleistung des Motors beträgt 44,2 PS_e bei 2600 bis 2700 U/min.

Besondere Sorgfalt wurde beim Entwurf darauf verwendet, soweit wie möglich die inneren Reibungsverluste zu vermindern sowie dem Verbrennungsraum eine günstige Form zu geben. Das Ergebnis dieser Bemühungen waren beträchtlich höhere Leistung und wesentlich besserer Wirkungsgrad, als man sonst bei den mittelguten Maschinen mit seitlich stehenden Ventilen erreicht, namentlich wenn sie mit geringer Belastung betrieben werden. Die Einzelheiten der Bauart sind in Abb. 177 und 178 wiedergegeben. Aus diesen Schnitten ist ersichtlich, daß die vier Zylinder getrennt vom Kurbelgehäuse in einem Block gegossen sind und einen gemeinsamen abnehmbaren Zylinderkopf aus Aluminium haben, dessen Verbrennungsraum in Abb. 177 zu erkennen ist.

Abb. 175. 14 PS-Vauxhall-Motor, Vergaserseite.

Abb. 176. 14 PS-Vauxhall-Motor, Magnetseite.

Die Kurbelwelle läuft in drei Lagern mit Weißmetallfutter und ist mit Bohrungen für die Schmierung aller Haupt- und Kurbelzapfenlager unter Druck versehen. Die Kolben aus Leichtlegierung haben die Gleitschuh-Bauart, ihre Gleitschuhe sind jedoch am unteren Ende wieder zu geschlossenen Ringen verbunden. Die Kolbenbolzen sind sowohl in den Pleuelstangen als auch in den Kolben frei drehbar und werden an den Enden durch Unterlagscheiben und Sprengringe gehalten. Die gesamten hin und her gehenden Massen für jeden Zylinder wiegen 0,795 kg, während das umlaufende Gewicht des Kurbelendes der Pleuelstange ebenfalls 0,795 kg beträgt. Die Einlaßventile haben einen lichten Durchmesser von 35,6 Millimeter und einen Hub von 8,9 mm, die Auspuffventile bei dem gleichen Hub 32,3 mm Durchmesser. Alle Ventile werden durch Ventilstößel mit gekrümmten Gleitflächen betätigt. Die Kurbelwelle hat durchweg Zapfendurchmesser von 44,5 mm, die Breiten der einzelnen Lager sind:

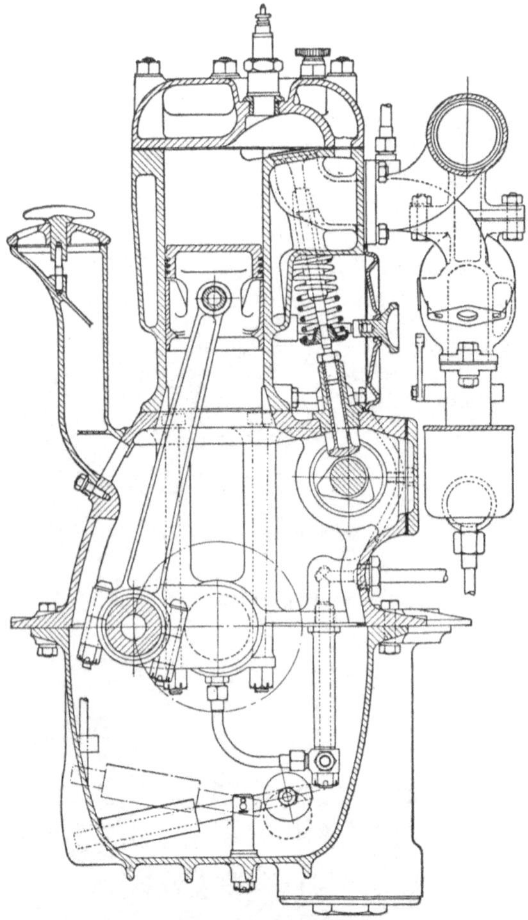

Abb. 177. 14 PS-Vauxhall-Motor, Querschnitt.

Vorderes Lager . .	61 mm	Schwungradlager . .	67,3 mm
Mittellager.	53,3 „	Pleuellager.	44,5 „

Das Verhältnis von Kolbenfläche zu Projektion der Pleuellagerfläche beträgt daher 2,22:1, so daß die Belastungszahl des Pleuellagers nur sehr gering ist.

In Abb. 179 sind die Ergebnisse von Bremsversuchen an dieser Maschine bei einem Verdichtungsverhältnis von 5,1:1 und bei Drehzahlen von 750 bis 2750 U/min mit voll geöffneter Drossel wieder-

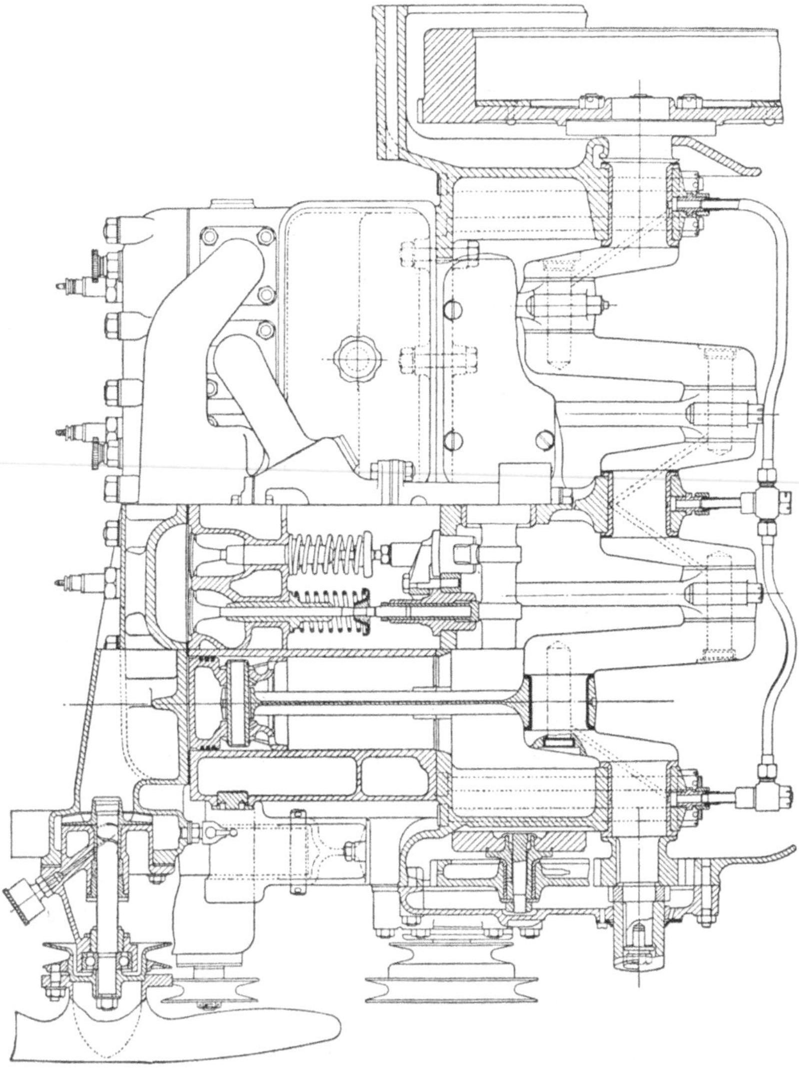

Abb. 178. 14 PS-Vauxhall-Motor, Längsschnitt.

gegeben. Sie beweisen, daß die Maschine einen höchsten mittleren nutzbaren Kolbendruck von 7,6 at bei einer Drehzahl von 1750 U/min erzielt hat. Diese entspricht einer Gasgeschwindigkeit in den Einlaßventilen von ungefähr 36,5 m/s und in der Saugleitung von ungefähr 53,2 m/s. In der Saugleitung wurde diese verhältnismäßig hohe Gasgeschwindigkeit zugelassen, um zu vermeiden, daß sich selbst bei geringer Belastung flüssiger Brennstoff darin niederschlägt.

Abb. 180 zeigt den Brennstoffverbrauch dieser Maschine bei einer unveränderlichen Drehzahl von 1600 U/min, während die Leistung durch Drosseln verändert wurde. Aus dem Verlauf der Linie ist ersichtlich, daß der Brennstoffverbrauch noch bei 50 vH des vollen Drehmoments weniger als 0,4 $l/PS_e h$ beträgt.

Über den mechanischen Wirkungsgrad der Maschine sind keine Angaben verfügbar, aber man kann diesen Wirkungsgrad auf Grund

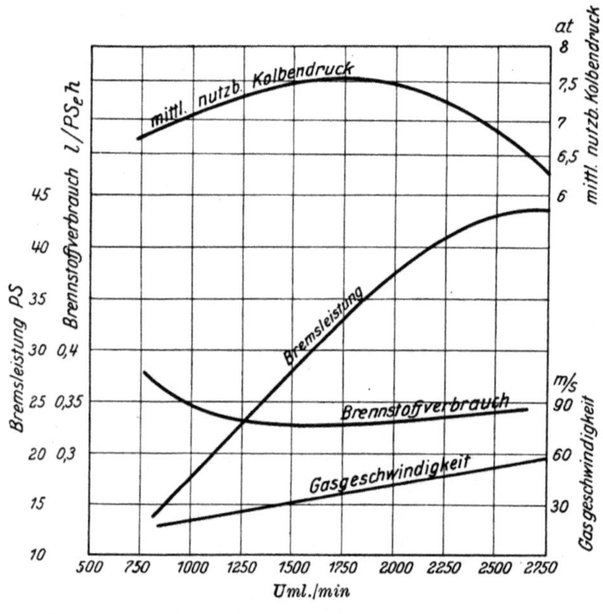

Abb. 179. 14 PS-Vauxhall-Motor, Ergebnisse der Bremsversuche.

der allgemeinen Bauart ausreichend genau abschätzen und aus dem Brennstoffverbrauch bei verringerter Belastung rückwärts nachrechnen. Auf Grund dieser Ableitung ergibt sich für den mechanischen Wirkungsgrad und den mittleren indizierten Kolbendruck ungefähr der in Abb. 181 dargestellte Verlauf. Aus den Linien erkennt man, daß der mittlere indizierte Kolbendruck bei einer Gasgeschwindigkeit von ungefähr 45 m/s in den Einlaßventilen seinen höchsten Wert erreicht. Der indizierte Brennstoffverbrauch müßte natürlich bei der gleichen oder ungefähr der gleichen Geschwindigkeit den kleinsten Wert haben, aber leider geht aus der Drosselkurve klar hervor, daß der Vergaser bei voll geöffneter Drossel auf überreiches Gemisch eingestellt war, so daß kein wirklicher Nachweis möglich ist.

Der Motor treibt den Wagen über ein dreigängiges Wechselgetriebe, dessen Übersetzungen bei 1000 U/min der Maschine Geschwindigkeiten auf der Straße von 10, 20 und 33,8 km/h entsprechen. Die höchste Geschwindigkeit in der Ebene beträgt knapp 96,5 km/h, entsprechend einer Motordrehzahl von 2850 U/min ohne Berücksichtigung des Radschlupfes. Der mittlere Brennstoffverbrauch auf 100 km Fahrt beträgt 9,4 l bei einer mittleren Fahrgeschwindigkeit von 40 km/h und 9,1 l bei 48 km/h mittlerer Fahrgeschwindigkeit.

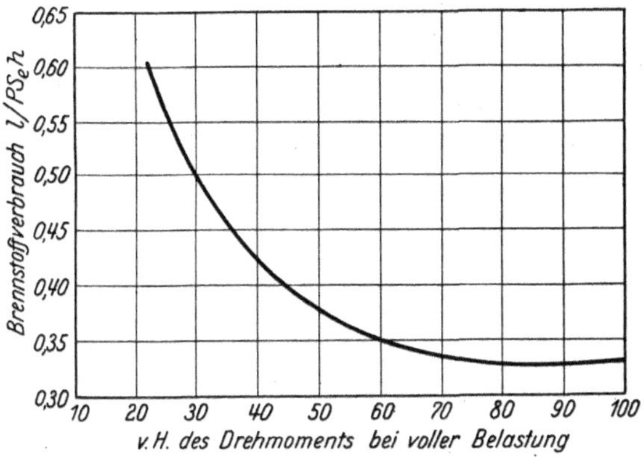

Abb. 180. 14 PS-Vauxhall-Motor, Brennstoffverbrauch bei konstanter Drehzahl von 1600 U/min und veränderlicher Leistung.

Schiebermotoren. Für Kraftwagenmaschinen, bei denen die Ansprüche an Geräuschlosigkeit hoch sind und deren Wärmeentwicklung zugleich wegen ihrer niedrigen mittleren Belastung nur gering ist, scheint die Verwendung von Kolbenschiebern an Stelle der üblichen Tellerventile sehr aussichtsvoll. Diese Kolbenschieber haben folgende Vorteile:

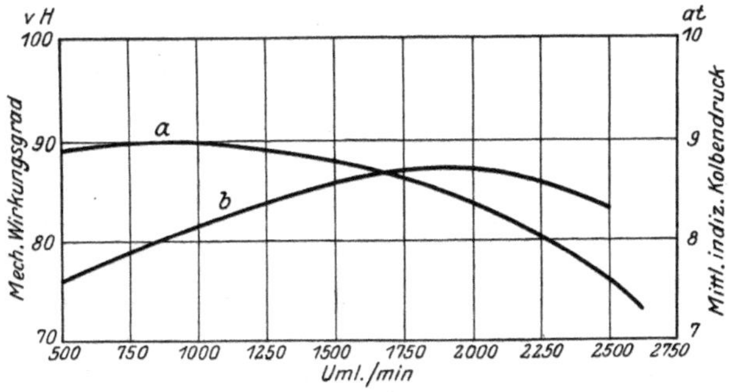

Abb. 181. Mechanischer Wirkungsgrad und mittl. indiz. Kolbendruck. *a* Mechanischer Wirkungsgrad. b Mittlerer indizierter Kolbendruck.

1. Ihre Wirkungsweise ist vollständig geräuschlos oder sollte es wenigstens sein.

2. Bei ihrer Anwendung kann man dem Verbrennungsraum die günstigste Form mit zentraler Anordnung der Zündkerze geben, so daß der indizierte Wirkungsgrad hoch und die Neigung zu Detonation so gering wie möglich sein müßte.

3. Sie erfordern weniger Aufmerksamkeit als Ventile und können bei unverständiger Behandlung nicht so leicht falsch eingestellt werden.

Gegen die Verwendung von Kolbenschiebern spricht folgendes:

1. Der Wärmeübergang auf das Kühlwasser wird notwendigerweise etwas behindert, obgleich dies bei Fahrzeugmaschinen, und insbesondere, wenn sie nur mit einem Kolbenschieber versehen sind, nicht so wesentlich ist.

2. Der wirksame Querschnitt der gesteuerten Öffnungen ist notwendigerweise beschränkt, wenn der Schieber keinen anormal großen Hub erhält.

3. Der Schieber oder die Schieber bedingen infolge ihrer großen Gleitflächen notwendigerweise einen höheren Reibungsverlust, insbesondere wenn ihr Hub groß ist.

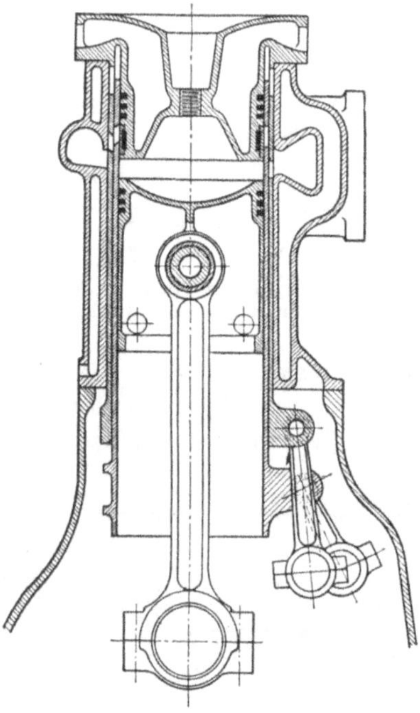

Abb. 182. Arbeitsweise einer Maschine mit Doppelschieber-Steuerung.

4. Man kann den Schieber nur von einer Seite aus antreiben, wenn man nicht den ganzen Antrieb verdoppeln will, was den ganzen Antrieb übermäßig verwickeln und zu großen Schwierigkeiten in der Abstimmung der Bewegungen auf beiden Seiten gegeneinander führen würde.

Bei einer Vierzylindermaschine ist die Aufeinanderfolge der Arbeitsvorgänge derart, daß man sie mit einem einfachen hin und her gehenden Schieber nicht steuern kann. Man muß daher entweder zwei konzentrische hin und her gehende Schieber, wie beim Daimler-Knight-Motor, oder einen einzigen Schieber mit vereinigter hin und her gehender und drehender Bewegung, wie beim Burt-Motor, verwenden. Ein einfacher Drehschieber ist ebenfalls ungeeignet, da irgendeine Art von hin und her gehender Bewegung schon notwendig ist, um zu verhindern, daß der Schieber im Zylinder frißt. Ebenso ist es wichtig, daß bei jedem Arbeitsvorgang die ganze Innenfläche des Schiebers durch den Kolben oder den feststehenden Zylinderkopf sauber abgestrichen wird, damit sich infolge von Abnutzung oder von Kohleablagerungen keine vorspringenden Kanten an den Laufflächen bilden, die die Wirkungsweise der Schieber empfindlich stören könnten.

Die Verwendung von zwei konzentrischen hin und her gehenden Schiebern hat den Vorteil, daß ihr mechanischer Antrieb etwas einfacher ist, aber es ist schwer einzusehen, welche weiteren Vorteile diese Bauart haben soll. Der Hauptnachteil der Maschinen mit Kolbenschiebersteuerung, nämlich die Schwierigkeit, die Wärme aus dem Kolben abzuleiten, wird bei der Anwendung von zwei Schiebern noch besonders verstärkt, ebenso wie die Reibungsverluste, die nicht gering sind und die namentlich bei Maschinen mit geringer mittlerer Belastung, wie bei Kraftwagen, einen erheblichen Nachteil darstellen

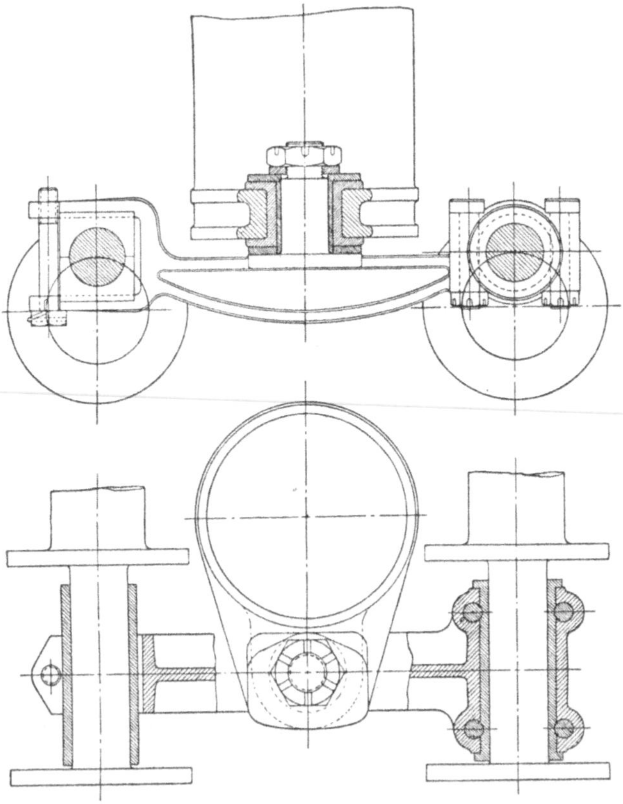

Abb. 183 und 184. Antrieb eines Einzelschiebers nach Burt bei der Maschine von Picard-Pictet. Verhältnismäßiger Öffnungsquerschnitt 0,8.

In Abb. 182 ist die Arbeitsweise einer Maschine mit Doppelschiebersteuerung schematisch dargestellt. Die Schieber werden, wie ersichtlich, von einer mit der halben Drehzahl der Maschine umlaufenden Exzenterwelle betätigt, die durch kurze Pleuelstangen seitlich an jeden Schieber angeschlossen ist

Abb. 183 bis 190 stellen verschiedene von Burt angewandte Arten des Antriebes von Einzelschiebern dar. Nach dem Verfahren in Abb. 183 und 184, das bei den Maschinen von Picard-Pictet angewandt wurde und vom mechanischen Standpunkt aus wohl beachtenswert, aber etwas kostspielig ist, benutzt man zwei Exzenterwellen, die mit der halben Drehzahl laufen, und der Schieber wird von der Mitte einer Kuppelstange angetrieben, die die beiden Wellen miteinander verbindet. Das eine Ende der Kuppelstange umfaßt den Exzenterzapfen unmittelbar, während beim anderen Ende ein Gleitstück eingeschaltet ist; dieses dient zum Ausgleich geringer Änderungen des Mittenabstandes der

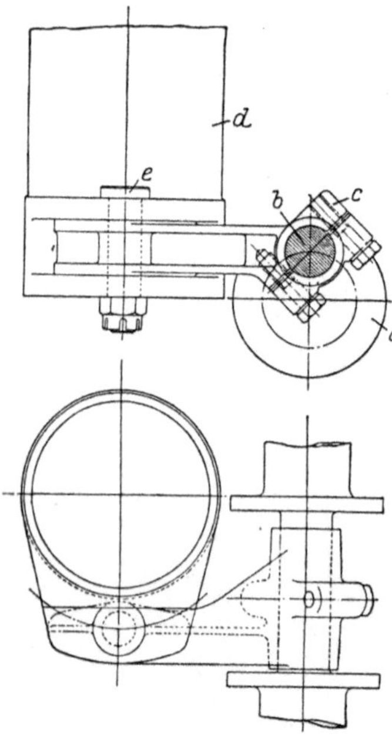

Abb. 185 und 186. Antrieb eines Einzelschiebers nach Burt mit einer Steuerwelle. Verhältnismäßiger Öffnungsquerschnitt 0,85.
a Steuerwelle. b Exzenterzapfen.
c Kuppelstange. d Schieber.
e Gelenkbolzen.

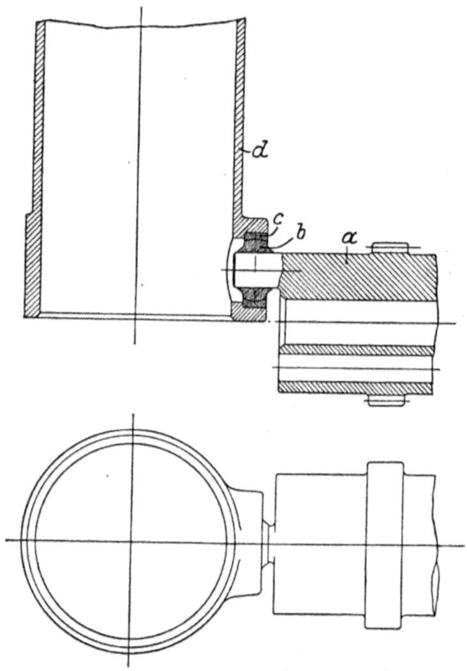

Abb. 187 und 188. Verbindung des Einzelschiebers mit der Steuerwelle durch ein Kugelgelenk. Verhältnismäßiger Öffnungsquerschnitt 1,0.
a Exzenter. b Gelenkkugel.
c Kugelschale.
d Schieber.

Exzenterzapfen, die bei nicht ganz übereinstimmender Bewegung der Exzenterwellen eintreten könnten.

Abb. 185 und 186 stellen eine ähnliche Antriebsart dar, bei der man aber nur eine Steuerwelle, die mit halber Drehzahl läuft, zu verwenden braucht. Sie soll sich in der Praxis gut bewähren, ist aber offenbar in mechanischer Hinsicht nicht so günstig wie die in Abb. 183 und 184.

Bei einer weiteren sehr bemerkenswerten Art des Antriebes für den Einzelschieber, Abb. 187 und 188, benutzt Burt ein Kugelgelenk zum Verbinden des Schiebers mit der Steuerwelle. Diese Bauart hat den

Vorteil, daß sie beträchtlich leichter ist und gedrängter ausfällt, sie ist vielleicht auch die billigste und am leichtesten zugängliche Bauart. Eine ähnlich einfache frühere Ausführungsform dieses Antriebes, Abb. 189 und 190, die bei den Argyllwagen verwandt wurde, macht für die Verbindung des Schiebers mit der Steuerwelle nicht von einem Kugelgelenk, sondern von einem einfachen Bolzen Gebrauch, der wie ein Kolben im Antriebsexzenter hin und her geht. Da man bei dieser Ausführungsform, ähnlich wie bei denen nach Abb. 183 bis 186 und 189 und 190, nicht ohne einen Gelenkbolzen am Schieber auskommt, so wird hier der Abstand des Schiebers von der Mitte der Steuerwelle und damit auch das Gewicht der Steuerung erhöht.

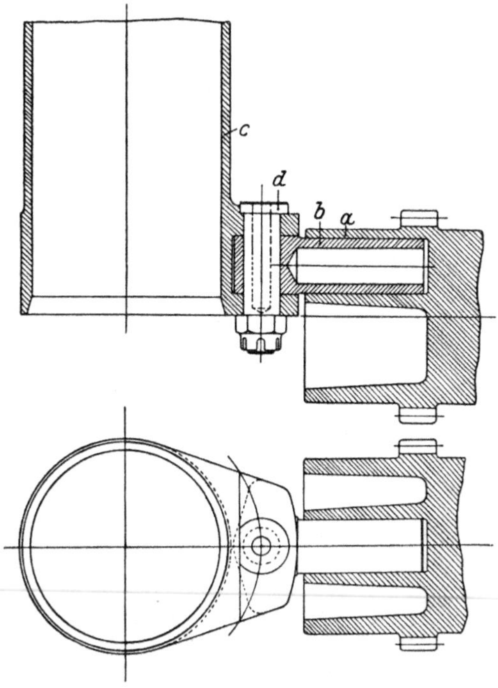

Abb. 189 und 190. Burt-Schieberantrieb beim Argyllwagen durch verschiebbaren Bolzen. Verhältnismäßiger Öffnungsquerschnitt 0,85.

a Exzenter. *b* Verschiebbarer Bolzen. *c* Schieber. *d* Gelenkbolzen.

Die nachfolgenden Angaben und Einzelheiten über die Bestimmung der Schlitzquerschnitte usw. bei Steuerungen mit Einzelschieber hat der Erfinder dieser Steuerung, Burt, in dankenswerter Weise zur Verfügung gestellt.

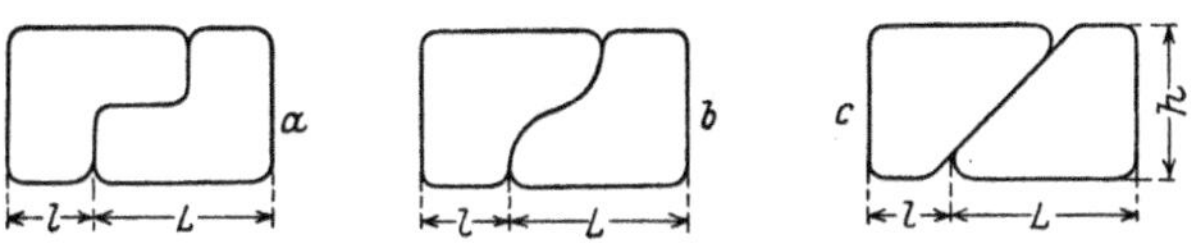

Abb. 191. Formen der Steuerschlitze für Einschiebersteuerungen.

Berechnung der Schieberschlitze. Die besondere Form der Schlitze

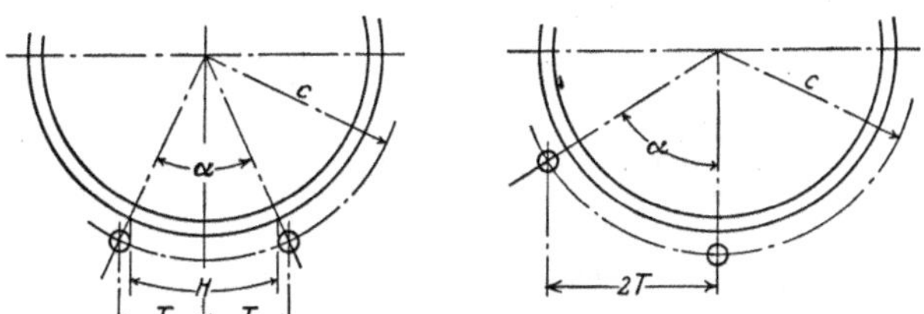

a Antrieb in der Mitte. *b* Antrieb versetzt.

Abb. 192. Bewegungsverhältnisse bei der Einschiebersteuerung.

wurde gewählt, um größten Querschnitt der Schieberöffnung bei möglichst kleinem Schieberweg zu erhalten. In Abb. 191 und 192 sind kennzeichnende Formen der Schlitze sowie die Bewegungsverhältnisse

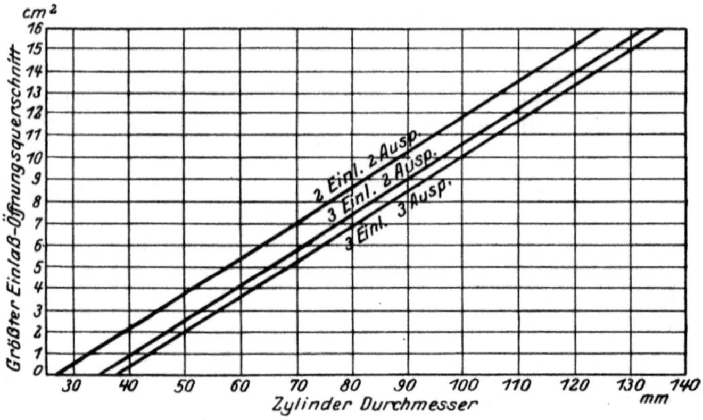

Abb. 193. Größte Einlaßöffnungs-Querschnitte bei Einschiebersteuerungen mit verschiedenen Schlitzzahlen für Einlaß und Auspuff.

bei Einschiebersteuerung wiedergegeben, und zwar ist in Abb. 191 *a* die ideale Form, *b* die gleiche Form der Schlitze mit abgerundeten Ecken, damit der Schieber nicht zwischen zwei Schlitzen des Zylinders

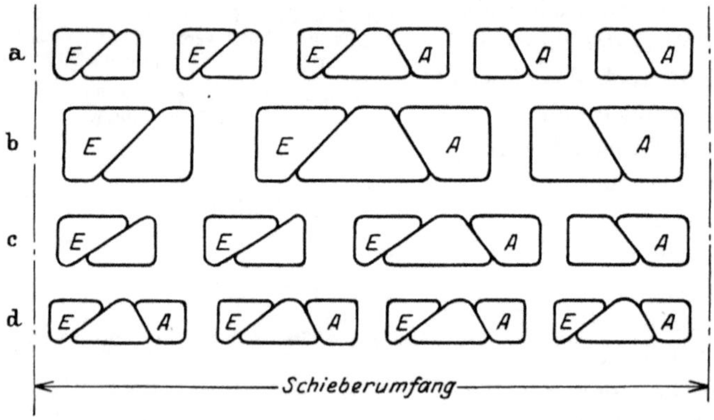

Abb. 194. Verhältnismäßige Größe der Schlitze bei verschiedener Anzahl der Schlitze für Einlaß und Auspuff.

E Einlaß.
A Auspuff.
a 3 Einlaß, 3 Auspuff.
b 2 Einlaß, 2 Auspuff.
c 3 Einlaß, 2 Auspuff.
d 4 Einlaß, 4 Auspuff abwechselnd wirkend.

hängenbleibt. Die Schlitzform *c* mit geradliniger Begrenzung wird gewöhnlich angewandt, da sie sich leichter bearbeiten läßt, obgleich sie bei gegebenem Hub der Exzenterwelle einen etwas kleineren Querschnitt als die Schlitzform *b* ergibt.

Bevor man mit der Berechnung der Schlitze beginnt, muß man folgende Einzelheiten der Bauart festlegen:

A = Anordnung und Anzahl der Schlitze,

D = äußerer Durchmesser des Schiebers in Millimeter,

C = Abstand von der Achse des Schiebers zur Mitte des Gelenkbolzens oder des Kugelgelenkes in Millimeter,

T = Kurbellänge der Exzenterwelle in Millimeter,

V = Öffnungs- und Schlußzeiten der Maschine.

Je größer die Anzahl der Öffnungen des Schiebers ist, desto kleiner wird der Hub der Exzenterwelle bei gegebenem Öffnungsquerschnitt. Das verringert auch sämtliche Außenabmessungen des Schieberantriebes und die Bauhöhe der Maschine, während die Form der Kerne für den Wassermantel in den Zylindergußstücken verwickelter wird und die

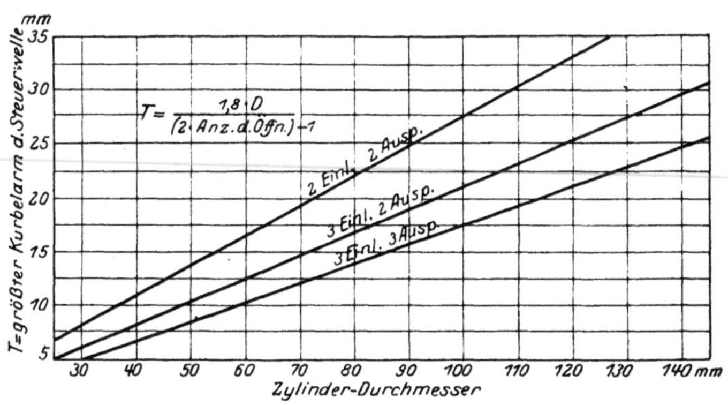

Abb. 195. Größte Kurbellängen der Steuerexzenter für verschiedene Arten von Schlitzanordnungen.

Bearbeitung der Schieberöffnungen längere Zeit beansprucht. Je geringer die Anzahl der Schlitze bei gleichem Querschnitt ist, desto größeren Hub braucht die Exzenterwelle und desto größer werden alle übrigen Abmessungen, aber dafür werden die Zylinderkerne einfacher und die Schieberschlitze schneller herstellbar.

Die größten Einlaßquerschnitte, die man mit verschiedenen Schlitzzahlen erzielen kann, sind in Abb. 193 angegeben, während Abb. 194 die verhältnismäßige Größe der Schlitze bei diesen Anordnungen kennzeichnet. Man erkennt hieraus zugleich, daß bei jeder Anordnung ein Schlitz des Zylinders zweierlei Zwecken dient, nämlich abwechselnd für den Einlaß und für den Auspuff. Diese Ausführung ist zu empfehlen, wenn man möglichst große Öffnungsquerschnitte zu erzielen wünscht, weil zwei getrennte Schlitze mit der Scheidewand dazwischen von dem Umfang des Schiebers selbstverständlich mehr als ein einzelner zwei Zwecken dienender Schlitz beanspruchen würden.

Der Kolbenschieber wird gewöhnlich nach dem Schleuderverfahren aus Gußeisen von hoher Güte hergestellt und erhält bei Maschinen bis zu 70 mm Zylinderdurchmesser eine Wanddicke von 2,5 mm; bei Maschinen von 108 mm Zylinderdurchmesser reicht eine Wanddicke von 3,2 mm vollständig aus. Den äußeren Durchmesser D des Kolbenschiebers kann man leicht erhalten, wenn man zum Durchmesser des Zylinders die Wanddicke des Schiebers zweimal hinzufügt, während der Abstand C, den man so klein wie möglich bemessen soll, bei Antrieb des Schiebers mittels Kugelgelenkes, Abb. 187 und 188, im allgemeinen 0,575 D beträgt.

Die Kurbellänge T der Exzenterwelle erhält man aus der Anzahl der Schlitze im Zylinder je nach der gewählten Anordnung der Schlitze und aus den Abmessungen D und C:

$$T = \frac{\pi D \cdot 0{,}575\, D}{D\,[(2 \cdot \text{Anzahl der Schlitze}) - 1]} = \frac{1{,}8\, D}{(2 \cdot \text{Anzahl der Schlitze}) - 1}\,.$$

Diese Formel ergibt die größte Kurbellänge, die bei einer derartigen Antriebsart möglich ist und innerhalb gewisser Grenzen je nach der Bauart der Maschine, für die man die Steuerung entwerfen soll, verringert werden kann. Die größten Kurbellängen für verschiedene Anordnungen der Schlitze und verschieden große Zylinder sind in Abb. 195 graphisch dargestellt.

Nunmehr sind noch die Öffnungs- und Schlußzeiten V der Maschine festzulegen, die ebenso wie bei Ventilsteuerung von der Art der Maschine abhängen.

Die wirkliche Berechnung der Schlitze läßt sich am leichtesten an einem Beispiel verständlich machen. Angenommen sei eine schnelllaufende Maschine von 68 mm Zyl.-Dmr., und als größter Öffnungsquerschnitt der Einlaßschlitze seien annähernd 6,45 cm^2 verlangt. Man erhält daher:

$A = 2$ Einlaß- und 2 Auslaßschlitze, denn aus Abb. 193 kann man ersehen, daß diese Anordnung der Schlitze den gewünschten größten Querschnitt ergibt.

$D = 68$ mm $+ 5$ mm $\backsim 73$ mm Außendurchmesser des Schiebers.

$C = 0{,}575 \cdot 73 = 41{,}9$ mm, ausgeführt 42 mm.

$T = \frac{1{,}8 \cdot 73}{(2 \cdot 4) - 1} = 18{,}8$ mm, ausgeführt 18 mm.

α = Ausschlagwinkel des Schiebers, vgl. Abb. 192.

$\sin\frac{\alpha}{2} = \frac{T}{C}$, wenn T symmetrisch zur Mitte liegt (vgl. a in Abb. 192)

$= \frac{18}{42} = 0{,}428$ oder $\frac{\alpha}{2} = 25^\circ\, 20'$.

$\alpha = 25^\circ\, 20' \cdot 2 = 50^\circ\, 40'$

Ist T ganz gegen die Achse des Schiebers versetzt (vgl. b in Abb. 192), so ist

$$\sin\alpha = \frac{2\,T}{C}.$$

Gemäß Abb. 196 ist

H = Waagerechtausschlag des Schiebers

$$= \frac{\alpha\,\pi\,D}{360} = \frac{50^\circ 40' \cdot 3{,}1416 \cdot 73}{360} = 32{,}4 \text{ mm}.$$

L = Länge des Schlitzes = H — Überdeckung = 32,4 — 1,4 = 31,0 mm.

Die geringste zulässige Überdeckung beträgt 1,0 mm. Man wird sie im allgemeinen so bemessen, daß L ein rundes Maß wird.

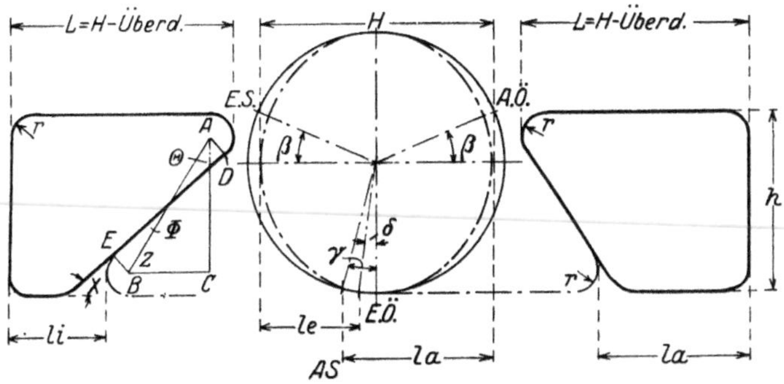

Abb. 196. Berechnung geradflankiger Steuerschlitze.

W = kleinster Abstand zwischen den Schlitzen (nicht bei Schlitzen, die abwechselnd für Einlaß und Auspuff wirken, wie im Fall d der Abb. 194).

H + Überdeckung = 32,4 + 1,4 = 33,8 mm.

h = Höhe der Schlitze = $T\,(+\,T\sin\beta) = 18 + 18\sin 22^\circ 30' = 24{,}3$ mm.

4 Schlitze von	31	mm	= 124	mm	Länge
2 Zwischenräume von	33,8	„	= 67,6	„	„
2 Zwischenräume von	19,7	„	= 39,4	„	„
Umfang des Schiebers			= 231,0 mm.		

l_e = unteres Ende des Einlaßschlitzes $= \frac{H}{2} - T\,\frac{0{,}5\,D}{C}\sin\delta$

$$= 17{,}2 - 18\sin 7^\circ 30' \cdot \frac{36{,}5}{42} = 17{,}2 - 2{,}03 = 15{,}17 \text{ mm}.$$

l_a = unteres Ende des Auspuffschlitzes $= \frac{H}{2} + T\,\frac{0{,}5\,D}{C}\sin\gamma$

$$= 17{,}2 + 18\sin 15^\circ \cdot \frac{36{,}5}{42} = 17{,}2 + 4{,}04 = 21{,}24 \text{ mm}.$$

Bei Schlitzen mit geradlinigen Seiten kann man den Flankenwinkel gemäß Abb. 196 folgendermaßen berechnen:

$$AC = h - 2r, \qquad \operatorname{tang}\Theta = \frac{BC}{AC}.$$

r = Abrundung in der Ecke = 3 mm, gewöhnlich $AB = \frac{BC}{\sin\Theta}$.

$$AD = EB = r, \qquad \sin\Phi = \frac{r}{\frac{1}{2}AB}.$$

$$BC = L - (l_e + 2r), \qquad z = 90° - \Phi.$$

$$\text{Flankenwinkel} = X = Z - \Phi.$$

In Abb. 197 ist der Steuerungsplan des berechneten Schiebers auf dem Kurbelkreis dargestellt, während in Abb. 198 die gleichen Zeiten

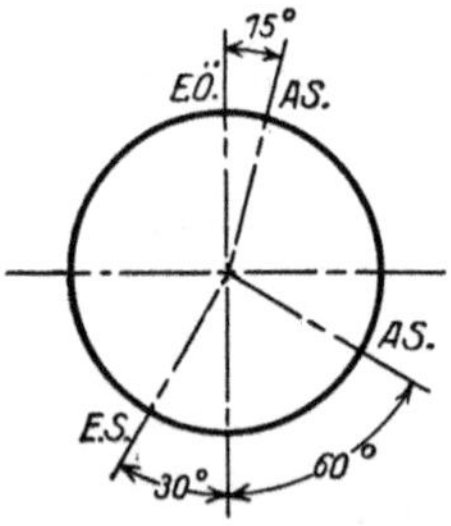

Abb. 197. Schiebereinstellung auf dem Kurbelkreis.

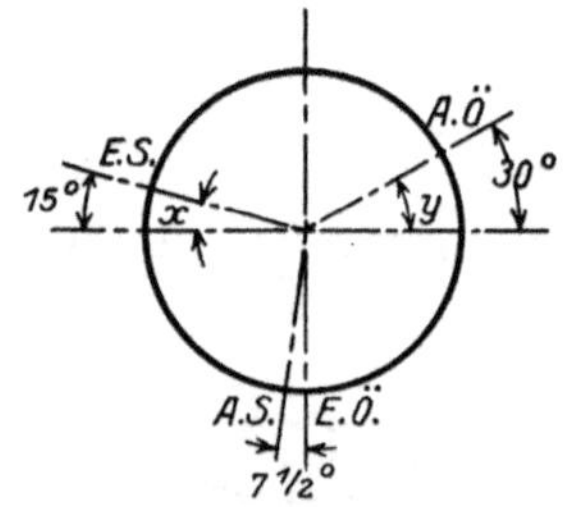

Abb. 198. Schiebereinstellung auf dem Steuerwellenkreis, unausgeglichen.

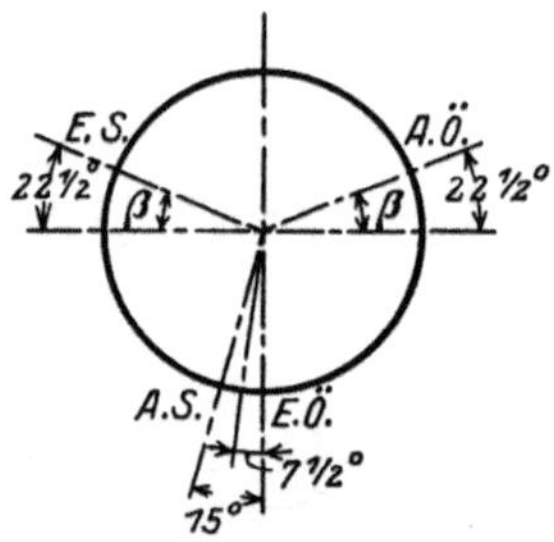

Abb. 199. Schiebereinstellung auf dem Steuerwellenkreis, ausgeglichen mit $7^1/_2$° Kurbelzapfenvoreilung.

E.Ö. = Einlaß öffnet. *A.Ö.* = Auspuff öffnet.
E.S. = Einlaß schließt. *A.S.* = Auspuff schließt.

Abb. 197 bis 199. Steuerungsplan des berechneten Schiebers.

auf den Steuerwellenkreis übertragen sind. Hierbei steht die Kurbelwelle im oberen Totpunkt, wenn die Kurbel der Steuerwelle im unteren Totpunkt steht. Es ist klar, daß man bei einer derartigen Einstellung infolge der größeren Höhe der Auspuffschlitze eine verhältnismäßig lange Auspuffperiode erhält. Um dies zu vermeiden und um die Bearbeitung der Schlitze zu vereinfachen, gibt man im allgemeinen den Einlaß- und Auspuffschlitzen die gleiche Höhe. Das kann man dadurch ermöglichen, daß man der Steuerwelle im unteren Totpunkt gegenüber der Kurbelwelle so viel Voreilung gibt, daß die Winkel x und y in Abb. 198 gleich werden. Die Größe des Voreilwinkels ergibt die Formel

$$\frac{x + y}{4}.$$

Das Ergebnis ist für das berechnete Beispiel in Abb. 199 aufgetragen, und das entsprechende Diagramm der Schieberöffnungen ist in Abb. 200 dargestellt.

Abb. 201 zeigt als Beispiel eine kleine Vierzylinder-Kraftwagenmaschine von 68 mm Hub und 103 mm Zyl.-Dmr., bei der ein Einzel-

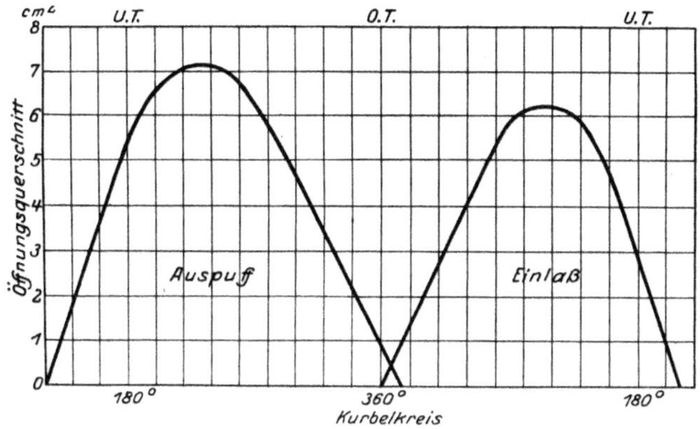

Abb. 200. Diagramm der Schieberöffnungen.
68 mm Zyl.-Dmr., $C = 42$ mm, $T = 18$ mm.

schieber für jeden Zylinder mittels Kugelgelenkes angetrieben wird, und Abb. 202 und 203 eine besonders sauber entworfene Motorradmaschine, ausgeführt von der Firma Barr & Stroud, deren Einzelschieber auf die gleiche Art angetrieben wird.

Abb. 201. Vierzylinder-Kraftwagenmaschine mit Einschiebersteuerung.

Rennwagen. Die Erfahrungen bei Kraftwagen- und Motorradrennen sind eines der wertvollsten Mittel gewesen, um den Entwurf hochwertiger Verbrennungsmaschinen anzuregen; denn die Rennmaschine arbeitet unter so schweren Bedingungen, wie sie sonst an keiner anderen Stelle anzutreffen sind, so daß Schwächen der Maschine, die sich sonst bei Gebrauch unter normalen Verhältnissen erst nach Verlauf von Jahren entwickeln würden, bei Rennen schon nach wenigen Minuten zum Vorschein kommen. Die schnellen Fortschritte, die die

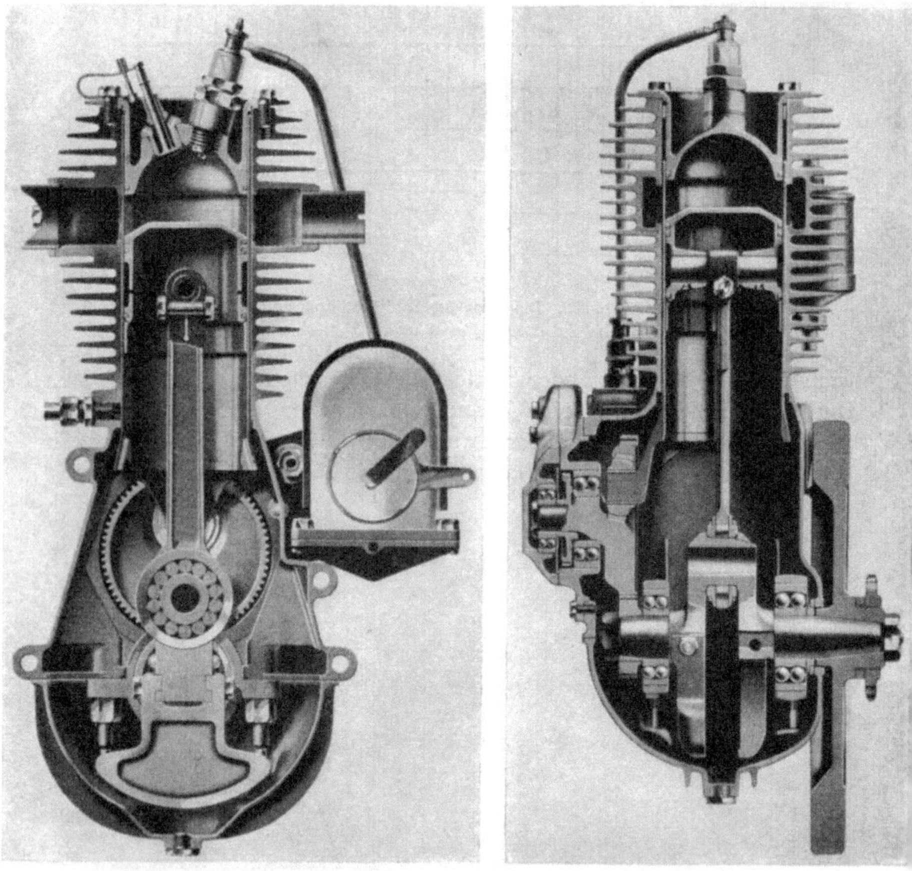

Abb. 202 und 203. Motorradmaschine von Barr & Stroud mit Einschiebersteuerung.

schnellaufende Verbrennungsmaschine in den letzten Jahren gemacht hat, sind nur dem Anreiz durch die Kraftwagenrennen zu verdanken, und zwar in einem Ausmaße, das nur wenige voll würdigen.

Beim Entwurf einer Rennmaschine hat der Konstrukteur die volle Freiheit, alle ihm bekannten Hilfsmittel zur Erzielung höchster Leistung, ohne Rücksicht auf andere Erwägungen, anzuwenden, es sei denn, daß es in den letzten Jahren allgemein üblich geworden ist, den Hubraum von Rennwagenmaschinen zu begrenzen, was zweifellos nur günstig gewirkt hat.

Man hat in weiten Kreisen den Eindruck, daß Rennmotoren ihren Wert für die Ausbildung der Konstrukteure verloren haben, seitdem sie den Maschinen der wirklichen Gebrauchskraftwagen überhaupt nicht mehr ähnlich sind. Das ist jedoch ein schwerer Irrtum; denn die Rennwagenmaschine arbeitet nach dem gleichen Arbeitsverfahren und unter den gleichen Bedingungen wie die Maschine eines Personenwagens, mit dem einzigen Unterschied, daß diese Bedingungen viel schwerer sind als beim gewöhnlichen Personenwagen, und die Lehren, die man aus ihrem Verhalten ziehen kann, sind für den einsichtigen Konstrukteur genau so verwendbar, wie wenn die Maschinen genau gleich wären. Vom Standpunkt der Belehrung der Konstrukteure ist es vielleicht sogar erwünscht, daß zwischen den Rennwagenmaschinen und den Maschinen für gewöhnliche Personenwagen Unterschiede bestehen; denn gerade durch diese Verschiedenheiten werden

1. höhere Drehzahlen und daher schärfere Versuchsbedingungen erzielt und

2. mit der Rennwagenmaschine von heute auch für die Zukunft Erfahrungen gesammelt und nicht nur für die unmittelbare Gegenwart.

Weiterhin ist es eine weitverbreitete, aber durchaus irrtümliche Annahme, daß eine Rennwagenmaschine zwar hohe Leistung, aber schlechten Wirkungsgrad habe, und daß uns derartige Maschinen, da Brennstoffersparnis bei ihrem Entwurf überhaupt nicht in Betracht gezogen wird, keine Lehre über diese wichtige Frage erteilen können. Gerade das Gegenteil ist der Fall; denn eine Maschine muß in jeder Beziehung guten Wirkungsgrad haben, damit sie leistungsfähig ist, d. h. sie muß einen möglichst großen Teil der Wärmeenergie, die aus der Verbrennung in 1 kg Luft zur Verfügung steht, in nutzbare Leistung am Schwungrad umsetzen. Wenn, wie es in manchen Fällen sein kann, die Luft mit Brennstoff übersättigt wird, so ist das ein Fehler des Vergasers und nicht der Maschine; denn bei guter Vergaserwirkung hat eine Rennwagenmaschine auch, auf den Brennstoffverbrauch bezogen, den höchsten thermischen Wirkungsgrad, der überhaupt möglich ist.

Die in den Abb. 204 bis 212 dargestellte Maschine ist eine von mehreren Maschinen, die die Firma Vauxhall Motors in ihre Rennwagen für das Jahr 1922 eingebaut hatte. Diese Maschine hat 3 l Zylinderinhalt und entwickelt nach Ansicht des Verfassers die höchste Leistung, die je Maschinen von dieser Größe erreicht haben.

Die wichtigsten Ziele, die beim Entwurf dieser Maschine verfolgt wurden, sind:

1. möglichst hoher thermischer Wirkungsgrad zu dem Zwecke, in der verfügbaren Luft die größtmögliche Leistung zu erreichen,

Abb. 204. Vauxhall-3-l-Rennwagenmaschine. Ansicht von der Vergaserseite.

Abb. 205. Vauxhall-3-l-Rennwagenmaschine. Ansicht von der Auspuffseite.

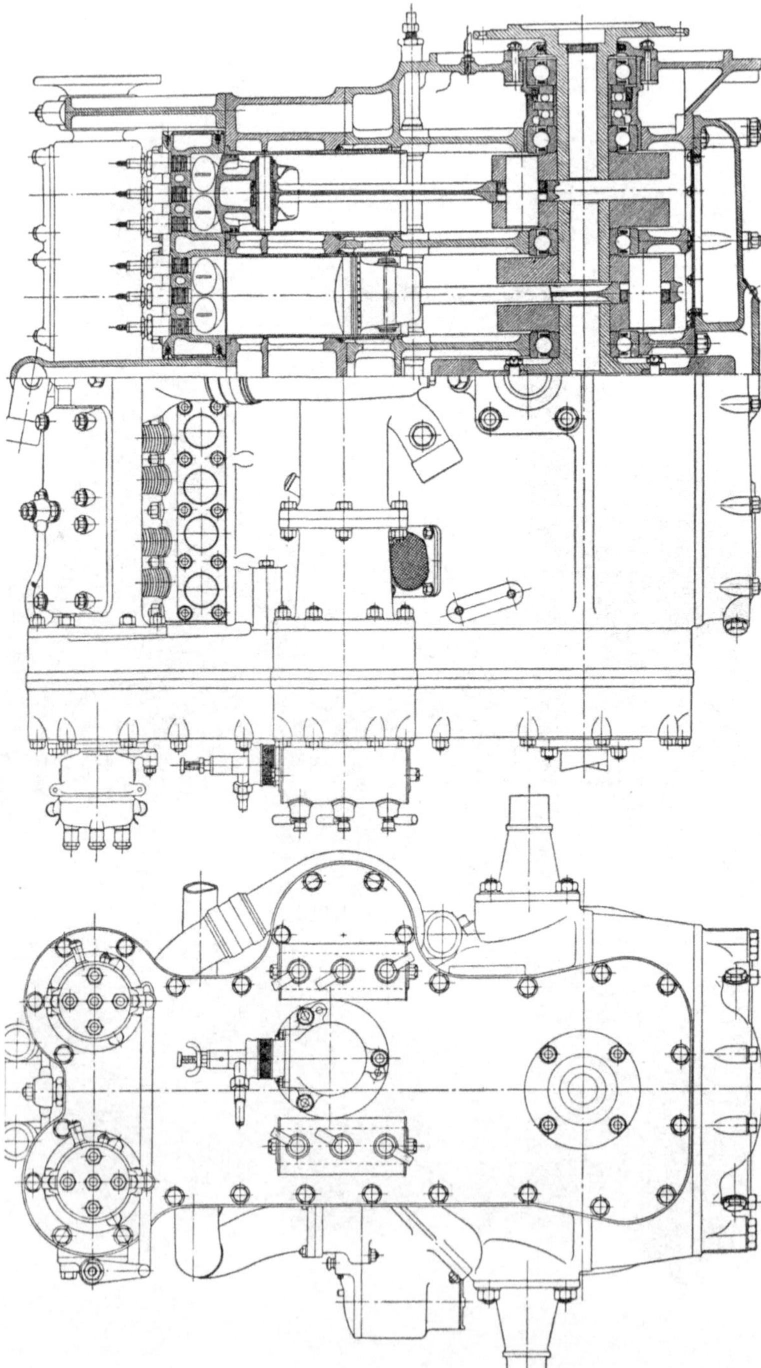

Abb. 206 und 207. Vauxhall-3-l-Rennwagenmaschine.

2. möglichst hohe bauliche Festigkeit,

3. Vermeidung von Drehschwingungen in der Kurbelwelle bei jeder Drehzahl, die die Maschine im Betrieb überhaupt erreichen kann,

4. möglichst hoher mechanischer Wirkungsgrad,

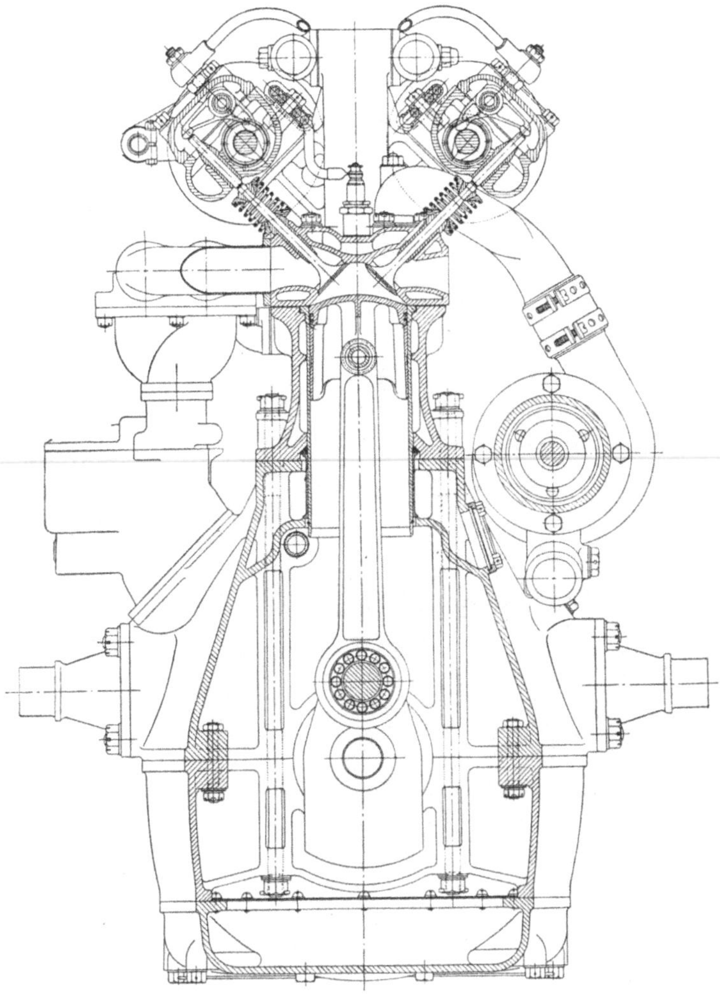

Abb. 208. Vauxhall-3-l-Rennwagenmaschine. Querschnitt.

5. hoher volumetrischer Wirkungsgrad,

6. Pleuelstangenlager, die im Dauerbetrieb Drehzahlen von 4000 U/min aushalten können.

Die Mittel zur Erreichung dieser Ziele waren:

1. Um möglichst hohen thermischen Wirkungsgrad zu erzielen, hat man den Verbrennungsraum in der Form eines flachen Spitzdaches

mit der Kerze in der Achse des Zylinderkopfes ausgebildet. Der größte Abstand der Zündkerzen-Elektroden von irgendeiner Stelle des Verbrennungsraumes beträgt nur 48,3 mm. Außer der mittleren Kerze hatte man noch die Möglichkeit, zwei weitere Kerzen, je eine an jeder Seite, anzubringen, die von einem gemeinsamen Niederspannungs-Stromunterbrecher aus synchron versorgt werden. Diese zusätzlichen Kerzen waren eher als Ersatz gedacht für den Fall, daß die Mittelkerze versagen sollte, sie sind aber in Wirklichkeit nie gebraucht worden.

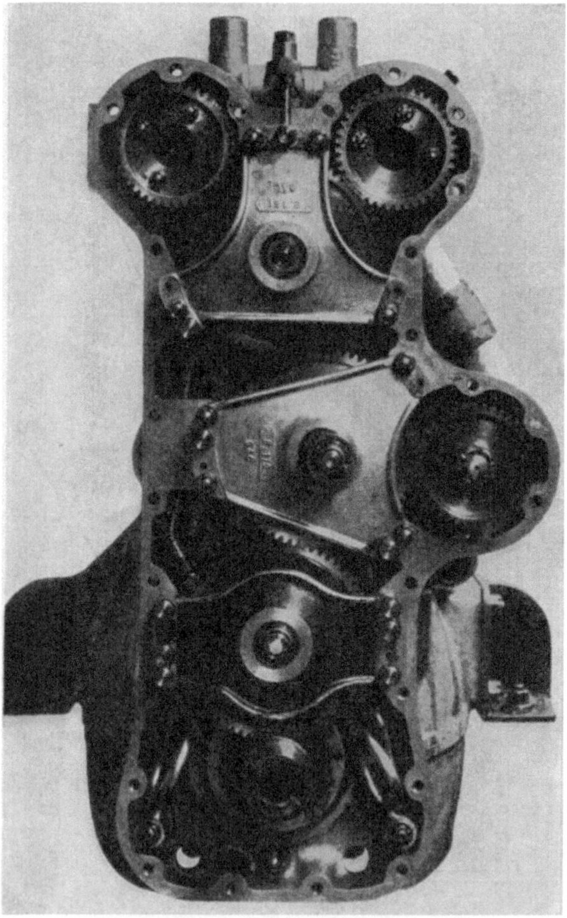

Abb. 209. Vauxhall-3-l-Rennmaschine. Hilfsantrieb.

2. Zur Erzielung möglichst hoher Steifigkeit der Bauart hat man das Kurbelgehäuse so tief wie möglich und tonnenförmig mit dem größten Querschnitt in der Mitte ausgebildet; die Wassermäntel der Zylinder sind in einem Stück gegossen und mit dem Kurbelgehäuse fest verschraubt, so daß sie einen zusätzlichen Träger bilden, während die Schraubenbolzen vom Zylinderblock bis ganz zum Boden des Kurbelgehäuses reichen und dadurch das Gehäuse besonders gegenüber Beanspruchungen auf Drehung und Biegung versteifen.

3. Zur Vermeidung von Drehschwingungen ist das Schwungrad in der Mitte der Kurbelwelle angeordnet, so daß die größte dem Verdrehen ausgesetzte Länge auf ungefähr 200 mm verringert wird. Die

Kurbelwelle besteht in Wirklichkeit aus zwei vollständig getrennten Wellen mit je zwei Kröpfungen, zwischen deren Flanschen das Schwungrad festgeschraubt ist. Diese Anordnung ist zwar sehr ungewöhnlich, hat sich aber ausgezeichnet bewährt, da bei keiner Drehzahl, mit der die Maschine laufen konnte, eine Spur von Drehschwingungen beobachtet wurde.

4. Zur Erzielung eines möglichst hohen mechanischen Wirkungsgrades werden Kolben nach der Gleitschuh-Bauart verwendet und die Zylinderlaufbüchsen auf hoher Temperatur erhalten, damit die Zähigkeit des an ihnen haftenden Öles verringert wird. Die hohe Tempera-

Abb. 210. Vauxhall-3-l-Rennmaschine. Zylinderköpfe und Ventile.

tur der Laufbüchsen wird dadurch erreicht, daß der untere Teil der Laufbüchsen von dem Hauptstrom des umlaufenden Kühlwassers abgetrennt ist, so daß das diesen Teil umspülende Kühlwasser praktisch in Ruhe bleibt. Im übrigen wurden, wo immer möglich, Kugel- und Rollenlager verwandt, die dazu beitragen, die Reibungsverluste auf das erreichbare Maß zu verringern und gleichzeitig gestatten, auf jede Art von Ölkühlung zu verzichten, die immer eine schwierige Aufgabe ist.

5. Um einen hohen volumetrischen Wirkungsgrad zu erreichen, hat man die Ansaugleitung so geteilt, daß jedes Überschneiden der Saughübe einzelner Zylinder vermieden wird. Das mittlere Zylinderpaar wird von einem Vergaser, das äußere Zylinderpaar von einem zweiten und vom ersten vollkommen unabhängigen Vergaser versorgt. Da-

durch kann man die kinetische Energie des Gemischstromes in der Saugleitung weitgehend für die Füllung der Zylinder ausnutzen, ohne befürchten zu müssen, daß ein Zylinder dem anderen Gas wegnimmt, was sich beim Überschneiden der Öffnungszeiten der Ansaugventile nicht vermeiden läßt, wenn alle vier Zylinder aus einer beliebigen gemeinsamen Leitung ansaugen.

Die Maschine hat vier Zylinder von 85 mm Dmr. und 132 mm Hub und ist so entworfen, daß sie dauernd mit 4000 bis 4500 U/min laufen

Abb. 211. Vauxhall-3-l-Rennmaschine. Kurbelgehäuse.

und auf kurze Zeiten auch bis zu 5000 U/min aushalten kann. Aus Rücksicht auf die bauliche Steifigkeit und auf das in der Mitte liegende Schwungrad ist das Kurbelgehäuse tonnenförmig ausgeführt und mit seitlichen Zapfen versehen, mit denen es im Rahmen gehalten wird. Der Zylinderblock ist ein Gußstück aus Aluminiumlegierung und bildet den Wassermantel, in den die stählernen Laufbüchsen lose eingesetzt und durch Gummiringe gegen Wasserdurchtritt abgedichtet sind. Die Zylinderköpfe sind für je zwei Zylinder aus harter Bronze zusammengegossen und fordern keine besondere Erklärung. Die Ventile, von denen jeder Zylinder vier hat, sind verhältnismäßig klein und haben großen Hub. Die Steuerung ist ganz allgemein für den Betrieb mit 5000 U/min entworfen. Die Einlaßventile haben große zylindrische Ansätze, und dies macht es möglich, verhältnismäßig niedrige Beschleunigungen zuzulassen und mit leichten und niedrig beanspruchten Ventilfedern auszukommen. Die beiden Nockenwellen sind in Aluminiumgehäusen gelagert, die in der Mitte und an den Enden des Zylinderblocks befestigt sind. Sie laufen in Gleitlagern mit schwimmenden gußeisernen Büchsen. Die Nocken selbst haben sehr kleinen Durchmesser, damit die Gleitgeschwindigkeit auf ein Mindestmaß verringert wird. Sie sind in der einfachen Form mit tangentialen Flanken ausgeführt. Die Stößel haben einfache Gleitbacken. Zwischen sie und die Ventile selbst sind kurze gerade Stoßstangen eingeschaltet. Die Nockenwellen werden von der Kurbelwelle aus über einen Zug von Stirnrädern angetrieben, dessen Zwischenräder in besonderen dreiarmigen Gehäusen gelagert sind, so daß man den Eingriff der Zähne genau einstellen kann.

Abb. 212. Vauxhall-3-l-Rennmaschine. Steuerwelle.

6. Die Erfahrungen mit Lagern sowohl im wirklichen Betrieb von Maschinen als auch bei besonderen Versuchen haben ergeben, daß selbst unter den günstigsten Verhältnissen in bezug auf die Schmierung auf gewöhnliche, mit Weißmetall ausgegossene Lager in den Kurbelköpfen der Pleuelstangen kein Verlaß ist; denn gleichgültig, wieviel Öl durch die Lager fließt oder wie gründlich man sie auch kühlen mag, immer besteht nur eine geringe Aussicht, die durch die Reibung erzeugte Wärme derart schnell abzuleiten, daß das Lagermetall eine für den sicheren Betrieb noch zulässige Temperatur beibehält. Ferner ist es aus Rücksicht auf die Verringerung der Schwingungen und auf die bauliche Steifigkeit wichtig, die Zylindermitten so nah wie möglich aneinanderzurücken, und dies begrenzt die zulässige Breite der Lager für die Wellen- und für die Kurbelzapfen.

Infolgedessen ist es selbstverständlich, daß man für die Kurbelzapfen irgendeine andere Art von Lagern als gewöhnliche Weißmetalllager verwenden muß, um einen Dauerbetrieb mit einer mittleren Drehzahl von 4000 U/min aufrechterhalten zu können. Man hat hierbei die Wahl zwischen

a) schwimmenden Laufbüchsen zwischen Kurbelzapfen und Pleuelstange unter Druckschmierung, und

b) Rollenlagern.

Beide Arten von Lagern setzen die Verwendung einer irgendwie geteilten Kurbelwelle mit im Einsatz gehärteten Kurbelzapfen voraus, da weder die Laufbüchsen oder die Rollenlaufringe geteilt werden können, noch die schwereren geteilten Pleuelstangenköpfe zulässig sind. Von den zwei Möglichkeiten der Lagerung setzen die schwimmenden Lagerbüchsen ununterbrochene Druckschmierung voraus, während für die Rollenlager Tauchölung genügt. Da aus gleichen und aus weiteren Gründen auch für die Wellenzapfen Kugel- oder Rollenlager wesentlich waren, so hätte die Anlage einer Druckschmierung für die Kurbelzapfen eine schwierige Aufgabe bedeutet. Infolgedessen entschloß man sich zu der zweiten Bauart, der Verwendung von Rollenlagern. Die Art des Zusammenbaues der geteilten Kurbelwelle war ein weiteres Problem, und nach langen Überlegungen entschloß man sich, die Kurbelwelle vollständig zu teilen und sie aus glatten zylindrischen Bolzen zusammenzusetzen, auf die die Kurbelarme wie bei den Kurbelwellen der Schiffsmaschinen und Großgasmaschinen warm aufgezogen werden.

Die Kurbelwellen sind vollständig aus gewöhnlichem weichem Stahl hergestellt, wobei die Zapfen im Einsatz gehärtet wurden. Für die Pleuelstangenköpfe entschloß man sich, doppelte Reihen von kurzen Rollen in einem einteiligen Bronzekäfig zu verwenden, denen die gehärteten Köpfe der Pleuelstangen selbst als äußerer Laufring dienen. Die Pleuelstangenköpfe sind ferner durch zwei ringsum laufende Rippen versteift. Wie die Kurbelwelle sind auch die Pleuelstangen aus gewöhnlichem niedrighaltigem Kohlenstoffstahl gefertigt und im Einsatz gehärtet.

Schmierung. Als Ölpumpen sind zwei schwingende, ventillose Kolbenpumpen vorhanden, die beide von einem der Zwischenräder des Steuerwellenantriebes aus betätigt werden. Die eine Pumpe saugt das Öl aus dem Ölsumpf und liefert es in eine Rinne ab, die sich über die ganze Länge des Kurbelgehäuses erstreckt und vier Düsen enthält, aus denen das Öl auf jede Kurbelkröpfung abtropft. Die zweite Pumpe drückt das Öl mit etwa 1,75 at Überdruck zu den Nockenwellen, von wo aus das Öl über die hohlen Lagerbolzen der Ventilschwinghebel weiter verteilt wird. Aus den Gehäusen der Nockenwellen fließt das Öl unter natürlichem Gefälle in das Kurbelgehäuse zurück.

Kühlung. Das Kühlwasser wird mittels einer mit der halben Drehzahl der Maschine umlaufenden Kreiselpumpe im Umlauf gehalten. Von der Pumpe aus fließt das Wasser um die oberen Enden der Zylinderlaufbüchsen herum, deren untere Enden durch Zwischenwände abgeschirmt sind, damit das Wasser dort mehr oder weniger in Ruhe bleibt und dem tragenden Teil der Laufbüchsen ermöglicht wird, schnell eine ziemlich hohe Temperatur zu erreichen Von der höchsten Stelle des Zylinderblocks fließt das Wasser in die parallel geschalteten Zylinderköpfe und kehrt von dort in den Kühler zurück. Um sowohl das Kurbelgehäuse zu kühlen als auch die zum Vergaser streichende Luft etwas vorzuwärmen, führt man die von der Maschine angesaugte Luft durch den oberen Teil des Kurbelgehäuses zu und leitet sie um die freistehenden unteren Enden der Zylinderlaufbüchsen herum

Das Verdichtungsverhältnis der Maschine beträgt 5,8:1. Ursprünglich hatte man vorgeschlagen, ein viel höheres Verdichtungsverhältnis zu verwenden und die Maschine mit einer besonderen Brennstoffmischung zu betreiben. Aber da es Schwierigkeiten bereitete, bei noch höherem Verdichtungsverhältnis dem Verbrennungsraum eine Form mit gutem Wirkungsgrad zu geben und gleichzeitig jede Gefahr eines Zusammenstoßes zwischen Kolben und etwa zufällig in der vollgeöffneten Stellung hängengebliebenen Ventilen zu vermeiden, hielt man es für sicherer, ein niedrigeres Verdichtungsverhältnis zu wählen, bei dem wegen des kurzen Weges der Flamme von der Zündkerze bis zur Wand gewöhnliches gutes Benzin ohne Detonation verwendet werden kann.

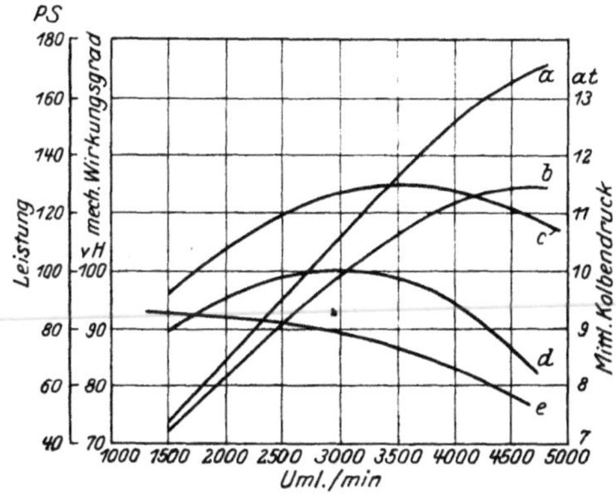

Abb. 213. Vauxhall-3-l-Rennmaschine. Betriebsergebnisse.
a Indizierte Leistung. *b* Bremsleistung. *c* Mittl. indiz. Kolbendruck. *d* Mittl. nutzb. Kolbendruck. *e* Mech. Wirkungsgrad.

Obgleich die Maschine ganz allgemein für Betrieb mit hohen Drehzahlen entworfen ist, bietet sie doch weder in baulicher Hinsicht, noch im Material irgend etwas Außergewöhnliches. Die ganze Kurbelwelle, die Pleuelstangen und die Kolbenbolzen bestehen aus gewöhnlichem weichen Kolbenstoffstahl. Weder die Pleuelstangen noch die Kolben sind besonders leicht. Die Nocken haben die einfache Form mit tangentialen Flanken und haben keine hohlgekrümmten Flächen, die Beschleunigungen des Ventilantriebes sind niedrig, und die Ventilfedern sind sehr schwach beansprucht. Kurzum, die Maschine wurde durchaus mit Rücksicht auf Zuverlässigkeit in Herstellung und Betrieb entworfen und weist einen hohen Grad von Sicherheit auf.

Die Betriebsergebnisse einer Maschine dieser Bauart, die längeren Untersuchungen auf dem Prüfstand unterzogen wurde, sind in Abb. 213

dargestellt. Hieraus ist ersichtlich, daß die Maschine eine Höchst leistung von 131 PS_e bei einer Drehzahl von 4500 U/min erreicht hat. Die mittleren Kolbendrücke bei dieser Drehzahl sind: nutzbarer Kolbendruck 8,73 at, indizierter Kolbendruck 11,17 at, und der mechanische Wirkungsgrad beträgt 78 vH. Aus dem Diagramm ist auch zu entnehmen, daß der höchste indizierte mittlere Kolbendruck bei ungefähr 3700 U/min erreicht wurde, d. h. daß das Zusammenspiel von Ansaugleitung und Ventileinstellung bei dieser Drehzahl den besten Gesamtwirkungsgrad ergeben hat. Bei einem Wirkungsgrad der Verbrennung von 34,75 vH entspricht dies einem volumetrischen Wirkungsgrad von 80,3 vH, bezogen auf normalen Druck und normale Temperatur. Dieser Wert stimmt gut mit den Ergebnissen der Versuche an der Maschine mit veränderlicher Verdichtung unter den gleichen Temperaturverhältnissen und bei einer Drehzahl von 1750 U/min überein, bei der diese besondere Maschine den besten Wirkungsgrad ergeben hat. Dieser Wert stimmt aber auch gut mit den Messungen des Verdichtungsdrukkes überein, bei denen die Maschine mittels eines Elektromotors angetrieben wurde. Diese Messungen ergaben bei 4000 U/min einen Enddruck der Verdichtung von 9,78 at, was beweist, daß die Zylinder bei dieser Drehzahl fast genau bis zum atmosphärischen Druck gefüllt werden. Der mechanische Wirkungsgrad wurde aus einer großen Anzahl von Versuchen nach dem Verfahren von Morse für sich an jedem Zylinderpaar, an einzelnen Zylindern und durch Antrieb der Maschine mittels eines Elektromotors ermittelt. Diese drei Methoden ergaben im ganzen Bereich der Drehzahlen außergewöhnlich gute Übereinstimmung der Werte.

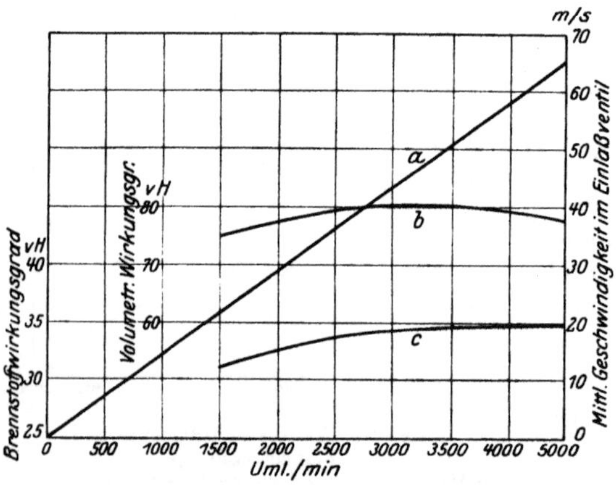

Abb. 214. Vauxhall-3-1-Rennmaschine. Geschwindigkeiten in den Einlaßventilen und Brennstoff-Wirkungsgrade.
a Gasgeschwindigkeit. *b* Volumetr. Wirkungsgrad. *c* Brennstoff-Wirkungsgrad.

Das Ergebnis dieser Maschinenbauart entspricht beinahe genau dem, was man auf Grund der Beurteilung ihrer allgemeinen Bauart an der Hand der weiter oben angegebenen Werte erwarten durfte, und da dies so genau eingetroffen ist, mag es interessant und vielleicht für

Motorenkonstrukteure von einigem Nutzen sein, diese Werte, soweit sie sich auf diese besonderen Maschinen beziehen, zu wiederholen. Dies mag auch, wie der Verfasser hofft, dazu beitragen, den noch immer vorherrschenden Aberglauben zu zerstreuen, daß der Erfolg von Rennmotoren, deren Verhalten im Betrieb in der Wirklichkeit in jeder Beziehung normal ist, von irgend etwas Geheimnisvollem umgeben sei.

Die Hauptabmessungen dieser Maschinenart sind:

Bohrung	85 mm
Hub	132 mm
Verdichtungsverhältnis	5,8 : 1
Kolbenfläche	56,45 cm^2
Hubraum der Zylinder	2990 cm^3
Gewicht der hin und her gehenden Massen für einen Zylinder	0,775 kg
Desgl., bezogen auf 1 cm^2 Kolbenfläche	0,0137 kg/cm^2
Zahl der Ventile bei jedem Zylinder	4 (2 Einlaß, 2 Auspuff)
Ventildurchmesser, Einlaß	34 mm
Ventildurchmesser, Auspuff	33 mm
Ventilhub für alle Ventile	9 mm
Wirklicher freier Querschnitt der Einlaßventile eines Zylinders (Einlaßventile haben 1,27 mm Überdeckung)	16,43 cm^2
Verhältnis der Kolbenfläche zum wirklichen freien Querschnitt der Einlaßventile	3,44 : 1.

In Abb. 214 stellt Linie *a* die mittleren Geschwindigkeiten des Gemisches in den Einlaßventilen bei Drehzahlen bis zu 5000 U/min und Linie *b* den Verlauf des volumetrischen Wirkungsgrades dar, der diesen mittleren Geschwindigkeiten unter Berücksichtigung der Verdampfungswärme des Brennstoffes entspricht. Hierbei ist angenommen, daß ein Mindestmaß an Vorwärmung verwendet und daß das Gemisch in der Ansaugleitung oder in den Vergasern nicht unnötig gedrosselt wird; beide Voraussetzungen treffen im vorliegenden Falle zu.

Linie *b* ist auf Grund der weiter oben mitgeteilten Berechnungen, ferner durch Überlegung aus verschiedenen Versuchsergebnissen und schließlich durch unmittelbare Messungen des Luftverbrauches an verschiedenen Maschinen mit ähnlichen Formen des Verbrennungsraumes und ähnlichen Geschwindigkeiten des Gemisches in den Einlaßventilen ermittelt worden. Der Abfall des volumetrischen Wirkungsgrades bei den niedrigeren Drehzahlen ist nur eine Folge des verspäteten Schließens der Einlaßventile, was die Wirkung hat, daß ein Teil des brennbaren Gemisches während des ersten Teils des Verdichtungshubes wieder aus dem Zylinder ausgestoßen wird. Der Abfall des volumetrischen Wirkungsgrades bei sehr hohen Drehzahlen beruht dagegen auf Drosselung des Gemisches oder unzureichendem Ventilquerschnitt. Bei einem Verbrennungsraum, dessen Form ein Höchstmaß an Wirbelung ergibt und der mit zentraler Zündung versehen ist, beträgt der aus dem Luftverbrauch errechnete Wirkungsgrad bei hohen Drehzahlen annähernd 69 vH des theoretischen Wirkungsgrades des reinen Luftkreisprozesses bei gleichem Verdichtungsverhältnis.

Der theoretische Wirkungsgrad des Luftkreisprozesses bei einem Verdichtungsverhältnis von 5,8:1 beträgt 50,5 vH; der Wirkungsgrad der Verbrennung bei den höchsten Drehzahlen beträgt daher 100 · 0,69 · 0,505 = 34,8 vH, wenn günstige Verhältnisse in bezug auf Wirbelung und auf unmittelbare Wärmeverluste angenommen werden. Bei abnehmender Drehzahl wird auch die Wirbelung infolge der geringeren Eintrittsgeschwindigkeit des Gemisches schlechter, und der unmittelbare Wärmeverlust nimmt zu, obgleich dies verhältnismäßig geringeren Einfluß ausübt. Infolgedessen kann man erwarten, daß der Brennstoffwirkungsgrad annähernd so verläuft, wie in Linie *c* in Abb. 214 dargestellt ist. Die Werte dieser Linie entsprechen den Ergebnissen der Maschine mit veränderlichem Verdichtungsverhältnis bei Betrieb unter beinahe genau gleichen Arbeitsbedingungen.

Aus den Linien *b* und *c* und dem bekannten Heizwert von 1 l des brennbaren Gemisches bei normalem Druck und normaler Temperatur, den man auf Grund der früheren Angaben berechnen kann, läßt sich der mittlere indizierte Kolbendruck der Maschine berechnen, indem man den volumetrischen Wirkungsgrad, den Energiewert von 1 l des Gemisches von Normaldruck und Normaltemperatur (im vorliegenden Falle 404 mkg/l) und den Brennstoffwirkungsgrad miteinander und mit 0,1 multipliziert. Bei 3000 U/min beträgt daher der theoretische mittlere indizierte Kolbendruck 0,807 · 404 · 0,343 · 0,1 = 11,175 at. In der gleichen Weise findet man den theoretischen mittleren indizierten Kolbendruck für die Drehzahlen von 1500 bis 4500 U/min wie folgt:

U/min	Volumetrischer Wirkungsgrad vH	Wirkungsgrad der Verbrennung vH	Theor. mittlerer indiz. Kolbendruck at	Wirkl. mittlerer indiz. Kolbendruck at
1500	75,0	31,0	9,42	9,75
2000	77,6	32,6	10,21	10,41
2500	79,6	33,9	10,9	10,97
3000	80,7	34,3	11,18	11,32
3500	80,7	34,6	11,29	11,42
4000	79,9	34,7	11,2	11,41
4500	78,5	34,8	11,02	11,18
5000	77,0	34,8	10,82	—

Aus der Zahlentafel ist zu ersehen, daß die theoretisch berechneten und die wirklich gemessenen mittleren indizierten Kolbendrücke gut miteinander übereinstimmen; hieraus geht aber hervor, daß sich die Maschine in jeder Beziehung normal verhält. Die Übereinstimmung dieser Werte ist in der Tat so gut, daß man sogar von einer gewissen Identität sprechen könnte, denn weder die Berechnung noch die Messung kann auf höhere Genauigkeit als 1 vH Anspruch machen, so daß

Abweichungen der Kolbendrücke in der Größenordnung von 0,21 at zwischen den gemessenen und den berechneten Werten selbst dann zugelassen werden müßten, wenn die Voraussetzungen, auf die sich die Berechnung gründet, tatsächlich genau zutreffen würden. Über 4500 U/min und unter 1500 U/min wurden keine Versuche ausgeführt.

Die mechanischen Verluste in einer beliebigen Verbrennungsmaschine können folgendermaßen aufgeteilt werden:

1. Kolbenreibung,
2. Pumpverluste,
3. Reibungsverluste in den Lagern und Hilfsantrieben.

Von diesen drei Verlustquellen stellt die Kolbenreibung immer den größten Anteil dar, und alle bisherigen Versuche deuten anscheinend darauf hin, daß die Kolbenreibung, in Kilogramm Druck auf 1 cm² Kolbenfläche gerechnet, bei Kolben von mehr oder weniger normaler Bauart und normalen Abmessungen sowie normalen Verhältnissen mit Bezug auf Schmierung und Kühlwassertemperatur mit ziemlich großer Annäherung durch folgende empirische Formel gefunden werden kann:

$$\text{Kolbenreibung} = \left\{\frac{\dfrac{\text{Mittlerer Gasdruck einschl. Verdichtung}}{4} + \dfrac{2 \cdot \text{mittlerer Massendruck}}{3}}{10}\right\} + 0{,}1405$$

Aus einer solchen Formel findet man, daß die Kolbenreibung, ausgedrückt in at Kolbendruck, bei jedem vierten Hub (d. h. im gleichen Maßstabe wie der nutzbare mittlere Kolbendruck) folgende Größe hat:

Kolbenreibung in Abhängigkeit von der Drehzahl.

U/min	Kolbenreibung at
1500	0,541
2000	0,605
2500	0,703
3000	0,802
3500	0,922
4000	1,061
4500	1,216

Die Pumpverluste werden, wenn man normale Ventileinstellung wie im vorliegenden Fall annimmt, und wenn man voraussetzt, daß dem Gemischstrom auch beim Eintritt in die Zylinder oder beim Austritt aus den Zylindern keine wesentlichen Hindernisse in den Weg gelegt werden, durch die mittleren Geschwindigkeiten in den Ventilen und besonders in den Einlaßventilen bestimmt. Abb. 215 gibt auf Grund von Messungen einen Anhalt für die Pumpverluste in Abhängigkeit von den Gasgeschwindigkeiten; hieraus und aus dem in Abb. 214 dargestellten Verlauf der Gasgeschwindigkeiten der vorliegenden Maschine findet man, daß die Pumpverluste, ausgedrückt in at mittlerem Kolbendruck, folgende Größe erhalten (s. S. 310).

Schließlich bleibt noch die Lagerreibung und der Verlust in dem Hilfsantrieb. Der Hilfsantrieb besteht hier aus einer langen Reihe von Stirnrädern für den Antrieb der obenliegenden Nockenwellen, aus den Nockenwellen selbst, die in einfachen Gleitlagern mit schwimmenden Büchsen laufen, einer großen Wasserpumpe, zwei Ölpumpen, einem kleinen Luftkompressor für die Brennstofförderung und dem zur Zündung notwendigen Getriebe. Da keine unmittelbaren Messungen über die im Hilfsantrieb verbrauchte Energie durchgeführt wurden, muß man mangels tatsächlicher Zahlenwerte auf gleichartige Versuche mit anderen mehr oder weniger ähnlich ausgerüsteten Maschinen zurückgreifen. Auf Grund solcher Verluste kann man annehmen, daß die Verluste aus all diesen Quellen, ausgedrückt in at mittlerem Kolbendruck, von 0,211 at bei 1500 U/min mehr oder weniger geradlinig bis auf 0,352 at bei 4500 U/min ansteigen.

Pumpverlust in Abhängigkeit von der Drehzahl (zu S. 309).

U/min	Pumpverlust at
1500	0,141
2000	0,143
2500	0,147
3000	0,282
3500	0,380
4000	0,485
4500	0,605

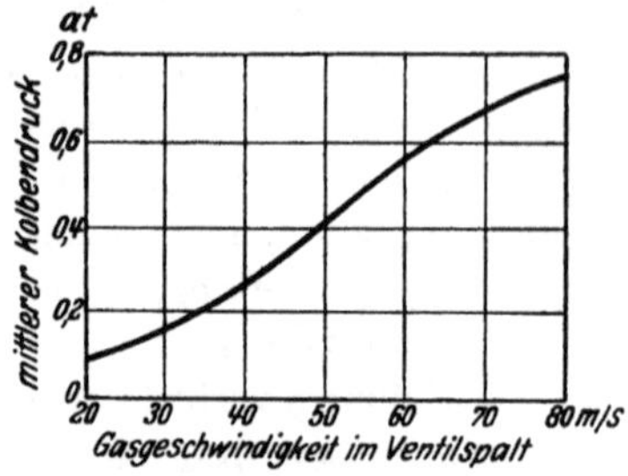

Abb. 215. Mittlere Unterdrücke der Ansauglinie des Diagramms bei verschiedenen Gasgeschwindigkeiten im Einlaßventil. (Normale Öffnungszeiten, Tellerventile.)

Aus den obigen Überlegungen und Rechnungen geht hervor, daß die Gesamtsumme an Pump- und Reibungsverlusten schätzungsweise folgende Größe erhält:

Summe aus Pumpverlusten und Kolbenreibung.

Drehzahl U/min	Gesamtverluste (geschätzt) ausgedrückt als mittlerer Kolbendruck at	Gesamtverluste (gemessen), ausgedrückt als mittlerer Kolbendruck at
1500	0,893	0,767
2000	0,998	0,886
2500	1,160	1,07
3000	1,358	1,309
3500	1,597	1,597
4000	1,871	2,026
4500	2,173	2,462

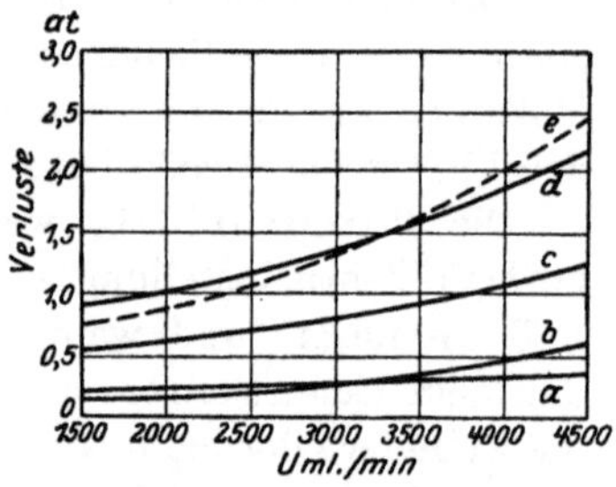

Abb. 216. Berechnete und gemessene mechanische Verluste, ausgedrückt in at mittl. Kolbendruck, einer Verbrennungsmaschine.

a **Lagerverluste usw.**
b **Pumpverluste (geschätzt).**
c **Kolbenreibung (geschätzt).**
d **Gesamtverlust durch Strömung und Reibung (geschätzt).**
e **Gemessene Gesamtverluste durch Strömung und Reibung.**

In Abb. 216 stellen die voll ausgezogenen Linien die geschätzten Verluste auf Grund der obigen Zahlentafeln, die gestrichelte Linie die gemessene Gesamtsumme dieser Verluste dar, die man durch Antrieb der Maschine mittels eines Elektromotors oder durch Auslaufversuche findet, indem man bei einzelnen Zylindern die Zündung abstellt. Man sieht, daß zwar die Neigung der Linie der gemessenen Gesamtsumme der Verluste mit derjenigen der geschätzten Verluste nicht gut übereinstimmt, daß aber trotzdem die Mittelwerte dieser Verlustsumme im ganzen Bereich der Drehzahlen in ziemlich guter Übereinstimmung stehen.

Weiterhin wurden verschiedene Messungen über den Brennstoffverbrauch bei verschiedenen Drehzahlen durchgeführt. Hierbei wurde als Brennstoff die weiter oben mit „A“ bezeichnete Benzinsorte verwendet und der Vergaser auf sparsamen Verbrauch, d. h. auf ungefähr 10 vH Luftüberschuß eingestellt, während 20 vH Brennstoffüberschuß notwendig waren, wenn man die Höchstleistung erzielen wollte. Bei den Messungen über den Brennstoffverbrauch war daher der Vergaser so eingestellt, daß die Maschine eine um etwa 6 vH geringere Höchstleistung hatte. Die Ergebnisse dieser Verbrauchsmessungen sind in Abb. 217 und 218 dargestellt. Das „A“-Benzin hat einen berichtigten Heizwert (einschließlich der inneren Verdampfungswärme des flüssigen Brennstoffes) von 8060 kcal/l.

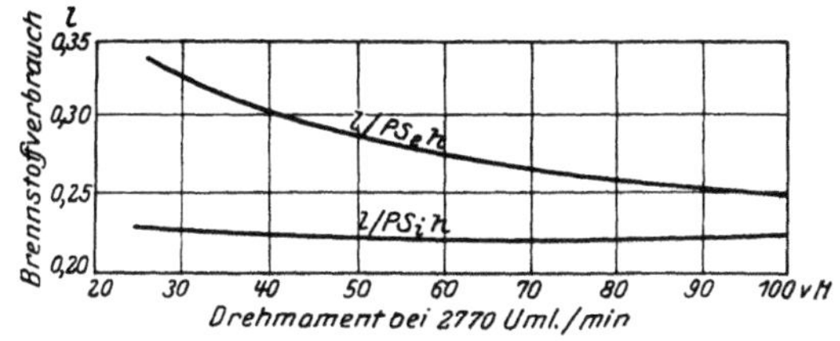

Abb. 217. Vauxhall-3-l-Rennmaschine. Betrieb mit Mischungsverhältnis für günstigsten Verbrauch. Brennstoff: Benzin, Öl: Shell LRO.

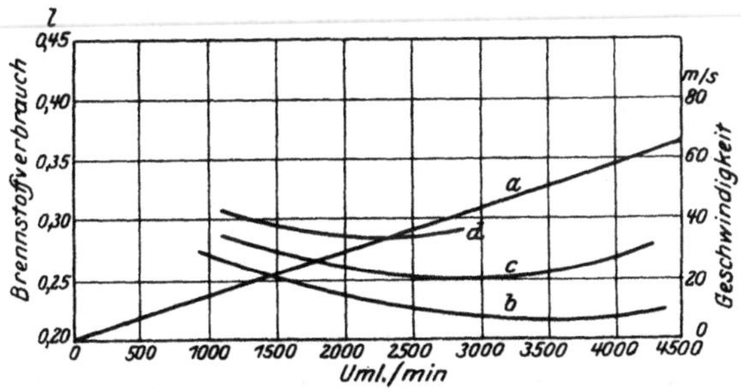

Abb. 218. Vauxhall-3-l-Rennmaschine. Änderung des Brennstoffverbrauchs mit der Drehzahl. Betrieb mit Mischungsverhältnis für günstigsten Verbrauch. Brennstoff: Benzin, Öl: Shell LRO.

a Gasgeschwindigkeit. *b* Verbrauch in l/PS$_i$h.
c Verbrauch in l/PS$_e$h bei vollem Drehmoment.
d Verbrauch in l/PS$_e$h bei halber Belastung.

Man erkennt aus den Linien, daß bei 3000 U/min der Brennstoffverbrauch bei voller Belastung nur 0,25 l/PS$_e$h und 0,22 l/PS$_i$h beträgt, entsprechend einem nutzbaren thermischen Wirkungsgrad von 31,2 vH und einem indizierten thermischen Wirkungsgrad von 35,4 vH. Dieser Wert ist tatsächlich noch etwas höher als der berechnete Wirkungsgrad der Verbrennung, während als Brennstoffverbrauch bei 66 vH des vollen Drehmomentes und ungefähr gleicher Drehzahl nur 0,27 l/PS$_e$h gemessen wurden, ein Wert, der von anderen Reisewagen selbst bei Vollast nicht erreicht wird. Diese Zahlen dürften auch die Meinung beseitigen, daß eine Rennmaschine notwendigerweise besonders viel Brennstoff verbrauchen muß. Die

Ergebnisse einer Messung des Brennstoffverbrauches, bei der die Belastung bis auf ein Drittel des vollen Drehmomentes verringert wurde, sind ebenfalls bezeichnend.

Bei 2770 U/min ergaben sich z. B. folgende Werte:

Bremsleistung PS	Brennstoffverbrauch l/PS_eh
80	0,255
70	0,261
60	0,269
50	0,283
40	0,299
30	0,316
20	0,342

bei 1950 U/min dagegen folgende:

Bremsleistung PS	Brennstoffverbrauch l/PS_eh
60	0,263
50	0,269
40	0,277
30	0,294
20	0,319
15	0,339

Man sieht hiernach, daß der Gesamtbrennstoffverbrauch nur $20 \cdot 0{,}319 = 6{,}38$ l/h beträgt, wenn die Maschine bei 1950 U/min eine Leistung von 20 PS abgibt. Bei der vorhandenen Übersetzung des Triebwerkes entsprechen 1950 U/min der Maschine einer Geschwindigkeit von 78 km/h auf der Straße, bei der der notwendige Aufwand für den Antrieb des Wagens gerade etwa 20 PS am Schwungrad beträgt. Hiernach würde der Brennstoffverbrauch für je 100 km bei sparsam eingestelltem Vergaser selbst bei so hoher mittlerer Geschwindigkeit nur $\frac{100}{78} \cdot 6{,}38 = 8{,}2$ l betragen.

Der nutzbare thermische Wirkungsgrad von 31,2 vH, den diese Maschinenart erreicht, ist wohl der höchste, den je eine Maschine mit Benzinbetrieb ergeben hat. Zufälligerweise stimmt, wie erwähnt zu werden verdient, der aus dem Brennstoffverbrauch berechnete indizierte thermische Wirkungsgrad bei brennstoffarmem Gemisch mit dem berechneten Wirkungsgrad der Verbrennung sehr gut überein, woraus hervorgeht, daß in der Maschine praktisch keinerlei Verluste an unverbranntem Brennstoff infolge unregelmäßiger Verteilung des Gemisches oder aus irgendwelchen anderen Gründen auftreten. Es ist ebenfalls bemerkenswert, daß der Brennstoffverbrauch, bezogen auf 1 PS_ih, genau ebenso groß ist wie der indizierte Brennstoffverbrauch der weiter oben beschriebenen Einzylindermaschine mit veränderlicher Verdichtung bei Betrieb mit dem gleichen Brennstoff, gleichem Verdichtungsverhältnis und gleicher Geschwindigkeit des Gemisches in den Einlaßventilen; dagegen ist der nutzbare thermische Wirkungsgrad der Rennmaschine beträchtlich höher, weil sie einen höheren mechanischen Wirkungsgrad aufweist.

Der Bericht über diese Maschine ist hier mit Absicht in so ausführlicher Weise wiedergegeben, weil die Ergebnisse ihrer Untersuchung ausgezeichnet dazu geeignet sind, zu beweisen, daß eine Renn-

Abb. 219. Vauxhall-3-l-Rennwagen.

maschine nichts mehr und nichts weniger als eine hochwertige Verbrennungsmaschine ist, die durch und durch nach rein wissenschaftlichen Grundsätzen entworfen und deren Verhalten in thermodynamischer Hinsicht als durchaus normal anzusehen ist.

Abb. 219 ist das Lichtbild eines der Rennwagen, in den diese Maschine eingebaut wurde. Mit voller Ausrüstung, wie in dem Bilde dargestellt, wiegt der Wagen einschließlich eines Fahrers und eines Mechanikers 1225 kg. In dieser Verfassung erreicht der Wagen, wenn das Übersetzungsverhältnis seines Getriebes derart ist, daß 1000 U/min der Maschine 40 km/h entsprechen, eine Höchstgeschwindigkeit von 185 km/h in der Ebene, entsprechend einer Drehzahl der Maschine von 4600 U/min, ohne Berücksichtigung des Radschlupfes. In Wirklichkeit beträgt die Drehzahl der Maschine hierbei etwa 4800 U/min.

Es ist interessant, daß einer dieser Wagen nach fast achtjähriger Benutzung mit einem Kompressor ausgerüstet wurde und dann eine Anzahl von Rennen gegen viel modernere Rennwagen gewann und im Jahre 1929 sogar einen neuen Rekord aufstellte gelegentlich der jährlich stattfindenden Shelsley Walsh-Bergprüfungen, zu denen Wagen ohne Beschränkung von Hubraum oder Leistung zugelassen werden.

XIII. Flugmotoren.

Unter den Anwendungen der Verbrennungsmaschine stellt namentlich die Luftfahrt hohe Anforderungen an den Wirkungsgrad im weitesten Sinne des Wortes. Der Flugmotor muß hohe Wirtschaftlichkeit nicht nur in bezug auf den Verbrauch an Brennstoff, sondern in jeder möglichen Beziehung aufweisen, einschließlich der Stoffe, aus denen er gebaut wird; es ist daher der Flugmotor in erster Linie, auf den die meisten Betrachtungen in den vorhergehenden Abschnitten abzielen.

Es sind zwar erst ganz wenige Jahre vergangen, seitdem das erste Flugzeug mit motorischem Antrieb erfolgreich vom Boden aufgestiegen ist, aber dennoch hat in dieser sehr kurzen Zeit der Flugmotor eine Reihe von Stufen in seiner Entwicklung durchgemacht.

Während der ersten Stufen der Entwicklung war die Rücksicht auf das Gewicht der einzige Gesichtspunkt für den Bau der Flugmotoren; später, als die Flugzeuge verbessert wurden und längere Flüge in Betracht gezogen werden konnten, trat nicht das Gewicht der Maschine allein, sondern das Gewicht einschließlich Brennstoff, Öl usw. für einen weiter ausgedehnten Flug in den Vordergrund, so daß besonders leicht gebaute Maschinen als solche gegenüber den Maschinen, die sparsam im Verbrauch an Brennstoff und an Öl und betriebssicherer waren, etwas an Beachtung einzubüßen begannen.

Der Weltkrieg brach aus, als sich das Flugwesen noch in einer sehr frühzeitigen Stufe der Entwicklung befand; aber er zeigte die Bedeutung des Luftschiffs und des Flugzeugs für die Aufgaben von Heer und Marine so offenbar, daß er zu Fortschritten auf diesem Gebiete anreizte, und zwar in einem Maß, wie es wahrscheinlich auf keinem Gebiet des Maschinenwesens jemals vorher aufgetreten ist.

Bei Beginn des Krieges war Deutschland der einzige von allen beteiligten Staaten, wo in bezug auf die Wahl der Bauart und die Richtung, in der die Entwicklung zu erfolgen hatte, irgend so etwas wie bestimmte Ansichten vorhanden waren[1]. Frankreich verfügte zwar über eine verhältnismäßig große Anzahl von Flugzeugen mit allen erdenklichen Arten von Antriebsmaschinen, wie luftgekühlten, wassergekühlten, Sternmotoren und Umlaufmotoren, sowie Standmotoren mit vier, sechs, acht und zwölf Zylindern in stehenden Reihen, also in Wirklichkeit eine ganz zusammengewürfelte Sammlung von Motoren jeder erdenklichen Bauart, aber scheinbar hatte man dort noch gar nicht überlegt, welche Bauart für unmittelbare militärische Verwendung festgehalten werden sollte. England besaß zu jener Zeit überhaupt nur sehr wenige Flugzeuge und noch weniger Erfahrungen auf diesem Gebiete. Die wenigen Flugzeuge, die in England verfügbar waren, wurden im wesentlichen durch verschiedenartige französische und deutsche Motoren angetrieben, einige wenige auch durch luftgekühlte V-förmige Motoren der Royal Aircraft Factory sowie durch einen oder zwei andere englische Reihen- oder V-Form-Sechszylindermotoren, die aber mehr oder weniger Versuchsausführungen waren. Amerika hatte dadurch, daß es länger als zwei Jahre neutral der Entwicklung der Dinge zusah, die Möglichkeit, sich eine eigene Anschauung auf diesem Gebiete zu bilden; als es dann in den Krieg eintrat, war man dort bereits entschlossen, einen neuen Zwölfzylinder-V-Form-Standmotor zu entwickeln, der die bewährten Merkmale der besten damals im Gebrauch befindlichen Maschinen der V-Bauart in sich vereinigte. Obgleich so schließlich eine Maschine von sehr zufriedenstellenden Leistungen geschaffen wurde, nahm doch ihre Durchbildung viel zu lange Zeit in Anspruch, obgleich eine unbeschränkte Summe an Erfahrungen zur Verfügung gestellt war; die Maschine trat jedenfalls nicht rechtzeitig genug auf den Plan, um noch bei den Feindseligkeiten eine wesentliche Rolle zu spielen, und fast alle amerikanischen Flugzeuge, die tatsächlich während des Krieges Dienst verrichteten, waren mit Motoren nach europäischer Bauart ausgerüstet.

In Deutschland entschloß man sich von allem Anfang an, die Entwicklung ganz auf den wassergekühlten Sechszylinder-Reihenmotor zu

[1] Die Bearbeiter geben hier dem Sinne nach unverändert die Ansichten des Verfassers wieder, ohne selbst dazu Stellung zu nehmen.

beschränken, weil diese Bauart zwar schwer war, aber ein Höchstmaß an Zuverlässigkeit und an Sparsamkeit im Brennstoffverbrauch erwarten ließ und bei beschränkten fabrikatorischen Mitteln in der größten Menge erzeugt werden konnte. Dieser Entschluß war vielleicht richtig, selbst bei dem wirklichen Verlauf der Ereignisse, und wäre bestimmt richtig gewesen, hätte der Krieg, wie Deutschland ohne Zweifel erwartete, nur kurze Zeit gedauert.

England hatte vor dem Kriege der Luftfahrt so wenig Aufmerksamkeit geschenkt, daß dort überhaupt keine Erfahrung vorhanden war, auf die man eine Ansicht über den zunächst einzuschlagenden Weg hätte gründen können. Man war daher gezwungen, das einzig mögliche Mittel anzuwenden, d. h. jeden erreichbaren Motor zu kaufen oder herzustellen, ohne Rücksicht auf die Bauart, bis sich genug Kenntnisse und Erfahrungen gesammelt hatten, um unabhängig vorgehen zu können. Es ist nicht zuletzt das Verdienst der englischen Ingenieure und Forscher, daß England trotz dieses Vorsprunges der anderen zur Zeit des Waffenstillstandes die größte Erzeugung an Flugmotoren aufzuweisen und mittlerweile selbständig die vielleicht leistungsfähigsten Konstruktionen an Motoren und an Flugzeugen unter allen beteiligten Ländern entwickelt hatte.

Der Verlauf des Krieges zeigte bald, daß mehrere ganz verschiedene Arten von Flugzeugen nötig sein würden. Beispielsweise

1. ein sehr schnelles, aber kleines und leichtes Kampfflugzeug von großer Beweglichkeit und Steigfähigkeit bis in große Höhen, das aber keine langen Flüge auszuhalten brauchte;

2. ein Beobachtungsflugzeug zum Einschießen für die Artillerie und für die Zwecke der allgemeinen Aufklärung, das große Höhen erreichen und lange Flüge aushalten konnte, aber nicht sehr schnell zu sein brauchte;

3. ein großes Bombenflugzeug, das große Nutzlast tragen und weite Flüge ohne Erneuerung der Betriebsstoffe zurücklegen konnte.

Für die erste Art von Flugzeugen brauchte man Motoren, die hohe Leistung in jeder beliebigen Höhe entwickeln, wenig wiegen und kurze Baulänge aufweisen mußten. Sparsamkeit im Verbrauch von Brennstoff und Öl waren dagegen von untergeordneter Bedeutung, da man von derartigen Flugzeugen in der Regel keine langen Flüge erwartete.

Für die zweite Art von Flugzeugen forderte man Motoren, die insbesondere in großer Höhe hohe Leistung entwickelten und sehr wenig Brennstoff verbrauchten. Da derartige Flugzeuge immer in sehr große Höhen aufstiegen, ehe sie die feindlichen Linien kreuzten, und es sich daher gestatten durften, langsam aufzusteigen, so war die Leistung der Motoren auf dem Boden oder in der Nähe des Bodens unwichtig, wenn sie nur stark genug waren, um mit Sicherheit abfliegen zu können.

Die dritte Art von Flugzeugen setzte Motoren von möglichst hoher Sparsamkeit im Verbrauch an Brennstoff sowie an Öl und von sehr hoher Leistung auf dem Boden oder in der Nähe des Bodens voraus, wenn sie imstande sein sollten, mit möglichst hoher Belastung abzufliegen. Da derartige Flugzeuge fast nur des Nachts verwandt wurden, brauchte ihre Leistung in sehr großen Höhen nicht sehr hoch zu sein. Wenn sie überhaupt imstande waren, abzufliegen, dann erlangten sie

Abb. 220. Kennzeichnendes Beispiel eines deutschen Flugmotors (Mercedes) aus dem Jahre 1918.

auch zu der Zeit, wenn sie ihr Ziel erreichten, eine genügende Höhe, um gegen das Feuer der Abwehrgeschütze am Boden ausreichend gesichert zu sein.

Für alle diese Zwecke entschied man sich in Deutschland, eine einzige Bauart von Motoren zu verwenden, eine Sechszylinder-Reihenmaschine von 160 bis 300 PS Bremsleistung, wovon ein kennzeichnendes Beispiel in Abb. 220 dargestellt ist. Allerdings erkannte man gegen Ende des Krieges in Deutschland, daß man von den Alliierten überholt wurde, die für jede dieser Arten von Flugzeugen besondere Arten von Motoren verwandten, und machte daher Anstalten, diese Richtlinie des Motorenbaues abzuändern.

Für die erste Art von Flugzeugen brauchte man leichteste und so kurz wie möglich gebaute Motoren. Diesen Anforderungen hätten zweifellos luftgekühlte Motoren der Sternbauart genügt, wenn es in irgendeinem Lande gelungen wäre, eine wirklich erfolgreiche Maschine dieser Bauart von ausreichender Leistung herzustellen. Vor dem Waffenstillstand ist es jedoch nicht gelungen, eine derartige Maschine zu bauen, obgleich man in allen alliierten Ländern die größten Anstrengungen in dieser Richtung gemacht hatte. Die Flugzeuge dieser Art wurden daher entweder mit luftgekühlten Umlaufmotoren oder mit wassergekühlten Achtzylindermotoren der V-Bauart ausgerüstet.

Für die zweite Art von Flugzeugen, nämlich die Aufklärungsflugzeuge, benutzte man Acht- und Zwölfzylindermotoren der V-Bauart und Sechszylindermotoren der Einreihenbauart. Diese letzteren standen jedoch trotz ihrer grundsätzlichen Zuverlässigkeit bei den Alliierten niemals in besonderem Ansehen.

Für die schweren Bombenabwerfflugzeuge dienten bei den Alliierten die gleichen Motoren wie für die Flugzeuge zur Aufklärung; denn die militärische Bedeutung dieser Klasse von Flugzeugen erkannte man erst in den letzten Stufen des Krieges, indem man viele Arten von Motoren mit 500 bis 800 PS Leistung und 12 Zylindern in V-Form für diesen besonderen Zweck durchbildete.

Die Ansprüche des Luftverkehrs in Friedenszeiten bedingen sehr leistungsfähige Motoren, die fähig sind, mit großen Lasten abzufliegen, aber in keine großen Höhen aufzusteigen und auch keine sehr weiten Strecken ohne Auffüllen von Brennstoff zurückzulegen brauchen. In bezug auf den ersten Punkt sind die Anforderungen denen an Bombenflugzeuge einigermaßen ähnlich, abgesehen davon, daß man auf geringen Brennstoff- und Ölverbrauch nicht so großen Wert zu legen braucht.

Wie für Bombenflugzeuge, so ist auch besonders für Verkehrsflugzeuge die Zuverlässigkeit besonders wichtig, und da die Motoren dieser Flugzeuge, wenn sie schwer beladen sind und in einer verhältnismäßig dichten Atmosphäre fliegen, viel höher als bei anderen Arten von Flugzeugen belastet sind, so haben sie unter viel schwereren Bedingungen zu arbeiten. Schließlich muß man noch das Wasserflugzeug oder Flugboot betrachten, dessen Motoren in dem Augenblick, wenn sie vom Wasser aufsteigen, sehr hohe Leistung abgeben müssen.

Allgemein pflegt man anzunehmen, ein Flugmotor arbeite dauernd mit voller oder nahezu voller Leistung; dies trifft aber bei weitem nicht zu; denn man muß bedenken, daß die Dichte der Luft in einer Höhe von etwa 6000 m beinahe nur noch halb so groß wie auf dem Erdboden ist, so daß das Gemisch, das in den Zylinder gelangt, selbst bei voll geöffneter Drossel nur noch halb soviel wie das normale Gemisch wiegt. Der Motor arbeitet dann unter Bedingungen, die sehr ähnlich denen sind, wie wenn er am Boden mit halb abgedrosseltem Drehmoment laufen würde, weil die Drücke sowie die Wärmebelastung auf nahezu die Hälfte verringert sind. Nur in dem Augenblick, in dem das Flugzeug den Boden verläßt und während der ersten weiteren 1000 m ist die Belastung des Motors überhaupt hoch.

Ein mittleres neuzeitliches Einsitzer-Kampfflugzeug, wie es im Jahre 1920 gebaut wurde, steigt in etwa 7 min auf 3000 m Höhe, d. h. nach Verlauf von 7 min, nachdem das Flugzeug den Boden verlassen hat, befindet sich die Maschine in Luft von nur 0,745 at abs, und ihre indizierte Leistung beträgt dann nur noch 72 vH von derjenigen, die sie am Boden entwickelt. Die Leistung der Maschine sinkt also sehr schnell, selbst wenn die Drossel weit geöffnet bleibt. Nur bei den schweren Bomben- oder Verkehrsflugzeugen müssen die Motoren mit voller Leistung in geringeren Höhen und daher in bezug auf Drücke und auf Wärmebeanspruchung unter viel schwereren Betriebsbedingungen arbeiten.

Die Erörterungen darüber, welches die leichteste Bauart von Flugmotoren unter Berücksichtigung des ausreichend zuverlässigen Aufbaus ist, sind noch im Gange. Die Lehre von den Dimensionen hat man hierbei bis zu einem unberechtigten Ausmaß herangezogen und mißbraucht. Diese Lehre von den Dimensionen ist nur dann anwendbar, wenn sich alle Abmessungen genau proportional ändern, was jedoch nie der Fall sein kann Nach einer solchen Lehre ist z. B. die leichteste Maschine diejenige, bei der eine unendliche Anzahl von Kolben mit einer Mindestanzahl von Kurbeln verbunden ist. Das ist aber nur dann richtig, wenn man kleine Kolben, Zylinder usw. verhältnismäßig ebenso dünn wie große ausführen kann, was bei den in Betracht kommenden Größen gar nicht in Frage kommt, und wenn man auch alle Hilfsteile und Nebenantriebe der Maschine im gleichen Verhältnis verkleinern kann.

Die größte praktische Annäherung an diese theoretisch ideale Bauform von Maschinen ist der luftgekühlte sternförmige Motor mit 7 oder 9 Zylindern, die radial um eine gemeinsame Kurbel oder mit der doppelten Anzahl von Zylindern, die radial um zwei Kurbeln herum angeordnet sind. Es lohnt nicht, die Zylinderzahl über neun hinaus zu vergrößern, weil dann die Zylinder zu eng um das Kurbelgehäuse herum angeordnet werden müssen, so daß man das Kurbelgehäuse vergrößern und die Pleuelstangen bei gleichem Hub verlängern muß. Obgleich diese Bauart auf dem Papier sehr anspricht, hat sie doch gewisse grundsätzliche Mängel:

1. Die Belastung des einzelnen Kurbelzapfens ist übermäßig hoch und erfordert besondere Behandlung. Da die Belastung überdies fast ausschließlich von Fliehkräften und Beschleunigungskräften der hin und her gehenden Massen herrührt, so nimmt sie auch nicht wesentlich ab, wenn die Dichte der Luft geringer wird.

2. Die Verteilung von Brennstoff und Luft in gleichen Mengen auf eine ungerade Zahl von radial angeordneten Zylindern ist keine leichte Aufgabe.

3. Der Antrieb der Ventile bereitet Schwierigkeiten, und seine Einzelteile liegen so weit auseinander, daß es praktisch unmöglich ist, sie einzukapseln oder zu schmieren.

Außer seinem geringen Gewicht hat der sternförmige Motor mit feststehenden Zylindern mehrere wichtige Vorteile, die bei weitem seine grundsätzlichen Mängel aufwiegen.

1. Er eignet sich hervorragend für die Luftkühlung, da jeder Zylinder die gleichen Vorteile genießt und alle Verbrennungsräume der Zylinder weit in den Luftstrom hinter der Luftschraube hineinreichen.

2. Er baut sich sehr kurz und besticht daher besonders dort, wo auf große Wendigkeit des Flugzeuges Wert gelegt wird.

3. Seine äußere Form und bequeme Art der Befestigung im Rumpf eines Flugzeuges sprechen weiter sehr zu seinen Gunsten.

Während des Krieges hat man zahlreiche Versuche angestellt, um eine derartige Maschine zu bauen, aber wegen der oben bezeichneten Mängel ohne Erfolg; seit dem Waffenstillstand hat man dagegen mindestens zwei erfolgreiche Maschinen dieser Bauart herausgebracht, insbesondere den Bristol-Jupiter-Motor von 380 PS und den Armstrong-Siddeley-Jaguar-Motor von 350 PS.

Die Schwierigkeiten in bezug auf die Belastung des Kurbelzapfens und in bezug auf die Gemischverteilung kann man dadurch vermeiden, daß man die Kurbelwelle feststehen und die Zylinder um sie umlaufen läßt, und den Brennstoff und die Luft, wie bei den Gnôme-, Le Rhône-, Bentley- und anderen Motoren, durch das Kurbelgehäuse zuführt. Diese Bauart war vor dem Kriege und während der ersten Zeiten des Krieges insbesondere in Frankreich weit verbreitet. Für verhältnismäßig kleine Leistungen, etwa bis zu 200 PS, reicht sie auch aus, über diese Größe hinaus wird jedoch der Luftwiderstand sehr groß und die Kreiselwirkung infolge der großen umlaufenden Masse sehr störend. Als Mittelweg zwischen diesen beiden Bauarten hat man einen Motor vorgeschlagen, bei dem der Zylinderstern in der einen und die Kurbelwelle in der entgegengesetzten Richtung umläuft. Mehrere derartige Maschinen sind wirklich gebaut, insbesondere in Deutschland von Siemens & Halske, in England versuchsweise eine Maschine von etwa 250 PS Leistung von Ruston & Hornsby nach den Entwürfen von A. E. L. Chorlton.

Nach dem sternförmigen Motor mit einer einzigen Kurbel stellen in bezug auf Gewicht der fächerförmige Motor, wie der bekannte Napier-Lion-Motor, bei dem auf jede Kurbel drei Kolben wirken, und der maltheserkreuzförmige Motor mit vier Zylindern an jeder Kurbel in bezug auf geringes Gewicht die nächste Stufe dar. Gewöhnlich werden derartige Motoren mit Blöcken von je vier Zylindern ausgeführt, so daß sie im ganzen zwölf oder sechzehn Zylinder erhalten, aber einige Maschinen dieser Art haben auch sechsfach gekröpfte Kurbelwellen, also achtzehn und vierunzwanzig Zylinder erhalten. Als ein Beispiel dieser Bauart ist in Abb. 221 und 222 der Napier-Lion-Motor dargestellt, der sich als besonders erfolgreich erwiesen hat.

Die nächste Stufe bilden Motoren, bei denen nur je zwei Kolben mit jeder Kurbel verbunden sind. Diese Bauart ist allgemein als V-Form bekannt. Sie hat in der Regel entweder vier oder sechs Kurbeln

Abb. 221. 18 Zylinder-Napier-Lion-Motor, Seitenansicht.

und somit acht oder zwölf Zylinder. Zu den V-förmigen Motoren gehören die meisten derjenigen Motoren, die von den Allierten während des Krieges mit Erfolg verwendet worden sind, und wohl auch die besten heutigen Motoren, obgleich die Fortschritte der neuesten Zeit die sternförmigen Motoren und Reihenmotoren in den Vordergrund gebracht haben. Die Rolls-Royce-Motoren Eagle und Falcon, der Hispano-Suiza und die R.A.F.-Motoren zählten während des Krieges zu den erfolgreichsten Vertretern dieser Bauart, während der Rolls-Royce-Motor Condor von 550 PS, der 400 PS-Liberty- und der 600 PS-Fiat-Motor ausgezeichnete Beispiele der neuzeitlichen Entwicklung sind.

Schließlich bleibt noch der einfache Sechszylinder-Reihenmotor zu erwähnen, bei dem nur ein Kolben auf jede Kurbel wirkt. Diese

Bauart wurde von den Verfechtern der Lehre von den Dimensionen heftig angegriffen, aber praktisch in Deutschland durchgängig und auch bei den Alliierten in ziemlich weitem Umfang angewendet. Beispielsweise haben sich der Siddeley-Puma-Motor und der Beardmore-Motor beide vorzüglich bewährt und als erfolgreich im Wettbewerb mit den anderen Bauarten erwiesen.

Der Streit um die leichteste Bauart für Flugmotoren wird wahrscheinlich ohne Ende weitergehen, da hierbei zu viele einander wider-

Abb. 222. Napier-Lion-Motor, Ansicht von der Schraubenseite.

sprechende und oft unbestimmbare Einflüsse, wie Zuverlässigkeit, Brennstoff- und Ölverbrauch usw., mit in Betracht gezogen werden müssen. Zweifellos ist der Sechszylinder-Reihenmotor bei gleich ausgezeichneter Konstruktion und gleicher Güte der Werkstatt mit Bezug auf die Zuverlässigkeit im Vorteil, da seine Lager bei weitem am wenigsten belastet werden und die Beanspruchungen zum größten Teil einfach und unmittelbar erfolgen sowie durch einfache und unmittelbar wirkende Mittel aufgenommen werden können. Auch der Hilfsantrieb, von dem die Zuverlässigkeit einer Maschine in so hohem Grad abhängt, ist auf das Mindestmaß verringert. In bezug auf den Brennstoffverbrauch hat diese Maschine bei gleicher Güte von Konstruktion und Werkstattarbeit alle Vorzüge für sich; denn die Verluste infolge schlechter Einstellung der Vergaser und Verteilung des Gemisches lassen sich bei einem gegebenen Maß von Beaufsichtigung auf ein niedrigeres Maß beschränken als bei jeder anderen Bauart, da nur zwei Vergaser und eine grundsätzlich günstige Form der Saugleitung vorhanden sind. Da endlich der Belastungsfaktor der Lager bei dieser Bauart am niedrigsten von allen Bauarten ist, so braucht man auch weniger Öl zur Kühlung in Umlauf zu setzen, und infolgedessen wird weniger Öl gegen die Zylinderwände abgeschleudert und verbraucht. Wenn man all dies berücksichtigt, so hat der Sechszylinder-Reihenmotor Vorteile, die in weitem Umfang den Mehraufwand an Baustoffen für die Kurbelwelle und für das Kurbelgehäuse im Vergleich zu anderen Bauarten aufwiegen. Es ist allerdings unmöglich, den Wert der Zuverlässigkeit in Zahlen auszudrücken und ihm ein Äquivalent in Gewichtseinheiten gegenüberzustellen, aber trotzdem ist natürlich Zuverlässigkeit immer eine gewisse Anzahl von Kilogramm an Eigengewicht wert.

Beim Vergleich der Gewichte verschiedener Maschinen pflegt man auch manchmal den Wirkungsgrad der Luftschraube zu übersehen. Eine der wichtigsten Anforderungen an jeden Flugmotor ist aber, daß er die Luftschraube mit derjenigen Drehzahl antreiben muß, bei der sie den besten Wirkungsgrad ergibt, und diese Drehzahl ist bei großen und schwer beladenen Maschinen verhältnismäßig niedrig. Daher muß der Motor, wenn ein hoher Gesamtwirkungsgrad der Anlage gefordert wird, entweder verhältnismäßig langsam, mit 1200 bis 1400 U/min, laufen oder seine Drehzahl durch Getriebe herabgesetzt werden. Die Erfahrung hat gezeigt, daß auf der einen Seite das Gewicht des Übersetzungsgetriebes das Mehrgewicht des Motors, der die gleiche Leistung bei niedrigerer Drehzahl entwickelt, fast aufwiegt, und daß auf der anderen Seite bei solchen Antrieben auch die Frage der Zuverlässigkeit wieder eine große Rolle spielt, da Übersetzungsgetriebe selbst in den besten Ausführungen zumeist schwache Stellen der Anlage bilden, und dies um so mehr, je höher die Übersetzungsverhältnisse werden. Fordert man also den höchsten Gesamtwirkungsgrad der Motorenanlage von der Verbrennung des Brennstoffs bis zum Achsschub der Luftschraube, und rechnet man mit einer angemessenen Flugdauer, dann findet man, daß das Gesamtgewicht der Kraftanlage, einschließlich des Vorrates an Brennstoff und Öl, in der Praxis ziemlich genau eine Funktion der Kolbengeschwindigkeit wird, gleichviel wie die Anzahl oder Anordnung der Zylinder oder ob ein Übersetzungsgetriebe oder keines vorhanden ist.

Luft- oder Wasserkühlung. Auch in der Frage der Luft- oder Wasserkühlung tobt ein Kampf darüber, welche Art von Kühlung vorzuziehen ist. Die Maschine mit Wasserkühlung ist zunächst um einen Kühler und um die Wasserverbindungen im Nachteil, die ein beträchtliches Mehrgewicht bedingen und, was vielleicht für militärische Zwecke noch schwerer wiegt, viel leichter verwundbar sind. Aber gegenüber diesen Nachteilen muß man die sehr große Überlegenheit der Maschine mit Wasserkühlung in bezug auf die Zuverlässigkeit und auf die Fähigkeit in Rechnung stellen, wegen der niedrigeren Zylindertemperaturen mit weniger Ölverbrauch auszukommen sowie höhere Verdichtungsverhältnisse zu vertragen, wodurch man geringeren Brennstoffverbrauch erreicht. Es ist nicht beabsichtigt, an dieser Stelle auf das Für und Wider der Frage Luftkühlung oder Wasserkühlung ausführlicher einzugehen; es genügt aber wahrscheinlich, darauf hinzuweisen, daß der Sternmotor wegen der Anordnung seiner Zylinder und ihrer Lage gegenüber dem Luftstrom der Luftschraube den günstigsten Fall für die Anwendung von Luftkühlung bildet, man wäre sogar versucht zu glauben, daß es der einzige geeignete Fall ist.

Der große Vorzug der Wasserkühlung scheint nicht so sehr darin zu liegen, daß sie ermöglicht, die mittlere Temperatur der Zylinder niedrig zu erhalten, obgleich dies natürlich vorteilhaft ist, als eher darin, daß Wasser bei verhältnismäßig niedriger Temperatur siedet und eine hohe Verdampfungswärme hat. Wenn daher aus irgendeinem Grund eine örtliche Überhitzung auftritt, so verdampft das Kühlwasser an dieser Stelle und verstärkt dadurch dort in außergewöhnlichem Maße die Wärmeableitung. Daher kann man bei einer Maschine mit Wasserkühlung mit Sicherheit darauf rechnen, daß, ausgenommen den Fall, daß sich infolge schlechter Konstruktion Dampfsäcke bilden können, die Temperatur an keiner Stelle der Außenhaut der Zylinderwand auf dem Erdboden über 100° steigen wird.

Bei Motoren mit Luftkühlung ist dieser Vorteil dagegen nicht vorhanden. Obgleich man hier die mittlere Zylindertemperatur bei sorgfältiger Konstruktion usw. in vollkommen sicheren Grenzen erhalten kann, hat man doch nur die Leitfähigkeit des Metalls als Schutz gegen das Auftreten von heißen Stellen, die leicht durch geringe Undichtheiten, durch Detonation oder durch geringe Formänderungen verursacht werden und die verstärkte örtliche Reibung oder Undichtheit zur Folge haben.

Im günstigsten Fall ist aber die Leitfähigkeit eines beliebigen Metalls nur ein armseliger Ersatz für die Verdampfungswärme des Wassers, und sie kann mit diesem Mittel zur Wärmeableitung auch nur dann in Wettbewerb treten, wenn die Metallwände übermäßig dick sind, was jedoch mit Rücksicht auf das Gewicht unzulässig ist. Während man daher den Zylinder mit Luftkühlung auf ausreichend niedriger Temperatur erhalten und zu zufriedenstellendem Betrieb bringen kann, solange alles in bester Ordnung ist, bietet er doch nicht annähernd den Grad der Sicherheit, die der Zylinder mit Wasserkühlung bietet, und kann ihn auch nur annähernd wahrscheinlich nie erreichen.

Für militärische Zwecke und besonders für Kampfflugzeuge sind die Vorteile der geringeren Verwundbarkeit, der Sicherheit gegen Einfrieren und des geringeren Gewichtes alle sehr wichtig, und sie mögen auch die Nachteile der Luftkühlung aufwiegen; aber es ist wohl sehr zweifelhaft, ob die Luftkühlung die Wasserkühlung verdrängen wird, wenn es sich um Anwendungen im Luftverkehr oder um militärische Flüge über lange Strecken handelt.

Eine große Anzahl von außerordentlich wertvollen Untersuchungen über Luftkühlung haben während des Krieges und nach dem Kriege der verstorbene Major Norman und Prof. A. H. Gibson im Royal Aircraft Etablishment durchgeführt; dabei wurden einige bemerkenswert gute Ergebnisse mit Versuchszylindern erzielt, die aus dünnen, aber gut verrippten Stahlschäften mit unmittelbar aufgegossenen dicken Aluminiumköpfen bestanden; in diese Köpfe waren die Ventilsitze aus Stahl eingegossen.

Wird Aluminium, das ein ausgezeichneter Wärmeleiter ist, sehr dickwandig verwendet, so kann man die Wärme ziemlich gleichmäßig über den ganzen Zylinderkopf verteilen und nach außen an die tiefen und kräftigen Kühlrippen abführen, so daß man örtliche Überhitzungen unter normalen Betriebsbedingungen vermeiden und Ergebnisse erzielen kann, die sich durchaus mit denen von Zylindern mit Wasserkühlung vergleichen lassen.

Der Mangel an einer gewissen Art von Speichervermögen für überschüssige Wärme, der wohl die Schwäche des Motors mit Luftkühlung bildet, tritt auch, wenn auch in geringerem Maße, bei solchen Maschinen mit Wasserkühlung auf, bei denen die Wärme erst durch eine doppelte Metallwand wandern muß, ehe sie in das Kühlwasser gelangt. In Abb. 229 (s. S. 331) ist ein teilweise aufgeschnittener Zylinderblock des Hispano-Suiza-Flugmotors mit Wasserkühlung dargestellt, bei dem eine Zweimetallbauweise Verwendung gefunden hat; Hülsen in der Form von Fingerhüten aus Stahl, die sowohl die Zylinderschäfte als auch die Zylinderböden bilden, werden in geschlossene Aluminiumzylinder eingeschraubt, wobei sich die Ventilsitze unmittelbar in den Stahlböden befinden. Diese Bauart hat vom konstruktiven Standpunkte viele wichtige Vorzüge, aber sie läßt den Einwand offen, daß die Wärme durch zwei getrennte Metallwände, die nur durch Verschrauben miteinander verbunden sind, wandern muß, ehe sie in das Kühlwasser gelangt. Bei gutem Sitz der beiden Teile aufeinander genügt diese

Bauart für die normale Wärmeableitung, aber ihre Sicherheit gegenüber übermäßig starker Wärmeentwicklung, die bei Detonation usw. eintreten kann, ist sehr gering.

Entwurf der Zylinder. Bei einem Flugmotor ist es immer erforderlich, eine Zweimetallbauart für die Zylinder anzuwenden; denn die

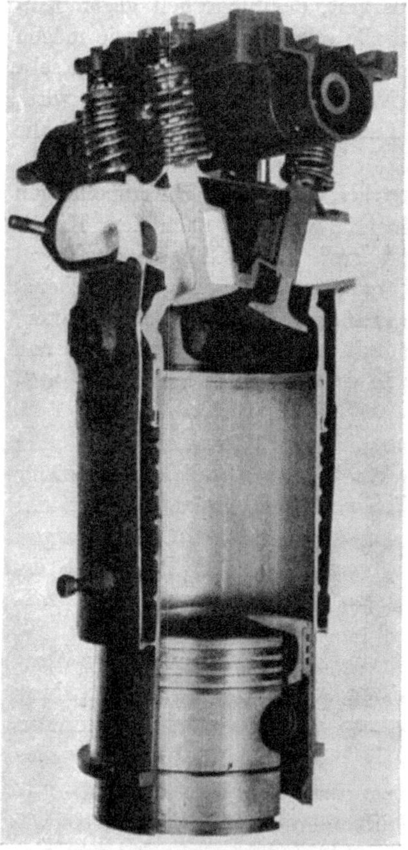

Abb. 223. Zylinder des 260 PS-Mercedes-Flugmotors.

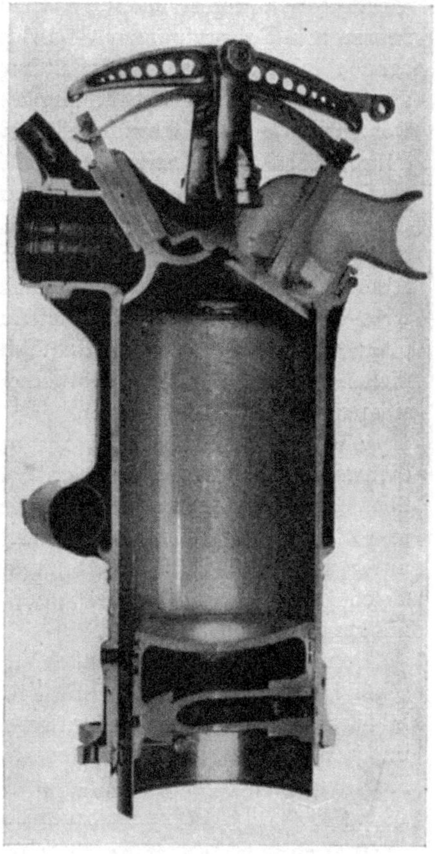

Abb. 224. Zylinder eines Austro-Daimler-Flugmotors.

Grenzen, die dem Gewicht gesetzt sind, verbieten die Bauweise, bei der der äußere Wassermantel mit dem Zylinderschaft in einem Stück aus demselben Baustoff gegossen wird. Der einzige Ausweg war daher, die Zylinder als geteilte Körper aus verschiedenen Metallen zusammenzusetzen; über die Vorzüge und Nachteile der verschiedenen Bauarten, die hierfür angewandt werden, sind die Meinungen noch sehr geteilt.

Abb. 223 zeigt den Aufbau der Zylinder bei den deutschen 260 PS-Mercedes-Flugmotoren, die während des Krieges in die großen Gotha-Bombenflugzeuge für weit ausgedehnte Bombenflüge eingebaut wurden und sich als außergewöhnlich zuverlässig erwiesen haben. Bei diesem Zylinder ist eine Laufbüchse aus hochhältigem Kohlenstoffstahl in einen aus Stahl gepreßten oder aus Stahl gegossenen Zylinderkopf eingeschraubt, dessen unterer Rand zum Schutz gegen mögliche Undichtheit entlang den Schraubengängen um eine der Rippen der Zylinderbüchse herumgebogen und mit dieser verschweißt wird. Ein leichter, mehrfach geteilter Stahlblechmantel wird dann über das Ganze aufgeschweißt. Diese Bauweise hat sich, vorausgesetzt, daß die Schweißung geschickt ausgeführt war, als sehr zuverlässig erwiesen. Man kann aber dagegen einwenden, daß sie eine große Anzahl besonderer Maschinen und besonders geschickte Schweißer erfordert, besonders bei der Behandlung der Zündkerzenstutzen und der Wasseranschlüsse. Aber wenn die notwendige Geschicklichkeit der Schweißer und die besonderen Maschinen vorhanden sind, ist die Bauart sicher als sehr zufriedenstellend zu bezeichnen. Die langen und gut gekühlten Führungen der Auspuffventile sind ein ausgezeichnetes Merkmal dieser Bauart und verdienen besondere Beachtung.

Abb. 224 zeigt eine Bauart, die bei früheren Austro-Daimler-Flugmotoren und später bei den Beardmore-Sechszylinderflugmotoren von 120 und 160 PS Leistung verwendet wurde. Bei dieser Konstruktion sind Zylinderschaft und Zylinderkopf in einem Stück aus Eisen gegossen, aber das Einlaßventil ist in einem besonderen abnehmbaren Gehäuse untergebracht, das mittels einer ringförmigen Mutter festgehalten wird. Das untere Ende der Zylinderhülse ist außen mit Gewinde zur Aufnahme eines Stahlflansches für die Befestigungsbolzen des Zylinders versehen.

Der Wassermantel ist auf elektrolytischem Wege aus Kupfer hergestellt. Dieser Kupferniederschlag wird auf einer Wachsmatrize erzeugt, die dann ausgeschmolzen wird. Viel Erfahrung und große Sorgfalt sind nötig, um zu erreichen, daß sich das Kupfer gleichmäßig absetzt und sich auch dicht mit dem Gußeisen verbindet. Wenn die Anlagen vorhanden und die nötigen Erfahrungen gesammelt sind, dann ist auch diese Bauweise sehr zufriedenstellend.

Abb. 225 zeigt die Bauart, die der Maybach-Motorenbau für seine 300 PS-Sechszylinderflugmotoren verwandt hat. Diese Motoren wurden in die späteren Zeppelin-Luftschiffe und während der letzten Zeit des Krieges in viele der größeren Flugzeuge eingebaut. Bei einer Art von Zylindern dieser Firma wird der Zylinderkopf zusammen mit dem ganzen Wassermantel in einem Stück aus Eisen gegossen und eine Laufbüchse aus hochwertigem Stahl in den Kopf eingeschraubt und weich eingelötet, aber nicht eingeschweißt, während das untere Ende des Wassermantels mit Hilfe eines Gummi-

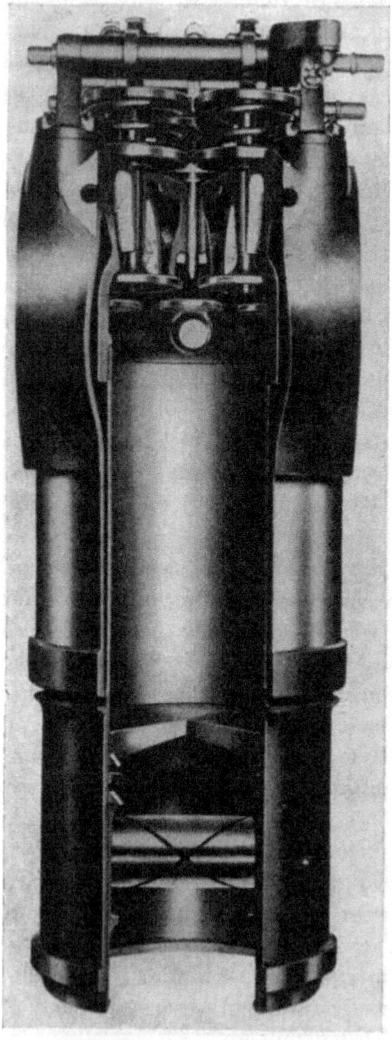

Abb. 225. Maybach-Motorzylinder für einen Zeppelin-Luftschiffmotor.

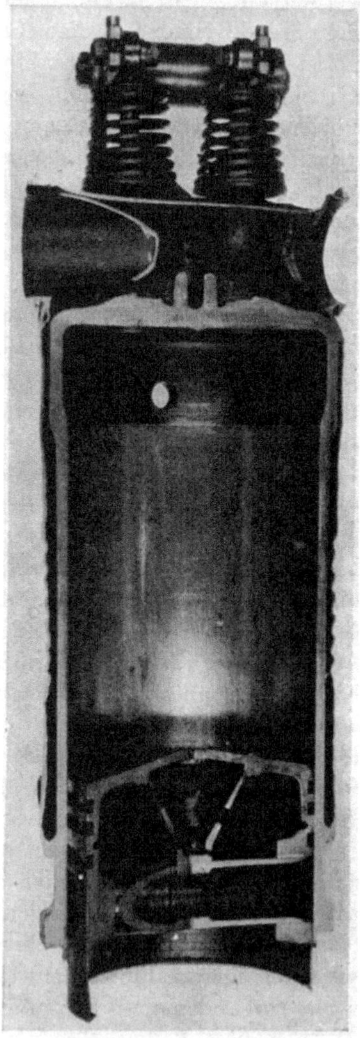

Abb. 226. Benz Flugmotorenzylinder.

ringes abgedichtet wird. Bei einer anderen Art der Ausführung besteht nur der Zylinderkopf und der obere Teil des Wassermantels aus Gußeisen, während der eigentliche Wassermantel ebenso wie die Zylinderlaufbüchse aus sehr dünnem, nahtlosem Stahlrohr besteht und ebenso wie diese mit dem Zylinderkopf verschraubt und verlötet wird.

Die in Abb. 226 dargestellte Bauart hatte die Firma Benz bei allen Flugmotoren im Gebrauch. Zylinderlauf, Zylinderkopf und Befestigungsflansch bilden hier ein zusammenhängendes Stück aus Gußeisen, und darüber wird ein dünner gepreßter Stahlblechmantel unmittelbar auf das Gußeisen aufgeschweißt. Das Schweißen eines solchen dünnen Stahlblechmantels über einen verhältnismäßig dickwandigen Gußkörper ist keine leichte Aufgabe, aber sie wurde von der Firma Benz in zufriedenstellender Weise gelöst. Beachtenswert bei diesen Maschinen ist auch die besondere Abstützung des Kolbenbodens auf dem Kolbenbolzen, die den Kolbendruck möglichst unmittelbar auf die Pleuelstange übertragen soll.

Die in Abb. 227 dargestellte Bauart von Rolls-Royce ist später bei dem Liberty-Flugmotor und mehreren anderen Maschinen verwendet worden. Bei dieser Bauart sind Zylinderlauf und Zylinderkopf in einem Stück geschmiedet und die Einlaß- und Auslaßkrümmer eingeschraubt und verschweißt. Der ganze Körper wird dann mit einem dünnen, aus Blech gepreßten Stahlmantel umgeben, der überall angeschweißt wird.

Abb. 228 stellt die Zylinderbauart der früheren Sunbeam-Maschinen dar; bei diesen wurden die Zylinderblöcke mit ihren Zylinderköpfen und den oberen Teilen der Wassermäntel vollständig aus Gußeisen hergestellt. Um an Gewicht zu sparen, hatte man aber die seitlichen Gußwände unterhalb der Ventilanschlüsse entfernt und durch dünne Blechwände ersetzt. Bei einigen der späteren Sunbeam-Maschinen, wie der 200 PS-Arab-Maschine, wurde der ganze Zylinderblock aus Aluminium gegossen, und in diesen wurden dünne Stahlbüchsen warm eingezogen.

Abb. 229 zeigt die Bauweise des bereits erwähnten Hispano-Suiza-Zylinderblocks, bei dem vollständige Stahlhülsen, die sowohl den Zylinderschaft als auch die Ventilsitze enthalten, unmittelbar in einen Aluminium-Zylinderblock eingeschraubt werden.

Bei dem Siddeley-Puma-Motor, der weiter unten in Abb. 239 und 240 dargestellt ist, werden Blöcke von je drei Zylinderköpfen zusammen mit den oberen Teilen der zugehörigen Wassermäntel in Aluminium gegossen und in diese die Ventilsitze aus Bronze eingepreßt. In diese Blöcke werden nur auf eine kurze Länge die dünnen Stahllaufbüchsen der Zylinder eingeschraubt. Die unteren Enden dieser frei liegenden Stahlbüchsen werden von leichten und sehr dünnen Aluminiummänteln aus Spritzguß umgeben, die oben unmittelbar mit dem Zylinderkopf verschraubt und unten mit einer Stopfbüchse mit Gummipackung versehen sind.

Die Bauweise der Zylinder, die weiter oben bei der Besprechung des Vauxhall-Dreiliter-Rennmotors dargestellt wurde, hat man auch bei mehreren Versuchsausführungen von Flugmotoren verwendet, und

Abb. 227. Zylinder des Rolls-Royce-Flugmotors.

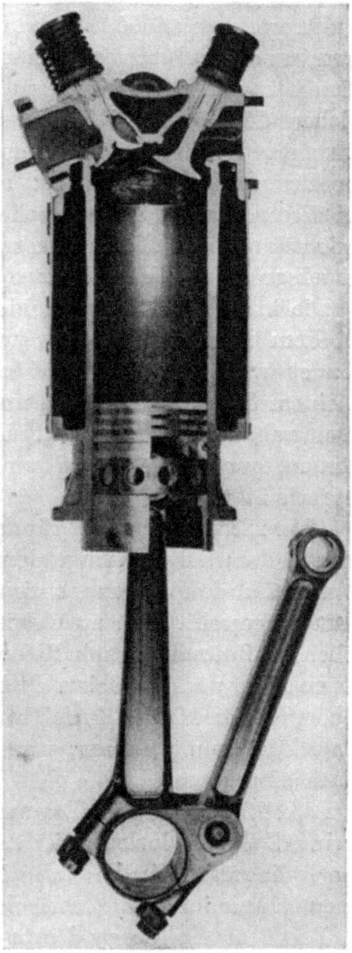

Abb. 228. Zylinder des Sunbeam-Flugmotors.

die Firma Beardmore hat sie für ihren großen 750 PS-Sechszylinder-Flugmotor übernommen. Diese Bauart hat viele empfehlenswerte Kennzeichen; nicht zuletzt sind hierunter die besonders große Einfachheit und die Leichtigkeit der Herstellung zu erwähnen.

Betrachtet man jetzt wieder die Flugmotoren mit Luftkühlung, so sieht die Aufgabe etwas anders aus, da das Gewicht nicht mehr die einzige Rücksicht ist, die man zu nehmen hat, sondern die Wärmeleitfähigkeit mindestens die gleiche, wenn nicht eine noch größere Rolle spielt. Bei Maschinen mit umlaufenden Zylindern sind die Kühlverhältnisse sehr günstig. Man verwendet bei derartigen Maschinen im allgemeinen einfache, vollständig aus einem Schmiedestück herausgearbeitete Stahlzylinder, wie aus Abb. 230, dem Zylinder des Clerget-

Abb. 229. Zylinder des Hispano-Suiza-Flugmotors.

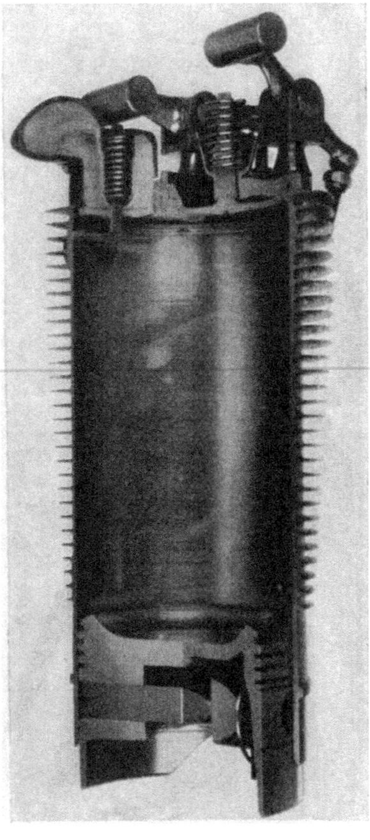

Abb. 230. Zylinder des Clerget-Flugmotors.

Umlaufmotors, und aus Abb. 231, dem Zylinder des Einventil-Gnôme-Motors, zu ersehen ist.

Abb. 232 stellt einen Schnitt durch einen Zylinder des Le Rhône-Motors dar. Bei diesem wird der ganze Zylinder mit Zylinderkopf aus einem einzigen Stück Stahl herausgearbeitet, aber in diesen eine ganz dünne Laufbüchse aus Gußeisen von ungefähr 1 mm Wanddicke eingepreßt. Diese Bauweise ist eigentümlich, und es ist nicht bekannt, aus welchen Gründen man sie angewendet hat[1].

Bei den B.R. 1- und B.R. 2-Umlaufmotoren besteht der Zylinder (Abb. 233) aus einer Laufbüchse aus hartem Stahl, die von einem dünnen

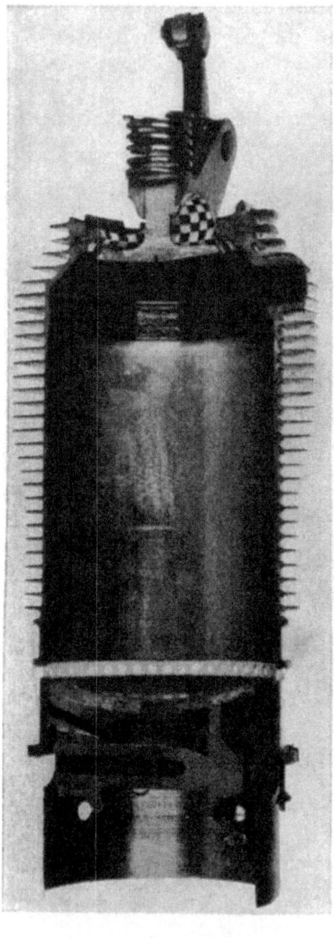

Abb. 231. Zylinder des Einventil-Gnôme-Motors.

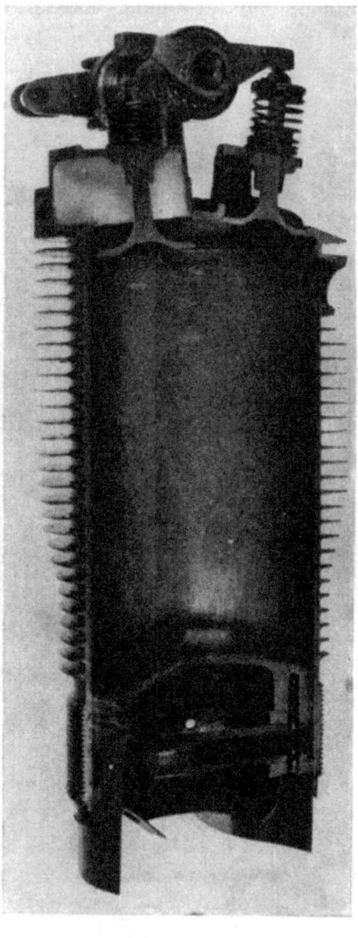

Abb. 232. Zylinder des Le Rhône-Flugmotors.

und leichten verrippten Aluminiummantel umgeben ist. Die Zylinderköpfe dieser Maschine sind abnehmbar und bestehen aus Stahl. Auch diese Bauart ist eigenartig.

[1] Bei diesem Motor wurden ursprünglich Kolben aus Stahl verwendet. Die gußeisernen Laufbüchsen sollten vermutlich das Fressen der Kolben verhindern. Die Bearbeiter.

Bei Motoren mit feststehenden Zylindern ist die Luftkühlung eine schwierigere Aufgabe, die man nur mittels verwickelterer Bauarten lösen kann. Abb. 234 zeigt einen Versuchszylinder für die R.A.E.-Motoren mit feststehenden Zylindern mit Luftkühlung. Der Zylinder besteht aus einem dickwandigen Aluminiumgußstück mit tiefen Rippen,

Abb. 233. 9-Zylinder-B.R.-Umlaufmotor.

in das die stählernen Ventilsitze eingegossen sind. Eine dünne Stahllaufbüchse ist in diesen Körper warm eingezogen, wie aus dem Bild des durchgeschnittenen Zylinders zu sehen ist. Dieser Zylinder arbeitete eine Zeitlang zufriedenstellend, aber die metallische Verbindung zwischen der Laufbüchse und dem Zylinderkörper verschlechterte sich allmählich, was Überhitzung der Laufbüchse zur Folge hatte. Wie schon oben gesagt, hat man diese Bauart später zugunsten einer anderen aufgegeben, wobei der Zylinder aus einem gegossenen Aluminium-Zylinderkopf und einem einfachen verrippten Stahlschaft zusammengesetzt wird.

Bei dem Bristol Jupiter-Motor, der in Abb. 235 und 236 dargestellt ist, besteht der ganze Zylinder mit seinem Kopf aus Stahl, aber über den flachen Stahlkopf wird eine gegossene Aluminiumhaube gestülpt, die den Einlaß- und den Auspuffkrümmer trägt und stark verrippt ist. Diese Bauart ist in der Herstellung einfach und hat den Vorteil, daß man die metallische Berührung zwischen dem Zylinderkopf und der Aluminiumhaube durch Nachschaben wiederherstellen kann, wenn sich die Teile verziehen und die Berührung daher schlechter wird.

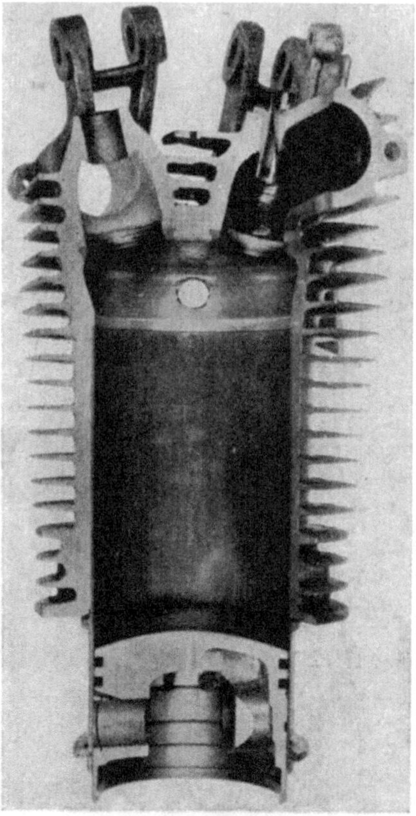

Abb. 234. Versuchszylinder des R.A.E.-Motors mit Luftkühlung.

Wie bereits weiter oben festgestellt, hat man es trotz der größten Bemühungen in dieser Richtung während der Dauer des Krieges nicht erreicht, einen zufriedenstellend arbeitenden Sternmotor von ausreichender Leistung mit Luftkühlung durchzubilden. Nach dem Kriege wurden jedoch zwei derartige Maschinen herausgebracht, nämlich der Bristol Jupiter-Motor (Abb. 235 und 236) und der Siddeley Jaguar-Motor (Abb. 237 und 238).

Der Bristol Jupiter-Motor ist ein Neunzylindermotor mit einer einzigen Kurbel, der normal 380 PS bei 1575 U/min leistet. Die Zylinder haben 146 mm Dmr. und 190,5 mm Hub. Das normale Verdichtungsverhältnis dieses Motors beträgt 5:1, und er verbraucht in der Regel bei ununterbrochenem Lauf über lange Zeitabschnitte bei einem mittleren nutzbaren Kolbendruck von 7,67 at 243 g/PS_eh Benzin und 21,8 g/PS_eh Öl, so daß sein Gesamtverbrauch an Betriebsstoffen 264,8 g/PS_eh beträgt. Das Gesamtgewicht der Maschine beträgt 331 kg oder 0,873 kg/PS_e. Einschließlich des Brennstoff-

und Ölvorrates für sechs Stunden Laufzeit mit voller Leistung, aber ausschließlich der Betriebsstoffbehälter, beträgt das Gesamtgewicht 945 kg oder 2,42 kg/PS_e.

Abb. 235. 400-PS-Bristol Jupiter-Flugmotor. Ansicht von der Vergaserseite.

Bei dem Bristol Jupiter-Motor ist nur eine einzige Hauptpleuelstange vorhanden; mit dieser sind die übrigen acht Kolben durch Gelenkstangen verbunden, deren Bolzen von einem Flanschenpaar an der geteilten Hauptpleuelstange gehalten werden. Die Hauptpleuelstange hat ein einfaches Lager mit Weißmetallfutter, und abgesehen davon, daß auf das Einpassen und auf die Schmierung dieses Lagers die größte Sorgfalt verwendet wird, sind hier keine besonderen konstruktiven Maßnahmen getroffen, um die hohen Beanspruchungen aufzunehmen, die diesem Lager aus der auf einen einzigen Zapfen vereint wirkenden Summe von Fliehkräften und Massenkräften der neun Kolben und Pleuelstangen erwachsen.

Abb. 236. 400-PS-Bristol Jupiter-Flugmotor. Ansicht von der Schraubenseite.

Eine der größten Schwierigkeiten, der man bei Maschinen mit Luftkühlung begegnet, ist die Wärmeausdehnung der Zylinder und die damit verbundene Vergrößerung des Spiels im Ventilantrieb. Beim Bristol Jupiter-Motor ist man dieser Schwierigkeit sehr wirksam durch Anwendung einer geistvollen Ausgleichvorrichtung begegnet, die von Raymond Morgan durchgebildet wurde. Diese Vorrichtung besteht, kurz gesagt, darin, daß das Bolzenlager für die über den Zylindern angeordneten Ventilschwinghebel beweglich angeordnet und seine

Höhenlage gegenüber dem Zylinder durch eine feste Stange bestimmt wird, die mit einem Ende am Kurbelgehäuse und mit dem anderen Ende an einer drehbaren, das Lager des Schwinghebels aufnehmenden

Abb. 237. Siddeley Jaguar-Flugmotor. Seitenansicht.

Schwinge befestigt ist. Da diese Stange unter den gleichen Temperaturbedingungen wie die Ventilstoßstange arbeitet, so bleibt ihre Länge im Vergleich zu derjenigen der Stoßstange unverändert; wenn also der Zylinder heiß wird und sich verlängert, so zieht die unverändert bleibende Stange die Schwinge, an der der Ventilschwinghebel gelagert ist, gegen das Kurbelgehäuse hin, vergrößert also das Stößelspiel, so daß bei jeder Zylindertemperatur gleiches Stößelspiel aufrechterhalten bleibt. Diese Regelstangen sind an der Vorderseite der Maschine in Abb. 236 zu erkennen.

Der Siddeley Jaguar-Motor (Abb. 237 und 238) hat vierzehn in zwei Ebenen sternförmig verteilte Zylinder mit zwei Kurbeln und

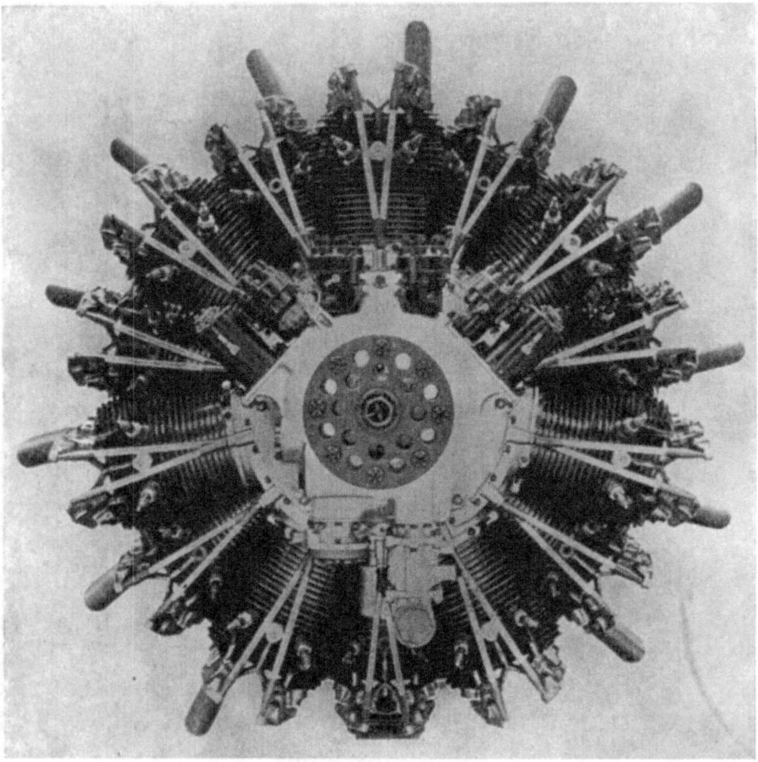

Abb. 238. Siddeley Jaguar-Flugmotor. Ansicht von der Schraubenseite.

entwickelt normal an der Bremse 350 PS bei 1500 U/min. Die Zylinder haben 127 mm Dmr. und 139,7 mm Hub. Wie der Bristol Jupiter-Motor wurde auch diese Maschine erst nach dem Waffenstillstand durchgebildet, obgleich die Anfangsstufen der Entwicklung bei beiden Maschinen schon in die Jahre des Krieges fallen. Die Hersteller geben als Brennstoffverbrauch der Maschine 238,5 g/PS$_e$h und als Ölverbrauch 12,25 g/PS$_e$h, also einen Gesamtverbrauch an Betriebsstoffen von 250,75 g/PS$_e$h an. Das Gewicht des Motors allein beträgt 323 kg oder

Abb. 239. Siddeley Puma-Flugmotor. Seitenansicht.

0,924 kg/PS_e. Das Gesamtgewicht einschließlich der Vorräte an Brennstoff und an Öl für sechs Stunden ohne die Betriebsstoffbehälter stellt sich auf 850 kg oder 2,43 kg/PS_e.

Abb. 240. Siddeley Puma-Flugmotor. Ansicht vom vorderen Ende.

Bei diesem Motor bestehen die Zylinder ebenso wie beim Bristol Jupiter-Motor aus Stahl, aber die Zylinderköpfe bestehen aus Aluminiumguß und sind auf die Stahlzylinder aufgeschraubt. Die Zündung arbeitet mit Hochspannungsspule und Batterie; außerdem

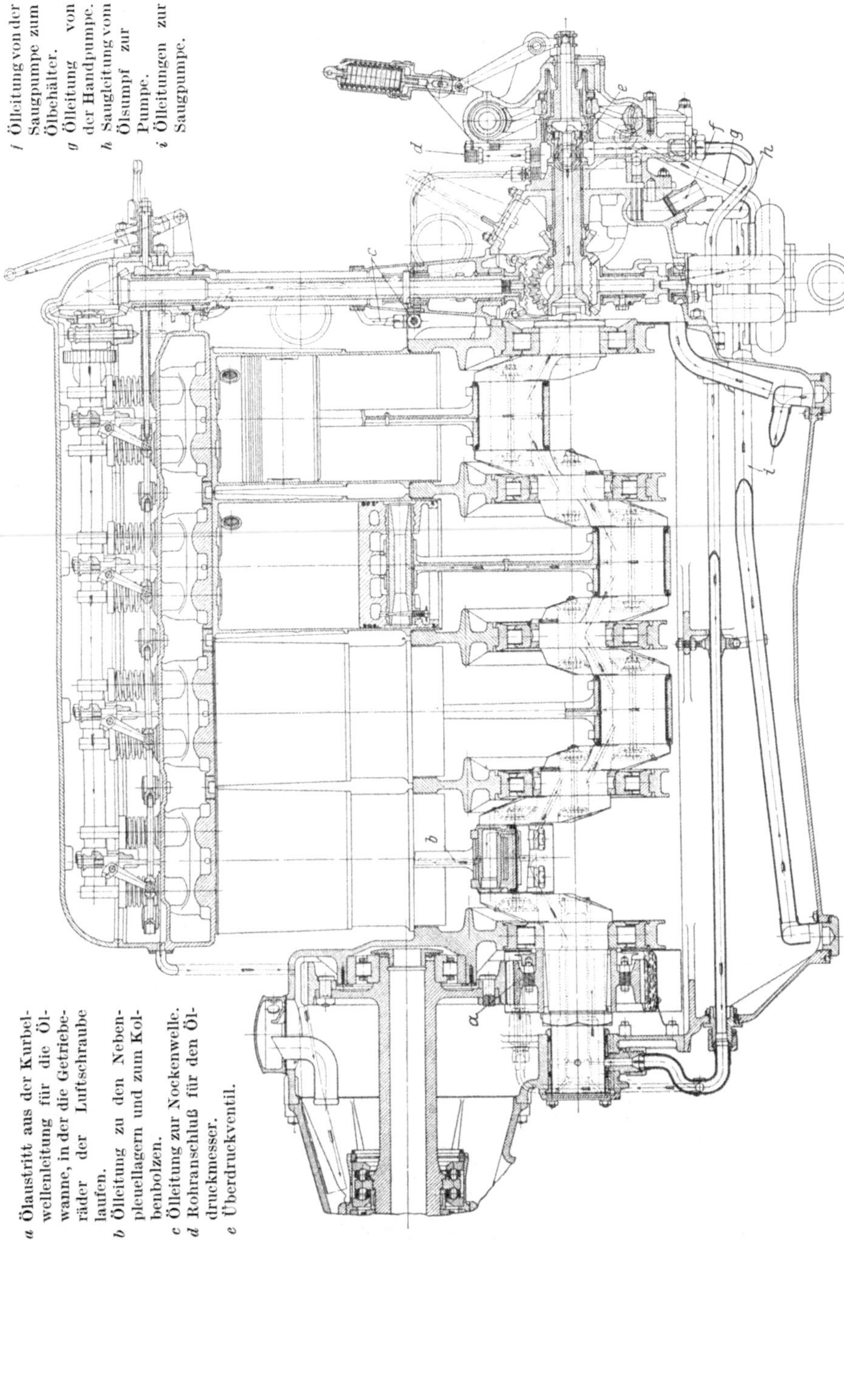

a Ölaustritt aus der Kurbelwellenleitung für die Ölwanne, in der die Getrieberäder der Luftschraube laufen.
b Ölleitung zu den Nebenpleuellagern und zum Kolbenbolzen.
c Ölleitung zur Nockenwelle.
d Rohranschluß für den Öldruckmesser.
e Überdruckventil.
f Ölleitung von der Saugpumpe zum Ölbehälter.
g Ölleitung von der Handpumpe.
h Saugleitung vom Ölsumpf zur Pumpe.
i Ölleitungen zur Saugpumpe.

Abb. 241. Napier Lion-Flugmotor von 450 PS. Längsschnitt.

ist eine kleine Dynamomaschine zum Aufladen der Batterie vorhanden.

Die in Abb. 239 und 240 dargestellte Maschine war während des Krieges als Siddeley Puma-Flugmotor bekannt. Sie ist eine Weiterbildung des B.H.P.-Motors, den die Firma Beardmore und Major Halford, R.A.F., entworfen hatten, und hat sechs Zylinder von 145 mm Dmr. und 190 mm Hub und leistet normal an der Bremse

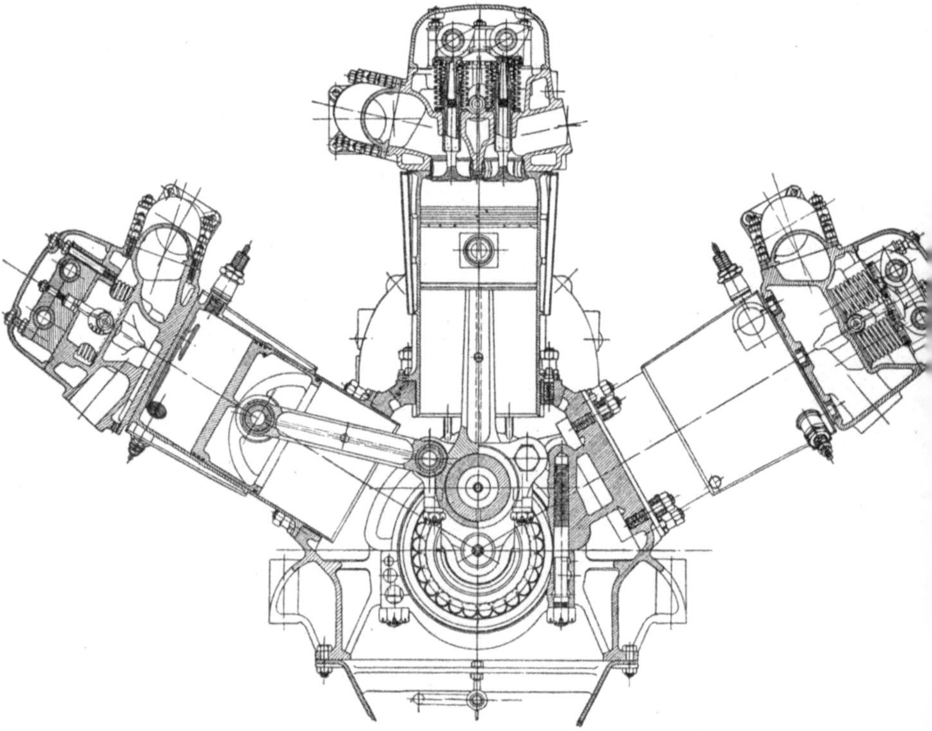

Abb. 242. Napier Lion-Flugmotor. Querschnitt.

240 PS bei 1400 U/min. Bei einem Verdichtungsverhältnis von 5:1 beträgt der Brennstoffverbrauch 227 g/PS_eh und der Ölverbrauch 13,6 g/PS_eh, also der Gesamtverbrauch an Betriebsstoffen 240,6 g/PS_eh. Das Gewicht des Motors einschließlich des Kühlers und der Kühlwasserleitungen beträgt 355 kg oder 1,48 kg/PS_e. Das Gesamtgewicht der Motoranlage einschließlich der Vorräte an Brennstoff und Öl für sechs Stunden Lauf mit voller Belastung, aber ausschließlich der Betriebsstoffbehälter, beträgt 656 kg oder 2,73 kg/PS_e. Dieser Motor ist im wesentlichen das Ergebnis einer leichten und gewissenhaften Konstruktionsarbeit und ist ebenso einfach in der Herstellung wie in der Behandlung.

Die in Abb. 221 und 222 (S. 321 und 322) in Ansichten sowie in Abb. 241 und 242 in Schnitten wiedergegebene Maschine ist der Napier Lion-Flugmotor. Dieser hat zwölf Zylinder von 139,7 mm Dmr. und 130,17 mm Hub und besteht aus drei Reihen von je vier Zylindern, die auf eine gemeinsame vierfach gekröpfte Kurbelwelle wirken. Die Maschine leistet bei der normalen Drehzahl von 2000 U/min 450 PS an der Bremse. Ihr Gesamtgewicht einschließlich Kühler, Kühlwasserleitungen und Luftschraubengetriebe beträgt nur 516 kg oder 1,145 kg/PS_e, der

Abb. 243. Rolls-Royce Eagle-Motor.

Brennstoffverbrauch 225 g/PS_eh und der Ölverbrauch 10 g/PS_eh. Das Gesamtgewicht der Maschine, einschließlich allen notwendigen Zubehörs sowie der Vorräte an Brennstoff und Öl für sechs Stunden Betrieb mit voller Leistung, beträgt 1151 kg oder 2,56 kg/PS_e.

In Abb. 243 ist der 350 PS-Rolls-Royce Eagle-Flugmotor, eine Maschine der Zwölfzylinder-V-Form-Bauart, wiedergegeben. Diese Maschine hat 114,3 mm Zyl.-Dmr. und 165,1 mm Hub, und ihre normale Drehzahl beträgt 1800 U/min. Dieser Motor, der von der Firma Rolls-Royce während des Krieges durchgebildet wurde, war zweifellos die vollkommenste und zuverlässigste Maschine, über die die Alliierten verfügen konnten, und für die Alliierten von hohem Wert nicht nur wegen ihrer ausgezeichneten Leistungen, sondern vielleicht noch mehr wegen des Einflusses, den sie auf den Mut der Flugzeugführer der

Abb. 244. 600 PS-Fiat-Flugmotor.

Alliierten ausübte. Nach amtlichen Berichten, die während des Krieges in Frankreich zusammengestellt wurden, hat die mittlere Anzahl der Flugstunden, die man mit diesen Maschinen ohne Unterbrechung durch

Abb. 245. 1000 PS-Napier Cub-Flugmotor.

Überholung erreicht hat, 103,2 oder fast doppelt soviel betragen wie bei irgendeinem anderen Flugmotor, der von englischen Fliegern benutzt wurde. Die Maschine ist auch insofern beachtenswert, als sie wahrscheinlich zugleich die verwickeltste und trotzdem die zuverlässigste Bauart verkörpert, die man jemals für die Zwecke der Luftfahrt verwendet hat.

Abb. 246. 1000 PS-Napier Cub-Motor.

Der Motor wiegt einschließlich des Umlaufgetriebes zum Herabsetzen der Drehzahl, des Kühlers, der Kühlwasserleitungen usw. 535 kg oder 1,53 kg/PS_e. Der Brennstoffverbrauch wird mit 227 g/PS_eh, der Ölverbrauch mit 12,8 g/PS_eh angegeben, so daß das Gesamtgewicht der Motoranlage, einschließlich der Vorräte an Betriebsstoffen für sechs Stunden Lauf mit voller Leistung, 1040 kg oder ungefähr 2,95 kg/PS_e beträgt.

Abb. 247. 500 PS-Benz-Flugmotor.

Der 600 PS-Fiat-Zwölfzylinder-V-Form-Flugmotor (Abb. 244) kann ebenfalls als ein ziemlich kennzeichnendes Beispiel der Flugmotoren betrachtet werden, die die Alliierten in den letzten Stufen des Krieges durchgebildet haben. Abb. 245 und 246 zeigen den 1000 PS-Napier Cub-

Motor, wahrscheinlich den größten Motor, der jemals mit Erfolg geflogen ist.

Abb. 247 zeigt den 500 PS-Benz-Flugmotor. Er verdient deshalb besondere Beachtung, weil er die Abkehr von der scheinbar feststehenden deutschen Richtlinie bedeutet, für militärische Zwecke am Sechszylinder-Reihenmotor festzuhalten. In der letzten Kriegszeit hatte man augenscheinlich in Deutschland begonnen, einzusehen, daß man diese Richtlinie angesichts der starken Motoren, die von den Alliierten herausgebracht worden waren, nicht mehr aufrechterhalten könnte. Dieser Motor und einige ähnliche, die im Jahre 1918 im Bau waren, sind ein Beweis dafür, daß man in Deutschland beabsichtigte, den Alliierten die Ehre zu erweisen und ihrem Beispiel zu folgen.

Flugmotoren für große Höhen. Ganz allgemein kann man die Mittel, um die Leistung von Flugmotoren in großen Höhen aufrechtzuerhalten, in zwei Gruppen einteilen: der eine Weg ist, die Leistung dadurch auf gleicher Höhe zu erhalten, daß man die Dichte des Gemisches in der Ansaugleitung genau oder fast genau auf der Höhe erhält, die sie am Boden hat, der andere Weg ist, daß man zwar die Dichte des Gemisches in der Ansaugleitung nicht unverändert erhält, dafür aber die Leistung bei niedrigerer Dichte verhältnismäßig steigert, indem man das Expansionsverhältnis vergrößert und damit aus einem gegebenen Gewicht an brennbarem Gemisch eine höhere Nutzleistung gewinnt.

Mit anderen Worten: die erste Gruppe dieser Mittel strebt an, in großen Höhen mit künstlicher Verdichtung der Luft zu arbeiten, und die zweite Gruppe liefert künstlich verdünnte Luft beim Betrieb auf dem Boden, wobei man infolge der niedrigeren Luftdichte höhere Verdichtungsverhältnisse verwenden und einen Gewinn an thermischem Wirkungsgrad erreichen kann. Die erste Gruppe bietet die Möglichkeit, die Leistung des Flugmotors in jeder gegenwärtig erreichbaren Höhe unverändert zu erhalten, obgleich etwas auf Kosten des Wirkungsgrades, während die zweite Gruppe die Leistung nur bis zu einer gewissen Grenze unverändert erhält, aber andererseits Aussicht auf einen beträchtlichen Vorteil in bezug auf den Brennstoffverbrauch bietet.

Außer diesen zwei Hauptgruppen sind auch gewisse Verbindungen zwischen beiden Verfahren möglich, die weiter unten betrachtet werden sollen.

Bei der ersten Gruppe kann man zum künstlichen Steigern der Dichte in der Ansaugleitung am besten ein Turbogebläse anwenden, das entweder mechanisch vom Flugmotor selbst oder durch einen besonderen Hilfsmotor oder durch eine Auspuffgasturbine angetrieben wird. Eine derartige Anlage hat den Vorteil, daß das Drehmoment, das der Flugmotor auf dem Boden entwickelt, beinahe in jeder Höhe voll aufrechterhalten werden kann. Eine Grenze stellt nur die Festigkeit der Bauteile des Flugmotors und die Möglichkeit dar, in der stark verdünnten Luft die in den Zylindern erzeugte Wärme abzuführen. Allerdings setzt ferner eine solche Anlage den Gebrauch einer Luftschraube mit veränderlicher Steigung voraus.

Tatsächlich kann ein Flugmotor in großen Höhen sogar noch höhere Leistung als auf dem Boden entwickeln; denn wenn sich das Gewicht an Luft für den einzelnen Kreisprozeß nicht ändert, so bleibt offenbar auch das Drehmoment auf der gleichen Höhe. Da aber der äußere Widerstand an der Luftschraube mit zunehmender Höhe kleiner wird, so kann der Flugmotor mit höherer Drehzahl laufen und daher bei gleichem Drehmoment höhere Leistung abgeben, selbst wenn man den Verbrauch des Turbogebläses abzieht. Unter solchen Umständen gehen jedoch an die Kühlmäntel der Zylinder usw. größere Wärmemengen über, während das Kühlvermögen des Kühlers oder der Kühlrippen an den Zylindern beim Aufstieg in größere Höhen unter allen Umständen wegen der geringen Dichte der umgebenden Luft verringert wird. Obgleich diese Abnahme des Kühlvermögens der Kühlanlage durch die niedrigeren Lufttemperaturen in großer Höhe bis zu einem gewissen Grad ausgeglichen werden kann, muß man daher doch für solche Anlagen größere Kühler verwenden.

Auf den ersten Blick scheint das Verfahren des unmittelbaren Überladens die einfachste und leichteste Lösung der Aufgabe; bei näherer Prüfung findet man jedoch, daß es viele Schwierigkeiten bietet. In erster Linie beträgt der Wirkungsgrad selbst des besten Turbogebläses, auch wenn er verhältnismäßig hoch ist, tatsächlich nur 55 bis 60 vH, so daß die von ihm verbrauchte Leistung, besonders in Brennstoffverbrauch ausgedrückt, beträchtlich wird. Zweitens müssen derartige Gebläse, gleichviel ob sie mechanisch oder anders angetrieben werden, notwendigerweise mit sehr hoher Drehzahl, im allgemeinen 20000 bis 30000 U/min, laufen, was an und für sich sehr ernste mechanische Schwierigkeiten mit sich bringt.

Während man bei den ersten Versuchen mit Vorverdichtung bei Flugmotoren meistens mechanisch angetriebene Gebläse benutzt hatte, schien man in England zeitweilig mehr Vorliebe für den Antrieb des Turbogebläses durch eine Auspuff-Gasturbine in der Art zu zeigen, wie in Abb. 248 bis 250 dargestellt, teils wegen der vielfachen Schwierigkeiten, die bei den ausgeführten mechanischen Antrieben auftraten, teils weil man das durch eine Auspuff-Gasturbine angetriebene Gebläse leichter veränderten Verhältnissen in bezug auf die Luftdichte anpassen kann, da seine Drehzahl nicht unmittelbar von der des Flugmotors abhängt.

Vom rein konstruktiven Standpunkt aus ist es zweifelhaft, ob es leichter ist, eine Auspuff-Gasturbine mit z. B. 30000 U/min in einer

Atmosphäre von verbrannten Gasen mit einer Temperatur von ungefähr 550 bis 680° im Betrieb zu erhalten oder ein rein und kühl

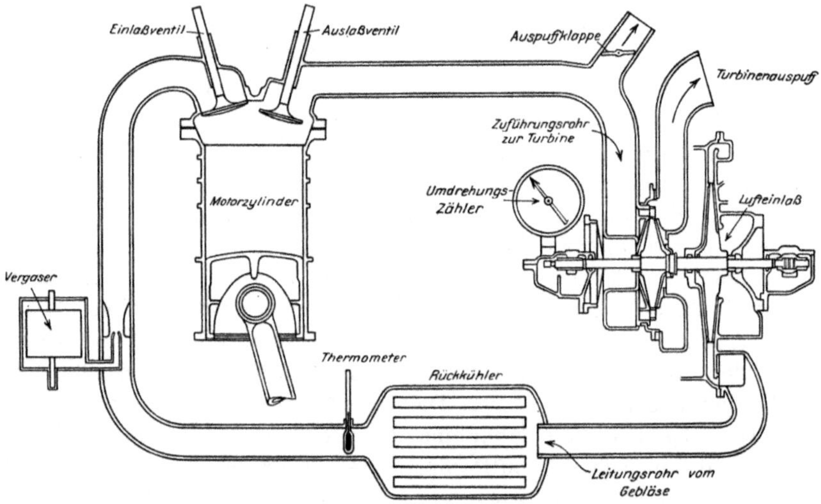

Abb. 248. Anordnung des Ladegebläses mit Antrieb durch Auspuff-Gasturbine.

bleibendes Gebläse mit Hilfe eines geeigneten Getriebes mit der gleichen Drehzahl anzutreiben. Den Gesamtwirkungsgrad einer Auspuff-Gasturbine mit Gebläse kann man zwar nicht genau bestimmen, aber er muß im günstigsten Fall niedrig sein, weil man schon aus rein mechanischen Gründen nicht mit sehr hoher Temperatur oder mit ausreichend hoher Drehzahl arbeiten kann und infolgedessen ein wesentlicher Teil der beim Verdichten der Luft geleisteten Arbeit in der Form von Gegendruck auf die Kolben des Flugmotors auftreten muß.

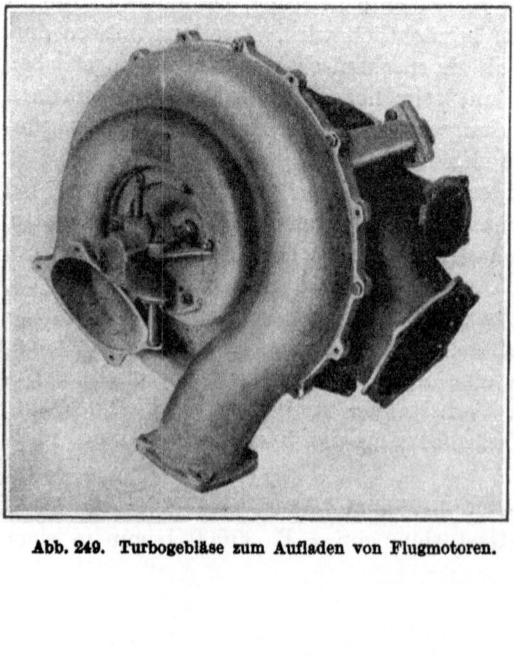

Abb. 249. Turbogebläse zum Aufladen von Flugmotoren.

Ferner macht sich die Behinderung des freien Austritts der Auspuffgase aus den Zylindern selbst bei den besten Wirkungsgraden, die man bisher erreicht hat, insofern fühlbar, als in den Verbrennungsräumen der Zylinder heiße Rückstände der Verbrennung mit einem Druck zurückbleiben, der den Druck des frisch eintretenden Gemisches beträchtlich übersteigt. (Tatsächlich hat man bei den bisher günstigsten Versuchen einen Gegendruck festgestellt, der um 0,21 at höher als der Druck der Luft war.) Auch die sehr schwierige Frage der Rückkühlung der Luft nach dem Verdichten wird dadurch noch weiter erschwert, daß sich auf diese Luft eine gewisse Wärmemenge von den Auspuff-Gasturbinen her durch Wärmeleitung überträgt. Im günstigsten Fall bedeutet diese Aufgabe, daß man eine große Wärmemenge bei verhältnismäßig niedriger Temperatur ableiten soll, was

Abb. 250. Rotor eines Aufladegebläses mit Antrieb durch Auspuff-Gasturbine.

wegen der erforderlichen großen Kühlflächen und der sich daraus ergebenden Vermehrung des Gewichts und des Luftwiderstandes eine sehr schwierige Sache ist.

Das durch die Auspuff-Gasturbine angetriebene Gebläse hat jedoch einen überragenden Vorteil vor dem mechanisch angetriebenen Gebläse, nämlich, daß sich die Drehzahl seines Laufrades Änderungen der Luftdichte selbsttätig anpaßt. Beim mechanischen Antrieb sind die Hauptschwierigkeiten die Folge von periodischen Änderungen der Winkelgeschwindigkeit am hinteren Ende der Kurbelwelle des Flugmotors, von dem aus das Gebläse gewöhnlich angetrieben wird, ferner von plötzlichen Änderungen der mittleren Drehzahl der Kurbelwelle bei langsamem Schließen und plötzlichem Aufreißen der Drossel am Flugmotoren-Vergaser und von mangelhafter Übereinstimmung der Achsmitten, da das Gebläse keinen festen Bestandteil des Kurbelgehäuses bildet. Die meisten von diesen Schwierigkeiten können wahrscheinlich überwunden werden, indem man geeignete Dämpfvorrichtungen, nachgiebige Kupplungen usw. anwendet.

Treibt man das Gebläse, wie bei einigen deutschen Großflugzeugen, durch einen besonderen Motor an, der nur diese einzige Aufgabe hat, so verschwinden die meisten mechanischen Schwierigkeiten, und obgleich es auf den ersten Augenblick umständlich, teuer und schwer scheinen könnte, einen besonderen Hilfsmotor für das Gebläse zu verwenden, so läßt sich doch, besonders im Fall von großen Anlagen, so manches zugunsten dieser Lösung anführen.

Unmittelbares Vorverdichten ist wahrscheinlich das einzige Mittel, um eine wirklich bedeutende Steigerung der Leistung in großen Höhen zu erhalten, und als solches auch außerordentlich wertvoll; aber leider ist keine wie immer geartete Anwendung dieses Verfahrens einfach oder leicht. In sehr großen Höhen kann die Verwendung von verdichteter Luft vielleicht für den Flugzeugführer genau so wichtig wie für die Maschine werden; daß es bei Anwendung der Vorverdichtung möglich ist, den Führer wie den Flugmotor in einem dünnwandigen druckdichten Gehäuse einzuschließen, verdient ernsthaft beachtet zu werden, denn beide brauchen den Sauerstoff in gleichem Maße.

Das zweite Verfahren, das darin besteht, die Leistung von Flugmotoren in großen Höhen durch Vergrößerung des Verdichtungs- und Expansionsverhältnisses zu steigern, zielt eher darauf ab, die Wirtschaftlichkeit im Brennstoffverbrauch zu verbessern, als darauf, die Leistungsfähigkeit zu erhöhen, denn es hat nicht die Wirkung, daß das Gewicht an Gemisch, das bei jedem Kreisprozeß in den Zylinder gelangt, erhöht wird, ermöglicht aber andererseits, daß die Maschine mit einem gegebenen Gewicht an angesaugter Luft mehr nutzbare Arbeit leistet, da sie die Verbrennungsgase weiter entspannt. Dies ergibt sowohl eine Steigerung der Leistung als auch eine Verminderung des spezifischen Brennstoffverbrauchs, wenngleich die Zunahme an Leistung im Vergleich zum Nachladeverfahren nur gering ist.

Immerhin sind auch mit diesem Verfahren viele Vorteile verbunden. Bei gewöhnlichen Brennstoffen hat die Höhe der Verdichtung und Expansion in der Neigung des Brennstoffes zur Detonation und den darauffolgenden Frühzündungen eine Grenze. Diese hängt zwar hauptsächlich von der chemischen Zusammensetzung des Brennstoffs ab, wird aber auch, wie bereits weiter oben dargelegt worden ist, von der höchsten Entzündungstemperatur, vom Enddruck der Verdichtung, von der Gestalt des Verbrennungsraumes und von der Lage der Zündkerze darin bestimmt. Bei einem Brennstoff von beliebiger gegebener chemischer Zusammensetzung vermindert sich die Neigung zur Detonation mit zunehmender Flughöhe, da sowohl die Temperatur als auch der Enddruck der Verdichtung abnimmt und in Übereinstimmung damit auch die höchste Entzündungstemperatur niedriger wird. Man hat z. B. festgestellt, daß gewöhnliches Fliegerbenzin auf dem Boden bereits bei jeder Steigerung des Verdichtungsverhältnisses über 5:1 zur Detonation neigt, aber in etwa 4000 m Höhe selbst bei Betrieb mit einem Verdichtungsverhältnis von 7:1 mindestens ebenso frei von Detonation ist wie unten bei einem Verdichtungsverhältnis von 5:1.

Wirkliche Versuche an einer Maschine mit veränderlicher Verdichtung haben bewiesen, daß die Erhöhung des Verdichtungs- oder Expansionsverhältnisses von 5:1 auf 7:1 den indizierten thermischen Wirkungsgrad von 32 auf 37,5 vH verbessert. Das bedeutet einen Gewinn von 16,5 vH, der tatsächlich fast genau mit dem von Tizard und Pye vorausberechneten theoretischen Wert übereinstimmt. Beim Betrieb mit einem Verdichtungsverhältnis von 7:1 sind ferner die Wärmebeanspruchungen der Maschine etwas geringer, und wenn auch der höchste Kolbendruck höher wird, so sind doch Druck und Temperatur der Gase beim Strömen durch die Auspuffventile beträchtlich niedriger, was für die Zuverlässigkeit der Maschine außerordentlich wichtig ist.

Die Hauptschwierigkeit der Anwendung sehr hoher Verdichtungsverhältnisse für den Betrieb eines Flugmotors in großen Höhen liegt im Betrieb einer derartigen Maschine auf oder nahe an dem Boden. Dieser ist tatsächlich so schwierig, daß es zumeist ohne ganz ungewöhnliche Hilfsmittel überhaupt unmöglich wird, vom Boden aufzusteigen. Es gibt aber schon einige Wege, um diese Aufgabe zu lösen. Unter ihnen sind folgende zu nennen:

1. Man drosselt die Maschine, solange sie sich in Bodenhöhe befindet, um den Enddruck der Verdichtung sowie die höchste Entzündungstemperatur herabzusetzen. Die Entzündungstemperatur wird hierbei deshalb niedriger, weil das Verhältnis zwischen den unverbrennbaren Auspuffrückständen und der frischen Gemischladung größer wird und weil überhaupt die Dichte des Zylinderinhalts verringert ist.

2. Man hält das Einlaßventil während eines Teils des Verdichtungshubes offen, so daß zwar das Expansionsverhältnis unverändert bleibt, aber die Endtemperatur und der Enddruck der Verdichtung geringer werden.

3. Man fügt dem Zylinderinhalt unbrennbare Auspuffrückstände zu, um die höchste Entzündungstemperatur sowie den Höchstdruck im Zylinder zu vermindern.

4. Man verwendet besondere Brennstoffmischungen für den Betrieb auf oder nahe an dem Boden.

Mit Ausnahme des zuletzt genannten Mittels haben alle Mittel den Nachteil, daß die Maschine auf oder nahe an dem Boden noch nicht einmal soviel Höchstleistung ergibt wie eine gewöhnliche Maschine beim

Verdichtungsverhältnis von 5:1. Das Drosseln einer Maschine mit hohem Verdichtungsverhältnis bei Betrieb auf oder nahe an dem Boden ist unerwünscht. Es ist nicht nur gefährlich, sondern bei einem Verdichtungsverhältnis in der Größenordnung von 7:1 leistet auch die Maschine bei Betrieb mit gewöhnlichem Fliegerbenzin bei weitem nicht genug.

Die Linien in Abb. 251 zeigen, welche höchsten mittleren indizierten Kolbendrücke man in diesem besonderen Falle bei Betrieb mit etwas minderwertigerem Fliegerbenzin erhält, das unter mittleren Verhältnissen schon bei einem Verdichtungsverhältnis von 4,85:1 detoniert. Das Verdichtungsverhältnis wurde allmählich gesteigert und die Drossel so weit geschlossen, daß gerade noch keine Detonation eintrat. Man sieht aus dem Verlauf der Linien, daß als mittlerer indizierter Kolbendruck bei einem Verdichtungsverhältnis von 7:1 nur 5,98 at, entsprechend einem mittleren nutzbaren Druck von 4,92 at, zulässig sind. Dieser Kolbendruck würde natürlich bei weitem nicht genügen, um das Flugzeug vom Boden zu heben.

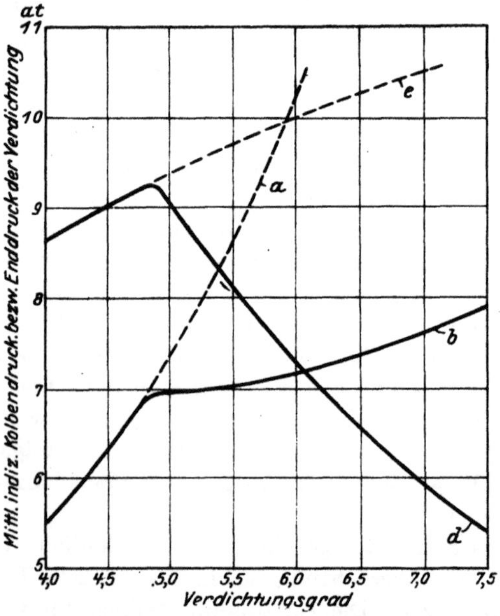

Abb. 251. Einfluß des Verdichtungsverhältnisses auf den mittl. indiz. Kolbendruck und den Enddruck der Verdichtung.
a Verdichtungsdruck bei offener Drossel.
b „ gedrosselt.
c Mittlerer indizierter Druck bei vollgeöffneter Drossel.
d Höchster ohne Detonation erzielbarer mittlerer Druck.

Bei Verwendung von Einlaßventilen mit veränderlicher Schließzeit zum Zweck der Veränderung des Verdichtungsverhältnisses kann man aus verschiedenen Gründen etwas bessere Ergebnisse erzielen; aber auch dann wird das Gewicht der Ladung im Zylinder beträchtlich verringert, abgesehen davon, daß der Antrieb der Ventile neue Verwicklung bedeutet. Immerhin hat dieses Verfahren einige wesentliche mittelbare Vorteile; verglichen mit dem Drosseln der Maschine am Boden, ist es nicht nur viel betriebssicherer, sondern es ergibt auch etwas höhere Leistung auf oder nahe an dem Boden.

Durch Zusatz von abgekühltem Auspuffgas kann man dagegen die Neigung zur Detonation und die auftretenden Höchstdrücke, verglichen mit den beiden bisher beschriebenen Verfahren, mit dem geringsten Opfer an Bodenleistung verringern. Aber bei einem Verdichtungsverhältnis von 7:1 ist die Menge an Auspuffrückständen, die man zur Durchführung des Verfahrens braucht, so groß, daß sie schon den thermischen Wirkungsgrad sowie die Leistung der Maschine beeinträchtigt. Es scheint auch besonders wichtig, daß die Auspuffgase sehr gründlich abgekühlt werden, ehe sie in den Vergaser oder in die Ansaugleitung eingelassen werden, was sich zuweilen nur schwer durchführen läßt. Immerhin ist der Zusatz von Auspuffgasen aller Wahrscheinlichkeit nach das beste von den drei betrachteten Verfahren.

Durch eine geeignete Behandlung des Brennstoffes, wie z. B. durch Hinzufügen von Toluol usw., kann man das Auftreten von Detonation ganz verhindern und die volle Leistung der Maschine auf dem Boden erzielen, vorausgesetzt, daß die Maschine den dabei auftretenden übermäßigen Drücken gewachsen ist. Auf den ersten Blick könnte dieser Weg als der einfachste und beste scheinen, aber bei näherer Prüfung ist doch sehr zweifelhaft, ob seine Anwendung wirklich zweckmäßig ist; denn wenn die ganze Maschine den sehr hohen Höchstdrücken widerstehen soll, die bei Betrieb mit einem Verdichtungsverhältnis von 7:1 entstehen, so müßte sie im ganzen und insbesondere in ihren hin und her gehenden Teilen verstärkt werden, so daß ihr Gewicht beträchtlich höher werden würde. Dagegen könnte es gewisse Aussichten bieten, einen Brennstoff zu verwenden, dessen Entzündungstemperatur niedrig und dessen Verdampfungswärme höher ist, der also, wie z. B. ein Spiritus-Azetongemisch, weder die Temperatur noch den Höchstdruck bei Steigerung des Verdichtungsverhältnisses merklich höher werden läßt.

Seit dieser Abschnitt geschrieben wurde — seit dem Jahre 1922 —, hat die Motorentechnik große Fortschritte gemacht; aber diese beschränkten sich fast ausschließlich auf die Verbesserung von Einzelteilen. Die im vorstehenden beschriebenen Maschinen, nämlich der Napier Lion-, der Bristol Jupiter- und der Siddeley Jaguar-Flugmotor, werden noch jetzt laufend erzeugt und noch immer von der englischen Militärluftfahrt wie im wirtschaftlichen Luftverkehr bevorzugt. Dagegen ist auf dem Gebiete der kleinen Motoren für leichte Flugzeuge eine ganz erhebliche Entwicklung zu verzeichnen. Der bemerkenswerteste von diesen Motoren ist der luftgekühlte Vierzylinder-Cirrus-Motor, der in die bekannte de Havilland-Motte eingebaut wird.

Was die größeren und stärkeren Maschinen anbelangt, so hat nur eine Firma, nämlich Rolls-Royce, ein neues Muster entwickelt, während die drei anderen oben angeführten Fabriken sich damit begnügt haben, die Einzelteile ihrer Motoren, deren Gesamtaufbau innerhalb der letzten 10 Jahre unverändert geblieben ist, zu verbessern. Diese sorgfältige Entwicklungsarbeit an der Konstruktion hat ermöglicht, die Leistungen der Maschinen in dieser Zeit um etwa 40 vH und ihre Zuverlässigkeit — gemessen an der Zahl der zwischen zwei Überholungen erreichbaren Betriebsstunden — um fast 300 vH zu erhöhen. Dieser Erfolg wurde durch keinerlei grundlegende Änderungen, sondern nur durch Kleinarbeit an Einzelteilen sowie durch Berücksichtigung der Fortschritte in der Behandlung der Baustoffe und in der Technik der Werkstattarbeit erzielt.

Da der Fortschritt auch die Zulässigkeit höherer Drehzahlen der Kurbelwelle im Gefolge hatte, so wurde das Bedürfnis nach Getrieben zum Herabsetzen der Motordrehzahl immer größer, und heutzutage werden selbst sternförmige Motoren mit solchen Getrieben ausgerüstet. Die stark gesteigerte Zuverlässigkeit der Maschinen mit Luftkühlung hat die Motoren mit Wasserkühlung in weitem Umfang ihrer bisherigen Überlegenheit in dieser Hinsicht beraubt, während auf der anderen Seite die geringere Verletzbarkeit und der Fortfall der Leitungsanlagen wichtige Merkmale zugunsten der Maschinen mit Luftkühlung geblieben sind. Immerhin bleiben Motoren mit Wasserkühlung wegen ihres geringeren Stirnwiderstandes noch überlegen, wenn es sich darum handelt, sehr hohe Geschwindigkeiten zu erreichen, und es scheint ferner, daß die Anwendung der Verdampfungs- oder der Dampfkühlung (wobei der Kühler zum Kondensator wird) eine neue Entwicklung dieser Motorenart einleiten könnte. Da bei diesem Kühlverfahren der Temperaturunterschied zwischen der umgebenden Luft und dem Kühler größer ist, so kann man mit Kühlern von beträchtlich kleineren Abmessungen auskommen, und da überdies der Druck in der Kühlanlage ganz wenig unterhalb des Außendrucks erhalten wird, so sind solche Anlagen auch in viel geringerem Maße Beschädigungen ausgesetzt.

Die Verwendung von Ladegebläsen mit Antrieb durch Auspuffgase hat sich, wie weiter oben vorausgesagt, als unzweckmäßig erwiesen; dagegen kommen Fliehkraftgebläse, die mit hoher Drehzahl über Zahnräder von der Maschine angetrieben werden, immer ausgedehnter in Gebrauch. Derartige Gebläse werden in der Regel einstufig gebaut und zwischen den Vergasern und den Zylindern angeordnet; sie laufen mit etwa der zehn- bis zwölffachen Drehzahl der Kurbelwelle. Mit derartigen Gebläsen kann man die Luftdichte der Bodennähe in der Ansaugleitung und die in Bodennähe entwickelte Leistung bis zu Höhen von 2400 bis 3600 m aufrechterhalten.

Bei den Motoren mit Luftkühlung verwendet man Zylinderköpfe aus geschmiedetem Duralumin oder aus Y-Legierung, die auf stählerne

Zylinderschäfte aufgeschraubt oder aufgeschrumpft werden, an Stelle der früheren Zylinder aus Gußeisen oder Stahl, während bei Motoren mit Wasserkühlung das Bestreben besteht, beim Aufbau der Zylinder Schweißarbeiten soweit wie irgend möglich zu vermeiden. Dagegen verwendet man aus Leichtlegierung gegossene Zylinderkopfblöcke, in die

Abb. 252. Bristol Jupiter-Flugmotor aus dem Jahre 1929. Ansicht von der Getriebeseite.

die Ventilsitze eingeschraubt oder warm eingezogen werden, und getrennte Zylinderschäfte aus Stahl mit Wassermänteln aus Aluminiumlegierung.

Der Bristol Jupiter-Flugmotor 1929. Die Bilder des Gesamtaufbaus des Bristol Jupiter-Motors aus dem Jahre 1929 in Abb. 252 bis 254 zeigen gegenüber der in Abb. 235 und 236 dargestellten Ausführung aus dem Jahre 1921 nur geringe äußere Veränderungen; obgleich jedoch die Zylinderabmessungen ungeändert geblieben sind, ist die Leistung an der Bremse von 380 PS bei 1575 U/min auf 525 PS bei 2000 U/min gestiegen. Wegen der erhöhten Drehzahl hat man ein Kegelrädergetriebe mit konzentrischen treibenden und angetriebenen Achsen hinzugefügt, das die Motordrehzahl im Verhältnis von 2:1 herabsetzt und das in Abb. 255 dargestellt ist. Das Gesamtgewicht des Motors einschließlich dieses Getriebes beträgt nur 400 kg oder 0,763 kg/PS_e. Der gleiche Motor entwickelt ohne das Vorgelege bei 1700 U/min 480 PS und hat dann ein Gesamtgewicht von 340 kg oder 0,708 kg/PS_e.

Abb. 253. Bristol Jupiter-Flugmotor aus dem Jahre 1929. Ansicht von der Vergaserseite.

Die hauptsächlichen Veränderungen, denen dieser Motor seine erhöhte Leistung verdankt, sind:

1. Der flache Zylinderkopf aus Stahl mit Aluminiumkappe mit senkrechten Ventilen wurde ersetzt durch einen ganz aus Leichtlegierung gegossenen Kopf mit dachförmigem Verbrennungsraum, in dem die Ventile zur Achse geneigt angeordnet sind. Hierdurch wurden die Kühlung, der volumetrische und der thermische Wirkungsgrad verbessert. Außerdem gestattet diese Bauart, ein etwas höheres Verdich-

tungsverhältnis anzuwenden. Diesen Änderungen ist es zuzuschreiben, daß der mittlere nutzbare Kolbendruck höher geworden ist. In Abb. 256 sind die Einzelteile des Zylinders in der neuesten Ausführung dargestellt.

2. Die aus einem Stück bestehende Kurbelwelle mit geteiltem Pleuelstangenlager wurde durch eine aus mehreren Teilen zusammengesetzte Kurbelwelle ersetzt, die die Verwendung eines ungeteilten Pleuelstangenkopfes und einer schwimmenden Lagerbüchse zuläßt.

Abb. 254. Bristol Jupiter-Flugmotor aus dem Jahre 1929. Seitenansicht.

Die Änderung hat ermöglicht, die Drehzahl von 1575 auf 2000 U/min zu steigern. In Abb. 257 sind die Einzelteile der Kurbelwelle und der Pleuelstangen in der neuesten Ausführung wiedergegeben.

3. Für Flüge in große Höhen ist ein über Zahnräder angetriebenes Fliehkraftgebläse in den hinteren Deckel des Kurbelgehäuses eingebaut. Es ist mit der Kurbelwelle über ein Umlaufgetriebe verbunden, das Rutschkupplungen zum Ausgleich von Geschwindigkeitsänderungen beim Beschleunigen oder bei Drehschwingungen der Kurbel-

Abb. 255. Kegelrädergetriebe mit 2:1-Übersetzung des Bristol Jupiter-Flugmotors 1929.

Abb. 256. Einzelteile des Zylinders für den Bristol Jupiter-Flugmotor 1929 vor und nach der Bearbeitung.

welle enthält. Dieses Überladegebläse ist so bemessen, daß es noch in einer Höhe von 3600 m ungefähr die Luftdichte der Bodennähe aufrechterhält.

Außer diesen Änderungen wurden noch folgende Verbesserungen angebracht:

4. Das Kurbelgehäuse ist aus dem vollen geschmiedet und nicht mehr aus Leichtlegierung gegossen.

5. Die Hilfsantriebe am hinteren Ende des Kurbelgehäuses sind vollständig neu angeordnet, damit man, wenn es verlangt wird, die Überladevorrichtung unterbringen und überhaupt den Motor leichter in die neuesten Flugzeugmodelle einbauen kann.

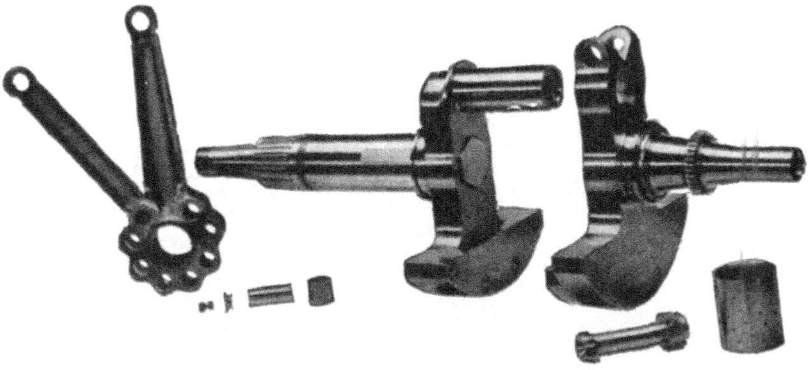

Abb. 257. Einzelteile der Kurbelwelle und der Pleuelstange des Bristol Jupiter-Flugmotors 1929.

Der Rolls-Royce-Flugmotor F. In Abb. 258 bis 263 sind Außenansichten und Querschnitte des neuesten Rolls-Royce-Flugmotors F dargestellt. Dieser Motor wird in den neuzeitlichsten Tagesbombenflugzeugen und Kampfflugzeugen verwendet. Eine etwas größere, aber im ganzen ähnliche Ausführung dieses Motors war in das Wasserflugzeug eingebaut, das im Jahre 1929 mit einer mittleren Geschwindigkeit von 529 km/h den Schneider-Pokal und mit einer Geschwindigkeit von 575 km/h den Weltrekord gewann. Das Baumuster F hat 12 Zylinder von 127 mm Dmr. und 139,7 mm Hub und wird mit oder ohne durch Zahnräder angetriebenes Fliehkraft-Überladegebläse geliefert. Ohne künstliche Aufladung und bei einem Verdichtungsverhältnis von 6:1 entwickelt der Motor eine Höchstleistung von 540 PS an der Bremse bei 2500 U/min der Kurbelwelle. In Abb. 264 sind Leistung, mittlerer nutzbarer Kolbendruck und Brennstoffverbrauch bei vollgeöffneter Drossel und bei Drosselbetrieb dargestellt. Der Motor wiegt „trocken" 393 kg ohne und 408 kg mit Ladegebläse.

Bauart der Zylinder. Die sechs Zylinder eines jeden Blocks haben Zylinderköpfe, die mit den Wassermänteln der Zylinderschäfte in einem einzigen Stück aus Leichtlegierung gegossen sind. Die vier Ventilsitze jedes Zylinders bestehen aus Bronze und sind in den Zylinderkopf aus Leichtlegierung eingeschraubt. Die Schäfte der Zylinder sind einzelne dünne offene Stahlrohre, die mittels umgebörtelter Flanschen auf das Kurbelgehäuse aufgesetzt sind und von langen, tief unten vom Kurbelgehäuse bis oben zum Zylinderkopf reichenden Schraubenbolzen gehalten werden. Sie werden so in der Teilfuge zwischen Kurbelgehäuse und Zylinderkopf festgeklemmt. Die Teil-

Abb. 258. Rolls-Royce-Flugmotor F. Seitenansicht.

fugen zwischen den Zylinderschäften und den Zylinderköpfen sind mittels weicher Aluminiumringe abgedichtet, während für das andere Ende des Wassermantels Gummiringe verwendet werden. Die bereits erwähnten langen Befestigungsbolzen gehen durch den Wassermantel hindurch, aber sind dort mit Aluminiumrohren umgeben, die mit ihren Enden in das Gehäuse eingewalzt sind. Ein vollständiger Zylinderblock nebst einem Zylinderschaft und den Dichtungsringen ist in Abbildung 265 dargestellt.

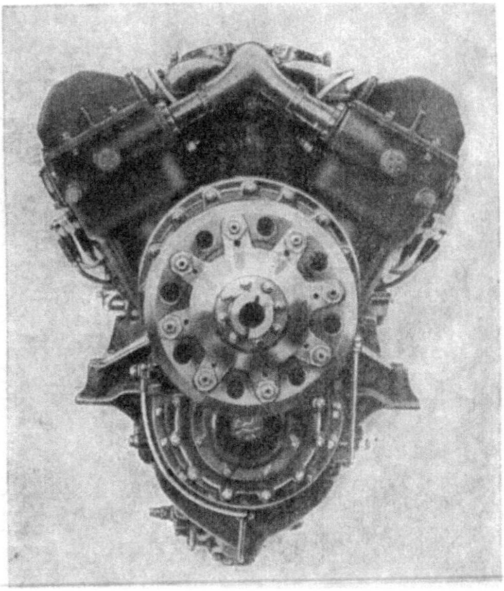

Abb. 259. Rolls-Royce-Flugmotor F. Ansicht von hinten.

K u r b e l g e h ä u s e. Das Kurbelgehäuse hat außer seiner vorzüglichen konstruktiven Durcharbeitung keine Besonderheiten aufzuweisen. Obgleich es etwas flach ist, ist es sehr stark verrippt, und seine Steifheit gegenüber Verwindungen wird noch wesentlich dadurch gesteigert, daß waagerechte Bolzen von einer Seite zur anderen und durch die unteren Lagerdeckel hindurchgeführt sind, s. a. Abb. 267a, S. 369. Diese Bolzen erfüllen zwei Aufgaben: sie halten das Kurbelgehäuse unmittelbar unterhalb des durch die Kurbelwellenlager geschwächten Querschnittes gut zusammen und bilden außerdem seitliche Führungen für die Lagerdeckel und verhindern dadurch ihre Neigung, seitlich zu „arbeiten“. Die Lagerdeckel selbst sind Schmiedestücke aus Dur-

Abb. 260. Rolls-Royce-Flugmotor F. Ansicht von vorn.

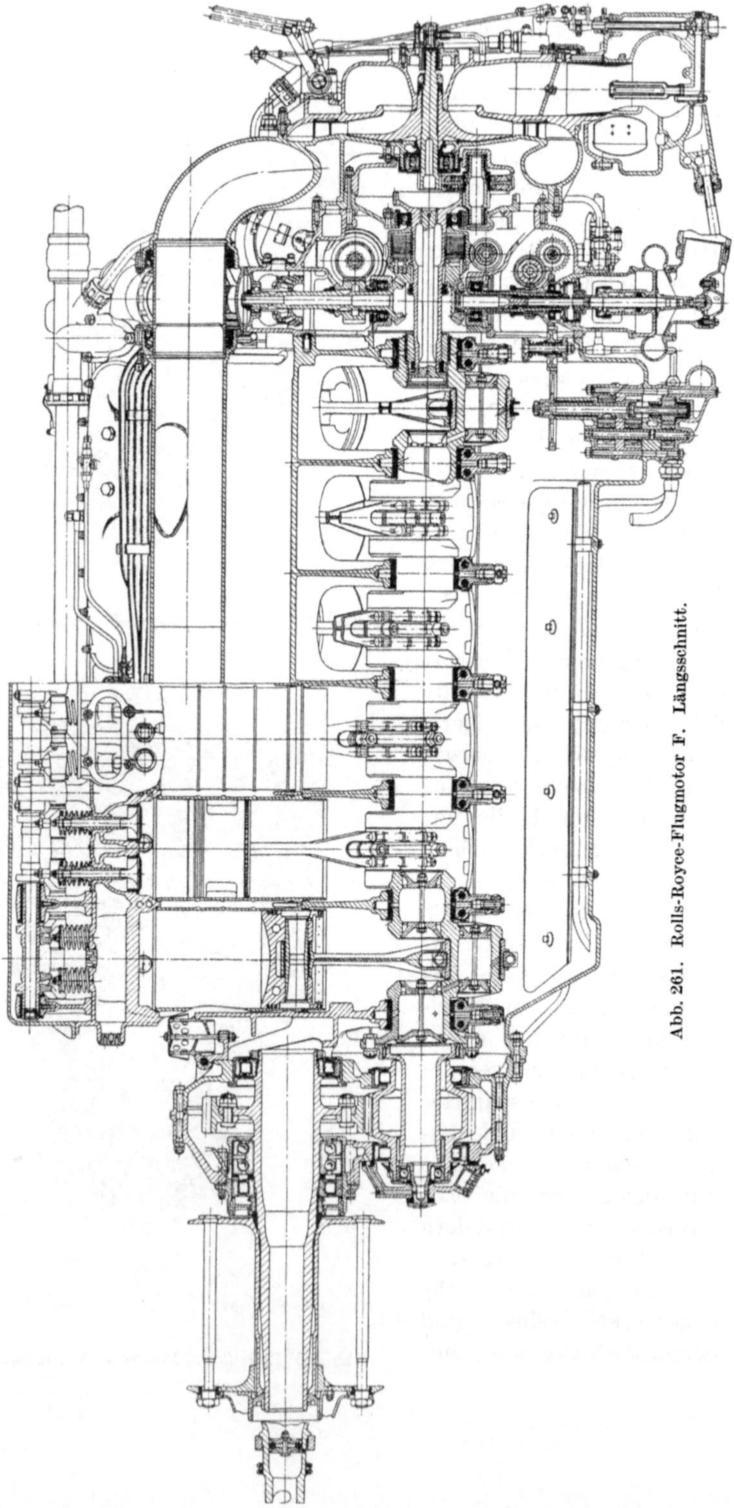

Abb. 261. Rolls-Royce-Flugmotor F. Längsschnitt.

alumin und die Lagerschalen Hülsen aus weichem Stahl mit ganz dünnem Weißmetallausguß.

Pleuelstangen. Die auf einen Zapfen wirkenden Pleuelstangen sind hier anders als bei dem Napier- und anderen sternförmigen Flugmotoren verbunden. Die eine Pleuelstange jedes Zylinderpaares ist gegabelt und mittels einer durchgehenden, geteilten Schale auf dem Kurbelzapfen unmittelbar gelagert. Die andere läuft in der Öffnung der Gabel auf der Außenseite der Lagerschale. Bei der gegabelten

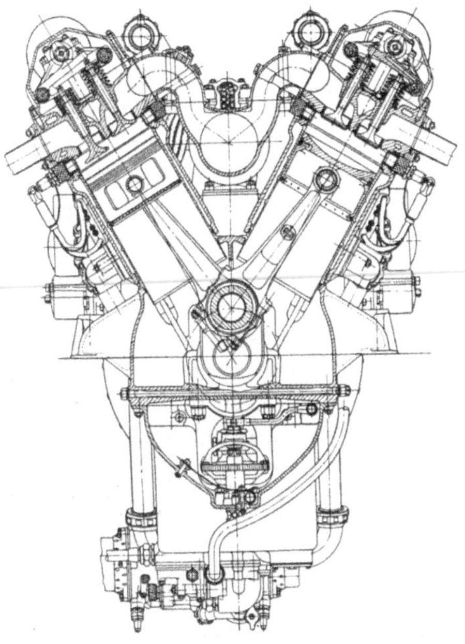

Abb. 262. Rolls-Royce-Flugmotor F. Querschnitt.

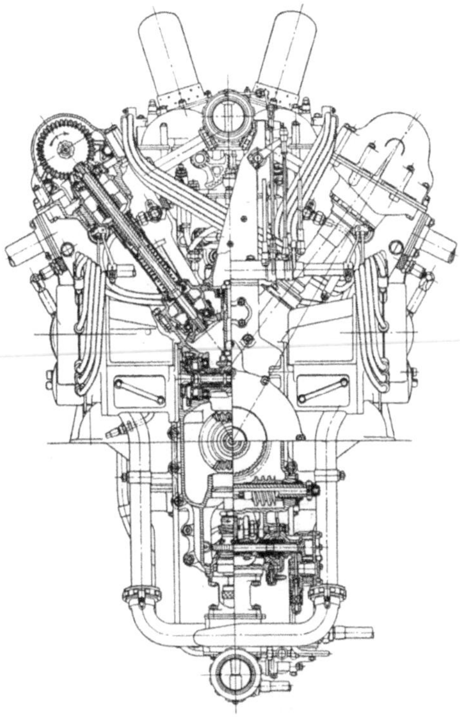

Abb. 263. Rolls-Royce-Flugmotor F. Einzelheiten der Hilfsantriebe.

Pleuelstange sind die Enden in der Art von Marineköpfen ausgebildet, d. h. die Enden der Pleuelstange sind flach (nur in der Mitte ausgespart), und die beiden Hälften der Lagerschale bestehen aus besonderen Blöcken. Diese Bauart verhindert jede Anhäufung der Belastung unmittelbar unterhalb des Pleuelschaftes. Die Pleuelstangenanordnung ist in den Einzelheiten in Abb. 266 dargestellt.

Kolben. Die Kolben werden aus dem Vollen einer geschmiedeten Aluminiumlegierung hergestellt; sie haben je drei Kolbenringe über dem Kolbenbolzen und einen Ölabstreifring unten nahe dem Ende des Kolbenmantels.

Kurbelwelle. Die Kurbelwelle hat richtige Abmessungen und ist überhaupt gut durchgebildet, weist aber im übrigen keine Besonderheiten auf.

Rädergetriebe. Das Getriebe zum Herabsetzen der Motordrehzahl ist besonders interessant und ein weiteres gutes Beispiel für die Geschicklichkeit des Konstrukteurs. Wie Abb. 267 zeigt, ist das Antriebszahnrad völlig getrennt von der Kurbelwelle gelagert und daher von kleinen elastischen Durchbiegungen der Kurbelwelle isoliert. Der Antrieb von der Kurbelwelle wird auf dieses Zahnrad über eine kurze schwimmende Gelenkwelle übertragen, die das genutete vordere Ende des Antriebszahnrades mit Hilfe von Längskeilen und die Kurbelwelle mit Hilfe eines verzahnten Ringes mitnimmt. Infolge dieser Anordnung kann man das antreibende Zahnrad des Getriebes mit dem ganzen Getriebe völlig unabhängig von der Kurbelwelle ausrichten.

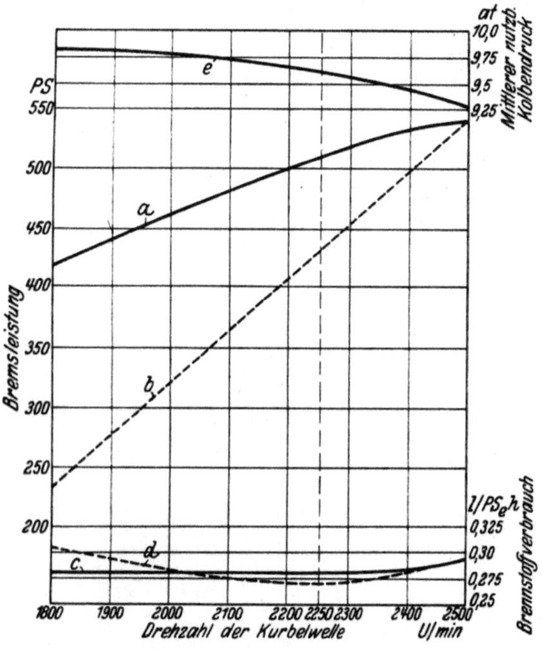

Abb. 264. Leistung und Brennstoffverbrauch des Rolls-Royce-Flugmotors F ohne Überladevorrichtung.
a Bodenleistung bei vollgeöffneter Drossel.
b Bodenleistung gedrosselt.
c Brennstoffverbrauch bei voll geöffneter Drossel.
d Brennstoffverbrauch bei Drosselbetrieb.
e Mittl. nutzbarer Kolbendruck.
Die Linien sind auf 2,5 vH Genauigkeit berichtigt. Lufttemperatur 15 °C, Barometerstand 760 mm Q.-S. Nenndrehzahl der Kurbelwelle 2250 U/min.

Die Steuerwelle und alle Hilfsantriebe werden von einem einzigen Kegelrad am hinteren Ende der Kurbelwelle angetrieben. Auch hier ist dieses Zahnrad nicht unmittelbar auf die Kurbelwelle aufgesetzt, sondern in einem besonderen Lager gelagert. Wie das Antriebszahnrad des Rädergetriebes ist dieses Kegelrad mit der Kurbelwelle durch Vermittlung einer besonderen Welle verbunden. Aber diese Welle hat in diesem Fall einen kleinen Durchmesser, damit sie Drehbeanspruchungen federnd aufnehmen kann. Das äußere Ende dieser Welle greift unter Vermittlung einer dämpfenden Reibkupplung in eine Hülse ein, die

Abb. 265. Zylinderblock eines Rolls-Royce-Flugmotors F nebst einem Zylinderschaft und den Dichtungsringen.

erst dann gedreht wird, wenn die elastische Verdrehung der Welle eine vorher bestimmte Größe überschreitet. Durch dieses Mittel werden die Hilfsantriebe vor allen Schwingungen des hinteren Kurbelwellenendes geschützt. Das ist ganz im allgemeinen sehr erwünscht und erlangt noch eine besondere Bedeutung, wenn ein mechanisch angetriebenes Überladegebläse mit den übrigen Hilfsantrieben verbunden wird.

Das Ladegebläse, das an dem Rolls-Royce-Motor F angebracht werden kann, ist ein einstufiges Fliehkraftgebläse, das über ein Umlauf-

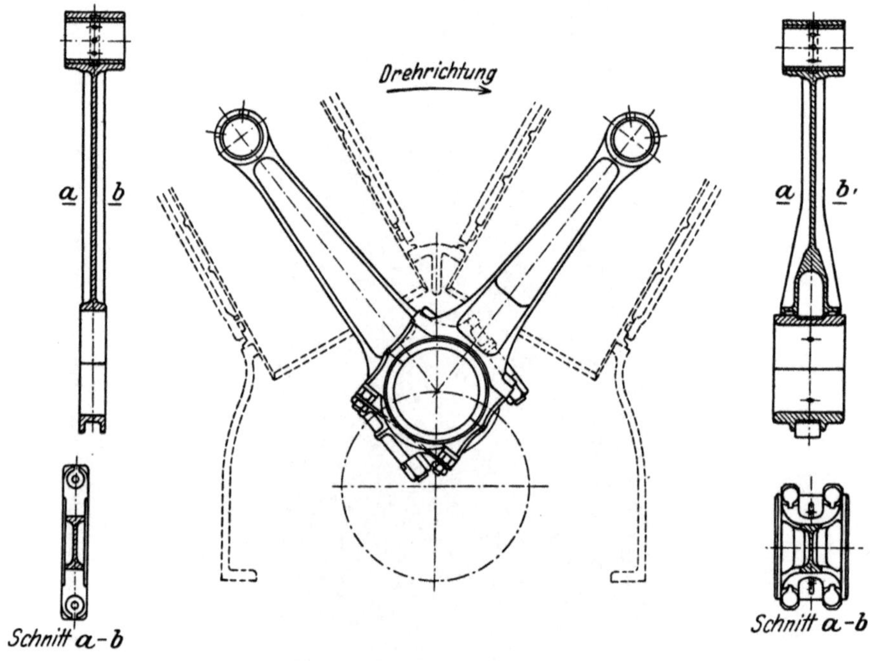

Abb. 266. Einzelheiten der Ausbildung der Pleuelstangen des Rolls-Royce-Flugmotors F.

getriebe mit drei Umlaufrädern angetrieben wird. In jedem der großen Umlaufräder ist eine Rutschkupplung zur Aufnahme plötzlicher Beschleunigungskräfte eingebaut. Wie bei den meisten neuzeitlichen englischen Flugmotoren ist das Ladegebläse zwischen den Vergasern und den Zylindern angeordnet. Man vermeidet hierdurch die Notwendigkeit, die Vergaser unter Druck zu setzen, mit all den schwierigen Fragen des Druckausgleichs, die damit verbunden sind. Das Drehzahlverhältnis zwischen Kurbelwelle und Gebläselaufrad beträgt entweder 1:6,9 für niedrige Aufladedrücke bei normaler Leistung auf dem Boden und bis zu 1000 m Höhe oder 1:10 für volle Überladung, wobei die normale Leistung bis zu 3500 m Höhe aufrechterhalten wird. Abb. 268 stellt die Einzelteile der Überladevorrichtung und ihres Antriebs dar.

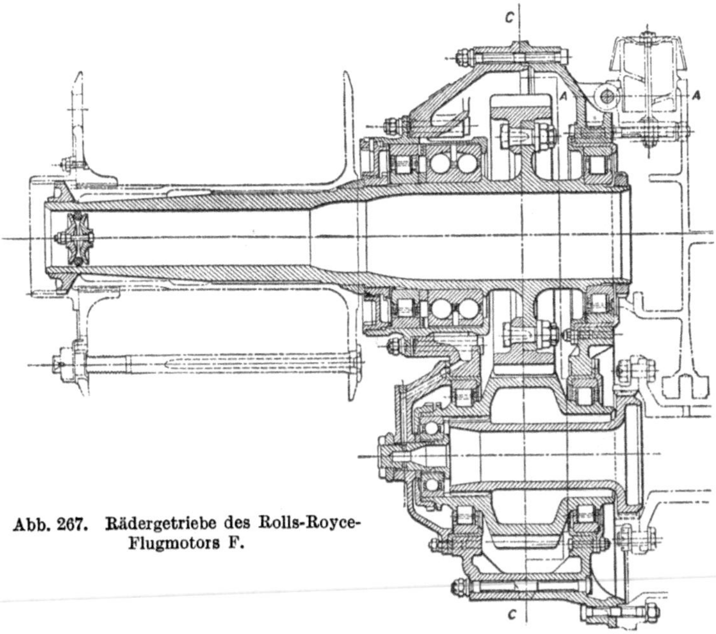

Abb. 267. Rädergetriebe des Rolls-Royce-Flugmotors F.

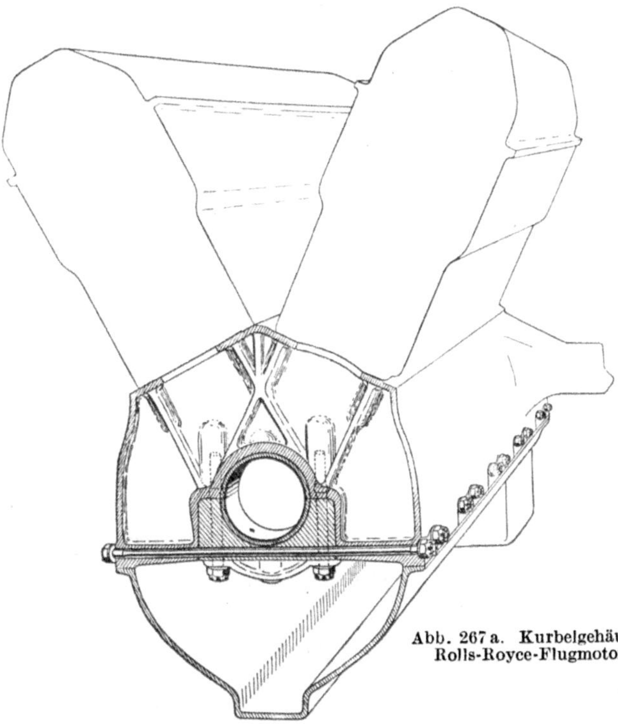

Abb. 267 a. Kurbelgehäuse des Rolls-Royce-Flugmotors F.

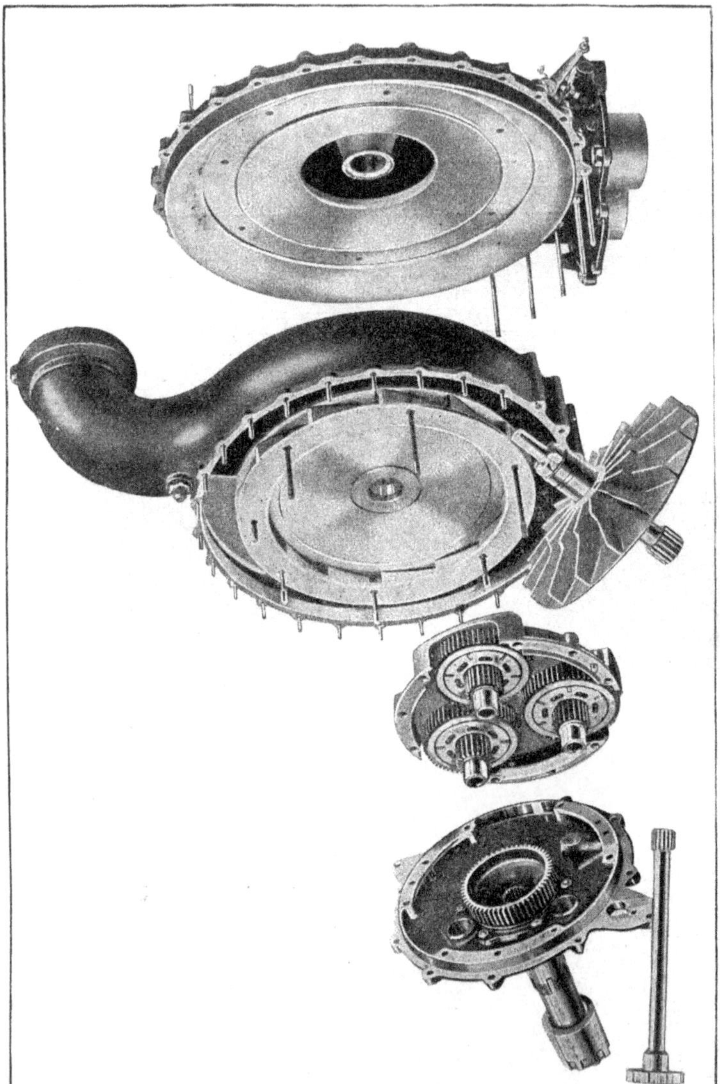

Abb. 268. Einzelheiten des Ladegebläses und seines Antriebes beim Rolls-Royce-Flugmotor F.

XIV. Schnellaufende Maschinen von hoher Leistung für Tanks.

Trotz der Eigenart der Bedingungen, unter denen eine Maschine beim Antrieb eines Tanks infolge der besonderen Art des von ihm geforderten Dienstes zu laufen hat, können die folgenden Beispiele, von ganz bestimmten Merkmalen abgesehen, als kennzeichnend für den Bau von großen schnellaufenden Maschinen von hoher Leistung gelten, die während des Krieges entwickelt worden sind. Im Gegensatz zu anderen Fällen der Förderung von schweren Lasten mußten die Maschinen der Tanks verhältnismäßig lange ohne Unterbrechung unter sehr hoher Belastung laufen. Die mittlere Belastung solcher Maschinen betrug bei Fahrten querfeldein über 80 vH gegenüber 33 bis 45 vH bei gewöhnlichen Lastkraftwagenmaschinen. Außerdem arbeiteten derartige Maschinen immer mit der vom Regler eingestellten Höchstdrehzahl zwischen 1200 und 1350 U/min, im Mittel mit ungefähr 1250 U/min, was einer mittleren Kolbengeschwindigkeit von 7,93 m/s, d. h. der doppelten mittleren Kolbengeschwindigkeit von Lastkraftwagenmaschinen, entspricht.

Infolge der großen Menge von Staub und Schmutz, die durch die Laufketten in das Innere des Tanks mitgeführt werden, erstickten diese Maschinen immer in Schmutz und Staub. Es war daher sehr notwendig, das Kurbelgehäuse vollständig abzuschließen und die üblichen Entlüfterstutzen sowie jede andere Art von Entlüftung ganz zu vermeiden. Ferner wurden die Maschinen mit minderwertigem Brennstoff gespeist und oft nur höchst unzureichend und unsachgemäß gepflegt.

Wegen der sehr großen Steigungen, die die Tanks imstande sind zu überwinden, mußten die Maschinen oft unter mehr als 35° Neigung gegenüber der Waagerechten und gegebenenfalls auch in tiefem Wasser arbeiten, wie aus den Lichtbildern Abb. 269 bis 271 zu erkennen ist. Die Heeresleitung forderte aber dabei ferner, daß der Auspuff der Maschinen unter allen Umständen unsichtbar bleiben mußte. Diese Anforderungen machten besondere Maßnahmen für die Schmierung und für die Bauart der Kolben notwendig.

Da der Bau von Tanks und ihrer Ausrüstung bis zum letzten Abschnitt des Krieges nur wenig bevorzugt wurde, durften dafür nur die billigsten und am leichtesten bearbeitbaren Baustoffe verwendet werden. Die Freigabe von Aluminium war so beschränkt, daß es nur für die Kolben und für die Ansaugleitungen ausreichte, während hochwertiger Stahl dafür überhaupt nicht zu haben war.

Die normale 150 PS-Maschine für diese Zwecke ist in Abb. 272 bis 277 in mehreren Ansichten und Schnitten dargestellt. Sie hat sechs einzeln stehende Zylinder von 142,87 mm Dmr. und 190,5 mm Hub. Die Kühlwassermäntel haben an den Seiten große Öffnungen, die mittels aufgeschraubter Stahlblechdeckel verschlossen werden. Diese Bauart erleichtert nicht nur die Arbeit der Gießerei, sondern sie gestattet auch, die Zylindermitten näher aneinanderzurücken und dadurch die Gesamtlänge der Maschine, die eng begrenzt war, und das Biegungsmoment des Kurbelgehäuses, das durch die entgegengesetzt wirkenden Momente der Massenkräfte jeder Gruppe von drei Kolben hervorgerufen wird, zu verringern.

Abb. 269. Ein Tank bei etwa der höchsten Neigung.

Abb. 270. Ein Tank beim Klettern mittels des Steigebalkens.

Das Kühlwasser tritt an der untersten Stelle des Wassermantels auf der von den Ventilen abgelegenen Seite ein, und sein Austritt befindet sich auf der entgegengesetzten Seite der Zylinder zwischen den beiden Augen für die Zündkerzen; dadurch wird guter Wasserumlauf, insbesondere an den Zündkerzen, gesichert. Außerdem ist die Möglichkeit vorhanden, an den Köpfen der Zylinder Druckluft-Anlaßventile anzubringen, obgleich dieses Anlaßverfahren nie zur Anwendung gelangt ist.

Über die Auspuffventile ist nichts Besonderes zu sagen. Um diese möglichst gut zu kühlen, hatte man die Ventilsitze breit bemessen und

Abb. 271. Ein Tank beim Überqueren eines breiten Flußlaufes.

für reichlichen Wasserumlauf an den Sitzen sowie für gute Ableitung der Wärme durch Ventilspindeln von großem Durchmesser gesorgt. Das Ventil selbst wird dadurch gekühlt, daß das Wasser möglichst nahe an den Ventilteller herangeführt und die Ventilführung aus Phosphorbronze hergestellt wird, die ein vorzüglicher Wärmeleiter ist. Inmerhin darf vielleicht ein Merkmal der Auspuffventile noch erwähnt werden, nämlich, daß sie aus 3 vH-Nickelstahl hergestellt und vollständig im Einsatz gehärtet werden. Diese Behandlung hat zweierlei Zwecke:

1. Obgleich selbstverständlich der Ventilteller im Betrieb nicht auf die Dauer hart bleibt, ist doch die zementierte Oberfläche widerstandsfähiger gegen Anfressungen, so daß sich die Ventilsitze länger halten und das Nachschleifen seltener nötig wird.

Abb. 272. Maschine von 150 PS für Tanks. Ansicht von der Vergaserseite.

Abb. 273. Maschine von 150 PS für Tanks. Ansicht von der Auspuffseite.

2. Die im Einsatz gehärtete Ventilspindel ermöglicht, Ventilführungen aus Phosphorbronze zu verwenden, ohne daß man Abnutzung oder Fressen der Spindel zu befürchten braucht.

Die Pleuelstangen haben normale Bauart und sind Preßstücke aus weichem Stahl. Eines besonderen Hinweises bedarf nur die Länge der Pleuelstangen, die 406,39 mm von Mitte zu Mitte der Zapfen beträgt und daher einem Verhältnis von 4,26:1 von Pleuelstangenlänge zu Kurbellänge entspricht. Der Hauptgrund für die Verwendung von so langen Pleuelstangen ist, daß man von vornherein annahm, man würde später auch Vierzylindermaschinen dieser Bauart herstellen müssen, was dann auch wirklich eingetreten ist; kürzere Pleuelstangen, die man bei der Sechszylindermaschine hätte verwenden können, hätten aber bei der Vierzylindermaschine wegen der damit verbundenen störenden Zusatzkräfte große Nachteile gehabt.

Abb. 274. Maschine von 150 PS für Tanks. Ansicht vom Schwungrad-Ende

Die obere Hälfte des Kurbelgehäuses ist ein eisernes Gußstück von 9,5 mm mittlerer Wanddicke. Seine allgemeine Bauart ist aus dem Längsschnitt und dem Querschnitt in Abb. 276 und 277 deutlich zu entnehmen. Der Zweck des doppelten oberen Bodens im Kurbelgehäuse ist bereits weiter oben bei der Behandlung der Kolbenbauarten erläutert worden. An beiden Seiten des Kurbelgehäuses sind Öffnungen zum Nachsehen des Kurbeltriebes vorhanden und derart angeordnet, daß man die Pleuelstangen usw., wie in Abb. 278 und 279 dargestellt, durch diese Öffnungen ausbauen kann.

Die Kurbelwelle wird in sieben einfachen Gleitlagern gehalten, die auf dem gußeisernen Unterteil des Kurbelgehäuses ruhen. Die Lagerdeckel sind Preßstücke aus weichem Stahl, und die mit Weißmetall ausgegossenen Lagerschalen sind beide in den Lagerdeckeln befestigt, so daß man, wenn erforderlich, beide Lagerhälften entfernen kann, ohne das Kurbelgehäuse zu zerlegen oder die Kurbelwelle auszubauen. Abb. 280 zeigt die Anordnung des Anschlusses der Ölleitung an die Hauptlager. Das Ölrohr wird unmittelbar an einem Ansatz befestigt, der an die obere Lagerschale angegossen ist. Dieser Ansatz tritt durch eine gebohrte Öffnung in dem gepreßten Lagerdeckel nach außen und sichert so zugleich die Lagerschale gegen Verdrehen. Diese Bauart hat den Vorteil, daß das Öl weniger Neigung hat, in den Raum zwischen Lagerschale und Lagergehäuse einzudringen und dadurch die Lagerschalen zu isolieren. Die Lager können daher die Wärme leichter ableiten.

Abb. 275. Maschine von 150 PS für Tanks. Ansicht von der Magnetseite.

Die Kurbelwelle ist aus weichem Stahl geschmiedet. Ihre Hauptabmessungen sind weiter unten in einer Zahlentafel enthalten. Mit Rücksicht auf die notwendige Beschränkung der Baulänge der Maschine waren die verfügbaren Lagerlaufflächen sehr begrenzt. Die Schwierig-

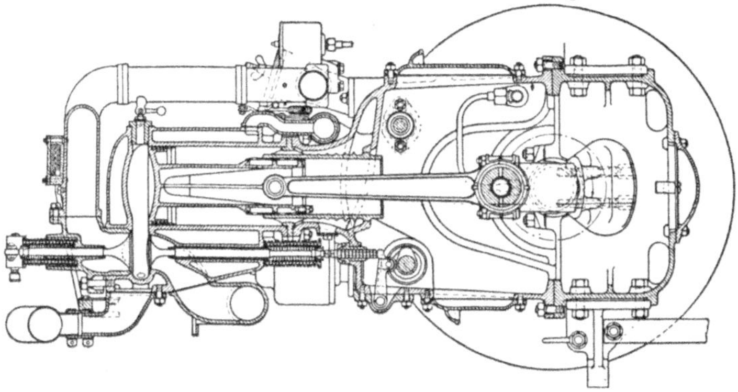

Abb. 277.

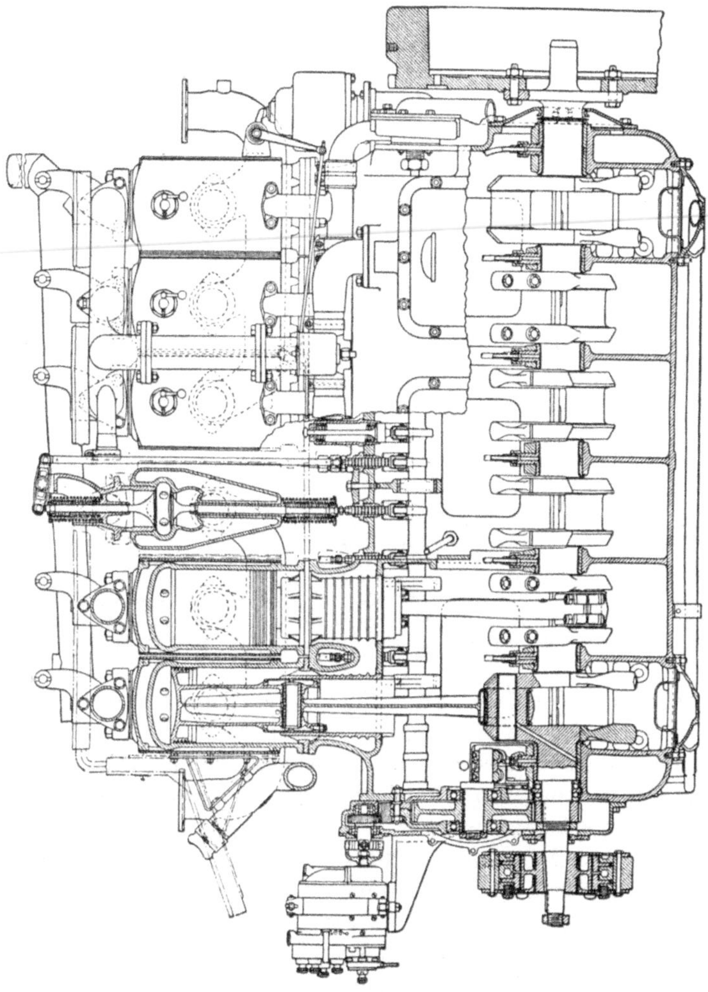

Abb. 276.

Abb. 276 und 277. Längsschnitt und Querschnitt durch eine 150 PS-Maschine mit Kreuzkopfkolben für Tanks.

keit, ausreichende Lagerflächen unterzubringen, wurde noch dadurch gesteigert, daß für die Kurbelwelle ein Stahl mit geringer Oberflächenhärte verwendet werden mußte, der nur geringen Schutz gegen Abnutzung bot. Bei der Aufteilung der Lagerlauflängen zwischen die Pleuel- und die Hauptlager mußte man daher beim ursprünglichen Entwurf der Maschine für die Hauptlager und insbesondere für das Mittellager höhere Belastunsgzahlen zulassen und sich vorbehalten, diese Belastungen durch Einbau von Gegengewichten zu verringern, falls es erforderlich werden sollte.

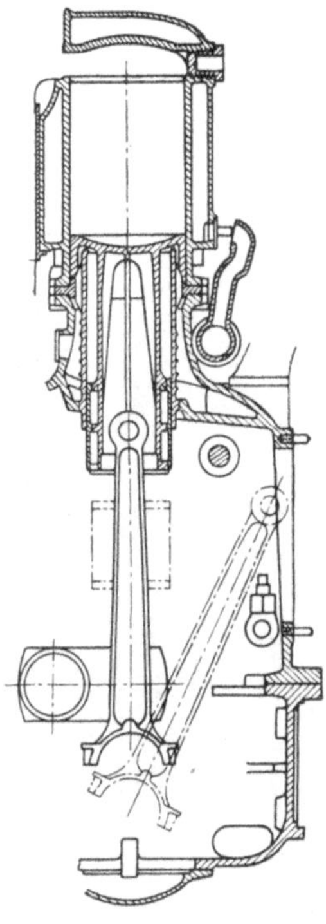

Abb. 278.

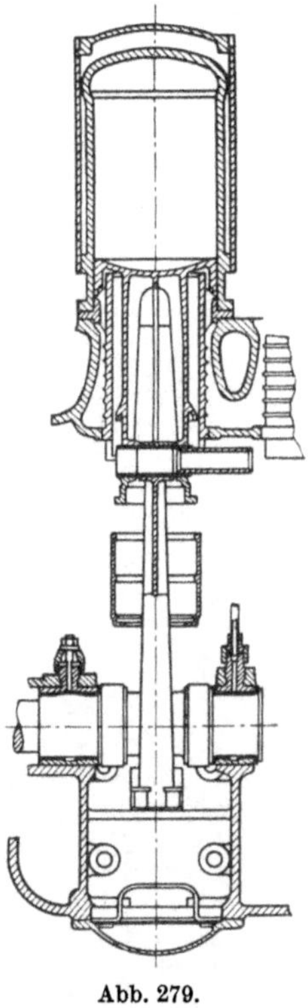

Abb. 279.

Abb. 278 und 279. Maschine von 150 PS für Tanks. Ausbau der Pleuelstange durch die seitlichen Handöffnungen.

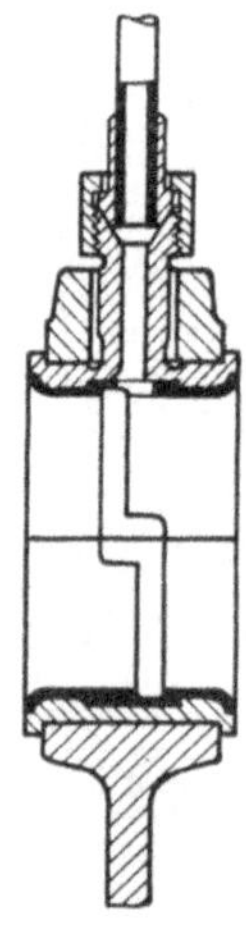

Abb. 280. Maschine von 150 PS für Tanks. Anschluß der Schmierölleitung an ein Hauptlager.

Die Anordnung der Schmierung für die Lager in den Kurbelenden der Pleuelstangen ist die übliche. Für diesen Zweck die eingewalzten Rohre in den hohlen Kurbelzapfen anzubringen, wie in Abb. 276 dargestellt, erwies sich dagegen im Gebrauch als durchaus unzweckmäßig, da der ringförmige Raum zwischen Rohr und Zapfen dazu neigte, sich nach einiger Zeit zu verstopfen. Die Rohre wurden deshalb fortgelassen und durch die üblichen Verschlußstopfen an beiden Seiten ersetzt, die mittels eines gemeinsamen Bolzens zusammengehalten werden.

Das Schwungrad von 660,39 mm Dmr. ist aus Gußeisen hergestellt und ist an einen Flansch festgeschraubt, der mit der Kurbelwelle ausgeschmiedet ist. Am vorderen Ende der Kurbelwelle ist ein Schwingungsdämpfer nach Lanchester angebracht, der etwa auftretende Drehschwingungen abdämpfen soll.

Damit die Maschine auch ordnungsmäßig arbeitet, wenn sie unter großen Winkeln geneigt wird, hat sie eine Schmieranlage mit sog. „trockenen Gehäuse" erhalten; bei einer solchen Anlage befindet sich der Ölvorrat nicht im Kurbelgehäuse, sondern in einem besonderen Ölbehälter. Als Ölpumpen sind drei Kolbenpumpen ohne Ventile vorhanden; diese werden alle von einem einzigen Kurbelzapfen aus an-

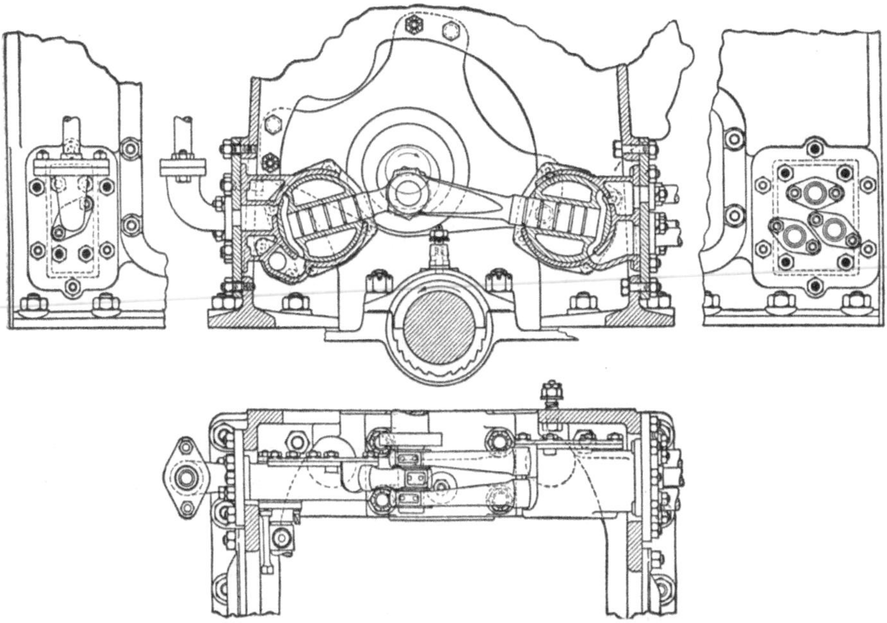

Abb. 281 bis 284. Maschine von 150 PS für Tanks. Allgemeine Anordnung der Schmierölpumpen.

getrieben, der selbst seinen Antrieb durch ein Zwischenrad des Steuerwellenantriebes erhält. Die allgemeine Anordnung der Ölpumpen und ihres Antriebes ist in Abb. 281 bis 284 dargestellt.

Die mittlere Pumpe treibt das Öl in ständigem Umlauf durch die verschiedenen Lager, während die beiden Absaugpumpen das verbrauchte Öl sammeln und in den außenliegenden Ölbehälter zurückdrücken. Jede der beiden Absaugpumpen ist mit einem der kleinen Ölsümpfe an jedem Ende des Kurbelgehäuses verbunden. Die Anordnung der Ölleitungen zeigen Abb. 285 bis 287, in denen auch das Ölüberdruckventil am Schwungradende der Hauptverteilleitung für das Schmieröl dargestellt ist. Beim ersten Entwurf der Maschine hatte man die Ansaugleitungen der Absaugpumpen außen angeordnet, um die Rohrverbindungen leichter zugänglich zu machen; aber bei den Tanks Nr. V, für welche diese Maschinen hauptsächlich benutzt wurden,

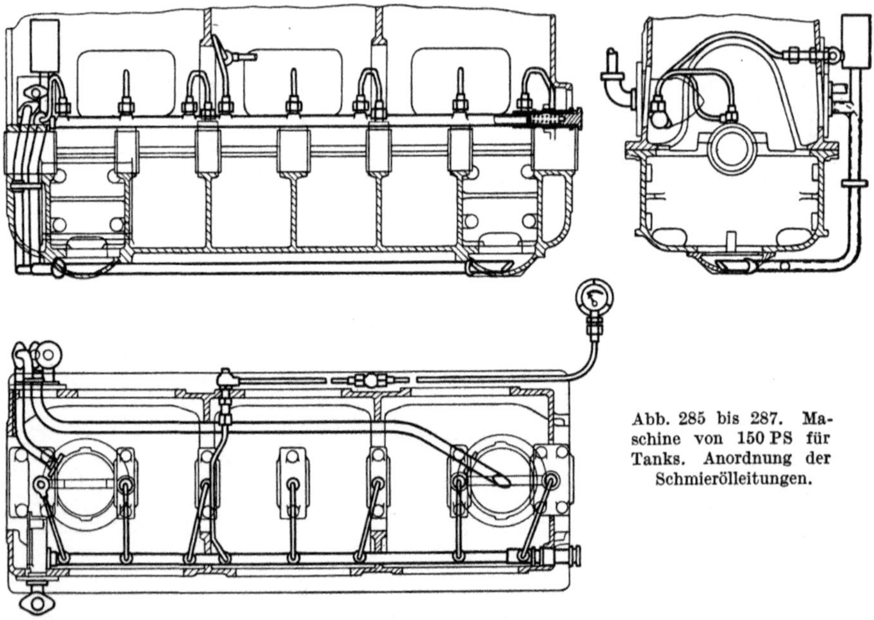

Abb. 285 bis 287. Maschine von 150 PS für Tanks. Anordnung der Schmierölleitungen.

waren die Rohrverbindungen nicht zugänglich, wenn die Maschine eingebaut war. Bei den späteren Maschinen wurden deshalb die Ansaugleitungen der Absaugpumpen ins Innere des Kurbelgehäuses verlegt.

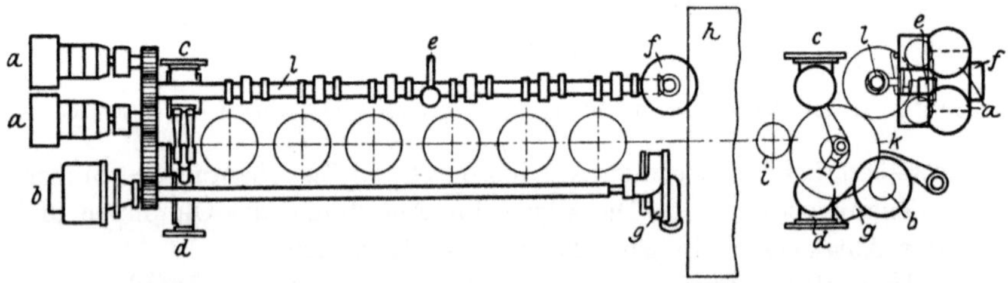

Abb. 288 und 289. Maschine von 150 PS für Tanks. Schema des Antriebs der Hilfseinrichtungen.

- *a* **Zündmagnete.**
- *b* **Regler f. d. untere Grenze d. Drehzahl.**
- *c* **2 Absaug-Ölpumpen.**
- *d* **Öl-Umlaufpumpe.**
- *e* **Luftpumpe f. Brennstoff-Förderung.**
- *f* **Regler f. d. obere Grenze d. Drehzahl.**
- *g* **Kühlwasserpumpe.**
- *h* **Schwungrad.**
- *i* **Antriebsrad auf der Kurbelwelle.**
- *k* **Stirnrad zum Antrieb der drei Ölpumpen.**
- *l* **Nockenwelle.**

Wegen der Beschränkungen in der zulässigen Breite der Maschine mußte man alle Hilfseinrichtungen an den Enden der Maschine anordnen. Die notwendigen Hilfseinrichtungen waren: zwei Zündmagnete, drei Ölpumpen, zwei Regler, eine Kühlwasserpumpe und ein Luftkompressor. Die Anordnung der Antriebe für diese Hilfseinrichtungen ist in den Ansichten der Maschine und schematisch in Abb. 288 und 289

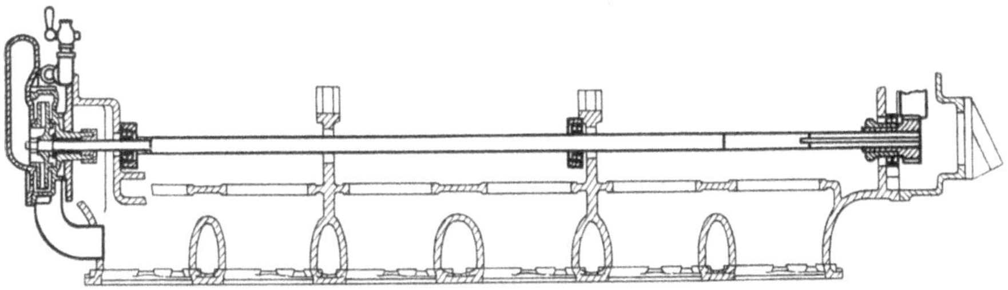

Abb. 290. Maschine von 150 PS für Tanks. Anordnung des Antriebes der Kühlwasserpumpe.

dargestellt. Im ursprünglichen Entwurf der Maschine waren zwei Regler vorhanden; der eine sollte die Drehzahl der Maschine begrenzen, der andere unmittelbar die Vergaserdrossel öffnen, wenn die Höchstdrehzahl der Maschine unter 400 U/min sinkt. Der Zweck des zweiten Reglers war, zufälliges Stehenbleiben der Maschine zu verhindern. Man fand jedoch, daß er überflüssig war, und behielt nur den Regler für die Höchstdrehzahl bei.

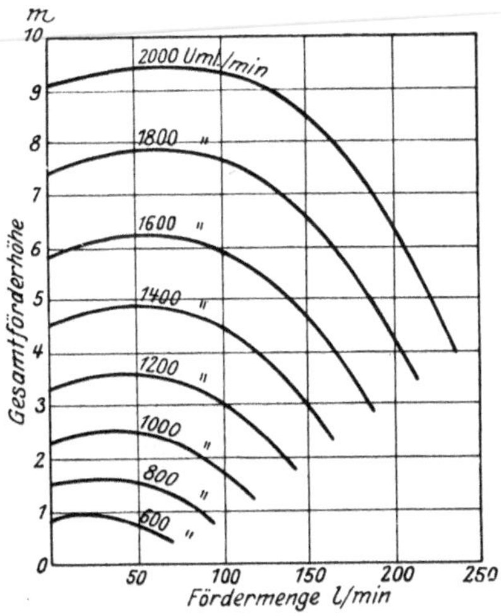

Abb. 291. Maschine von 150 PS für Tanks. Betriebsergebnisse der Kühlwasserpumpe.

Abb. 290 zeigt die Anordnung der Antriebes der Wasserpumpe. Die Pumpe wurde von der Pulsometer Engineering Co. entworfen und hergestellt. Ihre Betriebsergebnisse sind in Abb. 291 wiedergegeben. Das Zwischenrad des Antriebes für die Nockenwelle läuft auf Kugellagern in einem mehrarmigen gußeisernen Träger, der an die vordere Wand des Kurbelgehäuse-Oberteils angeschraubt wird, eine Bauart, die, wie schon weiter oben erwähnt, das Einstellen des richtigen Zahneingriffes erleichtert. Alle drei Ölpumpen werden von einer kleinen Kurbelscheibe getrieben, die auf der Nabe des Zwischenrades aufgekeilt ist.

Abb. 292 bis 294 zeigen die allgemeine Anordnung des Reglers. Dieser ist die verkleinerte Nachbildung eines Reglers, der von Mirrless, Bickerton & Day für ihre großen Dieselmaschinen verwendet wird. Die Maschine ist ferner mit zwei senkrechten Zenithvergasern von 55 mm Lichtweite versehen, deren gesamte Ansaugluft den Räumen an der Außenseite der Kreuzkopfführungen entnommen wird. Diese Art der Luftvorwärmung ist bereits weiter oben bei der Besprechung der Kolbenbauarten beschrieben. Zwischen den beiden Vergasern ist ein mit der Hand einstellbares Ventil angeordnet, mittels dessen man bei sehr heißem Wetter kalte Luft einlassen kann.

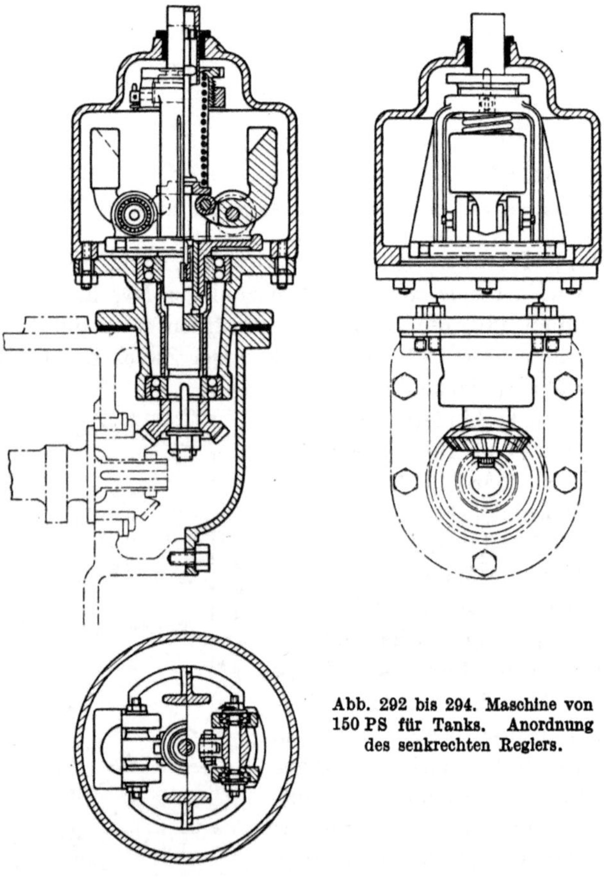

Abb. 292 bis 294. Maschine von 150 PS für Tanks. Anordnung des senkrechten Reglers.

Vor der Abnahme hatte jede Maschine folgende Prüfungen zu erledigen:

1. einen Lauf unter Vollast von 2 h Dauer, während dessen die Leistung nicht unter 150 PS bei 1200 U/min sinken durfte. Während dieses Versuches durfte der Brennstoffverbrauch 0,392 l/PS$_e$h und der Ölverbrauch 0,0112 l/PS$_e$h nicht überschreiten;

2. hierauf folgte ein Lauf von 10 min Dauer bei 1600 U/min und mindestens 150 PS Leistung an der Bremse;

3. Reglerprüfungen;

4. Messung des Drehmoments bei geringer Drehzahl, wobei die Maschine bei 400 U/min wenigstens 55 PS leisten mußte;

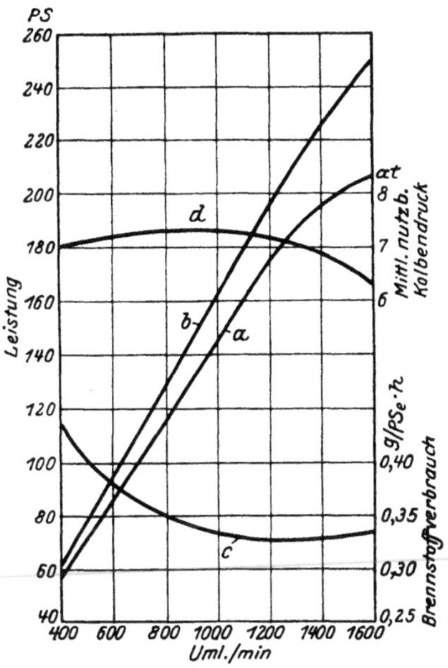

Abb. 295. Maschine von 150 PS für Tanks. Betriebsergebnisse.
a Bremsleistung.
b Indizierte Leistung.
c Brennstoffverbrauch.
d Mittlerer nutzbarer Kolbendruck.

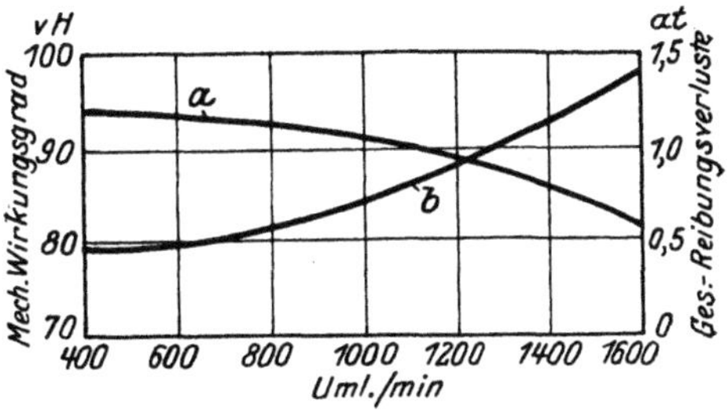

Abb. 296. Maschine von 150 PS für Tanks. Mechanischer Wirkungsgrad und Reibungsverluste.
a Mechanischer Wirkungsgrad.
b Gesamtreibungsverlust.

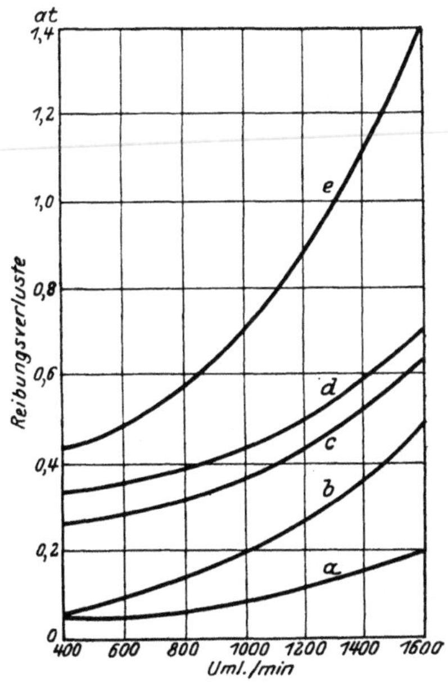

Abb. 297. Maschine von 150 PS für Tanks. Einzelheiten der Reibungsverluste.
a Lager und Nebenwellenantrieb.
b Gaspumpverlust.
c Kreuzkopfkolben (ohne Kolbenringe) und Pleuelstangenlager.
d Kreuzkopfkolben (mit Kolbenringen) und Pleuelstangenlager.
e Gesamtreibungsverlust.

5. die erste von jedem Hersteller abgelieferte Maschine und von den folgenden eine von je 50 Maschinen, die von dem Aufsichtsbeamten ausgewählt wurde, wurde noch folgenden weiteren Prüfungen unterworfen:

a) Dauerlauf von 50 h unter Vollast, bei dem in bezug auf Leistung sowie auf Verbrauch an Brennstoff und Öl die gleichen Bedingungen wie bei dem Lauf (1) von 2 h Dauer erfüllt werden mußten;

b) eine Prüfung in Schräglage, bei der die Maschine auf einem kippbaren Bock befestigt und erst nach der einen und dann nach der anderen Richtung unter 35° geneigt wurde. Bei dieser Neigung mußte

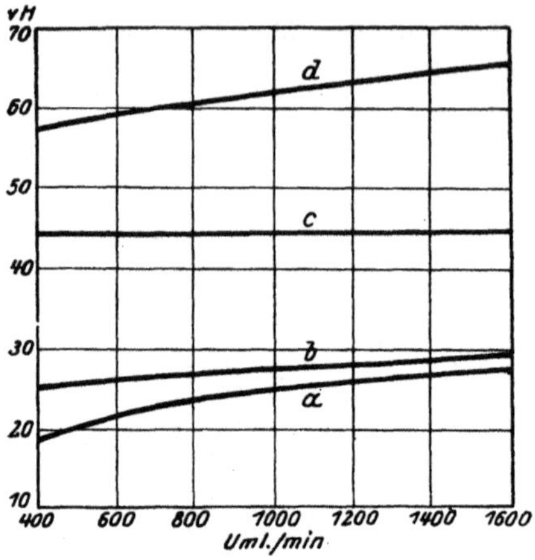

Abb. 298. Maschine von 150 PS für Tanks. Wirkungsgrade.

a Therm. Wirkungsgrad auf Grund des zugeführten Brennstoffs.
b Therm. Wirkungsgrad auf Grund des verbrauchten Brennstoffs.
c Wirkungsgrad des Luftkreisprozesses.
d Wirkungsgrad im Verhältnis zum Luftkreisprozeß.

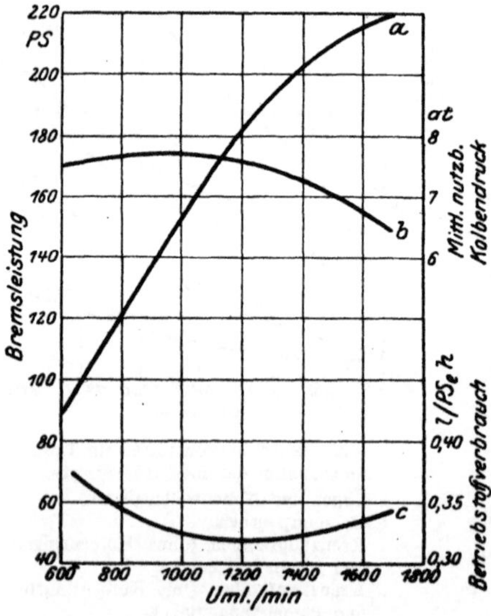

Abb. 299. Maschine von 150 PS für Tanks. Leistungen und Verbrauch an Betriebsstoffen bei Betrieb mit voll geöffneter Drossel.

a Bremsleistung. *b* Mittl. nutzb. Kolbendruck. *c* Betriebsstoffverbrauch.

die Maschine zuerst 10 min lang mit 400 U/min ohne Last laufen. Hierauf wurde die Drossel weit geöffnet, wobei die Maschine ohne sichtbare Rauchentwicklung und ohne jeden Austritt von Öl am Kurbelgehäuse in allen sechs Zylindern regelmäßig zünden mußte; vgl. Abb. 315, S. 401.

Die Lebensdauer eines Tanks im Felde war zunächst so gering, daß man es anfangs für ausreichend hielt, wenn die Maschine von einer Überholung bis zur nächsten 100 Betriebsstunden aushalten konnte. Wie jedoch vorauszusehen war, ergaben sich im praktischen Dienst sehr viel längere Zwischenräume als die 100 Betriebsstunden, die ursprünglich zwischen je zwei Überholungen der Maschine angesetzt waren, und es sind mindestens vier Fälle bekanntgeworden, in denen die Maschinen 1400 h mit voller Drehzahl gelaufen waren, ohne daß irgendeine Überholungsarbeit nötig geworden oder ausgeführt worden wäre, es sei denn, daß die Maschinen in der üblichen Weise instand gehalten und nachgestellt wurden. Da sich die Maschinen nach Größe und Drehzahl dazu eigneten, wurden sie außerdem in sehr weitem Maße für den Antrieb elektrischer Stromerzeuger für Licht- und Kraftzwecke in großen Feldlagern, Feldwerkstätten usw. verwandt. Bei derartiger Verwendung mußten sie natürlich noch viel länger ohne Überholung laufen.

Die Diagramme in Abb. 295 bis 299 stellen im Gesamtmittel die

Betriebsergebnisse dieser Maschinen dar. Aus Abb. 295 kann man die indizierten und die Nutzleistungen sowie die mittleren nutzbaren Kolbendrücke in dem Bereich der Drehzahlen von 400 bis 1600 U/min entnehmen. Die Bremsleistungen und die Drehmomente sind Mittelwerte aus einer großen Anzahl von Versuchen, die von den verschiedenen Herstellerfirmen ausgeführt wurden und können daher als zuverlässiges Mittel der Ergebnisse angesehen werden. In Abbildung 296 sind die Ergebnisse einer besonders guten Maschine auf Grund des abgeschlossenen Dauerlaufes von 50 h unter Vollast wiedergegeben, in Abb. 297 der Verlauf der mechanischen Verluste, die mit Hilfe eines Pendeldynamometers einzeln und mit ziemlicher Genauigkeit bestimmt wurden.

Abb. 300. Maschine von 150 PS für Tanks. Schnittmodell.

Alle Maschinen wurden nach Beendigung ihres amtlichen Abnahmelaufes unter Vollast eine kurze Zeitlang zur Bestimmung ihres mechanischen Wirkungsgrades mittels eines Elektromotors angetrieben, wobei festgestellt wurde, daß die Summe ihrer mechanischen Verluste mit der Summe der Einzelverluste nach Abb. 297 gut übereinstimmte. Ferner wurden in einigen Fällen Messungen des mechanischen Wirkungsgrades nach dem von Morse angegebenen Verfahren durchgeführt, indem ein einzelner Zylinder ausgeschaltet wurde, während die Maschine unter Vollast lief. Auch diese Versuche zeigten gute

Übereinstimmung mit den obigen Messungen. Alle Versuchsprotokolle beweisen ferner, daß die mechanischen Wirkungsgrade, wie sie durch elektrischen Antrieb erhalten wurden, bei den Maschinen in weitem Umfang bemerkenswert gleichmäßig waren, und daß Unterschiede in den Werten des mechanischen Wirkungsgrades in der Größe von 1 vH bereits zu den Ausnahmen zählten.

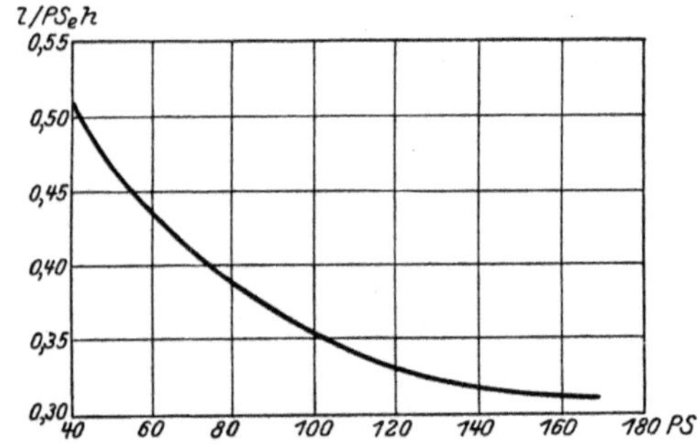

Abb. 301. Maschine von 150 PS für Tanks. Brennstoffverbrauch bei 1200 U/min und veränderlicher Belastung. Drosselkurve.

In Abb. 298 ist u. a. der Verlauf des thermischen Wirkungsgrades und des theoretischen Wirkungsgrades, verglichen mit dem Wirkungsgrad des reinen Luftkreisprozesses, aufgetragen. Für den thermischen Wirkungsgrad sind zweierlei Werte

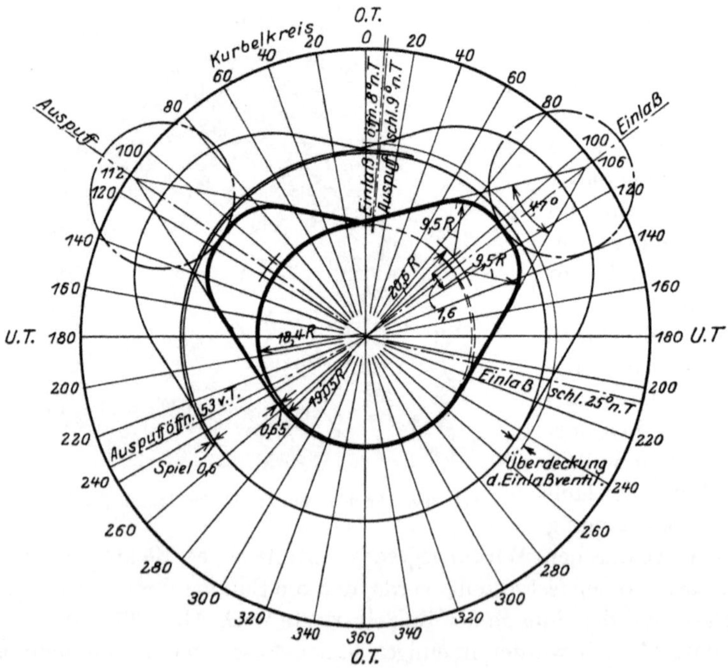

Abb. 302. Nockenform.

benutzt: 1. der thermische Wirkungsgrad, bezogen auf den wirklich verbrannten Brennstoff, 2. der thermische Wirkungsgrad, bezogen auf den wirklich zugeführten Brennstoff. Der zweite Wirkungsgrad ist unmittelbar aus dem bekannten Brennstoffverbrauch berechnet. Der erste Wirkungsgrad dagegen ist aus dem im Zylinder wirklich ge-

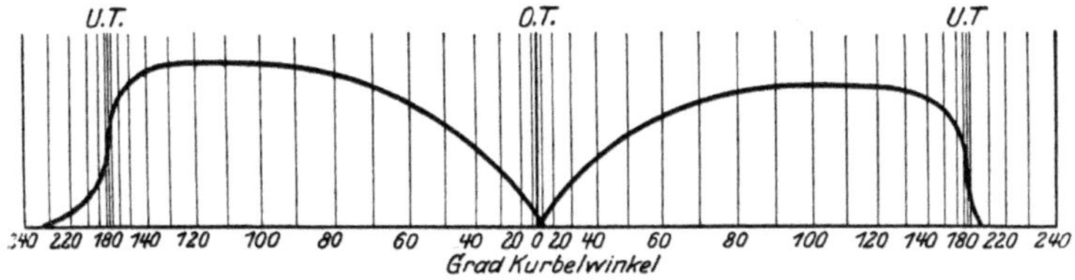

Abb. 303. Verlauf der Eröffnungsquerschnitte für Einlaß und Auspuff, abhängig von der Kolbengeschwindigkeit.

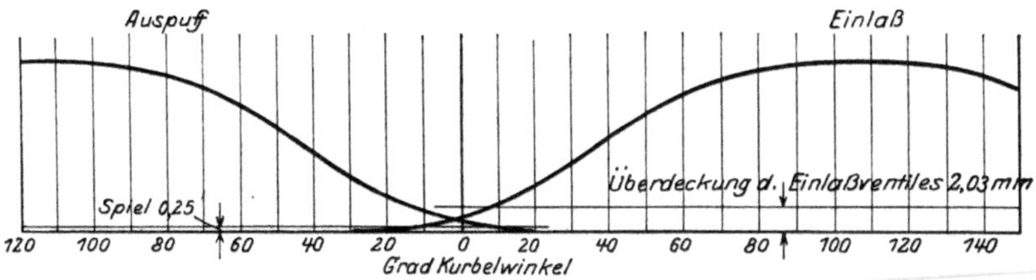

Abb. 304. Diagramm der Ventilerhebungen.

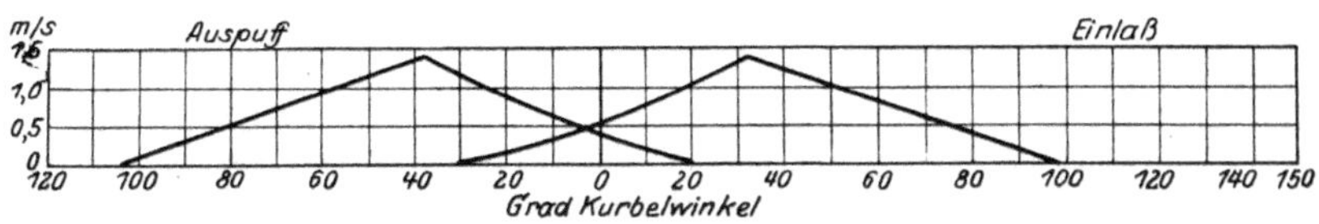

Abb. 305. Geschwindigkeitskurve.
α = Neigungswinkel der Ventilerhebungskurve gegenüber der Waagerechten.

$$\text{Geschw. (m/s)} = \operatorname{tg}\alpha \cdot 2{,}1 \cdot \frac{\text{U/min}}{1400}.$$

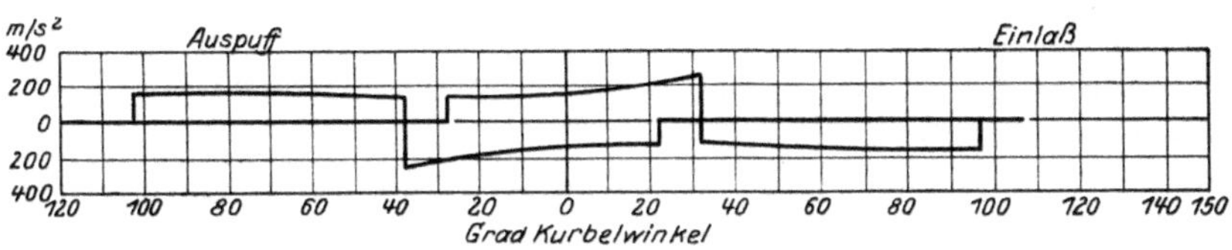

Abb. 306. Beschleunigungen und Geschwindigkeiten am Nocken bei 1200 U/min der Kurbelwelle.
β = Neigungswinkel der Geschwindigkeitskurve gegenüber der Waagerechten.

$$\text{Beschl. (m/s}^2\text{)} = \operatorname{tg}\beta \cdot 0{,}512\,\frac{\text{U/min}}{1400}.$$

Abb. 302 bis 306. Maschine von 150 PS für Tanks. Steuerdaumen und Ventilbewegung.

messenen mittleren Kolbendruck zurückgerechnet, und der Unterschied zwischen diesen beiden Werten stellt den Verlust durch die Unvollkommenheiten der Vergasung und Gemischverteilung dar.

In Abb. 299 ist der Verlauf der Leistung und des Verbrauchs an Betriebsstoffen bei voll geöffneter Drossel und veränderlicher Drehzahl, in Abb. 300 ein Schnittmodell der Maschine, in Abb. 301 der

Verlauf des Brennstoffverbrauches bei verschiedenen Belastungen dargestellt, wobei die Drehzahl der Maschine unter dem Einfluß des Reglers dauernd zwischen 1200 und 1300 U/min erhalten und die Maschine entsprechend gedrosselt wurde, und in Abb. 302 bis 306 sind die Einzel teile der Nockenausbildung und der Ventileinstellung wiedergegeben.

Die nachstehende Zahlentafel, die einem beliebigen Versuchsprotokoll entnommen ist, enthält u. a. auch die Wärmebilanz der Maschine:

Leistungsprüfung einer Maschine von 150 PS für Tanks.

Dauer der Prüfung	10 h
Brennstoff	Shell-Benzin (spez. Gew. 0,725)
Unterer Heizwert des Brennstoffs	10320 kcal/kg
Wirkungsgrad des reinen Luftkreisprozesses	44,4 vH
Mechanischer Wirkungsgrad	87,0 „

Mittlere Ergebnisse der letzten acht Versuchsstunden:

Bremsleistung	165 PS
Brennstoffverbrauch	255 g/PS$_e$h
Nutzbarer thermischer Wirkungsgrad	24,7 vH
Indizierte Leistung	189,6 PS
Indizierter thermischer Wirkungsgrad	28,4 vH
Theoretischer Wirkungsgrad (verglichen mit dem Wirkungsgrad des reinen Luftkreisprozesses)	64,0 vH
Wärmeverlust an das Kühlwasser	104400 kcal/h
In indizierte Leistung umgesetzte Wärme	28,4 vH
Im Kühlwasser verlorene Wärme	24,9 „
Im Auspuff, durch Strahlung usw. verlorene Wärme	46,7 „

Abb. 307 zeigt den Einbau einer solchen Maschine in einen Tank V**, dessen Außenansicht in Abb. 308 wiedergegeben ist. Bei dieser Ausführung von Tanks wurden die stärkeren Maschinen von 225 PS Leistung benutzt.

Die Hauptabmessungen der 150 PS-Maschinen und einige andere allgemeinen Angaben darüber sind nachstehend zusammengestellt:

Anzahl und Anordnung der Zylinder	sechs, senkr. einzeln
Zylinderdurchmesser	142,87 mm
Hub	190,5 „
Hubverhältnis	1,333:1
Fläche eines Kolbens	160 cm²
Gesamte Kolbenfläche	960 „
Hubvolumen eines Zylinders	3050 cm³
Gesamtes Hubvolumen	18300 „
Inhalt eines Verdichtungsraumes	915 „
Verdichtungsverhältnis	4,34:1
Normale Bremsleistung und Drehzahl	167,3 PS bei 1200 U/min

Abb. 307. Maschine von 150 PS für Tanks. Einbau in den Tank V**.

Abb. 308. Außenansicht des Tanks V** Nr. 106.

Kolbengeschwindigkeit	7,62 m/s
Mittlerer indizierter Kolbendruck	7,78 at
Indizierte Leistung	190,1 PS
Mechanischer Wirkungsgrad	88 vH
Mittlerer nutzbarer Kolbendruck	6,84 at
Brennstoffverbrauch	0,356 l/PS_eh
	(Spez. Gew. 0,730)
	267 g/PS_eh
	(Heizw. 10320 kcal/kg)
Nutzbarer thermodynamischer Wirkungsgrad	23,6 vH
Indizierter thermodynamischer Wirkungsgrad	26,8 „
Wirkungsgrad des reinen Luftkreisprozesses	44,4 „
Theoretischer Wirkungsgrad, berechnet aus dem verbrannten Brennstoff	62,0 „
Theoretischer Wirkungsgrad, berechnet aus dem zugeführten Brennstoff	60,4 „

Gemischgeschwindigkeiten, Ventilquerschnitte usw.

Geschwindigkeit:	in der Luftdüse des Vergasers	107,5	m/s
	im Vergasergehäuse	51,2	„
	im senkrechten Ansaugrohr	50,4	„
	in der Gemischverteilleitung	47,4	„
	in der Einlaßöffnung	33,4	„
	im Einlaßventil (wirklich)	51,3	„
	im Einlaßventil (berechnet)	39,9	„
	im Auspuffventil	45,2	„
	in der Auspufföffnung	42,8	„
	in den Auspuffkrümmern	42,8	„
	im Auspuffsammelrohr	38,6	„
Querschnitt:	der Luftdüse des Vergasers	11,34	cm^2
	des Vergasergehäuses	23,7	„
	des senkrechten Ansaugrohres	24,25	„
	der Gemischverteilleitung	25,6	„
	der Einlaßöffnung	36,6	„
	des Einlaßventils (wirklich)	23,8	„
	des Einlaßventils (berechnet)	30,6	„
	des Auspuffventils	27,0	„
	der Auspufföffnung	28,6	„
	der Auspuffkrümmer	28,6	„
	des Auspuffsammelrohres	31,62	„
Durchmessser:	der Luftdüse des Vergasers	38	mm
	des Vergasergehäuses	55	„
	des senkrechten Ansaugrohres	55,75	„
	der Gemischverteilleitung	57,15	„
	der Einlaßöffnung	68,25	„
	der Auspufföffnung	60,3	„
	der Auspuffkrümmer	60,3	„
	des Auspuffsammelrohres	63,5	„

Gewicht eines Kolbens mit Ringen, Kolbenbolzen usw.	3,295 kg
Desgl. auf 1 cm^2 Kolbenfläche	0,206 „
Gewicht der Pleuelstange mit Lagern usw.	4,87 „

Gesamtgewicht der hin- und hergehenden Massen für einen Zylinder	4,92	kg
Desgl. auf 1 cm² Kolbenfläche	0,308	„
Länge der Pleuelstange	406,39	mm
Verhältnis der Pleuelstangenlänge zur Kurbellänge	4,27 : 1	
Massendruck im oberen Totpunkt (bezogen auf 1 cm² Kolbenfläche)	5,78	kg
Massendruck im unteren Totpunkt (bezogen auf 1 cm² Kolbenfläche)	3,59	„
Mittlerer Massendruck	2,34	„
Gewicht der umlaufenden Massen der Pleuelstange	3,24	„
Gesamte Fliehkraft	497,5	„
Fliehkraftdruck auf 1 cm² Kolbenfläche	3,125	„
Mittl. Gasdruck auf den Kolben, einschl. d. Verdichtung	3,025	at
Gesamte Kolbenbelastung	7,8	„
Durchmesser des Kurbelzapfens	73,0	mm
Gleitgeschwindigkeit des Kurbelzapfens	4,58	m/s
Wirksame Länge eines Pleuellagers	57,2	mm
Wirksame projizierte Lauffläche eines Pleuellagers	41,7	cm²
Verhältnis von Kolbenfläche zur projizierten Lauffläche eines Pleuellagers	3,84 : 1	
Mittl. Lagerdruck in einem Pleuellager	29,6	kg/cm²
Belastungszahl eines Pleuellagers	2860	mkg/s

Einlaßventil:

Anzahl in jedem Zylinder		1	
Äußerer Durchmesser		73	mm
Lichter Durchmesser		68,25	„
Sitzbreite		2,38	„
Neigung des Ventilsitzes		45°	
Krümmungshalbmesser der Unterseite des Ventiltellers		49,2	„
Durchmesser der Ventilspindel in der Führung		12,68	„
Desgl. unterhalb der Führung		12,66	„
Gesamter Ventilhub		14,29	„
Nutzbarer Ventilhub		11,1	„
Länge der Ventilführung		111,0	„
Spiel der Ventilspindel in der Führung		0,0127	„
Länge des Ventils über alles		212,5	„
Anzahl der Federn für ein Ventil		2 (a und b)	
Ungespannte Federlänge	(a)	149,1	mm
	(b)	147,4	„
Einbaulänge bei geschlossenem Ventil	(a)	101,6	„
	(b)	96,8	„
Mittlerer Dmr. der Federwindungen	(a)	43,25	„
	(b)	28,45	„
Drahtstärke der Federn	(a)	5	„
	(b)	3,1	„
Stößelspiel bei kaltem Zustand der Maschine		0,0515	„
Gewicht des Ventils mit Federn usw.:			
Ventil allein		0,369	„
Zwei Federn		0,305	„
Federteller usw.		0,064	„
	zusammen	0,738	kg

Einlaßventil:	Öffnungszeiten:	Einlaßventil verläßt den Sitz	29° v. T. P.
		Einlaßventil öffnet	8° n. T. P.
	Schlußzeiten:	Einlaßventil schließt	25° n. T. P.
		Einlaßventil legt sich a. d. Sitz	59° n. T. P.
	Baustoff für die Ventile: Nickelstahl 3 vH im Gesenk geschmiedet, im Einsatz gehärtet		

Auspuff-ventil:	Anzahl in jedem Zylinder		1	
	Äußerer Durchmesser		68,25	mm
	Lichter Durchmesser		60,35	„
	Sitzbreite		3,98	„
	Neigung des Ventilsitzes		45°	
	Krümmungshalbmesser auf der Unterseite des Ventiltellers		47,2	„
	Durchmesser der Ventilspindel i. d. Führung .		14,2	„
	Desgl. unterhalb der Führung		13,9	„
	Nutzbarer Ventilhub		14,29	„
	Länge der Ventilführung		181	„
	Spiel der Ventilspindel in der Führung . . .		0,0762	„
	Länge des Ventils über alles		325,3	„
	Anzahl der Federn für ein Ventil		2 (a und b)	
	Ungespannte Federlänge	(a)	149,1	mm
		(b)	147,4	„
	Einbaulänge bei geschlossenem Ventil . .	(a)	101,6	„
		(b)	96,8	„
	Mittlerer Durchm. der Federwindungen .	(a)	43,25	„
		(b)	28,45	„
	Drahtstärke der Federn	(a)	5	„
		(b)	3,1	„
	Stößelspiel bei kaltem Zustand der Maschine .		0,254	„
	Gewicht des Ventils einschl. Federn usw.:			
	Ventil allein		0,5825	kg
	Zwei Federn		0,305	„
	Federteller usw.		0,0639	„
	zusammen		0,9514	kg
	Auspuffventil öffnet		53° v. T. P.	
	Auspuffventil schließt		9° n. T. P.	
	Baustoff für das Ventil: Nickelstahl 3 vH im Gesenke geschmiedet, im Einsatz gehärtet			

Pleuelstange:	Länge von Mitte zu Mitte der Zapfen	406,39	mm
	Verhältnis von Pleuelstangenlänge zu Kurbel	4,27:1	
	Lager des Kolbenbolzens: Büchse aus Phosphorbronze gegossen und abgeschreckt; in der Pleuelstange fest		
	Durchmesser der Büchse	31,75	mm
	Länge der Büchse	41,25	„
	Projizierte Lauffläche der Büchse	13,1	cm^2
	Pleuellager, Schalen aus Bronze mit Weißmetallfutter		
	Durchmesser des Lagers	73	mm
	Länge des Lagers	68,25	„
	Wirksame projizierte Fläche des Lagers . .	41,7	cm^2

Pleuelstange:	Verhältnis von Kolbenfläche zu projizierter Fläche des Lagers	3,84:1	
	Anzahl der Verbindungsschrauben des Lagers	4	
	Durchmesser der Pleuelstangenschrauben	12,7	mm
	Innendurchmesser des Gewindes der Schrauben	11,1	„
	Gesamter Schraubenquerschnitt, berechnet aus dem Innendurchmesser des Gewindes	3,88	cm^2
	Belastung der Pleuelstangenschrauben bei 1200 U/min	1208	kg
	Desgl. bei 1600 U/min	2180	„
	Beanspruchung der Pleuelstangenschrauben bei 1200 U/min	3,1	kg/mm^2
	Desgl bei 1600 U/min	5,6	„
Kurbelwelle:	Länge über alles	1676	mm
	Abstand der Zylindermitten	184,15	„
	Abstand der beiden mittleren Zylinder	203,2	„
	Außendurchmesser eines Kurbelzapfens	73	„
	Innendurchmesser eines Kurbelzapfens	36,5	„
	Länge eines Kurbelzapfens	69,85	„
	Außendurchmesser eines Wellenzapfens (voll)	73	„
	Anzahl der Hauptlager	7	
	Länge des Lagers am Schwungradende	101,6	„
	Länge des ersten Lagers	73	„
	Länge des Mittellagers	73	„
	Länge der Zwischenlager	54	„
	Breite der Kurbelarme	88,9	„
	Dicke der Kurbelarme	30,16	„
	Halbmesser der Abrundungen an den Wellen- und Kurbelzapfen	6,35	„
	Durchmesser der Ölbohrungen in der Welle	6,35	„
	Gewicht der Kurbelwelle mit Druckscheibe, Anfahrkupplung, Muttern usw. (ohne Gegengewichte)	82,75	kg
	Baustoff für die Kurbelwelle: weicher Stahl, geschmiedet.		

Betriebserfahrungen. Es ist interessant und vielleicht lehrreich, die Mängel zu überblicken, die sich an diesen Maschinen gezeigt haben. Da über 4000 Maschinen im Dienst gestanden haben, so kann man schon unterscheiden, was nur als Zufall und was als dauernde Störung anzusehen ist.

Verbrennungsraum. Obwohl der Verbrennungsraum der Zylinder mit Rücksicht auf gute Durchwirbelung des Gemisches und daher auch im Hinblick auf Leistung und Wirkungsgrad hervorragend war, erwies er sich doch, wie nach dem Stande der heutigen Erkenntnis zu erwarten gewesen wäre, mit Rücksicht auf die Vermeidung der Detonation trotz des verhältnismäßig geringen Verdichtungsverhältnisses der Maschine als ziemlich ungünstig. Ursprünglich hatte man beabsichtigt, die Tanks nur mit Fliegerbenzin zu betreiben, aber später verlangte man, daß sie auch mit dem schlechtesten Kriegsbenzin, einem amerikanischen Brennstoff, laufen sollten, der fast nur schwerere Kohlenwasserstoffe der Paraffinreihe enthielt. Bei diesem Brennstoff trat die Detonation sehr stark auf, wenn die Maschinen bei ganz geöffneter Drossel mit niedriger Drehzahl arbeiteten.

Kolben. Die ersten wenigen Maschinen wurden mit Kolben aus einer Legierung von 88 vH Aluminium und 12 vH Kupfer ausgerüstet, die in Sand gegossen waren. Bei diesen Gußstücken ergaben sich manche Störungen durch porösen Guß gerade an der Stelle, wo der hohle Schaft des Kolbens in den Kolbenboden übergeht. Viele Kolben wurden aus diesem Grunde gleich verworfen, aber bei einer Anzahl von ihnen waren die Fehlerstellen an der Oberfläche nicht sichtbar, so daß sie bei der Güteprüfung nicht entdeckt wurden. Sie wurden daher in die Maschinen eingebaut, und einige von ihnen brachen im Betrieb an dieser Stelle; da aber die Pleuelstangen bei derartigen Brüchen nicht ganz frei wurden, so wurde dadurch wenig oder gar kein weiterer Schaden angerichtet. Der Fehler wurde bei den späteren Maschinen durch Gießen der Kolben in Stahlkokillen vollständig beseitigt.

Kreuzkopfführungen. Die Kreuzkopfführungen bestanden zuerst aus Bronze mit Weißmetallfutter und arbeiteten durchaus ordnungsmäßig. Wegen der Knappheit oder angeblichen Knappheit an Bronze wurde später die Verwendung dieser Baustoffe von der Regierung verboten, und daher mußte man die Führungen aus Gußeisen herstellen. Diese gußeisernen Führungen verursachten aber viele Störungen, weil sie sich nach der Bearbeitung verzogen, und da zum Ablagern oder Ausglühen nach der Bearbeitung die Zeit fehlte, so war man gezwungen, in den Führungen größeres Spiel zu geben, um die Störungen zu vermeiden, was wieder geräuschvollen Lauf der Maschinen zur Folge hatte. Später benutzte man für die Führungen die gleiche Aluminium-Kupferlegierung wie für die Kolben, was sich besonders gut bewährt hat; in bezug auf Abnutzung war diese Ausführung der mit Weißmetallfutter durchaus gleichwertig und dieser sogar insofern überlegen, als man ohne Gefahr sehr enge Passungen anwenden konnte, da das Spiel mit zunehmender Erwärmung der Führung größer wurde.

Auspuffleitung. Die Auspuffkrümmer und Auspuffsammelrohre strahlten eine so starke Hitze aus, daß man sie aus Rücksicht auf die Tankmannschaft mit einem Luftmantel umgeben mußte. Durch diesen wurde mittels eines von der Maschine angetriebenen Ventilators kalte Luft getrieben.

Kurbelwellen. Zum Teil wegen der kleinen Lagerlaufflächen, die man aus Rücksicht auf die beschränkte Gesamtlänge der Maschinen nur unterbringen konnte, zum Teil auch wegen der Verwendung von unvergütetem weichen Stahl für die Kurbelwellen war die Abnutzung an den Lagerzapfen, insbesondere am mittleren, ziemlich groß. Bei den Tanks im Felde hatte das allerdings nicht viel zu bedeuten, da die Kurbelwelle immer noch leicht den Rest des Tanks überlebte. Aber bei den Übungstanks, die jeden Tag von früh bis abends in Betrieb waren, und bei den elektrischen Stromerzeugeranlagen war die Abnutzung störend, denn sie machte allgemein nötig, nach 500 bis 700 Betriebsstunden mit voller Drehzahl und 80 vH Belastung der Maschine die Kurbelwellen nachzuschleifen und neue Lager einzusetzen. Man entschloß sich daher, in alle Maschinen außer die von Tanks im Felde Gegengewichte einzubauen. Dadurch wurde die Abnutzung auf weniger als ein Drittel verringert; da aber die Gegengewichte auch die kritische Drehzahl der Kurbelwelle verminderten und daher die Torsionsschwingungen stärker wurden, so wurden hierdurch die Schwingungsdämpfer stark belastet.

Abgesehen von der Abnutzung haben sich die Kurbelwellen aus unvergütetem weichen Stahl als sehr zuverlässig erwiesen; in der Tat hat man von den über 4000 abgelieferten Motoren keinen einzigen Bruch der Kurbelwelle berichtet.

Schwingungsdämpfer. Zuerst wurden die gleichen Schwingungsdämpfer wie bei den Maschinen der Daimler Company verwendet. So lange die Kurbelwellen keine Gegengewichte hatten, war die Aufgabe der Dämpfer auch wirklich sehr leicht, und sie bereiteten auch keine Störungen. Aber sobald Gegengewichte eingebaut wurden und die Schwingungsdämpfer wirklich in Tätigkeit treten mußten, nutzten sich die dünnen Bleche, aus denen diese Kupplungen bestanden, an den Einschnitten bald ab, so daß die Schwingungsdämpfer nach 50 Betriebsstunden vollständig unbrauchbar wurden. Auf Grund dieser Erfahrungen wurden die Schwingungsdämpfer von der Firma Gardner & Sons umkonstruiert und die dünnen Stahlbleche durch zwei dicke gußeiserne Platten mit sehr reichlich bemessenen genuteten Naben ersetzt. Diese Schwingungsdämpfer arbeiteten zur vollen Zufriedenheit; ihre Abnutzung war, wie berichtet wurde, selbst nach 1200 h Betrieb der Maschine mit Gegengewichten beinahe zu vernachlässigen.

Schmierung. Wie bereits beschrieben, war die Maschine mit zwei Absaugpumpen versehen, die das Öl von je einem Ende des notwendigerweise sehr flachen Unterteils entnahmen und es in einen Filterbehälter, etwa 1 m hoch über der Mitte der Kurbelwelle, förderten. Eine dritte Druckpumpe saugte das Öl aus dem Behälter ab und drückte es allen Hauptlagern der Kurbelwelle zu. Alle drei Pumpen wurden von einer gemeinsamen Kurbel am vorderen Ende der Maschine angetrieben und hatten den gleichen Hub; aber die Absaugpumpen hatten etwas größere

Zylinder, so daß sie das Öl schneller wegschafften, als es die Druckpumpe zuführen konnte.

Im Betrieb ergab sich jedoch, daß unter bestimmten Umständen, wenn beispielsweise das vordere Ende des Kurbelgehäuses bis in die äußerste Schräglage der Maschine gehoben wurde, die Absaugpumpe für das hintere Ende des Kurbelgehäuses nicht ausreichte, so daß sich das Öl allmählich am hinteren Ende des Kurbelgehäuses ansammelte und schließlich aus dem Lager am Schwungradende der Maschine austrat. Der Grund hiervon war, daß die Förderung der Druckpumpe durch ein wirksames Gefälle von etwa 1 m unterstützt wurde, während die Absaugpumpe unter besonders ungünstigen Umständen eine Saughöhe von 1 m überwinden mußte, wobei außerdem in der rd. 1,5 m langen Saugleitung dieser Pumpe Schwingungen des Ölstromes auftraten. Unter diesen Umständen war der volumetrische Wirkungsgrad der Druckpumpe um so viel höher als der volumetrische Wirkungsgrad der Absaugpumpe, daß der Unterschied der theoretischen Fördermenge aufgehoben werden konnte. Die Schwierigkeit wurde dadurch vollständig behoben, daß in die Saugseite der Absaugpumpen Windkessel eingebaut und hierdurch für gleichförmigen Zulauf des Öls durch die Absaugleitungen gesorgt wurde.

Ferner zeigte sich, daß in einer bestimmten Stellung der Maschine das Öl aus dem Ölbehälter über die Hauptlager in das Kurbelgehäuse zurücklaufen konnte, was ausreichte, um das Gehäuse mit der Zeit zu überschwemmen. Das trat jedoch nur dann ein, wenn der Tank mehrere Tage lang bei sehr heißem Wetter stehen blieb. Um diesen Fehler zu beheben, ordnete man einen Hahn in der Ansaugleitung der Druckpumpe an, und, damit man die Maschine bei geschlossenem Ölhahn nicht in Gang setzen konnte, wurde der Hahn mit dem Kurzschlußschalter der Zündmagneten verbunden.

Abgesehen von diesen zwei kleineren Schwierigkeiten, die leicht überwunden wurden, arbeitete die Schmieranlage gut; obgleich die Absaugpumpen beträchtlich über dem höchsten Ölspiegel angeordnet waren und sich auch ihre Ansaugöffnungen unter normalen Umständen über dem Ölspiegel befanden, verfehlten sie doch nie, das Öl sofort abzusaugen, wenn die Maschine schräg lag und die eine oder die andere der Absaugöffnungen in Öl eintauchte.

Ventilfederteller. Um an Bearbeitung zu sparen, hatte man die Ventilfederteller aus Stahlblech gepreßt; um hierbei den kegeligen Teil des Tellers zu verstärken und um zu verhindern, daß der Federteller über die kegeligen Keile hinweggezogen wurde, legte man einen Ring aus Stahldraht, wie in Abb. 309 und 310 dargestellt, in das Preßstück ein. Im Betrieb brachen diese gepreßten Federteller gewöhnlich nach 200 bis 600 h. Die Bruchstellen lagen immer, wie in Abb. 311 dargestellt, dort, wo der kegelige Teil in den flachen Teller überging. Diese Brüche waren teils die Folge von Ermüdung, teils entstanden sie dadurch, daß trotz aller Vorsicht beim Pressen der Teller im allgemeinen an dieser Übergangsstelle ein scharfer Knick im Blech entstand. Obgleich man zweifellos bei etwas erhöhter Sorgfalt brauchbare Preßteile hätte herstellen können, entschied man sich wegen der Dringlichkeit dafür, aus Stangen gedrehte Federteller zu verwenden, die in jeder Beziehung befriedigten.

Steuerung. Um Geräusch und Abnutzung der Steuerung zu vermeiden, hatte man den Grundkreis des Nockens etwas exzentrisch geschliffen; zu der Zeit, in der die Ventile unbedingt geschlossen sein mußten, hatte daher das Gestänge großes Spiel, und dieses verringerte sich dann allmählich bis zu der Zeit, in der das Ventil wieder geöffnet wurde. Dieses Verfahren hat sich in der Regel gut bewährt, aber es kann leicht mißbraucht werden. Zuerst war es in der Praxis sehr schwer, zu verhindern, daß die bedienenden Maschinenwärter das Spiel ohne Rücksicht auf die augenblickliche Lage des Nockens einstellten, so daß es vorkam, daß die Ventile schon lange vor der richtigen Öffnungszeit etwas abgehoben wurden. Bei den Einlaßventilen hatte dies weiter keine schädlichen Folgen, dagegen konnte man einige Fälle von ausgebrannten Auspuffventilen nachweislich auf diese Ursache zurückführen. Die Schwierigkeit konnte schließlich durch Herausgabe sehr ausführlicher Anweisungen über das Verfahren beim Einstellen des Ventilspiels und durch scharfe Beaufsichtigung leicht überwunden werden.

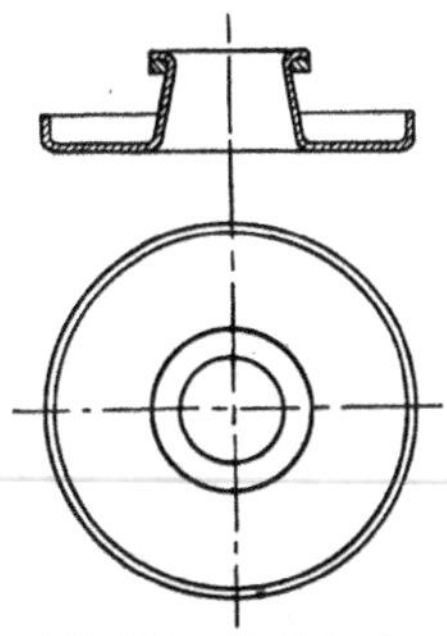

Abb. 309 und 310. Aus Stahlblech gepreßter Ventilfederteller.

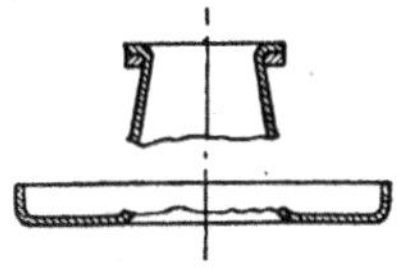

Abb. 311. Gebrochener Federteller.

Nachdem die Mannschaft das richtige Einstellen erst ganz begriffen hatte, kamen Ventilstörungen beinahe überhaupt nicht mehr vor; man darf annehmen, daß die hohe Betriebssicherheit und der ruhige Lauf dieser Maschinen in hohem Maß auf die Verwendung der Nocken mit exzentrischem Grundkreis zurückzuführen waren. Abgesehen von diesen Störungen, von denen alle außer der Neigung zur Detonation und der von der Auspuffleitung ausgestrahlten Hitze schnell und leicht beseitigt wurden, verhielten sich diese Maschinen im Betriebe sehr gut. Der luftdichte Abschluß des Kurbelgehäuses und das Ansaugen der ganzen Luftmenge durch den obersten Doppelboden des Kurbelgehäuses erwiesen sich als sehr wirksame Mittel, um das Kurbelgehäuse kühl und das Triebwerk sauber zu erhalten. Die Kolben der Kreuzkopfbauart bewährten sich insofern durchaus, als dabei die üblichen Störungen großer Aluminiumkolben vermieden wurden, kein Rauchen des Auspuffs auftrat und ein sehr hoher mechanischer Wirkungsgrad erreicht wurde.

Mit der dauernden Zunahme der Abmessungen und der dauernden Verstärkung der Bewaffnung der Tanks wurde es erforderlich, noch stärkere Antriebsmaschinen bereitzustellen. Es wurde daher zunächst eine weitere Sechszylindermaschine von der gleichen Bauart ausgeführt, bei der alle Betriebserfahrungen an der Maschine von 150 PS Verwendung fanden. Diese Maschine ist in den Abb. 312 bis 315 in

Abb. 312. Maschine von 225 PS für Tanks. Ansicht von der Vergaserseite.

Ansichten und in Abb. 316 in einem Schnitt dargestellt. Von diesen Maschinen wurden zwar etwa 800 fertiggestellt, aber trotzdem ist wegen der Verzögerungen beim Bau der Tanks keine von ihnen wirklich ins Gefecht gekommen. Immerhin hat man auf dem Prüfstand sowie später in Tanks genügende Erfahrungen mit diesen Maschinen gesammelt, um festzustellen, daß sie eine sehr bedeutende Verbesserung der ersten Bauart darstellten.

Die Nennleistung der neuen Maschinen betrug 225 PS bei 171,45 mm Zyl.-Dmr. und 190,5 mm Hub. Die Maschine leistete bei 1200 U/min 260 PS an der Bremse. Um die Mängel zu vermeiden, die sich bei den Maschinen von 150 PS ergeben hatten, nahm man schon beim Entwurf dieser Maschinen folgende Veränderungen vor:

Der Verbrennungsraum erhielt eine gedrängte rechteckige Gestalt, wobei die Zündkerzen, wie in Abb. 316 dargestellt, möglichst nahe der

Zylinderachse angeordnet wurden. Dadurch blieben die Maschinen unter allen Umständen frei von Detonation, so daß sie bis zu 200 oder 300 U/min bei voll geöffneter Drossel selbst mit dem minderwertigsten amerikanischen Benzin laufen konnten, ohne daß auch nur eine Spur von Klopfen eintrat, und dies alles, obgleich die Zylinder größer und das Verdichtungsverhältnis höher als bei den 150 PS-Maschinen war.

Die Zahl der Ventile wurde verdoppelt; die Ventile wurden waagerecht einander gegenüber angeordnet, die Einlaßventile auf der einen und die Auspuffventile auf der anderen Seite. Diese Anordnung der Ventile gestattete, die Auspuffkrümmer senkrecht aufwärts zu richten und kurze gerade Auspuffrohre unmittelbar durch das Dach des Tanks nach einem außenliegenden Auspuffsammler zu führen. Das beschränkte die Länge der innerhalb des Tanks liegenden Auspuffrohre auf ein Mindestmaß und ermöglichte, Krümmungen usw. dieser Leitungen zu vermeiden. Die Einlaßventile wurden in besonderen Einsätzen angeordnet, die leicht ohne Ausbau der Rohrleitungen herausgenommen werden konnten. Hierauf konnte man die Auspuffventile durch die durch den Ausbau der Einlaßventile entstandenen Öffnungen ebenfalls herausziehen.

Abb. 313. Maschine von 225 PS für Tanks. Ansicht vom Schwungradende.

Von Anfang an wurden Kolben verwendet, die in Kokillen gegossen waren; der Erfolg war, daß über keinen einzigen Kolbenbruch berichtet worden ist. Da keine so strengen Vorschriften über die zulässige Bau-

Abb. 314. Maschine von 225 PS für Tanks. Die Maschinen im Bau bei der Firma Gardner & Sons.

länge der Maschine aufgestellt waren wie bei der Maschine von 150 PS, so konnten die Laufflächen der Lager reichlicher bemessen werden, insbesondere die Länge des mittleren Kurbelwellenlagers. Gegen-

Abb. 315. Maschine von 225 PS für Tanks. Aufbau für den Lauf in Schräglage.

gewichte und die neuen Schwingungsdämpfer der Firma Gardner & Sons wurden in alle Maschinen eingebaut.

Die Kurbelwellen wurden aus Stahl von 0,35 vH Kohlenstoffgehalt hergestellt und erwiesen sich infolgedessen als praktisch sicher gegen

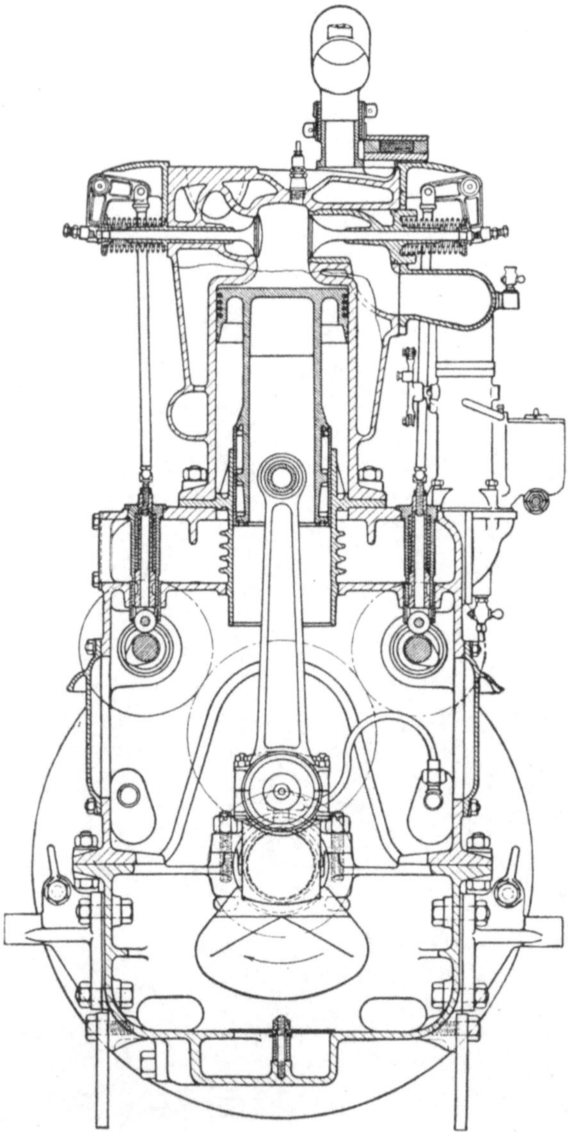

Abb. 316. Maschine von 225 PS für Tanks. Querschnitt.

Abnutzung. Die übrigen Fehler, die sich bei den ersten Ausführungen der 150 PS-Maschinen gezeigt hatten, wurden natürlich durch Anbringung der bereits beschriebenen Verbesserungen vermieden.

Obgleich diese größeren Maschinen nie wirkliches Gefecht zu sehen bekamen, wurden sie doch in Tanks sowie auf dem Prüfstande sehr strengen Prüfungen unterworfen, z. B. auch einem Dauerlauf von 200 h mit voller Belastung. Wie zu erwarten war, stellten diese Maschinen, bei denen man die Erfahrungen an den kleineren Maschinen bereits vor Beginn des Entwurfes benutzen konnte, in fast jeder Beziehung einen Fortschritt gegenüber den Maschinen von 150 PS dar. Eine große Anzahl davon hat man inzwischen für Gasbetrieb umgebaut; sie dienen jetzt in verschiedenen Gegenden von England zur Stromerzeugung in elektrischen Kraftwerken. Leider ist ihr Verdichtungsverhältnis so niedrig, daß sie mit Leucht- oder Generatorgas nicht sehr wirtschaftlich arbeiten können.

XV. Schnellaufende Dieselmotoren.

Während der letzten Jahre hat man dem Problem der sog. schnelllaufenden Dieselmotoren viel Aufmerksamkeit geschenkt. Schnelllaufende Dieselmotoren nennt man Maschinen, die verhältnismäßig schwere, hochsiedende Öle verbrennen, die sich nicht außerhalb des Zylinders verdampfen lassen. Sie müssen daher in flüssigem Zustand in den Zylinder eingespritzt werden und entzünden sich dort dadurch, daß die Temperatur durch die hohe Verdichtung stark erhöht wird.

Der niedrige Preis des Brennstoffs in Verbindung mit dem hohen thermischen Wirkungsgrad des Dieselverfahrens im ganzen Bereich der Belastungen machen diese Maschinenart überall da sehr wichtig, wo die Brennstoffkosten eine große Rolle spielen, der Schmutz und Geruch jedoch, der mit dem Betrieb mit schweren Ölen untrennbar verknüpft ist, nicht ernstlich stören. Infolge der hohen Entflammungstemperaturen der schweren Öle kommt diese Maschinenart ferner für bestimmte Gebiete der Anwendung in Betracht, bei denen es wichtig ist, die Brandgefahren zu vermindern, z. B. in der See- und der Luftfahrt.

Seit der Zeit, in der der Dieselmotor zuerst verwirklicht wurde, hat man in verschiedenen Ländern Versuche unternommen, ihn auch als schnellaufende Maschine, d. h. mit Kolbengeschwindigkeiten von mehr als z. B. 7,5 m/s, zu bauen. Aber bis vor ziemlich kurzer Zeit hatten die Bestrebungen nur geringen Erfolg. Erst als das Royal Aircraft Establishment unter der Führung des Ministeriums für Luftfahrt das Problem aufgriff, wurden wesentliche Fortschritte erzielt[1] Dem Royal Aircraft Establishment gebührt das Verdienst, vor etwa acht Jahren zum ersten Male der Welt bewiesen zu haben, daß man eine wirklich schnellaufende Schwerölmaschine bauen kann, deren Kolbengeschwindigkeit nicht nur 10 m/s weit übersteigt, sondern die auch bei dieser hohen Kolbengeschwindigkeit einen höheren mittleren nutzbaren Kolbendruck und einen höheren Gesamtwirkungsgrad erreicht, als man jemals früher an einem langsam laufenden Dieselmotor von beliebiger Größe oder Bauart festgestellt hatte. Während der darauffolgenden acht Jahre hat man diese Entwicklungsarbeit sowohl auf dem europäischen Festland als auch in Amerika mit allen Kräften fortgesetzt; doch hat man die Ergebnisse, die vor acht Jahren von dem Ministerium für Luftfahrt erzielt wurden, bisher noch nicht übertroffen.

Die Entwicklung auf dem Wege zur schnellaufenden Dieselmaschine entfernt sich in neuerer Zeit immer weiter von der bei langsam laufenden Maschinen üblichen Bauart und folgt immer mehr dem Beispiel des

---

[1] Es sei hier abermals auf die Fußnote S. 315 verwiesen. Die Bearbeiter.

Vergasermotors, nicht nur im rein maschinentechnischen Aufbau, sondern auch hinsichtlich des thermodynamischen Kreisprozesses, nach dem die Maschine arbeitet. Die Idee der Verbrennung unter gleichbleibendem Druck, an der selbst bei der langsamlaufenden Maschine niemals ganz festgehalten wurde, ist bei dem Diesel-Schnelläufer ganz über Bord geworfen worden und hat einem Kreisprozeß Platz gemacht, der viel mehr der Arbeitsweise eines Vergasermotors mit seiner Verbrennung bei gleichbleibendem Volumen ähnelt.

Die Verbrennung bei gleichbleibendem Druck oder ein dieser Verbrennung auch nur angenäherter Kreisprozeß kann nur bei verhältnismäßig langsamlaufenden Maschinen Verwendung finden, und auch dann nur, wenn man den Brennstoff mit Hilfe von hochgespannter Luft in den Zylinder einspritzt, da dies das einzige Mittel ist, mit dem man zugleich den notwendigen Grad von Zerstäubung, von Eindringtiefe des Brennstoffstrahls und von guter Wirbelung erzielt. Dieses Mittel ist aber für kleine schnellaufende Maschinen nicht erwünscht; denn der Gamtwirkungsgrad wird dabei ziemlich niedrig, und sein Hauptvorteil, nämlich der niedrigere Höchstdruck, ist von geringer Bedeutung, wenn es sich um einen kleinen Kolben handelt. Überdies können auch in einer Maschine mit Lufteinspritzung bei kleinen Störungen gelegentlich sehr hohe Höchstdrücke im Zylinder auftreten, und man muß sie infolgedessen kräftig genug bauen, daß sie solche Höchstdrücke mit ausreichender Sicherheit aufnehmen kann, wenn sie auftreten sollten.

Bei jeder Art von Dieselmotoren, gleichviel ob schnell- oder langsamlaufend, besteht das Hauptproblem darin, den Brennstoff und die Luft im Innern des Zylinders miteinander in Berührung zu bringen und gleichzeitig hohe Geschwindigkeiten der Brennstoffteilchen gegenüber den Luftteilchen aufrechtzuerhalten, damit Rückstände der Verbrennung sofort, nachdem sie entstanden sind, fortgespült und durch unverbrauchte Luft ersetzt werden. Die Brennstoffstrahlen oder der Brennstoffstrahl müssen weit genug durch die verdichtete Luft in den Verbrennungsraum eindringen, damit die Brennstoffteilchen auch die am weitesten entfernten Luftteilchen erreichen, und zugleich muß der Brennstoff so fein verteilt werden, daß er sich nach allen Richtungen ausbreitet. Diese Bedingungen lassen sich verhältnismäßig leicht erfüllen, wenn man den Brennstoff mittels eines Strahls von hochgespannter Luft einspritzt, denn der Luftstrom dient dann sowohl dazu, den Brennstoff fein zu zerstäuben, als auch dazu, eine zusätzliche starke Wirbelung hervorzurufen, die den fein zerstäubten Brennstoff mehr oder weniger gleichmäßig über die Verbrennungskammer verteilt.

Bei sog. rein mechanischer Einspritzung, also ohne Druckluft, werden die zu lösenden Aufgaben viel schwieriger und die Bedingungen widerspruchsvoll. Auf der einen Seite braucht man, um die weiter entfernten Luftteilchen zu erreichen, einen ausreichend festen und durchdringenden Brennstoffstrahl, auf der anderen Seite müßte die Düse so gebaut sein, daß sie einen weichen Brennstoffstrahl liefert, also den Brennstoff möglichst fein zerstäubt, damit sich die Brennstoffteilchen ausreichend gleichmäßig verteilen. Die rein mechanische Einspritzung ist also von vornherein insofern ein Nachteil, als sie zwei scheinbar miteinander unvereinbare Bedingungen zu erfüllen hat; und gerade die Versuche, diese Bedingungen zu erfüllen oder zu umgehen, sind es gewesen, deretwegen in neuerer Zeit soviel erfinderischer Geist entwickelt worden ist. Trotzdem hat man bisher noch keine Möglichkeit gefunden, diese beiden Bedingungen miteinander vollständig zu vereinen, man hat aber Kompromisse geschaffen, die ermöglichen, Motoren mit mechanischer Einspritzung zu bauen von mindetens dem gleichen Wirkungsgrad wie bei den Motoren mit Lufteinspritzung. Diese Lösungen haben ermöglicht, den leichten, schnellaufenden Schwerölmotor zu schaffen.

Wie schon vorher erwähnt, hat der thermodynamische Kreisprozeß, den man für den schnellaufenden Dieselmotor, wie er heute (1929) entwickelt ist, angenommen hat, viel mehr Ähnlichkeit mit dem Kreisprozeß des Vergasermotors, als mit dem der hergebrachten Dieselmaschine. Die Unterschiede zwischen diesen beiden Kreisprozessen sind:

1. Beim Vergasermotor werden der gesamte Brennstoff und die gesamte Luft nicht nur vor der Entzündung, sondern sogar schon vor dem Eintritt in den Zylinder gründlich miteinander vermischt. In den Zylinder des Dieselmotors dagegen gelangt während des Saughubes nur Luft, und der Brennstoff wird erst am Ende oder ganz kurz vor dem Ende der Verdichtung eingespritzt, so daß dann die Vorgänge des Vermischens von Brennstoff und Luft und der Zündung gleichzeitig erfolgen müssen.

2. Beim Vergasermotor wird die Entzündung durch das Überspringens eines Funkens zwischen den Elektroden der Zündkerze eingeleitet. Dieser Funken hinterläßt zunächst einen winzigen Flammenfaden oder Flammenherd, der sich zuerst langsam, aber dann mit immer größerer Geschwindigkeit über die ihn unmittelbar umgebende Ladung ausbreitet.

Unter den in jeder praktischen Maschine ziemlich gleichartigen Bedingungen der Wirbelung wird die einmal voll entwickelte Flamme zerrissen und durch den ganzen Zylinder ausgebreitet mit dem Ergebnis, daß der gesamte Zylinderinhalt mit einer Geschwindigkeit entflammt wird, die vielmal höher ist als die Geschwindigkeit, die in einem Raum ohne Wirbelung auftreten würde. Der Vorgang bei einer Verbrennung mit Zündkerze entwickelt sich sozusagen in zwei verschiedenen Stufen. Die erste Stufe ist die Entstehung eines sich allein weiter fortpflanzenden Flammenkernes, und die zweite Stufe ist die Ausbreitung dieser Flamme über die gesamte Ladung. Die erste Stufe nimmt eine erhebliche, von der Motordrehzahl mehr oder weniger unabhängige Zeit in Anspruch, während deren der Druck nicht merklich ansteigt. Diese Zeit, die die Ausbildung des Flammenkernes erfordert, hängt ab

a) von der chemischen Beschaffenheit des Brennstoffes,

b) vom Mischungsverhältnis und damit von der Temperatur der Flamme selbst,

c) von der Temperatur des brennbaren Gemisches in dem Augenblick, in dem es an der Kerze vorbeistreicht, und daher von der Temperatur der die Ladung umgebenden Hülle,

d) von dem Druck des brennbaren Gemisches im Augenblick der Zündung; denn dieser regelt die Innigkeit der Vermischung zwischen den bereits entflammten und den noch nicht entflammten Teilchen.

Die zweite Stufe, nämlich die Ausbreitung der Flamme über den Hauptteil des brennbaren Gemisches, hängt ab

a) von der Form und Gestalt des Verbrennungsraumes,

b) von dem Grad und der Art der Wirbelung, deren Aufgabe es ist, die Flamme schnell von Zone zu Zone weiterzuverbreiten.

Diese zweite Stufe ist ganz einfach ein mechanischer Vorgang, und da die Stärke der Wirbelung im gleichen Verhältnis mit der Drehzahl des Motors wächst, so ist die Zeit, die die zweite Stufe in Anspruch nimmt, von der Drehzahl der Maschine abhängig und wird kleiner in dem Maß, als die Drehzahl erhöht wird.

Man kann also sagen, der Vorgang der Verbrennung in einem Vergasermotor bestehe aus zwei getrennten Stufen: die erste wird von der Bildung eines wirklichen Flammenkernes beansprucht und kann als „Zündverzug" oder „Verzögerungsperiode" bezeichnet werden. Während dieses Zeitabschnitts tritt kein merklicher Druckanstieg ein. Unter beliebigen gegebenen Bedingungen bezüglich Brennstoffart, Mischungsverhältnis, Verdichtungsdruck und Temperatur nimmt dieser „Zündverzug" immer eine gleichbleibende, von der Drehzahl des Motors unabhängige Zeit für sich in Anspruch. Infolgedessen muß man den Zündzeitpunkt bei steigender Drehzahl früher legen, um diese Verzögerung auszugleichen.

Die zweite Stufe des Verbrennungsvorgangs, die des plötzlichen Druckanstiegs, wird bestimmt durch den Entwurf der Maschine und die Stärke der Wirbelung. Unter gleichen Betriebsbedingungen erfordert diese Stufe immer gleich viele Grade Kurbelwinkel, aber nicht gleich lange Zeiten. Am besten ist es daher, sie durch Druckanstieg in at für 1° Kurbelwinkel auszudrücken. Natürlich gehen diese beiden

Stufen, wie bereits früher auseinandergesetzt, ineinander über, und gerade die Art des Überganges von einer Stufe in die andere ist es, die über die Rauhigkeit oder die Weichheit des Ganges der Maschine entscheidet.

Verdoppelt man die Drehzahl eines Vergasermotors, so verdoppelt sich auch die Dauer des Zündverzugs (oder wenigstens annähernd), gemessen in Graden Kurbelwinkel; dagegen bleibt die Dauer des Druckanstieges, bezogen auf das gleiche Maß, unverändert. Diese Verhältnisse sind in Abb. 317 an der Hand von Druck-Zeit-Diagrammen dargestellt; die obere Linie zeigt den Verlauf des Druckanstiegs in einer Vergasermaschine bei 1000 U/min, die untere Linie den Verlauf bei 2000 U/min. Die Expansionslinien, die sich bei abgestellter Zündung an die Verdichtungslinie anschließen würden, sind in beiden Fällen gestrichelt eingezeichnet. Aus dem Vergleich der Diagramme ist deutlich zu entnehmen, daß die Winkeldrehung der Kurbelwelle, die zwischen dem Zündzeitpunkt und dem ersten merklichen Beginn des Druckanstiegs liegt, im oberen Diagramm doppelt so groß ist wie im unteren Diagramm, nämlich 20° gegenüber 10°, während der Druckanstieg selbst bis zum Erreichen des Höchstdrucks in beiden Fällen annähernd 10° Kurbelwinkel einnimmt und mit einer Geschwindigkeit von 2,46 at für 1° Kurbelwinkel erfolgt. Die Beendigung dieser zweiten Stufe der Verbrennung fällt mit dem Ende des ganzen Verbrennungsvorganges zusammen, soweit es sich um den Vergasermotor handelt.

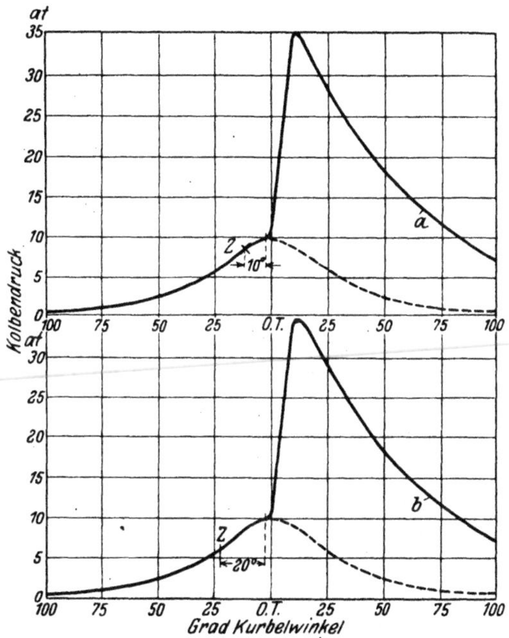

Abb. 317. Verlauf des Druckanstiegs in einem Vergasermotor. *a* bei 1000 U/min Zündung 15,5° vor Totpunkt. *b* bei 2000 U/min Zündung 22,5° vor Totpunkt.

Beim Dieselmotor mit mechanischer Einspritzung wird ein Strahl von flüssigem Brennstoff in hochverdichtete und hocherhitzte Luft geschleudert. In diesem Falle kann man den Verlauf der Verbrennung in drei verschiedene Stufen einteilen:

Erstens in eine Verzögerungsstufe oder den Zündverzug, während deren der Brennstoff bereits eintritt, aber noch keine Entzündung stattfindet, oder die Zündung auf einen ganz kleinen örtlichen Kern beschränkt bleibt. Wahrscheinlich beginnt die Entflammung an einer winzigen Stelle, sobald nur ein kleinster Teil des eingespritzten Brennstoffes Zeit gefunden hat, zu verdampfen und sich ausreichend mit Sauerstoff zur Bildung eines leicht brennbaren Gemisches zu vereinigen, und von diesem Kern verbreitet sich dann die Flamme in beinahe der gleichen Weise wie in einem Vergasermotor mit Funkenzündung während der ersten Stufe. Wie beim Vergasermotor scheint dieser Zündverzug immer die gleiche Zeit zu beanspruchen und abhängig zu sein von

1. der Art des Brennstoffes,
2. der Temperatur und dem Druck der hochverdichteten Luft,
3. der Feinheit der Zerstäubung, und zwar nicht so sehr des ganzen Brennstoffstrahls als einzelner Tröpfchen, weil, wie leicht zu verstehen, bereits der allerkleinste Teil der gesamten eingespritzten Brennstoffmenge schon ausreicht, um diesen ersten Flammenkern entstehen zu lassen.

Außer der Bedingung unter 3) liegen die Verhältnisse für den Zündverzug im Vergasermotor und im Dieselmotor im wesentlichen gleichartig. In beiden Fällen ist der Zündverzug konstant, wenn man ihn in Zeiteinheiten ausdrückt, dagegen nicht konstant, wenn man ihn bei verschiedenen Drehzahlen auf Einheiten der Kurbeldrehung bezieht. Allerdings nimmt die Ausbildung des Flammenkernes infolge des höheren Druckes und der höheren Temperatur des Zylinderinhalts im Dieselmotor viel weniger Zeit in Anspruch.

Die zweite Stufe der Verbrennung im Dieselmotor besteht, genau wie beim Vergasermotor, in der mechanischen Ausbreitung der Flamme vom Ausgangskern über den Hauptteil des Verbrennungsraumes. Auch hierfür sind die Vorbedingungen ähnlich denen im Vergasermotor insofern, als die Geschwindigkeit der Flammenausbreitung und damit auch die Geschwindigkeit des Druckanstiegs von der Wirbelung abhängt. Beide Geschwindigkeiten sind daher konstant für gleiche Winkeldrehungen der Kurbelwelle, aber veränderlich, wenn man sie bei verschiedenen Motordrehzahlen auf die Zeiteinheit bezieht. Genau wie beim Vergasermotor kann man diese Stufe durch Verstärken der Wirbelung beliebig verkürzen.

Ein wesentlicher Unterschied ist jedoch der, daß im Vergasermotor die gesamte für eine vollständige Verbrennung nötige Brennstoffmenge bereits im Zylinder vorhanden ist, während sich beim Dieselmotor während der beschriebenen ersten und zweiten Stufe nur ein Teil, manchmal sogar nur ein kleiner Teil der gesamten Brennstoffladung im Zylinder befindet. Obgleich also die Geschwindigkeiten des Druckanstiegs in at für 1° Kurbelwinkel bei gleichen Bedingungen der Wirbelung im Dieselmotor und im Vergasermotor die gleiche Größenordnung haben, so erreicht der Druck im Zylinder des Dieselmotors doch bei weitem nicht den Höchstwert, der erreicht werden würde, wenn soviel Brennstoff im Zylinder vorhanden wäre, wie sich mit dem vorhandenen Sauerstoff verbinden könnte. Offenbar wird also der Ablauf dieser zweiten Stufe stark beeinflußt von der im Zylinder vorhandenen Brennstoffmenge und von der Art ihrer Verteilung in der Luft; denn das Gemisch im Dieselmotor ist nicht gleichartig wie im Vergasermotor, und die Flamme kann sich daher während dieses kurzen Zeitabschnitts nur über solche Zonen hin verbreiten, die zu dieser Zeit bereits Brennstoff und Luft im richtigen Verhältnis aufweisen. Der Druck, der am Ende dieser Stufe erreicht wird, hängt also ab von

1. der Länge des Zündverzugs, die wiederum von der Motordrehzahl abhängt,

2. der Geschwindigkeit der Brennstoffeinspritzung, von der die Brennstoffmenge abhängt, die im Zylinder während dieser Stufe verfügbar wird,

3. der Temperatur und dem Druck der hochverdichteten Luft,

4. der Feinheit der Zerstäubung und der Gleichmäßigkeit der Verteilung des Brennstoffs in diesem frühen Zeitabschnitt des Verbrennungsvorgangs.

Sobald sich die Flamme erst einmal über den ganzen Verbrennungsraum verbreitet hat, nehmen Druck und Temperatur und infolgedessen die Geschwindigkeit der Verbrennung derart schnell zu, daß der Rest der Brennstoffladung bereits in dem Augenblick verbrennt, in dem er die Einspritzdüse verläßt. Hierdurch wird der Druck noch weiter erhöht oder auf der gleichen Höhe erhalten je nach der Geschwindigkeit, mit der der Brennstoff durch die Brennstoffpumpe nachgeschoben wird. Während dieser dritten Stufe des Verbrennungsvorganges kann man die Verbrennung des Brennstoffs unmittelbar mechanisch beherrschen und den Druck im Zylinder nach Wunsch verändern, indem man die Geschwindigkeit der Einspritzung ändert.

Abb. 318 zeigt schematisch ein Indikatordiagramm, in das die beschriebenen drei Stufen von einander getrennt eingezeichnet sind, während in Abb. 319 ein wirkliches Indikatordiagramm, genommen an einer schnellaufenden Dieselmaschine von 139,7 mm Zyl.-Dmr. und 177,8 mm Hub bei 1500 U/min, wiedergegeben ist. Auch in diesem Diagramm kann man diese drei Stufen der Verbrennung deutlich unterscheiden, obgleich sie natürlich etwas ineinander übergehen.

Aus diesen Überlegungen ist folgendes zu entnehmen:

1. Die Geschwindigkeit der Brennstoffeinspritzung ist proportional der Drehung der Kurbelwelle, nimmt also mit der Motordrehzahl zu,

während die Dauer des Zündverzugs bei verschiedenen Drehzahlen immer gleich groß bleibt; je höher also die Drehzahl des Motors ist, desto größer ist der Teil der gesamten Brennstoffladung, der während dieser ersten Stufe eingespritzt wird und infolgedessen während der zweiten Stufe im Zylinder bereits vorhanden ist, desto höher also auch der höchste Druck, der im Zylinder erreicht wird. Hieraus könnte man anscheinend schließen, daß, wie auch tatsächlich die Erfahrung andeutet, bei gegebenen Vorbedingungen in bezug auf Geschwindigkeit der Einspritzung, Temperatur usw. der Höchstdruck im Zylinder um so höher wird, je schneller die Maschine läuft. Voraussetzung ist hierbei, daß auch der Wirkungsgrad des Motors unverändert bleiben soll. Es scheint daher erwünscht, den Brennstoff nicht mit gleichbleibender Geschwindigkeit, sondern im Anfang langsamer einzuspritzen, damit während des ersten Abschnitts der Verbrennung nicht zuviel Brennstoff in den Zylinder gelangt und damit der Höchstdruck niedriger erhalten werden kann.

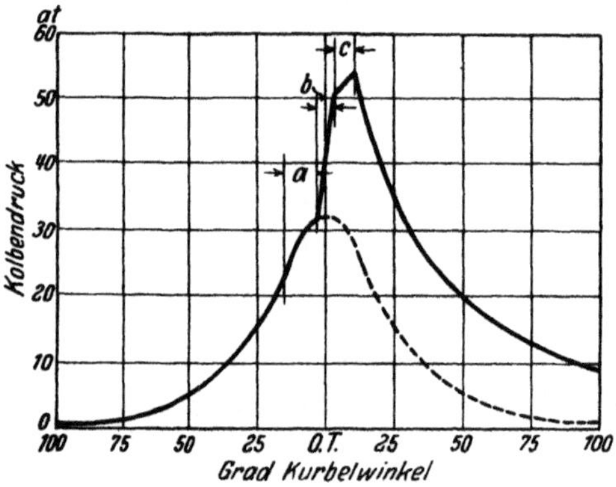

Abb. 318. Schematische Darstellung des Verlaufs der Verbrennung im Dieselmotor mit mechanischer Brennstoffeinspritzung.
a erste Stufe (Zündverzug).
b zweite Stufe (Entflammung).
c dritte Stufe (Verbrennung).
Der Verlauf der Expansion im Anschluß an die Verdichtungslinie ohne Brennstoffzündung ist gestrichelt eingetragen.

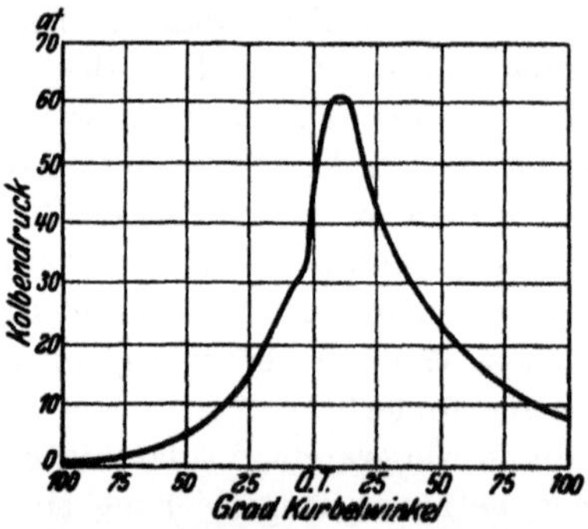

Abb. 319. Wirkliches Indikatordiagramm eines schnellaufenden Einzylinder-Dieselmotors mit mechanischer Brennstoffeinspritzung. Zyl.-Dmr. 139,7 mm, Hub 177,8 mm, Drehzahl 1500 U/min. Mittl. nutzbarer Kolbendruck 7,91 at. Mittl. indizierter Kolbendruck 9,57 at. Bremsleistung 36,5 PS. Indizierte Leistung 44 PS.

Man nahm früher an und man ist noch heute vielfach der Meinung, der Verbrennungsvorgang in einem Motor mit Verdichtungszündung, umfassend das Verdampfen der flüssigen Brennstoffteilchen, das hierauf folgende Vermischen dieses Dampfes mit der genügenden Menge von Verbrennungsluft und schließlich die Verbrennung des so gebildeten Gemisches von Luft und Brennstoffdampf, all dies müsse notwendigerweise so lange Zeit in Anspruch nehmen, daß eine schnellaufende Maschine mit Verdichtungszündung praktisch überhaupt unausführbar oder doch nur mit so schlechtem Wirkungsgrad ausführbar sein könnte, daß sie sehr wenig Zweck hätte. Derartige Anschauungen scheinen jedoch gänzlich unbegründet; sie sind nicht nur durch die praktisch erzielten Ergebnisse widerlegt worden, sondern sie scheinen auch auf ganz falschen Voraussetzungen zu fußen.

Abgesehen davon, daß eine ganz kleine Menge von Brennstoffdampf im Zylinder vorhanden sein muß, damit sich der anfängliche Flammenkern bilden kann, besteht nicht der geringste Grund dafür, anzunehmen, daß der übrige Teil der Brennstoffladung vollständig verdampft sein müsse, ehe die Verbrennung stattfinden kann. Es spricht im Gegenteil viel mehr dafür, daß die Verbrennung an den Oberflächen der einzelnen flüssigen Brennstofftröpfchen beginnt und daß sie dauernd mit frischem Sauerstoff dadurch gespeist wird und die verbrannten Gase dadurch fortgespült werden, daß sich die Brennstofftröpfchen sehr schnell durch die Luft wegbewegen. Die tatsächlich wesentliche Vorbedingung für hohe Drehzahl des Motors ist nämlich eine ausreichende Geschwindigkeit der Bewegung der Brennstofftröpfchen gegenüber der Luft. Dieser Bedingung kann entweder durch schnelles Bewegen des Brennstoffes oder durch schnelles Bewegen der Luft oder durch schnelles Bewegen beider Stoffe (natürlich dürfen diese Bewegungen nicht gleichgerichtet sein) entsprochen werden.

Immerhin scheint es, daß bei einem gegebenen Brennstoff der Anteil des Zündverzugs an der gesamten Dauer des Verbrennungsvorganges mit wachsender Drehzahl größer werden muß, daß die Länge dieses Zündverzugs im Vergleich zur Geschwindigkeit der Einspritzung den Höchstdruck bestimmt und daß daher der Höchstdruck mit zunehmender Drehzahl höher wird. Mit anderen Worten, die Arbeitsweise entfernt sich um so weiter von der eines Kreisprozesses mit Verbrennung bei gleichbleibendem Druck und nähert sich um so mehr dem Kreisprozeß mit Verbrennung bei gleichbleibendem Volumen, je höher die Drehzahl ist.

Während der letzten acht Jahre wurde im Laboratorium des Verfassers eine große Anzahl von Versuchen durchgeführt, um diese verschiedenen Stufen des Verbrennungsvorganges zu erforschen. Für diesen Zweck wurden mehrere Schiebermotoren verwendet, weil diese Steuerung folgende Eigenschaften hat:

1. Stärke und Art der Wirbelung lassen sich durch Einbau von Leitflächen in den Einlaßöffnungen nach Belieben verändern. Dadurch, daß man die Luft in tangentialer Richtung einströmen läßt, kann man einen fast vollkommenen Kreiswirbel erzeugen; läßt man dagegen die Luft unter verschiedenen Winkeln gegen die Tangente und mit verschiedenen Geschwindigkeiten einströmen, so kann man nach Belieben beinahe jeden Grad der Stärke und Art der Wirbelung hervorrufen.

Bringt man diese Leitflächen außen am Zylinder an, so kann man die Betriebsbedingungen in bezug auf Wirbelung sogar während des Laufes der Maschine ändern und die Wirkungen beobachten, die, sei es bei Änderung der Lage oder des Winkels der Leitflächen, eintreten.

2. Die Verwendung von Schiebern ergibt völlige Unabhängigkeit in der Betriebsführung von der Form und den Abmessungen des Verbrennungsraumes.

3. Im Innern des Verbrennungsraumes kann man, wie in Abb. 320 dargestellt, ein Anemometer anbringen, so daß man die Geschwindig-

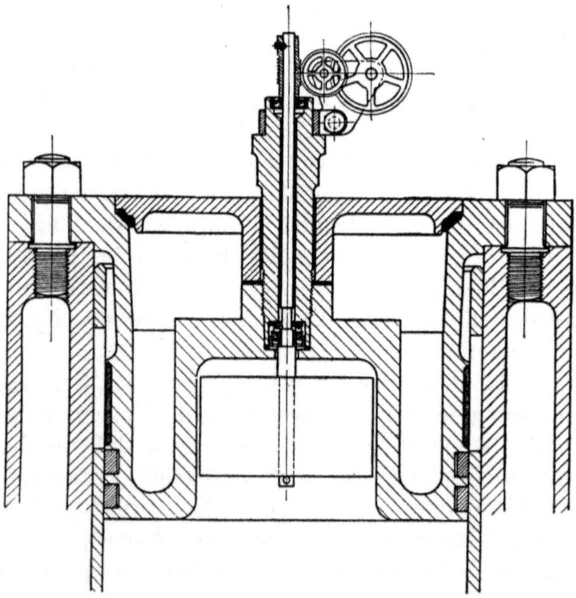

Abb. 320. Zylinderkopf eines Versuchsmotors mit Schiebersteuerung. Im Innern des Zylinders ist ein Anemometer angebracht zum Messen und Aufzeichnen der Luftdrehung während des Laufes.

keit der drehenden Luftbewegung messen und aufzeichnen kann, während die Maschine läuft, wenn nicht mit eigener Kraft, so doch wenigstens, während sie mit üblicher Drehzahl von außen angetrieben wird.

4. Zum Messen des Druckanstiegs wurde während der gesamten Versuchsreihen die neueste Ausführung des elektrischen Farnboro-indikators benutzt, s. Abb. 321. Eine besondere Einrichtung daran gestattet, auch die Zeiten der Brennstoffeinspritzung und die Drücke in der Brennstoff-Einspritzanlage gleichzeitig zu messen und aufzuzeichnen. Eine Schnittzeichnung des besonderen Indikatorventils, das für diesen Zweck entwickelt wurde, ist in Abb. 322 und ein kennzeichnendes Beispiel der mit diesem Indikator aufgenommenen Diagramme in Abb. 323 dargestellt.

5. Für Messungen über ungeordnete Wirbelung wurden Einrichtungen angebracht, um Luft mit genau vorher festgesetzter Geschwindigkeit

Abb. 321. Elektrischer Farnboro-Indikator mit Einrichtung zum Aufzeichnen der Zeiten und des Druckverlaufs.

durch die Einlaßöffnungen in den Zylinder blasen zu können. Die Richtung der Luftströmung wurde hierbei mit Hilfe von Pitotrohren und Luftgeschwindigkeitsmessern erforscht.

Diese Versuche haben in großen Zügen folgendes Ergebnis gehabt:

Erste Stufe der Verbrennung.

1. In einem Dieselmotor hängt die Dauer des Zündverzugs, wie erwartet, in erster Linie von der Art des Brennstoffs ab; je niedriger die Zündtemperatur des Brennstoffs (was man bei

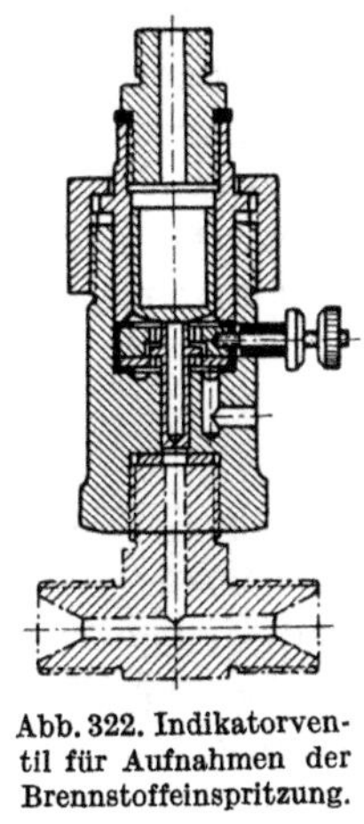

Abb. 322. Indikatorventil für Aufnahmen der Brennstoffeinspritzung.

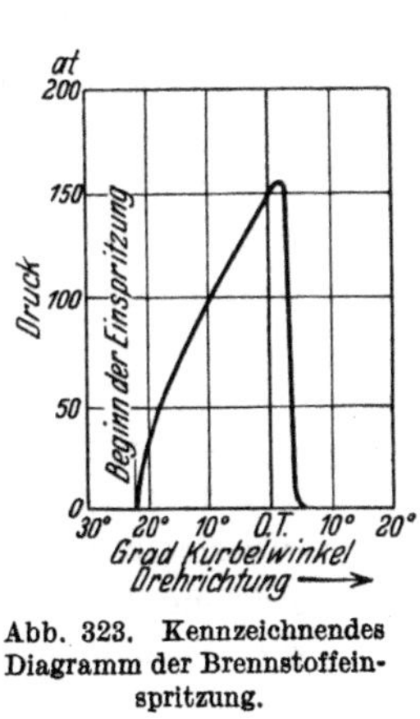

Abb. 323. Kennzeichnendes Diagramm der Brennstoffeinspritzung.

einem Benzinmotor als die Neigung zur Detonation ansehen würde) und je größer infolgedessen der Unterschied zwischen der Selbstentzündungstemperatur und der Temperatur der umgebenden Luft ist, desto kürzer ist der Zündverzug. Man kann diesen Abschnitt der Verbrennung noch weiter verkürzen, indem man dem Brennstoff kleine Mengen von Stoffen zusetzt, die die Detonation begünstigen. Beispielsweise hat Amylnitrat die Eigenschaft, daß es die Neigung von Benzin zur Detonation stark erhöht. In dieser Beziehung sind somit die Anforderungen des Dieselmotors genau entgegengesetzt denen, die der Vergasermotor stellt.

2. Den Zündverzug kann man ferner verkürzen, indem man höhere Verdichtungsverhältnisse anwendet; hierdurch vergrößert man den Temperaturunterschied zwischen der hochverdichteten Luft und der Selbstentzündungstemperatur des Brennstoffes, außerdem wird die Dichte der Ladung höher und damit die Vermischung von Luft und Brennstoff inniger. Die Steigerung der Verdichtung ist jedoch im großen und ganzen kein zufriedenstellendes Verfahren. Es verkürzt zwar den Zündverzug und hat daher die Wirkung, daß die Verbrennungsdrücke nicht so stark über den Enddruck der Verdichtung hinaus steigen, sein Erfolg wird aber fast völlig dadurch aufgehoben, daß der Anfangsdruck der Verdichtung höher wird. Das größere Expansionsverhältnis ergibt zwar einen etwas besseren Wirkungsgrad, aber dieser Vorteil wird beinahe, wenn nicht gänzlich, dadurch ausgeglichen, daß Reibung und Wärmeverluste höher werden.

3. Den Zündverzug kann man auch durch Vorwärmen der Luft oder durch Betrieb der Maschine mit höherer Zylindertemperatur oder durch beide Mittel gleichzeitig erheblich verkürzen, aber selbstverständlich auf Kosten einer geringen Einbuße am volumetrischen Wirkungsgrad.

4. Der Zündverzug scheint ferner — aber hierfür sind die Beweise viel weniger bestimmt — in gewisser Hinsicht von dem Feinheitsgrad der Brennstoffzerstäubung abzuhängen. Wahrscheinlich hängt der Zündverzug nur von der Feinheit der Zerstäubung eines winzigen Teils der gesamten Brennstoffladung ab, und da fast jede Art von Brennstoffstrahlen mindestens einen dünnen Rand fein zerstäubter Teilchen enthält, so ist es überaus schwierig, diese Frage durch Versuche zu klären.

Zweite Stufe der Verbrennung.

Die Weiterverbreitung der Flamme von dem ersten Flammenkern aus über die Luft und über die ganze Brennstoffmenge, die während der ersten Stufe in den Zylinder gelangt ist, hängt ganz allein von der Art und Stärke der Wirbelung ab. Je heftiger und je weniger geordnet die Wirbelung ist, desto schneller breitet sich die Verbrennung aus und desto schneller steigt auch infolgedessen der Druck. In dieser Beziehung sind die Arbeitsbedingungen des Dieselmotors genau die gleichen wie die eines Vergasermotors. Genau wie bei Vergasermotoren wurde festgestellt, daß die Geschwindigkeit des Druckanstiegs beim Dieselmotor verhältnisgleich mit der Stärke der ungeordneten Wirbelung, die man mittels der bereits erwähnten Luftflächen erhöhen oder vermindern kann, abnimmt oder zunimmt. Ebenso hat, wie im Vergasermotor, eine Wirbelung mit gleichbleibender Richtung während dieses Ausbreitens der Flamme wenig oder gar keinen Einfluß, weil sie die brennenden Brennstoffteilchen nur in dieser Richtung hintereinander fortträgt, anstatt sie über den ganzen Raum zu verstreuen. Soll sich die Flamme über die gesamte Masse der Ladung verbreiten und dadurch die Temperatur bis zum Beginn der dritten Stufe der Verbrennung erhöhen, so muß man sehr starke ungeordnete Wirbelung anwenden. Leider hat die Anwendung dieses Mittels zur Folge, daß auch die Geschwindigkeit des Druckanstiegs in einem Maß gesteigert wird, das keine Möglichkeit bietet, weichen Lauf des Motors zu erreichen. Da somit starke Wirbelung und die hieraus folgende schnelle Drucksteigerung im Zylinder anscheinend nicht vermieden werden können, so kann man den harten Gang der Maschine dadurch vielleicht noch am besten mildern, daß man den Zündverzug soweit wie möglich verkürzt oder das Einspritzen bei einem verhältnismäßig niedrigen Druck beginnen läßt oder beide Mittel zugleich anwendet. Durch diese Mittel kann man erreichen, daß während dieser Stufe des schnellen Druckanstiegs eine möglichst geringe Menge von Brennstoff im Zylinder vorhanden ist. Diese Vorgänge bieten zweifellos noch Stoff für viele weitere Forschungen.

Dritte Stufe der Verbrennung.

Während dieses Abschnitts entflammt der Brennstoff an der Oberfläche der flüssigen Tröpfchen bereits in dem Augenblick, in dem sie die Brennstoffdüse verlassen. Das ist auch die einzige Stufe der Verbrennung, bei der man die Geschwindigkeit der Verbrennung und damit auch den Druck im Zylinder unmittelbar durch mechanische Hilfsmittel beherrschen kann. Das Bestreben der Konstrukteure müßte es sein, die Brennstoffzufuhr so einzurichten, daß dieser Abschnitt den Hauptabschnitt des Verbrennungsvorganges bildet und von der Gesamtdauer der Verbrennung einen möglichst großen Teil beansprucht, während Zündverzug und Ausbreiten der Flamme nur vorbereitende Stufen sein sollen. Dieses Ziel ist nur dann erreichbar, wenn Temperatur und Druck während des zweiten Abschnitts der Verbrennung ein bestimmtes Mindestmaß überschreiten. Die wesentlichste Bedingung für die dritte Stufe der Verbrennung ist, daß eine hohe Relativgeschwindigkeit zwischen den Brennstofftröpfchen und der Verbrennungsluft herrscht. Jedes einzelne Brennstofftröpfchen muß sich wie eine Rakete fortbewegen, d. h. einen Schwanz von Verbrennungsrückständen auf seinem Wege zurücklassen, gleichsam zu immer wieder neuen Feldern des Erlebens fortschreiten und so einen möglichst großen Anteil des im Verbrennungsraum vorhandenen Sauerstoffes zu erfassen suchen, um sich mit ihm zu verbinden. Diese Aufgaben kann man nur dadurch lösen, daß man eine schnelle Relativbewegung zwischen Brennstoff und Luft erzeugt. Folgende Wege kann man einschlagen, um diese schnelle Relativbewegung zu erzielen:

1. Man wendet sehr hohe Einspritzdrücke an, wodurch dem Brennstoff selbst eine hohe Anfangsgeschwindigkeit erteilt wird. Dieser Weg ist allerdings mit einigen Schwierigkeiten verbunden, da die Geschwindigkeit, mit der ein Flüssigkeitsstrahl aus einer Düse ausströmen kann, begrenzt ist. Über einen bestimmten Druck hinaus nimmt nämlich die Austrittsgeschwindigkeit nicht mehr zu, sondern die Drucksteigerung hat dann eher die Wirkung, die Brennstofftröpfchen auseinanderzureißen, als sie zu beschleunigen. Außerdem wird die durch hohen Einspritzdruck erzielte Anfangsgeschwindigkeit sehr bald wieder verbraucht. Dazu kommt noch der praktische Einwand, daß sehr hoher Druck bei der immerhin etwas elastischen Flüssigkeit, wie es flüssiger Brennstoff ist, die Aufgaben der genauen Regelung der Einspritzzeit und der Zumessung des Brennstoffs bedeutend erschwert. In Abb. 324 ist diese Arbeitsweise schematisch dargestellt.

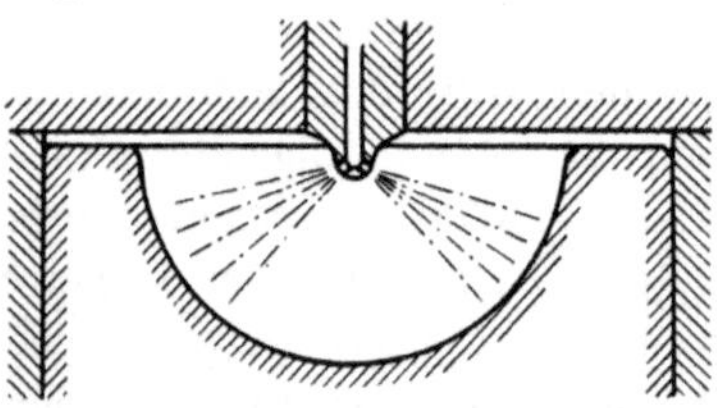

Abb. 324. Schematische Darstellung der Brennstoffeinspritzung unter sehr hohem Druck.

2. Man verwendet eine sog. Vorkammer, einen kleinen, von dem Hauptbrennraum abgeteilten Raum, der mit dem Hauptbrennraum durch eine Anzahl von kleinen Löchern verbunden ist. Der Brennstoff wird in diese Vorkammer eingespritzt, und in ihr spielen sich die erste und die zweite Stufe des Verbrennungsvorganges ab. Während der zweiten Stufe wird infolge des schnellen Druckanstiegs der noch unverbrannt gebliebene Brennstoff zusammen mit hocherhitzter Luft und einigen Verbrennungsrückständen in den Hauptbrennraum geschleudert, mit einer Geschwindigkeit, die viel höher ist, als man durch rein mechanisches Einspritzen von flüssigem Brennstoff erzielen könnte.

Diese Arbeitsweise hat offensichtlich gewisse Vorteile. Die Drehzahl der Maschine wird z. B. im Gegensatz zum Verfahren der rein mechanischen Einspritzung nicht durch die Geschwindigkeit begrenzt, mit der die Pumpe den Brennstoff einspritzen kann; auch macht das Verteilen der Brennstoffteilchen über die ganze Luftmenge nicht die gleichen Schwierigkeiten, da man in der gewölbten Wand zwischen Vorkammer und Hauptbrennraum beliebig viele Löcher anbringen kann, während die Zahl der Düsenöffnungen bei rein mechanischer Einspritzung durch bauliche Rücksichten eng begrenzt ist. Auf der anderen Seite ist der Wärmeverlust, wenn der Brennstoff mit so hoher Temperatur und Geschwindigkeit durch eine Anzahl von kleinen Löchern strömt, sehr groß, so daß Wirkungsgrad und Leistung erheblich beeinträchtigt werden. In Abb. 325 ist diese Arbeitsweise schematisch dargestellt.

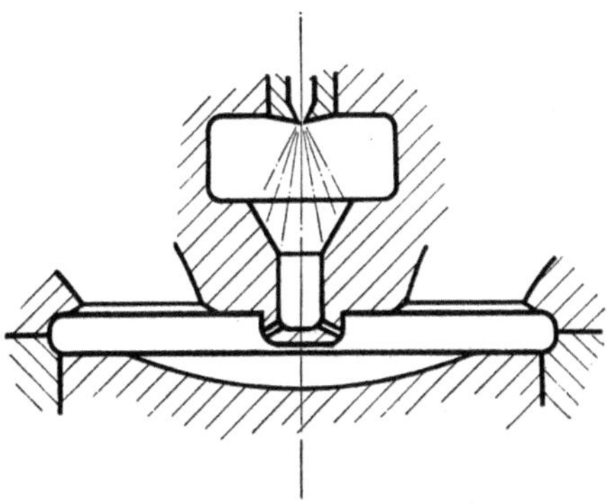

Abb. 325. Schematische Darstellung der Arbeitsweise der Vorkammermaschine.

3. Man erzeugt im Zylinder eine genau gleichgerichtete Luftströmung und spritzt den Brennstoff quer durch diesen Luftstrom ein. Hierbei streicht die hocherhitzte Luft über jeden Brennstofftropfen im Augenblick seines Eintritts in den Verbrennungsraum, führt die Verbrennungsgase sofort, wenn sie sich bilden, mit sich weg und bringt ununterbrochen frische oder nur teilweise verbrauchte Luft zum Angriff auf den Brennstoff. Die Geschwindigkeit der Luft kann in jedem Fall viel höher als die Geschwindigkeit des flüssigen Brennstoffs sein, da sie jederzeit der Drehzahl der Maschine proportional ist. Die Luftgeschwindigkeit kann ferner während des Verbrennungsvorgangs immer beinahe auf gleicher Höhe erhalten werden. Somit dürfte diese Arbeitsweise nach Ansicht des Verfassers die meisten Aussichten versprechen. Außerdem hat sie einige wichtige praktische Vorteile, über die noch zu sprechen sein wird. In Abb. 326 ist diese Arbeitsweise schematisch dargestellt.

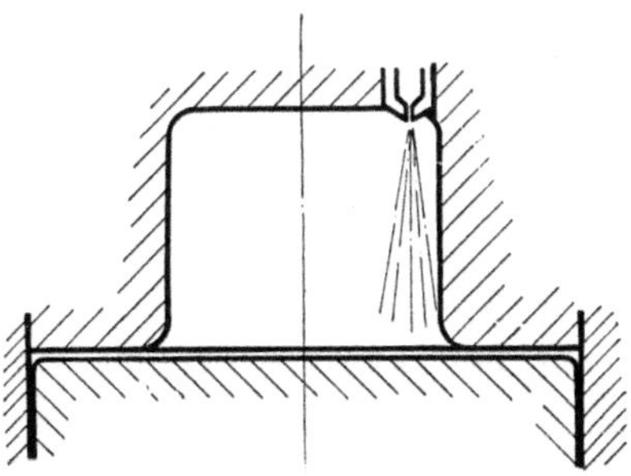

Abb. 326. Schematische Darstellung der Einspritzung des Brennstoffs quer durch einen Luftstrom von hoher Geschwindigkeit.

Das Problem der dritten Stufe des Verbrennungsvorgangs ähnelt stark dem Problem der Vergasung beim üblichen Benzinmotor. In beiden Fällen besteht das Ziel darin, die Teilchen des flüssigen Brennstoffs gleichmäßig über die Luft zu verteilen. Der Hauptunterschied zwischen Vergasermotor und Dieselmotor ist, daß die Brennstofftröpfchen im ersten Fall verdampfen und im zweiten von ihrer Oberfläche aus abbrennen. Aber dieser Unterschied berührt nicht das mechanische Problem, das in beiden Fällen in der Hauptsache gleichbleibt.

Die drei besprochenen Arbeitsverfahren von Dieselmotoren entsprechen hinsichtlich ihrer Wirkungsweise folgenden drei Arten von Vergasern:

Das Arbeitsverfahren der rein mechanischen Einspritzung entspricht dem Einspritzen von flüssigem Benzin in den Zylinder eines Vergasermotors, einem Arbeitsverfahren, das man von Zeit zu Zeit versucht, aber niemals in nennenswertem Maß praktisch verwendet hat.

Das Arbeitsverfahren der Vorkammer-Dieselmaschine entspricht der Verwendung einer Manteldüse, wie z. B. beim Claudel-Vergaser.

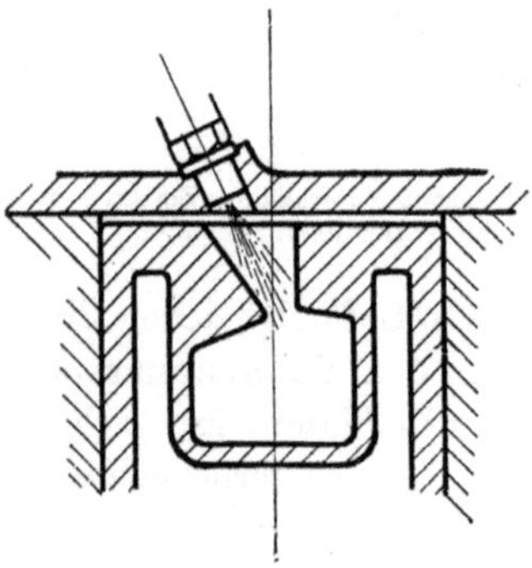

Abb. 327. Schematische Darstellung des Acro-Verfahrens.

Beim dritten Arbeitsverfahren wird die gesamte angesaugte Luftmenge mittels eines Lufttrichters mit hoher Geschwindigkeit an der Brennstoffdüse vorbeigeführt. Diese Arbeitsweise der meisten gewöhnlichen Vergaser entspricht dem zuletzt beschriebenen Arbeitsverfahren für Dieselmotoren, wobei in den Luftwirbel mit gleichbleibender Strömrichtung der Brennstoff eingespritzt wird.

Es gibt noch ein weiteres Arbeitsverfahren für Dieselmotoren, das man nicht streng unter eines der bereits beschriebenen einordnen kann, und das als das Acro-Verfahren bekannt ist. Bei diesem Verfahren wird praktisch die gesamte Menge der für die Verbrennung notwendigen Luft in eine Kammer hineinverdichtet, die gewöhnlich im Kolben angebracht ist und mit dem Verbrennungsraum des Zylinders über einen eng zusammengezogenen Hals in Verbindung steht. Die Brennstoffdüse ist so angeordnet, daß der Brennstoffstrahl, wie in Abb. 327 dargestellt, die Mitte dieser Halsöffnung trifft. Das Einspritzen des Brennstoffs beginnt kurz vor dem oberen Totpunkt und verläuft verhältnismäßig langsam. Die beiden ersten Stufen des Verbrennungsvorgangs, d. h. Zündverzug und Flammenausbreitung, spielen sich mehr oder weniger innerhalb der Kammer ab, in der eine sehr starke ungeordnete Wirbelung herrscht; da aber das Einspritzen des Brennstoffs ziemlich spät beginnt und sich über eine verhältnismäßig lange Zeitspanne erstreckt, so wird in Wirklichkeit nur sehr wenig Brennstoff eingespritzt, bevor der Kolben wieder abwärts geht und aus der Kammer die hochverdichtete Luft mit großer Geschwindigkeit durch die Halsöffnung auszuströmen beginnt. Die dritte Stufe des Verbrennungsvorganges spielt sich daher außerhalb der Kammer bei sehr starker Luftbewegung ab, denn die Luft strömt während dieses Abschnitts ganz plötzlich aus der Kammer aus und stößt auf diesem Wege gegen den ihr entgegenkommenden Brennstoffstrahl.

Der Verbrennungsvorgang verläuft also während dieser dritten Stufe ähnlich wie bei dem zuletzt beschriebenen Verfahren des Einspritzens in die geordnete Luftströmung. Der Hauptunterschied zwischen beiden Verfahren ist jedoch, daß beim Acro-Verfahren die dritte Stufe des Verbrennungsvorgangs erst beginnen kann, wenn der Kolben wieder bereits mit ziemlicher Geschwindigkeit nach unten geht, also verhältnismäßig spät beginnt. Hierdurch wird das Expansionsverhältnis vermindert, und infolgedessen werden die Leistung und der Wirkungsgrad etwas kleiner.

Es ist schwierig, ganz genau zu bestimmen, an welcher Stelle sich beim Acro-Verfahren die Verbrennung abspielt. Wahrscheinlich schwingt sie aber schnell um die Halsöffnung der Kammer. Diese Kammer ist völlig ungekühlt, und da sie keine hohe Temperatur erreicht, so ist ganz klar, daß die Verbrennung in der Hauptsache außerhalb der Kammer und des Kammerhalses stattfinden muß. Da aber andererseits der Druck steigt, obgleich der Kolben bereits wieder abwärts geht, so müssen Umkehrungen der Strömungen zwischen der Kammer und dem Zylinder auftreten, vielleicht schnell wechselnde Umkehrungen dieser Strömungen, mit dem Ergebnis, daß ein Teil der Verbrennung auch während der dritten Stufe doch innerhalb der Kammer stattfindet.

Wenn man jetzt noch einmal die Arbeitsbedingungen eines Vergasermotors mit denen einer schnellaufenden Dieselmaschine mit rein mechanischer Brennstoffzerstäubung vergleicht, so kommt man zu folgendem Schluß: Zündverzug und Flammenausbreitung, die beiden ersten Stufen des Verbrennungsvorgangs, sind beiden Arten von Maschinen gemeinsam, mit dem Unterschied, daß beim Vergasermotor die gesamte Verbrennung mit der Flammenausbreitung zu Ende ist, während der der dritten Stufe entsprechende Vorgang nicht im Zylinder, sondern bereits vorher im Vergaser stattfindet.

Beim Vergasermotor braucht man ungeordnete Wirbelung im Verbrennungsraum und gleichgerichtete Luftströmung im Vergaser, beim Dieselmotor dagegen alle beide Arten von Strömungen innerhalb des Verbrennungsraumes selbst; da diese Bedingungen einander widersprechen, so muß man nach dem bestmöglichen Kompromiß suchen.

Beim Vergasermotor wird unter allen normalen Betriebsverhältnissen der gesamte Sauerstoff verbraucht; somit ist die Flammentemperatur bei jedem Mischungsverhältnis oder bei jeder Drosselstellung beinahe gleich. Da ferner der Wirkungsgrad von der Flammentemperatur abhängt, so folgt, daß bei einem Vergasermotor der wahre indizierte thermische Wirkungsgrad, berechnet aus dem Luftverbrauch, wie weiter oben beschrieben, unabhängig vom Mischungsverhältnis und Drosselstellung, immer fast unveränderlich ist. Voraussetzung hierbei ist allerdings, daß Wirbelung und Zündzeitpunkt in allen Fällen ungefähr gleichbleiben.

Beim Dieselmotor wird dagegen in keinem Fall der gesamte Sauerstoff verbraucht, da es in der Praxis gar nicht möglich ist, den Sauerstoff so vollständig mit dem eingespritzten Brennstoff in Berührung zu bringen. Je weiter man die Belastung vermindert, desto weniger wird von dem verfügbaren Sauerstoff verbraucht; infolgedessen sinken die mittleren Flammentemperaturen, während der Wirkungsgrad zunimmt. Selbst bei Vollast ist es außerordentlich schwierig, mehr als 75 vH des im Verbrennungsraum vorhandenen Sauerstoffs zu verbrauchen, so daß die Flammentemperaturen bei allen Belastungen niedriger und infolgedessen die Wirkungsgrade etwas höher ausfallen als in einem Vergasermotor mit dem gleichen Expansionsverhältnis.

Beim Vergasermotor strebt man an, mit dem höchsten Verdichtungsverhältnis zu arbeiten, bei dem man noch Detonation oder Selbstentzündungserscheinungen unter allen Umständen vermeiden kann. Beim Dieselmotor dagegen strebt man nach dem niedrigsten Verdichtungsverhältnis, bei dem man unter allen Umständen noch die Selbstentzündung erreicht. Bei Vergasermotoren und bei den jetzt auf dem Markt verfügbaren Brennstoffen ist man gezwungen, das Verdichtungsverhältnis außer bei ganz kleinen Zylindern ungefähr auf 6:1 zu beschränken. Bei Dieselmotoren ist man dagegen gezwungen, mit einem Verdichtungsverhältnis von ungefähr 12:1 zu arbeiten, damit man die Selbstentzündung ohne unzulässig großen Zündverzug selbst unter den widrigsten Umständen sichert, ungeachtet der Tatsache, daß die Selbstentzündung bei den schwereren Bestandteilen des Rohöls niedrigere Temperaturen verlangt als bei Benzin. Zwischen diesen beiden Grenzen des Verdichtungsverhältnisses liegt ein weites neutrales Gebiet, in das keine dieser Maschinenarten eindringen kann, außer wenn man auf der einen Seite bei Vergasermaschinen Klopfschutzmittel, also die Detonation verhindernde, oder auf der anderen Seite bei Dieselmaschinen Klopffördermittel, also die Detonation begünstigende Zusätze zu Brennstoffen, oder Glühflächen usw. verwendet. Die Mängel, die die Anwendung aller dieser Mittel zur Folge hat, sind jedoch größer als die, welche sie beheben sollen.

Bei leichten schnellaufenden Dieselmaschinen kann man die Anwendung der Lufteinspritzung wegen der Kosten, der Verwicklung der Bauart und des Gewichtes als beinahe ausgeschlossen bezeichnen. Man muß sich hier also an die rein mechanische Brennstoffzerstäubung halten. Hierfür sind im allgemeinen drei Verfahren im Gebrauch:

1. Die Brennstoffpumpe fördert den Brennstoff in einen kleinen, nachgiebigen Behälter, dessen Druck mehr oder weniger auf gleicher Höhe erhalten wird. Der Augenblick des Einspritzens und in gewissem Umfang auch die Zumessung des Brennstoffs werden durch mechanische Steuerung des Brennstoffventils am Zylinder geregelt.

2. Das Brennstoffventil steht unter Federdruck und arbeitet selbsttätig, d. h. ohne unmittelbaren mechanischen Antrieb. In diesem Fall muß die Brennstoffpumpe die Einspritzzeit als auch die Zumessung des Brennstoffs übernehmen. Unter bestimmten Bedingungen kann man dieses Verfahren sogar ganz ohne Brennstoffventil, nur mit einer offenen Düse wie in einem Vergaser anwenden.

3. Die sog. „federnde Einspritzung“ ist in Wirklichkeit nur eine Abart des Verfahrens unter 1. Bei diesem Verfahren steht der Kolben der Brennstoffpumpe selbst unter Federdruck und ständig in Bereitschaft, den Brennstoff in dem Augenblick zu fördern, in dem das Brennstoffventil mechanisch geöffnet wird. Dieses Verfahren unterscheidet sich in der Wirkung von dem Verfahren unter 1. nur dadurch, daß der Körper der Brennstoffpumpe selbst den nachgiebigen Behälter bildet.

Bei dem Verfahren unter 2., das weitaus das einfachste ist und am häufigsten verwendet wird, hat die Brennstoffpumpe das Zumessen des Brennstoffs und den Zeitpunkt des Einspritzens ganz allein innerhalb ganz enger Grenzen zu besorgen. In der Praxis liegen diese Grenzen ungefähr bei 5 vH Genauigkeit der Brennstoffmenge und hinsichtlich der Genauigkeit des Einspritzbeginns bei ungefähr 1° Kurbelwinkel bzw. 0,5° Drehwinkel der Pumpenwelle. So hohe Genauigkeit kann man entweder mit ganz einfachen mechanischen Mitteln in Verbindung mit hervorragender Werkstattarbeit oder mit verwickelteren Einrichtungen erreichen, wobei die Genauigkeit der Arbeit weniger wichtig ist. Die Wahl zwischen diesen beiden Wegen muß man nach Mitteln treffen, die zur Verfügung stehen. In jedem Falle kann man das gewünschte Ergebnis erreichen und den obengenannten Grad der Genauigkeit der Zumessung und des Einspritzbeginns auch aufrecht erhalten.

Bei allen Einspritzverfahren kommt es hauptsächlich darauf an, den Brennstoff genau zuzumessen und genügend plötzlichen Abschluß nach Ablieferung der verlangten Brennstoffmenge zu erreichen, damit ein Nachtropfen von Brennstoff aus der Düse und die Bildung eines Kraters aus Ölkohle um das Mundstück der Brennstoffdüse herum vermieden wird. Bei langsamlaufenden Maschinen genügt es für diesen Zweck, für den unmittelbaren Antrieb des Pumpenkolbens einen sehr steilen Nocken zu verwenden, der so eingestellt ist, daß die Pumpe den Brennstoff genau zu der verlangten Zeit einspritzt. Die Länge des Kolbenhubes und damit die Größe der Ladung kann man hierbei durch geeignete Mittel verändern. Wegen der naheliegenden mechanischen Schwierigkeiten ist aber dieses Verfahren bei schnellaufenden Maschinen weder ausführbar noch wünschenswert.

Fast alle Brennstoffpumpen, die sich bei schnellaufenden Dieselmaschinen bewährt haben, arbeiten nach folgendem allgemeinen Verfahren: Der Kolben hat einen verhältnismäßig langen Hub und wird entweder mittels eines Exzenters oder eines Nockens mit annähernd konstanter Beschleunigung, d. h. mit harmonischer Bewegung, angetrieben. Von diesem langen Hub wird nur ein Teil ausgenutzt, nämlich der Abschnitt, in dem der Kolben die höchste Geschwindigkeit hat. Dieser Teil wird entweder mittels eines Ventils, an das der Kolben stößt, eines Kolbenschiebers oder mittels gewöhnlicher Tellerventile herausgeschnitten. In allen diesen Fällen bleibt der Beginn des Einspritzens unverändert, und die Größe der Brennstoffladung und somit die Dauer des Einspritzens wird nur durch den Augenblick, in dem sich das Steuerorgan öffnet und dadurch das Einspritzen beendet, entsprechend der Belastung bestimmt.

Bei den ersten Versuchen des Royal Aircraft Establishment, von denen zu Beginn dieses Abschnitts die Rede war, wurde der Brennstoff mittels einer gewöhnlichen Kolbenpumpe unter einem Druck von etwa 420 at gefördert und unter diesem Druck in einem kleinen Stahlbehälter aufgespeichert. Als Brennstoffventil diente ein mittels einer kräftigen Feder belastetes Nadelventil; dieses wurde mechanisch mittels eines Nockens im richtigen Zeitpunkt geöffnet. Der Brennstoff spritzte in den Zylinder durch eine Anzahl von feinen Düsen, die nach verschiedenen Teilen des Verbrennungsraumes gerichtet waren. Die Einrichtung war vom Standpunkt der Wirkungsweise aus vorzüglich, bedingte aber einige ernstliche mechanische Schwierigkeiten. Die wichtigsten hiervon waren, das Brennstoffventil in so kurzer Zeit und bei so starker Federbelastung zu bewegen und die etwas umfangreichen Teile der Anlage am Zylinderkopf unterzubringen. Immerhin haben die Versuche dazu gedient, einen glänzenden Beweis dafür zu erbringen, daß es nicht nur möglich sei, eine schnellaufende Dieselmaschine in Betrieb zu bringen, sondern daß sie sogar einen bemerkenswert hohen Wirkungsgrad ergebe. Die bei diesen Versuchen im Jahre 1922 erzielten Ergebnisse, nämlich ein mittlerer nutzbarer Kolbendruck von 8,45 at bei einer Kolbengeschwindigkeit von 10 m/s und einem günstigsten Brennstoffverbrauch von 165 g/PS_eh bei dieser hohen Geschwindigkeit sind bis heute noch unübertroffen.

Der Pionierarbeit des Royal Aircraft Establishment folgten schnell die Arbeiten in den Beardmore-Werken unter Leitung von A. E. L.

Chorlton. Dieser entschied sich dahin, das mechanisch angetriebene Brennstoffventil zugunsten eines selbsttätigen, durch Federkraft belasteten Ventils aufzugeben, das durch den Druck des Brennstoffs geöffnet wird, wie jetzt bei Motoren mit rein mechanischer Brennstoffzerstäubung üblich ist. Bei der Beardmore-Maschine läuft die Brennstoffpumpe mit der Motordrehzahl (anstatt, wie gebräuchlich, mit der halben Geschwindigkeit der Kurbelwelle), und sie versorgt abwechselnd zwei Zylinder. Jede Brennstoffpumpe wird mittels eines Exzenters angetrieben und hat einen langen Hub, von dem nur der mittlere Teil ausgenutzt wird. Beginn und Dauer des Einspritzens werden durch ein Schnellventil gesteuert, einen sich schnell verstellenden Kolbenschieber, der sich über eine Öffnung legt. Durch diese Öffnung wird entweder Brennstoff angesaugt oder durch Entlasten des Pumpenzylinders die Förderung plötzlich unterbrochen. Auf diese Weise wird in der Pumpe nur während der Zeit Druck erzeugt und Brennstoff gefördert, während deren der Kolbenschieber sich über die Öffnung hinwegbewegt und sie verschließt. Das Brennstoffventil selbst ist ein gewöhnliches Differentialventil mit Federbelastung, und der Brennstoff tritt durch eine Anzahl von Düsen in den Zylinder aus, die ebenso wie bei der Versuchsmaschine des Royal Aircraft Establishment nach verschiedenen Teilen des Brennraumes hin gerichtet sind.

In Deutschland hat die bekannte Magnetfabrik Robert Bosch, A.-G., eine überaus geschickte Bauart von Brennstoffpumpen entwickelt und in den Handel gebracht, die im allgemeinen auf dem gleichen Arbeitsverfahren wie die Beardmore-Pumpe beruht. Sie ist aber nur in der Arbeitsweise gleich und unterscheidet sich im übrigen dadurch von ihr, daß sie (für Viertaktmotoren) nur mit der halben Motordrehzahl läuft. Es ist daher für jeden Zylinder eine besondere Pumpe nötig. Ferner ist das Schnellventil ein fester Bestandteil des Kolbens und bildet das obere Ende jedes Pumpenkolbens.

Da die Pumpe mit der halben Drehzahl des Motors arbeitet und die Förderzeit notwendigerweise sehr kurz ist — bei Vollast nur in der Größenordnung von etwa 20 bis 25° Kurbelwinkel —, so wäre ein sehr langer Hub der Pumpe notwendig, wenn man sie mittels einer Kurbel oder eines Exzenters antreiben wollte. Daher wird statt eines Exzenters ein Nocken zum Antrieb benutzt, der einen Gesamthub des Kolbens von etwas mehr als dem Doppelten des für die Förderung von Brennstoff tatsächlich ausgenutzten Hubes ergibt.

Abb. 328 bis 330 geben die allgemeine Bauart und Einzelheiten der Boschpumpe in Schnitten wieder. Das Schnellsteuerventil ist, wie ersichtlich, auf der Oberseite flach begrenzt, während das untere Ende des Ventilkolbens nach einer Schraubenfläche abgeschrägt ist. Durch Drehen des Ventils mit diesem Kolben mittels einer Zahnstange und eines Bolzens kann man die Dauer des Förderns verändern. Da das Ventil oben flach ist, wird hierdurch der Beginn der Förderzeit nicht beeinflußt, dagegen bestimmt die untere schräg abgeschnittene Kante die Förderzeit und die Fördermenge.

Die ganze Pumpe ist überaus geschickt entworfen, einfach und gedrängt gebaut und arbeitet vorzüglich; aber man muß doch berück-

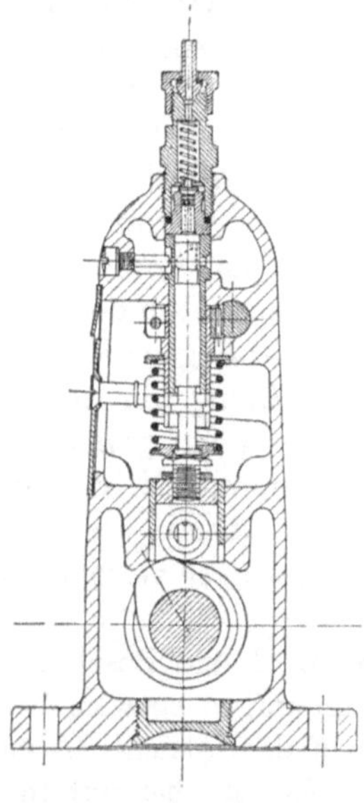

Abb. 328. Querschnitt.

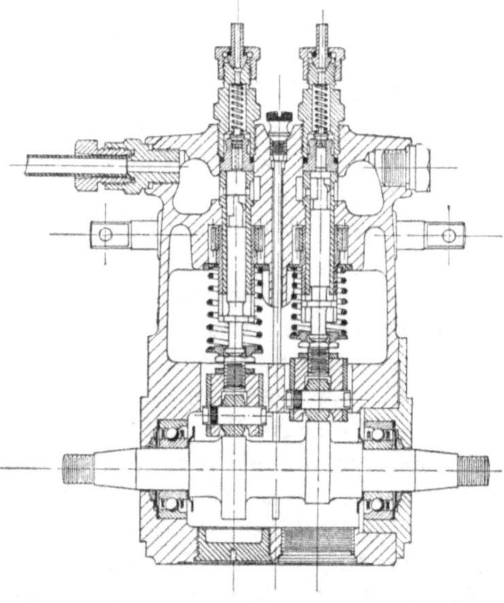

Abb. 329. Längsschnitt.

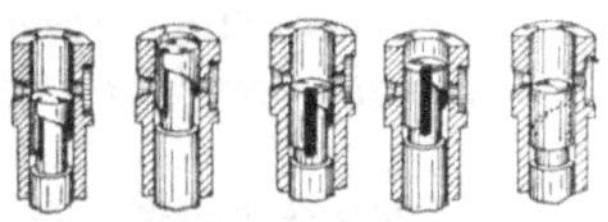

a *b* *c* *d* *e*

Abb. 330. Wirkungsweise des Schnellventils.
a, *b* Anlaufstellung.
b Ende der Einspritzung.
c, *d* Normalbelastung.
d Ende der Einspritzung.
e Stillsetzen der Maschine.

Abb. 328 bis 330. Brennstoffpumpe von Robert Bosch, A.-G.

sichtigen, daß ihre Genauigkeit in bezug auf das Zumessen der Brennstoffladung und die Dauer des Einspritzens ebenso wie ihre Betriebssicherheit von der Güte der Werkmannsarbeit abhängt und von einer Härte der benutzten Werkstoffe, die besondere Fabrikationseinrichtungen und überaus geschickte Arbeiter voraussetzen. Bei einer derartigen Konstruktion gibt es praktisch überhaupt keinen Spielraum für Nachstellen, sei es wegen Abnutzung oder auch für kleinste Herstellungsfehler. Daß sich diese Brennstoffpumpe tatsächlich so gut bewährt, beruht also nur auf der überaus hohen Güte von Bearbeitung und Baustoff. Die Boschpumpe kann hiernach in der Tat beinahe als ein klassisches Beispiel dafür angesehen werden, daß vorzügliche Werkarbeit und hochwertige Baustoffe gestatten, eine einfache Konstruktion für Brennstoffpumpen anzuwenden. Dies ist nur dadurch möglich, daß man die Grenzen der Arbeitsgenauigkeit viel enger zieht, als sonst bei den meisten erstklassigen Fabriken üblich oder erreichbar ist.

Die von dem Verfasser entworfene, in Abb. 331 und 332 dargestellte Brennstoffpumpe ist etwas weniger einfach in der Konstruktion, für

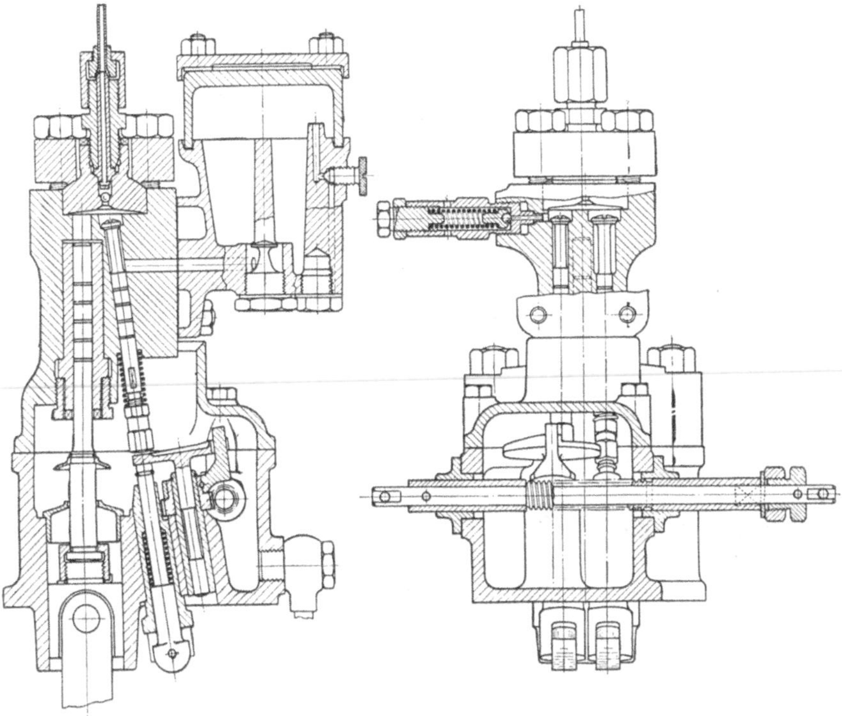

Abb. 331. Längsschnitt. Abb. 332. Schnitt durch die Regelvorrichtung.

Abb. 331 und 332. Brennstoffpumpe für schnellaufende Dieselmotoren nach Ricardo.

ihre Herstellung ist aber hohe Genauigkeit der Bearbeitung nicht so wesentlich. Der Kolben dieser Pumpe hat einen langen Hub und kann mittels eines Nockens oder bei einem Schiebermotor unmittelbar von dem angetrieben werden, der die Schieber betätigt. Zwei von Nocken betätigte Tellerventile sind vorhanden. Das eine von ihnen dient nur als Saugventil, und das andere dient entweder als Rücklauf oder als Entlastung zum Abschneiden der Förderung. Man kann dieses Ventil aber auch, wenn es erwünscht ist, als ein zusätzliches Saugventil verwenden.

Wenn sich der Kolben auswärts bewegt, ist ein Ventil oder sind beide Ventile geöffnet, so daß sie als Saugventile wirken. Im letzten Teil dieses

Kolbenhubes schließt sich das Überlaufventil, während das Saugventil noch weiter geöffnet bleibt, bis der Kolben fast die Hälfte des Förderhubes zurückgelegt hat. Dann erst wird auch das Saugventil auf mechanischem Wege geschlossen. Da das andere Ventil ebenfalls bereits geschlossen ist, so bleibt für den Brennstoff nur noch der Weg durch

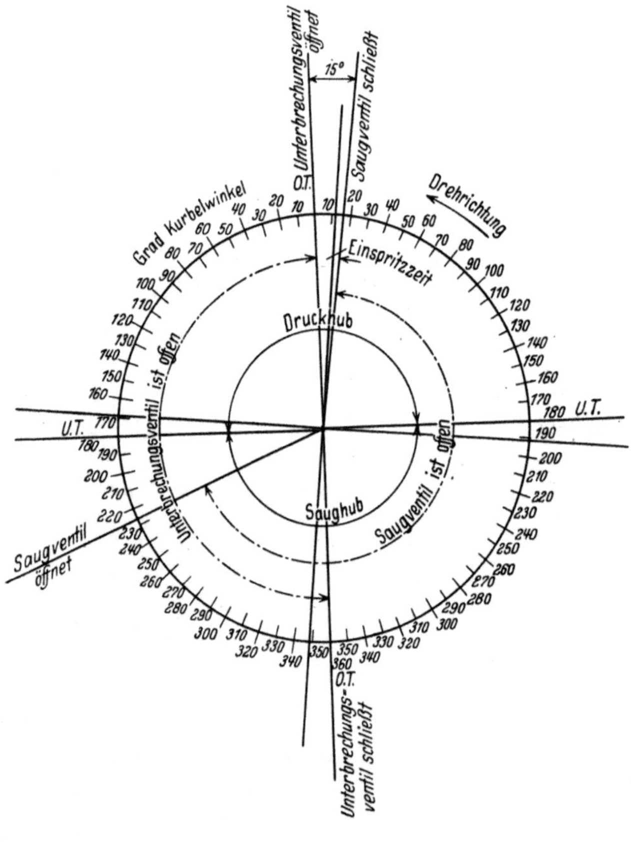

Abb. 333. Einstellung der Steuerung bei der Ricardo-Brennstoffpumpe.

das Brennstoffventil in den Zylindern frei. Das Schließen des Saugventils bestimmt also den Beginn des Einspritzens, und von da ab wird solange eingespritzt, bis das Überlaufventil von dem zweiten Nocken geöffnet wird. Von diesem Augenblick an und während des übrigen Förderhubes wird der Brennstoff auf die Saugseite der Pumpe zurückgedrängt.

Das Schließen des Saugventils bestimmt also den Beginn des Einspritzens. Diesen Zeitpunkt kann man wie bei einem gewöhnlichen

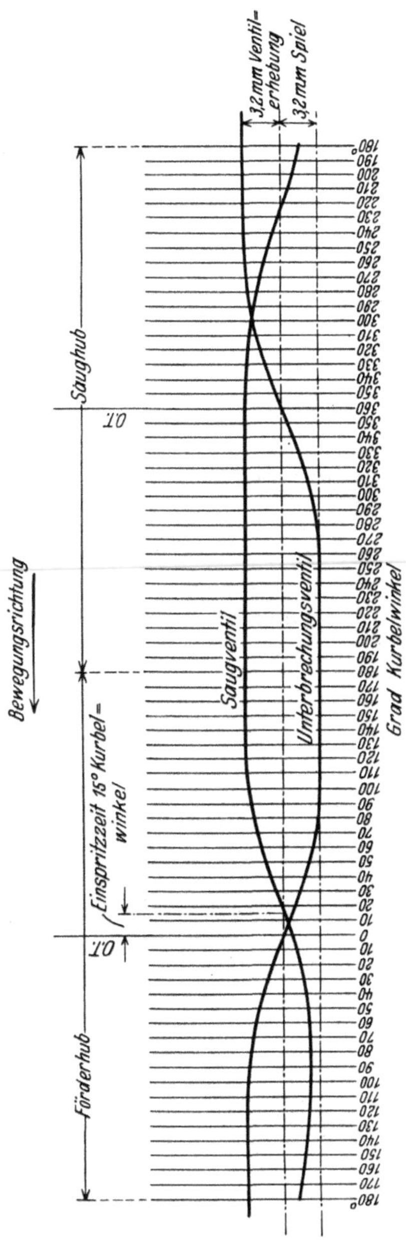

Ventilantrieb durch Verändern des Stößelspiels einstellen. Im Falle einer Verstellung oder Abnutzung dieses Antriebes kann man das Nachstellen jederzeit leicht wiederholen. Die Dauer des Einspritzens und damit die Bemessung der Brennstoffladung kann man dadurch verändern, daß man zwischen das Überlaufventil und den zugehörigen Ventilstößel entweder einen ebenen Gleitkeil oder einen schraubenförmigen Drehkeil einschaltet. Durch Bewegen dieses Keiles verändert man das Spiel zwischen Stößel und Ventil, und dieser Keil ist auch das einzige Regelorgan der Maschine. Selbstverständlich sind auch Mittel vorgesehen, um die Größe des Stößelspiels zwischen den einzelnen Pumpen oder Zylindern auszugleichen.

Abb. 333 und 334 zeigen die Einstellung der Ventilsteuerung einer solchen Brennstoffpumpe. Da der Pumpenkolben über keine Steuerschlitze fährt, und da der Brennstoff nur während der kurzen Förderzeit unter Druck steht, so genügt es, den Kolben ziemlich lose einzupassen, zumal seine abdichtende Führung sehr lang ist. Im Fall einer Undichtheit kann man die Ventile leicht nachschleifen, und Abnutzungen kann man durch Nachstellen der Einspritzzeit usw. mit Hilfe der Stößelspiele leicht ausgleichen. Die gute Arbeitsweise der Pumpe hängt infolgedessen nicht von großer Genauigkeit der Arbeit oder des Einpassens oder von der besonders sorgfältigen Nockeneinstellung ab. Vom Gesichtspunkt der Wirkungsweise sind alle drei beschriebenen Pumpenarten praktisch gleich, abgesehen davon, daß die Entlastung des Brennstoffs am Ende des Förderhubes bei der Boschpumpe, vgl. Abb. 335, nicht so plötzlich stattfindet wie bei den anderen Pumpen, z. B. bei einer Ricardopumpe, für die der in Abb. 323 dargestellte Verlauf der Drucklinie kennzeichnend ist. Die Drucklinien verlaufen bei beiden Pumpen offenbar sehr ähnlich, aber das schnell öffnende Entlastungsventil von großem Querschnitt bei der Ricardopumpe ermöglicht ein viel plötzlicheres Unterbrechen der Förderung, als das Schnellventil der Boschpumpe.

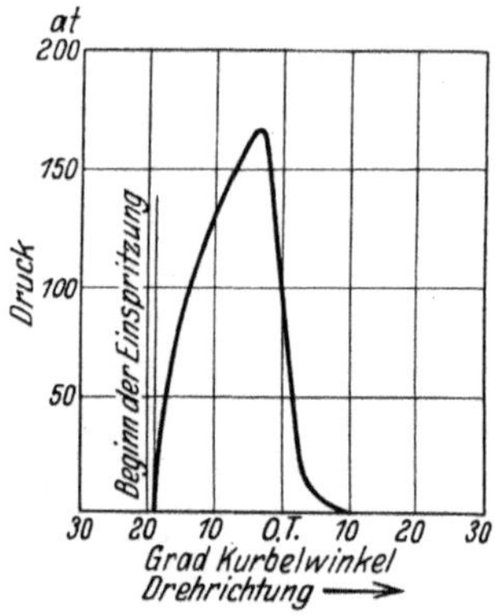

Abb. 335. Verlauf der Brennstoffdrücke bei der Bosch-Pumpe.

Von den verschiedenen Verfahren, den Brennstoff im Verbrennungsraum zu verteilen, hat der Verfasser persönlich das am meisten praktisch untersucht, bei dem ein geordneter kreisender Luftwirbel verwendet wird. Der Verfasser hält dieses Verfahren aus den bereits angeführten Gründen für das beste.

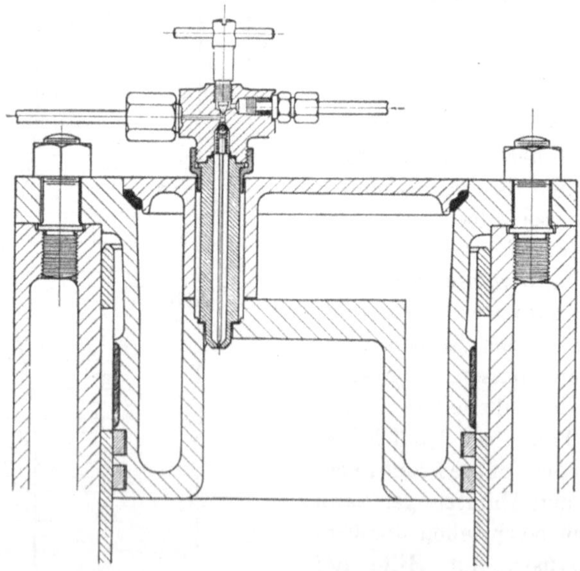

Abb. 336. Zylinderkopf eines schnellaufenden Dieselmotors mit Schiebersteuerung.

Um aber eine ausreichend schnelle Drehbewegung zu erreichen, muß man bei Viertaktmotoren Schiebersteuerung anwenden, weil die Schiebersteuerung gestattet, die Luft tangential in den Zylinder einzuführen, ohne daß dabei Drosselverluste oder Verluste an freiem Querschnitt eintreten. Es ist ferner notwendig, die Drehbewegung der Luft dadurch weiter zu beschleunigen, daß man die gesamte Ladung des Zylinders in einen Verbrennungsraum hinein verdichtet, dessen Durchmesser nur etwa halb so groß wie der des Zylinders ist, so daß die Winkelgeschwindigkeit der Luft bei gleicher Umfangsgeschwindigkeit verdoppelt oder mehr als verdoppelt wird. Diesem geordneten Kreiswirbel wird dann im letzten Augenblick noch eine ungeordnete Wirbelung überlagert, wenn die zwischen dem Kolbenboden und dem flachen Teil des Zylinderkopfes eingeschlossene Luft plötzlich herausgepreßt wird und hierbei einen ringförmigen Wirbel erzeugt. In Abb. 336 ist die Form des Verbrennungsraums dargestellt, zu der man so gelangt.

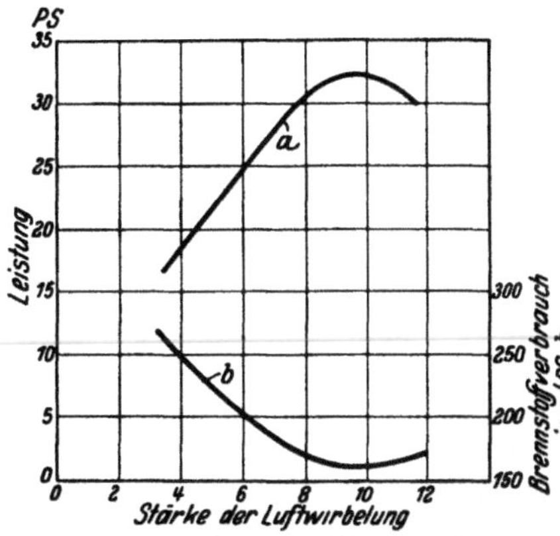

Abb. 337. Abhängigkeit von Leistung und Brennstoffverbrauch von der Stärke der Luftwirbelung, ausgedrückt durch das Verhältnis der Winkelgeschwindigkeit des Luftwirbels zur Winkelgeschwindigkeit der Motorwelle.
a Leistung.
b Brennstoffverbrauch.

Die besten Ergebnisse wurden erzielt, wenn die Geschwindigkeit der Luftdrehung im Verbrennungsraum, gemessen mit einem im Verbrennungsraum angebrachten Anemometer, etwa 9 bis 10 mal so groß ist wie die Drehzahl der Kurbelwelle, d. h. wenn die gesamte Luftmenge im Verbrennungsraum eine volle Umdrehung macht, während die Kurbelwelle einen Winkel von etwa 36 bis 40° zurücklegt. Dieser Winkel entspricht der gesamten Dauer der Verbrennung bei voller Belastung. Bei Anwendung der Schiebersteuerung ist es außerordentlich leicht, die Geschwindigkeit des Luftwirbels mit Hilfe von Leitflächen zu regeln, die unmittelbar außerhalb der Einlaßschlitze angebracht werden. Ist einmal die richtige Winkelstellung dieser Flächen gefunden, so bleibt das Verhältnis von Drehbewegung der Luft zu Kurbelwellendrehung praktisch bei jeder Motordrehzahl und unter allen Bedingungen gleich, da sich die Einströmgeschwindigkeit der Luft natürlich im gleichen Verhältnis mit der Kurbelwellendrehzahl ändert. Hat man also den erforderlichen Einströmwinkel erst einmal durch Erprobung am ersten Versuchszylinder gefunden, so kann man danach die Einlaßkanäle im Gußstück mit der notwendigen Winkelstellung herstellen und hat keine weitere Nacharbeit mehr nötig.

Abb. 337 zeigt die Ergebnisse einer Versuchsreihe an einem Zylinder von 139,7 mm Dmr. und 177,8 mm Hub bei gleichbleibender Drehzahl von 1300 U/min. Bei diesen Versuchen wurde die Winkelgeschwindigkeit des Luftwirbels durch außen angebrachte Leitflächen vom Vierfachen bis zum Zwölffachen der Winkelgeschwindigkeit der Kurbelwelle verändert. Die Abbildung zeigt, daß die günstigsten Werte von Leistung und Brennstoffverbrauch bei sonst völlig gleichen Betriebsbedingungen bis zu gewissen Höchstwerten zunehmen, wenn man die Geschwindigkeit des Luftwirbels im Vergleich zur Geschwindigkeit der Kurbelwelle steigert. Diese Höchstwerte wurden erreicht, wenn die Geschwindigkeit des Luftwirbels zwischen dem Neun- und dem Zehnfachen der Kurbelwellengeschwindigkeit betrug.

Andererseits wächst aber bei steigender Geschwindigkeit des Luftwirbels der Wärmeverlust während der Verdichtung infolge der stärkeren Reibung der Luft an den Zylinderwänden. Die unmittelbare Folge hiervon ist eine Verlängerung des Zündverzugs, und als Folge hiervon steigen Höchstdruck und Rauhigkeit des Ganges der Maschine. Bis zu einem gewissen Grade kann man diesem Einfluß durch Erhöhen des Verdichtungsverhältnisses oder durch Späterlegen der Brennstoffeinspritzung ausgleichen, aber diese Mittel helfen nur bis zu einer Grenze. Man muß daher zwischen weichem Gang und Wirkungsgrad in genau der gleichen Weise ein Kompromiß suchen, wie dies beim Vergasermotor durch Beschränken des Grades der Wirbelung notwendig ist.

Bei dem Verfahren mit geordnetem umlaufenden Luftwirbel spritzt man den Brennstoff durch eine einfache Düse mit glatter Bohrung von verhältnismäßig großem Durchmesser ein ohne irgendein Ventil oder einen anderen bewegten Teil, an irgendeiner Stelle zwischen Pumpe und Düsenöffnung, außer einem leichten Rückschlagventil, das lediglich dazu dient, das Zurückdrücken von Luft in die Brennstoffanlage zu verhindern. Aus praktischen Gründen ist aber der größeren Sicherheit wegen die Anbringung von zwei hintereinander und so weit wie möglich voneinander entfernten Kugelventilen vorzuziehen. Das eine davon bringt man dicht an der Brennstoffdüse, das andere dicht an der Brennstoffpumpe an, derart, daß der Inhalt der gesamten Brennstoffleitung zwischen den beiden Ventilen liegt. Bei dieser Anordnung müßte selbst im Fall, daß das vordere Ventil undicht wird oder nicht richtig aufsetzt, erst die gesamte Brennstoffsäule in der Ölleitung durch das zweite Ventil zurückgedrückt werden, ehe Luft in die Pumpe eindringen könnte.

Der Brennstoffstrahl wird nahe am äußersten Rande des Verbrennungsraumes senkrecht nach unten gespritzt, und für seine Zerstäubung wird nichts getan. Die Düse hat nur eine glatte zylindrische Bohrung, deren Länge etwa ein bis zweimal so groß wie ihr Durchmesser ist. Der Einspritzdruck kann verhältnismäßig niedrig sein, er beträgt etwa 100 bis 200 at je nach der Drehzahl. Er soll lediglich genügen, den Brennstoff bis fast zum Boden des Verbrennungsraumes vorzutreiben. Da kein federbelastetes Einspritzventil vorhanden ist, so wird der Einspritzdruck nur durch den Widerstand der Düse geregelt. Ihren Durchmesser muß man daher so wählen, daß der Brennstoffstrahl ausreichend weit eindringen kann. Bei Verwendung einer solchen Düse besteht der Brennstoffstrahl auch noch in einer gewissen Entfernung vom Düsenaustritt aus einem anscheinend vollen flüssigen Kern, der auf allen Seiten von ganz kleinen Teilchen umgeben ist.

Bei diesem Arbeitsverfahren sollen sich die Vorgänge während des Ablaufs der Verbrennung in der weiter unten beschriebenen Weise abspielen (und sie tun es in der Hauptsache vielleicht auch). Aber da noch keine Mittel bekannt sind, die ermöglichen würden, die tatsächlichen Bewegungen im Verbrennungsraum während des Betriebes der Maschine zu beobachten, so ist man auf Vermutungen angewiesen, die durch eine große Menge von gelegentlichen Beobachtungen unterstützt werden.

Während des Einspritzens von Brennstoff dreht sich die Luft im Verbrennungsraum mit sehr hoher Geschwindigkeit. In den äußersten Rand dieses aus verdichteter Luft bestehenden Wirbels wird im rechten Winkel zur Luftbewegung ein Strahl von flüssigem Brennstoff eingespritzt, von dem ein Teil, und zwar wahrscheinlich nur ein kleiner Teil, fein zerstäubt ist. Da der eintretende Brennstoffstrahl keine Tangentialgeschwindigkeit hat und da der Druck und die Geschwindigkeit der Luft infolge der Fliehkraft am äußeren Rand am größten sind, so wird der eigentliche Brennstoffstrahl zur Mitte des Zylinders hin abgelenkt, während die feineren Brennstoffteilchen fast geradeaus zur Mitte streben, wo auch die höchsten Temperaturen herrschen und wo es, was die mechanische Bewegung anbelangt, verhältnismäßig am ruhigsten ist.

Hier bildet sich dann, sobald die feinen Brennstoffteilchen diese heiße und ruhige Zone erreicht und sich im richtigen Verhältnis mit Luft gemischt haben, der erste Flammenkern, von dem die weitere Entflammung ausgeht. Die erste Stufe der Verbrennung oder der Zündverzug spielt sich also in dieser Zone ab. Inzwischen ist weiterer Brennstoff durch die Düse eingedrungen. Ein Teil davon findet seinen Weg zur Mitte und umgibt hier den Ausgangskern der Flamme mit einem Mantel von brennbarem Gemisch. Über diesen Mantel breitet sich die Flamme mit großer Geschwindigkeit; Temperatur und Druck in der Mitte des Brennraumes steigen, wodurch das Druckverhältnis zwischen Mitte und Rand des Brennraumes zeitweilig umgekehrt wird. Die nunmehr richtig entflammte Gasmasse breitet sich jetzt infolge der ungeordneten Wirbelung, die ungefähr in diesem Augenblick ihren

Höchstwert erreicht hat, schnell aus, bis sie auf den eintretenden Brennstoffstrahl stößt. Damit ist das Ende der zweiten Stufe der Verbrennung erreicht.

Bis zu diesem Augenblick sind die allgemeinen Temperatur- und Druckverhältnisse im Brennraum bereits so hoch gestiegen, daß sich der Brennstoff wahrscheinlich schon beim Austritt aus der Düse entzündet. Er verbrennt dann an der Oberfläche des eintretenden flüssigkeitskernes, unterstützt durch die mit hoher Geschwindigkeit nachstürzende Luft, die die Verbrennungsrückstände fortspült und dauernd frischen Sauerstoff heranbringt. Dieser Vorgang hört erst mit der Beendigung des Einspritzens auf. Während dieser dritten Stufe der Verbrennung kann man den Druckanstieg durch die Geschwindigkeit des Brennstoffnachschubs beherrschen. Durch sorgfältige Auswertung der Indikatordiagramme und durch andere mittelbare Wege konnte festgestellt werden, daß 20 bis 30 vH des gesamten verfügbaren Sauerstoffes verbraucht werden, ehe der Brennstoff an der Einspritzdüse zu brennen beginnt. Es stehen dann also noch 70 bis 80 vH des Sauerstoffes zur Verfügung, die fast ganz durch die schnelle Drehbewegung der Luft an den eintretenden Brennstoff herangeführt werden. Das ist also die Reihenfolge der Vorgänge, soweit es möglich ist, sie aus den Indikatordiagrammen, aus Brandspuren an den Kolben und im Verbrennungsraum und aus ihrer logischen Verbindung mit Änderungen der Wirbelung, der Geschwindigkeit der Brennstoffeinspritzung, der Lage der Düse usw. abzuleiten.

Bei diesem Arbeitsverfahren ist es möglich, nahezu 80 vH des gesamten im Zylinder verfügbaren Sauerstoffes ausnutzen und damit einen mittleren indizierten Kolbendruck von 9,5 bis 10,2 at zu erzielen, und zwar bei jeder Drehzahl, die die Maschine aus baulichen Gründen zuläßt. Da sich die gesamte Verbrennung mit Ausnahme des Zündverzugs mit der Drehzahl selbsttätig beschleunigt, so wird die Drehzahl allein durch bauliche Gründe und durch das Ansaugvermögen des Zylinders begrenzt. Unter Benutzung dieser Arbeitsweise wurden an einer Anzahl von schnellaufenden Maschinen Versuche durchgeführt. Diese Versuchsmotoren hatten einen bis sechs Zylinder; der kleinste war ein Vierzylindermotor von 88,9 mm Zyl.-Dmr. und 88,9 mm Hub, der mit 2500 U/min lief, der größte ein Einzylindermotor von 304,8 mm Zyl. Dmr. und 406,4 mm Hub, der bei der Nenndrehzahl von 750 U/min 175 PS entwickelte.

In Abb. 338 ist der Brennstoffverbrauch einer Einzylinder-Versuchsmaschine von 139,7 mm Zyl.-Dmr. und 177,8 mm Hub bei der Nenndrehzahl von 1300 U/min, bei der sie 33 PS leistete, aufgetragen. Die Maschine ist mit allen Hilfseinrichtungen, die sie selber antreibt, ausgerüstet, so daß der gemessene Brennstoffverbrauch unbedingt dem wahren Verbrauch entspricht. Der mittlere nutzbare Kolbendruck bei 1300 U/min betrug bis zu 8,37 at, entsprechend einem mittleren indizierten Kolbendruck von 9,92 at. Der niedrigste Brennstoffverbrauch betrug 158,9 g/PS$_e$h bei Betrieb mit handelsüblichem Shell-Dieselöl vom spezifischen Gewicht 0,875. Diese besondere Maschine ist mit verstellbaren Leitflächen zum Regeln der Geschwindigkeit des Luftwirbels ausgerüstet, und die angegebenen Zahlen sind bei einer Luftwirbelung von 14000 U/min, d. h. bei etwa der 11fachen Geschwindigkeit der Kurbelwelle aufgenommen.

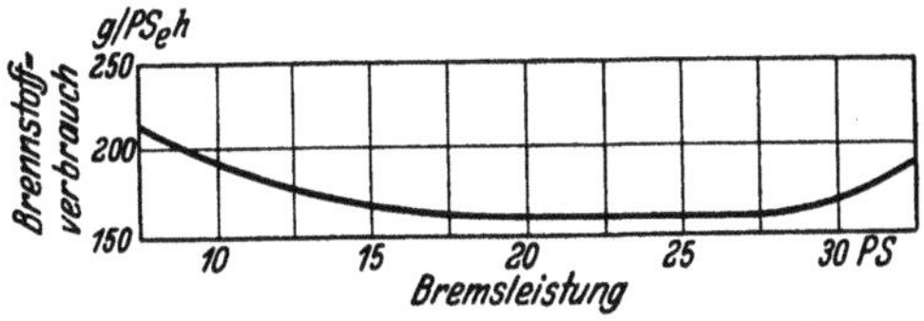

Abb. 338. Brennstoffverbrauch einer Einzylinder-Versuchsmaschine von 139,7 × 177,8 mm bei 1300 U/min.

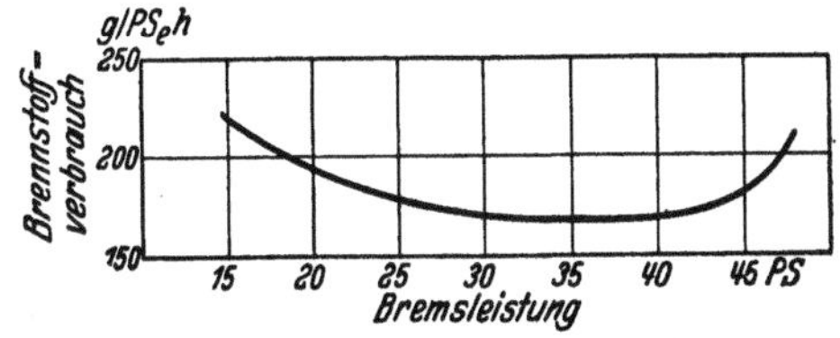

Abb. 339. Brennstoffverbrauch einer Einzylinder-Versuchsmaschine von 139,7 × 177,8 mm bei 2200 U/min.

Abb. 339 ist die Verbrauchskurve einer anderen Einzylinder-Versuchsmaschine von den gleichen Abmessungen, die jedoch für eine höhere Drehzahl gebaut ist. Ihre Nenndrehzahl beträgt 2200 U/min entsprechend einer Kolben-

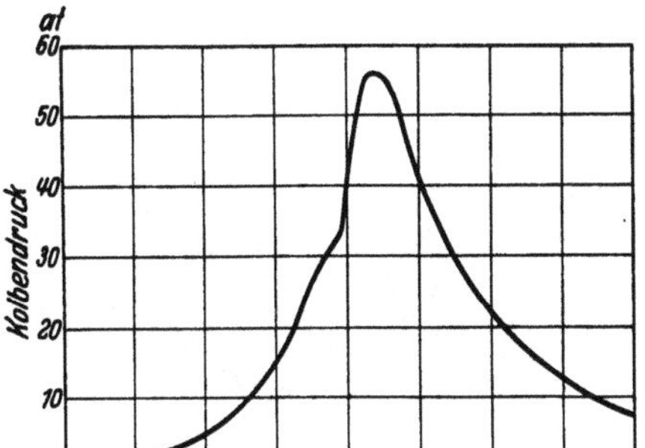

Abb. 340. Indikatordiagramm einer Einzylinder-Versuchsmaschine bei 1300 U/min oder 7,61 m/s mittlerer Kolbengeschwindigkeit. Bohrung 139,7 mm, Hub 177,8 mm, mittl. nutzb. Kolbendruck 6,3 at, mittl. indiz. Kolbendruck 7,88 at, indiz. Brennstoffverbrauch 130 g/PSih, nutzb. Brennstoffverbrauch 161,5 g/PSeh.

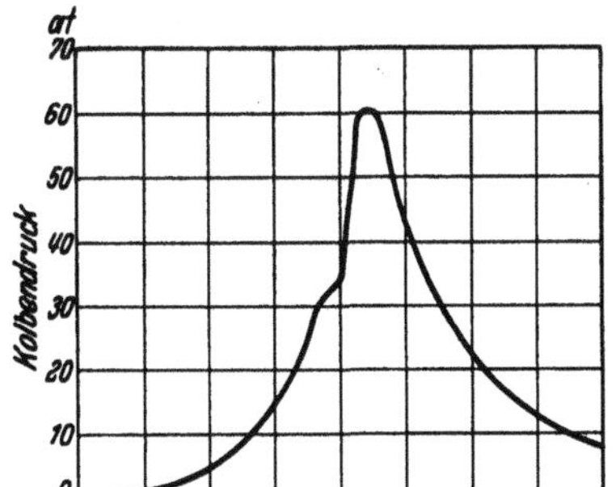

Abb. 341. Indikatordiagramm einer Einzylinder-Versuchsmaschine bei 2200 U/min bzw. 12,88 m/s mittl. Kolbengeschwindigkeit. Bohrung 139,7 mm, Hub 177,8 mm, mittl. nutzb. Kolbendruck 6,33 at, mittl. indiz. Kolbendruck 8,6 at, indiz. Brennstoffverbrauch 128 g/PSih, nutzb. Brennstoffverbrauch 174,4 g/PSeh.

geschwindigkeit von 12,88 m/s. Bei dieser Geschwindigkeit entwickelt die Maschine eine Höchstleistung von 50 PS. Teils wegen der höheren Drehzahl und teils aus anderen Gründen ist der mechanische Wirkungsgrad dieser Maschine nicht so gut wie der der vorigen, und obgleich auch der mittlere nutzbare Kolbendruck und der Brennstoffverbrauch nicht so günstig wie bei der früheren Maschine sind, nämlich nur 7,6 at bzw. 172,5 g/PS$_e$h bei 2200 U/min, so sind doch die indizierten Werte bei beiden Maschinen genau gleich.

Abb. 340 und 341 zeigen zum Vergleich die Indikatordiagramme, die an der ersten Maschine bei 1300 U/min und an der zweiten Maschine

Abb. 342. Sechszylinder-Dieselmotor, Bauart Ricardo, gebaut von Peter Brotherhood.

bei 2200 U/min aufgenommen wurden. Aus den beiden Abbildungen kann man entnehmen, daß die Drehzahl nur wenig merkbaren Einfluß auf die Gestalt des Indikatordiagramms hat.

Abb. 342 bis 344 sind Abbildungen von mäßig schnellaufenden Motoren, entworfen für schwere Nutzkraftwagen, die in England von der Firma Peter Brotherhood und in Holland von der Firma Thomassen gebaut werden. Sie werden mit zwei bis acht Zylindern ausgeführt und sollen mit der Nenndrehzahl von 900 U/min laufen. Die Zylinder haben 190,5 mm Dmr. und 304,8 mm Hub, und die Leistung bei günstigstem Brennstoffverbrauch beträgt 50 PS je Zylinder, entsprechend einem mittleren nutzbaren Druck von 7,75 at. Bei Vollast und Nenndrehzahl und bei höchsten Verbrennungsdrücken von 51,3 bis 52,8 at beträgt der Brennstoffverbrauch 166 bis 172 g/PS_eh je nach der Anzahl der Zylinder. Je mehr Zylinder die Maschine hat, desto höher ist ihr mechanischer Wirkungsgrad und desto niedriger auch ihr spezifischer Brennstoffverbrauch. Die übliche Kolbengeschwindigkeit beträgt nur 9 m/s; viele Maschinen laufen jedoch im regelmäßigen

Abb. 343. Zweizylinder-Dieseldynamo für das Luftschiff R 100.

Dienst mit 1000 U/min, entsprechend einer Kolbengeschwindigkeit von 10 m/s.

Aus den in Abb. 345 und 346 dargestellten Schnitten sind alle baulichen Einzelheiten zu entnehmen. Die Einzelschieber werden mittels zweiarmiger Hebel von einer mit der halben Drehzahl der Kurbelwelle umlaufenden Steuerwelle angetrieben. Der Schieber bewegt sich hierbei in einer Ellipse, deren große Achse senkrecht steht. Bei einem derartigen elliptischen Antrieb des Schiebers kann man eine beträchtliche Anzahl hoher und enger Einlaßschlitze im Schieber anbringen.

Abb. 344. Maschinenanlage für das Luftschiff R 101, bestehend aus Zweizylinder-Dieseldynamo mit Schaltbrett.

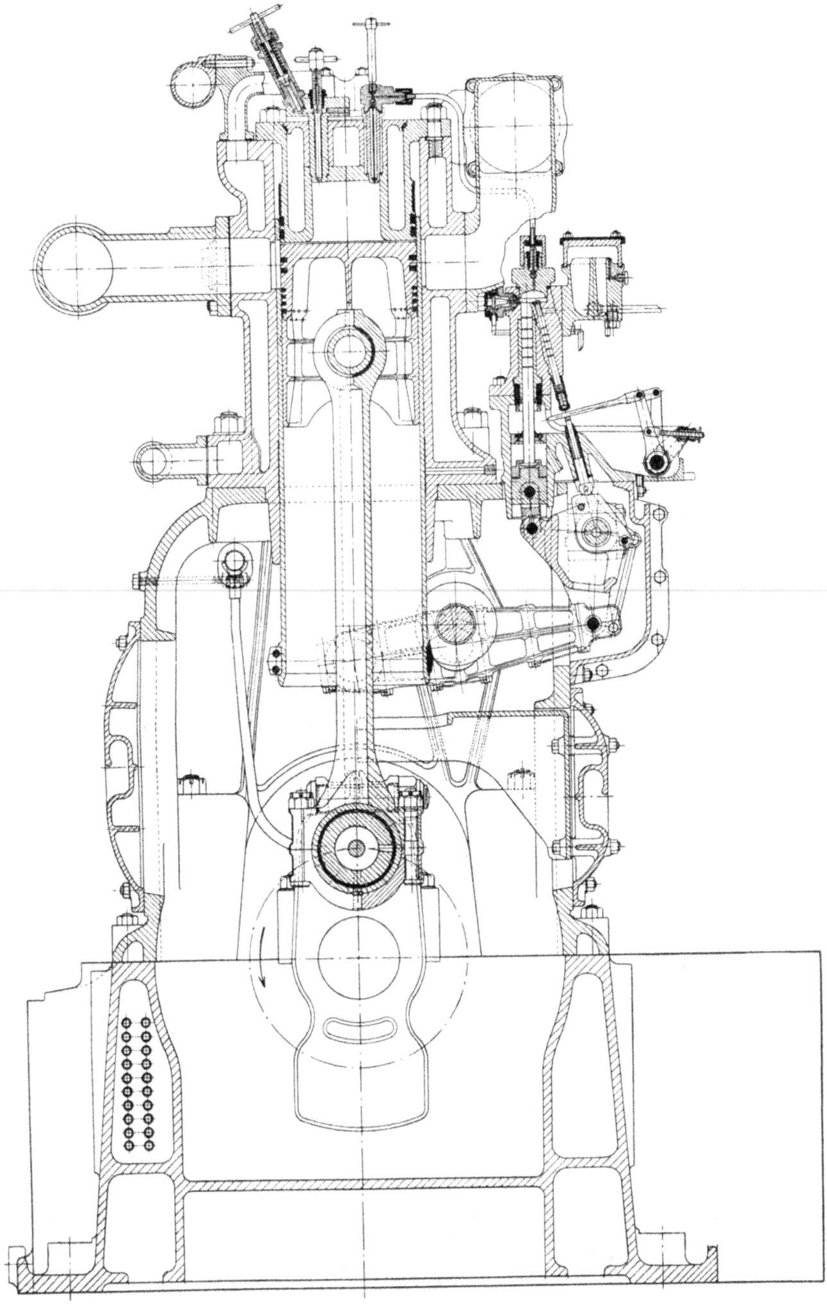

Abb. 345. Schnellaufender Dieselmotor, Bauart Ricardo-Brotherhood, von 190,5 mm Zyl.-Dmr. und 304,8 mm Hub. Querschnitt.

Bei den dargestellten Maschinen sind je fünf solcher Schlitze vorhanden. Die Form und Anordnung der Schlitze eignet sich am besten für den tangentialen Lufteintritt. Die freien Enden der Antriebshebel für die Kolbenschieber sind mit Winkelhebeln verbunden, die die Kolben der

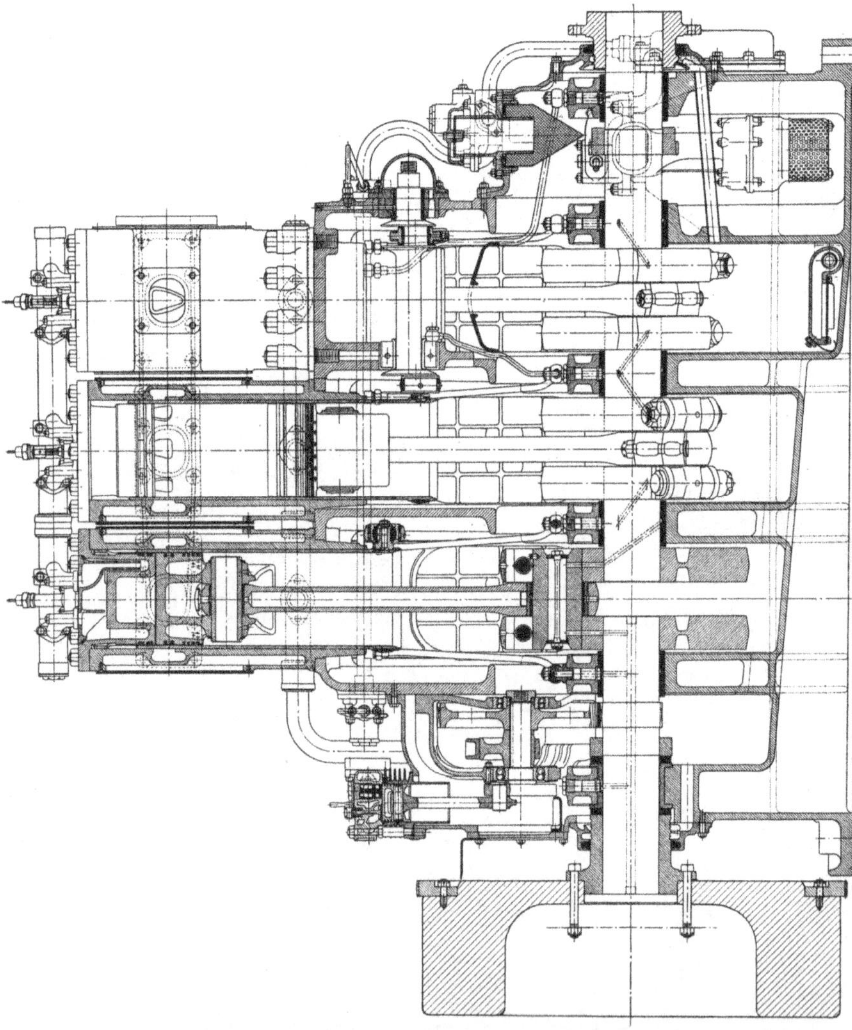

Abb. 346. Schnellaufender Dieselmotor, Bauart Ricardo-Brotherhood, von 190,5 mm Zyl.-Dmr. und 304,8 mm Hub. Längsschnitt.

Brennstoffpumpe unmittelbar antreiben. Diese Art des Antriebs ergibt einen langen Hub des Pumpenkolbens, was auch erforderlich ist, wenn der Kolben nicht durch einen Nocken angetrieben wird. Außerdem bietet dieser Antrieb den Vorteil, daß der Stoß, der bei dem plötzlichen Auftreten des Einspritzdrucks entsteht, durch die große Masse der Schieber und ihres Antriebs aufgenommen wird und sich daher nicht auf das Getriebe überträgt. Die Brennstoffpumpe hat, wie bereits beschrieben, zwei gesteuerte Ventile. Bei den ersten Maschinen dieser Art wurden diese Ventile von einer Nockenwelle aus betätigt, auf der auch die Winkelhebel und der Antrieb der Kolbenschieber gelagert waren. Diese Welle wird jetzt durch schwingende Nocken ersetzt, die an den Winkelhebeln unmittelbar angebracht sind. Durch diese Änderung wurde der Antrieb der Brennstoffpumpe fester und einfacher.

In Abb. 347 ist die Brennstoffdüse dargestellt. Sie besteht aus einem hohlen Stahlschaft, der an einem Ende das eigentliche Mundstück — eine glatte Bohrung von 0,79 mm Dmr. — und am anderen Ende eines der Kugelrückschlagventile trägt. Damit das Spiel der Kugel in der Bohrung klein ist und trotzdem das Bohren eines langen Loches von kleinem Durchmesser vermieden werden kann, ist der Raum zwischen dem Kugelventil und der eigentlichen Düsenmündung mit einem genuteten Stahlbolzen ausgefüllt. Der obere Teil der Brennstoffdüse mit den Stutzen für die Rohranschlüsse und einem Füllhahn ist als besonderes Stück ausgebildet.

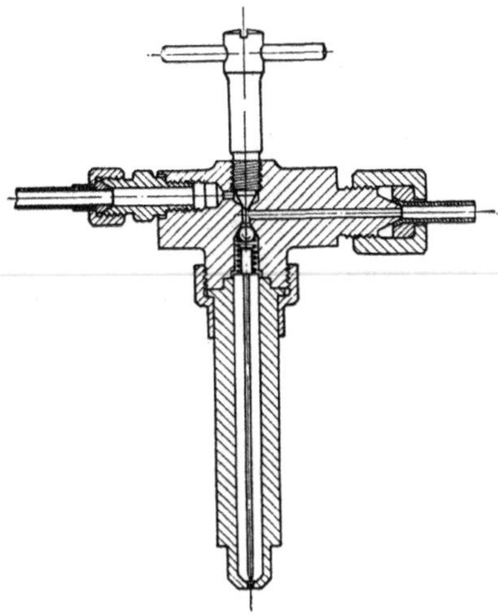

Abb. 347. Brennstoffdüse des schnellaufenden Dieselmotors, Bauart Ricardo-Brotherhood.

Die Kurbelwelle ist zusammengebaut und hat im Einsatz gehärtete Kurbel- und Lagerzapfen. Die Kurbelwangen sind auf die Lagerzapfen aufgeschrumpft, aber die Kurbelzapfen sind abnehmbar und werden durch Klemmschrauben gehalten, wie dies bei mehreren Flugmotoren üblich ist. Dies bietet die Möglichkeit, in den Pleuelstangen schwimmende Lagerbüchsen zu benutzen. Ferner kann man die Kurbelwelle jederzeit leicht wieder auseinandernehmen, da man jeden Kurbelzapfen durch die Bedienungsöffnungen im Kurbelgehäuse herausholen und in verhältnismäßig kurzer Zeit ersetzen kann, indem man den Deckel des danebenliegenden Hauptlagers entfernt und die beiden Klemmschrauben lockert.

Die Grundplatte der Maschine hat Wasserkühlung auf jeder Seite und auch unter dem mittleren Hauptlager; ferner ist ein Ölrückkühler aus dünnen haarnadelähnlich gebogenen Röhren in der ganzen Länge eines der seitlichen Wasserräume der Grundplatte untergebracht. An dem einen Ende des Gehäuses ist ein besonderer Raum abgeteilt, der den Hauptölbehälter für etwa 68 l Schmieröl bildet. In diesem Raum sind zwei Umlauf-Ölpumpen angeordnet. Die eine von ihnen saugt das Öl aus dem Kurbelgehäuse ab und drückt es durch einen selbsttätigen Ölreiniger in den Hauptbehälter, die zweite entnimmt das Öl dem Hauptbehälter und drückt es mit 0,85 bis 1,05 at durch den Ölkühler und von dort zu allen wichtigen Lagerstellen.

Die Maschine wird durch einen Fliehkraftregler üblicher Bauart geregelt, der unmittelbar auf die Zwischenkeile der Überlaufventile an der Brennstoffpumpe wirkt. Für das Anlassen oder für Notfälle ist unabhängig hiervon natürlich noch ein Handantrieb für diese Ventile vorhanden. Alles übrige an der Maschine ist genau so wie bei allen schnellaufenden Maschinen und braucht nicht besonders erwähnt zu werden.

Der Verfasser dankt an dieser Stelle dem Verlag der Zeitschrift „Automobile Engineer“ sowie der Firma Gardner & Sons für ihre Erlaubnis, eine Reihe von Abbildungen zum Abdruck in diesem Buch zu benutzen.

Sachverzeichnis.

Kompressorlose Dieselmaschinen (Druckeinspritzmaschinen). Ein Lehrbuch für Studierende. Von Dr.-Ing. **Friedrich Sass,** Oberingenieur der Allgemeinen Elektricitäts-Gesellschaft, Privatdozent an der Technischen Hochschule Berlin. Mit 328 Textabbildungen. VII, 395 Seiten. 1929. Gebunden RM 52.—

Das Werk von Sass steht in der deutschen Fachliteratur über Dieselmotoren einzig da, indem es nicht nur die Ergebnisse eigener Forschungen und Erfahrungen des Verfassers über die wichtigsten Grundlagen des Baues kompressorloser Dieselmotoren übersichtlich und klar wiedergibt, sondern mit bewunderungswürdiger Offenheit die großartige Versuchstätigkeit, welche in der AEG unter Leitung des Verfassers auf diesem Sondergebiet entfaltet wurde, den Fachgenossen zugänglich macht und außerdem in einer bisher unbekannten Ausführlichkeit die Formen wichtiger Bauteile aus den Forderungen des erstrebten Zweckes und den Bindungen durch Material und Beanspruchungen entstehen läßt. Die Darstellung ist mustergültig für künftige Konstruktionslehren. *„Sparwirtschaft.“*

Schnellaufende Dieselmaschinen. Beschreibungen, Erfahrungen, Berechnung, Konstruktion und Betrieb. Von Professor Dr.-Ing. **O. Föppl,** Marinebaurat a. D., Braunschweig, Dr.-Ing. **H. Strombeck,** Oberingenieur, Leunawerke, und Professor Dr. techn. **L. Ebermann,** Lemberg. Vierte, neubearbeitete Auflage. Mit 143 Textabbildungen und 9 Tafeln. VI, 237 Seiten. 1929. Gebunden RM 16.50

Sachlich, kurz, klar, aber alles Wesentliche umfassend bringt das Werk Beschreibungen neuzeitlicher Dieselmotoren mit ihren bemerkenswerten Sonderheiten, die wichtigsten Angaben über Berechnung und Konstruktion und wertvolle, auf Erfahrung gestützte Richtlinien für den Betrieb. Das Werk wird besonders dem vielbeschäftigten Betriebsleiter gewinnbringend sein. *„Glasers Annalen.“*

Rationeller Dieselmaschinen-Betrieb. Anleitung für Betrieb, Instandhaltung und Reparatur ortfester Viertakt-Dieselmaschinen. Von **Josef Schwarzböck.** Mit 62 Abbildungen im Text. VI, 143 Seiten. 1927. RM 8.—; gebunden RM 9.—

Diesellokomotiven und ihr Antrieb. Von Dipl.-Ing. **Wilhelm Bauer,** Heidelberg. Mit 50 Abbildungen im Text. VIII, 96 Seiten. 1925. Kartoniert RM 8.70

Die Hochleistungs-Dieselmotoren. Von **M. Seiliger,** Ingenieur-Technolog. Mit 196 Abbildungen und 43 Zahlentafeln im Text. VI, 240 Seiten. 1926. RM 17.40; gebunden RM 18.90

Kompressorlose Dieselmotoren und Semidieselmotoren. Von **M. Seiliger,** Ingenieur-Technolog. Mit 340 Abbildungen und 50 Zahlentafeln im Text. VI, 296 Seiten. 1929. Gebunden RM 37.50

Öl- und Gasmaschinen (Ortfeste und Schiffsmaschinen). Ein Handbuch für Konstrukteure, ein Lehrbuch für Studierende. Von Professor **Heinrich Dubbel**, Ingenieur. Mit 519 Textabbildungen. VI, 446 Seiten. 1926. Gebunden RM 37.50

In dem vorliegenden Buch besitzt der Verbrennungskraftmachinenbau eines seiner wenigen grundlegenden Werke. Der Aufbau gliedert sich in vier Teile, von denen der erste die für Gas- und Ölmaschinen gemeinsamen brennstofftechnischen und thermodynamischen Fragen, den Wärmeübergang und die Wärmespannungen behandelt. Der zweite Abschnitt befaßt sich eingehend mit den Ausführungsformen und Sonderteilen der verschiedenen Maschinen für ortfesten wie für Schiffsbetrieb; eine ausführliche Behandlung wird hierbei der Gemischbildung zuteil. Die Mittel der Leistungssteigerung und die Abwärmeverwertung werden im dritten Teil kurz besprochen. Im letzten Abschnitt behandelt der Verfasser die Gestaltung und Berechnung der allgemeinen Bauteile und widmet längere Ausführungen den Massenwirkungen und Drehschwingungen. Das gut ausgestattete Werk erreicht das vom Verfasser erstrebte Ziel: „ein Lehrbuch für Studierende, ein Handbuch für den Konstrukteur, der den Überblick über das Gesamtgebiet seiner Tätigkeit nicht verlieren will". *„Zeitschrift des Vereins Deutscher Ingenieure."*

Ölmaschinen. Wissenschaftliche und praktische Grundlagen für Bau und Betrieb der Verbrennungsmaschinen. Von Professor **St. Löffler**, Berlin, und Professor **A. Riedler**, Berlin. Mit 288 Textabbildungen. XVI, 516 Seiten. 1916. Unveränderter Neudruck 1922. Gebunden RM 18.—

Ölmaschinen, ihre theoretischen Grundlagen und deren Anwendung auf den Betrieb unter besonderer Berücksichtigung von Schiffsbetrieben. Von Marine-Oberingenieur a. D. **Max Wilh. Gerhards.** Zweite, vermehrte und verbesserte Auflage. Mit 77 Textfiguren. VIII, 160 Seiten. 1921. Gebunden RM 5.80

Schiffs-Ölmaschinen. Ein Handbuch zur Einführung in die Praxis des Schiffsölmaschinenbetriebes. Von Direktor Dipl.-Ing. Dr. **Wm. Scholz**, Hamburg. Dritte, verbesserte und erweiterte Auflage. Mit 188 Textabbildungen und 1 Tafel. VI, 270 Seiten. 1924. Gebunden RM 13.50

Konstruktionen aus dem Öl- und Gasmaschinenbau. Zusammengestellt aus im Verlage Julius Springer, Berlin, erschienenen Werken. Zugleich fünfte, völlig neubearbeitete Auflage von **Schöttler,** Skizzen von Gas- und Ölmaschinen. Mit 141 Abbildungen mit Unterschriften. 32 Seiten. 1929. RM 2.40

Der Bau des Dieselmotors. Von Professor Ing. **Kamillo Körner,** Prag. Zweite, wesentlich vermehrte und verbesserte Auflage. Mit 744 Abbildungen im Text und auf 8 Tafeln. VI, 531 Seiten. 1927. Gebunden RM 73.50

Der Einblase- und Einspritzvorgang bei Dieselmaschinen. Der Einfluß der Oberflächenspannung auf die Zerstäubung. Von Dr.-Ing. **Heinrich Triebnigg,** Assistent an der Lehrkanzel für Verbrennungskraftmaschinenbau der Technischen Hochschule Graz. Mit 61 Abbildungen im Text. VI, 138 Seiten. 1925. RM 11.40; gebunden RM 12.90

Der Verbrennungsvorgang im Gas- und Vergaser-Motor. Versuch einer rechnerischen Erfassung der einzelnen Einflüsse und ihres Zusammenwirkens. Von Dr.-Ing. **Wilhelm Endres.** Mit 29 Textabbildungen. V, 80 Seiten. 1928. RM 6.80

Außergewöhnliche Druck- und Temperatursteigerungen bei Dieselmotoren. Eine Untersuchung. Von Dr.-Ing. **R. Colell.** Mit 26 Textfiguren. IV, 70 Seiten. 1921. RM 2.40

Der Wärmeübergang und die thermodynamische Berechnung der Leistung bei Verpuffungsmaschinen, insbesondere bei Kraftfahrzeug-Motoren. Von Dr.-Ing. **August Herzfeld.** Mit 27 Textabbildungen. VIII, 92 Seiten. 1925. RM 6.—

Untersuchungen über den Einfluß der Betriebswärme auf die Steuerungseingriffe der Verbrennungsmaschinen. Von Dr.-Ing. **C. H. Güldner.** Mit 51 Abbildungen im Text und 5 Diagrammtafeln. VI, 122 Seiten. 1924. RM 5.10; gebunden RM 6.—

Graphische Thermodynamik und Berechnen der Verbrennungs-Maschinen und Turbinen. Von **M. Seiliger,** Ingenieur-Technolog. Mit 71 Abbildungen, 2 Tafeln und 14 Tabellen im Text. VIII, 250 Seiten. 1922. RM 6.40; gebunden RM 8.—

Die Entropie-Diagramme der Verbrennungsmotoren einschließlich der Gasturbine. Von Prof. Dipl.-Ing. **P. Ostertag,** Winterthur. Zweite, umgearbeitete Auflage. Mit 16 Textabbildungen. IV, 78 Seiten. 1928. RM 4.50

Bau und Berechnung der Verbrennungskraftmaschinen. Eine Einführung. Von Dipl.-Ing. **Franz Seufert,** Oberingenieur für Wärmewirtschaft. Sechste, verbesserte Auflage. Mit 105 Abbildungen im Text und auf 2 Tafeln. V, 145 Seiten. 1930. RM 4.80

Anleitung zur Durchführung von Versuchen an Dampfmaschinen, Dampfkesseln, Dampfturbinen und Verbrennungskraftmaschinen. Zugleich Hilfsbuch für den Unterricht in Maschinenlaboratorien technischer Lehranstalten. Von Dipl.-Ing. **Franz Seufert,** Oberingenieur für Wärmewirtschaft. Achte, verbesserte Auflage. Mit 55 Abbildungen. VI, 161 Seiten. 1927. RM 3.60

Das Entwerfen und Berechnen der Verbrennungskraftmaschinen und Kraftgas-Anlagen. Von Maschinenbaudirektor Geh. Kommerzienrat Dr.-Ing. e. h. **H. Güldner,** Aschaffenburg. Dritte, neubearbeitete und bedeutend erweiterte Auflage. Mit 1282 Textfiguren, 35 Konstruktionstafeln und 200 Zahlentafeln. XX, 789 Seiten. Dritter, unveränderter Neudruck 1922. Gebunden RM 42.—

Die Wirkungsweise der Verbrennungsmotoren. Von Dipl.-Ing. **Paul Wolfram,** Berlin. (Technische Fachbücher, Bd. 2). Mit 35 Abbildungen im Text und 110 Aufgaben nebst Lösungen. IV, 121 Seiten. 1926. RM 2.25

Motorwagen und Fahrzeugmaschinen für flüssigen Brennstoff. Ein Lehrbuch für den Selbstunterricht und für den Unterricht an technischen Lehranstalten. Von Dr.-techn. **A. Heller,** Berlin. Zweite, vermehrte und verbesserte Auflage. Erster Band: **Motoren und Zubehör.** Mit 811 Textabbildungen. IV, 438 Seiten. 1925. Gebunden RM 33.

Neuere Vergaser und Hilfsvorrichtungen für den Kraftwagen-Betrieb mit verschiedenen Brennstoffen. Nachschlagebuch für die Praxis. Von Doz. Dipl.-Ing. Frhr. **Löw von und zu Steinfurth,** Darmstadt. Zweite, wesentlich erweiterte Auflage. Mit 71 Abbildungen und 28 Tabellen im Text. IV, 94 Seiten. 1920 RM 2.50

Die Automobiltreibmittel des In- und Auslandes. Eine Übersicht über die vorgeschlagenen Mischungs- und Herstellungsverfahren, anhand der Patentliteratur dargestellt. Von Oberregierungsrat Dr. **Erwin Sedlaczek.** IX, 247 Seiten. 1927. Gebunden RM 14.40

GPSR Compliance

The European Union's (EU) General Product Safety Regulation (GPSR) is a set of rules that requires consumer products to be safe and our obligations to ensure this.

If you have any concerns about our products, you can contact us on ProductSafety@springernature.com

In case Publisher is established outside the EU, the EU authorized representative is:

Springer Nature Customer Service Center GmbH
Europaplatz 3
69115 Heidelberg, Germany

Batch number: 10682323

Printed by Printforce, the Netherlands